Modern Algebra

임용과 학교수학을 위한

현대대수학

최상기 지음

KYOWOO

이 책의 특징은 계산을 통한 문제해결, 임용시험의 대비, 현대대수와 학교수학의 연계 강조의 세 가지를 꼽을 수 있다. 각 절마다 많은 연습문제를 포함하고 있는데, 문제들은 구체적인 보기에 대한 계산과 개수세기, 소수(素數)를 이용한 계산 등을 요구하고 있다. 기출 임용시험 문제와 함께 그와 관련된 문제를 다수 포함하고 있으며, 수학적으로 중요성이 부각되는 문제를 다루고 있다. 현대대수와 학교수학의 연계점은 3.10절 다항식의 인수분해 3.11절 기약다항식의 판정, 4.7절 거듭제곱근에 의한 방정식의 풀이, 4.8절 근의 공식 등에서 찾을 수 있다. 특히 학교수학에 나오는 '수인수의 고려'나 '수인수의 무시'의 수학적 의미는 3.10절에서 규명된다.

대수(algebra)와 계산(arithmetic)은 '소수를 이용하는 것이며, 궁극적으로 소수에 대한 이해이면서 물음'이라고 강조하고자 한다. 군론의 기본인 라그랑주의 정리와 실로우의 정리가 이를 잘 대변해준다. 학생들은 문제에서 개수 등으로 나타나는 수를 소인수분해하고, 다항식을 기약다항식의 곱으로 나타내는 인수분해를 하면서 문제를 풀 것이다.

학생들은 스스로의 힘으로 문제를 해결할 것을 당부한다. 책의 뒷부분에 포함된 풀이는 스스로의 힘으로 푼 풀이와 비교하기 위해서 또는 아이디어를 얻기 위한 용도로 쓸 것을 권한다. 몇몇 문제는 저자도 며칠을 생각하고, 또 길을 걷다 우연히 떠오른 아이디어로 해결하였음을 밝히고자 한다.

기호의 문제 이 책에서 n을 법으로 하는 정수환 $\overline{\mathbb{Z}}_n$와 그의 원소 $\overline{a}\in\overline{\mathbb{Z}}_n$를 나타낼 때, $\mathbb{Z}_n$과 $a\in\mathbb{Z}_n$로 적기도 한다.

2017년 10월

최 상 기

CONTENTS

▶▷ PART 01 이론편

CHAPTER 01 집합론 / 9

1.1 동치관계와 동치류 ······ 10
1.2 함수와 1-1 대응 ······ 12

CHAPTER 02 군(郡, Group)론 / 16

2.1 군(郡)의 정의와 보기 ······ 17
2.2 군의 기본 성질 ······ 24
2.3 부분군(部分君) ······ 27
2.4 라그랑주의 정리-개수세기 I ······ 33
2.5 정규부분군과 상군 ······ 42
2.6 준동형 함수 ······ 49
2.7 순환군과 군의 생성원 ······ 61
2.8 군의 작용과 Cayley의 정리 ······ 71
2.9 류등식-개수세기 II ······ 77
2.10 치환군 ······ 85
2.11 Sylow의 정리-개수세기 III ······ 96
2.12 군의 직적 ······ 103
2.13 유한아벨군 ······ 110
2.14 위수가 15 이하인 유한군 ······ 122
2.15 가해군 ······ 125

CHAPTER 03 환(環, Ring)론 / 131

3.1 환의 정의와 기본적인 성질 ······ 132
3.2 정역과 환의 보기들 ······ 135
3.3 이데알과 상환 ······ 144
3.4 환준동형 함수 ······ 150
3.5 정역의 분수체 ······ 158
3.6 소이데알과 극대이데알 ······ 164

CONTENTS

3.7 유클리드정역과 단항이데알정역 172
3.8 가우스정수환 $\mathbb{Z}[i]$ 180
3.9 다항식과 형식적 멱급수 185
3.10 다항식의 인수분해와 가우스의 정리 195
3.11 기약다항식의 판정 205

CHAPTER 04 체(体, Field)론 / 213

4.1 확대체 214
4.2 대수적 확대체 222
4.3 자와 컴퍼스에 의한 작도 228
4.4 분해체 235
4.5 근의 중복도와 분리다항식 243
4.6 갈루아 이론 251
4.7 거듭제곱근에 의한 방정식의 풀이 267
4.8 근의 공식과 그 발견의 역사 275
4.9 유한체 사이의 갈루아군 280

▶▷ PART 02 연습문제 해답

• 군(郡, Group)론 293
• 환(環, Ring)론 343
• 체(体, Field)론 387

■ 찾아보기 418

PART 01

이론편

Chapter 01 집합론

Chapter 02 군(郡, Group)론

Chapter 03 환(環, Ring)론

Chapter 04 체(体, Field)론

01 CHAPTER

집합론

이 장에서는

집합론의 내용 중 군론(2장)과 환론(3장)에서 필요한 동치관계, 동치류, 함수 등을 다룬다. 집합론과 마찬가지로 군론의 주제 중 하나는 개수세기(counting)이다. 군은 네 개의 조건으로 정의되는데(정의 2.1.1)에 바로 이 정의에 의하여 군은 집합 위에서 다양한 동치관계를 유도한다. 군론의 거의 모든 절마다 동치관계가 나타나며 대표적인 것이 켤레관계이다(정의 2.9.2). 이와 같은 동치관계 하에서 각 동치류에 있는 원소의 개수를 세어서 군의 성질을 규명하는데, 류등식(2.9.7, 2.9.14)이 그 중 하나이다. 또, 군론 연구에 기본적인 도구인 Lagrange의 정리(2.4.6), Cauchy의 정리(2.9.16), Sylow(2.11.2, 2.11.5)의 정리의 증명과정에서도 동치관계에 의한 동치류의 개수세기를 볼 수 있다.

개수세기는 수학의 기본적인 도구인 동시에 궁극적인 주제(a theme)임을 볼 수 있다. 이와 같은 점이 집합론이나 군론에서 잘 나타나고 있다.

대수에서 다루는 준동형 함수를 이해하기 위해서는 먼저 집합론에 있는 함수의 상과 역상 사이에 나타나는 포함관계를 이해해야 한다. 이 장의 정리 1.2.4의 $f^{-1}(f(A)) \supseteq A$ 나 $f(f^{-1}(B)) \subseteq B$와 같은 포함관계는 군론과 환론의 계산에서 기본적인 요소이기 때문이다.

1.1 동치관계와 동치류

정의 1.1.1

집합 X와 Y의 카르티잔곱 $X\times Y$의 부분집합 R을 X에서 Y로의 **관계**(a relation from X to Y)라 한다. 또, $(x,y)\in R$일 때, 간단히 $x\sim_R y$ 또는 $x\sim y$로 나타낸다.
또, 관계 R이 X에서 X로의 관계일 때, R을 X **위에서의 관계**라 한다.

정의 1.1.2

집합 X 위에서의 관계 R이 다음의 세 가지 조건을 만족할 때, R을 X 위에서의 **동치관계**(an equivalent relation)라 한다.
(i) (반사적, reflexive) 모든 $x\in X$에 대하여, $x\sim x$이다.
(ii) (대칭적, symmetric) $x\sim y$이면, $y\sim x$이다.
(iii) (추이적, transitive) $x\sim y$이고, $y\sim z$이면, $x\sim z$이다.
이 때, $\overline{x}:=\{y\,|\,x\sim y\}$를 x의 **동치류**(the equivalence class containing x)라 한다.

정의 1.1.3

집합 $X\neq\varnothing$의 공집합이 아닌 부분집합 X_i가 서로소이고 합집합이 X일 때, $P=\{X_i\,|\,\varnothing\neq X_i\subseteq X\}$를 X의 **분할**(a partition of X)라 한다.
(즉, (i) $X_i\neq X_j$이면, $X_i\cap X_j=\varnothing$ (ii) $\cup_{X_i\in P}X_i=X$)

$X\neq\varnothing$일 때, $P_1=\{X\}$과 $P_2=\{\{x\}\,|\,x\in X\}$는 각각 X의 분할이다.

보기 1.1.4

(1) $n\geq 2$일 때, $a,b\in\mathbb{Z}$에 대하여, '$a\sim b \Leftrightarrow n\,|\,a-b$'로 정의하면, $\sim$는 정수의 집합 $\mathbb{Z}$ 위에서 동치관계이다.

(2) $n\geq 2$일 때, 다음의 n개의 부분집합은 정수집합 $\mathbb{Z}$의 분할이다.
$\overline{0}=\{nx\,|\,x\in\mathbb{Z}\}$, $\overline{1}=\{1+nx\,|\,x\in\mathbb{Z}\}$, $\cdots$,
$\overline{n-1}=\{(n-1)+nx\,|\,x\in\mathbb{Z}\}$

정리 1.1.5

R이 $X \neq \varnothing$ 위에서의 동치관계일 때, 동치류의 집합 $P = \{\,\overline{x} \mid x \in X\}$는 X의 분할이다.

증명 먼저 $x \sim x$이므로, $x \in \overline{x}$이고, $\overline{x} \neq \varnothing$이다.
$\overline{x} \cap \overline{y} \neq \varnothing$라 하자. $z \in \overline{x} \cap \overline{y}$라 하면, $x \sim z$이고, $y \sim z$이다. 이 때, $x \sim z$, $z \sim y$이므로, $x \sim y$이다. 그러므로 $y \sim w$인 모든 w에 대하여 $x \sim w$이다. 따라서 $\overline{y} \subseteq \overline{x}$이다. 마찬가지로, $y \sim x$이므로 $\overline{x} \subseteq \overline{y}$이다. 따라서 $\overline{x} = \overline{y}$이다.
모든 $x \in X$가 $x \in \overline{x}$이므로, $\cup_{x \in X} \overline{x} = X$이다. ■

위의 정리의 역도 다음과 같이 성립한다.

정리 1.1.6

$X \neq \varnothing$이고, $P = \{\, X_i \mid \varnothing \neq X_i \subseteq X\}$가 X의 분할일 때, $x, y \in X$에 대하여 다음과 같이 정의된 관계는 X 위에서의 동치관계이다.

$$x \sim y \ \Leftrightarrow\ x, y \in X_i \ (\text{적당한 } X_i \in P)$$

증명 $\cup_{X_i \in P} X_i = X$이므로, 모든 $x \in X$에 대하여 적당한 $X_i \in P$가 있어서 $x \in X_i$이다. 그러므로 $x \sim x$이다.
$x \sim y$이면 $x, y \in X_i$(적당한 $X_i \in P$)이고, 또한 $y \sim x$이다.
$x \sim y$이고 $y \sim z$이면, 적당한 $X_i, X_j \in P$에 대하여 $x, y \in X_i$, $y, z \in X_j$이다. 이 때, $y \in X_i \cap X_j$이고, P가 X의 분할이므로 $X_i = X_j$이다. 따라서 $x, z \in X_i$이고, $x \sim z$이다. ■

1.2 함수와 1−1 대응

정의 1.2.1
X에서 Y로의 관계 f가 다음의 조건을 만족할 때, f를 X에서 Y로의 **함수**(a function from X to Y)라 한다.
(i) 모든 $x \in X$에 대하여, 적당한 $y \in Y$가 있어서 $(x, y) \in f$이다.
(ii) $(x, y) \in f$이고 $(x, z) \in f$이면, $y = z$이다.

$(x, y) \in f$일 때, 보통 $y = f(x)$라 적는다. $f(x)$를 함수 f의 x **에서의 값**이라 한다. 또, X를 함수 f의 **정의구역**(the domain of f), Y를 f의 **공역**(the codomain of f)이라 한다. 함수 f를 정의구역과 공역을 포함하여 $f : X \to Y$로 나타내기도 한다.

공역의 부분집합, $f(X) := \{ f(x) \mid x \in X \}$를 f의 **치역**(the range of f)이라 한다.

주의 1.2.2
f가 (i)과 (ii)의 조건을 만족할 때(즉, f가 함수일 때), f가 **잘 정의되었다**(f is well-defined)라고 한다. II, III, IV 장에서 f가 준동형임을 증명하기 전에 f가 잘 정의되었음을 보이는 경우가 있다. 이 때, 문제의 상황에 따라 다음의 세 가지 중 필요한 것을 증명한다.
(i) 정의구역의 모든 원소 x에 대하여 $f(x)$가 정의되었는가?
(i′) f의 x에서의 값 $f(x)$가 공역의 원소인가? (즉, $f(x) \in Y$)
(ii) $x_1 = x_2$ $(x_1, x_2 \in X)$이면, $f(x_1) = f(x_2)$인가?

정의 1.2.3
함수 $f : X \to Y$와 $A \subseteq X$, $B \subseteq Y$, $b \in Y$에 대하여 다음을 정의한다.
(1) $f(A) := \{ f(a) \mid a \in A \}$: f**에 의한** A**의 상**(the image of A under f).
(2) $f^{-1}(B) := \{ x \in X \mid f(x) \in B \}$: f**에 의한** B**의 역상**(the inverse image of B under f).
(3) $f^{-1}(b) := \{ x \in X \mid f(x) = b \}$: f**에 의한** b**의 역상**이라 한다.

다음의 정리는 집합의 포함관계나 같음을 증명하는데 필요한 기본적인 도구이다.

정리 1.2.4

함수 $f: X \to Y$ 대하여 다음이 성립한다.

(1) 모든 $A \subseteq X$에 대하여, $f^{-1}(f(A)) \supseteq A$이다.

(2) 모든 $B \subseteq Y$에 대하여, $f(f^{-1}(B)) \subseteq B$이다.

증명 (1) 정의에 의하여 $f^{-1}(f(A)) = \{ x \in X \mid f(x) \in f(A) \}$이다. 또, 모든 $a \in A$에 대하여 $f(a) \in f(A)$이므로, $A \subseteq f^{-1}(f(A))$이다.

(2) $y \in f(f^{-1}(B))$이면, 적당한 $x \in f^{-1}(B)$에 대하여 $y = f(x)$이다. $x \in f^{-1}(B)$이므로 $f(x) = b \in B$이다. 즉, $y = f(x) \in B$이고, $f(f^{-1}(B)) \subseteq B$이다. ■

선형대수에서 $f: V \to W$가 선형함수이고 f의 핵, $\ker f = K$일 때, $A \subseteq V$에 대하여 $f^{-1}(f(A)) = A + K$이다. 군론이나 환론의 준동형 f에 대하여도 같은 정리가 성립한다(정리 2.6.23(1)).

다음의 간단한 보기는 정리 4에서 등호가 성립하지 않음을 보여준다.

보기 1.2.5

함수 $f: \{ a, b, c \} \to \{ 1, 2, 3 \}$가 $f(a) = 1$, $f(b) = 2 = f(c)$이라 하자.

(1) $A = \{ a, b \}$일 때, $f^{-1}(f(A)) = f^{-1}(\{ 1, 2 \}) = \{ a, b, c \} \neq A$이다.

(2) $B = \{ 2, 3 \}$일 때, $f(f^{-1}(B)) = f(\{ b, c \}) = \{ 2 \} \neq B$이다.

정의 1.2.6

함수 $f: X \to Y$ 대하여 다음을 정의한다.

(1) $x_1 \neq x_2$ ($x_1, x_2 \in X$)에 대하여, $f(x_1) \neq f(x_2)$일 때, f를 **단사**(또는 **1-1**, f is injective)라고 한다.

(2) 모든 $y \in Y$에 대하여 $f(x) = y$인 $x \in X$가 있을 때(즉, $f(X) = Y$일 때), f를 **전사**(f is surjective)라고 한다.

(3) f가 단사이면서 전사인 함수일 때, f를 **전단사**(또는 **1-1 대응**, f is bijective or f is 1-1 correspondence)라고 한다.

f가 단사임을 보이기 위해 정의의 대우인 '$f(x_1) = f(x_2) \Rightarrow x_1 = x_2$'을 보이기도 한다.

정리 1.2.7

함수 $f : X \to Y$와 $g : Y \to Z$ 대하여 다음이 성립한다.

(1) f와 g가 단사이면, $g \circ f$도 단사이다.

(2) f와 g가 전사이면, $g \circ f$도 전사이다.

(3) f와 $g\,g$ 전단사이면, $g \circ f$도 전단사이다.

증명 (1) $x_1 \neq x_2 (x_1, x_2 \in X)$일 때, f가 단사이므로 $f(x_1) \neq f(x_2)$이다. 이제 g가 단사이므로 $g(f(x_1)) \neq g(f(x_2))$이다. 그러므로 $g \circ f$도 단사이다.

(2) 임의의 $z \in Z$에 대하여 g가 전사이므로, $g(y) = z$인 $y \in Y$가 있다. 또, f가 전사이므로, $f(x) = y$인 $x \in X$가 있다. 이 때, $g(f(x)) = z$이고, $g \circ f$는 전사이다.

(3) (1)과 (2)에 의하여 성립한다. ■

정리 1.2.8

함수 $f : X \to Y$ 대하여 (1)과 (2)에서 각각 (ⅰ), (ⅱ), (ⅲ)은 서로 동치이다.

(1) (ⅰ) f가 단사

(ⅱ) 함수 $g : Y \to X$가 존재하여, $g \circ f = 1_X$이다.

(ⅲ) 모든 $A \subseteq X$에 대하여, $f^{-1}(f(A)) = A$이다.

(2) (ⅰ) f가 전사

(ⅱ) 함수 $h : Y \to X$가 존재하여, $f \circ h = 1_Y$이다.

(ⅲ) 모든 $B \subseteq Y$에 대하여, $f(f^{-1}(B)) = B$이다.

증명 **(1)** (ⅰ)⇒(ⅱ) f가 단사일 때, 함수 $g : Y \to X$를 다음과 같이 정의하자.
$y \in f(X)$이고, $y = f(x)$인 경우 $g(y) = x$로 정의하고, 모든 $y \in Y - f(X)$에 대하여는 $x_0 \in X$를 택하여 $g(y) = x_0$로 정의한다. 이 때, $g \circ f = 1_X$가 된다.

(ⅱ)⇐(ⅰ) f가 단사가 아니면, $x_1 \neq x_2$이고 $f(x_1) = f(x_2)$인 $x_1, x_2 \in X$가 있다. 만일 함수 $g : Y \to X$가 존재하여, $g \circ f = 1_X$라면, $x_1 = g(f(x_1)) = g(f(x_2)) = x_2$가 되어 모순이다.

(ⅰ)⇒(ⅲ) 적당한 X의 부분집합 A에 대하여 $f^{-1}(f(A)) \neq A$라 하자. 이 때, $x_1 \in A$와 $x_2 \in f^{-1}(f(A)) - A$가 있어서 $f(x_1) = f(x_2)$이다. $x_1 \neq x_2$이므로 f가 단사가 아니다.

(ⅰ)⇐(ⅲ) f가 단사가 아니면, $x_1 \neq x_2$이고 $f(x_1) = f(x_2)$인 $x_1, x_2 \in X$가 있다. 이 때, $A = \{x_1\}$에 대하여 $\{x_1, x_2\} \subseteq f^{-1}(f(A))$이므로, $f^{-1}(f(A)) \neq A$이다.

(2) (i)⟹(ii) f가 전사일 때, 함수 $h : Y \to X$를 다음과 같이 정의하자.
$y \in Y$에 대하여 $y = f(x)$인 $x \in X$ 중 하나를 택하여 $h(y) = x$로 정의한다. 이 때, $f \circ h = 1_Y$가 된다.

(ii)⟸(i) $f \circ h = 1_Y$인 함수 $h : Y \to X$가 존재하면, $Y = 1_Y(Y) = f(h(Y)) \subseteq f(X)$이다. 그러므로, $f(X) = Y$이고, f는 전사이다.

(i)⟹(iii) $f(f^{-1}(B)) \neq B$인 경우 $z \in B - f(f^{-1}(B))$를 택하면, $z \not\in f(X)$이다 (왜냐하면, $f(x) = z$인 $x \in X$가 있다면, $x \in f^{-1}(B)$이고, $z = f(x) \in f(f^{-1}(B))$가 되어 모순이다). 따라서 f는 전사가 아니다.

(i)⟸(iii) f가 전사가 아니면, $z \in Y - f(X)$를 택한다. 이 때, $B = \{z\}$에 대하여 $f^{-1}(B) = \varnothing$이므로, $f(f^{-1}(B)) = \varnothing$이다. 따라서 $f(f^{-1}(B)) \neq B$이다.

■

지적 1.2.9

(1) $f^{-1}(f(A)) = \{x \in X \mid f(x) \in f(A)\}$이다. 그러므로,
$A \neq f^{-1}(f(A)) \;\Leftrightarrow\; x \in X - A$가 있어서 $f(x) \in f(A)$

(2) $f(f^{-1}(B)) = B \cap f(X)$이다. 그러므로,
$f(f^{-1}(B)) \neq B \;\Leftrightarrow\; B \not\subseteq f(X)$

정의 1.2.10

함수 $f : X \to Y$에 대하여 $f^{-1} : Y \to X$가 존재하여, $f^{-1} \circ f = 1_X$이고, $f \circ f^{-1} = 1_Y$일 때, $f^{-1} : Y \to X$를 f의 **역함수**(the inverse function of f)라고 한다.

역함수의 조건 $f^{-1} \circ f = 1_X$과 $f \circ f^{-1} = 1_Y$에 의하여 '$f(x) = y \Leftrightarrow f^{-1}(y) = x$'이다. 또 정리 8에서와 같이 $f : X \to Y$가 역함수를 갖기 위한 필요충분조건은 f가 전단사인 것이다.

정리 1.2.11

함수 $f : X \to Y$가 역함수 f^{-1}를 갖는다. ⟺ f가 전단사이다.

CHAPTER 02

군(郡, Group)론

이 장에서는

$X \neq \varnothing$ 일 때, $S(X) = \{ \sigma \mid \sigma : X \to X,\ \sigma$는 전단사 함수$\}$는 다음을 만족한다.

모든 $\sigma, \tau, \delta \in S(X)$ 에 대하여,

(i) (닫혀있다) $\sigma \circ \tau \in S(X)$

(ii) (결합법칙) $(\sigma \circ \tau) \circ \delta = \sigma \circ (\tau \circ \delta)$

(iii) (항등원) 항등함수 $id \in S(X)$ 이며, $\sigma \circ id = \sigma = id \circ \sigma$ 이다.

(iv) (역원) σ 의 역함수, $\sigma^{-1} \in S(X)$ 이며, $\sigma \circ \sigma^{-1} = id = \sigma^{-1} \circ \sigma$ 이다.

군은 위의 네 가지 조건으로 정의된다(정의 2.1.1). 반대로 주어진 군 G는 적당한 집합 X 위에서 전단사 함수의 집합 $S(X)$ 또는 $S(X)$의 부분집합으로 나타난다(Cayley의 정리 2.7.1). 이와 같은 전단사 함수(1-1 대응)에 관한 연구는 군의 기원(起源)이면서, 군의 본질을 나타낸다.

군은 네 가지 조건으로만 정의되지만, 역원의 존재성(조건 (iv))은 결정적인 역할을 한다. 조건 (i)−(iii)으로 정의되는 모노이드의 경우 군에서와 같은 계산 방법이 적용되지 못하고 군과 같이 구조를 결정할 수 없다. 모노이드에서는 군의 기본 성질인 라그랑주의 정리(정리 2.4.6)가 성립하지 않는다.

역설적으로 군에서는 역원을 이용하는 것이 문제해결의 아이디어임을 이해하여야 한다.

2.1 군(郡)의 정의와 보기

정의 2.1.1

공집합이 아닌 집합 G 위의 이항연산 $\bullet$이 다음의 네 가지의 조건을 만족할 때, $(G, \bullet)$을 **군**(a group)이라 한다. 모든 $a, b, c \in G$에 대하여

(i) (닫혀있다−이항연산) $a \bullet b \in G$

(ii) (결합법칙) $(a \bullet b) \bullet c = a \bullet (b \bullet c)$

(iii) (항등원) $e \in G$가 있어서 $a \bullet e = a = e \bullet a$

(iv) (역원) $a^{-1} \in G$가 있어서 $a \bullet a^{-1} = e = a^{-1} \bullet a$

위의 정의에서 e를 G의 **항등원**(the identity of G), a^{-1}를 a의 **역원**(the inverse of a)이라 한다.

$a \bullet b$는 간단히 $a \cdot b$ 또는 ab로 나타내기도 한다.

조건 (i)과 (ii)를 만족하는 경우 $(G, \bullet)$를 **반군**(a semigroup)이라 하고, 조건 (i), (ii), (iii)을 만족하는 경우 $(G, \bullet)$를 **모노이드**(a monoid)이라 한다.

정의 2.1.2

군 G의 모든 원소 a, b에 대하여 $a \bullet b = b \bullet a$일 때, G를 **아벨군**(an abelian group) 또는 가환군이라 한다.

아벨군에서는 다음 표에서와 같은 기호와 용어를 쓰기도 한다.

일반적인 군의 경우	아벨군인 경우
$a \bullet b$ (a와 b의 곱)	$a+b$ (a plus b)
e (항등원)	0 (영 : the zero)
a^{-1} (a의 역원)	$-a$ (the minus of a)
ab^{-1}	$a-b$ (a minus b)

정의 2.1.3

군 G의 원소의 개수, $|G|$를 G의 **위수**(the order of G)라 하고, $o(G)$로 적는다. 위수가 유한인 군을 **유한군**(a finite group), 위수가 무한인 군을 **무한군**(an infinite group)이라 한다.

보기 2.1.4

복소수의 집합, $\mathbb{C}$는 다음과 같이 덧셈에 대하여 군을 이룬다.

$a, b, c \in \mathbb{C}$에 대하여 (i) $a+b \in \mathbb{C}$, (ii) $(a+b)+c = a+(b+c)$, (iii) 덧셈의 항등원은 $0 \in \mathbb{C}$, (iv) a의 덧셈에 대한 역원, $-a \in \mathbb{C}$이다. 또, $a+b=b+a$이므로 $(\mathbb{C}, +)$는 아벨군이다.

다음의 복소수체의 부분집합들도 덧셈에 대하여 (i)−(iv)을 만족하여 군을 이룬다.

(1) 정수 n에 대하여, $n\mathbb{Z} = \{ nx \mid x \in \mathbb{Z} \}$. 특히 $n = \pm 1$일 때, $n\mathbb{Z} = \mathbb{Z}$이다.

(2) 유리수 r에 대하여, $r\mathbb{Z} = \{ rx \mid x \in \mathbb{Z} \}$

(3) 유리수체 $(\mathbb{Q}, +)$, 실수체 $(\mathbb{R}, +)$

(4) m이 제곱수가 아닌 정수일 때, $\mathbb{Z}[\sqrt{m}] = \{ a + b\sqrt{m} \mid a, b \in \mathbb{Z} \}$

(5) m이 제곱수가 아닌 정수일 때, $\mathbb{Q}[\sqrt{m}] = \{ r + s\sqrt{m} \mid r, s \in \mathbb{Q} \}$

양의 정수의 집합은 덧셈에 대하여 반군이고, 0 이상의 정수의 집합은 덧셈에 대하여 모노이드이며 군은 아니다.

보기 2.1.5

$\mathbb{C}^* = \{ a \in \mathbb{C} \mid a \neq 0 \}$는 다음과 같이 곱셈에 대하여 군을 이룬다.

$a, b, c \in \mathbb{C}^*$에 대하여 (i) $a \cdot b \in \mathbb{C}^*$, (ii) $(a \cdot b) \cdot c = a \cdot (b \cdot c)$, (iii) 곱셈의 항등원은 $1 \in \mathbb{C}^*$, (iv) a의 곱셈에 대한 역원, $a^{-1} \in \mathbb{C}^*$이다. 또 $a \cdot b = b \cdot a$이므로 $(\mathbb{C}^*, \bullet)$는 아벨군이다.

$(\mathbb{C}^*, \bullet)$는 아벨군이나, 연산 기호는 $+$을 쓰지 않고 두 복소수 a, b의 곱은 ab, $a \cdot b$ 또는 $a \times b$로 나타낸다.

다음의 $(\mathbb{C}^*, \bullet)$의 부분집합들도 곱셈에 대하여 (i)−(iv)을 만족하여 군을 이룬다.

(1) $(\{1, -1\}, \bullet)$

(2) 단위원, $S^1 := \{ z \in \mathbb{C} \mid |z| = 1 \}$은 곱셈에 대하여 군을 이룬다. 왜냐하면, $|z| = |w| = 1$이면, $|zw| = |z||w| = 1$이므로 $zw \in S^1$이다. 또, $1 \in S^1$. $\left| \dfrac{1}{z} \right| = \dfrac{1}{|z|} = 1$이므로, $\dfrac{1}{z} \in S^1$이다.

(3) n개의 1의 n 승근으로 이루어진 집합 R_n은 곱셈에 대하여 군을 이룬다. 왜냐하면, $R_n = \left\{ \rho^k \;\middle|\; \rho = e^{\frac{2\pi}{n}i} = \cos\dfrac{2\pi}{n} + i\sin\dfrac{2\pi}{n}, \quad k = 0, 1, \cdots, n-1 \right\}$에 대하여

$$\rho^k \cdot \rho^l = \rho^{k+l} = e^{\frac{2\pi}{n}(k+l)i} \in R_n,\ 1 = \rho^0 \in R_n,\ (\rho^k)^{-1} = \rho^{-k} = \rho^{n-k} \in R_n$$

(4) $\mathbb{Q}^+ = \{ a \in \mathbb{Q} \mid a > 0 \}$와 $\mathbb{Q}^* = \{ a \in \mathbb{Q} \mid a \neq 0 \}$는 곱셈에 대하여 각각 군을 이룬다. 마찬가지로, $\mathbb{R}^+ = \{ a \in \mathbb{R} \mid a > 0 \}$과 $\mathbb{R}^* = \{ a \in \mathbb{R} \mid a \neq 0 \}$는 곱셈에 대하여 각각 군을 이룬다.

정수의 집합이나 양의 정수의 집합은 곱셈에 대하여 모노이드이며 군은 아니다.

보기 2.1.6 유한 순환군

(1) **n을 법으로 하는 정수 덧셈군** $(\mathbb{Z}_n, +)$ **:** $\overline{\mathbb{Z}}_n := \{ \overline{0}, \overline{1}, \overline{2}, \cdots, \overline{n-1} \}$는 다음의 덧셈에 대하여 군을 이룬다.

$$\overline{i} + \overline{j} = \begin{cases} \overline{i+j}, & i+j \leq n-1 \text{ 일 때} \\ \overline{i+j-n}, & i+j \geq n \text{ 일 때} \end{cases}$$

(2) 집합 $G = \{e, a, a^2, \cdots, a^{n-1}\}$ 위에 연산을 $a^0 = e$로 하고,

$$a^i a^j = \begin{cases} a^{i+j}, & i+j \leq n-1 \text{ 일 때} \\ a^{i+j-n}, & i+j \geq n \text{ 일 때} \end{cases}$$

로 정의하면, G는 군이 된다. 이 군을 $G := \langle a \mid o(a) = n \rangle$으로 나타낸다.

$\overline{\mathbb{Z}}_n$, $< a \mid o(a) = n >$과 R_n (보기 5(3))은 같은 군(동형인 군)이며, **위수가 n인 순환군** (a cyclic group of order n)이라 한다.

보기 2.1.7 n과 서로소인 정수 곱셈군

$\overline{\mathbb{Z}}_n^* := \{ \overline{a} \in \overline{\mathbb{Z}}_n \mid a \in \mathbb{Z},\ (a,n) = 1 \}$일 때, $(\overline{\mathbb{Z}}_n^*, \bullet)$는 곱셈에 대하여 군을 이룬다.

증명 $\overline{a}, \overline{b} \in \overline{\mathbb{Z}}_n^*$라 하자. $(a,n) = (b,n) = 1$이므로, $(a \cdot b, n) = 1$이다. 따라서 $\overline{a} \cdot \overline{b} = \overline{a \cdot b} \in \overline{\mathbb{Z}}_n^*$이다.

정수 곱셈의 결합법칙이 $\overline{\mathbb{Z}}_n^*$에 그대로 적용된다. 또, $1 \in \overline{\mathbb{Z}}_n^*$이다.

$(a,n) = 1$이므로 적당한 정수 x, y에 대하여 $xa + ny = 1$이다. 이제 n을 법으로 하는 계산에서는 $\overline{xa+yn} = \overline{x} \cdot \overline{a} + \overline{y} \cdot \overline{n} = \overline{x} \cdot \overline{a} = \overline{1}$이므로 $\overline{x} = (\overline{a})^{-1} \in \overline{\mathbb{Z}}_n^*$이다. ■

(보기) 2.1.8

선형대수에서 벡터공간 $(V, +, \cdot)$의 정의의 조건은 V가 벡터의 덧셈 $+$에 대하여 아벨군이고, 스칼라 곱셈 $\cdot$ 의 결합법칙과 덧셈과 곱셈 사이의 배분법칙을 요구한다. 다음의 보기도 아벨군이다.

(1) 집합, $\mathbb{Z}^n := \{ (a_1, a_2, \cdots, a_n) \mid a_i \in \mathbb{Z} \}$ 위에서 덧셈을 다음과 같이 정의한다.

$$(a_1, a_2, \cdots, a_n) + (b_1, b_2, \cdots, b_n) := (a_1 + b_1, a_2 + b_2, \cdots, a_n + b_n)$$

항등원은 $0 = (0, 0, \cdots, 0)$이고, 역원, $-(a_1, a_2, \cdots, a_n) = (-a_1, -a_2, \cdots, -a_n)$이다.

(2) $\mathbb{R}^n := \{ (a_1, a_2, \cdots, a_n) \mid a_i \in \mathbb{R} \}$도 벡터의 덧셈, $+$에 관하여 아벨군이다.

(3) $M_{m \times n}(\mathbb{R}) := \{ A = (a_{ij})_{m \times n} \mid a_{ij} \in \mathbb{R} \}$도 행렬의 덧셈에 대하여 아벨군이다.

$$(a_{ij}) + (b_{ij}) := (a_{ij} + b_{ij}) \in M_{m \times n}(\mathbb{R})$$

항등원은 영행렬이고, A의 역원은 $-A = (-a_{ij})$이다.

(보기) 2.1.9

n차 전행렬환 $M_n(\mathbb{R}) := \{ A = (a_{ij})_{n \times n} \mid a_{ij} \in \mathbb{R} \}$은 행렬의 곱에 대하여 모노이드이고, 군은 아니다.

다음의 $M_n(\mathbb{R})$의 부분집합들이 행렬의 곱에 대하여 군을 이룬다.

(1) $GL_n(\mathbb{R})$: $\mathbb{R}$ 위에서 n차 **일반선형군**(the general linear group of degree n)

$$GL_n(\mathbb{R}) := \{ A \in M_n(\mathbb{R}) \mid A\text{가 가역행렬} \Leftrightarrow \det A \neq 0 \}$$

(i) $A, B \in GL_n(\mathbb{R})$일 때, $\det(AB) = (\det A)(\det B) \neq 0$이므로 $AB \in GL_n(\mathbb{R})$이다.

(ii) 결합법칙은 행렬의 곱이 정의되면 항상 성립한다.

(iii) 항등행렬 I_n은 가역행렬이다($I_n^{-1} = I_n$).

(iv) $A \in GL_n(\mathbb{R})$일 때, $A^{-1} \in GL_n(\mathbb{R})$이다($(A^{-1})^{-1} = A$).

따라서 $(GL_n(\mathbb{R}), \cdot)$은 군이다.

(2) $SL_n(\mathbb{R})$: n**차 특수선형군**(the special linear group of degree n)

$$SL_n(\mathbb{R}) := \{ A \in GL_n(\mathbb{R}) \mid \det A = 1 \}$$

$A, B \in SL_n(\mathbb{R})$일 때, $\det(AB) = (\det A)(\det B) = 1$이므로 $AB \in SL_n(\mathbb{R})$이다.

$\det I_n = 1$ 이므로 $I_n \in SL_n(\mathbb{R})$이다. $\det A^{-1} = \dfrac{1}{\det A} = 1$이므로,

$A^{-1} \in SL_n(\mathbb{R})$ 이다.

(3) $O_n(\mathbb{R})$: n **차 직교선형군**(the orthogonal linear group of degree n)

$$O_n(\mathbb{R}) := \left\{ A \in GL_n(\mathbb{R}) \mid AA^T = I_n = A^T A. \ \text{즉, } A^{-1} = A^T \right\}$$

$A, B \in O_n(\mathbb{R})$일 때, 다음과 같이 $AB \in O_n(\mathbb{R})$이다.

$(AB)(AB)^T = AB(B^T A^T) = A(BB^T)A^T = A(I_n)A^T = AA^T = I_n$이므로,

$AB \in O_n(\mathbb{R})$ 이다.

또, $I_n(I_n^T) = I_n(I_n) = I_n$ 이므로, $I_n \in O_n(\mathbb{R})$ 이다.

$(A^{-1})^T = (A^T)^{-1}$이므로, $A^{-1}(A^{-1})^T = A^{-1}(A^T)^{-1} = A^{-1}(A^{-1})^{-1} = I_n$

이다. 그러므로 $A^{-1} \in O_n(\mathbb{R})$ 이다.

참고 $A = \begin{pmatrix} 2 & 0 \\ 0 & \frac{1}{2} \end{pmatrix} \in SL_2(\mathbb{R}) \setminus O_2(\mathbb{R})$이고, $A = \begin{pmatrix} 1 & 0 \\ 0 & -1 \end{pmatrix} \in O_2(\mathbb{R}) \setminus SL_2(\mathbb{R})$이다.

보기 2.1.10 치환군

$X \neq \varnothing$ 일 때, 집합 $S(X) := \{ \sigma \mid \sigma : X \to X,\ \sigma$는 전단사 함수$\}$는 함수의 합성에 대하여 군을 이룬다. $S(X)$를 X **위에서의 대칭군**(the symmetric group on X)이라 하고, $S(X)$의 부분집합이 군이 될 때, 그 군을 X **위에서의 치환군**(a permutation group on X)이라 한다.

(1) $S_F(X) := \{ \sigma \in S(X) \mid \sigma$는 유한개의 x에 대해서만 $\sigma(x) \neq x\}$도 군을 이룬다.

(2) n **차 대칭군** S_n : $X := \{1, 2, \cdots, n\}$일 때, $S(X)$를 S_n이라 적고 n **차 대칭군**(the symmetric group of degree n)이라 한다. $|S_n| = n!$ (개)이다.

(3) 3 **차 대칭군** S_3 :

$\sigma(1) = 2,\ \sigma(2) = 3,\ \sigma(3) = 1$인 $\sigma \in S_3$는 $\sigma = (1,2,3)$으로, $\tau(1) = 2,\ \tau(2) = 1,$ $\tau(3) = 3$ 인 $\tau \in S_3$는 $\tau = (1,2)$ 으로 나타낸다. 또, 항등함수 $id = (1)$로 나타낸다. 이 때,

$\sigma^2 = (1,2,3)(1,2,3) = (1,3,2),\ \sigma^3 = (1,2,3)(1,2,3)(1,2,3) = (1)$이고, $\tau^2 = (1)$ 이다.

$\tau\sigma = (1,2)(1,2,3) = (1,3)$, $\sigma^2\tau = (1,3,2)(1,2) = (1,3)$이므로 $\tau\sigma = \sigma^2\tau$이다.

$\tau\sigma^2 = (1,2)(1,3,2) = (2,3)$, $\sigma\tau = (1,2,3)(1,2) = (2,3)$이므로 $\tau\sigma^2 = \sigma\tau$이다.

(위의 함수의 합성은 함수 σ와 σ의 정의구역의 원소 i에 대하여 $(i)\sigma$로 계산하는 **오른쪽 표기법**이다. 즉, $\tau\sigma$는 정의구역의 원소에 τ를 적용한 다음 σ를 적용한다.)

위이 계산에서 S_3는 다음과 같다.

$$S_3 = \{(1), \sigma = (1,2,3), \sigma^2 = (1,3,2), \tau = (1,2), \tau\sigma = (1,3), \tau\sigma^2 = (2,3)\}$$

▶▶ 연습문제 2.1

1. 다음의 보기에서 반군이나 모노이드 아닌 것은 (S), 모노이드이나 군이 아닌 것은 (M), 군인 것은 (G)로 표기하고, 각각 아닌 이유를 말하여라.

($\mathbb{Z}^+ := \{a \in \mathbb{Z} \mid a > 0\}$, $\mathbb{Z}_{\geq 0} := \{a \in \mathbb{Z} \mid a \geq 0\}$, $\mathbb{Z}^* := \{a \in \mathbb{Z} \mid a \neq 0\}$이고, $\mathbb{Q}$의 경우도 같은 기호를 따른다.)

(1) 1) $(\mathbb{Z}^+, +)$ 2) $(\mathbb{Z}_{\geq 0}, +)$ 3) $(\mathbb{Z}^*, +)$ 4) $(\mathbb{Z}, +)$

(2) 1) $(\mathbb{Z}^+, \cdot)$ 2) $(\mathbb{Z}_{\geq 0}, \cdot)$ 3) $(\mathbb{Z}^*, \cdot)$ 4) $(\mathbb{Z}, \cdot)$

(3) 1) $(\mathbb{Q}^+, +)$ 2) $(\mathbb{Q}_{\geq 0}, +)$ 3) $(\mathbb{Q}^*, +)$ 4) $(\mathbb{Q}, +)$

(4) 1) $(\mathbb{Q}^+, \cdot)$ 2) $(\mathbb{Q}_{\geq 0}, \cdot)$ 3) $(\mathbb{Q}^*, \cdot)$ 4) $(\mathbb{Q}, \cdot)$

2. (1) 위수가 3인 군을 만들어라.

(2) 위수가 4인 군을 만들어라.

3. 공집합이 아닌 집합 G 위의 이항연산 $\bullet$이 결합법칙을 만족하며, 다음의 (iii)과 (iv)를 만족할 때, $(G, \bullet)$은 군임을 증명하여라.

(iii) $e \in G$가 있어서 모든 $a \in G$에 대하여 $a \bullet e = a$

(iv) 모든 $a \in G$에 대하여 $y(a) \in G$가 있어서 $a \bullet y(a) = e$

4. (1) $\frac{1}{2}\mathbb{Z} := \left\{\frac{1}{2}x \mid x \in \mathbb{Z}\right\}$는 덧셈에 대하여 군임을 보여라.

(2) 복소수 α에 대하여 $\alpha\mathbb{Z} := \{\alpha x \mid x \in \mathbb{Z}\}$는 덧셈에 대하여 군임을 보여라.

5. m 이 제곱수가 아닌 정수일 때, 다음을 보여라.

(1) $\mathbb{Z}[\sqrt{m}]^* := \{a+b\sqrt{m} \mid a,\ b \in \mathbb{Z},\ a+b\sqrt{m} \neq 0\}$은 곱셈에 대하여 모노이드다.

(2) $\mathbb{Q}[\sqrt{m}]^* := \{r+s\sqrt{m} \mid r,\ s \in \mathbb{Q},\ r+s\sqrt{m} \neq 0\}$은 곱셈에 대하여 군이다.

6. $A \in M_{m\times n}(\mathbb{R})$, $b = (b_1, \cdots, b_m) \in \mathbb{R}^m$ 일 때, 일차연립방정식 $Ax = b$에 대하여 다음을 보여라.

$Ax = b$ 의 해집합이 벡터의 덧셈에 대하여 군이다 $\Leftrightarrow$ $b = (0, \cdots, 0)$

7. $X \neq \varnothing$ 일 때, $S_F(X) := \{\sigma \in S(X) \mid \sigma$는 유한개의 x에 대해서만 $\sigma(x) \neq x\}$가 군임을 증명하여라.

8. (1) $A \in SL_3(\mathbb{R}) \setminus O_3(\mathbb{R})$ 인 행렬 A를 2개 찾아라.

(2) $A \in O_3(\mathbb{R}) \setminus SL_3(\mathbb{R})$ 인 행렬 A를 2개 찾아라.

***9** 곱셈군 $(\overline{\mathbb{Z}}_n^*, \bullet)$에 대하여 다음에 해당하는 n을 모두 구하여라.

(1) $|\overline{\mathbb{Z}}_n^*| = 8$ 인 n

(2) $|\overline{\mathbb{Z}}_n^*| = 100$ 인 n

10. $A \in O_2(\mathbb{R})$ 인 행렬(즉, $AA^T = I_2$)은 다음의 둘 중 하나임을 증명하여라.

(1) $A = \begin{pmatrix} \cos\theta & -\sin\theta \\ \sin\theta & \cos\theta \end{pmatrix} = \rho_\theta$ (ρ_θ는 $\mathbb{R}^2$에서 θ만큼의 회전이동)

(2) $A = \begin{pmatrix} \cos 2\phi & \sin 2\phi \\ \sin 2\phi & -\cos 2\phi \end{pmatrix} = \delta_\phi$ (δ_ϕ는 $\mathbb{R}^2$에서 직선 $y = (\tan\phi)x$에 관한 대칭이동)

2.2 군의 기본 성질

정리 2.2.1

군 $(G, \cdot)$와 G의 원소 a, b에 대하여 다음이 성립한다.

(1) 항등원 e는 유일하다.

(2) a의 역원, a^{-1}는 유일하다.

(3) $e^{-1} = e$이다.

(4) $(a^{-1})^{-1} = a$이다.

(5) $(a \cdot b)^{-1} = b^{-1} \cdot a^{-1}$이다.

증명 (1) e와 f가 G의 항등원이라면, $e = e \cdot f = f$이다(처음 $=$에서는 f가 항등원, 다음 $=$에서는 e가 항등원임을 이용한다).

(2) x와 y가 a의 역원이라 하자. 결합법칙을 이용하여 다음과 같이 $x = y$임을 보인다.

$$x = e \cdot x = (y \cdot a) \cdot x = y \cdot (a \cdot x) = y \cdot e = y$$

(3) $e \cdot e = e = e \cdot e$이므로, $e^{-1} = e$이다.

(4) $a^{-1} \cdot a = e = a \cdot a^{-1}$이므로, $(a^{-1})^{-1} = a$이다.

(5) $(a \cdot b)(b^{-1} \cdot a^{-1}) = a \cdot (b \cdot b^{-1}) \cdot a^{-1} = a \cdot a^{-1} = e$이고,
$(b^{-1} \cdot a^{-1}) \cdot (a \cdot b) = b^{-1} \cdot (a^{-1} \cdot a) \cdot b = b^{-1} \cdot b = e$이므로, $(a \cdot b)^{-1} = b^{-1} \cdot a^{-1}$이다. ■

(5)는 두 가역행렬 A, B에 대하여, $(AB)^{-1} = B^{-1}A^{-1}$의 증명과정과 같다.

군론의 문제에서 역원을 이용하는 것이 문제풀이의 아이디어가 되는 경우가 많다. 다음의 소거법칙의 증명도 그와 같은 경우이다.

정리 2.2.2 (소거법칙 – Cancellation law)

군 $(G, \cdot)$와 G의 원소 a, b, c, x, y에 대하여 다음이 성립한다.

(1) $a \cdot b = a \cdot c$이면, $b = c$이다. 마찬가지로, $b \cdot a = c \cdot a$이면, $b = c$이다.

(2) $a \cdot x = b$이면, $x = a^{-1} \cdot b$이다. 마찬가지로, $y \cdot a = b$이면, $y = b \cdot a^{-1}$이다.

증명 (1) $a \cdot b = a \cdot c$이면, $a^{-1} \cdot (a \cdot b) = a^{-1} \cdot (a \cdot c)$이다. 그러므로 $(a^{-1} \cdot a) \cdot b = (a^{-1}) \cdot a \cdot c$이 되어 $b = c$이다. 마찬가지로, $b \cdot a = c \cdot a$이면, $b = c$이다.

(2) $a \cdot x = b$이면, $a^{-1} \cdot (a \cdot x) = a^{-1} \cdot b$이므로, $x = a^{-1} \cdot b$이다. 마찬가지로, $y \cdot a = b$이면, $y = b \cdot a^{-1}$이다. ■

정리 2의 명제는 실제로 동치 명제이다. $x = a^{-1} \cdot b$이면, 간단히 $a \cdot x = a \cdot (a^{-1} \cdot b) = b$이

기 때문이다. 이와 같이 어떤 원소의 역원을 곱하는 계산의 결과는 다시 그 원소를 곱하여 처음의 식으로 되돌릴 수 있다.

정의 2.2.3

군 G와 G의 원소 a, 정수 n에 대하여 다음과 같이 a^n을 정의한다.

$$a^n = \begin{cases} a\cdot a\cdot \cdots \cdot a \ (a\text{의 } n\text{번의 곱}) & , \quad n \geq 1 \\ e & , \quad n = 0 \\ a^{-1}\cdot a^{-1}\cdot \cdots \cdot a^{-1} \ (a^{-1}\text{의 } |n|\text{번의 곱}) & , \quad n \leq -1 \end{cases}$$

정리 2.2.4 (지수법칙)

군 G와 $a, b \in G$, 정수 m, n에 대하여 다음이 성립한다.

(1) $a^m \cdot a^n = a^{m+n}$

(2) $(a^m)^n = a^{mn}$

(3) $a^{-n} = (a^{-1})^n = (a^n)^{-1}$

(4) $a\cdot b = b\cdot a$이면, $(a\cdot b)^n = a^n \cdot b^n$이다.

증명 (1) 만일 m, n 중 하나가 0인 경우, $n=0$이라 하자. 이 때, $a^m \cdot a^0 = a^m = a^{m+0}$이 성립한다.

$m \geq 1, n \geq 1$인 경우는 $a^m \cdot a^n$은 다음과 같이 a의 $m+n$번의 곱으로 같다.

$$\begin{aligned} a^m \cdot a^n &= \underbrace{(a\cdot \cdots \cdot a)}_{m\text{번}} \underbrace{(a\cdot \cdots \cdot a)}_{n\text{번}} \\ &= \underbrace{a\cdot \cdots \cdot a\cdot a\cdot \cdots \cdot a}_{m+n\text{번}} = a^{m+n} \end{aligned}$$

$m \leq -1, n \leq -1$인 경우는 $a^m \cdot a^n$은 다음과 같이 a^{-1}의 $|m+n|$번의 곱으로 같다.

$$\begin{aligned} a^m \cdot a^n &= (a^{-1}\cdot \cdots \cdot a^{-1})\cdot(a^{-1}\cdot \cdots \cdot a^{-1}) \\ &= a^{-1}\cdot \cdots \cdot a^{-1}\cdot a^{-1}\cdot \cdots \cdot a^{-1} = a^{m+n} \end{aligned}$$

$m \geq 1, n \leq -1$이고, $m+n \geq 0$ 경우, $a^m \cdot a^n$는 다음과 같이 a의 $m+n$번의 곱이다.

$$\begin{aligned} a^m \cdot a^n &= \underbrace{(a\cdot \cdots \cdot a)}_{m\text{번}} \cdot \underbrace{(a^{-1}\cdot \cdots \cdot a^{-1})}_{-n\text{번}} \\ &= \underbrace{(a\cdot \cdots \cdot a)}_{m+n\text{번}} \cdot \underbrace{(a\cdot \cdots \cdot a)}_{-n\text{번}} \underbrace{(a^{-1}\cdot \cdots \cdot a^{-1})}_{-n\text{번}} \\ &= a\cdot \cdots \cdot a = a^{m+n} \end{aligned}$$

또, $m \geq 1, n \leq -1$이고, $m+n \leq -1$ 경우는 $a^m \cdot a^n$은 a^{-1}의 $|m+n|$번의 곱이고, $a^m \cdot a^n = a^{m+n}$이다.

(2) 연습문제

(3) (2)에서 $m=-1$인 경우이다.

(4) $a\cdot b = b\cdot a$이므로 $(a\cdot b)^n = (a\cdot b)\cdot(a\cdot b)\cdot \cdots \cdot(a\cdot b) = (a\cdot \cdots \cdot a)(b\cdot \cdots \cdot b) = a^n \cdot b^n$이다. ■

군 G가 아벨군이고 연산기호를 $+$를 쓸 때, a^n을 na로 나타낸다. 이 때, 다음이 성립한다.

정리 2.2.5

아벨군 $(G, +)$와 $a, b \in G$, 정수 m, n에 대하여 다음이 성립한다.

(1) $(m+n)a = ma+na,\ n(a+b) = na+nb$

(2) $n(ma) = (nm)a = (mn)a = m(na)$

(3) $1a = a$

$(G, +)$가 아벨군이라는 조건과 위의 조건 (i)−(iii)은 선형대수에서 벡터공간을 정의하는 벡터의 합과 스칼라(scalar) 곱의 조건과 같다. 단, 선형대수에서 스칼라는 실수 또는 주어진 체(정의 3.2.4)의 원소를 의미한다.

▸▸ 연습문제 2.2

1. 군 G와 $a, b, c \in G$ 대하여 다음을 보여라.

(1) $a^2 = e \Leftrightarrow a = a^{-1}$

(2) $ab = e \Leftrightarrow ba = e$

(3) $bab^{-1} = e \Leftrightarrow a = e$

(4) $abc = e \Leftrightarrow b = a^{-1}c^{-1}$

2. G가 아벨군이면, 모든 정수 i와 $a, b \in G$에 대하여 $(ab)^i = a^i b^i$임을 보여라.

3. 군 G의 모든 $a, b \in G$ 대하여

(1) $(ab)^2 = a^2 b^2$이면, G는 아벨군임을 보여라.

(2) 연속한 세 정수 i에 대하여 $(ab)^i = a^i b^i$이면, G는 아벨군임을 보여라.

(3) 연속한 두 정수 i에 대하여 $(ab)^i = a^i b^i$이고, G는 아벨군이 아닌 보기를 찾아라.

4. 군 G의 모든 원소 a에 대하여 $a = a^{-1}(a^2 = e)$이면, G는 아벨군임을 보여라.

5. 군 G의 위수가 짝수이면, G에는 $a \neq e$, $a^2 = e$인 원소 a가 있음을 보여라.

6. 군 G와 $a, b \in G$, 정수 m, n에 대하여 $(a^m)^n = a^{mn}$을 보여라.

7. 군 G와 $a, b \in G$, 정수 n에 대하여 $(bab^{-1})^n = ba^nb^{-1}$임을 보여라.
($n \geq 1$인 경우에 먼저 보이고, $n \leq -1$인 경우는 $m = |n|$에 대하여 $(bab^{-1})^n = ((bab^{-1})^m)^{-1}$으로 계산한다).

***8.** 군 G와 $a, b \in G$에 대하여 $bab^{-1} = a^m$이다. 이 때, $n \geq 1$에 대하여 $b^nab^{-n} = a^{(m^n)}$임을 보여라(n에 관한 귀납법으로 증명한다).

2.3 부분군(部分君)

> **정의 2.3.1**
> 군 $(G, \cdot)$의 $\varnothing$이 아닌 부분집합 H가 G의 연산에 대하여 군을 이룰 때, H를 G의 **부분군**(a subgroup of G)이라 한다.

H가 G의 부분군일 때, 간단히 $H \leqq G$로 나타내기로 한다.

> **정리 2.3.2**
> 군 G의 ϕ이 아닌 부분집합 H에 대하여, 다음은 동치이다.
> (1) $H \leqq G$ (즉, H는 G의 부분군이다).
> (2) 모든 $a, b \in H$에 대하여 (i) $ab \in H$ (iv) $a^{-1} \in H$.
> (3) 모든 $a, b \in H$에 대하여 (v) $ab^{-1} \in H$.

증명 (1)⟹(2) H가 G의 부분군이므로, 군을 정의하는 조건 (i)과 (iv)를 만족한다.
(1)⟹(3) H가 G의 부분군이므로, $b^{-1} \in H$이다. 이제, $a, b^{-1} \in H$에 대하여 (v) $ab^{-1} \in H$를 만족한다.
(2)⟹(1) 군을 정의하는 조건 중 (ii) 결합법칙과 (iii) 항등원이 있음을 보이면 된다.
(ii) 군 G의 결합법칙이 부분집합 H의 결합법칙으로 적용된다.
(iii) $H \neq \phi$이므로, $c \in H$가 존재한다. (iv)에 의하여 $c^{-1} \in H$이다.
이제 (i)에 의하여 $cc^{-1} = e \in H$이다.

(3)⟹(1) $H \neq \phi$이므로, $c \in H$가 존재한다. (v)에 의하여 $cc^{-1} = e \in H$이다.
이제 임의의 $a, b \in H$에 대하여, (v)에 의하여 $ea^{-1} = a^{-1} \in H$이다. 마찬가지로, $b^{-1} \in H$이다. 또, $a, b^{-1} \in H$에 대하여, (v)에 의하여 $a(b^{-1})^{-1} = ab \in H$이다.

■

위의 정리는 선형대수에서 부분공간임을 판정하는 다음 정리와 비교할 수 있다.

정리 W가 벡터공간 V의 부분공간 ($W \neq \phi$)
$\Leftrightarrow$ 모든 스칼라 α와 모든 $u, v \in W$, $\alpha u \in W$, $u + v \in W$
$\Leftrightarrow$ 모든 스칼라 α, β와 모든 $u, v \in W$, $\alpha u + \beta v \in W$

정리 2.3.3
군 G의 ϕ이 아닌 유한 부분집합 H에 대하여 다음이 성립한다.
$H \leq G$ $\Leftrightarrow$ (i) 모든 $a, b \in H$에 대하여 $ab \in H$

증명 ⟸) 정리 2에 의하여, 모든 $a \in H$에 대하여 $a^{-1} \in H$만 증명하면 된다.
$a \in H$에 대하여 집합 $S = \{ a, a^2, \cdots, a^i, \cdots \}$를 고려하자. 조건 (i)에 의하여 S는 H의 부분집합이다. 또, H는 유한집합이므로, S도 유한집합이다. 그러므로 S의 원소나열에는 중복이 있고, 적당한 $1 \leq k < l$에 대하여, $a^k = a^l$이다. 그러므로 $e = a^{l-k}$이다. 이 때, $e = a^{l-k} = aa^{l-k-1}$이므로, $a^{-1} = a^{l-k-1} \in H$이다.

■

위의 증명에서 $l - k - 1 = 0$인 경우(즉, $l - k = 1$)는 $a^k = a^{k+1}$이고, $a = e$이다. 이 경우는 $a^{-1} = a = e \in H$이다.

참고 위의 정리를 증명할 때, 정리 3.2.7의 증명방법도 쓸 수 있다.

군 G의 부분집합 $\{e\}$는 G의 부분군이며, $\{e\}$를 (e) 또는 $< e >$로 나타낸다.
$< e >$와 G를 군 G의 **자명한 부분군**(the trivial subgroups of G)이라 하고, 부분군 H가 $H \neq < e >$이고 $H \neq G$일 때, H를 G의 **진부분군**(a proper subgroup of G)이라 한다.

정리 2.3.4
H와 K가 군 G의 부분군이면, $H \cap K$는 G의 부분군이다.

(증명) $a, b \in H \cap K$이면, $a, b \in H$이므로 $ab \in H$이다. 마찬가지로, $ab \in K$이다. 그러므로 $ab \in H \cap K$이다. 또, $a \in H$이므로 $a^{-1} \in H$이다. 마찬가지로, $a^{-1} \in K$이다. 따라서 $a^{-1} \in H \cap K$이고, $H \cap K$는 G의 부분군이다. ■

같은 방법으로 H_i가 군 G의 부분군이면, $\bigcap_i H_i$는 G의 부분군임을 볼 수 있다.

1절에서 군과 부분군을 보기가 예시되었는데, 다음과 같다.

(보기) 2.3.5

(1) $(n\mathbb{Z},+) \leqq (\mathbb{Z},+) \leqq (\mathbb{Q},+) \leqq (\mathbb{R},+) \leqq (\mathbb{C},+)$, n은 정수.

(2) m이 제곱수가 아닌 양의 정수일 때, $(\mathbb{Z}[\sqrt{m}],+) \leqq (\mathbb{Q}[\sqrt{m}],+) \leqq (\mathbb{R},+)$.

(3) m이 음의 정수일 때, $(\mathbb{Z}[\sqrt{m}],+) \leqq (\mathbb{Q}[\sqrt{m}],+) \leqq (\mathbb{C},+)$.

(보기) 2.3.6

(1) $(\{-1, 1\}, \cdot) \leqq (S^1, \cdot) \leqq (\mathbb{C}^*, \cdot)$.

(2) $(\mathbb{Q}^*, \cdot) \leqq (\mathbb{R}^*, \cdot) \leqq (\mathbb{C}^*, \cdot)$.

(3) $(\mathbb{Q}^+, \cdot) \leqq (\mathbb{R}^+, \cdot) \leqq (\mathbb{R}^*, \cdot)$

(보기) 2.3.7

$M_{m\times n}(\mathbb{R}) = \{ A = (a_{ij})_{m\times n} \mid a_{ij} \in \mathbb{R} \}$의 부분집합 $M_{m\times n}(\mathbb{Z})$와 $M_{m\times n}(\mathbb{Q})$는 다음과 같이 행렬의 덧셈에 대하여 부분군이다.

$$(M_{m\times n}(\mathbb{Z}),+) \leqq (M_{m\times n}(\mathbb{Q}),+) \leqq (M_{m\times n}(\mathbb{R}),+)$$

(보기) 2.3.8

$\mathbb{R}$ 위에서 n차 특수직교군은 $SO_n(\mathbb{R}) := O_n(\mathbb{R}) \cap SL_n(\mathbb{R})$이다. 즉,

$$SO_n(\mathbb{R}) = \{ A \in GL_n(\mathbb{R}) \mid AA^T = I_n,\ \det A = 1 \}$$

다음과 같이 $\mathbb{R}$ 위에서 n차 일반선형군, $GL_n(\mathbb{R})$의 행렬의 곱에 대한 부분군을 볼 수 있다.

(1) $(SO_n(\mathbb{R}), \cdot) \leqq (S_n(\mathbb{R}), \cdot) \leqq (GL_n(\mathbb{R}), \cdot)$

(2) $(SO_n(\mathbb{R}), \cdot) \leqq (O_n(\mathbb{R}), \cdot) \leqq (GL_n(\mathbb{R}), \cdot)$

보기 2.3.9

3차 대칭군 S_3의 부분군은 다음의 6개이다.

- 자명한 부분군 : $\langle(1)\rangle$, S_3
- 위수가 2인 부분군 : $\{(1),(1,2)\}$, $\{(1),(1,3)\}$, $\{(1),(2,3)\}$
- 위수가 3인 부분군 : $\{(1),(1,2,3),(1,3,2)\}$

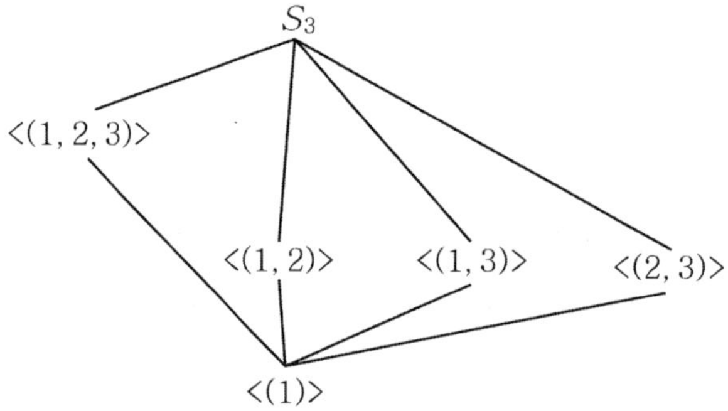

S_3의 부분군의 격자도
(선분은 두 부분군이 포함관계에 있음을 나타낸다.)

보기 2.3.10

다음은 4차 대칭군 S_4의 부분군이다(연습문제 6).

$V_4 := \{(1),(1,2)(3,4),(1,3)(2,4),(1,4)(2,3)\}$

$D_4 := \{(1),(1,2,3,4),(1,3)(2,4),(1,4,3,2),(1,3),(2,4),(1,2)(3,4),(1,4)(2,3)\}$

참고 S_4의 부분군은 모두 30개이다.

▸▸ 연습문제 2.3

1. 다음 중 정수 덧셈군 $(\mathbb{Z}, +)$의 부분군인 것은? 부분군이 아닌 것은 그 이유를 설명하여라. (정수 m에 대하여, $m\mathbb{Z} = \{ma \mid a \in \mathbb{Z}\}$는 m의 배수의 집합이다.)

(1) $(\mathbb{Z}^+, +)$ (2) $\{\pm a^2 \mid a \in \mathbb{Z}\}$

(3) $m\mathbb{Z}$ (4) $12\mathbb{Z} \cap 18\mathbb{Z}$

(5) $12\mathbb{Z}+18\mathbb{Z}:=\{\,12a+18b \mid a,\, b\in\mathbb{Z}\,\}$

(6) $(12\mathbb{Z}:18\mathbb{Z}):=\{\,x\in\mathbb{Z}\mid 18x\in 12\mathbb{Z}\}$

2. 다음 중 유리수 덧셈군 $(\mathbb{Q},\,+\,)$의 부분군인 것은? 부분군이 아닌 것은 그 이유를 설명하여라. (유리수 r에 대하여, $r\mathbb{Z}=\{\,ra \mid a\in\mathbb{Z}\,\}$이다.)

(1) $(\mathbb{Q}_{\geq 0},\,+\,)$ (2) $\{\,x^3 \mid x\in\mathbb{Q}\,\}$

(3) $r\mathbb{Z}$ (4) $\dfrac{1}{2}\mathbb{Z}\cap\dfrac{1}{3}\mathbb{Z}$

(5) $\dfrac{5}{6}\mathbb{Z}+\dfrac{10}{9}\mathbb{Z}$

(6) $\dfrac{10}{9}\mathbb{Z}:\dfrac{5}{6}\mathbb{Z}=\left\{x\in\mathbb{Q}\mid \dfrac{5}{6}x\in\dfrac{10}{9}\mathbb{Z}\right\}$

3. 다음 중 실수 곱셈군 $(\mathbb{R}^*,\,\cdot\,)$의 부분군인 것은? 부분군이 아닌 것은 그 이유를 설명하여라.

(1) $(\mathbb{Q}^+,\,\cdot\,)$ (2) $(\mathbb{Q}_{\geq 0},\,\cdot\,)$

(3) $\{\,x^2 \mid x\in\mathbb{Q}^*\,\}$ (4) $\{\,x^3 \mid x\in\mathbb{Q}^*\,\}$

(5) $\{\,\sqrt{x} \mid x\in\mathbb{Q}^+\,\}$ (6) $\{\,\sqrt[3]{x} \mid x\in\mathbb{Q}^*\,\}$

(7) r이 0이 아닌 유리수일 때, $\{\,r^n \mid n\in\mathbb{Z}\,\}$

4. H가 G의 부분군이고 $a\in G$일 때, aHa^{-1}는 G의 부분군임을 증명하여라.

5. 군 G의 부분군 $H,\,K$에 대하여 다음을 증명하여라.

(1) $H\cup K$가 G의 부분군 $\Leftrightarrow$ $H\subseteq K$ 또는 $K\subseteq H$

(2) $G=H\cup K$이고, $H\cap K=\langle e\rangle$이면, $H=\langle e\rangle$이거나 $K=\langle e\rangle$이다.

6. 다음은 부분집합들이 각각 S_4의 부분군임을 보여라.

(1) $V_4:=\{\,(1),(1,2)(3,4),\,(1,3)(2,4),\,(1,4)(2,3)\,\}$

(2) $V_4^2:=\{\,(1),(1,2),(1,3),\,(1,2)(3,4)\,\}$

(3) $D_4^1:=\{\,(1),(1,2,3,4),\,(1,3)(2,4),\,(1,4,3,2),(1,3),\,(2,4),\,(1,2)(3,4),$
$(1,4)(2,3)\,\}$

(4) $D_4^2 := \{\, (1), (1,2,4,3), (1,4)(2,3), (1,3,4,2), (1,4), (2,3), (1,2)(3,4), (1,3)(2,4) \,\}$

(5) $D_4^3 := \{\, (1), (1,3,2,4), (1,2)(3,4), (1,4,2,3), (1,2), (3,4), (1,3)(2,4), (1,4)(2,3) \,\}$

7. 행렬 $A = \begin{pmatrix} 0 & 1 \\ -1 & 0 \end{pmatrix}$, $B = \begin{pmatrix} 0 & i \\ i & 0 \end{pmatrix}$, $C = \begin{pmatrix} -1 & 0 \\ 0 & 1 \end{pmatrix}$에 대하여 다음의 집합은 각각 $GL_2(\mathbb{C}) := \{\, A \in M_2(\mathbb{C}) \mid \det A \neq 0 \,\}$의 부분군임을 보여라.

(1) $H_1 = \{\, I, A, A^2, A^3 \,\}$

(2) $H_2 = \{\, I, B, B^2, B^3 \,\}$

(3) $H_3 = \{\, I, C, C^2, C^3 \,\}$

8. p가 소수일 때, $GL_n(\mathbb{Z}_p) = \{\, A \in M_n(\mathbb{Z}_p) \mid A$가 가역행렬 $\Leftrightarrow \det A \neq \overline{0} \,\}$이고, $SL_n(\mathbb{Z}_p) = \{\, A \in M_n(\mathbb{Z}_p) \mid \det A = \overline{1} \,\}$이다. $SL_n(\mathbb{Z}_p)$는 $GL_n(\mathbb{Z}_p)$의 부분군임을 보여라.

9. **선형대수의 정리** $A(adj\,A) = (\det A) I_n = (adj\,A) A$에 의하여, 각 성분이 정수인 행렬 A가 모든 성분이 정수인 역행렬을 갖기 위한 필요충분조건은 $\det A = \pm 1$이다. 이 때, A의 역행렬, $A^{-1} = \dfrac{1}{\det A}(adj\,A)$이다. 그러므로

$GL_n(\mathbb{Z}) := \{\, A \in M_n(\mathbb{Z}) \mid \det A = \pm 1 \,\}$.

또, $SL_n(\mathbb{Z}) := \{\, A \in M_n(\mathbb{Z}) \mid \det A = 1 \,\}$이다.

(1) $SL_n(\mathbb{Z})$는 $GL_n(\mathbb{Z})$의 부분군임을 보여라.

(2) $GL_n(\mathbb{Z})$는 $GL_n(\mathbb{R})$의 부분군임을 보여라.

(3) $SL_n(\mathbb{Z})$는 $SL_n(\mathbb{R})$의 부분군임을 보여라.

(4) $M_n(\mathbb{Z}) \cap O_n(\mathbb{R}) = O_n(\mathbb{Z})$임을 보여라.

(5) $A \in O_2(\mathbb{R})$이나 $A \not\in O_2(\mathbb{Z})$인 행렬 A를 찾아라.

2.4 라그랑주의 정리 – 개수세기 I

라그랑주(Lagrange)의 정리는 H가 유한군 G의 부분군일 때, $o(H)$가 $o(G)$의 약수라는 식이다. 모노이드에서는 라그랑주의 정리가 성립하지 않는다. 예를 들면, 곱셈에 관하여 $(\overline{\mathbb{Z}}_{10}, \cdot)$은 모노이드이고, $(\overline{\mathbb{Z}}_{10}^{*}, \cdot)$를 부분모노이드로 갖는다. 그러나 $\overline{\mathbb{Z}}_{10}^{*}$의 위수인 4는 10의 약수가 아니다.

라그랑주의 정리는 군론의 계산에서 가장 기본이 되는 식으로 군론 뿐 아니라 수학의 여러 분야에서 이용되고 있다. 증명과정은 다음과 같이 군 G가 부분군 H와 원소의 개수가 같은 동치류의 합집합임을 보인다.

정의 2.4.1

H가 군 G의 부분군일 때, $a \in G$에 대하여 다음의 집합을 정의한다.

$$aH := \{ ah \mid h \in H \}, \qquad Ha := \{ ha \mid h \in H \}$$

aH를 H의 a에 의한 **좌잉여류**(또는 H의 a를 포함하는 의한 좌잉여류 : the left coset of H containg a)라 하고, Ha를 H의 a에 의한 **우잉여류**(the right coset of H containg a)라 한다.

G가 아벨군이면, $aH = Ha$이나, 일반적으로 같지 않다.

보기 2.4.2

$G = S_3$, $H = \{(1), (1,2)\}$, $a = (1,3)$이면, 다음과 같이 $aH \neq Ha$이다.

$$(1,3)H = \{ (1,3), (1,3)(1,2) = (1,3,2) \},$$
$$H(1,3) = \{ (1,3), (1,2)(1,3) = (1,2,3) \}$$

참고 다음의 집합도 군 G의 연산이용하여 같은 방법으로 정의한다.

$$aHa^{-1} := \{ aha^{-1} \mid h \in H \}, \qquad aHb := \{ ahb \mid h \in H \}$$

정리 2.4.3

H가 군 G의 부분군이고, $a \in G$일 때, $|H| = |aH|$이다.

증명 함수 $f : H \to aH$를 $f(h) = ah \in aH (h \in H)$로 정의하자. 이 때, $h_1, h_2 \in H$가

$h_1 \neq h_2$이면, 군의 소거법칙에 의하여 $ah_1 \neq ah_2$이다. 그러므로 f는 단사이다. 또 임의의 $ah \in aH$에 대하여 $f(h) = ah$이므로 f는 전사이다. 따라서 $|H| = |aH|$이다.

마찬가지로, $a, b, c, d \in G$일 때, $|H| = |Ha| = |bHb^{-1}| = |cHd|$가 성립한다.

정리 2.4.4

H가 G의 부분군이고 $a, b \in G$일 때, 다음의 $a \sim b$는 동치관계이다.

$$a \sim b \;\Leftrightarrow\; a^{-1}b \in H$$

증명 반사적 : $a \sim a \;\Leftrightarrow\; a^{-1}a = e \in H$

대칭적 : $a \sim b \;\Leftrightarrow\; a^{-1}b = h \in H \;\Leftrightarrow\; h^{-1} = b^{-1}a \in H \;\Leftrightarrow\; b \sim a$

추이적 : $a \sim b, b \sim c \;\Leftrightarrow\; a^{-1}b = h \in H,\ b^{-1}c = h' \in H$이다. 그러므로,

$hh' = (a^{-1}b)(b^{-1}c) = a^{-1}c \in H \;\Leftrightarrow\; a \sim c$이다.

위의 동치관계에서 a의 동치류(a를 포함하는 동치류), $\bar{a} := \{ x \in G \mid a \sim x \}$는 다음과 같이 좌잉여류 aH이다.

$$a \sim x \;\Leftrightarrow\; a^{-1}x = h \in H \;\Leftrightarrow\; x = ah \in aH$$

그러므로 두 좌잉여류 aH와 bH에 대하여 (i) $aH \cap bH = \phi$, (ii) $aH = bH$, 둘 중 하나만 성립한다. 또, 모든 $a \in G$에 대하여 $a = ae \in aH$이므로, G의 모든 원소는 적어도 하나의 동치류인 H의 좌잉여류에 속한다. 그러므로 군 G는 서로소인 동치류 a_iH의 합집합으로 나타낼 수 있다. 즉, 적당한 G의 부분집합 $\{ a_i \}$가 있어서, $G = \bigcup_{a_i} a_iH$이고, $a_i \neq a_j$에 대하여 $a_iH \cap a_jH = \phi$이다. 이 때, $\{ a_i \}$를 군 G 안에서의 부분군 H의 **좌대표계**(a set of representatives of left cosets of H in G)라 한다.

정의 2.4.5

H가 군 G의 부분군일 때, G에 있는 H의 서로 다른 좌잉여류의 개수를 $[G : H]$로 적고, G에서의 H의 **지수**(the index of H in G)라 한다.

정리 2.4.6 (라그랑주의 정리)

H가 유한군 G의 부분군이면, $o(G) = o(H)[G : H]$이다. 특히, $o(H) | o(G)$이고, $[G : H] | o(G)$이다.

증명 유한군 G를 동치관계, $a \sim b \Leftrightarrow a^{-1}b \in H$하에서 서로소인 동치류 $a_i H$의 합집합으로 나타낸다. 보조정리 3에 의하여 모든 $a_i H$에 대하여, $|H| = |a_i H|$이다. 그러므로 $o(G) = \sum_{a_i} |a_i H| = \sum_{a_i} o(H) = o(H)[G: H]$이다. ■

위의 증명은 우잉여류에 대해서도 같은 방법으로 할 수 있다.

정리 2.4.5′

H가 G의 부분군이고 $a, b \in G$일 때, 다음의 $a \sim b$는 동치관계이다.

$$a \sim_R b \Leftrightarrow ba^{-1} \in H$$

위의 동치관계에서 a의 동치류(a를 포함하는 동치류), $\hat{a} := \{ x \in G \mid a \sim_R x \}$는 다음과 같이 우잉여류 Ha이다.

$$a \sim_R x \Leftrightarrow xa^{-1} = h \in H \Leftrightarrow x = ha \in Ha$$

그러므로 두 우잉여류 Ha와 Hb에 대하여 (i) $Ha \cap Hb = \phi$, (ii) $Ha = Hb$, 둘 중 하나만 성립한다. 이제 군 G는 서로소인 동치류 Ha_i의 합집합으로 나타낼 수 있고, $o(G) = o(H)[G : H]$이 성립한다(정리 2.4.8 참고).

지적 2.4.7

H가 군 G의 부분군이고 $a, b \in G$일 때,

(1) $aH = bH \Leftrightarrow a \in bH \Leftrightarrow b \in aH \Leftrightarrow b = ah \ (h \in H) \Leftrightarrow a^{-1}b \in H \Leftrightarrow b^{-1}a \in H$

(2) $Ha = Hb \Leftrightarrow a \in Hb \Leftrightarrow b \in Ha \Leftrightarrow b = ha \ (h \in H) \Leftrightarrow ba^{-1} \in H \Leftrightarrow ab^{-1} \in H$

정리 2.4.8

H가 군 G의 부분군일 때, G에 있는 H의 좌잉여류의 개수와 H의 우잉여류의 개수는 같다(잉여류의 개수가 무한인 경우에도).

증명 $\phi : \{ aH \mid a \in G \} \to \{ Ha \mid a \in G \}$를 $\phi(aH) = Ha^{-1}$으로 정의하자.

먼저 $aH = bH \Leftrightarrow a^{-1}b \in H \Leftrightarrow a^{-1} \in Hb^{-1} \Leftrightarrow Ha^{-1} = Hb^{-1} \Leftrightarrow \phi(aH) = \phi(bH)$ 이므로, ϕ는 잘 정의되었고 또한 단사이다.

또, 임의의 우잉여류 Ha에 대하여 $\phi(a^{-1}H) = H(a^{-1})^{-1} = Ha$ 이므로, ϕ는 전사이다.

따라서 ϕ는 1−1 대응이고, H의 좌잉여류의 개수와 H의 우잉여류의 개수는 같다. ■

보기 2.4.9

S_3 안에서 부분군 $H = \{(1), (1,2,3), (1,3,2)\}$의 좌잉여류와 우잉여류는 다음과 같이 각각 2개이다

(1) $a = (1)$ (또는 $(1,2,3)$, $(1,3,2)$)일 때, $aH = H$이고,
$b = (1,2)$ (또는 $(1,3)$, $(2,3)$)일 때, $bH = \{(1,2), (1,3), (2,3)\}$이다.

(2) $a = (1)$ (또는 $(1,2,3)$, $(1,3,2)$)일 때, $Ha = H$이고,
$b = (1,2)$ (또는 $(1,3)$, $(2,3)$)일 때, $Hb = \{(1,2), (1,3), (2,3)\}$이다.

G가 아벨군일 때, aH 대신 $a+H$ 또는 $H+a$로 적는다.

보기 2.4.10

$G = (\mathbb{Z}, +)$이고 $H = m\mathbb{Z}$일 때, $\{0, 1, 2, \cdots, m-1\}$은 대표계이다. 또, $a \in \{0, 1, 2, \cdots, m-1\}$에 대하여, $a + m\mathbb{Z}$는 $\bar{a}$로 적는다. 이 때, 잉여류의 집합은, $\mathbb{Z}/m\mathbb{Z} = \overline{\mathbb{Z}}_m = \{\bar{0}, \bar{1}, \cdots, \overline{m-1}\}$이다.

정의 2.4.11

a가 군 G의 원소일 때, 다음을 정의한다.

(1) $a^i = e$가 되는 양의 정수 i가 있을 때, a의 위수는 유한하다고 하고 그와 같은 양의 정수 중 가장 작은 n을 a의 **위수**(the order of a)라 하고, $o(a) = n$이라 적는다. 모든 양의 정수 i에 대하여 $a^i \neq e$일 때, a의 **위수는 무한**이라 하고 $o(a) = \infty$라 적는다.

(2) 집합 $\langle a \rangle := \{a^i \mid i \in \mathbb{Z}\}$는 G의 부분군이다. $\langle a \rangle$를 a로 생성된 G의 **순환부분군**(the cyclic group of G generated by a)라고 한다. 또, 적당한 $a \in G$에 대하여 $G = \langle a \rangle$일 때, G를 **순환군**(a cyclic group)이라 한다.

정리 2.4.12

a가 유한군 G의 원소일 때, a의 위수는 유한하며,

(1) $o(a)=n$일 때, $\langle a\rangle=\{e, a, \cdots, a^{n-1}\}$이다.

(2) $o(a)\mid o(G)$이고, 따라서 $a^{o(G)}=e$ 이다.

증명 G가 유한군이므로 $a\in G$의 위수는 유한하다.

(1) $o(a)=n$일 때, 먼저 $0\le i<j\le n-1$인 i, j에 대하여 $a^i=a^j$이면, $a^{j-i}=e$가 되어, 이는 $o(a)=n$이라는데 모순이다. 또, 임의의 정수 i에 대하여, $i=nq+r$ $(0\le r\le n-1)$이라 하면, $a^i=a^{nq+r}=(a^n)^q a^r=a^r$이다.
그러므로 $\langle a\rangle=\{e, a, \cdots, a^{n-1}\}$이다.

(2) $o(\langle a\rangle)=o(a)$이므로, 라그랑주의 정리에 의하여 $o(a)\mid o(G)$이다. $o(a)=n$, $o(G)=nq$라 하면, $a^{o(G)}=a^{nq}=(a^n)^q=e$이다. ■

지적 2.4.13 (기본 사항)

군 G에서 $o(a)=n$인 경우, '$a^i=e \Leftrightarrow n\mid i$'이다.

증명 $\Leftarrow$) $i=nq$이면, $a^i=(a^n)^q=e$이다.

$\Rightarrow$) $a^i=e$일 때, $i=nq+r$ $(0\le r\le n-1)$이라 하면, $e=a^i=a^{nq+r}=(a^n)^q a^r=a^r$이다. 이 때, 위수의 정의에 의하여 $r=0$이고, $n\mid i$이다. ■

정리 2.4.14 (오일러의 정리)

n이 양의 정수이고, a가 $(a,n)=1$인 정수일 때, $a^{\phi(n)}\equiv 1 \pmod n$이다($\phi(n)$은 1부터 n까지 n과 서로소인 정수의 개수).

증명 양의 정수 n과 서로소인 정수의 곱셈군(보기 2.1.7), $\overline{\mathbb{Z}}_n^*$의 위수는 $\phi(n)$이다. 그러므로 정리 12에 의하여 $\overline{\mathbb{Z}}_n^*$에서 $a^{\phi(n)}=1$(항등원)이다. 즉, $a^{\phi(n)}\equiv 1 \pmod n$이다. ■

정리 2.4.15 (페르마의 정리)

p가 소수일 때, 모든 정수 a에 대하여 $a^p\equiv a \pmod p$이다.

증명 p가 소수이므로, $\phi(p)=p-1$이다. 그러므로 오일러의 정리에 의하여 $(a,p)=1$인 정수 a에 대하여 $a^{p-1}\equiv 1 \pmod p$. 그러므로 $a^p\equiv a \pmod p$이다.

정수 a가 $(a,p) \neq 1$인 경우는 a가 p의 배수이며, $a \equiv 0 \pmod{p}$이다. 그러므로 이 경우도 $a^p \equiv a \pmod{p}$이다.

■

정리 2.4.16

p가 소수일 때, 군 G에 대하여 다음은 동치이다.

(1) $o(G) = p$.

(2) $o(G) = p$이고, G가 순환군이다.

(3) G의 부분군은 $\langle e \rangle$와 G 뿐이다.

증명 (1)⇒(2) $a \in G$, $a \neq e$인 a로 생성된 순환부분군 $\langle a \rangle$를 고려하자. 라그랑주의 정리에 의하여, $o(a) \mid o(G) = p$이다. $a \neq e$이므로, $o(a) > 1$이고, p는 소수이므로, $o(a) = p$이다. 따라서 $G = \langle a \rangle$인 순환군이다.

(2)⇒(3) H가 G의 부분군일 때, 라그랑쥬의 정리에 의하여 $o(H) = 1$ 또는 p이다. 그러므로 $H = \langle e \rangle$ 또는 $H = G$이다.

(3)⇒(1) G가 순환군이 아니라면, $a \in G$, $a \neq e$인 a에 대하여 $\langle e \rangle \subsetneq \langle a \rangle \subsetneq G$이므로 (3)에 모순이다. 그러므로 G는 순환군이고, 적당한 $a \in G$에 대하여 $G = \langle a \rangle$이다.

만일 $o(a) = \infty$이면, $\langle e \rangle \subsetneq \langle a^2 \rangle \subsetneq G$이므로 (3)에 모순이다. 또, 만일 1보다 큰 자연수 r, s에 대하여 $o(a) = rs$이면, $\langle e \rangle \subsetneq \langle a^r \rangle \subsetneq G$이므로 (3)에 모순이다. 따라서 G의 위수는 소수이다.

■

군 G의 부분군 H와 K에 대하여 $HK := \{hk \mid h \in H,\ k \in K\}$로 정의한다.

정리 2.4.17

H와 K가 군 G의 부분군일 때,

$$HK\text{가 } G\text{의 부분군} \Leftrightarrow HK = KH$$

증명 ⇐) $x = hk$, $y = h'k' \in HK$일 때, 즉, $h, h' \in H$, $k, k' \in K$인 경우이다. 이 때, $kh' \in KH = HK$이므로, $kh' = h''k''$인 $h'' \in H$, $k'' \in K$가 있다. 그러므로

$$xy = (hk)(h'k') = h(kh')k' = h(kh')k' = h(h''k'')k' = (hh'')(kk'') \in HK$$

또, $x^{-1} = k^{-1}h^{-1} \in KH = HK$이다. 따라서 정리 2.3.2에 의하여 HK는 G의 부분군이다.

⇒) $kh \in KH$에 대하여 $kh = (h^{-1}k^{-1})^{-1}$이다. $h^{-1}k^{-1} \in HK$이고, HK가 G의 부분군이므로 $kh = (h^{-1}k^{-1})^{-1} \in HK$이다. 따라서 $HK \supseteq KH$이다.

$x \in HK$이면 (HK가 G의 부분군이므로), $x^{-1} \in HK$이다. 그러므로 $x^{-1} = hk$ ($h \in H,\ k \in K$)이다. 따라서 $x = (x^{-1})^{-1} = h^{-1}k^{-1} \in KH$이고, $HK \subseteq KH$이다. ■

집합 HK의 원소의 개수는 다음과 같다.

정리 2.4.18

H와 K가 군 G의 유한부분군일 때, $|HK| = \dfrac{|H||K|}{|H \cap K|}$이다.

증명 $H \cap K = \{x_1, x_2, \cdots, x_n\}$이라 하자($x_1 = e$). 이때, HK의 하나의 원소 $hk(h \in H,\ k \in K)$는 다음과 같이 n개의 다른 방법으로 나타낼 수 있다.

$$hk\,(=(hx_1)(x_1^{-1}k)) = (hx_2)(x_2^{-1}k) = \cdots = (hx_n)(x_n^{-1}k)$$

위의 식에서 $hx_i \in H,\ x_i^{-1}k \in K$이고, $x_i \neq x_j$일 때, $hx_i \neq hx_j,\ x_i^{-1}k \neq x_j^{-1}k$이다. 그러므로 $|HK| \leq \dfrac{|H||K|}{|H \cap K|}$이다.

이제 $hk = h_1k_1\ (h, h_1 \in H,\ k, k_1 \in K)$이면, $h^{-1}h_1 = kk_1^{-1} \in H \cap K$이다. 그러므로 $h^{-1}h_1 = kk_1^{-1} = x_i \in H \cap K$이고 h_1k_1은 다음과 같이 위의 n개의 방법 중 한 가지로 나타난다.

$$h_1k_1 = (hh^{-1})h_1k_1(k^{-1}k) = h(h^{-1}h_1)(k_1k^{-1})k = (hx_i)(x_i^{-1}k) = hk$$

따라서 $|HK| = \dfrac{|H||K|}{|H \cap K|}$이다. ■

따름정리 2.4.19

군 G의 유한부분군 H와 K의 원소의 개수가 서로소이면, $|HK| = |H||K|$이다.

증명 라그랑주의 정리에 의하여 $|H \cap K|$는 $|H|$와 $|K|$의 약수이다. 그러므로 $|H|$와 $|K|$가 서로소이면 $|H \cap K| = 1$이다. 정리 2.4.18에 의하여 $|HK| = |H||K|$이다. ■

▶▶ 연습문제 2.4

1. $G = \langle a \mid o(a) = 12 \rangle$, $H = \langle a^2 \rangle$, $K = \langle a^3 \rangle$ 이다.

(1) G에 있는 H의 좌잉여류와 우잉여류를 각각 찾아라.

(2) G에 있는 K의 좌잉여류와 우잉여류를 각각 찾아라.

2. S_3에서 부분군 $H = \{(1), (1,2,3), (1,3,2)\}$와 $K = \{(1), (1,2)\}$에 대하여

(1) S_3에 있는 H의 좌잉여류와 우잉여류를 각각 찾아라.

(2) S_3에 있는 K의 좌잉여류와 우잉여류를 각각 찾아라.

3. $D_4 = \{(1), (1,2,3,4), (1,3)(2,4), (1,4,3,2), (1,3), (2,4), (1,2)(3,4), (1,4)(2,3)\}$ 에서 부분군 $V_4 = \{(1), (1,2)(1,3), (1,3)(2,4), (1,4)(2,3)\}$의 좌잉여류와 우잉여류를 각각 찾아라.

4. H가 군 G의 부분군이고, $\{a_i H \mid a_i \in G, i \in I\}$가 G에 있는 H의 서로 다른 좌잉여류의 집합이다. 이 때, $\{Ha_i^{-1} \mid i \in I\}$가 G에 있는 H의 서로 다른 우잉여류의 집합임을 보여라(정리 8 참고).

5. 다음의 군 G와 부분군 H, K에 대하여 $|HK|$를 구하여라.

(1) $G = \overline{\mathbb{Z}}_{18}$, $H = 2\overline{\mathbb{Z}}_{18}$, $K = 3\overline{\mathbb{Z}}_{18}$

(2) $G = S_4$, $H = D_4^1$, $K = D_4^2$ (연습문제 2.3.6).

> **참고** $HK = D_4^1 D_4^2$는 라그랑주의 정리에 의하여 S_4의 부분군이 아니다.

(3) $G = S_4$, $H = \{\sigma \mid \sigma \in S_4, \sigma(4) = 4\}$, $K = V_4$ (연습문제 2.3.6).

6. 군 G의 부분군 H, K가 $[G:H] = m, [G:K] = n$ 이다(유한지수).
이 때, $[G:H \cap K] < \infty$ 임을 보여라(주의 : G나 H, K는 유한군이 아닐 수 있다).

7. G는 위수가 p^2 인 군이다(p는 소수).

(1) G가 순환군일 때, G에 있는 위수가 p 인 원소의 개수와 위수가 p^2 인 원소의 개수를 각각 구하여라. 또, 위수가 p 인 G의 부분군은 몇 개인가?

(2) G가 순환군이 아닐 때, G에 있는 위수가 p인 원소의 개수와 위수가 p인 G의 부분군의 개수를 각각 구하여라.

8. **(중등교원 임용시험 2009년 1차 #19)**

다음을 증명하여라.

G가 유한군 $\Leftrightarrow$ G의 부분군이 유한개이다

($\Leftarrow$) G의 부분군이 유한개이면, G의 순환부분군이 유한개이고, 또한 모든 원소의 위수가 유한임을 보인다.)

***9.** 군 G의 항등원이 아닌 원소 a, b가 다음을 만족할 때 $o(a)$를 구하여라.

(연습문제 2.2.8을 이용 : $bab^{-1} = a^m$ 이면, $b^n ab^{-n} = a^{(m^n)}$)

(1) (중등교원 임용시험 1997년 #6) $o(b)=3$, $bab^{-1} = a^2$.

(2) $bab^{-1} = a^2$, $o(b)=5$

(3) $bab^{-1} = a^2$, $o(b)=11$, $o(a)$는 두 자릿수이다.

(4) $bab^{-1} = a^{12}$, $o(b)=6$, $o(a)$는 소수이다.

(5) $bab^{-1} = a^{18}$, $o(b)=6$, $o(a)$는 소수이다.

10. 모노이드에서는 다음과 같이 라그랑주의정리가 성립하지 않음을 확인하여라.

(1) $\overline{\mathbb{Z}_5}$는 곱셈에 대하여 모노이드이고, $\{\overline{1}, \overline{2}, \overline{3}, \overline{4}\}$는 $(\overline{\mathbb{Z}_5}, \cdot)$의 부분 모노이드이다.

(2) 곱셈에 대하여 모노이드인 $\overline{\mathbb{Z}_9}$에서 원소의 개수가 6인 부분 모노이드를 찾아라.

(3) 곱셈에 대하여 모노이드인 $\overline{\mathbb{Z}_{20}}$에서 원소의 개수가 8인 부분 모노이드를 찾아라.

11. (1) 곱셈군 $\overline{\mathbb{Z}}_8^* = \{\overline{1}, \overline{2}, \overline{3}, \overline{4}\}$의 순환부분군을 모두 찾아라.

(2) 곱셈군 $\overline{\mathbb{Z}}_{20}^*$의 위수가 4인 순환부분군을 모두 찾아라.

12. 양의 정수 n과 $a \geq 2$에 대하여 $n \mid \phi(a^n - 1)$임을 증명하여라(ϕ는 오일러 함수이다. $(a, a^n - 1) = 1$이므로, $\overline{a} \in \overline{\mathbb{Z}}_{a^n-1}^*$이고, 정리 12를 이용한다).

13. **(중등교원 임용시험 2011년 1차 #17)**

소수 p에 대하여 다음을 설명하여라.

(1) 소수 q가 $p!+1$의 약수이면, $q>p$이다.

(2) p가 홀수소수이면, $(p-2)!\equiv 1\pmod{p}$이다.

(3) p가 3보다 큰 소수이면, $3^{p-1}\equiv 1\pmod{2p}$이다.

14. $n\,(n\geq 2)$개의 복소수가 곱셈에 대하여 군을 이루면, 이 복소수의 집합은

$$R_n=\left\{\rho^k \;\middle|\; \rho=e^{\frac{2\pi}{n}i}=\cos\frac{2\pi}{n}+i\sin\frac{2\pi}{n},\quad k=0,1,\cdots,n-1\right\}$$ 임을 증명하여라.

2.5 정규부분군과 상군

정규부분군은 갈루아가 처음으로 도입하였다. 갈루아는 군 G의 부분군 중에서 좌잉여류와 우잉여류가 같은 부분군 N(즉, 모든 $x\in G$에 대하여 $xN=Nx$)을 이용하여 거듭제곱근에 의한 방정식의 풀이를 해결하였다(정리 4.7.3). 이 절에서는 계산에 편리한 방법으로 정의하며(정의 1), 이 정의가 갈루아가 도입한 '$xN=Nx$'을 비롯한 여러 다른 방법과 동치임을 보인다.

정의 2.5.1

군 G의 부분군 N이 모든 $x\in G$와 모든 $a\in N$에 대하여 $xax^{-1}\in N$일 때, N을 G의 **정규부분군**(a normal subgroup of G)이라 한다. 이때, $N\lhd G$로 적는다.

군 G의 자명한 두 부분군 $\langle e\rangle$와 G는 G의 정규부분군이다.

보기 2.5.2

G가 아벨군이면, G의 부분군 N과 $x\in G$와 $a\in N$에 대하여 $xax^{-1}=a\in N$이므로, $N\lhd G$이다.

보기 2.5.3

S_3에서 $H=<(1,2)>$ 일 때, $(1,3)(1,2)(1,3)^{-1}=(2,3)\notin H$이므로, H는 S_3의 정규부분군이 아니다.

4절에서는 군 G의 부분군(또는 부분집합) H, K와 $x, y \in G$에 대하여 군의 연산을 이용하여 다음의 집합을 정의하였다.

$$xHy := \{ xhy \mid h \in H \}, \quad HK := \{ hk \mid h \in H, \ k \in K \}$$

군의 연산을 그대로 적용하였으므로, $(xHy)z = xH(yz)$와 같은 결합법칙이 성립한다. 또, 모든 $x \in G$에 대하여 $xNx^{-1} \subseteq N$일 때, $N \lhd G$이다(정의1).

정리 2.5.4

N이 G의 부분군일 때, 다음은 서로 동치이다.

(1) $N \lhd G$(즉, 모든 $x \in G$와 모든 $a \in N$에 대하여 $xax^{-1} \in N$이나).

(2) 모든 $x \in G$ 대하여 $xNx^{-1} = N$이다.

(3) 모든 $x \in G$ 대하여 $xN = Nx$이다.

(4) 모든 $x, y \in G$에 대하여 $NxNy = Nxy$이다.

(5) 군 G의 두 우잉여류의 곱은 G의 우잉여류이다.

증명 (1)⟹(2) $N \lhd G$이므로 $xNx^{-1} \subseteq N$이다.
또, $N \lhd G$이므로, 모든 $x \in G$와 모든 $a \in N$에 대하여 $x^{-1}ax = x^{-1}a(x^{-1})^{-1} \in N$이다. 그러므로 $a = x(x^{-1}ax)x^{-1} \in xNx^{-1}$이다. 따라서 $N \subseteq xNx^{-1}$이다.

(2)⟹(3) $xNx^{-1} = N$이면, $Nx = (xNx^{-1})x = xNx^{-1}x = xNe = xN$이다.

(3)⟹(4) N이 G의 부분군이므로 $NN = N$이다. 그러므로 다음이 성립한다.

$$NxNy = N(xN)y = N(Nx)y = NNxy = Nxy$$

(4)⟹(1) $NxNy = Nxy$이므로, 모든 $x \in G$와 $a \in N$에 대하여 다음이 성립한다.

$$xax^{-1} = exax^{-1} \in NxNx^{-1} = Nxx^{-1} = N$$

(4)⟹(5) 성립한다.

(5)⟹(4) 군 G의 두 우잉여류의 곱은 G의 우잉여류이면, $xy = exey \in NxNy$이므로, $NxNy = Nxy$이다. ■

정규부분군의 동치 조건은 위의 5가지 뿐 아니라 다음과 같이 다양하게 나타낼 수 있다. 이와 같이 다양한 동치 명제가 가능한 이유는 정규부분군을 정의하는 첫 구절 '모든 $x \in G$'에 기인한다.

참고 N이 G의 부분군일 때, 모든 $x, y \in G$와 모든 $a \in N$에 대하여 다음이 성립함은 서로 동치이다(연습문제).

(1) $N \lhd G$	(1′) $x^{-1}ax \in N$	(1″) $x^{-1}Nx \subseteq N$	(1‴) $x^{-1}Nx \supseteq N$
(2′) $x^{-1}Nx = N$	(2″) $xNx^{-1} \subseteq N$	(2‴) $xNx^{-1} \supseteq N$	
(3′) $xN \subseteq Nx$	(3″) $xN \supseteq Nx$		
(4′) $xNyN = xyN$	(4″) $xNyN \subseteq xyN$	(4‴) $Nx\,Ny \supseteq Nxy$	

보기 3에서 $[S_3 : H] = 3$ 이고, H는 S_3의 정규부분군이 아니다. 그러나 S_3의 부분군 $N = <(1,2,3)>$과 같이 지수가 2인 부분군은 정규부분군이다.

정리 2.5.5

G의 부분군 N이 $[G : N] = 2$이면, N은 G의 정규부분군이다.

증명 $[G : N] = 2$이므로, G 안에서 N의 좌잉여류와 우잉여류는 각각 2개씩이다. 그러므로, 모든 $x \in G$에 대하여 $x \in N$인 경우에 $xN = N = Nx$이다. $x \notin N$인 경우에 $xN = G - N = Nx$이다. 따라서 N은 G의 정규부분군이다. ■

정리 2.5.6

N이 G의 정규부분군일 때, N의 잉여류의 집합, $G/N := \{Nx \mid x \in G\}$ 위에서 이항연산을 $Nx\,Ny = Nxy$로 정의하면, $NxNy = Nxy$로 정의하면, G/N은 군이다.

증명 $Nx = Nz$, $Ny = Nw$라 하자. 이 때, $x = az$, $y = bw$이다($a, b \in N$). N이 G의 정규부분군이므로 $zN = Nz$이고, $zb \in zN = Nz$는 $zb = b'z$ ($b' \in N$)이다. 그러므로 $Nx\,Ny = Nxy = Nazbw = Nab'zw = Nzw = Nz\,Nw$이고, 이항연산을 $Nx\,Ny = Nxy$는 잘 정의되었다.

또 정의에 의해서 $Nx\,Ny = Nxy \in G/N$이다.

군 G의 연산의 결합법칙이 다음과 같이 G/N의 결합법칙을 준다.

$$(Nx\,Ny)Nz = Nxy\,Nz = N(xy)z = Nx(yz) = NxNyz = Nx(Ny\,Nz)$$

$Nx\,Ne = Nx = Ne\,Nx$이므로, $N = Ne$는 G/N의 항등원이다.

$Nx\,Nx^{-1} = Nxx^{-1} = Ne = Nx^{-1}Nx$이므로, $(Nx)^{-1} = Nx^{-1}$이다. ■

정의 2.5.7

N이 G의 정규부분군일 때, 이항연산 $Nx\,Ny = Nxy$으로 정의되는 군 G/N을 G의 N에 의한 **잉여군**(the residue class group modulo N), 또는 G의 N에 의한 **상군**(the quotient group of G modulo N)이라 한다.

정리 2.5.8

N이 유한군 G의 정규부분군일 때,

(1) $o(G/N) = o(G)/o(N)$이다.

(2) $o(Nx) \mid o(x)$, $x \in G$.

(3) $o(G/N) = m$이면, 모든 $x \in G$에 대하여 $x^m \in N$이다.

증명 (1) 상군 G/N의 원소는 잉여류 Nx이고, 그 개수는 $[G: N]$이다. 라그랑쥬의 정리 (2.4.6)에서 $o(G) = [G: N]\,o(N)$임을 증명하였다. 그러므로

$$o(G/N) = [G: N] = o(G)/o(N)$$

(2) $o(x) = n$이면, $(Nx)^n = Nx^n = Ne$이므로 $o(Nx) \mid o(x)$이다(2.4.13 참고).

(3) 라그랑쥬의 정리(2.4.12)에 의하여 $N = (Nx)^m = Nx^m$이므로, $x^m \in N$이다. ■

정의 2.5.9

군 G의 **중심**(the center of G), $C(G)$는 다음의 부분집합이다.

$$C(G) := \{\, a \in G \mid \text{모든 } x \in G\text{에 대하여 } xa = ax \,\}$$

$e \in C(G)$이므로, $C(G) \neq \varnothing$이다. 또, 위의 정의에 의하여 G가 아벨군이라는 것은 $C(G) = G$와 동치이다.

정리 2.5.10

군 G의 중심, $C(G)$는 G의 정규부분군이다.

증명 $a, b \in C(G)$이면, 임의의 $x \in G$에 대하여

$(ab)x = a(bx) = a(xb) = (ax)b = x(ab)$이므로, $ab \in C(G)$이다.

$ax = xa$이므로, $xa^{-1} = a^{-1}x$이고, $a^{-1} \in C(G)$이다.

또, $xax^{-1} = axx^{-1} = a \in C(G)$이므로, $C(G)$는 G의 정규부분군이다. ■

보기 2.5.11 4차 정이면체군

D_4는 위수가 4인 원소 a와 위수가 2인 원소 b가 $ab = ba^{-1}$를 만족하는 군이다. 이때, 모든 정수 i에 대하여 $ba^i = a^{-i}b$이고, 이를 이용하여 D_4의 모든 원소를 a^ib의 꼴로 쓸 수 있다. 따라서 $D_4 = \{e, a, a^2, a^3, b, ab, a^2b, a^3b\}$로 8개의 원소를 갖는다.

N이 위수가 4인 D_4 의 부분군일 때, $a^2 \in N$ 이다(계산이 필요). 그러므로 위수가 4인 D_4 의 부분군은 다음의 3개이며, 지수가 2이므로 모두 D_4 의 정규부분군이다.

$$N_1 = \{ e, a, a^2, a^3 \},\ N_2 = \{ e, a^2, b, a^2b \},\ N_3 = \{ e, a^2, ab, a^3b \}$$

위수가 2인 D_4 의 부분군은 위수가 2인 원소로 생성되는 다음의 5개의 순환부분군이다(그 중 D_4 의 정규부분군인 것은 $C(D_4) = < a^2 >$뿐이다).

$$C(D_4) = < a^2 > \text{와 } H_i = < a^i b >,\ i = 0, 1, 2, 3$$

위의 보기에서 $H_1 \lhd N_3$, $N_3 \lhd D_4$ 이나, H_1 은 D_4 의 정규부분군이 아니다.

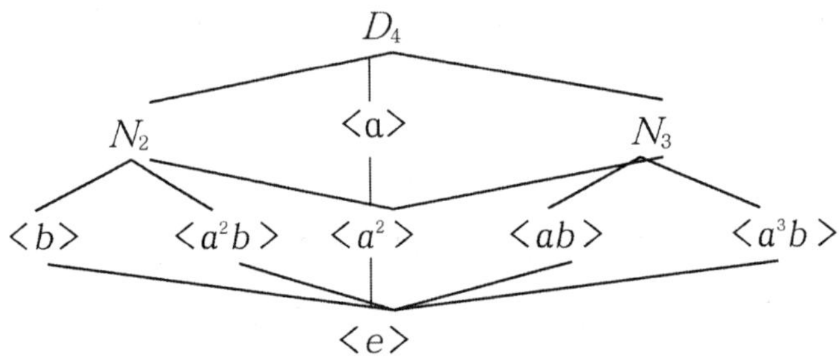

D_4의 부분군의 포함 관계를 나타내는 격자도

보기 2.5.12 사원수군(the quaternion group)

8개의 원소를 갖는 사원수군 $Q_8 = \{ \pm 1, \pm i, \pm j, \pm k \}$의 원소는 다음을 만족한다.

$$i^2 = j^2 = k^2 = -1,\ ij = k = -ji,\ jk = i = -kj,\ ki = j = -ik$$

위수가 4인 Q_8 의 부분군은 위수가 4인 원소로 생성되는 다음의 3개의 순환부분군이다(지수가 2이므로 모두 Q_8 의 정규부분군이다).

$$< i > = <-i>,\ < j > = <-j>,\ < k > = <-k>$$

Q_8 에서 위수가 2인 원소는 -1 뿐이고, 따라서 위수가 2인 부분군은 $<-1>$뿐이다.
또, $C(Q_8) = <-1>$이므로, $<-1>$은 Q_8 의 정규부분군이다.
위의 계산에서 Q_8 의 모든 부분군은 정규부분군이나, Q_8 은 아벨군이 아니다.

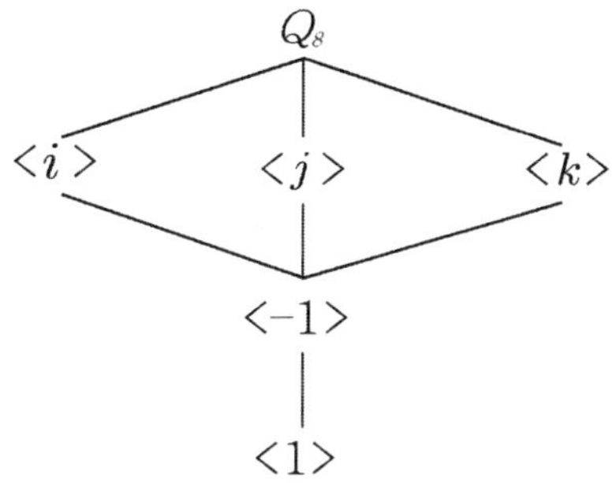

Q_8의 격자도

▶▶ 연습문제 2.5

1. N이 G의 부분군일 때, 모든 $x, y \in G$와 모든 $a \in N$에 대하여 다음이 성립함은 서로 동치임을 보여라.

(1) $N \lhd G$ (2) $x^{-1}ax \in N$

(3) $x^{-1}Nx \subseteq N$ (4) $x^{-1}Nx \supseteq N$

2. H가 G의 부분군이고 N이 G의 정규부분군일 때, 다음을 보여라

(1) HN이 N을 포함하는 G의 부분군이다.

(2) N은 HN의 정규부분군이다.

(3) $H \cap N$은 H의 정규부분군이다.

3. M과 N이 G의 정규부분군이면, $M \cap N$과 MN이 G의 정규부분군임을 보여라.

4. M과 N이 G의 정규부분군이고, $a \in M$, $b \in N$일 때, 다음을 보여라.

(1) $aba^{-1}b^{-1} \in M \cap N$이다.

(2) $M \cap N = \langle e \rangle$이면, $ab = ba$이다.

5. 군 G의 부분군 중 위수가 n인 것이 N 하나뿐이면, N은 G의 정규부분군임을 보여라.

6. G의 모든 부분군이 정규부분군이나 G가 아벨군이 아닌 것의 보기를 찾아라.

7. G의 부분군 N, K가 $K \lhd N$, $N \lhd G$이나, K가 G의 정규부분군이 아닌 것의 보기를 찾아라.

8. G의 순환부분군 $\langle a \rangle$가 G의 정규부분군이면, $\langle a \rangle$의 모든 부분군도 G의 정규부분군임을 증명하여라.

9. 군 G의 원소 a의 위수, $o(a)=n$이다. $N \triangleleft G$일 때, 상군 G/N에서 $o(Na) \mid o(a)$임을 보여라(참고 2.4.13).

10. $N \triangleleft G$이고, $o(G)=mn$, $o(N)=n$, $(m,n)=1$이다. $a \in G$가 $a^n=e$이면, $a \in N$임을 보여라. ('$(m,n)=1 \Leftrightarrow mx+ny=1(x,\, y \in \mathbb{Z})$'을 이용한다.)

11. (1) 상군 $D_4/C(D_4)$의 모든 원소의 위수가 1 또는 2임을 설명하여라.

(2) 상군 $Q_8/\langle 1 \rangle$의 모든 원소의 위수가 1 또는 2임을 설명하여라.

12. (1) $(\mathbb{Q},+)$의 부분군 $(\mathbb{Z},+)$에 의한 상군 $\mathbb{Q}/\mathbb{Z}$는 무한군으로서 모든 원소의 위수가 유한임을 보여라.

(2) 상군 $\mathbb{Q}/\mathbb{Z}$에서 위수가 100인 원소의 개수는?

(3) $\overline{\dfrac{m}{n}} \in \mathbb{Q}/\mathbb{Z}$ 중에서 위수가 n인 $\overline{\dfrac{m}{n}}$이 8개다. 이런 n을 모두 구하라.

(4) $\overline{\dfrac{m}{n}} \in \mathbb{Q}/\mathbb{Z}$ 중에서 위수가 n인 $\overline{\dfrac{m}{n}}$이 100개다. 이런 n을 모두 구하라.

(5) 상군 $\mathbb{R}/\mathbb{Z}$에서 위수가 무한인 원소를 찾아라.

13. G의 부분군 H에 대하여 H의 **정규화부분군(정리 2.9.4),**
$N_G(H) := \{x \in G \mid xHx^{-1}=H\}$이다. 다음을 보여라.

(1) $N_G(H)$의 G의 부분군이고, $H \subseteq N_G(H)$이다.

(2) H는 $N_G(H)$의 정규부분군이다.

(3) H는 G의 정규부분군 $\Leftrightarrow N_G(H)=G$

14. (1) $SL_n(\mathbb{R})$는 $GL_n(\mathbb{R})$의 정규부분군임을 보여라.

(2) $SL_n(\mathbb{Z})$는 $GL_n(\mathbb{Z})$의 정규부분군임을 보여라.

(3) $A \in O_2(\mathbb{R})$과 $B \in GL_2(\mathbb{R})$에 대하여 $BAB^{-1} \not\in O_2(\mathbb{R})$인 A, B를 찾아라.
($n \geq 2$일 때, $O_n(\mathbb{R})$는 $GL_n(\mathbb{R})$의 정규부분군이 아니다.)

15. 군 G에서 적당한 양의 정수 n에 대하여 $(ab)^n = a^n b^n$ $(a, b \in G)$가 성립한다.

(1) $G^n := \{ x^n \mid x \in G \}$은 G의 정규부분군임을 보여라.

(2) $G^{n-1} := \{ x^{n-1} \mid x \in G \}$도 G의 정규부분군임을 보여라.

16. 군 G에서 적당한 소수 p에 대하여 $(ab)^p = a^p b^p$ $(a, b \in G)$가 성립한다. 이 때, $P := \{ x \mid x^{p^m} = e,\ \text{적당한 } m \geq 1 \}$은 G의 정규부분군임을 보여라.

17. **(중등교원 임용시험 2001년 #5)**

N이 군 G의 정규부분군일 때, N의 잉여류의 집합, $G/N := \{xN \mid x \in G\}$ 위에서 연산이 $xNyN = xyN$로 주어졌을 때, 이 연산은 잘 정의되고, G/N은 군임을 증명하여라.

18. **(중등교원 임용시험 2010년 1차 #26)**

(1) 위수가 40인 군 G에는 위수가 5인 정규부분군이 있어서 G/N은 위수가 8임을 설명하여라.

(2) $\mathbb{Z}_2 \oplus \mathbb{Z}_2$의 잉여군 중 동형이 아닌 것을 모두 적어라.

(3) 잉여군 $\mathbb{Z}/6\mathbb{Z} = \mathbb{Z}_6$의 부분군을 모두 적어라.

2.6 준동형 함수

선형대수의 선형함수(a linear map)와 같이 군의 연구에 필요한 함수는 군의 대수적인 구조를 **연결**하는 군준동형이다.

정의 2.6.1

(1) 군 G에서 군 $\overline{G}$로의 함수, $f : G \to \overline{G}$가 다음을 만족할 때, f를 **준동형**(또는 준동형 함수, 군준동형, a (group-)homomorphisim)이라 한다.

$$\text{모든 } a, b \in G\text{에 대하여 } f(ab) = f(a)f(b)$$

(2) 준동형 $f: G \to \overline{G}$가 전단사일 때, f를 **동형**(an isomorphism)이라 한다. 이 때, G와 $\overline{G}$는 **동형인 군**이라 하고, $G \cong \overline{G}$ 또는 $G \simeq \overline{G}$, $G \approx \overline{G}$로 나타낸다.

(3) 단사인 준동형은 a **monomorphism**, 전사인 준동형은 an **epimorphism**이라 부른다.

보기 2.6.2

$f: G \to \overline{G}$를 모든 $a \in G$에 대하여 $f(a) = e$로 정의하면, f는 준동형이다. f를 **자명한 준동형**(the trivial homomorphism)이라 부른다.

보기 2.6.3

m이 정수일 때, 함수 $f: (\mathbb{Z}, +) \to (\mathbb{Z}, +)$를 $f(x) = mx$로 정의하면,
$f(x+y) = m(x+y) = mx + my = f(x) + f(y)$ 이므로 f는 준동형이다.

보기 2.6.4

함수 $f: (\mathbb{Z}, +) \to < a >$를 $f(i) = a^i$로 정의하면,
$f(i+j) = a^{i+j} = a^i a^j = f(i)f(j)$ 이므로 f는 준동형이다. 또, f는 전사인 준동형이고, $< a >$가 무한순환군일 때, f는 동형이다.

보기 2.6.5

함수 $f: (\mathbb{R}, +) \to (\mathbb{R}^+, \cdot)$를 $f(x) = 2^x$로 정의하면,
$f(x+y) = 2^{x+y} = 2^x 2^y = f(x)f(y)$이므로 f는 준동형이다. f는 단조증가 함수이므로 단사이다. 또, 임의의 $z > 0$에 대하여, $f(\log_2 z) = 2^{\log_2 z} = z$이므로 f는 전사이다. 따라서 f는 동형이고, $(\mathbb{R}, +) \cong (\mathbb{R}^+, \cdot)$이다.
f의 역함수 $g: (\mathbb{R}^+, \cdot) \to (\mathbb{R}, +)$, $g(z) = \log_2 z$도 동형이다.

정리 2.6.6

군 G, H, K에 대하여 다음이 성립한다.

(1) 항등함수, $1_G: G \to G$는 준동형이다. 즉, 1_G는 동형이다.

(2) $f: G \to H$와 $g: H \to K$가 준동형이면 $g \circ f$도 준동형이다.

증명 (1) $a, b \in G$에 대하여, $1_G(ab) = ab = 1_G(a)1_G(b)$ 이므로, 1_G는 준동형이다.

(2) $a, b \in G$에 대하여,
$(g \circ f)(ab) = g(f(ab)) = g(f(a)f(b)) = g(f(a))g(f(b)) = (g \circ f)(a)(g \circ f)(b)$
이므로 $g \circ f$도 준동형이다. ■

전단사 연속함수 $f : [0, 1) \to S^1$, $f(x) = e^{2\pi x i}$ 의 역함수는 연속함수가 아니다. 그러나 대수에서 동형(전단사 준동형)의 역함수는 동형이다.

정리 2.6.7

군 G, H에 대하여 $f : G \to H$ 가 동형이면, $f^{-1} : H \to G$도 동형이다.

증명 $c, d \in H$에 대하여 f가 전단사이므로 $f(a) = c, f(b) = d$인 $a, b \in G$가 있다. 즉, $f^{-1}(c) = a, f^{-1}(d)$이다. $f(ab) = f(a)f(b) = cd$이므로, $f^{-1}(cd) = ab = f^{-1}(c)f^{-1}(d)$이고, $f^{-1} : H \to G$도 동형이다. ■

위의 결과로 동형은 군 전체의 모임에 대하여 동치관계임을 알 수 있다.

정리 2.6.8

군 G, H, K에 대하여 다음이 성립한다.

(1) $G \cong G$

(2) $G \cong H$이면, $H \cong G$이다.

(3) $G \cong H$, $H \cong K$이면, $G \cong K$이다.

정리 2.6.9

$f : G \to \overline{G}$ 가 준동형일 때, 다음이 성립한다.

(1) $f(e) = \overline{e}$, $\overline{e}$는 $\overline{G}$의 항등원.

(2) 모든 $a \in G$에 대하여 $f(a^{-1}) = f(a)^{-1}$

증명 (1) $f(e) = f(ee) = f(e)f(e)$이므로, $f(e) = \overline{e}$이다.

(2) $\overline{e} = f(e) = f(aa^{-1}) = f(a)f(a^{-1})$이므로, $f(a^{-1}) = f(a)^{-1}$이다. ■

정의 2.6.10

준동형 $f: G \to \overline{G}$ 의 **핵**(the kernel of f), $\ker f$ 는 다음과 같이 $\overline{G}$ 의 항등원 $\overline{e}$ 의 f 에 의한 역상으로 정의된다.

$$\ker f = f^{-1}(\overline{e}) := \{ a \in G \mid f(a) = \overline{e} \}$$

정리 2.6.11

준동형 $f: G \to \overline{G}$ 의 핵, $\ker f$ 는 G의 정규부분군이다.

증명 $a, b \in \ker f$ 이면, $f(ab) = f(a)f(b) = \overline{e}\,\overline{e} = \overline{e}$ 이므로 $ab \in \ker f$ 이다. 또, $f(a^{-1}) = f(a)^{-1} = \overline{e}$ 이므로, $a^{-1} \in \ker f$ 이다.
모든 $x \in G$에 대하여
$f(xax^{-1}) = f(x)f(a)f(x^{-1}) = f(x)\overline{e}f(x)^{-1} = f(x)f(x)^{-1} = \overline{e}$ 이므로
$xax^{-1} \in \ker f$ 이다. 따라서 $\ker f$는 G의 정규부분군이다. ■

선형대수에서와 같이 준동형 f가 단사인 것과 $\ker f = \langle e \rangle$ 임은 서로 동치이다.

정리 2.6.12

준동형 $f: G \to \overline{G}$ 의 핵, $\ker f = K$에 대하여 다음이 성립한다.

(1) $f(x) = f(y) \Leftrightarrow Kx = Ky \Leftrightarrow y \in Kx$.
그러므로 $f(x) = \overline{x}$ 일 때, $f^{-1}(\overline{x}) = Kx$이다.

(2) f가 단사 $\Leftrightarrow K = \langle e \rangle$.

증명 (1) $f(x) = f(y) \Leftrightarrow f(x)f(y)^{-1} = f(xy^{-1}) = \overline{e} \Leftrightarrow xy^{-1} \in K \Leftrightarrow Kx = Ky$ 이다. 또, $f^{-1}(\overline{x}) = \{ y \in G \mid f(y) = \overline{x} = f(x) \}$ 이므로, $f^{-1}(\overline{x}) = Kx$ 이다.

(2) f가 단사이면, $f(x) = \overline{e} = f(e)$ 일 때 $x = e$ 이다. 그러므로 $K = \langle e \rangle$ 이다.
$K = \langle e \rangle$ 이면, (1)에 의하여 f는 단사이다. ■

정리 12(1)과 정리 12(2), 제1동형 정리(정리 13), 대응정리(정리 23)의 네 명제는 모두 같은 내용(동치)이다. 특히, 정리 12(1)은 준동형 함수의 값을 정확히 지적해준다.

정리 2.6.13 (제 1 동형 정리)

전사인 준동형 $f: G \to \overline{G}$의 핵 $\ker f = K$라 하면, f는 동형 $\overline{f}: G/K \to \overline{G}$, $\overline{f}(Kx) = \overline{f}(Ky)$를 유도한다.

증명 정리 11 (1)에 의하여

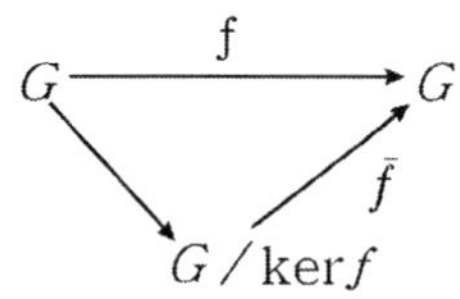

$Kx = Ky \Leftrightarrow f(x) = f(y) \Leftrightarrow \overline{f}(x) = \overline{f}(y)$ 이므로

$\overline{f}$는 잘 정의되고, 또한 1-1이다.

f가 준동형이므로, 다음과 같이 $\overline{f}$도 준동형이다.

$$\overline{f}(Kx\,Ky) = \overline{f}(Kxy) = f(xy) = f(x)f(y) = \overline{f}(Kx)\overline{f}(Ky)$$

f가 전사이므로, $\overline{x} \in \overline{G}$에 대하여 $f(x) = \overline{x}$인 $x \in G$가 있다. 그러므로 $\overline{f}(Kx) = f(x) = \overline{x}$ 이고 $\overline{f}$는 전사이다. ■

선형대수에서 '제 1 동형 정리'는 다음과 같이 차원에 관한 식으로 간단히 나타내고, 이를 **차원정리(the dimension theorem)**라 부른다.

차원정리 벡터공간 V, W와 전사인 선형함수 $f: V \to W$에 대하여 다음이 성립한다.

$$\dim V = \dim \ker f + \dim W$$

보기 2.6.14

함수 $f: (\mathbb{R}^*, \cdot) \to (\{1, -1\}, \cdot)$를 $x > 0$이면 $f(x) = 1$, $x < 0$이면 $f(x) = -1$로 정의하면, f는 전사준동형이다. $\ker f = \mathbb{R}^+$이므로 제 1 동형정리에 의하여 f는 동형 $\overline{f}: \mathbb{R}^*/\mathbb{R}^+ \simeq \{1, -1\}$을 유도한다.

보기 2.6.15

함수 $f: (\mathbb{R}, +) \to (S^1, \cdot)$를 $f(x) = e^{2\pi ix} = \cos 2\pi x + i \sin 2\pi x$로 정의하면, $f(x+y) = e^{2\pi i(x+y)} = e^{2\pi ix} e^{2\pi iy} = f(x)f(y)$이므로 f는 준동형이다. 임의의 $e^{i\theta} \in S^1$에 대하여 $f\left(\frac{\theta}{2\pi}\right) = e^{2\pi i(\frac{\theta}{2\pi})} = e^{i\theta}$이므로 f는 전사준동형이다.

또, $x \in \ker f \Leftrightarrow f(x) = e^{2\pi ix} = 1 \Leftrightarrow x \in \mathbb{Z}$이므로, $\ker f = (\mathbb{Z}, +)$이다.

따라서 제 1 동형정리에 의하여 f는 동형 $\overline{f}: (\mathbb{R}, +)/(\mathbb{Z}, +) \cong (S^1, \cdot)$을 유도한다.

보기 2.6.16

함수 $f : GL_n(\mathbb{R}) \to (\mathbb{R}^*, \cdot)$, $f(A) = \det A$로 정의하면,
$\det AB = (\det A)(\det B)$이므로, f는 준동형이다. 임의의 실수 r에 대하여 대각선 행렬 $A_r = diag(r, 1, \cdots, 1)$을 택하면, $\det A_r = r$이므로 f는 전사준동형이다. 또, $\ker f = SL_n(\mathbb{R})$이고, $SL_n(\mathbb{R})$은 $GL_n(\mathbb{R})$의 정규부분군이다. 제 1 동형정리에 의하여 f는 동형 $\overline{f} : GL_n(\mathbb{R}) / SL_n(\mathbb{R}) \cong (\mathbb{R}^*, \cdot)$을 유도한다.

정의 2.6.17

N이 군 G의 정규부분군일 때, 함수 $\pi : G \to G/N$, $\pi(x) = xN$은 전사준동형이고, $\ker \pi = N$이다. π를 **자연준동형**(the natural homomorphism) 또는 **표준준동형**(the canonical homomorphism)이라 한다.

N이 군 G의 정규부분군이고, H가 군 G의 부분군이면, $HN = NH$이다. 그러므로, HN은 G의 부분군이고(정리 2.4.17), N은 HN의 정규부분군이다.

정리 2.6.18 (제 2 동형 정리)

N이 군 G의 정규부분군이고, H가 군 G의 부분군일 때, 다음의 동형관계가 있다.

$$H/H \cap N \cong HN/N$$

증명 $\phi : H \to HN/N$, $\phi(h) = hN$으로 정의한다.
먼저 $h = he \in HN$이고, $hN \in HN/N$이므로, ϕ는 잘 정의되었다. 또, $h_1, h_2 \in H$에 대하여 $\phi(h_1 h_1) = (h_1 h_2)N = (h_1N)(h_2N) = \phi(h_1)\phi(h_2)$이므로 ϕ는 준동형이다.
임의의 $hnN \in HN/N$에 대하여($h \in H$, $n \in N$), $\phi(h) = hN = hnN$이므로 ϕ는 전사준동형이다. 다음과 같이 $\ker\phi = H \cap N$이다.

$$h \in \ker\phi \Leftrightarrow \phi(h) = hN = N \Leftrightarrow h \in H \cap N$$

따라서 제 1 동형정리에 의하여 ϕ는 동형 $\overline{\phi} : H/H \cap N \cong HN/N$을 유도한다. ■

보기 2.6.19

$V_4 = \{(1), (1,2)(3,4), (1,4)(2,3), (1,3)(2,4)\}$는 S_4의 정규부분군이다(정리 2.9.11). 다음에서와 같이 제 2 동형정리를 이용하면, $S_4 / V_4 \cong S_3$임을 볼 수 있다.

S_4에는 S_3와 동형인 부분군이 4개가 있는데, 그 중 다음을 부분군 H로 택한다.

$$H(=S_3)=\{\sigma\in S_4 \mid \sigma(4)=4\}$$

정리 2.4.18에 의하여 $|HV_4| = \dfrac{|H||V_4|}{|H\cap V_4|} = \dfrac{6\times 4}{1} = 24$이고, $HV_4 = S_4$이다.

$H/H\cap V_4 = H/<(1)> \cong H = S_3$이고, $H/H\cap V_4 = S_3 \cong HV_4/V_4 = S_4/V_4$ 이다.

정리 2.6.20 (제 3 동형 정리)

G의 정규부분군 H와 K가 $H\subseteq K$일 때, K/H는 G/H의 정규부분군이고, $\dfrac{G/H}{K/H}\cong G/K$이다.

증명 $\phi: G/H\to G/K$, $\phi(Hx)=Kx$로 정의하자.
다음에 의하여 ϕ는 잘 정의되어있다.

$$Hx=Hy \Leftrightarrow xy^{-1}\in H \Rightarrow xy^{-1}\in K \Leftrightarrow Kx=Ky$$

또, $\phi(Hxy)=Kxy=KxKy=\phi(Kx)\phi(Ky)$이므로, ϕ는 준동형이다.
$\phi(Hx)=Kx$이므로, ϕ 전사준동형이다.
$H\subseteq K$이므로 $HK=K$이고, 다음에서 $\ker\phi = HK/H = K/H$임을 볼 수 있다.

$$Hx\in\ker\phi \Leftrightarrow \phi(Hx)=Kx=K \Leftrightarrow x\in K$$

따라서 K/H는 G/H의 정규부분군이고, 제 1 동형정리에 의해 $\dfrac{G/H}{K/H}\cong G/K$이다. ■

보기 2.6.21

$(\mathbb{Z},+)$의 부분군 $H=12\mathbb{Z}$와 $K=3\mathbb{Z}$일 때, $\dfrac{\mathbb{Z}/12\mathbb{Z}}{3\mathbb{Z}/12\mathbb{Z}}\cong\mathbb{Z}/3\mathbb{Z}$이다.

준동형에 의한 부분군의 상(image)은 부분군이나, 정규부분군의 상은 정규부분군이 아니다. 예를 들면, 준동형 $\phi: S_2\to S_3$, $\phi(x)=x$의 경우에 $\phi(S_2)=\{(1),(1,2)\}$는 S_3의 정규부분군이 아니다. 그러나 준동형에 의한 정규부분군의 역상(inverse image)은 정규부분군이다.

정리 2.6.22

$f: G \to \overline{G}$가 준동형일 때, 다음이 성립한다.

(1) H가 G의 부분군이면, $f(H)$는 $\overline{G}$의 부분군이다.

(2) $\overline{H}$가 $\overline{G}$의 부분군이면, $f^{-1}(\overline{H})$는 G의 부분군이다.

(3) $\overline{N}$가 $\overline{G}$의 정규부분군이면, $f^{-1}(\overline{N})$도 G의 정규부분군이다.

(4) f가 전사일 때, N이 G의 정규부분군이면, $f(N)$는 $\overline{G}$의 정규부분군이다.

증명 (1) $f(h_1), f(h_2) \in f(H) \quad (h_1, h_2 \in H)$일 때, $f(h_1)f(h_2) = f(h_1 h_2) \in f(H)$이다. 또, $f(h_1)^{-1} = f(h_1^{-1}) \in f(H)$이므로, $f(H)$는 $\overline{G}$의 부분군이다.

(2) $a, b \in f^{-1}(\overline{H})$일 때, 즉, $f(a), f(b) \in \overline{H}$인 경우에 $f(ab) = f(a)f(b) \in \overline{H}$이다. 그러므로 $ab \in f^{-1}(\overline{H})$이다. 또, $f(a^{-1}) = f(a)^{-1} \in \overline{H}$이므로, $a^{-1} \in f^{-1}(\overline{H})$이다. 따라서 $f^{-1}(\overline{H})$는 G의 부분군이다.

(3) $x \in G$와 $a \in f^{-1}(\overline{N})$에 대하여, $f(xax^{-1}) = f(x)f(a)f(x)^{-1} \in \overline{N}$이다. 그러므로 $xax^{-1} \in f^{-1}(\overline{N})$이고, $f^{-1}(\overline{N})$도 G의 정규부분군이다.

(4) f가 전사이므로, $\overline{x} \in \overline{G}$에 대하여 $f(x) = \overline{x}$인 $x \in G$가 있다. 이제 $a \in N$에 대하여 $xa^{-1}x \in N$이므로, $\overline{x}f(a)\overline{x^{-1}} = f(x)f(a)f(x)^{-1} = f(xax^{-1}) \in f(N)$이다.

따라서 f가 전사일 때, $f(N)$는 $\overline{G}$의 정규부분군이다. ■

다음의 대응정리는 제 1 동형정리를 부분군의 대응으로 본 것이다.

정리 2.6.23 (대응정리)

전사준동형 $f: G \to \overline{G}$의 핵 $\ker f = K$일 때, 다음이 성립한다.

(1) H가 G의 부분군일 때, $f^{-1}(f(H)) = HK$이다. 특히, $K \subseteq H$인 경우 $f^{-1}(f(H)) = HK = H$이다.

(2) $\overline{H}$가 $\overline{G}$의 부분군이면, $f(f^{-1}(\overline{H})) = \overline{H}$이다.

(3) 함수 $\Phi: \{H \mid K \leq H \leq G\} \to \{\overline{H} \mid \overline{H} \leq \overline{G}\}$, $\Phi(H) = f(H)$는 1-1 대응이다.

증명 (1) $f^{-1}(f(H)) = \{x \in G \mid f(x) \in f(H)\}$이므로, 다음과 같이 $f^{-1}(f(H)) = HK$이다.

$$\begin{aligned} x \in f^{-1}(f(H)) &\Leftrightarrow f(x) = f(h) \quad (h \in H) \\ &\Leftrightarrow h^{-1}x \in K \quad (h \in H) \\ &\Leftrightarrow x \in HK \end{aligned}$$

(2) f가 전사이므로, $f(f^{-1}(\overline{H})) = \overline{H}$이다(정리 1.2.7).

(3) $\Psi : \{\, \overline{H} \mid \overline{H} \leq \overline{G} \,\} \to \{H \mid K \leq H \leq G\}$를 $\Psi(\overline{H}) = f^{-1}(\overline{H})$로 정의하면,

$$\Psi(\Phi(H)) = \Psi(f(H)) = f^{-1}(f(H)) = HK = H,$$
$$\Phi(\Psi(\overline{H})) = f(f^{-1}(\overline{H})) = \overline{H}$$

이므로 $\Psi = \Phi^{-1}$이고 Φ는 1-1대응이다. ■

▸▸ 연습문제 2.6

1. 군 G에 대하여 역원을 취하는 함수(the inversion map), $\sigma : G \to G$, $\sigma(x) = x^{-1}$에 대하여 다음을 보여라.

(1) σ는 전단사함수이다.

(2) σ가 준동형(전단사이므로 동형) $\Leftrightarrow$ G가 아벨군

2. 군 G와 $g \in G$에 대하여 $\sigma_g : G \to G$, $\sigma_g(x) = gxg^{-1}$은 동형임을 증명하여라.

3. G가 아벨군일 때, 다음을 증명하여라.

(1) 정수 m에 대하여 $\phi_m : G \to G$, $\phi_m(x) = x^m$은 준동형이다.

(2) G가 위수가 n인 유한군이고 $(m, n) = 1$이면, ϕ_m이 동형이다.

4. 다음의 함수 f가 준동형임을 증명하고, $\ker f$를 구하여라.

(1) $f : \mathbb{Z} \to \mathbb{Z}$, $f(x) = 2x$

(2) $f : \overline{\mathbb{Z}}_{12} \to \overline{\mathbb{Z}}_{12}$, $f(\overline{x}) = 2\overline{x}$

(3) $f : \overline{\mathbb{Z}}_{15} \to \overline{\mathbb{Z}}_{15}$, $f(\overline{x}) = 2\overline{x}$

(4) $0 < a$, $a \neq 1$일 때, $f : (\mathbb{R}, +) \to (\mathbb{R}^{+}, \cdot)$, $f(x) = a^x$

(5) $0 < a$, $a \neq 1$일 때, $f : (\mathbb{R}^{+}, \cdot) \to (\mathbb{R}, +)$, $f(x) = \log_a x$

5. $\mu_a(x) = ax$는 r을 곱하는 함수(the multiplication map by r)이다. 다음을 증명하여라.

(1) $f : \mathbb{Z} \to \mathbb{Z}$가 준동형 $\Leftrightarrow$ $f(x) = \mu_m(x)$ $(m \in \mathbb{Z})$

(2) $f : \mathbb{Q} \to \mathbb{Q}$가 준동형 $\Leftrightarrow$ $f(x) = \mu_r(x)$ $(r \in \mathbb{Q})$

6. 다음과 같이 $f : \overline{\mathbb{Z}}_m \to \overline{\mathbb{Z}}_n$ 이 준동형인 것은 $d = (m, n)$개임을 보여라.

$f : \overline{\mathbb{Z}}_m \to \overline{\mathbb{Z}}_n$가 준동형 $\Leftrightarrow$ $f(x) = \mu_{kn_1}(x)$ $(k = 0, 1, \cdots, (d-1),\ n = n_1 d)$

7. 다음의 함수 f가 **전사** 준동형임을 증명하고, $\ker f$를 찾은 다음, 제 1 동형정리에 의한 동형 $\overline{f}$를 유도하여라.

(1) $f : (\mathbb{R}, +) \to (S^1, \cdot),\ f(x) = e^{2\pi i x}$

(2) $f : GL_n(\mathbb{R}) \to (\mathbb{R}^*, \cdot),\ f(A) = \det A$

(3) $f : (\mathbb{R}^*, \cdot) \to (\mathbb{R}^*, \cdot),\ f(x) = x^3$

(4) $f : (\mathbb{R}^*, \cdot) \to (\mathbb{R}^+, \cdot),\ f(x) = x^2$

(5) $f : (\mathbb{C}^*, \cdot) \to (\mathbb{R}^+, \cdot),\ f(z) = |z| = x^2 + y^2\ \ (z = x + yi)$

8. 위수가 4인 군은 순환군이거나, 클라인의 사원군 V_4와 동형임을 보여라.

$$V_4 = \{ (1), (1,2)(3,4), (1,3)(2,4), (1,4)(2,3) \}$$

9. 3차 대칭군, $S_3 = \{ (1), (1,2,3), (1,3,2), (1,2), (1,3), (2,3) \}$에 대하여 다음에 답하여라.

(1) S_3는 다음의 3차 정이면체군 D_3와 동형임을 설명하여라.

$$D_3 := \{ e, a, a^2, b, ab, a^2b \mid o(a) = 3,\ o(b) = 2,\ ba = a^{-1}b \}$$

(2) 위수가 6인 비아벨군은 S_3와 동형(또는 D_3와 동형)임을 증명하여라.
(연습문제 2.2.4와 2.2.5를 이용하여, 위수가 6인 비아벨군에는 위수가 3인 원소 a와 위수가 2인 원소 b가 있음을 보인다)

10. 4차 정이면체군 $D_4 = \{e, a, a^2, a^3, b, ab, a^2b, a^3b \mid o(a) = 4,\ o(b) = 2,\ ba = a^{-1}b\}$에 대하여 다음을 보여라(보기 2.5.11 참고).

(1) $N_1 = \langle a \rangle$는 D_4의 정규부분군이고, $D_4/N_1 \cong (\{1, -1\}, \cdot)$이다.

(2) $N_2 = \{e, a^2, b, a^2b\}$는 D_4의 정규부분군이고, $D_4/N_1 \cong (\{1, -1\}, \cdot)$이다.

(3) $N_3 = \{e, a^2\}$ D_4의 정규부분군이고, $D_4/N_3 \cong V_4$이다.

11. $G = \left\{ \begin{pmatrix} a & b \\ 0 & d \end{pmatrix} \mid a, b, d \in \mathbb{R}, ad \neq 0 \right\}$와 $N = \left\{ \begin{pmatrix} 1 & a \\ 0 & 1 \end{pmatrix} \mid a \in \mathbb{R} \right\}$에 대하여 다음을 보여라.

(1) G는 $GL_2(\mathbb{R})$의 부분군이다.

(2) N은 G의 정규부분군이고, 상군 G/N은 아벨군이다.

(3) N은 $(\mathbb{R}, +)$와 동형이다.

12. $GL_2(\mathbb{R})$의 부분군 $G = \left\{ \begin{pmatrix} a & b \\ -b & a \end{pmatrix} \mid a^2 + b^2 \neq 0 \right\}$와 $(\mathbb{C}^*, \cdot)$는 동형임을 보여라.

13. 복소수체 위에서 2차 일반선형군, $GL_2(\mathbb{C})$의 원소 $A = \begin{pmatrix} 0 & 1 \\ -1 & 0 \end{pmatrix}$, $B = \begin{pmatrix} 0 & i \\ i & 0 \end{pmatrix}$에 대하여 다음을 보여라.

(1) $o(A) = 4 = o(B)$이다.

(2) $AB^3 = BA^3$이고, $A^2 = \begin{pmatrix} -1 & 0 \\ 0 & -1 \end{pmatrix} = B^2$이다.

(3) $Q = \{ I, A, A^2, A^3, B, AB, A^2B, A^3B \}$는 $GL_2(\mathbb{C})$의 부분군으로 사원수군 Q_8과 동형임을 보여라.

(4) (중등교원 임용시험 2006년 #10)
$Q = \{ I, A, A^2, A^3, B, AB, A^2B, A^3B \}$의 모든 부분군은 Q의 정규부분군임을 보여라.

14. 실수 $a \neq 0$, b에 대하여 $G = \{ \tau_{a,b} \mid \tau_{a,b} : \mathbb{R} \to \mathbb{R}, \tau_{a,b}(x) = ax + b \}$는 군이다. $N = \{ \tau_{1,b} \in G \}$, $K = \{ \tau_{1,n} \mid n \in \mathbb{Z} \}$로 정의할 때, 다음을 보여라.

(1) N은 G의 정규부분군이고, $G/N \cong (\mathbb{R}^*, \cdot)$이다.

(2) K는 N의 정규부분군이나, K는 G의 정규부분군이 아니다.

15. $\mathbb{Z}_3$ 위의 행렬의 곱셈인 군 $G = \left\{ \begin{pmatrix} a & b \\ 0 & c \end{pmatrix} \mid a, b, c \in \mathbb{Z}_3, ac \neq 0 \right\}$가 있다. 이 때, $\phi : G \to \mathbb{Z}_3^*$, $\phi\left(\begin{pmatrix} a & b \\ 0 & c \end{pmatrix} \right) = ac$는 군준동형이다.

(1) **(중등교원 임용시험 2012년 1차 #19)** $\ker \phi \cong \mathbb{Z}_6$임을 설명하여라.

(2) $G \cong D_6$임을 보여라.

16. $O_2(\mathbb{Z}_3)=\left\{A=\begin{pmatrix} a & b \\ c & d\end{pmatrix} \mid a, b, c, d \in \mathbb{Z}_3,\ AA^T = I_2\right\}$ 와 $\phi: O_2(\mathbb{Z}_3) \to \mathbb{Z}_3^*$, 군준동형 $\phi\left(\begin{pmatrix} a & b \\ c & d\end{pmatrix}\right) = ad - bc$ 에 대하여 다음에 답하여라.

(1) $\ker\phi \cong \mathbb{Z}_4$ 임을 설명하여라.

(2) $O_2(\mathbb{Z}_3) \cong D_4$ 임을 보여라.

> **참고** $SO_2(\mathbb{Z}_5)(=\ker\phi) \cong \mathbb{Z}_4$이고, $O_2(\mathbb{Z}_5) \cong D_4$ 이다.

17. $O_2(\mathbb{Z}_7)=\left\{A=\begin{pmatrix} a & b \\ c & d\end{pmatrix} \mid a, b, c, d \in \mathbb{Z}_7,\ AA^T = I_2\right\}$ 와 $\phi: O_2(\mathbb{Z}_7) \to \mathbb{Z}_7^*$, 군준동형 $\phi\left(\begin{pmatrix} a & b \\ c & d\end{pmatrix}\right) = ad - bc$ 에 대하여 다음에 답하여라.

(1) $\ker\phi \cong \mathbb{Z}_8$ 임을 설명하여라.

(2) $O_2(\mathbb{Z}_7) \cong D_8$ 임을 보여라.

18. p가 소수일 때, $GL_n(\mathbb{Z}_p) = \{ A \in M_n(\mathbb{Z}_p) \mid A$가 가역행렬 $\Leftrightarrow \det A \neq \overline{0} \}$이고, $SL_n(\mathbb{Z}_p) = \{ A \in M_n(\mathbb{Z}_p) \mid \det A = \overline{1} \}$ 이다(연습문제 2.3.8 참고).

(1) $SL_n(\mathbb{Z}_p)$는 $GL_n(\mathbb{Z}_p)$의 정규부분군임을 보여라.

(2) $GL_n(\mathbb{Z}_p)$의 위수를 구하여라.

(3) $SL_n(\mathbb{Z}_p)$의 위수를 구하여라.

(4) $GL_n(\mathbb{Z}_p)$의 행렬 A 중에서 $\det A = \overline{p-1}$ 인 것이 개수를 구하여라.

19. 군 $GL_2(\mathbb{Z}_2)=\left\{A=\begin{pmatrix} a & b \\ c & d\end{pmatrix} \mid a, b, c, d \in \mathbb{Z}_2,\ \det A \neq 0\right\}$는 S_3와 동형임을 보여라.

20. 체가 아닌 $\mathbb{Z}_4$를 스칼라로 할 때, 2차 일반선형군 등은 다음과 같이 정의된다.

$GL_2(\mathbb{Z}_4) = \{ A \in M_2(\mathbb{Z}_4) \mid A$가 가역행렬 $\Leftrightarrow \det A = \overline{1}, \overline{3} \}$,

$SL_2(\mathbb{Z}_4) = \{ A \in M_2(\mathbb{Z}_4) \mid \det A = \overline{1} \}$, $O_2(\mathbb{Z}_4) = \{ A \in M_2(\mathbb{Z}_4) \mid AA^T = I_2 \}$

(1) $|SL_2(\mathbb{Z}_4)|$와 $|GL_2(\mathbb{Z}_4)|$를 각각 구하라.

(2) $|O_2(\mathbb{Z}_4)|$

21. 군 $(S^1, \cdot)$에서 다음을 구하라($S^1 = \{ z \in \mathbb{C} \mid |z| = 1 \}$)

(1) 위수가 무한한 원소의 개수

(2) 위수가 유한한 원소의 개수

(3) 위수가 931인 원소의 개수

22. **(중등교원 임용시험 2017년 전공B #2)**

위수가 200인 군 G가 부분군 H와 정규부분군 N을 가진다. $o(H) = 8$, $o(N) = 40$일 때, H는 N의 부분군임을 증명하여라.

2.7 순환군과 군의 생성원

순환군 $\langle a \rangle$는 한 개의 원소 a로 생성되는 가장 간단한 군이다(정의 2.4.11). 또 다음의 정리에서와 같이 순환군은 $(\mathbb{Z}, +)$와 $(\overline{\mathbb{Z}}_n, +)$의 단 두 가지이다.

정리 2.7.1

순환군 $\langle a \rangle$에서, 다음이 성립한다.

(1) $o(a) = \infty$인 경우, $\langle a \rangle \cong (\mathbb{Z}, +)$이다. 이 때, $i \neq j$이면, $a^i \neq a^j$이다.

(2) $o(a) = n$인 경우, $\langle a \rangle \cong (\overline{\mathbb{Z}}_n, +)\}$이다. 이 때, $a^i = a^j \Leftrightarrow i \equiv j \pmod n$이고, $\langle a \rangle = \{ e, a, \cdots, a^{n-1} \}$이다.

증명 $\phi : \mathbb{Z} \to G$를 $\phi(i) = a^i$로 정의하면, $f(i+j) = a^{i+j} = a^i a^j = f(i) f(j)$이므로 f는 준동형이다. 또, f는 전사인 준동형이다.

(1) $o(a) = \infty$이면, $\ker\phi = (0)$이고, $G \cong (\mathbb{Z}, +)$이다(2.6.11).

만일 $i \neq j$ $(i > j)$인데 $a^i = a^j$이면, $a^{i-j} = e$가되어 $o(a) = \infty$에 모순된다.

(2) $o(a) = n$이면, $\ker\phi = n\mathbb{Z}$이다(2.4.13). 제 1 동형정리에 의하여, $G \cong (\overline{\mathbb{Z}}_n, +)$이다. 또, 다음이 성립한다.

$$a^i = a^j \Leftrightarrow a^{i-j} = e \Leftrightarrow n \mid i-j \Leftrightarrow i \equiv j \pmod n$$

또한, $\langle a \rangle = \{ e, a, \cdots, a^{n-1} \}$이다(2.4.12의 증명 참고). ■

순환군 $G=\langle a\rangle$에서 $a^i a^j = a^{i+j} = a^j a^i$이므로, 순환군은 아벨군이다. 그러나 다음의 클라인의 사원군 V_4와 같이 아벨군은 일반적으로 순환군이 아니다.

보기 2.7.2 클라인의 사원군

$V_4 = \{\,(1), (1,2)(3,4), (1,3)(2,4), (1,4)(2,3)\,\}$. V_4에서 $a=(1,2)(3,4)$, $b=(1,3)(2,4)$라 하면, $o(a)=o(b)=2$이고 $ab=ba$를 만족한다. V_4는 순환군이 아닌 군 중에서 위수가 가장 작고, 또 V_4의 진부분군, $\langle a\rangle$, $\langle b\rangle$, $\langle ab\rangle$는 모두 위수가 2인 순환군이다.

정리 2.7.3

순환군의 부분군은 순환군이다.

증명 H가 순환군 $G=\langle a\rangle$의 부분군이라 하자. 먼저 $H=\langle e\rangle$는 순환군이다. 그러므로 $H\neq\langle e\rangle$인 경우 증명하자.

$H\neq\langle e\rangle$일 때, 양의 정수의 부분집합 $S:=\{\,i \mid a^i\in H,\ i\geq 1\,\}$는 공집합이 아니다. 왜냐하면, $H\neq\langle e\rangle$이므로, $i\neq 0$인 $a^i\in H$가 있다. H가 부분군이므로, $a^{-i}\in H$이다. $i\geq 1$인 경우 $i\in S$이고, $i\leq -1$인 경우 $-i\in S$이므로, $S\neq\varnothing$이다.

이제 양의 정수의 정렬성에 의하여 S의 최소원, $m=\min S$가 존재한다. 이 때, 다음과 같이 $H=\langle a^m\rangle$임을 보일 수 있다.

먼저, H가 부분군이므로, $H\supseteq\langle a^m\rangle$이다.

또, $a^i\in H$에 대하여 $i=mq+r$ $(0\leq r\leq m-1)$이면, $a^r = a^{i-mq} = a^i(a^m)^{-q}\in H$이다. m의 최소성에 의하여 $r=0$이고, $a^i=(a^m)^q\in\langle a^m\rangle$이다. ■

위의 증명은 단항생성원 a^m을 찾는 과정이다. 이 증명방법은 정리 3.3.2, 정리 3.7.5, 정리 3.9.12의 증명에서 같은 원리로 반복된다.

보기 2.7.4

정리 4에 의하여 H가 $(\mathbb{Z},+)$의 부분군이면, $H=m\mathbb{Z}$이다.

(1) $m=0$, $H=0\cdot\mathbb{Z}=\{0\}$이다.

(2) $m=\pm 1$, $H=1\cdot\mathbb{Z}=(-1)\cdot\mathbb{Z}=\mathbb{Z}$이다.

(3) $|m|\geq 2$, $(0)\subsetneq m\mathbb{Z}\subsetneq\mathbb{Z}$이다.

유한 순환군에서 원소의 위수에 관한 다음 정리는 유한 순환군의 계산과 이해에 기본적인 도구가 된다.

정리 2.7.5

위수가 n 인 순환군, $\langle a \mid o(a)=n \rangle$에서 다음이 성립한다.

(1) 원소 a^m 의 위수, $o(a^m) = \dfrac{n}{(m,n)}$ 이다.

특히, $o(a^m) = n \Leftrightarrow (m,n) = 1$ 이고, $\langle a \rangle$ 의 생성원은 $\phi(n)$ 개다.

(2) $\langle a^m \rangle = \langle a^d \rangle$, $d = (m,n)$ 이다. 특히, $\langle a^m \rangle = \langle a^l \rangle \Leftrightarrow (m, n) = (l, n)$이다.

(3) $\langle a \rangle$ 의 서로 다른 부분군의 개수는 n 의 약수의 개수와 같다.

증명 (1) $(m,n) = d,\ m = m_1 d,\ n = n_1 d$ 라 적고, $o(a^m) = l$이라 하자.

$(a^m)^{n_1} = a^{mn_1} = a^{m_1 d n_1} = a^{m_1 n} = (a^n)^{m_1} = e$ 이므로, $l \mid n_1$ 이다(2.4.13).

또, $e = (a^m)^l = a^{ml}$이므로, $n \mid ml$ 이다. 그러므로 $n_1 d \mid m_1 d l$ 이고, $n_1 \mid m_1 l$ 이다.

한편, $(m_1, n_1) = 1$ 이므로, $n_1 \mid l$ 이다. 따라서 $o(a^m) = \dfrac{n}{(m,n)}$ 이다.

(2) $m = m_1 d$일 때, $a^m = (a^d)^{m_1} \in \langle a^d \rangle$ 이므로, $\langle a^m \rangle \subseteq \langle a^d \rangle$이다.

또, $d = (m,n)$ 이므로, $d = xm + yn\ (x, y \in \mathbb{Z})$이다. 그러므로

$$a^d = a^{mx+ny} = (a^m)^x (a^n)^y = (a^m)^x \in \langle a^m \rangle$$

이고, $\langle a^m \rangle \supseteq \langle a^d \rangle$이다. 따라서 $\langle a^m \rangle = \langle a^d \rangle$이다.

(**다른 풀이** : $\langle a^m \rangle \subseteq \langle a^d \rangle$이고, (1)에 의하여, $o(a^m) = o(a^d)$ 이므로 성립)

(3) 정리 3에 의하여 $\langle a \rangle$의 부분군 H는 적당한 $a^m \in H$에 대하여, $H = \langle a^m \rangle$ 이다. 또, (2)에 의하여 $\langle a^m \rangle = \langle a^d \rangle$, $d = (m, n)$ 이다. 그러므로 $d \mid n$ 이다. 따라서 n 의 서로 다른 약수 $d_1 = 1, \cdots, d_k = n$ 에 의하여 $\langle a \rangle$의 서로 다른 부분군, $\langle a^{d_1} = a \rangle$, $\cdots, \langle a^{d_k} = e \rangle$가 결정된다(이 부분군들은 위수가 다르므로 다른 부분군이다). ■

보기 2.7.6

위수가 12인 순환군 $G = \langle a \mid o(a) = 12 \rangle$는 $\overline{\mathbb{Z}}_{12}$와 동형이다. 이 군에서 각 원소의 위수는 다음과 같고, 위수가 같은 원소는 같은 순환부분군을 생성한다.

위수	$\langle a \rangle$의 원소	$\overline{\mathbb{Z}}_{12}$의 원소
1	$e = a^0$	$\overline{0}$
2	a^6	$\overline{6}$

3	a^4, a^8	$\overline{4}$, $\overline{8}$
4	a^3, a^9	$\overline{3}$, $\overline{9}$
6	a^2, a^{10}	$\overline{2}$, $\overline{10}$
12	a^1, a^5, a^7, a^{11}	$\overline{1}$, $\overline{5}$, $\overline{7}$, $\overline{11}$

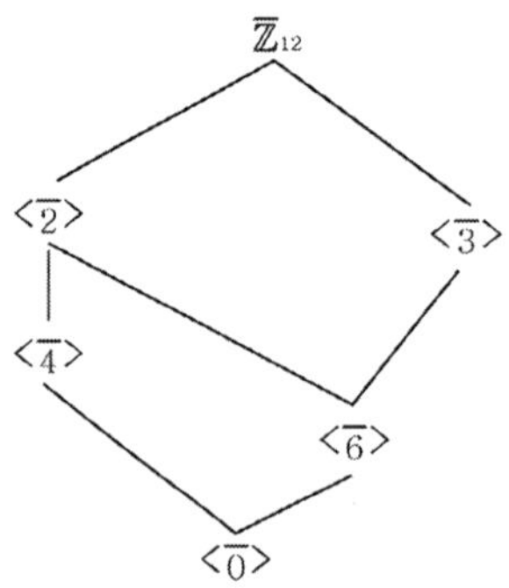

$\overline{\mathbb{Z}}_{12}$의 격자도

정리 2.7.7

군 G의 원소, a, b가 $o(a) = m$, $o(b) = n$이고, $ab = ba$를 만족한다.
$l = lcm(m, n)$에 대하여 다음이 성립한다.

(1) $o(ab) \mid l$이다.

(2) $\langle a \rangle \cap \langle b \rangle = \langle e \rangle$이면, $o(ab) = l$이다.

(3) $(m, n) = 1$이면, $o(ab) = l = mn$이다.

증명 $o(ab) = k$, $l = l_1 m = l_2 n$이라 놓자. 2.4.13과 $ab = ba$임을 이용하여 다음과 같이 증명한다.

(1) $(ab)^l = (ab)(ab)\cdots(ab) = a^l b^l = (a^m)^{l_1}(b^n)^{l_2} = ee = e$이므로 $o(ab) \mid l$이다.

(2) 먼저 (1)에 의하여, $o(ab) \mid l$이다. 또, $e = (ab)^k = (ab)\cdots(ab) = a^k b^k$이므로, $a^k = b^{-k} \in \langle a \rangle \cap \langle b \rangle = \langle e \rangle$이다. 그러므로 $a^k = e$이고, $m \mid k$이다. 또한, $b^{-k} = e$이고, $n \mid k$이다. 그러므로, $l \mid k$이다. 따라서 $o(ab) = l$이다.

(3) $(m, n) = 1$이면, 다음과 같이 $\langle a \rangle \cap \langle b \rangle = \langle e \rangle$이고, (2)에 의하여 $o(ab) = l = mn$이다.

$x \in \langle a \rangle \cap \langle b \rangle$이면, 적당한 정수 i, j에 대하여 $x = a^i = b^j$이다. 그러므로 $x^m = (a^i)^m = (a^m)^i = e = (b^j)^m = b^{mj}$이고, $n \mid mj$이다. $(m, n) = 1$이므로, $n \mid j$이다. 따라서 $x = b^j = e$이다. ■

보기 2.7.8

위의 정리 (2)에서 조건 $\langle a \rangle \cap \langle b \rangle = \langle e \rangle$가 필요하다.

위수가 12인 순환군 $\langle c \mid o(c) = 12 \rangle$에서 $a = c^2$, $b = c^4$이면,

$\langle a \rangle \cap \langle b \rangle = \langle b \rangle \neq \langle e \rangle$이다. $ab = c^6$이고, $o(ab) = 2 \lneqq lcm(6,3) = 6$이다.

n을 법으로 하는 정수 곱셈군(보기 2.1.7), $\overline{\mathbb{Z}}_n^* := \left\{ \overline{a} \in \overline{\mathbb{Z}}_n \mid a \in \mathbb{Z},\ (a,n) = 1 \right\}$에 관한 다음의 정수론의 정리는 증명 없이 서술만 한다.

정리 2.7.9

$n \geq 2$일 때,

$$(\overline{\mathbb{Z}}_n^*, \cdot)\text{이 순환군} \Leftrightarrow n = 2,\ 4,\ p^k \text{ 또는 } 2p^k\ (p\text{는 홀수소수},\ k \geq 1)$$

$\overline{\mathbb{Z}}_n^* = \langle \overline{g} \rangle$인 양의 정수 g를 n을 법으로 하는 **원시근**(a primitive root modulo n)이라 한다. n을 법으로 하는 원시근은 $\phi(\phi(n))$개이며, 그 중 가장 작은 것을 이용한 계산을 주로 한다.

위의 정리에 의하여, $\overline{\mathbb{Z}}_8^*$, $\overline{\mathbb{Z}}_{12}^*$, $\overline{\mathbb{Z}}_{15}^*$는 순환군이 아니다.

정의 2.7.10

군 G의 공집합이 아닌 부분집합 S에 대하여 **S로 생성된 부분군**(the subgroup generated by S), $\langle S \rangle$를 다음과 같이 정의한다.

$$\langle S \rangle := \left\{ a_1 a_2 \quad a_n \mid a_i \in S,\ \text{또는 } a_i^{-1} \in S \right\}$$

즉, $\langle S \rangle$의 원소는 S의 원소 또는 역원이 S의 원소인 것의 유한개의 곱이다.

정리 2.7.11

S가 군 G의 공집합이 아닌 부분집합일 때, $\langle S \rangle$는 G의 부분군이며, S를 포함하는 부분군 중 가장 작다. 즉, $\langle S \rangle = \cap H$($H$는 S를 포함하는 G의 부분군)이다.

증명 $\alpha, \beta \in \langle S \rangle$라 하자. 즉, $\alpha = a_1 a_2 \cdots a_n$, $\beta = b_1 b_2 \cdots b_m$이고, $a_i, b_j \in S$ 또는 $a_i^{-1}, b_j^{-1} \in S$이다. 이 때, $\alpha\beta = a_1 a_2 \cdots a_n b_1 b_2 \cdots b_m$는 S의 원소 또는 역원이 S의 원소인 것의 유한개의 곱이므로, $\alpha\beta \in \langle S \rangle$이다.

마찬가지로, $\alpha^{-1} = a_n^{-1} \cdots a_1^{-1} \in \langle S \rangle$이다. 따라서 $\langle S \rangle$는 G의 부분군이다.
H가 S를 포함하는 G의 부분군이라 하자. $\alpha = a_1 a_2 \cdots a_n \in \langle S \rangle$에 대하여, $a_i \in S$이면, $a_i \in H$이다. $a_i^{-1} \in S$이면, H가 부분군이므로 $a_i^{-1} \in H$이다. 그러므로 $\alpha \in H$이고, $\langle S \rangle \subseteq \cap H$이다.
정의에 의하여 $S \subseteq \langle S \rangle$이고, $\langle S \rangle$는 G의 부분군이므로 $\langle S \rangle \supseteq \cap H$이다.

■

보기 2.7.12

(1) 4차 정이면체군 D_4 (보기 2.5.11)는 위수가 4인 원소 a와 위수가 2인 원소 b로 생성되며, $ab = ba^{-1}$를 만족하는 군이다. 즉,

$$D_4 = \langle a,\ b \mid o(a) = 4,\ o(b) = 2,\ ab = ba^{-1} \rangle$$

위수 4인 부분군은 다음과 같다.

$$N_1 = \langle a \rangle \cong \overline{\mathbb{Z}}_4,\ N_2 = \langle a^2, b \rangle \cong V_4,\ N_3 = \langle a^2, ab \rangle \cong V_4$$

(2) n차 정이면체군 D_n는 위수가 n인 원소 a와 위수가 2인 원소 b로 생성되며, $ab = ba^{-1}$를 만족하는 군이다. 즉,

$$D_n = \langle a,\ b \mid o(a) = n,\ o(b) = 2,\ ab = ba^{-1} \rangle$$

이 때, $D_n = \{ e, a, \cdots, a^{n-1}, b, ab, \cdots, a^{n-1}b \}$로 위수가 $2n$인 비아벨군이다.

보기 2.7.13

사원수군(보기 2.5.12) Q_8는 두 원소 a와 b로 생성되며, a의 위수는 4이고, $a^2 = b^2$과 $ab = ba^{-1}$를 만족하는 군이다. 즉,

$$Q_8 = \langle a,\ b \mid o(a) = 4,\ a^2 = b^2,\ ab = ba^{-1} \rangle$$

위에서 a는 보기 2.5.12에서 $\pm i,\ \pm j,\ \pm k$의 6개 중 하나를 택할 수 있고, b는 $-a$가 아닌 나머지 4개 중 하나를 택하면 된다.

▶▶ 연습문제 2.7

1. (1) $\overline{\mathbb{Z}}_{10}$ 에서 $\overline{3}$, $\overline{5}$, $\overline{8}$ 의 위수를 각각 구하여라.

(2) $\overline{\mathbb{Z}}_{18}$ 에서 $\overline{3}$, $\overline{5}$, $\overline{8}$ 의 위수를 각각 구하여라.

(3) $\overline{\mathbb{Z}}_{100}$ 에서 $\overline{27}$, $\overline{55}$, $\overline{72}$ 의 위수를 각각 구하여라.

2. 다음의 $\overline{\mathbb{Z}}_n^*$ 는 순환군이다(정리 2.7.9). $\overline{\mathbb{Z}}_n^*$ 의 생성원 $\overline{g}$ 를 이용하여, 모든 생성원을 구하여라(g 를 n 을 법으로 하는 **원시근**이라 부른다).

(1) $\overline{\mathbb{Z}}_{11}^* = \langle \overline{2} \rangle$ (2) $\overline{\mathbb{Z}}_{17}^* = \langle \overline{3} \rangle$

(3) $\overline{\mathbb{Z}}_{18}^* = \langle \overline{5} \rangle$ (4) $\overline{\mathbb{Z}}_{23}^* = \langle \overline{5} \rangle$

3. 다음 순환군의 부분군의 개수와 생성원의 개수를 각각 구하여라.

(1) $\overline{\mathbb{Z}}_{250}$ (2) $\overline{\mathbb{Z}}_{882}$

(3) $\overline{\mathbb{Z}}_{250}^*$ (4) $\overline{\mathbb{Z}}_{686}^*$

4. $\overline{\mathbb{Z}}_8^*$ 와 $\overline{\mathbb{Z}}_{12}^*$ 는 각각 사원군 V_4와 동형임을 보여라.

5. 군 G와 $a, b \in G$, 정수 n 에 대하여 다음을 보여라.

(1) $(ab)^n = e \iff (ba)^n = e$

(2) $o(ab)$ 가 유한일 때, $o(ab) = o(ba)$

6. 다음을 만족하는 아벨군 G와 $a, b \in G$의 보기를 찾아라(정리 2.7.7 참고).
$\langle a \rangle \cap \langle b \rangle = \langle e \rangle$이고, $(o(a), o(b)) \neq 1$

7. 위수가 n 인 순환군 $G = \langle a \rangle$에서 다음을 보여라.

(1) $n = 2m$ 일 때, G에서 위수가 2인 원소는 a^m 뿐이다.

(2) $n = pm$ 일 때(p 는 소수), G에서 위수가 p 인 원소는 $a^m, a^{2m}, \cdots, a^{(p-1)m}$ 뿐이다.

8. 3차 대칭군 S_3 에 대하여 다음에 답하여라.

(1) $S_3 = \langle (1, 2, 3), (1, 2) \rangle$ 임을 증명하여라.

(2) $S_3 = \langle (1,2),\ (1,3) \rangle$ 임을 증명하여라.

(3) $S_3 = \langle a,\ b \rangle$ 인 두 원소 $a,\ b \in S_3$ 를 선택하는 방법의 수를 구하여라.

9. (1) S_4 의 부분군 $\Delta_4 = \langle (1,2,3,4),\ (2,4) \rangle$ 는 D_4 와 동형임을 증명하여라.

(2) S_5 의 부분군 $\Delta_5 = \langle (1,2,3,4,5),\ (2,5)(3,4) \rangle$ 는 D_5 와 동형임을 증명하여라.

10. $\sigma = (1,2,\cdots,n),\ \tau \in S_n$ 에 대하여 $\Delta_n = \langle \sigma,\ \tau \rangle$ 은 D_n 과 동형임을 증명하여라.

n 이 홀수이면, $\tau = (2,n)(3,n-1)\cdots(\frac{n+1}{2}, \frac{n+3}{2})$

n 이 짝수이면, $\tau = (2,n)(3,n-1)\cdots(\frac{n}{2}, \frac{n}{2}+2)$

(좌표평면에서 단위원에 내접하는 정n각형의 무게중심을 원점에 두고 1번부터 n 번의 꼭지점을 $(1,0)$에서 시작하여 차례대로 반시계 방향으로 둘 때, 이 n개의 꼭지점에 관한 전단사 함수로서 σ 는 $\frac{2\pi}{n}$(rad)만큼 회전이동이고, τ 는 x-축에 관한 대칭이동이다.)

11. n 이 홀수일 때, $D_n = \langle\ a,\ b \mid o(a) = n,\ o(b) = 2,\ ab = ba^{-1}\ \rangle$ 에 대하여 다음에 답하여라.

(1) 위수가 2인 원소를 모두 구하여라.

(2) $C(D_n) = \langle e \rangle$ 임을 증명하여라.

(3) $N_1 = \langle a \rangle$ 는 D_n 의 정규부분군이고, $D_n / N_1 \cong \overline{\mathbb{Z}_2}$ 이다.

12. $n = 2m$ 인 짝수일 때, $D_n = \langle\ a,\ b \mid o(a) = n,\ o(b) = 2,\ ab = ba^{-1}\ \rangle$ 에 대하여 다음에 답하여라.

(1) 위수가 2인 원소를 모두 구하여라.

(2) $C(D_n) = \{\ e,\ a^m\ \}$ 임을 증명하여라.

(3) $N_2 = \{\ e,\ a^2,\ a^4 \cdots,\ a^{2(m-1)},\ b,\ a^2b,\ a^4b,\ \cdots,\ a^{2(m-1)}b\ \}$ 는 D_n 의 정규부분군이고, $D_n / N_2 \cong \overline{\mathbb{Z}}_2$ 이다.

(4) $N_3 = \{\ e,\ a^2,\ a^4 \cdots,\ a^{2(m-1)}\}$ 는 D_n 의 정규부분군이고, $D_n / N_3 \cong V_4$ 이다.

(5) $D_n / C(D_n) \cong D_m$ 이다.

13. (중등교원 임용시험 2002년 #5)

$\overline{\mathbb{Z}}_{11}^*$의 생성원(즉, 11을 법으로 할 때 원시근)을 모두 구하여라.

14. (중등교원 임용시험 2004년 #7)

무한 순환군 G에 대하여 $\sigma: G \to G$를 $\sigma(g) = g^{-1}$, $g \in G$로 정의할 때 다음을 보여라.

(1) σ는 동형사상이다.

(2) G에서 G로의 동형사상은 항등함수 id와 σ뿐이다.

15. (중등교원 임용시험 2009년 1차 #18)

(1) $n = 2, 4, p^k$ 또는 $2p^k$(p는 홀수소수, $k \geq 1$)이고, $(\overline{\mathbb{Z}}_n^*, \cdot) = \langle g \rangle$이다. 즉, g가 n의 원시근이다. 이 때, $g^i \equiv g^j \pmod{n}$이면, $i \equiv j \pmod{\phi(n)}$임을 증명하여라.

(2) $\overline{\mathbb{Z}}_8^*$는 사원군 $V_4\,(\cong \mathbb{Z}_2 \oplus \mathbb{Z}_2)$와 동형임을 보여라.

16. (중등교원 임용시험 2010년 1차 #22)

$(\overline{\mathbb{Z}}_{29}^*, \cdot) = \langle 2 \rangle$이다(즉, 순환군 $\overline{\mathbb{Z}}_{29}^*$에서 $o(2) = 28$). $1 \leq x \leq 28$인 x 중에서 $x^4 \equiv 1 \pmod{29}$를 만족하는 x를 모두 곱한 값을 m이라 할 때, $2^k \equiv m \pmod{29}$을 만족시키는 최소의 양의 정수 k를 구하라.

17. (중등교원 임용시험 2012년 1차 #16)

정수 x_0가 27과 서로소이고, $n \geq 1$에 대하여 $x_n \equiv 16x_{n-1} \pmod{27}$을 만족한다. $x_n \equiv x_0 \pmod{27}$인 최소의 자연수 n을 구하라(단, 2는 법 27에 관한 원시근이다).

18. (중등교원 임용시험 2014년 1차 #5)

10과 서로소인 양의 정수 m에 대하여 m^{18}의 마지막 두 자리 수가 21이다. m^{294}의 마지막 두 자리 수를 구하여라.

19. **(중등교원 임용시험 2014년 1차 #6)**

위수(order)가 $2014 = 2 \times 19 \times 53$인 순환군(cyclic group) G에 대하여 G의 부분군의 개수를 m, G에서 위수가 38인 원소의 개수를 n이라 하자. $m + n$의 값을 구하여라.

20. **(중등교원 임용시험 2016년 1차 #13)**

정수 23은 법(modulo) 89에 대한 원시근이고, 89는 소수이다. 정수 $a = 23^{41}$에 대하여 $a^n = 23 \pmod{89}$를 만족하는 가장 작은 양의 정수 n을 구하여라.

21. $(\overline{\mathbb{Z}}^*_{50}, \cdot) = \langle 3 \rangle$이다(즉, $\overline{\mathbb{Z}}^*_{50}$는 순환군이고, $o(3) = \phi(50) = 20$ 이다.)

(1) $(\overline{\mathbb{Z}}^*_{50}, \cdot) = \langle a \rangle$, $1 \le a \le 50$인 a를 모두 찾아라.

(2) $1 \le x \le 50$인 x 중에서 $x^5 \equiv 1 \pmod{50}$를 만족하는 x를 모두 찾아라.

(3) (2)의 x를 모두 곱한 값을 m이라 할 때, $3^k \equiv m \pmod{50}$을 만족시키는 최소의 양의 정수 k를 구하라.

(4) 31의 위수

(5) 29

22. $(\overline{\mathbb{Z}}^*_{54}, \cdot)$에 대하여 다음을 구하여라.

(1) 부분군의 개수

(2) 생성원의 개수

(3) 25의 위수

(4) 17의 위수

23. 군 G는 복소수체의 부분집합으로서 복소수 곱에 대하여 군을 이룬다. $o(G) = 100$일 때, 다음에 답하라.

(1) G에서 $a^{20} = 1$(항등원)인 원소를 모두 구하여라.

(2) G에서 위수가 20인 원소를 모두 구하여라.

(3) G의 부분군의 개수

24. $D_n = \langle a, b \mid o(a) = n,\ o(b) = 2,\ ab = ba^{-1} \rangle$에서 $n = lm\,(l, m \ge 1)$일 때, $\langle a^m \rangle = \{e, a^m, a^{2m} \cdots, a^{(l-1)m}\}$은 D_n의 정규부분군임을 보이고, $D_n / \langle a^m \rangle$을 구하라.

25. a는 20과 서로소인 양의 정수이다.

(1) a^{15}의 마지막 두 자릿수가 07일 때, a^{2105}의 마지막 두 자리 수를 구하여라.

(2) a^{19}의 마지막 두 자릿수가 11일 때, a^{2017}의 마지막 두 자리 수를 구하여라.

2.8 군의 작용과 Cayley의 정리

군은 그 기원이나 본질적인 면에서 적당한 집합 X 위에서 전단사 함수의 집합으로 나타난다. 대칭군 S_n의 원소는 $\{1, 2, \cdots, n\}$ 위에서 전단사 함수이며, Cayley의 정리에서 군 G의 원소는 G 위에서 전단사 함수이다. 이와 같이 전단사 함수의 집합으로 군을 나타내는 것이 군의 작용이다.

정의 2.8.1

군 G가 집합 X에 작용한다(G acts on a set X)는 것은 다음을 만족하는 함수 $\phi : G \times X \to X$가 존재할 때이다. 모든 $x \in X$와 $g, h \in G$에 대하여

(i) $\phi(e, x) = x$

(ii) $\phi(h, \phi(g, x)) = \phi(hg, x)$

$\phi(g, x)$를 간단히 gx라 적는다. 따라서 (i) $ex = x$ (ii) $h(gx) = (hg)x$로 적을 수 있다.

정리 2.8.2

군 G가 집합 X에 작용할 때, 각각의 $g \in G$에 대하여 $\phi_g : X \to X$, $\phi_g(x) = gx$로 정의된 함수 ϕ_g는 전단사 함수이다.

증명 다음과 같이 $\phi_{g^{-1}}$가 ϕ_g의 역함수가 되며, 따라서 ϕ_g는 전단사 함수이다.

$$\phi_{g^{-1}}(\phi_g(x) = g^{-1}(gx) = (g^{-1}g)x = ex = x,$$

$$\phi_g(\phi_{g^{-1}}(x)) = g(g^{-1}x) = (gg^{-1})x = ex = x$$

■

즉, ϕ_e는 X 위에서 항등함수이고, ϕ_g는 $\phi_{g^{-1}}$를 역함수로 갖는 전단사 함수이다.

정리 2.8.3

군 G가 집합 X에 작용할 때,

(1) 다음의 관계는 집합 X 위에서 동치관계이다.

$$x \sim y \ (x, y \in X) \iff \text{적당한 } g \in G\text{에 대하여 } y = gx$$

(2) $x \in X$에 대하여 $G_x := \{ g \in G \mid gx = x \}$는 G의 부분군이다.

증명 (1) $x=ex$이므로, $x \sim x$이다.

$x \sim y \Leftrightarrow y=gx\,(g \in G) \Leftrightarrow x=g^{-1}y\,(g^{-1} \in G) \Leftrightarrow y \sim x$

$x \sim y,\ y \sim z \Leftrightarrow y=gx,\ z=hy(g, h \in G)$이다. 그러므로,

$z=(hg)x\ (hg \in G)$이고, $x \sim z$이다.

(2) $g, h \in G_x$이면, $(gh)x=g(hx)=gx=x$이다. 그러므로, $gh \in G_x$이다.

$gx=x$에서 $g^{-1}x=g^{-1}(gx)=(g^{-1}g)x=ex=x$이다. 그러므로, $g^{-1} \in G_x$이다. ■

보기 2.8.4

$\sigma \in S_n$과 $x \in X=\{1, 2, \cdots, n\}$에 대하여, $\sigma x=\sigma(x)$로 정의하면, 대칭군 S_n은 X에 작용한다.

보기 2.8.5

$k \in (\mathbb{Z}, +)$와 $\overline{i} \in \overline{\mathbb{Z}}_n$에 대하여, $k\overline{i}=\overline{k+i}$로 정의하면, $(\mathbb{Z}, +)$는 $\overline{\mathbb{Z}}_n$에 작용한다.

정리 2.8.6 (케일리의 정리)

G가 군일 때, 다음의 τ는 단사 준동형이다.

$$\tau: G \to S(G),\ \tau(g)=\tau_g\ \ (\ \tau_g: G \to G,\ \tau_g(x)=gx,\ x \in G\ )$$

즉, G는 대칭군 $S(G)$의 부분군이고, 특히, $|G|=n$일 때, G는 대칭군 S_n의 부분군이다.

증명 $\tau_g: G \to G,\ \tau_g(x)=gx\,(x \in G)$로 정의된 함수일 때, $\tau_{g^{-1}}$는 τ_g의 역함수이고, $\tau_g \in S(G)$이다. 즉, τ는 잘 정의되었다.

$\tau_{gh}(x)=(gh)x=g(hx)=\tau_g(\tau_h(x))$이므로 $\tau_{gh}=\tau_g\tau_h$이다. 즉, $\tau(gh)=\tau(g)\tau(h)$이고, τ는 준동형이다.

또, $g \in \ker\tau$이면, $\tau(g)=\tau_g$는 항등함수이다. 특히, $\tau_g(e)=ge=e$이므로 $g=e$이다. 그러므로 $\ker\tau=(e)$이고, τ는 단사 준동형이다. ■

Cayley의 정리에서 τ는 군 G가 G에 왼쪽 곱(left translation)으로 작용하는 경우이다. 즉, 다음과 같이 고려하면 된다.

$$\tau: G \times G \to G,\ \tau(g, x)=\tau_g(x)=gx$$

또, Cayley의 정리를 증명할 때, 오른쪽 곱(right translation)을 이용할 수도 있다. 즉, $\delta : G \to S(G)$, $\delta(g) = \delta_g$. 이 때, $\delta_g : G \to G$, $\delta_g(x) = xg^{-1}$로 오른쪽에서 g^{-1}을 곱해야 $\delta(gh) = \delta(g)\delta(h)$가 성립한다.

$\tau : G \to S(G)$와 $\delta : G \to S(G)$는 단사 준동형이나, 정리 10의 준동형 $\sigma : G \to S(G)$, $\sigma(g) = \sigma_g$는 단사가 아니다. 또, $\tau_g : G \to G$와 $\delta_g : G \to G$는 전단사 함수이나, $g \neq e$인 경우 준동형은 아니다. 그러나 정리 9의 $\sigma_g : G \to G$는 동형이다.

정의 2.8.7

군 G와 함수 $\tau : G \to G$에 대하여

(1) τ가 준동형 일 때, τ를 G의 **자기준동형**(an endomorphism)이라 한다.

(2) τ가 동형일 때, τ를 **자기동형**(an automorphism)이라 한다.
$Aut(G) := \{ \tau \mid \tau : G \to G,\ \text{자기동형} \}$로 정의하고, G의 자기동형군이라 한다.

정리 2.8.8

G가 군일 때, $Aut(G)$는 군이다. 즉, $Aut(G)$는 $S(G)$의 부분군이다.

증명 $\sigma, \tau \in Aut(G)$일 때, σ, τ는 전단사인 준동형이므로 $\sigma\tau \in Aut(G)$이다(2.6.6(2)).
또, 2.6.7에 의하여 $\sigma^{-1} \in Aut(G)$이다. ■

정리 2.8.9

G가 군일 때, $\sigma_g : G \to G$, $\sigma_g(x) = gxg^{-1}\ (x \in G)$는 G의 동형이다.
또, $Inn(G) := \{ \sigma_g \mid g \in G \}$로 정의하면 $Inn(G) \lhd Aut(G)$이다.

증명 $x, y \in G$에 대하여 $\sigma_g(xy) = gxyg^{-1} = (gxg^{-1})(gyg^{-1}) = \sigma_g(x)\sigma_g(y)$이므로, σ_g는 준동형이다. 또, σ_g는 $\sigma_{g^{-1}}$을 역함수로 갖는 동형이다.

$\sigma_g,\ \sigma_h \in Inn(G)$일 때, 다음과 같이 $\sigma_g\sigma_h = \sigma_{gh} \in Inn(G)$이다.

$$\sigma_g\sigma_h(x) = \sigma_g(hxh^{-1}) = g(hxh^{-1})g^{-1} = (gh)x(gh)^{-1} = \sigma_{gh}(x),\ x \in G$$

또, $(\sigma_g)^{-1} = \sigma_{g^{-1}} \in Inn(G)$이고, $Inn(G)$는 $Aut(G)$의 부분군이다.

$\tau \in Aut(G)$에 대하여 다음과 같이 $\tau\sigma_g\tau^{-1} = \sigma_{\tau(g)} \in Inn(G)$이다.

$\tau(\sigma_g(\tau^{-1}(x))) = \tau(g(\tau^{-1}(x))g^{-1}) = \tau(g)(\tau(\tau^{-1}(x)))\tau(g^{-1}) = \tau(g)x\tau(g)^{-1} = \sigma_{\tau(g)}(x)$

따라서 $Inn(G) \lhd Aut(G)$이다. ■

정의 2.8.10

σ_g를 G의 **내부 자기동형**(an inner automorphism of G), $Inn(G)$는 G의 **내부 자기동형군**(the inner automorphism group of G)라 한다.

G가 아벨군이면, 모든 σ_g는 항등함수이므로, $Inn(G) = < 1_G >$이다. 일반적인 경우는 다음의 정리를 이용하여 $Inn(G)$를 계산할 수 있다.

정리 2.8.11

G가 군일 때, $\sigma : G \to Inn(G)$, $\sigma(g) = \sigma_g$는 전사 준동형이다. 또, σ는 동형 $\overline{\sigma} : G/C(G) \cong Inn(G)$을 유도한다.

증명 $\sigma(gh) = \sigma_{gh} = \sigma_g \sigma_h = \sigma(g)\sigma(h)$이므로, σ는 준동형이다. 또, $Inn(G)$의 정의에 의하여 σ는 전사이다. 다음과 같이 $\ker\sigma = C(G)$이다.

$$g \in \ker\sigma \iff \sigma(g) = \sigma_g = 1_G \iff \text{모든 } x \in G,\ \sigma_g(x) = gxg^{-1} = x$$
$$\iff \text{모든 } x \in G,\ gx = xg \iff g \in C(G)$$

제 1 동형정리에 의해 σ는 동형 $\overline{\sigma} : G/C(G) \cong Inn(G)$을 유도한다. ■

σ도 군의 작용이다(σ를 켤레작용이라 한다). 즉, 다음과 같이 고려하면 된다.

$$\sigma : G \times G \to G,\ \sigma(g, x) = \sigma_g(x) = gxg^{-1}$$

정리 2.8.12

$\sigma : G \to \overline{G}$가 준동형이고, $a \in G$, $o(a) < \infty$이다. 이 때,

(1) $o(\sigma(a)) \mid o(a)$ (2) σ가 단사이면, $o(\sigma(a)) = o(a)$.

증명 (1) $o(a) = n$이라 하면, $\sigma(a)^n = \sigma(a^n) = \sigma(e) = \overline{e}$ 이다. 따라서 $o(\sigma(a)) \mid o(a)$.

(2) $o(\sigma(a)) = m$이라 하자. $\sigma(a)^m = \sigma(a^m) = \overline{e} = \sigma(e)$이다. σ가 단사이므로 $a^m = e$이고, $o(a) \mid o(\sigma(a))$이다. 따라서 $o(\sigma(a)) = o(a)$이다. ■

보기 2.8.13

(1) $n \geq 3$일 때, $Inn(S_n) \cong S_n$이다.

(2) $Aut(S_3) = Inn(S_3) \cong S_3$이다.

풀이 (1) $n \geq 3$일 때, $C(S_n) = \langle (1) \rangle$이므로(2.10.19 이용), $Inn(S_n) \cong S_n$이다.

(2) (1)에 의하여 $Inn(S_3) \cong S_3$이다.

$(1,2,3) = (1,2)(1,3)$, $(1,3,2) = (1,3)(1,2)$ 이므로, $S_3 = \langle (1,2), (1,3), (2,3) \rangle$ 이다. 그러므로 $\sigma \in Aut(S_3)$의 값은 $(1,2), (1,3), (2,3)$에서 결정하면 된다. σ는 단사이므로 σ의 위수 2인 원소 $(1,2), (1,3), (2,3)$에서의 값은 각각 $(1,2), (1,3), (2,3)$ 중 하나이다(정리 12). 따라서 σ는 세 개의 원소 $(1,2), (1,3), (2,3)$의 치환이 되며, 많아야 6개이다. 따라서 $Aut(S_3) = Inn(S_3) \cong S_3$이다.

보기 2.8.14

클리인의 사원군 $V_4 - \{ e, a, b, c - ab \}$의 경우, $Inn(V_4) \cong \langle e \rangle$이고, $Aut(V_4) \cong S_3$이다.

풀이 V_4는 아벨군이므로, $Inn(V_4) \cong \langle e \rangle$이다.

$\sigma \in Aut(V_4)$에 대하여 $\sigma(e) = e$이고, σ는 단사이므로 a, b, c 3개의 원소에 대한 치환이 된다. 그런데 V_4의 관계식 $a^2 = b^2 = c^2 = e$와 $ab = ba$에 의하여, a, b, c 대한 6개의 치환이 모두 준동형이 된다. 따라서 $Aut(V_4) \cong S_3$이다.

보기 2.8.15 (중등교원 임용시험 2004년 #7)

$Inn(\mathbb{Z}) \cong \langle e \rangle$이고, $Aut(\mathbb{Z}) \cong (\{ 1, -1 \}, \bullet)$이다.

풀이 $\mathbb{Z}$는 아벨군이므로, $Inn(\mathbb{Z}) \cong \langle e \rangle$이다.

먼저 항등함수 1과 역원을 취하는 함수(the inversion map) $\sigma = -1$은 동형이다.

$$\sigma(x) = (-1)x = -x, \quad x \in \mathbb{Z}$$

이제 $\tau \in Aut(\mathbb{Z})$일 때, $\tau(1)$만 정하면 된다. $\tau(1) = m \in \mathbb{Z}$일 때, τ는 m을 곱하는 함수 μ_m이다($\tau(x) = \mu_m(x) = mx$: the multiplication map by m).

모든 μ_m이 $\mathbb{Z}$의 자기준동형이고, $im(\mu_m) = m\mathbb{Z}$이다. $m \neq 0$일 때, μ_m은 단사이고, 그 중 전사인 것은 $m = 1, -1$이다. μ_1은 항등함수이고, μ_{-1}은 역원을 취하는 함수이다.

보기 2.8.16

$Inn(\overline{\mathbb{Z}}_n) \cong \langle e \rangle$이고, $Aut(\overline{\mathbb{Z}}_n) \cong (\overline{\mathbb{Z}}_n^* \cdot)$이다.

풀이 $\overline{\mathbb{Z}}_n$는 아벨군이므로, $Inn(\overline{\mathbb{Z}}_n) \cong \langle e \rangle$이다.

$\tau \in Aut(\overline{\mathbb{Z}}_n)$일 때, $\tau(\overline{1})$만 정하면 된다. $\tau(\overline{1}) = \overline{m} \in \overline{\mathbb{Z}}_n$일 때, τ는 m을 곱하는 함수 μ_m이다($\tau(\overline{x}) = \mu_m(\overline{x}) = m\overline{x} = \overline{mx}$, $m = 0, 1, \cdots, n-1$).

모든 μ_m이 $\mathbb{Z}$의 자기준동형이고, $im(\mu_m) = m\overline{\mathbb{Z}}_n$이다. 정리 2.7.5(1) 의하여 $m\overline{\mathbb{Z}}_n = \overline{\mathbb{Z}}_n \Leftrightarrow (m,n)=1$이므로, $\overline{m} \in \overline{\mathbb{Z}}_n^*$인 경우에만 μ_m이 전사(따라서 μ_m이 전단사)이다.

이제 $\mu : \overline{\mathbb{Z}}_n^* \to Aut(\overline{\mathbb{Z}_n})$를 $\mu(\overline{m}) = \mu_m$으로 정의한다($\overline{m} \in \overline{\mathbb{Z}}_n^*$).

$\overline{l} = \overline{m} \in \overline{\mathbb{Z}}_n^*$일 때, $\mu_l = \mu_m$이다. 또 $\mu_m \in Aut(\overline{\mathbb{Z}}_n)$이므로 μ는 잘 정의되었다.

위의 계산에 의하여, μ는 전사이다.

$\overline{m} \in \ker\mu$이면, μ_m은 항등함수이고, $\overline{m} = \overline{1}$인 경우뿐이다. 그러므로 μ는 단사이다.

또, $\mu_{lm}(\overline{x}) = \overline{(lm)x} = \overline{l}(\overline{mx}) = \mu_l(\mu_m(\overline{x}))$이므로, μ는 준동형이다.

따라서 $Aut(\overline{\mathbb{Z}}_n) \cong (\overline{\mathbb{Z}}_n^* \cdot)$이다(다른 풀이는 연습문제 2.8.11을 참고).

▶▶ 연습문제 2.8

1. 군 G에 대하여 다음을 증명하여라.

$$\tau_g : G \to G,\ \tau_g(x) = gx \text{가 준동형} \Leftrightarrow g = e\ (\text{즉, } \tau_g = 1_G)$$

2. 다음의 자기동형군 $Aut(\overline{\mathbb{Z}_n})$의 위수를 구하여라.

(1) $Aut(\overline{\mathbb{Z}}_{250})$ (2) $Aut(\overline{\mathbb{Z}}_{636})$ (3) $Aut(\overline{\mathbb{Z}}_{686})$ (4) $Aut(\overline{\mathbb{Z}}_{900})$

3. $Inn(Q_8) \cong V_4$ 임을 증명하여라.

4. n이 홀수이면, $Inn(D_n) \cong D_n$이고, $n = 2m$이 짝수이면, $Inn(D_n) \cong D_m$임을 증명하여라.

5. $N \lhd G$이면, 모든 $\tau \in Aut(G)$에 대하여 $\tau(N) \lhd G$임을 보여라.

6. G의 부분군 N이 모든 $\tau \in Aut(G)$에 대하여 $\tau(N) \subseteq N$이면, $N \lhd G$ 임을 보여라. 이 명제의 역이 성립하지 않는 보기를 $G = V_4$와 $\tau \in Aut(V_4)$에서 찾아라.

7. D_4 의 자기동형으로서 D_4의 원소 중 6개만 역원으로 보내는 τ를 찾아라.

8. 유한군 G의 위수가 3 이상이다. $Aut(G) \neq \langle id \rangle$임을 보여라.

9. **(Cayley 정리의 변형)** H가 군 G의 부분군이고, $X=\{xH \mid x \in G\}$일 때, $\tau : G \to S(X)$, $\tau(g)=\tau_g$, $\tau_g : X \to X$, $\tau_g(xH)=gxH$에 대하여 다음을 증명하여라.

(1) τ_g는 잘 정의되었다. 즉, $\tau_g : X \to X$는 전단사 함수이다.

(2) $K=\ker \tau$는 G의 정규부분군으로 H에 포함되는 것 중 가장 크다. 즉, $N \lhd G$이고, $N \subseteq H$이면, $N \subseteq K$이다.

(3) $K=\cap_{g \in G} gHg^{-1}$이다.

(4) G가 유한군이고, $[G:H]=m$일 때, $o(G) \nmid m!$이면, $K \neq \langle e \rangle$이다.

10. 위수가 36인 군 G에 위수가 9인 부분군 H가 있을 때, H는 G의 정규부분군 $K \neq \langle e \rangle$을 포함하는 것을 보여라(문제 9를 이용한다).

11. 다음의 ϕ는 동형임을 증명하여라.

$$\phi : Aut(\overline{\mathbb{Z}}_n) \to (\overline{\mathbb{Z}}_n^*, \cdot),\ \phi(\sigma)=\sigma(\overline{1})\quad (\sigma \in Aut(\overline{\mathbb{Z}}_n))$$

12. $f : S_4 \to S_3$인 준동형의 개수를 구하여라.

2.9 류등식 – 개수세기 Ⅱ

이 절에서는 켤레작용 σ(정리 2.8.11)를 이용하여 군의 원소를 세는 류등식을 연구한다.

정리 2.9.1

군 G의 원소 $x, y \in G$에 대하여 정의된 다음의 관계 $\sim$는 G 위에서 동치관계이다.

$x \sim y \quad \Leftrightarrow \quad y=gxg^{-1}$, 적당한 $g \in G$

증명 $x=exe^{-1}$이므로, $x \sim x$이다.

'$x \sim y \Leftrightarrow y=gxg^{-1}\ (g \in G) \Leftrightarrow x=g^{-1}yg\ (g^{-1} \in G) \Leftrightarrow y \sim x$'이다.

$x \sim y$, $y \sim z$이면, $y=gxg^{-1}$, $z=hyh^{-1}$ $(g, h \in G)$이다. 그러므로

$z=hyh^{-1}=hgxg^{-1}h^{-1}=(hg)x(hg)^{-1}$ $(hg \in G)$이고, $x \sim z$이다. ■

정의 2.9.2

군 G의 원소 x, y가 $x \sim y$(즉, $y = gxg^{-1}$, $g \in G$)일 때, x와 y는 **켤레원소**(x and y are conjugates)라 한다. 또 x를 포함하는 동치류 $\overline{x}$ 를 x의 **켤레류**(the conjugate class of x)라 한다. 즉,

$$\overline{x} = \{ y \mid y = gxg^{-1},\ g \in G \} : x \text{ 의 켤레류}$$

정의 2.9.3

군 G의 원소 x와 부분군 H에 대하여 다음을 정의한다.

(1) $C_G(x) := \{ g \in G \mid gx = xg \}$: x의 **중심화 부분군**(the centeralizer of x in G).

(2) $C_G(H) := \{ g \in G \mid$ 모든 $x \in H$에 대하여 $gx = xg \}$: H의 **중심화 부분군**(the centeralizer of H in G).

(3) $N_G(H) := \{ g \in G \mid gH = Hg \}$: H의 **정규화 부분군**(the normalizer of H in G).

정리 2.9.4

$C_G(x)$, $C_G(H)$, $N_G(H)$는 모두 군 G의 부분군이다.

증명 $C_G(x)$의 경우를 증명하자($C_G(H)$, $N_G(H)$의 경우는 연습문제)

$g, h \in C_G(x)$이면, $(hg)x = h(gx) = h(xg) = (hx)g = x(hg)$이므로, $gh \in C_G(x)$이다. 또, $gx = xg$에서 $xg^{-1} = g^{-1}x$가 성립한다. 따라서 $C_G(x)$는 G의 부분군이다. ■

$C_G(x)$는 G의 정규부분군은 아니다. 다음의 정리에서 $G/C_G(x)$는 $C_G(x)$의 좌잉여류의 집합을 뜻한다. 즉, $G/C_G(x) := \{ gC_G \mid g \in G \}$이다. 다음의 정리는 군 G의 원소의 개수를 세는 기본 도구가 된다.

정리 2.9.5 (기본정리)

G가 유한군이고, $x \in G$일 때, $|\overline{x}| = [G : C_G(x)]$이다. 즉, x의 켤레원의 개수는 G 안에서의 $C_G(x)$의 지수이다.

증명 함수 $\phi : G/C_G(x) \to \overline{x}$ 를 $\phi(gC_G(x)) = gxg^{-1}$로 정의하자.

다음과 같이 ϕ는 잘 정의되고, 또한 단사이다.

$$\begin{aligned} gC_G(x) = hC_G(x) \quad &\Leftrightarrow \quad h \in gC_G(x) \\ &\Leftrightarrow \quad h = ga, \quad a \in C_G(x) \\ &\Leftrightarrow \quad hxh^{-1} = g(axa^{-1})g^{-1} = gxg^{-1} \\ &\Leftrightarrow \quad \phi(gC_G(x)) = \phi(hC_G(x)) \end{aligned}$$

$y \in \overline{x}$ 이면, 적당한 $g \in G$에 대하여 $y = gxg^{-1}$ 이다. 이 때, $\phi(gC_G(x)) = y$ 이고, ϕ는 전사이다. 따라서 ϕ는 1-1 대응이고, $|\overline{x}| = [G : C_G(x)]$ 이다.

■

켤레류 $\overline{x} = \{x\}$인 x의 개수를 세는 것이 문제해결의 길잡이가 된다.

정리 2.9.6

군 G의 원소 x에 대하여 다음이 성립한다.

$\overline{x} = \{x\} \Leftrightarrow C_G(x) = G \Leftrightarrow x \in C(G)$

증명 $\overline{x} = \{x\} \Leftrightarrow$ 모든 $g \in G$에 대하여 $gxg^{-1} = x$(즉, 모든 $g \in G$, $gx = xg$)

$$\Leftrightarrow C_G(x) = G \Leftrightarrow x \in C(G)$$

■

정리 2.9.7 (류등식)

유한군 G의 켤레류가 $\overline{x_1}, \cdots, \overline{x_m}, \overline{y_1}, \cdots, \overline{y_n}$ ($x_i \in C(G)$, $y_j \notin C(G)$)일 때, $|C(G)| = m$ 이고 다음이 성립한다.

$$|G| = |C(G)| + \sum_{j=1}^{n} \frac{|G|}{|C_G(y_j)|}$$

증명 $x_i \in C(G)$ 이므로 $\overline{x_i} = \{x_i\}$ 이고(정리 6), $C(G) = \{x_1, \cdots, x_m\}$ 이다. 그러므로 $|C(G)| = m$ 이다.

이제 정리 5를 이용하여 켤레류에 있는 원소의 개수를 세면 다음과 같다.

$$\begin{aligned} |G| &= |\overline{x_1}| + \cdots + |\overline{x_m}| + |\overline{y_1}| + \cdots + |\overline{y_n}| \\ &= |C(G)| + |\overline{y_1}| + \cdots + |\overline{y_n}| \\ &= |C(G)| + \sum_{j=1}^{n} \frac{|G|}{|C_G(y_j)|} \end{aligned}$$

■

군 G에서 $|G| = p^n$ (p는 소수, $n \geq 1$)일 때, 군은 간단한 구조(G는 멱영군-14절 참고)를 가진다. 먼저 다음을 볼 수 있다.

정리 2.9.8

군 G에서 $|G| = p^n$ (p는 소수, $n \geq 1$)이면, $C(G) \neq \langle e \rangle$이다.

증명 정리 7(류등식)에서 $|G| = |C(G)| + \sum_{y_j \notin C(G)} \frac{|G|}{|C_G(y_j)|}$ 이다. $|G| = p^n$ (p는 소수, $n \geq 1$)이므로, $|C_G(y_j)| = p^{n_j}$ 이다. 또, 다음이 성립한다.

$$y_j \notin C(G) \Leftrightarrow C_G(y_j) \neq G \Leftrightarrow n_j < n$$

특히, $\frac{|G|}{|C_G(y_j)|} = p^{n-n_j}$ 는 p의 배수이다. 그러므로 $|C(G)|$도 p의 배수이다.

$e \in C(G)$ 이므로, $|C(G)| \neq 0$ 이고, $C(G) \neq \langle e \rangle$이다. ■

$|G| = p$ 이면, G는 순환군이고(정리 2.4.17), 다음의 정리에서와 같이 $|G| = p^2$ 이면, G는 아벨군이다.

정리 2.9.9

군 G에서 $|G| = p^2$ (p는 소수)이면, G는 아벨군이다.

증명 정리 8에 의하여, $C(G) \neq \langle e \rangle$이다. 그러므로 $|C(G)| = p$, 또는 $|C(G)| = p^2$ 이다.
$|C(G)| = p$ 라 하면, 다음과 같이 모순이 된다.
$|C(G)| = p$ 인 경우, $a \in G - C(G)$ 라 하자. 이 때, $a \in C_G(a)$ 이고, $C(G) \subseteq C_G(a)$ 이므로, $|C_G(a)| \geq p+1$ 이다. 또한 $C_G(a)$는 G의 부분군이므로 라그랑주의 정리에 의하여 $|C_G(a)| = p^2$ 이다. 즉, $C_G(a) = G$ 이다. 이는 $a \in C(G)$ 와 동치이므로 모순이다.
따라서 $|C(G)| = p^2$ 이고, G는 아벨군이다. ■

보기 2.9.10 (중등교원 임용시험 2009년 1차 #18)

$|G| = p^3$ (p는 소수)인 경우 G는 일반적으로 아벨군이 아니다. 간단한 보기로 위수가 2^3 인 비아벨군 D_4와 Q_8을 볼 수 있다

G가 아벨군이면, 모든 $x \in G$에 대하여 x의 켤레류, $\overline{x} = \{x\}$이다.

G가 비아벨군이고, $x \notin C(G)$ 인 경우에 $|\overline{x}| = [G : C_G(x)]$는 1이 아닌 $|G|$의 약수이다(정리 5). 이 때, $C(G) \subseteq C_G(x)$ 이고, 모든 $\langle x \rangle \subseteq C_G(x)$ 임을 이용하여 계산한다.

보기 2.9.11

$G = Q_8$ 에서, $C(G) = \{1, -1\}$ 이다. $i \notin C(G)$ 이고, $\langle i \rangle \subseteq C_G(i)$ 이므로, $C_G(i) = \langle i \rangle$ 이다. 또, $jij^{-1} = ji(-j) = -i$ 이므로, $\overline{i} = \{i, -i\} = \overline{-i}$ 이다. 마찬가지로, $\overline{j} = \{j, -j\} = \overline{-j}$, $\overline{k} = \{k, -k\} = \overline{-k}$ 이다. 따라서 x 의 켤레류, $\overline{x}$ 와 x 의 중심화부분군 $C_G(x)$ 가 다음과 같다.

대표원 x	켤레류 $\overline{x}$	$\lvert\overline{x}\rvert$	$C_G(x)$	$\lvert C_G(x)\rvert$
1	$\{1\}$	1	G	8
-1	$\{-1\}$	1	G	8
i	$\{i, -i\}$	2	$\langle i \rangle$	4
j	$\{j, -j\}$	2	$\langle j \rangle$	4
k	$\{k, -k\}$	2	$\langle k \rangle$	4

보기 2.9.12

$G = D_4 = \{e, a, a^2, a^3, b, ab, a^2b, a^3b\}$ 에서 $C(D_4) = \{e, a^2\}$ 이다.

$a \notin C(D_4)$ 이고, $\langle a \rangle \subseteq C_G(a)$ 이므로, $C_G(a) = \langle a \rangle$ 이다. 또, $bab^{-1} = bab = a^3$ 이므로, $\overline{a} = \{a, a^3\}$ 이다.

$aba^{-1} = a^2b$ 이고, $C_G(b) = \{e, a^2, b, a^2b\}$ 이므로 $\overline{b} = \{b, a^2b\}$ 이다.

$a(ab)a^{-1} = a^3b$ 이고, $C_G(ab) = \{e, a^2, ab, a^3b\}$ 이므로 $\overline{ab} = \{ab, a^3b\}$ 이다.

대표원 x	켤레류 $\overline{x}$	$\lvert\overline{x}\rvert$	$C_G(x)$	$\lvert C_G(x)\rvert$
e	$\{e\}$	1	G	8
a^2	$\{a^2\}$	1	G	8
a	$\{a, a^3\}$	2	$\langle a \rangle$	4
b	$\{b, a^2b\}$	2	$\{e, a^2, b, a^2b\}$	4
ab	$\{ab, a^3b\}$	2	$\{e, a^2, ab, a^3b\}$	4

일반적인 군의 작용에서 류등식

이 절에서 정의 1부터 정리 7(류등식)까지의 정의와 정리는 군 G가 집합 G 위에서 켤레로 작용할 때 기술한 것이다. 즉,

$$\phi: G\times G\to G,\ \sigma(g,x)=\sigma_g(x)=gxg^{-1}$$

같은 내용이 일반적인 군의 작용(정의 2.8.1)에서도 성립한다.

$$\phi: G\times X\to X,\ \phi(g,x)=\phi_g(x)=gx$$

이 때, 정리 1처럼, 관계 $x\sim gx$는 동치관계가 된다. 또, x를 고정시키는 G_x는 $C_G(x)$와 같이 G의 부분군이 된다(정리 2.8.3).

이 때, 정리 2.9.5와 같은 기본적인 개수세기가 성립한다.

정리 2.9.13

유한군 G가 유한집합 X 위에서 작용한다. 이 때, $x\in X$의 동치류의 원소의 수, $|\overline{x}|=[G:G_x]$이다($G_x:=\{g\in G\mid gx=x\}$).

증명 정리 5의 증명과 같이, 함수 $\phi: G/G_x\to\overline{x}$를 $\phi(gG_x)=\phi(g,x)=gx$로 하면, ϕ는 잘 정의되고, 1–1 대응이다. 그러므로 X의 부분집합인 x의 동치류인 $\overline{x}$에 대하여 $|\overline{x}|=[G:G_x]$이다. ■

따라서 일반적인 군의 작용에서도 다음과 같이 류등식을 기술할 수 있다.

정리 2.9.14 (일반적인 군의 작용 류등식)

유한군 G가 유한집합 X위에서 작용하고, 이 작용의 동치류가 $\overline{x_1},\cdots,\overline{x_m},\overline{y_1},\cdots,\overline{y_n}$ ($|\overline{x_i}|=1$, $|\overline{y_j}|\ge 2$)이다.

$X_0:=\{x\in X\mid$ 모든 $g\in G$에 대하여, $gx=x\}$라 하면, $|X_0|=m$이고 다음이 성립한다.

$$|X|=|\overline{x_1}|+\cdots+|\overline{x_m}|+|\overline{y_1}|+\cdots+|\overline{y_n}|=|X_0|+\sum_{j=1}^{n}\frac{|G|}{|G_{y_j}|}$$

정리 2.9.15

위수가 p^n인 군 G가 집합 X위에서 작용할 때(p는 소수, $n \geq 1$), $|X_0| = |X|$ $(\mathrm{mod}\, p)$이다.

증명 $n \geq 0$인 경우는 $G = \langle e \rangle$이고, $X_0 = X$이므로 성립한다.

$n \geq 1$인 경우 정리 14(류등식)에서 $|X| = |X_0| + \sum_{j=1}^{n} \frac{|G|}{|G_{y_j}|}$이고, $|G| = p^n$이므로, $|G_{y_j}| = p^{n_j}$이다. 또, 다음이 성립한다.

$$y_j \not\in X_0 \Leftrightarrow G_{y_j} \neq G \Leftrightarrow n_j < n$$

특히, $\frac{|G|}{|G_{y_j}|} = p^{n-n_j}$는 p의 배수이다. 그러므로 $|X_0|$도 p의 배수이다. 따라서 $|X_0| \equiv |X|\ (\mathrm{mod}\, p)$이다.

■

다음의 Cauchy의 정리는 11절의 Sylow의 정리의 따름 결과로도 나타난다. 여기서는 McKay가 American Mathematical Monthly, Vol 66(1959), p119에 제시한 증명을 소개한다.

정리 2.9.16 (Cauchy)

소수 p가 $p \mid o(G)$이면, G에는 위수가 p인 원소가 존재한다.

증명 (McKay) 집합 X를 다음과 같이 곱이 항등원인 p–순서수(p–tuple)로 한다.

$$X = \{(a_1, \cdots, a_p) \mid a_i \in G,\ a_1 a_2 \cdots a_p = e\}$$

$o(G) = n$이라 하면, $a_p = (a_1 \cdots a_{p-1})^{-1}$이므로 $|X| = n^{p-1}$이다. 또, $p \mid n$이므로 $p \mid |X|$이다.

다음과 같이 $(\mathbb{Z}_p, +)$가 X 위에서 작용하게 한다.

$$\overline{k}(a_1, \cdots, a_p) = (a_{k+1}, \cdots, a_p, a_1, \cdots, a_k)$$

$(a_1 \cdots a_p) = (a_1 \cdots a_k)(a_{k+1} \cdots a_p) = e$이므로, $(a_{k+1} \cdots a_p)(a_1 \cdots a_k) = e$이다. 따라서 $(a_{k+1}, \cdots, a_p, a_1, \cdots, a_k) \in X$이다. 또, 다음과 같이 작용의 두가지 조건이 성립한다.

(i) $\overline{0}(a_1, \cdots, a_p) = (a_1, \cdots, a_p)$

(ii) $(\overline{k} + \overline{l})(a_1, \cdots, a_p) = (a_{k+l+1}, \cdots, a_p, a_1, \cdots, a_{k+l}) = (\overline{k}(\overline{l}(a_1, \cdots, a_p)))$

이제 $(a_1, \cdots, a_p) \in X_0$이면, $\overline{1}(a_1, \cdots, a_p) = (a_2, \cdots, a_p, a_1) = (a_1, \cdots, a_p)$이다. 그러므로 $(a_1, \cdots, a_p) \in X_0 \Leftrightarrow a_1 = a_2 = \cdots = a_p$이다. 또, $(e, \cdots, e) \in X_0$이므로, $X_0 \neq \varnothing$이다. 정리 2.9.15에 의하여 $|X_0| \equiv |X| \equiv 0\ (\mathrm{mod}\, p)$이므로, 적어도 $p-1$개의 위수가 p인 원소가 존재한다.

■

▸▸ 연습문제 2.9

1. 군 G의 부분군 H에 대하여 다음을 증명하여라.

(1) $C_G(H)$, $N_G(H)$는 모두 군 G의 부분군이고, $C_G(H) \subseteq N_G(H)$이다.

(2) H는 $N_G(H)$의 정규부분군이다.

(3) H는 G의 정규부분군 $\Leftrightarrow$ $N_G(H) = G$

2. (1) 군 G와 $x \in G$에 대하여 $|\overline{x}| = 2$이다. $C_G(x) \triangleleft G$임을 보여라.

(2) 군 G와 $x \in G$에 대하여 $|\overline{x}| = 3$이나, $C_G(x)$가 G의 정규부분군이 아닌 보기를 찾아라(S_3 참고).

(3) 군 G와 $x \in G$에 대하여 $|\overline{x}| = 4$이나, $C_G(x)$가 G의 정규부분군이 아닌 보기를 찾아라(보기 2.10.23 참고).

3. (1) 군 G의 켤레류가 2개이면, $G \cong \mathbb{Z}_2$임을 보여라(정리 5를 이용한다).

(2) 군 G의 켤레류가 3개인 비아벨군 G의 보기를 찾아라(정리 2.10.22).

(3) 군 G의 켤레류가 4개인 비아벨군 G의 보기를 찾아라(보기 2.10.23).

4. 군 G의 위수가 p^2(p는 소수이다).

(1) G가 순환군일 때, G에 위수가 p인 원소와 p^2인 원소는 각각 몇 개 있는가?

(2) G가 순환군이 아닐 때, G에 있는 위수가 p인 원소와 위수가 p인 부분군은 각각 몇 개 있는가?

5. n차 정이면체군 $D_n = \langle a, b \mid o(a) = n, o(b) = 2, ab = ba^{-1} \rangle$에서 n이 홀수이면 $C(D_n) = \langle e \rangle$이고, $n = 2m$이 짝수이면 $C(D_n) = \{e, a^m\}$이다.

(1) n이 짝수일 때, 보기 2.9.12와 같이 D_n의 류등식의 표를 만들어라.

(2) n이 홀수일 때, 보기 2.9.12와 같이 D_n의 류등식의 표를 만들어라.

6. 군 G에 대하여 상군 $G/C(G)$가 순환군이면, G는 아벨군임을 증명하여라.

7. 군 G, $x \in G$와 $\tau \in Aut(G)$에 대하여 $C_G(\tau(x)) = \tau(C_G(x))$임을 보여라.

8. $N \lhd G$ 일 때, 다음을 보여라.

(1) 모든 $x \in N$ 에 대하여 x 의 켤레류 $\overline{x} \subseteq N$ 이다.

(2) $|N|$ 이 유한이면, $|N| = \Sigma\,|\overline{x_i}|$ ($\overline{x_i}$ 는 G 의 서로 다른 켤레류로서 $x_i \in N$)이다.

9. G 는 위수가 p^n (p 는 소수, $n \geq 1$)인 군이고, G 의 정규부분군 N 은 $N \neq \langle e \rangle$ 이다. 이 때, $N \cap C(G) \neq \langle e \rangle$ 임을 보여라(문제 8을 이용하여 G 의 류등식을 N 에서 고려한다).

2.10 치환군

집합 X 가 공집합이 아닐 때, 전단사 함수 $\sigma : X \to X$ 를 X 의 **치환**(a permutation on X)이라고 한다. 또, $S(X) := \{\sigma \mid \sigma : X \to X$, 전단사 함수$\}$는 함수의 합성에 관하여 군을 이루며, 이 군을 X 의 **대칭군**(the symmetric group on X)이라 한다.

$|X| = n$ 인 경우에 $X = \{1, 2, \cdots, n\}$ 으로 나타내며, $S(X)$ 를 S_n 이라 적고, S_n 을 n **차 대칭군**(the symmetric degree n)이라 한다. S_n 의 부분군을 **치환군**(a permutation group)이라 부른다(보기 2.1.10).

정의 2.10.1

$\sigma \in S_n$ 이 $X = \{1, 2, \cdots, n\}$ 중에서 r 개의 원소, $a_1, a_2, \cdots, a_r$ 을

$$\sigma(a_1) = a_2,\ \sigma(a_2) = a_3,\ \cdots,\ \sigma(a_{r-1}) = a_r,\ \sigma(a_r) = a_1$$

로 보내고, 나머지 $n-r$ 개의 원소를 자기 자신으로 보낼 때(고정), σ 를 **길이가 r 인 순환치환**(또는 r **−순환치환**, an r −cycle)이라 한다. 이 때, $\sigma = (a_1, a_2, \cdots, a_r)$ 로 나타낸다. 길이가 2인 순환치환 (a, b) 를 **호환**(a transposition)이라 한다. 또, 항등함수는 (1) 로 나타낸다.

$\sigma = (a_1, a_2, \cdots, a_r)$ 일 때, $o(\sigma) = r$ 이고, $\sigma^{-1} = (a_1, a_r, a_{r-1}, \cdots, a_2)$ 이다. 또, r-순환치환을 나타내는 방법은 r 가지이다. 예를 들면, $\sigma = (1,2,3) = (2,3,1) = (3,2,1)$ 이다.

모든 치환이 순환치환의 곱이라는 기본정리를 증명하기 위해서는 다음의 준비 과정이 필요하다.

정의 2.10.2

두 치환 $\sigma, \tau \in S_n$가 '$\sigma(a) \neq a$이면, $\tau(a) = a$ $(1 \leq a \leq n)$'를 만족할 때, σ와 τ는 **서로소**(disjoint)라 한다.

정리 2.10.3

두 치환 $\sigma, \tau \in S_n$가 서로소이면, $\sigma\tau = \tau\sigma$이다.

증명 $1 \leq a \leq n$를 다음의 세 가지 경우로 나눈다.

(1) $\sigma(a) = a = \tau(a)$인 경우에 $\sigma(\tau(a)) = a = \tau(\sigma(a))$이다.

(2) $\sigma(a) \neq a$, $\tau(a) = a$인 경우에 σ가 단사이므로, $\sigma(\sigma(a)) \neq \sigma(a)$이다. 또, σ와 τ는 서로소이므로, $\tau(\sigma(a)) = \sigma(a)$이다. 따라서 $\sigma(\tau(a)) = \sigma(a) = \tau(\sigma(a))$이다.

(3) $\sigma(a) = a$, $\tau(a) \neq a$인 경우에 (2)과 같이 증명한다.

■

정리 2.10.4

$\sigma \in S_n$에 의하여 집합, $\{1, 2, \cdots, n\}$ 위에 정의된 다음의 관계는 동치관계이다.

$$a \sim b \ (1 \leq a, b \leq n) \quad \Leftrightarrow \quad b = \sigma^i(a) \ (i \in \mathbb{Z})$$

증명 (1) $a \sim a \quad \Leftrightarrow \sigma^0(a) = a$.

(2) $a \sim b \quad \Leftrightarrow \quad \sigma^i(a) = b \quad \Leftrightarrow \quad a = \sigma^{-i}(b) \quad \Leftrightarrow \quad b \sim a$.

(3) $a \sim b$, $b \sim c$이면, $b = \sigma^i(a)$이고 $c = \sigma^j(b)$이다. 그러므로 $c = \sigma^j(\sigma^i(a)) = \sigma^{j+i}(a)$이고, $a \sim c$이다.

■

정의 2.10.5

$\sigma \in S_n$일 때, $1 \leq a \leq n$에 대하여 다음을 정의한다.

(1) σ에 의한 a의 동치류, $\{\sigma^i(a) \mid i \in \mathbb{Z}\}$를 **$\sigma$에 의한 a의 궤도**(the orbit of a under σ)라 한다.

(2) σ에 의한 a의 궤도, $\{\sigma^i(a) \mid i \in \mathbb{Z}\}$는 유한집합이므로, 적당한 $i \neq j$에 대하여 $\sigma^i(a) = \sigma^j(a)$이다. 그러므로 $\sigma^{i-j}(a) = a$이고, $m = \min\{l \mid \sigma^l(a) = a, \ l \geq 1\}$이 존재한다. 이 때, $(a, \sigma(a), \cdots, \sigma^{m-1}(1))$을 **$\sigma$의 순환치환**(a cycle of σ)라 한다.

정리 2.10.6 (치환의 표준분해에 관한 기본정리)

치환 $\sigma \in S_n$는 σ의 순환치환의 곱으로 유일하게 나타난다(유일성은 곱의 순서를 무시하는 유일성을 말한다).

증명 σ의 서로 다른 순환치환을 $\sigma_1, \sigma_2, \cdots, \sigma_s$라 하자. 이 때, 다음과 같이 $\sigma = \sigma_1\sigma_2\cdots\sigma_s$ 임을 보인다.

$a \in \{1,2,\cdots,n\}$일 때, a는 $\{1,2,\cdots,n\}$의 동치류인 σ의 궤도 중 오직 하나에만 속한다. a가 속하는 궤도에 의하여 만들어진 σ의 순환치환을 σ_1이라 하자. 즉,

$$\sigma_1 = (a, \sigma(a), \cdots, \sigma^{m-1}(a)),\ \sigma_1\text{은 길이가 } m\text{인 } \sigma\text{의 순환치환}$$

σ의 순환치환은 서로 다른 동치류에 의하여 결정되므로, $j > 2$일 때, $\sigma_j(a) = a$이다. 그러므로 $(\sigma_1\sigma_2\cdots\sigma_s)(a) = \sigma_1(a) = \sigma(a)$이다. 따라서 $\sigma = \sigma_1\sigma_2\cdots\sigma_s$이다.

σ의 순환치환은 서로 다른 동치류에 의하여 결정되므로, $i \neq j$일 때 σ_i와 σ_j는 서로소이다. 따라서 정리 3에 의하여 σ의 순환치환의 곱은 그 순서에 상관없이 σ와 같다. ■

정의 2.10.7

$\sigma \in S_n$을 σ의 순환치환의 곱으로 나타낼 때, 곱은 σ의 순환치환의 순서에 상관없이 같으므로 곱하는 σ의 순환치환 길이가 작아지지 않게(nondecreasing) 나타낼 수 있다. 즉,

$$\sigma = (a, \sigma(a), \cdots, \sigma^{n_1-1}(a))(b, \sigma(b), \cdots, \sigma^{n_2-1}(b))\cdots(c, \sigma(c), \cdots, \sigma^{n_r-1}(c))$$

$n = n_1 + \cdots + n_r$이고, $1 \leq n_1 \leq n_2 \leq \cdots \leq n_r$로 나타낼 수 있다. 이때, σ는 $\{n_1, n_2, \cdots, n_r\}$**-꼴**(type)의 치환이라 한다.

σ가 $\{n_1, n_2, \cdots, n_r\}$-꼴(type)의 치환이면, $o(\sigma) = lcm(n_1, n_2, \cdots, n_r)$이다(정리 3과 정리 2.7.7을 이용).

보기 2.10.8

$\sigma \in S_{10}$이며, 다음의 2×10 행렬에서 첫째 행은 σ의 정의구역의 원소, 둘째 행은 그 원소에서 σ의 값을 나타낸다.

$$\begin{aligned}\sigma &= \begin{pmatrix} 1 & 2 & 3 & 4 & 5 & 6 & 7 & 8 & 9 & 10 \\ 7 & 2 & 5 & 4 & 1 & 6 & 3 & 9 & 10 & 8 \end{pmatrix} \\ &= (1,7,3,5)(2)(4)(6)(8,9,10) \\ &= (2)(4)(6)(8,9,10)(1,7,3,5)\end{aligned}$$

σ는 $\{1, 1, 1, 3, 4\}$ $-$꼴(type)의 치환이다. 보통 길이가 1인 순환치환은 생략하여, $\sigma = (8, 9, 10)(1, 7, 3, 5)$라 적는다. $o(\sigma) = lcm(3, 4) = 12$이다.

표기법 : 치환을 순환치환의 곱으로 나타내어 계산할 때는 함수인 치환이 오른쪽에 오는 **오른쪽 표기법**을 주로 쓴다. 즉, $\sigma(a)$ 대신 $(a)\sigma$로 고려한다. 따라서 두 치환의 곱(합성) $\tau\sigma$에서 τ를 적용한 다음 σ를 적용한다. 예를 들면, $\sigma = (1,2,3)$, $\tau = (1,2)$일 때, $\tau\sigma = (1,2)(1,2,3) = (1,3)$, $\sigma\tau = (1,2,3)(1,2) = (2,3)$이다. 또, 오른쪽표기법으로 치환의 곱을 계산할 때에도 $(a)\sigma$ 뿐 아니라, 정의 7에서와 같이 $\sigma(a)$도 같이 쓴다.

정리 2.10.9

모든 치환 $\sigma \in S_n$은 호환의 곱으로 나타낼 수 있다.

증명 정리 6에 의하여 σ는 순환치환의 곱으로 나타낼 수 있다.

$$\sigma = (a_1, a_2, \cdots, a_{n_1})(b_1, b_2, \cdots, b_{n_2}) \cdots (c_1, c_2, \cdots, c_{n_l})$$

또, 모든 순화치환은 다음과 같이 호환의 곱이므로, σ는 호환의 곱으로 나타낼 수 있다.

$$(a_1, a_2, \cdots, a_{n_1}) = (a_1, a_2)(a_1, a_3) \cdots (a_1, a_{n_1})$$

■

정의 2.10.10

$\sigma \in S_n$이 짝수개의 호환의 곱이면 **짝치환**(an even permutation)이라 하고, 홀수개의 호환의 곱이면 **홀치환**(an odd permutation)이라 한다.

다음 정리에서와 같이 위의 정의는 잘 정의되었다.

정리 2.10.11

$\sigma \in S_n$는 짝치환이면서 홀치환일 수 없다.

증명 $n \times n$ 행렬 A의 i번째 행을 A_i로 적고, $A = (A_1, A_2, \cdots, A_n)$으로 나타낼 때, $\sigma \in S_n$과 $A \in GL_n(\mathbb{R})$에 대하여 $\sigma(A) = (A_{\sigma(1)}, A_{\sigma(2)}, \cdots, A_{\sigma(n)})$으로 정의한다(이 정의는 잘 정의됨!). 이 때, 다음이 성립한다(S_n이 $GL_n(\mathbb{R})$ 위에 작용).

(i) $\sigma = (1)$, 항등함수이면, $\sigma(A) = A$이다.

(ii) $\sigma, \tau \in S_n$에 대하여 $(\tau\sigma)(A) = \tau(\sigma(A))$이다.

이제 $\sigma = (i, j)$이면, $\det(\sigma(A)) = -\det(A)$이다(det의 교대성–alternating).

(ii)를 적용하면, σ가 짝치환이면 $\det(\sigma(A))=\det(A)$이고, σ가 홀치환이면 $\det(\sigma(A))=-\det(A)$이다. 따라서 치환 σ는 짝치환이면서 홀치환일 수 없다. ■

보기 2.10.12

(1) $(1)=(1,2)(1,2)$이므로, 항등함수 (1)은 짝치환이다.

(2) 길이가 m인 순환치환, $(a_1, a_2, \cdots, a_m)=(a_1, a_2)(a_1, a_3)\cdots(a_1, a_m)$이므로, m이 홀수이면 짝치환이고, m이 짝수이면 홀치환이다.

정리 2.10.13

$A_n := \{\sigma \in S_n \mid \sigma: \text{짝치환}\}$이라 하면, A_n S_n의 (정규)부분군이고,

$n \geq 2$일 때, $|A_n| = \dfrac{n!}{2}$이다($A_1 = \{(1)\} = S_1$).

증명 $n \geq 2$일 때, $f: S_n \to (\{1,-1\}, \cdot)$을 σ가 짝치환이면, $f(\sigma)=1$, σ가 홀치환이면, $f(\sigma)=-1$로 정의한다. 정리 11에 의하여 f는 잘 정의되고, 또한 f는 준동형이다. $f((1))=1$이고, $f((1,2))=-1$이므로 f는 전사 준동형이고, $\ker f = A_n$이다. 그러므로 제 1 동형정리에 의하여, f는 동형 $\overline{f}: S_n/A_n \cong \{1,-1\}$를 유도한다. 이 때, $|S_n/A_n|=2$이므로, $|A_n| = \dfrac{n!}{2}$이다. ■

정의 2.10.14

$A_n := \{\sigma \in S_n \mid \sigma: \text{우치환}\}$을 n**차 교대군**(the alternating group of degree n)이라 한다.

보기 2.10.15

(1) $A_3 = \{(1), (1,2,3), (1,3,2)\} \cong (\mathbb{Z}_3, +)$.

(2) $A_4 = \{(1), (1,2,3), (1,3,2), (1,2,4), (1,4,2), (1,3,4), (1,4,3), (2,3,4), (2,4,3), (1,2)(3,4), (1,3)(2,4), (1,4)(2,3)\}$

다음의 정리에서 $\tau^{-1}\sigma\tau$의 계산은 오른쪽 표기법으로 한 것이다. 왼쪽 표기법으로 계산할 때는 $\tau\sigma\tau^{-1}$에 해당되며, $\tau^{-1}\sigma\tau$와 $\tau\sigma\tau^{-1}$ 모두 σ의 켤레원소이다. 다음의 정리는 대칭군에서 기본계산도구가 된다.

정리 2.10.16

$\tau \in S_n$일 때, $\tau^{-1}(a_1, a_2, \cdots, a_m)\tau = ((a_1)\tau, (a_2)\tau, \cdots, (a_m)\tau)$이다. 그러므로 $\sigma = (a_1, \cdots, a_m)(b_1, \cdots, b_l)\cdots(c_1, \cdots, c_k)$일 때, $\tau^{-1}\sigma\tau$는 다음과 같다.

$$\tau^{-1}\sigma\tau = ((a_1)\tau, \cdots, (a_m)\tau)((b_1)\tau, \cdots, (b_l)\tau)\cdots((c_1)\tau, \cdots, (c_k)\tau)$$

증명 먼저 $(a_i)\tau$ (또는 $\tau(a_i)$)에서 두 함수의 값이 같음을 볼 수 있다.

$$((a_i)\tau)(\tau^{-1}(a_1, a_2, \cdots, a_m)\tau) = ((a_i)(a_1, a_2, \cdots, a_m))\tau) = (a_{i+1})\tau,\ (a_{m+1} = a_1)$$

또, $b \neq (a_i)\tau$인 경우에 $(b)\tau^{-1} \neq a_i$이므로, 다음과 같이 두 함수의 값이 같다.

$$(b)(\tau^{-1}(a_1, a_2, \cdots, a_m)\tau) = ((b)\tau^{-1})((a_1, a_2, \cdots, a_m)\tau) = ((b)\tau^{-1})\tau = b$$

따라서 $\tau^{-1}(a_1, a_2, \cdots, a_m)\tau = ((a_1)\tau, (a_2)\tau, \cdots, (a_m)\tau)$이다. 또,
$\tau^{-1}\sigma\tau = (\tau^{-1}(a_1, \cdots, a_m)\tau)(\tau^{-1}(b_1, \cdots, b_l)\tau)\cdots(\tau^{-1}(c_1, \cdots, c_k)\tau)$로 계산한다. ■

위의 정리를 이용하여 S_n이 $(1,2)$와 $(1,2,\cdots,n)$으로 생성됨을 보일 수 있다.

정리 2.10.17

$S_n = \langle (1,2), (1,2,\cdots,n) \rangle$이다.

증명 $H = \langle (1,2), (1,2,\cdots,n) \rangle$, $\tau = (1,2,\cdots,n)$라 할 때,
$\tau^{-1}(1,2)\tau = ((1)\tau, (2)\tau) = (2,3) \in H$, $\tau^{-1}(2,3)\tau = (3,4) \in H$, $\cdots$
$\tau^{-1}(n-2, n-1)\tau = (n-1, n) \in H$이다. 또,
$(1,2)^{-1}(2,3)(1,2) = (1,3) \in H$, $(1,3)^{-1}(3,4)(1,3) = (1,4) \in H$, $\cdots$
$(1, n-1)^{-1}(n-1, n)(1, n-1) = (1, n) \in H$이다. 그러므로 임의의 호환,
$(a,b) = (1,a)^{-1}(1,b)(1,a) \in H$이고, 정리 9에 의하여 $S_n = \langle (1,2), (1,2,\cdots,n) \rangle$이다. ■

정리 2.10.18

σ와 δ가 S_n에서 켤레원(즉, $\delta = \tau^{-1}\sigma\tau,\ \tau \in S_n$)
$\Leftrightarrow$ σ와 δ가 같은 꼴의 치환이다

증명 $\Rightarrow$) $\delta = \tau^{-1}\sigma\tau$이고, $\sigma = (a_1, \cdots, a_m)(b_1, \cdots, b_l)\cdots(c_1, \cdots, c_k)$이라 하자.
$\delta = \tau^{-1}\sigma\tau = ((a_1)\tau, \cdots, (a_m)\tau)((b_1)\tau, \cdots, (b_l)\tau)\cdots((c_1)\tau, \cdots, (c_k)\tau)$이다 (정리 15).

τ가 단사이므로 $\{ (a_1)\tau, \cdots, (a_m)\tau) \}, \{ (b_1)\tau, \cdots, (b_l)\tau \}, \cdots \{ (c_1)\tau, \cdots, (c_k)\tau \}$는 쌍마다 서로소인 집합이고, σ와 δ가 같은 꼴의 치환이다

$\Leftarrow$) σ와 δ가 같은 꼴의 치환이고, $\sigma = (a_1, \cdots, a_m)(b_1, \cdots, b_l)\cdots(c_1, \cdots, c_k)$, $\delta = (a'_1, \cdots, a'_m)(b'_1, \cdots, b'_l)\cdots(c'_1, \cdots, c'_k)$이라 하자. $\tau \in S_n$을 다음의 함수로 하면, $\delta = \tau^{-1}\sigma\tau$이다(정리 15).

$$\tau : a_i \mapsto a'_i, \ b_i \mapsto b'_i, \ \cdots, c_i \mapsto c'_i$$

■

보기 2.10.19

(1) S_n에서 $\sigma = (1, 2, \cdots, n)$의 켤레원은 $(n-1)!$ 개이다. 그러므로 $|C_{S_n}(\sigma)| = n$이다(정리 2.9.5). $o(\sigma) = n$이므로, $C_{S_n}(\sigma) = \langle (1, 2, \cdots, n) \rangle$이다.

(2) S_n에서 $\delta = (1, 2)$의 켤레원은 $\dfrac{n(n-1)}{2}$개이다. 그러므로 $|C_{S_n}(\delta)| = 2(n-2)!$이다. $\tau \in S(\{ 3, 4,, \cdots, n \})$일 때, $\tau \in C_{S_n}(\delta)$이다. 따라서 $C_{S_n}(\delta) = \{ (1,2)^i\tau \mid i = 0,1, \tau \in S(\{ 3, 4,, \cdots, n \}) \}$이다.

정리 2.10.20

(1) $n \geq 3$ 일 때, $C(S_n) = \langle (1) \rangle$ 이다..

증명 $\sigma \in S_n$, $\sigma \neq (1)$이면, $\tau^{-1}\sigma\tau \neq \sigma$인 $\tau \in S_n$이 있음을 보이면 된다.
$\sigma = (a, b)$인 경우, $\tau = (b, c)$로 하면($c \neq a, b$), $\tau^{-1}\sigma\tau = (a, c) \neq \sigma$이다.
$\sigma = (a_1, a_2, \cdots, a_m)$, $m \geq 3$인 경우, $\tau = (a_1, a_2)$로 하면,
$\tau^{-1}\sigma\tau = (a_2, a_1, \cdots, a_m) \neq \sigma$이다 σ가 순환치환이 아닌 경우, σ를 길이가 2 이상인 σ의 순환치환의 곱으로 나타내자. 즉,
$\sigma = (a_1, \cdots, a_m)(b_1, \cdots, b_l)\cdots(c_1, \cdots, c_k)$. σ의 순환치환들은 서로소이다.
이 때, $\tau = (a_1, c_1)$로 하면,

$$\tau^{-1}\sigma\tau = (c_1, a_2, \cdots, a_m)(b_1, \cdots, b_l)\cdots(a_1, \cdots, c_k) \neq \sigma$$

■

정의 2.10.21

양의 정수 n에 대하여 $n = n_1 + \cdots + n_r$이고, $1 \leq n_1 \leq n_2 \leq \cdots \leq n_r$일 때, $\{ n_1, n_2, \cdots, n_r \}$을 **$n$의 분할**(a partition of n)이라 한다. 또 n의 분할의 개수를 $p(n)$이라 적고, 양의 정수에서 정의된 함수, p를 **분할함수**라 한다.

다음과 같이 $p(5) = 7$ 이다.

$$1+1+1+1+1 = 1+1+1+2 = 1+1+3 = 1+4 = 1+2+2 = 2+3 = 5$$

다음은 분할함수 $p(n)$ 의 값 중 몇 가지이다.
$p(1) = 1$, $p(2) = 2$, $p(3) = 3$, $p(4) = 5$, $p(5) = 7$, $p(6) = 11$
$p(61) = 1{,}121{,}505$, $p(200) = 3{,}972{,}999{,}029{,}388$

$p(n)$ 에 관한 방대한 수학적 결과가 있으며, 그 중 다음 식은 오차가 매우 작다.

Hardy–Ramanujan (1918년) $n \gg 0$ 일 때, $p(n) \approx \dfrac{e^{c\sqrt{n}}}{4n\sqrt{3}}$, $c = \pi(\dfrac{2}{3})^{\frac{1}{2}}$

정리 18에 의하여 S_n 의 켤레류의 개수는 S_n 의 치환의 꼴의 가지수이며, 이는 $p(n)$ 이다 (정의 7).

정리 2.10.22
S_n 의 켤레류의 개수는 분할함수의 n 에서의 값 $p(n)$ 이다.

정의 7에서 $\sigma \in S_n$ 을 길이가 작아지지 않는 σ 의 순환치환의 곱으로 나타낼 때, 즉,
$\sigma = (a, \sigma(a), \cdots, \sigma^{n_1 - 1}(a))(b, \sigma(b), \cdots, \sigma^{n_2 - 1}(b)) \cdots (c, \sigma(c), \cdots, \sigma^{n_r - 1}(c))$
$n = n_1 + \cdots + n_r$ 이고, $1 \le n_1 \le n_2 \le \cdots \le n_r$ 일 때, $\{n_1, n_2, \cdots, n_r\}$이 σ 의 꼴이다.

보기 2.10.23

(1) $(1,2,3)$ 과 $(1,3,2)$ 는 S_4 에서 켤레원이나, A_4 에서 켤레원이 아니다.
즉, $(2,3)^{-1}(1,2,3)(2,3) = (1,3,2)$이나, 모든 $\tau \in A_4$에 대하여,
$\tau^{-1}(1,2,3)\tau \ne (1,3,2)$이다. A_4 에는 다음과 같이 4개의 켤레류가 있다.

대표원 σ	켤레류 $\overline{\sigma}$	$\lvert\overline{\sigma}\rvert$	$C_{A_4}(\sigma)$
(1)	$\{(1)\}$	1	A_4
$(1,2,3)$	$\{(1,2,3), (1,3,4), (1,4,2), (2,4,3)\}$	4	$\langle(1,2,3)\rangle$
$(1,3,2)$	$\{(1,3,2), (1,4,3), (1,2,4), (2,3,4)\}$	4	$\langle(1,3,2)\rangle$
$(1,2)(3,4)$	$\{(1,2)(3,4), (1,3)(2,4), (1,4)(3,2)\}$	3	$V_4 = \langle(1,2), (3,4)\rangle$

(2) $V_4 = \{(1), (1,2)(3,4), (1,3)(2,4), (1,4)(3,2)\}$ 이다.

모든 $\tau \in A_4$ (또는 $\tau \in S_4$)에 대하여 $\tau^{-1}(a,b)(c,d)\tau = (\tau(a), \tau(b))(\tau(c), \tau(d))$ 이고, τ가 단사이므로 $\tau(a), \tau(b), \tau(c), \tau(d)$는 1부터 4까지의 서로 다른 수이다. 그러므로 $\tau^{-1}(a,b)(c,d)\tau \in V_4$ 이고, $V_4 \lhd A_4$ 이다(또, $V_4 \lhd S_4$).

A_4의 정규부분군은 $\{(1)\}$, V_4(위수 4)와 A_4의 3개이다.

A_4의 부분군 중 위수가 3인 것은 $\langle (a,b,c) \rangle$의 4개이다(A_4의 3-순환치환은 8개).

A_4의 부분군 중 위수가 2인 것은 $\langle (a,b)(c,d) \rangle$의 3개이다.

(3) A_4에는 위수가 6인 부분군이 없다. 왜냐하면, 만일 위수가 6인 부분군 N이 있으면, $N \lhd A_4$ 이다. N이 정규부분군이므로, $x \in N$이면, $\bar{x} \subseteq N$이다(연습문제 2.9.8). 그러나 위의 표에서와 같이 A_4에서 각 켤레류에 있는 원소의 개수는 1, 4, 4 또는 3 인데, 이 네 수 중 몇 개의 합으로 6이 안되므로 모순이다.

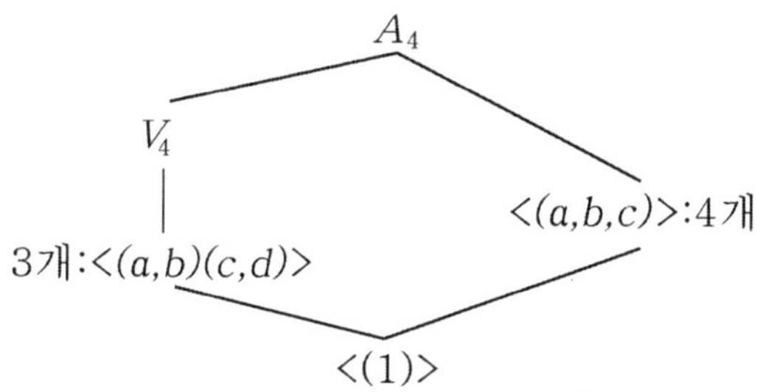

10개의 부분군을 갖는 A_4의 격자도

▸▸ 연습문제 2.10

1. S_{10}의 원소 $\sigma = \begin{pmatrix} 1 & 2 & 3 & 4 & 5 & 6 & 7 & 8 & 9 & 10 \\ 7 & 2 & 5 & 1 & 4 & 6 & 3 & 9 & 10 & 8 \end{pmatrix}$의 궤도와 σ의 순환치환을 각각 구하여라.

2. n-순환치환 $\sigma = (a_1, a_2, \cdots, a_n)$의 위수는 n이고, $\sigma^{-1} = (a_n, a_{n-1}, \cdots, a_2, a_1)$임을 설명하여라.

3. σ가 $\{n_1, n_2, \cdots, n_r\}$-꼴의 치환이면, $o(\sigma) = lcm(n_1, n_2, \cdots, n_r)$임을 증명하여라.

4. 다음의 σ, τ에 대하여 오른쪽 표기법 사용하여 $\delta = \tau^{-1}\sigma\tau$와 $\epsilon = \tau\sigma\tau^{-1}$를 각각 계산하여라.

(1) $\sigma = (1,2,3,4,5)$, $\tau = (1,2,4)(3,5)$

(2) $\sigma = (1,2)(3,7,8)$, $\tau = (1,7,3)(6,8)$

5. $V_4 = \{(1), (1,3)(2,4), (1,2)(3,4), (1,4)(2,3)\}$에 대하여 다음을 보여라.

(1) V_4는 S_4의 정규부분군이다.

(2) $n \geq 5$일 때, V_4는 S_n의 부분군이나 정규부분군은 아니다.

6. 'n-순환치환 $\sigma = (a_1, a_2, \cdots, a_n)$이 짝치환 $\Leftrightarrow$ n이 짝수'임을 보여라.

7. H는 S_n의 부분군으로 A_n에 포함되지 않는다. 다음에 답하여라.

(1) $|H|$는 짝수임을 증명하여라.

(2) S_3에서 A_3에 포함되지 않는 부분군을 찾아라.

(3) S_4에서 A_4에 포함되지 않는 부분군 중 위수가 6인 것과 위수가 8인 것을 각각 찾아라.

8. $n \geq m$일 때, S_n에서 순환치환 $\sigma = (1, 2, \cdots, m)$에 대하여 다음에 답하여라(정리 2.9.5와 정리 2.10.17을 이용).

(1) S_n에서 σ의 켤레원의 개수

(2) $|C_{S_n}(\sigma)|$

(3) $C_{S_n}(\sigma)$의 모든 원소를 찾아라.

9. $n \geq 4$일 때, S_n에서 $\tau = (1,2)(3,4)$에 대하여 다음에 답하여라.

(1) S_n에서 τ의 켤레원의 개수

(2) $|C_{S_n}(\tau)|$

(3) $C_{S_n}(\tau)$의 모든 원소를 찾아라.

10. $n \geq 6$일 때, S_n에서 $\delta = (1,2)(3,4)(5,6)$에 대하여 다음에 답하여라.

(1) S_n 에서 δ 의 켤레원의 개수

(2) $|C_{S_n}(\delta)|$

11. $n \geq 6$ 일 때, S_n 에서 $\beta = (1,2,3)(4,5,6)$ 에 대하여 다음에 답하여라.

(1) S_n 에서 β의 켤레원의 개수

(2) $|C_{S_n}(\beta)|$

(3) $C_{S_n}(\beta)$ 의 모든 원소를 찾아라.

12. p 가 소수일 때, S_p 에서 위수가 p 인 원소는 $(p-1)!$ 개임을 보여라.

13. S_4 에서 다음을 구하여라.

(1) 위수가 4인 원소의 개수 (2) $\sigma^4 = (1)$ 인 σ 의 개수

14. S_5 에서 다음을 구하여라.

(1) 위수가 6인 원소의 개수 (2) $\sigma^6 = (1)$ 인 σ 의 개수

15. 다음의 대칭군 S_n과 교대군 A_n 에서 위수가 가장 큰 원소의 꼴과 그 위수를 각각 구하라.

(1) S_6와 A_6 (2) S_7과 A_7

(3) S_{10}과 A_{10} (4) S_{12}과 A_{12}

16. 다음의 대칭군 S_n과 교대군 A_n 에서 위수가 가장 큰 원소의 꼴과 그 꼴의 원소의 위수, 그런 원소의 개수를 각각 구하라.

(1) S_{13} (2) A_{13}

(3) S_{14} (2) A_{14}

17. (1) 7차 대칭군 S_7에서 위수가 6 인 원소의 꼴을 모두 찾고, 그 꼴에 해당하는 원소의 개수를 각각 구하라.

(2) 8 차 교대군 A_8에서 위수가 6 인 원소의 꼴을 모두 찾고, 그 꼴에 해당하는 원소의 개수를 각각 구하라.

2.11 Sylow의 정리 – 개수세기 Ⅲ

Lagrange의 정리는 유한군 G의 부분군 H의 위수는 G의 위수의 약수임은 말하고 있다. Lagrange의 정리의 역은 일반적으로 성립하지 않는다. 예를 들면, 위수 12인 A_4에는 위수가 6인 부분군이 존재하지 않는다(보기 2.10.23(3)). 이 절의 주제인 Sylow의 정리는 Lagrange정리의 역이 부분적으로 성립하는 경우를 보여준다. Lagrange의 정리와 Sylow의 정리는 군의 계산에서 기본적인 도구이다.

책에 따라 Sylow의 정리의 다양한 증명을 볼 수 있으며, 이 절에서는 1959년 Wielandt가 Archiv der Matematik(vol (10) pp401-402)에 제시한 증명을 싣는다.

먼저 조합수에 대한 다음의 계산이 필요하다.

정리 2.11.1

p가 소수이고, $(p, m) = 1$, $0 \le \alpha \le \beta$일 때, 다음이 성립한다.

$$p^{\beta-\alpha} \mid \binom{p^\beta m}{p^\alpha} \text{ 이나 } p^{\beta-\alpha+1} \nmid \binom{p^\beta m}{p^\alpha}$$

증명 양의 정수 $\binom{p^\beta m}{p^\alpha}$를 소인수분해할 때, p의 중복도(지수)를 다음 식의 우변에서 계산하자.

$$\binom{p^\beta m}{p^\alpha} = \frac{p^\beta m}{p^\alpha} \times \left\{ \frac{(p^\beta m-1)\cdots(p^\beta m-j)\cdots(p^\beta m-(p^\alpha-1))}{1\times\cdots\times j\times\cdots\times(p^\alpha-1)} \right\}$$

이제 우변의 { } 안의 분수에서 소수 p의 중복도(지수)를 세자. $1 \le j \le p^\alpha - 1$일 때, 분자에 있는 $(p^\beta m - j)$와 분모에 있는 j를 각각 소인수분해할 때 p의 중복도가 같다. 그러므로 $\left\{ \frac{(p^\beta m-1)\cdots(p^\beta m-j)\cdots(p^\beta m-(p^\alpha-1))}{1\times\cdots\times j\times\cdots\times(p^\alpha-1)} \right\}$는 p의 배수가 아니다. 그러므로 $\binom{p^\beta m}{p^\alpha}$의 p의 중복도는 $\frac{p^\beta m}{p^\alpha}$의 p의 중복도와 같다. 따라서 $\binom{p^\beta m}{p^\alpha}$는 $p^{\beta-\alpha}$의 배수이나 $p^{\beta-\alpha+1}$의 배수는 아니다. ■

정리 2.11.2 (Sylow I)

군 G의 위수가 $n = p^\beta m$ (p는 소수이고, $(p, m) = 1$)일 때, 모든 $0 \le \alpha \le \beta$에 대하여 G에는 위수가 p^α인 부분군이 존재한다. 특히, G에는 위수가 p^β인 부분군이 존재한다.

증명 집합 $X := \{ S \mid S$는 $|S| = p^{\alpha}$인 G의 부분집합 $\}$이라 하자. $|X| = \binom{p^{\beta}m}{p^{\alpha}}$이다.

다음과 같이 군 G를 X 위에서 왼쪽 곱으로 작용하게 하자.

$$g \in G,\ S \in X \text{일 때, } gS = \{ gs \mid s \in S \}$$

$eS = S$이고, $(gh)S = g(hS)$이므로 군의 작용이다. 이 작용으로 정의되는 동치관계($S_1 \sim S_2 \Leftrightarrow S_2 = gS_1\ (g \in G)$)의 동치류 중 적어도 하나는 그 원소의 수가 $p^{\beta-\alpha+1}$의 배수는 아니다. 왜냐하면, 모든 동치류의 원소의 수가 $p^{\beta-\alpha+1}$의 배수이면, $|X|$는 $p^{\beta-\alpha+1}$의 배수가 되어 정리 1에 모순된다.

동치류 $\overline{S_1} = \{ S_1, \cdots, S_t \}$의 원소수 t가 $p^{\beta-\alpha+1}$의 배수는 아니라 하자. 이 때, $G_{S_1} := \{ g \in G \mid gS_1 = S_1 \}$은 G의 부분군이고(정리 2.8.3),

또, $|\overline{S_1}| = [G : G_{S_1}]$이다(정리 2.9.13). 그러므로 $|G_{S_1}| = \dfrac{|G|}{|S_1|}$은 p^{α}의 배수이다.

이제 $s \in S_1$일 때, 모든 $g \in G_{S_1}$에 대하여 $gs \in S_1$이다. 또, $g, h \in G_{S_1}$, $g \neq h$이면, $gs \neq hs$이다. 그러므로 $|S_1| \geq |G_{S_1}| \geq p^{\alpha}$이다. $|S_1| = p^{\alpha}$이므로 $|G_{S_1}| = p^{\alpha}$은 이다. ■

정의 2.11.3

군 G의 위수가 $n = p^{\beta}m$, p는 소수, $(p, m) = 1$일 때, $0 \leq \alpha \leq \beta$에 대하여 위수가 p^{α}인 부분군을 p**-부분군**(a p-subgroup of G), 위수가 p^{β}인 부분군을 p**-Sylow 부분군**(또는 Sylow p-부분군, a p-Sylow subgroup of G)이라 한다.

정리 2.11.4 (Sylow II)

P가 유한군 G의 p-Sylow 부부군이고(p는 소수), H가 G의 p 부분군이면, 적당한 $x \in G$에 대하여 $H \subseteq xPx^{-1}$이다. 특히, P와 Q가 G의 p-Sylow 부분군이면, $Q = xPx^{-1}$이다.

증명 위수가 p^{α}인 부분군 H가 집합 $X := \{ xP \mid x \in G \}$ 위에 왼쪽 곱으로 작용하게 하자. 즉,

$$h \in H,\ xP \in X \text{에 대하여, } h(xP) = hxP.$$

정리 2.9.15에 의하여, $|X_0| = |X| \pmod p$이다. 또, $|X| = [G : P]$는 p의 배수가 아니다. 특히, $|X_0| \geq 1$이다. $xP \in X_0$일 때, X_0의 정의에 의하여 다음이 성립한다.

$$xP \in X_0 \Leftrightarrow \text{모든 } h \in H\text{에 대하여 } hxP = xP$$
$$\Leftrightarrow \text{모든 } h \in H\text{에 대하여 } x^{-1}hxP = P$$

$$\Leftrightarrow x^{-1}Hx \subseteq P$$
$$\Leftrightarrow H \subseteq xPx^{-1}$$

p-Sylow 부분군 P와 Q에 대하여 $Q \subseteq xPx^{-1}$이고, $|Q| = |xPx^{-1}|$이므로 $Q = xPx^{-1}$이다.

■

정리 2.11.5 (Sylow III)

p가 소수일 때, 유한군 G의 p-Sylow 부분군의 개수, $n_p \geq 1$는 다음을 만족한다.

(1) $n_p \mid |G|$

(2) $n_p = kp + 1 \ (k \geq 0)$. 특히, $(n_p, p) = 1$이다.

증명 P가 유한군 G의 p-Sylow 부분군이고, X가 G의 p-Sylow 부분군의 집합이라 하자.

(1) 함수 $f: G/N_G(P) \to X$를 $f(gN_G(P)) = gPg^{-1}$로 정의하면, 다음과 같이 f는 잘 정의되고 단사이다(정리 2.9.5 참고).

$$gN_G(P) = hN_G(P) \Leftrightarrow h = ga, \ a \in N_G(P)$$
$$\Leftrightarrow hPh^{-1} = (ga)P(ga)^{-1} = g(aPa^{-1})g^{-1} = gPg^{-1}$$

또, 정리 4(Sylow II)에 의하여 f는 전사이므로, f는 1-1 대응이다. 따라서 $n_p = |X| = [G : N_G(P)]$이고, $n_p \mid |G|$이다.

(2) 군 P를 집합 X 위에서 켤레로 작용하게 하자. 즉,

$$\phi : P \times X \to X, \ \phi(g, Q) = gQg^{-1} \ (g \in P, \ Q \in X)$$

이 때, 다음이 성립한다.

$$Q_1 \in X_0 \Leftrightarrow \text{모든 } g \in P\text{에 대하여 } gQ_1g^{-1} = Q_1 \Leftrightarrow P \subseteq N_G(Q_1).$$

그러므로 P와 Q_1은 $N_G(Q_1)$의 p-Sylow 부분군이고, 정리 4에 의하여 $P = xQ_1x^{-1}$ $(x \in N_G(Q_1))$이다. 그런데 Q_1은 $N_G(Q_1)$의 정규부분군이므로, $P = xQ_1x^{-1} = Q_1$이다. 그러므로 $X_0 = \{P\}$이다. 정리 2.9.15에 의하여, $|X| = |X_0| = 1 \ (\text{mod} p)$이므로, $n_p = kp + 1$이다.

■

정리 5의 (1)의 증명에서는 군 G가 집합 X 위에서 켤레로 작용하고, (2)의 증명에서는 P가 X 위에서 켤레로 작용하고 있다. Sylow의 정리의 다른 증명은 연습문제에 제시되어 있다.

≫ Sylow 정리의 응용

군 G의 정규부분군이 $\langle e \rangle$와 G뿐일 때, G를 **단순군**(a simple group)이라 한다. Sylow의 정리를 이용하여 주어진 위수를 갖는 군은 단순군이 아님을 증명할 수 있다.

보기 2.11.6

군 G의 위수가 42이면, G는 단순군이 아니다.

G의 7-Sylow 부분군의 개수, $n_7 \mid 42$이고, $n_7 = 7k+1$이다. $42 = 2\times 3\times 7$이므로, $n_7 = 7k+1$은 6의 약수이고, $n_7 = 1$이다. 즉, G의 7-Sylow 부분군 P는 유일하고, $P \lhd G$이다. 따라서 위수가 42인 군 은 단순군이 아니다.

보기 2.11.7

군 G의 위수가 350이면, G는 단순군이 아니다.

$350 = 2\times 5^2\times 7$이므로, G의 5-Sylow 부분군의 개수 $n_5 = 5k+1$이고, $n_5 \mid 2\times 7$이다. 따라서 $n_5 = 1$이다. 유일한 G의 5-Sylow 부분군 P는 G의 정규부분군이므로, G는 단순군이 아니다.

보기 2.11.8

군 G의 위수가 56이면, G는 단순군이 아니다.

$56 = 2^3\times 7$이므로, G의 2-Sylow 부분군의 개수, $n_2 = 2k+1$이고, $n_2 \mid 7$이다. 그러므로 $n_2 = 1$ 또는 7이다. G의 7-Sylow 부분군의 개수 $n_7 = 7l+1$이고, $n_7 \mid 8$이다. 그러므로 $n_7 = 1$ 또는 8이다.

$n_2 = 7$이고, $n_7 = 8$인 경우에 다음과 같이 모순이다.

G의 7-Sylow 부분군은 위수가 소수인 7이므로 서로 다른 2개의 Sylow 7-부분군의 교집합은 $\{e\}$이다. 그러므로 $n_7 = 8$일 때, G에 위수가 7인 원소가 $8(7-1) = 48$(개)있다. $n_2 = 7$이면, 서로 다른 2개의 Sylow 2-부분군의 교집합은 최대 4개의 원소가 있다. 그러므로 이 2개의 Sylow 2-부분군에는 원소가 적어도 $8+8-4 = 12$개 있다. 따라서 G에는 적어도 $48+12 = 60$(개)가 있고 이는 모순이다. 따라서 $n_2 = 1$ 또는 $n_7 = 1$이고, G는 단순군이 아니다.

Sylow의 정리를 이용하여 다음과 같이 주어진 위수를 갖는 군이 아벨군임을 증명할 수 있다.

보기 2.11.9

군 G의 위수가 99 이면, G는 아벨군이다.

$99 = 3^2 \times 11$ 이다. G의 3-Sylow 부분군의 개수, $n_3 = 3k+1$ 이고, $n_3 \mid 11$ 이다. 그러므로 $n_3 = 1$ 이고, G의 3-Sylow 부분군 P는 유일하고, $P \lhd G$ 이다. G의 11 -Sylow 부분군의 개수 $n_{11} = 11l+1$ 이고, $n_{11} \mid 9$ 이다. 그러므로 $n_{11} = 1$ 이고, G의 11 -Sylow 부분군 Q는 유일하고, $Q \lhd G$ 이다.

$P \lhd G$ 이므로, PQ는 G의 부분군이다. 또, $|PQ| = \dfrac{|P||Q|}{|P \cap Q|} = \dfrac{3^2 \times 11}{1}$ 이므로(정리 2.4.19), $PQ = G$이다.

P와 Q 모두 아벨군이고(2.9.9)이고, 모든 $a \in P$와 $b \in Q$에 대하여,

$aba^{-1}b^{-1} = a(ba^{-1}b^{-1}) = (aba^{-1})b^{-1} \in P \cap Q = \langle e \rangle$이므로 $ab = ba$이다. 따라서 $G = PQ$는 아벨군이다.

정리 2.11.10

p와 q가 쌍둥이 소수($q = p+2$), $p \geq 5$이고, $o(G) = p^2q^2$이면 군 G는 아벨군이다.

증명 G의 p–Sylow 부분군의 개수, $n_p = kp+1$이고, $n_p \mid q^2$ 이다. $q \equiv 2 \pmod p$ 이고, $q^2 \equiv 4 \pmod p$ 이므로 $n_p = 1$이다. 그러므로 G의 p–Sylow 부분군 P는 유일하고, $P \lhd G$이다. G의 q–Sylow 부분군의 개수 $n_q = lq+1$이고, $n_q \mid p^2$이다. $p \not\equiv 1 \pmod q$ 이고, $p^2 \equiv 4 \pmod q$ 이므로 $n_q = 1$이다. 그러므로 G의 q–Sylow 부분군 Q는 유일하고, $Q \lhd G$이다.

$|PQ| = p^2q^2$이므로 $PQ = G$이다. P와 Q 모두 아벨군이다(2.9.9). 또, 모든 $a \in P$와 $b \in Q$에 대하여, $aba^{-1}b^{-1} \in P \cap Q = \langle e \rangle$이므로, $aba^{-1}b^{-1} = e$이고 $ab = ba$이다.
따라서 $G = PQ$는 아벨군이다. ■

보기 2.11.11

정리 2.11.10에 의하여 군 G의 위수가 $5^2 7^2$, $11^2 13^2$, $\cdots$, $101^2 103^2$, $107^2 109^2$, $\cdots$인 군은 모두 아벨군이다.

▸▸ 연습문제 2.11

1. 정리 2.11.1을 이용하여 □ 안에 들어갈 양의 정수를 계산하여라(연습문제 3.11.9와 비교).

(1) $\binom{2430}{9} = 3^{\square}m\,,\ (3, m) = 1$ (2) $\binom{500}{25} = 5^{\square}m\,,\ (5, m) = 1$

(3) $\binom{3430}{49} = 7^{\square}m\,,\ (7, m) = 1$ (4) $\binom{29282}{121} = 11^{\square}m\,,\ (11, m) = 1$

2. (1) S_4의 2-Sylow 부분군과 3-Sylow을 부분군을 모두 찾아라.

(2) A_4의 2-Sylow 부분군과 3-Sylow을 모두 찾아라.

3. S_5에서 다음을 계산하여라.

(1) 2-Sylow 부분군의 개수

(2) 3-Sylow 부분군의 개수

(3) 5-Sylow 부분군의 개수

4. A_5에서 다음을 계산하여라.

(1) 2-Sylow 부분군의 개수

(2) 3-Sylow 부분군의 개수

(3) 5-Sylow 부분군의 개수

5. 유한군 G의 p-Sylow 부분군 P가 정규부분군이다. 준동형 $f : P \rightarrow P$에 대하여 $f(P) \subseteq P$임을 증명하여라.

6. 유한군 G의 부분군 H의 위수가 p^k(p는 소수)이다. H가 G의 정규부분군이면, H는 G의 모든 p-Sylow 부분군에 포함됨을 보여라.

7. 군 G의 위수가 $p^n q$(p, q는 서로 다른 소수이고, $n \geq 1$)인 군이다.

(1) $p > q$이면, G의 p-Sylow 부분군은 유일함을 보여라(정규부분군).

(2) $q \not\equiv 1 \pmod{p}$이면, G의 p-Sylow 부분군은 유일함을 보여라.

8. 위수가 다음과 같은 군에서 p-Sylow 부분군이 정규분분군인 소수 p를 찾아라.

(1) 18 (2) 1000 (3) 196

(4) 45 (5) 35^3 (6) 165

9. (1) 군 G의 위수가 143^3이면, G는 단순군이 아님을 보여라.

(2) 군 G의 위수가 $3^6 \times 7$이면, G는 단순군이 아님을 보여라.

10. (1) 군 G의 위수가 $11^2 \times 17^2$이면, G는 아벨군임 보여라.

(2) 군 G의 위수가 833이면, G는 아벨군임 보여라.

11. (1) 위수가 168인 단순군 G에 있는 위수가 7인 원소의 개수를 구하라.

(2) 위수가 528인 단순군 G에 있는 위수가 11인 원소의 개수를 구하라.

(3) 위수가 2625인 군 G가 단순군이다. G의 5-Sylow 부분군의 개수와 위수가 7인 원소의 개수를 구하라.

12. P와 Q가 유한군 G의 p-Sylow 부분군일 때, 다음을 증명하여라.

(1) $x, y \in G$ 사이의 관계, '$x \sim y \Leftrightarrow y = axb \ (a \in P, b \in Q)$'는 동치관계이다.

(2) $PxQ := \{ axb \mid a \in P, b \in Q \}$라 하면, x의 동치류, $\overline{x} = PxQ$이다.

(3) $|PxQ| = |P(xQx^{-1})| = \dfrac{|P||Q|}{|P \cap xQx^{-1}|}$이다.

(4) 위의 계산을 이용하여, 적당한 $x \in G$에 대하여 $Q = xPx^{-1}$임을 보여라.

13. 군 G의 위수가 $n = p^{\beta} m$ (p는 소수, $(p, m) = 1$)이고, P가 G의 p-Sylow 부분군일 때, 다음을 증명하여라.

(1) $x \in N_G(P)$이면, $|PxP| = |Px| = p^{\beta}$이다.

(2) $x \notin N_G(P)$이면, $p^{\beta+1} \mid |PxP|$이다.

(3) G를 서로소인 동치류 Px_iP의 합집합으로 표시하고, $x_i \in N_G(P)$인 경우와 $x_i \notin N_G(P)$인 경우로 나누어 원소수를 세어, $n_p = [G : N_G(P)] = kp + 1$임을 보여라.

14. P가 군 G의 p-Sylow 부분군일 때, $N_G(N_G(P)) = N_G(P)$임을 증명하여라.

2.12 군의 직적

직적은 집합으로는 카르티잔 곱이다. 직적의 대표적인 보기는 선형대수의 벡터공간이다. 실수 $\mathbb{R}$을 스칼라로 하는 벡터공간 V가 n차원이면, V는 $\mathbb{R}$을 n번 카르티잔 곱한 $\mathbb{R}^n$과 벡터공간으로서 동형이다.

정의 2.12.1

두 군 G_1과 G_2의 카르티잔 곱 $G_1 \times G_2$ 위에 다음과 같이 이항연산을 정의하면, $G_1 \times G_2$는 군이 된다.

$$(a_1, a_2)\cdot(b_1, b_2) := (a_1 b_1, a_2 b_2) \quad (a_1, b_1 \in G_1,\ a_2, b_2 \in G_2)$$

군 $G_1 \times G_2$을 G_1과 G_2의 **직적**(the direct product of G_1 and G_2)이라고 한다.

정리 2.12.2

군 G_1과 G_2에 대하여, $G = G_1 \times G_2$는 군이며, 다음을 만족한다.

(1) G_1과 G_2의 항등원 e_1, e_2에 대하여, $G_1 \times \langle e_2 \rangle$과 $\langle e_1 \rangle \times G_2$는 $G_1 \times G_2$의 정규부분군이며, $G_1 \times \langle e_2 \rangle \cong G_1$, $\langle e_1 \rangle \times G_2 \cong G_2$이다.

(2) 다음의 두 함수(projection)는 전사 준동형이다.

$$\pi_1 : G_1 \times G_2 \to G_1,\ \pi_1(a_1, a_2) = a_1,\ \pi_2 : G_1 \times G_2 \to G_2,\ \pi_2(a_1, a_2) = a_2$$

증명 $(a_1, a_2)(b_1, b_2) := (a_1 b_1, a_2 b_2) \in G_1 \times G_2$이므로 이항연산은 잘 정의되었다.
결합법칙은 다음과 같이 성립한다.

$$((a_1, a_2)(b_1, b_2))(c_1, c_2) = ((a_1 b_1)c_1, (a_2 b_2)c_2)$$
$$= (a_1(b_1 c_1), a_2(b_2 c_2)) = (a_1, a_2)((b_1, b_2)(c_1, c_2))$$

(e_1, e_2)가 $G_1 \times G_2$의 항등원이다.

$(a_1, a_2)^{-1} = (a_1^{-1}, a_2^{-1}) \in G_1 \times G_2$이고, $G = G_1 \times G_2$는 군이다.

(1) $(a_1, e_2)(b_1, e_2) = (a_1 b_1, e_2) \in G_1 \times \langle e_2 \rangle$, $(a_1, e_2)^{-1} = (a_1^{-1}, e_2) \in G_1 \times \langle e_2 \rangle$이다. 또, $(b_1, b_2)(a_1, e_2)(b_1, b_2)^{-1} = (b_1 a_1 b_1^{-1}, b_2 e_2 b_2^{-1}) = (b_1 a_1 b_1^{-1}, e_2) \in G_1 \times \langle e_2 \rangle$이므로, $G_1 \times \langle e_2 \rangle$(마찬가지로, $\langle e_1 \rangle \times G_2$)는 $G_1 \times G_2$의 정규부분군이다.

(2) 연습문제 1 ■

유한개의 군 $G_1, \cdots, G_n$ 의 직적도 같은 방법으로 정의한다. 즉,
$G_1 \times G_2 \times \cdots \times G_n =: \{ (a_1, \cdots, a_n) \mid a_i \in G_i \}$ 이며, 이항연산은 다음과 같다.

$$(a_1, \cdots, a_n)(b_1, \cdots, b_n) := (a_1 b_1, \cdots, a_n b_n) \in G_1 \times \cdots \times G_n$$

정리 2.12.3

G_1 과 G_2 가 아벨군 $\Leftrightarrow$ $G_1 \times G_2$ 이 아벨군

증명 $\Rightarrow$) $(a_1, a_2)(b_1, b_2) = (a_1 b_1, a_2 b_2) = (b_1 a_1, b_2 a_2) = (b_1, b_2)(a_1, a_2)$ 이므로 $G_1 \times G_2$ 이 아벨군이다.
$\Leftarrow$) $G_1 \times G_2$ 이 아벨군이면, $(a_1, a_2)(b_1, b_2) = (b_1, b_2)(a_1, a_2)$ 이다.
즉, $(a_1 b_1, a_2 b_2) = (b_1 a_1, b_2 a_2)$ 이다. 따라서 $a_1 b_1 = b_1 a_1$, $a_2 b_2 = b_2 a_2$ 이고, G_1 과 G_2 가 아벨군이다.

■

정의 2.12.4

G_1 과 G_2 가 아벨군일 때 $G_1 \times G_2$ 대신 $G_1 \oplus G_2$ 로 적고, G_1 과 G_2 의 **직합**(the direct sum of G_1 and G_2)이라고 한다.

군 G가 그의 부분군 $N_1, \cdots, N_n$ 의 직적, $N_1 \times \cdots \times N_n$ 와 동형인 경우가 있다. 이 때, 군 G의 구조에 대한 이해와 계산은 각각의 N_i 에서의 계산으로 더 쉽게 할 수 있다.

정의 2.12.5

군 G가 그의 정규부분군 $N_1, \cdots, N_n$ 에 대하여 다음의 조건을 만족할 때, G를 $N_1, \cdots, N_n$ 의 **내적직적**(the internal direct product of $N_1, \cdots, N_n$)이라 한다.

(i) $G = N_1 N_2 \cdots N_n$ (즉, G는 $N_1, \cdots, N_n$ 으로 생성된다.)

(ii) $a \in G$에 대하여 $a = a_1 a_2 \cdots a_n$ ($a_i \in N_i$)로 적는 방법은 한 가지 뿐이다.

정리 2.12.6

군 G의 정규부분군 M과 N이 $M \cap N = \langle e \rangle$이면, 모든 $a \in M$과 $b \in N$에 대하여, $ab = ba$ 이다.

증명 $a \in M$, $b \in N$일 때, $aba^{-1}b^{-1} \in M \cap N = \langle e \rangle$이므로, $ab = ba$ 이다.

■

정리 2.12.7

군 G가 G의 정규부분군 $N_1, \cdots, N_n$ 에 대하여 $G = N_1N_2 \cdots N_n$ 일 때, 다음은 서로 동치이다.

(1) $a \in G$는 $a = a_1a_2 \cdots a_n$ $(a_i \in N_i)$로 적는 방법은 한가지 뿐이다.

(2) 모든 N_i에 대하여 $N_i \cap (N_1 \cdots N_{i-1}N_{i+1} \cdots N_n) = \langle e \rangle$이다.

(3) $\phi : N_1 \times \cdots \times N_n \to G$, $\phi((a_1, a_2, \cdots, a_n)) = a_1a_2 \cdots a_n$은 동형이다.

증명 (1)⟹(2) $a \in N_i \cap (N_1 \cdots N_{i-1}N_{i+1} \cdots N_n)$이면, 적당한 $b_j \in N_j$ $(j \neq i)$에 대하여, $a = b_1 \cdots b_{i-1}b_{i+1} \cdots b_n$ 이다. 그러므로 (1)의 조건과 a가 곱의 i번째에 있는 식, $e \cdots eae \cdots e = b_1 \cdots b_{i-1}eb_{i+1} \cdots b_n$과 에 의하여, $a = e$(또한, 모든 $b_j = e$)이다.

(2)⟹(3) (2)에 의하여 $i \neq j$일 때, $N_i \cap N_j = \langle e \rangle$이다. 그러므로 정리 6에 의하여 $a_1b_1 \cdots a_nb_n = a_1 \cdots a_nb_1 \cdots b_n$이다. 따라서 다음과 같이 ϕ는 준동형이다.

$$\begin{aligned}\phi((a_1, \cdots, a_n)(b_1, \cdots, b_n)) &= \phi((a_1b_1, \cdots, a_nb_n)) = a_1b_1 \cdots a_nb_n \\ &= a_1 \cdots a_nb_1 \cdots b_n = \phi((a_1, \cdots, a_n))\phi((b_1, \cdots, b_n))\end{aligned}$$

$G = N_1N_2 \cdots N_n$ 이므로, 임의의 $a \in G$는 $a = a_1 \cdots a_n$ $(a_i \in N_i)$이다. 이때, $\phi((a_1, a_2, \cdots, a_n)) = a_1a_2 \cdots a_n$이고, ϕ는 전사이다.

$(a_1, \cdots, a_n) \in \ker\phi$이면, $\phi((a_1, \cdots, a_n)) = a_1 \cdots a_n = e$이다. 모든 a_i에 대하여 $a_i = a_1 \cdots a_{i-1}a_{i+1} \cdots a_n \in N_i \cap (N_1 \cdots N_{i-1}N_{i+1} \cdots N_n) = \langle e \rangle$이므로, $a_i = e$이다. 따라서 ϕ는 단사이다.

(3)⟹(1) $a_1 \cdots a_n = b_1 \cdots b_n$이면, $\phi((a_1, \cdots, a_n)) = \phi((b_1, \cdots, b_n))$이다. ϕ는 단사이므로 $(a_1, \cdots, a_n) = (b_1, \cdots, b_n)$이고, 모든 i에 대하여 $a_i = b_i$이다. ■

보기 2.12.8

$\overline{\mathbb{Z}}_2 \oplus \overline{\mathbb{Z}}_3$에서 $a = (\bar{1}, \bar{0})$, $b = (\bar{0}, \bar{1})$일 때, $o(a) = 2$, $o(b) = 3$이다. 그러므로 $ab = (\bar{1}, \bar{1})$의 위수, $o(ab) = 6$이다(정리 2.7.7(2)). 따라서 $\overline{\mathbb{Z}}_2 \oplus \overline{\mathbb{Z}}_3$는 $(\bar{1}, \bar{1})$로 생성되는 순환군이다. 즉, $\overline{\mathbb{Z}}_2 \oplus \overline{\mathbb{Z}}_3 \cong \overline{\mathbb{Z}}_6$이다.

보기 2.12.9

$D_6 = \{e, a, \cdots, a^5, b, ab, \cdots, a^5b\}$에서 $N_1 = \{e, a^2, a^4, b, a^2b, a^4b\}$은 D_6의

부분군이고 지수가 2이므로, $N_1 \lhd D_6$ 이다. 또, N_1은 위수가 6인 비아벨군이므로 $N_1 \cong S_3$ 이다($a^2b = ba^4$ 이다).

$N_2 = \{e, a^3\} = C(D_6)$ 이므로, $N_2 \lhd D_6$ 이다. 또, $N_2 \cong \overline{\mathbb{Z}}_2$ 이다.

$N_1 \cap N_2 = \langle e \rangle$ 이므로, $N_1 N_2 = D_6$ 이고, 정리 7에 의하여 $S_3 \times \overline{\mathbb{Z}}_2 \cong D_6$ 이다.

마찬가지로, m은 홀수이고 $n = 2m$일 때, $D_n \cong D_m \times \overline{\mathbb{Z}}_2$ 이다(연습문제).

보기 2.12.10

사원군, $V_4 := \{e, a, b, ab\}$, $o(a) = 2$, $o(b) = 2$, $ab = ba$ 이다.

V_4 에서 $N_1 = \langle a \rangle$ 과 $N_2 = \langle b \rangle$ 는 V_4 의 정규부분군으로서 둘 다 $\overline{\mathbb{Z}}_2$와 동형이다. 또 $N_1 N_2 = V_4$ 이고, $N_1 \cap N_2 = \langle e \rangle$ 이므로, $V_4 \cong \overline{\mathbb{Z}}_2 \oplus \overline{\mathbb{Z}}_2$ 이다.

또, 8과 서로소인 곱셈군, $\overline{\mathbb{Z}}_8^* = \{\overline{1}, \overline{3}, \overline{5}, \overline{7}\} = \langle \overline{3} \rangle \langle \overline{5} \rangle \cong \overline{\mathbb{Z}}_2 \oplus \overline{\mathbb{Z}}_2$ 이다.

지적 2.12.11 (기본사항)

$m \geq 2$일 때, $\overline{\mathbb{Z}}_m \oplus \overline{\mathbb{Z}}_m$에는 위수가 m^2인 원소가 없다. 그러므로 $\overline{\mathbb{Z}}_m \oplus \overline{\mathbb{Z}}_m \not\cong \overline{\mathbb{Z}}_{m^2}$ 이다.

다음 정리는 유한 아벨군의 이해에 기본적인 도구가 된다.

정리 2.12.12

$\overline{\mathbb{Z}}_m \oplus \overline{\mathbb{Z}}_n$ 가 순환군(즉, $\overline{\mathbb{Z}}_m \oplus \overline{\mathbb{Z}}_n \cong \overline{\mathbb{Z}}_{mn}$) $\Leftrightarrow$ $(m, n) = 1$

증명 $\Rightarrow$) $(m, n) = d > 1$ 이라 하자. $\overline{\mathbb{Z}}_m \oplus \overline{\mathbb{Z}}_n$ 의 모든 원소의 위수는 m과 n의 최소공배수인 $l = \dfrac{mn}{d}$ 의 약수이다. $l < mn$ 이므로, 위수가 mn인 군 $\overline{\mathbb{Z}}_m \oplus \overline{\mathbb{Z}}_n$은 순환군이 아니다.

$\Leftarrow$) $(m, n) = 1$임을 가정하자. 이 때, $o((\overline{1}, \overline{1})) = lcm(m, n) = mn$ 이다(정리 2.7.7(2)에서 $a = (\overline{1}, \overline{0})$, $b = (\overline{0}, \overline{1})$을 적용하면 된다). 그러므로 $\overline{\mathbb{Z}}_m \oplus \overline{\mathbb{Z}}_n = \langle (\overline{1}, \overline{1}) \rangle$ 인 순환군이다.

구체적으로 $(m, n) = 1$인 경우 다음과 같이 동형을 준다.

$f : \mathbb{Z} \to \overline{\mathbb{Z}}_m \oplus \overline{\mathbb{Z}}_n$를 $f(x) = (\overline{x}, \overline{x})$로 정의하면 다음과 같이 f는 준동형이다.

$$f(x+y) = (\overline{x+y}, \overline{x+y}) = (\overline{x}, \overline{x}) + (\overline{y}, \overline{y}) = f(x) + f(y)$$

중국인의 나머지 정리에 의하여, $(\bar{a},\bar{b}) \in \overline{\mathbb{Z}}_m \oplus \overline{\mathbb{Z}}_n$에 대하여 $x \equiv a \pmod{m}$이고, $x \equiv b \pmod{n}$인 정수 x가 존재한다. 즉, $f(x) = (\bar{x},\bar{x}) = (\bar{a},\bar{b})$이고, f는 전사이다. 또,

$x \in \ker f \Leftrightarrow f(x) = (\bar{x},\bar{x}) = (\bar{0},\bar{0}) \Leftrightarrow m \mid x,\ n \mid x \Leftrightarrow lcm(m,n) = mn \mid x$이므로, $\ker f = mn\mathbb{Z}$이다. 따라서 제 1 동형정리에 의하여 f는 동형인 $\bar{f} : \overline{\mathbb{Z}}_{mn} \to \overline{\mathbb{Z}}_m \oplus \overline{\mathbb{Z}}_n$를 유도한다.

위의 증명에서 $\bar{f}(\bar{1}) = (\bar{1},\bar{1})$이다. 실제로 정수 a,b가 $(a,m) = 1$, $(b,n) = 1$이면, $\overline{\mathbb{Z}}_m \oplus \overline{\mathbb{Z}}_m$에서 $o(\bar{a},\bar{b}) = mn$이다. 이 때, 준동형 $\bar{g}(\bar{x}) = x(\bar{a},\bar{b}) = (\overline{ax},\overline{bx})$가 모두 동형이다. 따라서 동형을 줄 수 있는 방법은 $\phi(m)\phi(n) = \phi(mn)$가지이다.

보기 2.12.13

정리 12를 이용하면 다음의 동형을 볼 수 있다.

(1) $\overline{\mathbb{Z}}_{60} \cong \overline{\mathbb{Z}}_4 \oplus \overline{\mathbb{Z}}_{15} \cong \overline{\mathbb{Z}}_4 \oplus (\overline{\mathbb{Z}}_3 \oplus \overline{\mathbb{Z}}_5) \cong \overline{\mathbb{Z}}_3 \oplus \overline{\mathbb{Z}}_{20}$

(2) $\overline{\mathbb{Z}}_2 \oplus \overline{\mathbb{Z}}_{30} \cong \overline{\mathbb{Z}}_2 \oplus \overline{\mathbb{Z}}_2 \oplus \overline{\mathbb{Z}}_{15} \cong \overline{\mathbb{Z}}_2 \oplus \overline{\mathbb{Z}}_2 \oplus \overline{\mathbb{Z}}_3 \oplus \overline{\mathbb{Z}}_5$

▶▶ 연습문제 2.12

1. 군 G_1, G_2에 대하여 $G_1 \times G_2$과 $G_2 \times G_1$이 동형임을 보여라.

2. 군 G_1, G_2와 $G_1 \times G_2$에 대하여 $C(G_1 \times G_2)$를 구하여라.

3. 군 G와 $T = G \times G$에 대하여 다음을 보여라.

(1) $D = \{(a,a) \mid a \in G\}$는 G와 동형인 T의 부분군이다.

(2) D가 T의 정규부분군 $\Leftrightarrow$ G가 아벨군

4. (1) 유한 아벨군 G는 G의 Sylow 부분군의 직적과 동형임을 증명하여라.

(2) 유한군 G의 Sylow 부분군이 모두 정규부분군이면, G는 G의 Sylow 부분군의 직적과 동형임을 증명하여라.

5. G의 정규부분군 $N_1, \cdots, N_n$에 대하여 $G = N_1 \cdots N_n$이고, $o(G) = o(N_1) \cdots o(N_n)$이면, $G \cong N_1 \times \cdots \times N_n$임을 보여라.

6. (1) $D_{10} \cong D_5 \times \overline{\mathbb{Z}}_2$ 임을 보여라.

(2) 홀수인 m에 대하여 $n = 2m$일 때, $D_n \cong D_m \times \overline{\mathbb{Z}}_2$ 임을 보여라.

7. (1) 클라인의 사원군 V_4와 함수 $f : V_4 \to V_4$ 중에서 준동형인 f의 개수와 동형인 f의 개수를 각각 구하라.

(2) 군 G는 위수가 289이고, 순환군이 아니다. 이 때, 준동형인 f의 개수와 동형인 f의 개수를 각각 구하라.

***8.** p가 소수일 때 다음을 구하라.

(1) 준동형, $f : \mathbb{Z}_p \oplus \mathbb{Z}_p \to \mathbb{Z}_p \oplus \mathbb{Z}_p$의 개수

(2) 동형, $f : \mathbb{Z}_p \oplus \mathbb{Z}_p \to \mathbb{Z}_p \oplus \mathbb{Z}_p$의 개수

(3) 동형, $f : \mathbb{Z}_p \oplus \mathbb{Z}_p \oplus \mathbb{Z}_p \to \mathbb{Z}_p \oplus \mathbb{Z}_p \oplus \mathbb{Z}_p$의 개수

9. 다음의 각 문제에서 f가 함수인 것의 개수와 f가 준동형인 것의 개수(문제 2.6.6을 이용)를 각각 구하여라.

(1) $f : \mathbb{Z}_4 \to V_4$ (2) $f : V_4 \to \mathbb{Z}_4$

(3) $f : \mathbb{Z}_{15} \oplus \mathbb{Z}_{100} \to \mathbb{Z}_{60}$ (4) $f : \mathbb{Z}_{60} \to \mathbb{Z}_{15} \oplus \mathbb{Z}_{100}$

(5) $f : \mathbb{Z}_8 \oplus \mathbb{Z}_{60} \to \mathbb{Z}_{24} \oplus \mathbb{Z}_{30}$ (6) $f : \mathbb{Z}_{15} \oplus \mathbb{Z}_{14} \to \mathbb{Z}_{21} \oplus \mathbb{Z}_{35}$

***10.** $f : \mathbb{Z} \oplus \mathbb{Z} \to \mathbb{Z} \oplus \mathbb{Z}$가 준동형일 때, $f((1,0)) = (a,b)$와 $f((0,1)) = (c,d)$만 결정하면 된다. 다음을 증명하여, $f : \mathbb{Z} \oplus \mathbb{Z} \to \mathbb{Z} \oplus \mathbb{Z}$가 동형인 것은 무한히 많음을 보여라($f : \mathbb{Z} \to \mathbb{Z}$가 동형인 것은 $f = id$와 $f = \mu_{-1}$의 2개이다(보기 2.8.15)).

$$f : \mathbb{Z} \oplus \mathbb{Z} \to \mathbb{Z} \oplus \mathbb{Z} \text{가 동형} \Leftrightarrow \det\begin{pmatrix} a & b \\ c & d \end{pmatrix} = ad - bc = \pm 1$$

11. **(중등교원 임용시험 2011년 1차 #19)**

$G = \mathbb{Z}_{12} \oplus \mathbb{Z}_7$에 대하여 다음을 설명하여라.

(1) G의 모든 부분군은 정규부분군이다.

(2) $(3, 1) \in \mathbb{Z}_{12} \oplus \mathbb{Z}_7$ 의 위수는 28이다.

(3) G는 순환군이다.

12. **(중등교원 임용시험 2015년 #8)**
덧셈군 $G = \mathbb{Z}_{12} \times \mathbb{Z}_6$ 에서 $(5, 5) \in \mathbb{Z}_{12} \times \mathbb{Z}_6$로 생성된 부분군을 H라 하자. 잉여군 G/H에서 다음 원소의 위수를 각각 구하라.

(1) $(3, 3) + H$ (2) $(1, 2) + H$ (3) $(4, 2) + H$

13. **(중등교원 임용시험 2016년 #2)**
군준동형 $f : \mathbb{Z}_{12} \times \mathbb{Z}_6 \to \mathbb{Z}_{12}$, $f(x, y) = 9x$ 의 핵(kernel)을 K라 할 때, 상군 $(\mathbb{Z}_{12} \times \mathbb{Z}_6)/K$의 위수를 구하라.

14. 군 $G = \mathbb{Z}_8 \times \mathbb{Z}_{12}$ 에서 $(5, 5) \in \mathbb{Z}_8 \times \mathbb{Z}_{12}$로 생성된 부분군을 H라 하자. 잉여군 G/H에서 다음 원소의 위수를 각각 구하라.

(1) $(1, 1) + H$ (2) $(1, 7) + H$ (3) $(4, 3) + H$

15. 군 $G = \mathbb{Z}_9 \times \mathbb{Z}_{18}$ 에서 $(2, 11) \in \mathbb{Z}_9 \times \mathbb{Z}_{18}$로 생성된 부분군을 H라 하자. 잉여군 G/H에서 다음 원소의 위수를 각각 구하라.

(1) $(1, 1) + H$ (2) $(3, 2) + H$ (3) $(5, 17) + H$

16. 6차 정이면체군 D_6 의 자기동형군 $Aut(D_6)$를 구하라

17. S_4의 두 부분군 S_3와 V_4에 대하여 $S_4 = S_3 V_4$이다(보기 2.6.19).

$$V_4 = \{(1), (1, 2)(3, 4), (1, 4)(2, 3), (1, 3)(2, 4)\}, \quad S_3 = \{\sigma \in S_4 \mid \sigma(4) = 4\}$$

S_4와 $S_3 \times V_4$는 동형이 아님을 설명하여라.

18. 군 $\mathbb{Z} \oplus \mathbb{Z}$ 의 두 원소 (a, b), $(7, 15)$가 이 군의 생성원이다. $|a| + |b| \le 30$ 인 (a, b)를 모두 구하라.

2.13 유한아벨군

이 절에서는 유한 순환군 $\overline{\mathbb{Z}}_n$를 간단히 $\mathbb{Z}_n$이라 적는다.

정리 2.13.1 (유한 아벨군의 기본정리)

유한 아벨군 $G \neq \langle e \rangle$에 대하여 다음이 성립한다.

(1) $1 < m_1$이고, $m_1 \mid m_2 \mid \cdots \mid m_t$인 자연수 m_i가 유일하게 존재하여($t \geq 1$),

$$G \cong \mathbb{Z}_{m_1} \oplus \mathbb{Z}_{m_2} \oplus \cdots \oplus \mathbb{Z}_{m_t}$$

(2) 소수 p_j와 $k_j \geq 1$인 소수의 승수, $p_1^{k_1}, p_2^{k_2}, \cdots, p_s^{k_s}$가 유일하게 존재하여(유일성에서 순서는 무시하고, 또, 두 소수, p_i와 p_j는 같을 수 있다),

$$G \cong \mathbb{Z}_{p_1^{k_1}} \oplus \mathbb{Z}_{p_2^{k_2}} \oplus \cdots \oplus \mathbb{Z}_{p_s^{k_s}}$$

정리 1의 증명은 이 절의 뒷부분으로 미룬다.

정의 2.13.2

G가 유한 아벨군에 대하여, 정리 1(1)의 약수와 배수의 관계에 있는 유일한 자연수, $m_1, m_2, \cdots, m_t$를 G의 **불변인자**(the invariant factors of G)라 하고, 정리 1(2)의 유일한 소수의 승수, $p_1^{k_1}, p_2^{k_2}, \cdots, p_s^{k_s}$를 G의 **기본인자**(the elementary divisors of G)라 한다.

정리 2.13.3

유한 아벨군 $G \neq \langle e \rangle$에 대하여 다음이 성립한다.

G가 순환군 $\Leftrightarrow$ G의 불변인자가 한 개의 수 m_1(즉, $t=1$)

증명 $\Leftarrow$) $G \cong \mathbb{Z}_{m_1}$이므로 G는 순환군이다.

$\Rightarrow$) G의 불변인자가 $m_1, \cdots, m_t$이고, $t \geq 2$라 하자. 이 때, $G \cong \mathbb{Z}_{m_1} \oplus \cdots \oplus \mathbb{Z}_{m_t}$이고, $m_1 \mid m_2 \mid \cdots \mid m_t$이므로 G의 모든 원소의 위수는 m_t의 약수이다. 그러므로 G에는 위수가 $m_1 \cdots m_t$인 원소가 없고, G는 순환군이 아니다. ■

다음 보기에서의 계산은 정리 2.12.12를 이용한다.

보기 2.13.4

(1) $G = \mathbb{Z}_{100}$ 일 때, $100 = 2^2 5^2$ 이고, $(2^2, 5^2) = 1$ 이므로, $\mathbb{Z}_{100} \cong \mathbb{Z}_{2^2} \oplus \mathbb{Z}_{5^2}$ 이다. 즉, 순환군 $\mathbb{Z}_{100}$ 의 불변인자는 100 이고, 기본인자는 2^2, 5^2 이다.

(2) $G = \mathbb{Z}_{100} \oplus \mathbb{Z}_{27}$ 일 때, $(100, 27) = 1$ 이므로 $G \cong \mathbb{Z}_{2700}$ (순환군)이다.

또, $2700 = 2^2 3^3 5^2$ 이므로, $\mathbb{Z}_{2700} \cong \mathbb{Z}_{2^2} \oplus \mathbb{Z}_{3^3} \oplus \mathbb{Z}_{5^2}$ 이다. 즉, G의 불변인자는 2700 이고, 기본인자는 2^2, 3^3, 5^2 이다.

(3) $G = \mathbb{Z}_8 \oplus \mathbb{Z}_{450} \oplus \mathbb{Z}_{100}$ 일 때, 정리 2.12.12에 의하여 G는 나음과 같이 분해된다.

$$G = \mathbb{Z}_8 \oplus \mathbb{Z}_{450} \oplus \mathbb{Z}_{100} \cong \mathbb{Z}_{2^3} \oplus (\mathbb{Z}_2 \oplus \mathbb{Z}_{3^2} \oplus \mathbb{Z}_{5^2}) \oplus (\mathbb{Z}_{2^2} \oplus \mathbb{Z}_{5^2})$$

이 때, G의 기본인자는 2^3, 2, 3^2, 5^2, 2^2, 5^2 이다.

G의 불변인자는 각 기본인자에서 지수가 가장 큰 것끼리 곱하여(정리 2.12.12를 이용), $2^3 3^2 5^2 = 1800$, 두 번째로 지수가 가장 큰 것끼리 곱하여, $2^2 5^2 = 100$이고, 다음으로 2를 얻는다. 즉, 약수와 배수의 관계에 있는 불변인자는 2, 100, 1800 이다. 즉,

$$G \cong \mathbb{Z}_{2^3} \oplus (\mathbb{Z}_2 \oplus \mathbb{Z}_{3^2} \oplus \mathbb{Z}_{5^2}) \oplus (\mathbb{Z}_{2^2} \oplus \mathbb{Z}_{5^2}) \cong \mathbb{Z}_2 \oplus \mathbb{Z}_{100} \oplus \mathbb{Z}_{1800}$$

정리 2.13.5

유한 아벨군 $G \neq \langle e \rangle$와 H에 대하여 다음은 동치이다.

(1) G와 H가 동형이다

(2) G와 H의 불변인자가 같다.

(3) G와 H의 기본인자가 같다.

증명 (2)⟹(1) G와 H의 불변인자가 $m_1, m_2, \cdots, m_t$ $(m_1 | m_2 | \cdots | m_t)$로 같으면, $G \cong \mathbb{Z}_{m_1} \oplus \mathbb{Z}_{m_2} \oplus \cdots \oplus \mathbb{Z}_{m_t} \cong H$이므로, G와 H가 동형이다.

(3)⟹(1) 같은 방법으로 증명한다.

(1)⟹(2) (또는, (1)⟹(3)) 정리 1의 불변인자(기본인자)의 유일성의 증명과정에서 볼 수 있다.

■

다음 정리에서 $p(n)$은 n의 분할의 개수이다(정의 2.10.21).

정리 2.13.6

(1) 위수가 p^n (p는 소수)인 동형이 아닌 아벨군은 $p(n)$ 개이다.

(2) 위수가 $p_1^{e_1}p_2^{e_2}\cdots p_m^{e_m}$ (p_i는 서로 다른 소수이고, $e_i \geq 1$)인 동형이 아닌 아벨군은 $p(e_1)p(e_2)\cdots p(e_m)$ 개이다.

증명 정리 5에 의하여 주어진 위수를 갖는 동형이 아닌 아벨군의 개수는 곱이 그 위수가 되는 기본인자의 개수와 같다.

(1) 위수가 p^n인 아벨군 G의 기본인자가 $p^{n_1}, p^{n_2}, \cdots, p^{n_r}$이라 하자. 이 때,

$$G \cong \mathbb{Z}_{p^{n_1}} \oplus \mathbb{Z}_{p^{n_2}} \oplus \cdots \oplus \mathbb{Z}_{p^{n_r}}$$

이고, $p^n = p^{n_1}p^{n_2}\cdots p^{n_r} = p^{n_1+n_2+\cdots+n_r}$이다. 그러므로, $n = n_1+n_2+\cdots+n_r$이다. 하나의 기본인자는 순서에 상관없이 동형인 군을 주므로, $n_1 \leq n_2 \leq \cdots \leq n_r$을 가정할 수 있고, $\{n_1, n_2, \cdots, n_r\}$은 n의 분할이다.

반대로 n의 분할, $\{n_1, n_2, \cdots, n_r\}$은 위수가 p^n이고 기본인자가 $p^{n_1}, p^{n_2}, \cdots, p^{n_r}$인 아벨군을 준다.

이제 위수가 p^n인 두 군이 동형이 아니면, 두 군의 기본인자가 다르다. 이 때, 서로 다른 기본인자의 지수로 구성하는 n의 분할은 다르다. 따라서 위수가 p^n인 동형이 아닌 아벨군의 개수는 n의 분할의 개수인 $p(n)$이다.

(2) 각각의 소인수 p_i에 대하여 위수가 $p_i^{e_i}$인 동형이 아닌 군은 $p(e_i)$개다. 그러므로 위수가 $p_1^{e_1}p_2^{e_2}\cdots p_m^{e_m}$인 동형이 아닌 아벨군은 $p(e_1)p(e_2)\cdots p(e_m)$개다. ■

보기 2.13.7

(1) $p(3) = 3$이고, 위수가 2^3인 동형이 아닌 아벨군은 3개이다. 즉, $1+1+1 = 1+2 = 3$에 대하여 $\mathbb{Z}_2 \oplus \mathbb{Z}_2 \oplus \mathbb{Z}_2$, $\mathbb{Z}_2 \oplus \mathbb{Z}_{2^2}$, $\mathbb{Z}_{2^3}$이 위수가 2^3인 동형이 아닌 아벨군이다.

(2) $p(3)p(2) = 3 \times 2 = 6$이고, 위수가 $200 = 2^3 5^2$인 동형이 아닌 아벨군은 다음과 같이 6개이다.

$(\mathbb{Z}_2 \oplus \mathbb{Z}_2 \oplus \mathbb{Z}_2) \oplus (\mathbb{Z}_5 \oplus \mathbb{Z}_5) \cong \mathbb{Z}_2 \oplus \mathbb{Z}_{10} \oplus \mathbb{Z}_{10}$,

$(\mathbb{Z}_2 \oplus \mathbb{Z}_2 \oplus \mathbb{Z}_2) \oplus \mathbb{Z}_{5^2} \cong \mathbb{Z}_2 \oplus \mathbb{Z}_2 \oplus \mathbb{Z}_{50}$,

$(\mathbb{Z}_2 \oplus \mathbb{Z}_{2^2}) \oplus (\mathbb{Z}_5 \oplus \mathbb{Z}_5) \cong \mathbb{Z}_{10} \oplus \mathbb{Z}_{20}$, $(\mathbb{Z}_2 \oplus \mathbb{Z}_{2^2}) \oplus \mathbb{Z}_{5^2} \cong \mathbb{Z}_2 \oplus \mathbb{Z}_{100}$

$\mathbb{Z}_{2^3} \oplus (\mathbb{Z}_5 \oplus \mathbb{Z}_5) \cong \mathbb{Z}_5 \oplus \mathbb{Z}_{40}$, $\mathbb{Z}_{2^3} \oplus \mathbb{Z}_{5^2} \cong \mathbb{Z}_{200}$

기본정리(정리 1)의 증명

다음의 증명과정에서 세 가지 기본적인 도구(아이디어)를 지적할 수 있다. 선형대수의 기본행변환(또는 기본열변환), 정수의 나눗셈, 소수를 이용한 계산이 그것이다. 증명과정에서 아벨군의 원소의 이항연산은 덧셈(+)으로 나타내어 간단히 한다.

S가 아벨군 G의 부분집합이고, 모든 $x \in G$에 대하여

$$x = n_1 a_1 + n_2 a_2 + \cdots + n_m a_m \quad (n_i \in \mathbb{Z},\ a_i \in S)$$

로 나타낼 수 있을 때, G는 S로 **생성된다**(G is generated by S)고 한다. 이 때, $G = \langle S \rangle$로 나타낸다(참고 2.7.9). 또 S가 유한집합일 때, G는 **유한 생성된 아벨군**이라 한다.

여기서는 정리 1을 포함하는 경우로, G가 유한 생성된 아벨군이면, 다음과 같음을 증명한다.

$$G \cong (\mathbb{Z}_{m_1} \oplus \mathbb{Z}_{m_2} \oplus \cdots \oplus \mathbb{Z}_{m_t}) \oplus (\mathbb{Z} \oplus \cdots \oplus \mathbb{Z}),\ (m_1 \mid m_2 \mid \cdots \mid m_t)$$

아벨군 F의 부분집합 S가 있어서 (i) $F = \langle S \rangle$이고, (ii) S가 일차독립일 때, 즉, '$n_1 a_1 + n_2 a_2 + \cdots + n_k a_k = 0\ (n_i \in \mathbb{Z},\ a_i \in S) \Rightarrow$ 모든 $n_i = 0$'을 만족할 때, S를 F의 **기저**(a basis of F)라 한다. 기저 S를 갖는 아벨군 F를 **자유아벨군**(a free abelian group)이라 하며, $|S|$를 F의 **차원**(the rank of F)이라 한다.

정리 2.13.8

(1) 유한 생성된 자유아벨군 F의 차원은 잘 정의되었다.

(2) F는 차원이 n인 자유아벨군 $\Leftrightarrow$ $F \cong \mathbb{Z} \oplus \cdots \oplus \mathbb{Z}\ (= \mathbb{Z}^n)$

증명 (2)를 먼저 증명한다.

$\Rightarrow$) F가 차원이 n인 자유아벨군이고, $S = \{a_1, \cdots, a_n\}$가 F의 기저라 하자. 이 때, 다음의 ϕ는 준동형이다.

$$\phi : \mathbb{Z} \oplus \cdots \oplus \mathbb{Z} \to F,\ \phi((k_1, k_2, \cdots, k_n)) = k_1 a_1 + k_2 a_2 + \cdots + k_n a_n$$

또 S가 일차독립은 ϕ는 단사임과 동치이고, S가 F를 생성한다는 것은 ϕ는 전사라는 것과 동치이다. 즉, S가 기저라는 것은 준동형 ϕ가 동형이라는 것과 동치이다.

$\Leftarrow$) $S = \{e_1, \cdots, e_n \mid e_i = (0, \cdots, 0, 1, 0, \cdots, 0)\}$는 $\mathbb{Z} \oplus \cdots \oplus \mathbb{Z}$의 기저이다. 따라서 $\psi : F \to \mathbb{Z} \oplus \cdots \oplus \mathbb{Z}$이 동형일 때, $\{\psi^{-1}(e_1), \cdots, \psi^{-1}(e_n)\}$는 F의 기저이고 F는 차원이 n인 자유아벨군이다.

(1) F가 차원이 n인 자유아벨군이고, $S=\{a_1, \cdots, a_n\}$가 F의 기저라 하자. (2)에 의하여, $\phi: F \cong \mathbb{Z}\oplus\cdots\oplus\mathbb{Z}\ (=\mathbb{Z}^n)$는 동형이다. $2F := \{2a \mid a \in F\}$는 F의 부분군이고(정리 11(1)), ϕ에 의하여 $\phi_| : 2F \cong 2\mathbb{Z}\oplus\cdots\oplus 2\mathbb{Z}$이다. 그러므로 ϕ는 다음과 같이 동형 $\overline{\phi}$를 유도한다.

$$\overline{\phi} : F/2F \cong \mathbb{Z}/2\mathbb{Z}\oplus\cdots\oplus\mathbb{Z}/2\mathbb{Z}\ (=\mathbb{Z}_2^n)$$

이 때, $|F/2F| = 2^n$은 잘 정의된 수이고, 따라서 F는 차원이 n도 잘 정의되었다. ■

자유아벨군 F가 유한 생성되지 않는 경우도 선형대수의 벡터공간의 차원과 같이 F의 차원은 잘 정의된다. 여기서는 무한 차원인 경우 증명은 생략한다.

정리 2.13.9

$S=\{a_1, \cdots, a_i, \cdots, a_j, \cdots, a_n\}$가 차원이 n인 자유아벨군 F의 기저이면 모든 $i \neq j$와 $k \in \mathbb{Z}$에 대하여 $S' = \{a_1, \cdots, a_i, \cdots, a_j + ka_i, \cdots, a_n\}$도 F의 기저이다.

증명 $a_j = (-k)a_i + (a_j + ka_i)$이므로, $F = \langle S \rangle \subseteq \langle S' \rangle$이다. 그러므로 $F = \langle S' \rangle$이다. $k_1a_1 + \cdots + k_j(a_j + ka_i) + \cdots + k_na_n = 0$이면, 모든 $t \neq i$에 대하여 $k_t = 0$이다. 또 이 일차결합식의 a_i의 계수 $k_i + k_jk = 0$이고 $k_j = 0$이므로, $k_i = 0$이다. 따라서 S'은 F의 기저이다. ■

참고 $F=\mathbb{Z}^n$이고, $a_i = (a_{1i}, \cdots, a_{ni}) \in \mathbb{Z}^n (1 \le i \le n)$라고 하자. 이때, $S=\{a_1, \cdots, a_n\}$와 $A := (a_{ji}) \in M_n(\mathbb{Z})$에 대하여 다음이 성립한다.

(1) $\det A \neq 0 \Leftrightarrow S=\{a_1, \cdots, a_n\}$가 1차독립

(2) $\det A = \pm 1 \Leftrightarrow S=\{a_1, \cdots, a_n\}$가 $F=\mathbb{Z}^n$을 생성

즉, $\det A = \pm 1$인 것은 $S=\{a_1, \cdots, a_n\}$가 $F=\mathbb{Z}^n$의 기저인 것과 동치이다.

(1)과 (2)를 증명하기 위한 계산과정이나 원리는 선형대수에서와 같다. 여기서는 (2)에 대한 증명을 한다.

$\det A = \pm 1$인 경우에 $A^{-1} = \dfrac{1}{\det A}(adj A) \in M_n(\mathbb{Z})$이다. 즉, A^{-1}의 성분이 정수이다. 이 때, 임의의 $b=(b_1, \cdots, b_n) \in \mathbb{Z}^n$에 대하여 $x_1a_1 + \cdots + x_na_n = b$는 행렬식으로 $Ax = b$이다 $(x = (x_1, \cdots, x_n))$. 이 때, 해 $x = A^{-1}b \in \mathbb{Z}^n$이고, S는 $\mathbb{Z}^n$을 생성한다.

$S=\{a_1, \cdots, a_n\}$가 $F=\mathbb{Z}^n$을 생성하면, 모든 $e_i = (0, \cdots, 0, 1, 0, \cdots, 0)$는 a_i의 일차결합이다.

즉, $b_{1j}a_1 + \cdots + b_{nj}a_n = e_j$ 이다. 이 때, $B = (b_{ij}) \in M_n(\mathbb{Z})$ 이고, $AB = I_n$ 이다(즉, $B = A^{-1}$). 따라서 $\det A$ 와 $\det B$ 는 정수이고, $\det A \det B = 1$ 이므로, $\det A = \pm 1$ 이다.

위의 증명에서 a_i 를 행렬 A 의 i 번째 열벡터(column i)로 한 것은 행렬식, $Ax = b$ 의 표현 때문이다. $Ax = b$ 를 행렬식의 곱에 맞추어 더 정확히 서술하면, $Ax^T = b^T$ 이다. 또, a_i 를 행렬 A 의 i 번째 행벡터(row i)로 할 경우에 행렬식은 $xA = b$ 이다.

$F = \mathbb{Z}^n$ 일 때, 정리 9에서 기저 S와 S' 으로 만드는 행렬을 각각 A 와 A' 이라 하면, A' 은 A 를 기본열변환(elementary column operation)하여 얻어진다. 또, 행렬식의 기본성질에 의하여 $\det A' = \det A (= \pm 1)$ 이다.

정리 2.13.10

F가 차원이 n 인 자유아벨군이고, K가 $K \neq \langle 0 \rangle$ 인 F의 부분군일 때, K는 자유아벨군이며, 다음을 만족하는 F의 기저 $S = \{a_1, \cdots, a_n\}$이 있다.
적당한 $1 \leq r \leq n$과 $d_1 | d_2 | \cdots | d_r$ 인 양의 정수 $d_1, d_2, \cdots, d_r$ 이 존재하여, $T = \{d_1 a_1, d_2 a_2, \cdots, d_r a_r\}$이 K의 기저가 된다.

증명 n에 관한 귀납법으로 증명한다.
$n=1$일 때, 정리 2.7.3에 의하여 K도 순환군이다. 즉, $F = \langle a_1 \rangle \cong \mathbb{Z}$이면, $K = \langle d_1 a_1 \rangle$ 이다.
$n \geq 2$이고, 귀납법을 가정하자. X를 다음과 같은 정수 k의 집합이라 하자.
적당한 F의 기저, $\{a_1, a_2, \cdots, a_n\}$에 대하여 $ka_1 + k_2 a_2 + \cdots + k_n a_n \in K$
$\{a_2, a_1, \cdots, a_n\}$도 F의 기저이므로, $k_2 \in X$이다. 마찬가지로, 모든 $k_i \in X$이다.
$K \neq \langle 0 \rangle$ 이므로 $a \neq 0$인 $a \in K$가 있고, $-a \in K$이다.
따라서 $X^+ := \{k \in X \mid k \geq 1\}$이라 하면 $X^+ \neq \varnothing$ 이고, X^+의 최소원 d_1이 존재한다. 이 때, F의 기저, $\{b_1, b_2, \cdots, b_n\}$과 정수 k_i가 존재하여 $b = d_1 b_1 + k_2 b_2 + \cdots + k_n b_n \in K$이다.
이제 모든 k_i를 d_1으로 나누어, $k_i = d_1 q_i + r_i$ $(0 \leq r_i < d_1)$이다. 그러므로
$b = d_1 b_1 + k_2 b_2 + \cdots + k_n b_n = d_1(b_1 + q_2 b_2 + \cdots + q_n b_n) + r_2 b_2 + \cdots + r_n b_n \in K$이다.
$a_1 = b_1 + q_2 b_2 + \cdots + q_n b_n$이라 하면, 정리 9에 의하여 $\{a_1, b_2, \cdots, b_n\}$도 F의 기저이다. 모든 $r_i \in X$이고 d_1 의 최소성에 의하여, $r_i = 0$이다. 따라서 $b = d_1 a_1 \in K$이다.
이제 $H = \langle b_2, \cdots, b_n \rangle$이라 하면, $\{a_1, b_2, \cdots, b_n\}$이 F의 기저이므로 H는 F의 부분군으로 차원이 $n-1$인 자유아벨군이다. 또, $F = \langle a_1 \rangle \oplus H$이다. 이 때, 다음과 같이 $K = \langle d_1 a_1 \rangle \oplus (K \cap H)$ 임을 볼 수 있다.

먼저 $\langle a_1\rangle \cap H = \langle 0\rangle$이므로, $\langle d_1 a_1\rangle \cap (K\cap H) = \langle 0\rangle$이다.

또, $c = s_1 a_1 + s_2 b_2 + \cdots + s_n b_n \in G$일 때, s_1을 d_1으로 나누어 $s_1 = d_1 q + r$ $(0 \le r < d_1)$이라 하자. $c - q d_1 a_1 = r a_1 + s_2 b_2 + \cdots + s_n b_n \in K$이고, d_1의 최소성에 의하여 $r = 0$이다. 그러므로 $c - q d_1 a_1 = s_2 b_2 + \cdots + s_n b_n \in K \cap H$이고, $c = q d_1 a_1 + s_2 b_2 + \cdots + s_n b_n \in \langle d_1 a_1 \rangle \oplus (K\cap H)$

이제 $K\cap H = \langle 0\rangle$인 경우에는 $K = \langle d_1 a_1\rangle$으로 정리가 증명되었다.

$K\cap H \neq \langle 0\rangle$인 경우에는 차원이 $n-1$인 자유아벨군 H와 부분군 $K\cap H$에 대하여 귀납법 가정에 의하여 H의 기저 $\{a_2, \cdots, a_n\}$, $2 \le r \le n$과 $d_2 \mid \cdots \mid d_r$인 양의 정수 $d_2, \cdots, d_r$이 존재하여, $\{d_2 a_2, \cdots, d_r a_r\}$이 $K\cap H$의 기저가 된다.

이제 $d_2 = d_1 q_0 + r_0$ $(0 \le r_0 < d_1)$라 하자. $\{a_2, a_1 + q_0 a_2, \cdots, a_n\}$도 F의 기저이고, $d_1 a_1 + d_2 a_2 = r_0 a_2 + d_1(a_1 + q_0 a_2) \in K$이다. d_1의 최소성에 의하여, $r_0 = 0$이고, $d_1 \mid d_2$이다. 따라서 F의 기저, $S = \{a_1, \cdots, a_n\}$과 K의 기저, $T = \{d_1 a_1, d_2 a_2, \cdots, d_r a_r\}$에 대하여 정리가 성립한다. ■

정리 2.13.11

G가 아벨군일 때, 정수 m과 소수 p에 대하여 다음이 성립한다.

(1) $mG := \{ma \mid a \in G\}$는 G의 부분군이다. 또, $m\mathbb{Z}_n = \langle 0\rangle \Leftrightarrow n \mid m$.

(2) $G[m] := \{a \in G \mid ma = 0\}$는 G의 부분군이다. 특히, $p \mid n$이면 $\mathbb{Z}_n[p] \cong \mathbb{Z}_p$이고, $p \nmid n$이면 $\mathbb{Z}_n[p] \cong \langle 0\rangle$이다.

(3) $G(p) := \{a \in G \mid o(a) = p^n,\ n \ge 0\}$는 G의 부분군이다.

(4) $G_t := \{a \in G \mid o(a) < \infty\}$는 G의 부분군이다.

(5) $\phi : G \to H \oplus K$가 동형이면, ϕ를 제한한 다음의 함수도 모두 동형이다.

$$\phi_| : mG \to mH \oplus mK, \qquad \phi_| : G[m] \to H[m] \oplus K[m],$$
$$\phi_| : G(p) \to H(p) \oplus K(p), \qquad \phi_| : G_t \to H_t \oplus K_t.$$

증명 (1) $ma + mb = m(a+b) \in mG$, $-ma = m(-a) \in mG$이므로 mG는 G의 부분군이다. 또, $m\mathbb{Z}_n = \langle 0\rangle \Leftrightarrow m\bar{1} = \bar{m} = \bar{0} \Leftrightarrow n \mid m$이다.

(2) $ma = 0$, $mb = 0$이면, $ma + mb = m(a+b) = 0$. $m(-a) = -ma = 0$이다. 그러므로 $G[m]$는 G의 부분군이다.

(i) $p \mid n$일 때, $n = n_1 p$라 하면, $\mathbb{Z}_n[p] = \{\bar{0}, \overline{n_1}, \cdots, \overline{(p-1)n_1}\} \cong \mathbb{Z}_p$이다.

(ii) $p \nmid n$일 때, $p\bar{a} = \overline{pa} = \bar{0}$(즉, $n \mid pa$)이라 하자. $(p, n) = 1$이므로, $n \mid a$이고, $\bar{a} = \bar{0}$이다. 그러므로 $\mathbb{Z}_n[p] \cong \langle 0\rangle$이다.

(3) $p^m a = 0,\ p^n b = 0$일 때, $m \geq n$인 경우 $p^m(a+b) = 0$이고 $p^m(-a) = 0$이다. 그러므로 $G(p)$는 G의 부분군이다.

(4) $o(a) = m,\ o(b) = n$일 때, $o(ab) \mid lcm(m,n)$이고(2.7.7(1)), $o(-a) = o(a)$이므로 G_t는 G의 부분군이다.

(5) ϕ가 준동형이면 $\phi(ma) = m\phi(a)$, ϕ가 단사인 준동형이면 $o(\phi(a)) = o(a)$임을 이용하여 증명한다.

여기서는 $\phi : G \to H \oplus K$가 동형일 때, $\phi_{|G_t} : G_t \to H_t \oplus K_t$도 동형인 경우만 보인다. 먼저 $(b,c) \in H \oplus K$일 때, $o((b,c)) = lcm(o(b), o(c))$이므로 $(H \oplus K)_t = H_t \oplus K_t$이다. 또, $a \in G$일 때, $o(\phi(a)) = o(a)$이므로, 준동형 $\phi_{|G_t}$는 잘 정의되었다. ϕ가 단사이므로, $\phi_{|G_t}$도 단사이다. $(b,c) \in H_t \oplus K_t$일 때, ϕ가 전사이므로, $\phi(a) = (b,c)$인 $a \in G$가 있다. 또, $o(a) = o((b,c)) < \infty$이므로, $a \in G_t$이고, $\phi_{|G_t}$도 전사이다. ■

정리 2.13.12 (유한 생성된 아벨군의 기본정리)

$G \neq \langle 0 \rangle$이 유한 생성된 아벨군일 때, 다음이 성립한다.

(1) $1 < m_1$이고, $m_1 \mid m_2 \mid \cdots \mid m_t$인 자연수 m_i와 $u \geq 0$이 유일하게 존재하여

$$G \cong (\mathbb{Z}_{m_1} \oplus \mathbb{Z}_{m_2} \oplus \ \cdots \ \oplus \mathbb{Z}_{m_t}) \oplus \mathbb{Z}^u$$

(2) 소수 p_j와 $k_j \geq 1$인 소수의 승수, $p_1^{k_1},\ p_2^{k_2}, \cdots, p_s^{k_s}$와 $u \geq 0$이 유일하게 존재하여(유일성에서 나열된 순서는 무시하며, 또, 두 소수, p_i와 p_j는 같을 수 있다),

$$G \cong (\mathbb{Z}_{p_1^{k_1}} \oplus \mathbb{Z}_{p_2^{k_2}} \oplus \cdots \oplus \mathbb{Z}_{p_s^{k_s}}) \oplus \mathbb{Z}^u$$

증명 G가 $g_1, \cdots, g_n$으로 생성되었다 하자. 즉, $G = \langle g_1, \cdots, g_n \rangle$. 이 때, $\phi : \mathbb{Z}^n \to G$, $\phi((i_1, \cdots, i_n)) = i_1 g_1 + \cdots + i_n g_n$은 전사 준동형이다. 그러므로 제 1 동형정리에 의하여 $\mathbb{Z}^n / K \cong G$이다($K = \ker\phi$). 정리 10에 의하여 K는 자유아벨군이며, $\mathbb{Z}^n$의 적당한 기저 $\{a_1, \cdots, a_n\}$에 대하여 $1 \leq r \leq n$과 $d_1 \mid d_2 \mid \cdots \mid d_r$인 양의 정수 $d_1, d_2, \cdots, d_r$이 존재하여, $\{d_1 a_1, d_2 a_2, \cdots, d_r a_r\}$이 K의 기저가 된다. $d_i = 1$인 경우에 $\langle a_i \rangle / \langle d_i a_i \rangle = \langle 0 \rangle$이다. 이제 $d_i > 1$인 d_i를 차례대로 $m_1, m_2, \cdots, m_t$이라 하면, $m_1 \mid m_2 \mid \cdots \mid m_t$인 양의 정수 $m_i > 1$과 $u = n - r$에 대하여 다음이 성립한다.

$$G \cong \mathbb{Z}^n / K \cong (\mathbb{Z}_{d_1} \oplus \mathbb{Z}_{d_2} \oplus \ \cdots \ \oplus \mathbb{Z}_{d_r}) \oplus \mathbb{Z}^u \cong (\mathbb{Z}_{m_1} \oplus \mathbb{Z}_{m_2} \oplus \ \cdots \ \oplus \mathbb{Z}_{m_t}) \oplus \mathbb{Z}^u$$

또 각각의 m_i를 소인수분해하여 나타나는 소수의 승수를 $p_1^{k_1},\ p_2^{k_2}, \cdots, p_s^{k_s}$라 하자이 때, 정리 2.12.12에 의하여

$$G \cong (\mathbb{Z}_{m_1} \oplus \mathbb{Z}_{m_2} \oplus \ \cdots \ \oplus \mathbb{Z}_{m_t}) \oplus \mathbb{Z}^u \cong (\mathbb{Z}_{p_1^{k_1}} \oplus \mathbb{Z}_{p_2^{k_2}} \oplus \cdots \oplus \mathbb{Z}_{p_s^{k_s}}) \oplus \mathbb{Z}^u$$

[u의 유일성의 증명]

위의 계산에서 동형, $\phi : G \cong (\mathbb{Z}_{m_1} \oplus \mathbb{Z}_{m_2} \oplus \cdots \oplus \mathbb{Z}_{m_t}) \oplus \mathbb{Z}^u$라 하면, 정리 11(5)에 의하여 $\phi_{|G_t}$는 두 부분군 사이의 동형이 된다.

$$\phi_{|G_t} : G_t \cong \mathbb{Z}_{m_1} \oplus \mathbb{Z}_{m_2} \oplus \cdots \oplus \mathbb{Z}_{m_t}$$

그러므로 ϕ는 동형, $G/G_t \cong \oplus \mathbb{Z}^u$를 유도한다. 즉, G/G_t는 차원이 u인 자유아벨군이고, 정리 8에 의하여 차원 u는 잘 정의되었다. 즉, u는 유일하다.

[불변인자의 유일성의 증명]

$\phi_{|G_t} : G_t \to \mathbb{Z}_{m_1} \oplus \mathbb{Z}_{m_2} \oplus \cdots \oplus \mathbb{Z}_{m_t}$는 동형이다(정리 11(5)). 이제
$G_t \cong \mathbb{Z}_{m_1} \oplus \mathbb{Z}_{m_2} \oplus \cdots \oplus \mathbb{Z}_{m_t}$ $(1 < m_1$이고, $m_1 | m_2 | \cdots | m_t)$이고,
$G_t \cong \mathbb{Z}_{l_1} \oplus \mathbb{Z}_{l_2} \oplus \cdots \oplus \mathbb{Z}_{l_v}$ $(1 < l_1$이고, $l_1 | l_2 | \cdots | l_v)$라 하자.
$1 < m_1$이므로 $p | m_1$인 소수 p가 있다. 이 때, p는 모든 m_i의 약수이고 정리 11(2)에 의하여 $(\mathbb{Z}_{m_1} \oplus \mathbb{Z}_{m_2} \oplus \cdots \oplus \mathbb{Z}_{m_t})[p] \cong \mathbb{Z}_{m_1}[p] \oplus \mathbb{Z}_{m_2}[p] \oplus \cdots \oplus \mathbb{Z}_{m_t}[p] \cong \mathbb{Z}_p^t$이다.
또, $(\mathbb{Z}_{l_1} \oplus \mathbb{Z}_{l_2} \oplus \cdots \oplus \mathbb{Z}_{l_v})[p] \cong \mathbb{Z}_p{}^w$이고, $t = w \le v$이다. 마찬가지로, l_1의 소인수 p'에 대하여 위의 계산을 적용하면, $v \le t$이다. 따라서 $t = v$이다.
만일 $m_i \ne l_i$인 i가 있으면, 그 중 가장 작은 i를 c라 하자.

(i) $q | m_c$이고 $q \nmid l_c$인 소수 q가 존재하는 경우 : 정리 11(2)에 의하여
$(\mathbb{Z}_{m_1} \oplus \mathbb{Z}_{m_2} \oplus \cdots \oplus \mathbb{Z}_{m_t})[q] \cong \mathbb{Z}_{m_c}[q] \oplus \cdots \oplus \mathbb{Z}_{m_t}[q] \cong \mathbb{Z}_p^{t-c+1}$,
$(\mathbb{Z}_{l_1} \oplus \mathbb{Z}_{l_2} \oplus \cdots \oplus \mathbb{Z}_{l_t})[q] \cong \mathbb{Z}_q{}^w$, $w \le t-c$이므로 모순이다.
($q \nmid m_c$이고 $q | l_c$인 소수 q가 존재하는 경우는 같은 증명이다).

(ii) 소수 q와 $\alpha \ge 1$에 대하여 $q^{\alpha+1} | m_c$이나 $q^{\alpha+1} \nmid l_c$인 경우(또는 반대의 경우) 각각의 q-Sylow 부분군 비교하면, $(\mathbb{Z}_{m_1} \oplus \mathbb{Z}_{m_2} \oplus \cdots \oplus \mathbb{Z}_{m_t})(q)$의 위수가 $(\mathbb{Z}_{l_1} \oplus \mathbb{Z}_{l_2} \oplus \cdots \oplus \mathbb{Z}_{l_t})(q)$의 위수보다 크므로 모순이다.

[기본인자의 유일성의 증명]

동형 $\phi_{|G_t} : G_t \cong \mathbb{Z}_{p_1^{k_1}} \oplus \mathbb{Z}_{p_2^{k_2}} \oplus \cdots \oplus \mathbb{Z}_{p_s^{k_s}}$로부터 G의 기본인자의 유일성의 증명하자.
$|G_t|$의 하나의 소인수인 p(p는 p_i 중 하나)에 대하여 $G(p)$의 기본인자가 유일함을 보이면 된다(하나의 소수에 대한 계산!). 이제 다음을 가정하자.

$$G(p) \cong \mathbb{Z}_{p^{a_1}} \oplus \mathbb{Z}_{p^{a_2}} \oplus \cdots \oplus \mathbb{Z}_{p^{a_r}} \quad (1 \le a_1 \le a_2 \le \cdots \le a_r),$$

$$G(p) \cong \mathbb{Z}_{p^{b_1}} \oplus \mathbb{Z}_{p^{b_2}} \oplus \cdots \oplus \mathbb{Z}_{p^{b_s}} \quad (1 \le b_1 \le b_2 \le \cdots \le b_s).$$

이 때, $G(p)[p] \cong \mathbb{Z}_{p^{a_1}}[p] \oplus \mathbb{Z}_{p^{a_2}}[p] \oplus \cdots \oplus \mathbb{Z}_{p^{a_r}}[p] \cong \mathbb{Z}_p^r$. 마찬가지로, $G(p)[p] \cong \mathbb{Z}_p^s$이다. 그러므로 두 동형에서 직합을 이루는 순환부분군의 개수, $r = s$이다.

만일 $a_i \neq b_i$이면, 그 중 가장 작은 i를 l이라 하고, $a_l < b_l$이라 하자. 이 때, 정리 11.1(1)에 의하여 $p^{a_l}(G(p)) = p^{a_l}(\mathbb{Z}_{p^{a_1}} \oplus \mathbb{Z}_{p^{a_2}} \oplus \cdots \oplus \mathbb{Z}_{p^{a_r}})$은 많아야 $r-l-1$(개)의 영이 아닌 순환부분군의 직합니다. 그러나 $p^{a_l}(G(p)) = p^{a_l}(\mathbb{Z}_{p^{b_1}} \oplus \mathbb{Z}_{p^{b_2}} \oplus \cdots \oplus \mathbb{Z}_{p^{b_r}})$는 $r-l$(개)의 영이 아닌 순환부분군의 직합이 되어 모순이다. 따라서 모든 $a_i = b_i$이고, $|G_t|$의 각각의 소인수인 p에 대하여 $G(p)$의 기본인자가 유일하므로, G의 기본인자가 유일하다.

▸▸ 연습문제 2.13

1. 다음을 위수로 갖는 군 중에서 동형이 아닌 것을 모두 찾고, 각각의 기본인자와 불변인자를 적어라.

(1) 2^5 (2) 3^6 (3) $2^3 3^2$ (4) $2^4 3^3 5^2$

2. 다음 군에서 위수가 가장 큰 순환부분군의 위수와 그와 같은 순환부분군의 개수를 각각 구하라.

(1) $\mathbb{Z}_{18} \oplus \mathbb{Z}_8$ (2) $\mathbb{Z}_{18} \oplus \mathbb{Z}_{28}$

(3) $\mathbb{Z}_8 \oplus \mathbb{Z}_{45} \oplus \mathbb{Z}_{100}$ (4) $\mathbb{Z}_8 \oplus \mathbb{Z}_{119} \oplus \mathbb{Z}_{343}$

3. p가 소수일 때, 다음 군에 있는 위수가 p인 부분군의 개수를 구하라.

(1) $\mathbb{Z}_p \oplus \mathbb{Z}_p$ (2) $\mathbb{Z}_p \oplus \mathbb{Z}_p \oplus \mathbb{Z}_p$

(3) $\mathbb{Z}_p \oplus \mathbb{Z}_{p^2}$ (4) $\mathbb{Z}_{p^3}$

4. 유한 아벨군 $G \neq \langle e \rangle$에 대하여 다음을 증명하여라.

G의 기본인자와 불변인자가 일치 $\Leftrightarrow$ 적당한 소수 p와 $n \geq 1$에 대하여 $o(G) = p^n$

5. 위수가 n인 유한 아벨군 중 동형이 아닌 것이 6개이다. 다음의 분할함수의 값을 이용하여 각 문제에서 n을 구하여라.

$p(1) = 1$, $p(2) = 2$, $p(3) = 3$, $p(4) = 5$, $p(5) = 7$, $p(6) = 11$

(1) n 중에서 가장 작은 수

(2) 세 자리 수인 n 중에서 가장 작은 수

(3) 네 자리 수인 n 중에서 가장 작은 수.

6. (중등교원 임용시험 2009년 1차 #19)

(1) 위수가 8인 군 중 비아벨군인 보기를 찾아라.

(2) 위수가 27인 아벨군 중 동형이 아닌 것을 찾아라.

7. (중등교원 임용시험 2012년 1차 #18)

다음을 설명하여라.

(1) 무한순환군 G는 $(\mathbb{Z}, +)$와 서로 동형이다.

(2) 두 아벨군 $\mathbb{Z}_4 \oplus \mathbb{Z}_{18} \oplus \mathbb{Z}_{15}$ 와 $\mathbb{Z}_3 \oplus \mathbb{Z}_{10} \oplus \mathbb{Z}_{36}$ 은 서로 동형이다.

(3) $\mathbb{Z}_{360}$의 생성원은 모두 96개이다.

8. (중등교원 임용시험 2013년 1차 #17)

다음을 설명하여라.

(1) 군준동형 $f: \mathbb{Z} \to \mathbb{Z}_2 \times \mathbb{Z}_3$, $f(k) = (\bar{k}, \bar{k})$의 핵 $\ker(f) = 6\mathbb{Z}$ 이다.

(2) 위수가 400인 아벨군 중에서 동형이 아닌 것은 10 가지이다.

9. 다음 $\mathbb{Z}_n^*$ 의 불변인자와 기본인자를 구하여라.

(1) $\mathbb{Z}^*_{2\times 101^{100}}$ (2) $\mathbb{Z}^*_{4\times 101^{100}}$

(3) $p = 2^{(2^m)} + 1$ 인 페르마소수이고, $k \geq 2$일 때, $\mathbb{Z}^*_{2p^k}$

(4) $p = 2^{(2^m)} + 1$ 인 페르마소수이고, $k \geq 2$일 때, $\mathbb{Z}^*_{4p^k}$

10. 위수가 p^3(p는 소수)인 아벨군 G는 순환군이 아니고, G에는 위수가 p^2인 원소가 있다. 다음을 구하여라.

(1) G의 기본인자와 불변인자

(2) 위수가 p^2인 원소의 개수

(3) 위수가 p^2인 부분군 중 순환부분군의 개수

(4) 위수가 p^2인 부분군 중 순환부분군의 아닌 것의 개수

11. 군 $G=\mathbb{Z}_{p^2}\oplus\mathbb{Z}_{p^3}$($p$는 소수)의 기본인자와 불변인자를 각각 구하여라.

12. 군 $G=\mathbb{Z}_{p^2}\oplus\mathbb{Z}_{p^3}$($p$는 소수)에서 다음에 해당하는 원소의 개수를 구하여라.

(1) 위수가 p인 원소(2) 위수가 p^2인 원소

(3) 위수가 p^3인 원소

13. 군 $G=\mathbb{Z}_{p^2}\oplus\mathbb{Z}_{p^3}$($p$는 소수)에서 다음에 해당하는 부분군의 개수를 구하여라.

(1) 위수가 p인 부분군

(2) 위수가 p^2인 부분군

14. 군 $G=\mathbb{Z}_{p^2}\oplus\mathbb{Z}_{p^3}$($p$는 소수)에서 위수가 p^3인 순환부분군의 개수를 구하여라.

15. **(난이도 상)** 군 $G=\mathbb{Z}_{p^2}\oplus\mathbb{Z}_{p^3}$($p$는 소수)에서 위수가 p^3인 부분군 중 순환부분군이 아닌 것의 개수를 구하여라.

16. 위수가 2268인 아벨군 G의 불변인자 3개의 자연수로 구성되어 있는데, 그 중하나가 6이다. 다음을 구하라.

(1) G의 불변인자.

(2) G의 원소의 위수의 최댓값

(3) 위수가 최댓값인 원소의 개수

17. $(\mathbb{Z}_{36}^*,\cdot)$에서 다음을 구하라(참고 : $(\mathbb{Z}_{18}^*,\cdot)=\langle 5\rangle$이다).

(1) 위수가 6인 원소의 개수

(2) 위수가 6인 부분군의 개수

18. $(\mathbb{Z}_{100}^*,\cdot)$에서 다음을 구하라(참고 : 연습문제2.7.21 $(\mathbb{Z}_{50}^*,\cdot)=\langle 3\rangle$이다).

(1) 위수가 2인 원소를 모두 찾아라.

(2) 위수가 10인 원소의 개수

(3) 위수가 10인 부분군의 개수

(4) $o(43)$

(5) $o(19)$

19. p가 홀수인 소수이고 $k \geq 2$, $n = 4p^k$일 때, 군 $G = (\overline{\mathbb{Z}}_n^*, \cdot)$에 대하여 다음을 구하라(정리 : $(\overline{\mathbb{Z}}_n^*, \cdot)$는 순환군 $\Leftrightarrow$ $n = 2, 4, p^k, 2p^k$'를 이용한다).

(1) G의 불변인자.

(2) G에서 위수가 2인 원소의 개수

(3) G에서 위수가 p인 원소의 개수

(4) G에서 위수가 p인 원소의 곱

20. (1) $f: \overline{\mathbb{Z}}_2 \oplus \overline{\mathbb{Z}}_6 \rightarrow \overline{\mathbb{Z}}_3 \oplus \overline{\mathbb{Z}}_{12}$인 군준동형 f는 몇 개인가?

(2) $f: \overline{\mathbb{Z}}_2 \oplus \overline{\mathbb{Z}}_{108} \rightarrow \overline{\mathbb{Z}}_3 \oplus \overline{\mathbb{Z}}_5 \oplus \overline{\mathbb{Z}}_{72}$인 군준동형 f는 몇 개인가?

2.14 위수가 15 이하인 유한군

다음 유한군의 분류에서 아벨군의 경우는 불변인자로 적어서 분류한다. 이 때, 정리 2.4.16(위수가 소수 p인 군은 순환군), 2.9.9(위수가 p^2인 군은 아벨군), 2.13.6(기본인자에 따른 아벨군의 분류), 2.12.12(기본인자를 불변인자로 바꿈)을 이용하여 분류한다.

다음 정리에 의하여 위수가 15인 군은 순환군이다.

정리 2.14.1

p와 $q = p+2$가 둘 다 소수인 쌍둥이 소수이다.

(1) $o(G) = pq$이면, 군 G는 순환군이다.

(2) $p \geq 5$, $o(G) = p^2q^2$이면, 군 G는 아벨군이다. 따라서, 위수가 p^2q^2인 군은 다음의 네 가지이다.

$$(\mathbb{Z}_p \oplus \mathbb{Z}_p) \oplus (\mathbb{Z}_q \oplus \mathbb{Z}_q) \cong \mathbb{Z}_{pq} \oplus \mathbb{Z}_{pq}, \qquad (\mathbb{Z}_p \oplus \mathbb{Z}_p) \oplus \mathbb{Z}_{q^2} \cong \mathbb{Z}_p \oplus \mathbb{Z}_{pq^2}$$

$$\mathbb{Z}_{p^2} \oplus (\mathbb{Z}_q \oplus \mathbb{Z}_q) \cong \mathbb{Z}_q \oplus \mathbb{Z}_{p^2q}, \qquad \mathbb{Z}_{p^2} \oplus \mathbb{Z}_{q^2} \cong \mathbb{Z}_{p^2q^2}$$

증명 (1) G의 p–Sylow 부분군의 개수, $n_p = kp + 1$이고, $n_p \mid q$이다(정리 2.11.5). $q \equiv 2 \pmod{p}$이므로 $n_p = 1$이고, G의 p–Sylow 부분군 $P = \langle a \rangle$는 G의 정규부분군이다. 마찬가지로 G의 q–Sylow 부분군 $Q = \langle b \rangle$는 유일하고, G의 정규부분군이

다. $aba^{-1}b^{-1} \in P \cap Q = \langle e \rangle$이므로, $aba^{-1}b^{-1} = e$이고 $ab = ba$이다. 정리 2.7.7(2)에 의하여, $o(ab) = pq$이고, $G = \langle ab \rangle \cong \mathbb{Z}_{pq}$이다.

(2) 정리 2.11.10에서 G가 아벨군임을 증명하였다. 이 때, 기본인자의 분류에 따라 (2.13.6), 위수가 p^2q^2인 동형이 아닌 군은 네 가지이다.

■

다음 표에서 비아벨군의 분류에 관한 계산은 연습문제에 제시한다.

위수	아벨군	비아벨군
1	$\langle e \rangle$	
2	$\mathbb{Z}_2$	
3	$\mathbb{Z}_3$	
4	$\mathbb{Z}_4$, $\mathbb{Z}_2 \oplus \mathbb{Z}_2$	
5	$\mathbb{Z}_5$	
6	$\mathbb{Z}_6$	$S_3 = D_3$
7	$\mathbb{Z}_7$	
8	$\mathbb{Z}_2 \oplus \mathbb{Z}_2 \oplus \mathbb{Z}_2$, $\mathbb{Z}_2 \oplus \mathbb{Z}_4$, $\mathbb{Z}_8$	Q_8, D_4
9	$\mathbb{Z}_9$, $\mathbb{Z}_3 \oplus \mathbb{Z}_3$	
10	$\mathbb{Z}_{10}$	D_5
11	$\mathbb{Z}_{11}$	
12	$\mathbb{Z}_{12}$, $\mathbb{Z}_2 \oplus \mathbb{Z}_6$	A_4, T, $D_6 \cong S_3 \times \mathbb{Z}_2$
13	$\mathbb{Z}_{13}$	
14	$\mathbb{Z}_{14}$	D_7
15	$\mathbb{Z}_{15}$	

▸▸ 연습문제 2.14

1. 두 소수 p, q $(p < q)$가 $q \not\equiv 1 \pmod{p}$이면, 위수가 pq인 군 G는 순환군임을 증명하여라.

2. p가 홀수 소수일 때, 위수가 $2p$인 군 G에는 위수가 p인 원소 a와 위수가 2인 원소 b가 있다(Cauchy의 정리). 이 때, G는 순환군 $\mathbb{Z}_{2p}$ 또는 정이면체군 D_p와 동형임을 다음과 같이 증명하여라.

(1) $\langle a \rangle \lhd G$이다. 그러므로 $bab^{-1} \in \langle a \rangle$이다.

(2) $bab^{-1} = a^m$이라 하면, $a = b^2ab^{-2} = a^{m^2}$이다.

(3) $m^2 \equiv 1 \pmod{p}$이고, $m \equiv 1 \pmod{p}$ 또는 $m \equiv -1 \pmod{p}$이다.

(4) $m \equiv 1 \pmod{p}$인 경우에 G는 아벨군이고, $G = \langle ab \rangle \cong \mathbb{Z}_{2p}$이다.

(5) $m \equiv -1 \pmod{p}$인 경우에 $ab = a^{-1}b$ 이고, $G = \langle a, b \rangle \cong D_p$이다.

3. 위수가 8인 **비**아벨군 G는 다음과 같이 D_4 또는 Q_8과 동형임을 증명하여라.

(1) G에는 위수가 4인 원소 a가 있고, $\langle a \rangle \lhd G$이다.

(2) $b \in G$가 $b \notin \langle a \rangle$이면, $b^2 \in \langle a \rangle$이고 $b^2 = e$ 또는 $b^2 = a^2$이다.

(3) (2)의 b에 대하여 $bab^{-1} \in \langle a \rangle$이고, $bab^{-1} = a^3$이다.

(4) $b^2 = e$인 경우에 $G = \langle a, b \rangle \cong D_4$이다.

(5) $b^2 = a^2$ 인 경우에 $G = \langle a, b \rangle \cong Q_8$이다.

4. 위수가 12인 **비**아벨군 G는 다음과 같이 A_4, D_6, T 중 하나임을 증명하여라.
($D_6 \cong S_3 \times \mathbb{Z}_2$ (2.12.9), $T := \langle a, b \mid o(a) = 6,\ a^2 = b^2,\ ab = ba^{-1} \rangle$이다.)

(1) $P = \langle c \rangle$가 G의 3-Sylow 부분군일 때, 4개의 원소를 가지는 P의 좌잉여류의 집합, $X = \{ xP \mid x \in G \}$와 $S(X) = S_4$에 대하여 다음의 τ는 준동형이다.

$$\tau : G \to S_4,\ \tau(g) = \tau_g,\ \tau_g(xP) = gxP$$

(2) $K = \ker \tau$는 P의 부분군이고, 따라서 $K = \langle e \rangle$ 또는 $K = P$이다.

(3) $K = \langle e \rangle$인 경우, G는 S_4의 위수가 12인 부분군이므로 $G \cong A_4$이다.

(4) $K = P$인 경우, $P \lhd G$이고, $P = \langle c \rangle$는 유일한 G의 3-Sylow 부분군이다. 이때, $[G : C_G(c)] = 1, 2$이다(2.9.5). 따라서 $o(C_G(c)) = 12, 6$이고, Cauchy의 정리에 의하여 위수가 2인 $d \in C_G(c)$가 있다. $cd = dc$이고, $o(cd) = 6$이다.

(5) $a = cd$일 때, $\langle a \rangle \lhd G$이다. 또, $b \in G$가 $b \notin \langle a \rangle$이면, $b^2 \in \langle a \rangle$이고 $b^2 = e$ 또는 $b^2 = a^2$ 이다.

(6) $b^2 = e$인 경우에 $G = \langle a, b \rangle \cong D_6$이고, $b^2 = a^2$인 경우에 $G = \langle a, b \rangle \cong T$이다.

2.15 가해군

역사적으로 가해군(可解群)은 방정식의 풀이에서 비롯되었다. 갈루아는 그의 이론(4.6절)을 이용하여 방정식을 거듭제곱근($\sqrt[n]{\ }$)을 써서 풀 수 있으면, 그 방정식의 갈루아군이 가해군임을 보였다(정리 4.7.3). 이 절에서는 가해군에 대한 군론에서의 이론만 다룬다.

정의 2.15.1

(1) 군 G와 $a, b \in G$에 대하여 $aba^{-1}b^{-1}$를 G의 **교환자**(a commutator)라 한다. G의 교환자로 생성된 G의 부분군 G'을 G이 **교환자부분군**(the commutator subgroup of G)이라 한다. 즉,

$$G^{(1)} := \langle\, aba^{-1}b^{-1} \mid a, b \in G \,\rangle$$

(2) $G^{(0)} = G$로 하고, $n \geq 1$에 대하여 $G^{(n-1)}$이 정의되어 있을 때, G의 n **번째 유도군**(또는 G의 n **번째 교환자부분군**, the nth derived subgroup of G) $G^{(n)}$은 $G^{(n-1)}$의 교환자로 생성된 G의 부분군으로 정의한다. 즉,

$$G^{(n)} = \langle\, aba^{-1}b^{-1} \mid a, b \in G^{(n-1)} \,\rangle$$

G가 아벨군이라는 것은 G의 모든 교환자 $aba^{-1}b^{-1} = e$라는 것과 동치이다.

정리 2.15.2

G가 아벨군 $\Leftrightarrow$ $G^{(1)} = \langle e \rangle$

정리 2.15.3

(1) $G^{(1)} \lhd G$이고, $G/G^{(1)}$은 아벨군이다.

(2) 모든 $G^{(n)} \lhd G$이고, $G^{(n-1)}/G^{(n)}$은 아벨군이다.

(3) $N \lhd G$일 때, 'G/N은 아벨군 $\Leftrightarrow$ $G^{(1)} \subseteq N$'이다.

증명 $x \in G$와 $aba^{-1}b^{-1} \in G^{(1)}$에 대하여

$$\begin{aligned} x(aba^{-1}b^{-1})x^{-1} &= (xax^{-1})(xbx^{-1})(xa^{-1}x^{-1})(xb^{-1}x^{-1}) \\ &= (xax^{-1})(xbx^{-1})(xax^{-1})^{-1}(xbx^{-1})^{-1} \in G^{(1)} \end{aligned}$$

그러므로 $G^{(1)} \lhd G$이다($G^{(1)}$의 생성원인 $aba^{-1}b^{-1}$에 대하여 보이면 충분하다).

$G/G^{(1)}$에서 $aba^{-1}b^{-1}G^{(1)} = G^{(1)}$이므로, $G^{(1)}aba^{-1}b^{-1} = G^{(1)}$이다. 즉, $G^{(1)}ab = G^{(1)}ba$이고, $G/G^{(1)}$은 아벨군이다.

(2) 귀납적으로 증명한다. $G^{(n-1)} \lhd G$라 하자. 이 때, $x \in G$와 $a, b \in G^{(n-1)}$에 대하여 $xax^{-1}, xbx^{-1} \in G^{(n-1)}$이다. 그러므로,

$$x(aba^{-1}b^{-1})x^{-1} = (xax^{-1})(xbx^{-1})(xax^{-1})^{-1}(xbx^{-1})^{-1} \in G^{(n)}$$

이고, $G^{(n)} \lhd G$이다. 또 (1)과 마찬가지로 $G^{(n-1)}/G^{(n)}$은 아벨군이다.

(3) $\Rightarrow$) G/N은 아벨군이면, 모든 $a, b \in G$에 대하여 $NaNb = NbNa$이고, $Naba^{-1}b^{-1} = N$이다. 그러므로 $aba^{-1}b^{-1} \in N$이고, $G^{(1)} \subseteq N$'이다.

$\Leftarrow$) $G^{(1)} \subseteq N$이면, 모든 $a, b \in G$에 대하여 $aba^{-1}b^{-1} \in N$이다. 그러므로 $Nab = Nba$이고, G/N은 아벨군이다.

■

정의 2.15.4

군 G가 적당한 $n \geq 1$에 대하여 $G^{(n)} = \langle e \rangle$일 때, G를 **가해군**(a solvable group)이라 한다.

다음의 보기에서와 같이 정리 3(3)은 $G^{(n)}$의 계산에 필수적이다.

보기 2.15.5

모든 아벨군 G는 $G^{(1)} = \langle e \rangle$이므로 가해군이다.

보기 2.15.6

사원군 Q_8은 아벨군이 아니므로 $Q_8^{(1)} \neq \langle 1 \rangle$이다. Q_8의 중심, $C(Q_8) = \{1, -1\}$에 대하여 $Q_8/C(Q_8) \cong \mathbb{Z}_2 \oplus \mathbb{Z}_2$는 아벨군이므로 정리 3(3)에 의하여 $Q_8^{(1)} \subseteq \{1, -1\}$이다. 그러므로 $Q_8^{(1)} = \{1, -1\}$이다. 따라서

$Q_8^{(2)} = \{1, -1\}^{(1)} = \langle 1 \rangle$이고, Q_8은 가해군이다.

보기 2.15.7

n차 대칭군 $D_n = \{e, a, \cdots, a^{n-1}, b, ab, \cdots, a^{n-1}b\}$에서

$aba^{-1}b^{-1} = a^2 \in D_n^{(1)}$이다.

(1) n이 홀수인 경우 : $\langle a^2 \rangle = \langle a \rangle \subseteq D_n^{(1)}$이다. 또, $D_n / \langle a \rangle \cong \mathbb{Z}_2$는 아벨군이므로 정리 3(3)에 의하여 $D_n^{(1)} \subseteq \langle a \rangle$이고, 따라서 $D_n^{(1)} = \langle a \rangle$이다. 또, $\langle a \rangle \cong \mathbb{Z}_n$은 아벨군이므로$\langle a \rangle^{(1)} \cong \langle e \rangle$이다. 따라서 $D_n^{(2)} = \langle a \rangle^{(1)} = \langle e \rangle$이고, D_n은 가해군이다.

(2) n이 짝수인 경우 : $\langle a^2 \rangle \subseteq D_n^{(1)}$이다. 또, $D_n / \langle a^2 \rangle \cong \mathbb{Z}_2 \oplus \mathbb{Z}_2$는 아벨군이므로 $D_n^{(1)} = \langle a^2 \rangle$이다. 또, $\langle a^2 \rangle \cong \mathbb{Z}_{n/2}$은 아벨군이므로 $\langle a^2 \rangle^{(1)} \cong \langle e \rangle$이다. 따라서 $D_n^{(2)} = \langle a \rangle^{(1)} = \langle e \rangle$이고, D_n은 가해군이다.

보기 2.15.8

다음 계산에서와 같이 $1 \leq n \leq 4$일 때, S_n과 A_n은 가해군이다.

(1) S_1과 S_2는 아벨군이므로 가해군이다.

(2) S_3는 아벨군이 아니므로 $S_3^{(1)} \neq \langle (1) \rangle$이다. 또, $S_3 / A_3 \cong \mathbb{Z}_2$는 아벨군이므로, $S_3^{(1)} \subseteq A_3$이다. 따라서 $S_3^{(1)} = A_3$이다. $A_3 \cong \mathbb{Z}_3$는 아벨군이므로, $A_3^{(1)} = \langle (1) \rangle$이다. 따라서 $S_3^{(2)} = A_3^{(1)} = \langle (1) \rangle$이다.

(3) S_4의 정규부분군은 $\langle (1) \rangle$, V_4, A_4, S_4 뿐이다(보기 2.10.22 참고).

$$V_4 = \{ (1), (1,2)(3,4), (1,3)(2,4), (1,4)(3,2) \}$$

$S_4 / A_4 \cong \mathbb{Z}_2$는 아벨군이므로, $S_4^{(1)} \subseteq A_4$이다. 그러나 $S_4 / V_4 \cong S_3$ (2.6.17)은 비아벨군이므로 $S_4^{(1)} \neq V_4$이다. 그러므로 $S_4^{(1)} = A_4$ 이다. $A_4 / V_4 \cong \mathbb{Z}_3$은 아벨군이므로 $A_4^{(1)} = V_4$이다. $V_4 \cong \mathbb{Z}_2 \oplus \mathbb{Z}_2$는 아벨군이므로 $V_4^{(1)} = \langle (1) \rangle$이다. 따라서 $S_4^{(3)} = A_4^{(2)} = V_4^{(1)} = \langle (1) \rangle$이다.

정리 2.15.9

(1) G가 가해군의 부분군은 가해군이다.

(2) G가 가해군이고, $f : G \to \overline{G}$가 전사준동형이면, $\overline{G}$도 가해군이다.

(3) $N \lhd G$일 때, N과 G/N이 가해군이면, G는 가해군이다.

증명 (1) H가 G의 부분군이면, 모든 i에 대하여 $G^{(i)} \supseteq H^{(i)}$이다. 그러므로 G가 가해군이고 $G^{(n)} = \langle e \rangle$이면, $H^{(n)} = \langle e \rangle$이고 H도 가해군이다.

(2) $f(aba^{-1}b^{-1}) = f(a)f(b)f(a)^{-1}f(b)^{-1}$이므로 $f(G^{(1)}) \subseteq \overline{G}^{(1)}$이다.
귀납적으로 $f(G^{(n-1)}) \subseteq \overline{G}^{(n-1)}$을 가정하자. 이 때, $c, d \in G^{(n-1)}$에 대하여 $f(c), f(d) \in \overline{G}^{(n-1)}$이다. 그러므로 $f(cdc^{-1}d^{-1}) = f(c)f(d)f(c)^{-1}f(d)^{-1}$이고, $f(G^{(n)}) \subseteq \overline{G}^{(n)}$이다.
$\overline{a}\,\overline{b}\,\overline{a}^{-1}\overline{b}^{-1} \in \overline{G}^{(1)}$에 대하여 $(\overline{a}, \overline{b} \in \overline{G})$, $f(a) = \overline{a}$, $f(b) = \overline{b}\ (a, b \in G)$라 하자.
$\overline{a}\,\overline{b}\,\overline{a}^{-1}\overline{b}^{-1} = f(aba^{-1}b^{-1}) \in f(G^{(1)})$이다. 그러므로 $\overline{G}^{(1)} \subseteq f(G^{(1)})$이다. 마찬가지로, $\overline{G}^{(n)} \subseteq f(G^{(n)})$이다. 따라서 $\overline{G}^{(n)} = f(G^{(n)})$이다.

(3) G/N이 가해군이므로 적당한 n에 대하여 $(G/N)^{(n)} = G^{(n)}N/N = N$이다. 그러므로 $G^{(n)} \subseteq N$이다. N이 가해군이므로 적당한 m에 대하여 $N^{(m)} = \langle e \rangle$이다. 이 때, $G^{(n+m)} \subseteq N^{(m)} = \langle e \rangle$이고, G는 가해군이다. ■

정리 2.15.10

군 G에 대하여 다음은 서로 동치이다.

(i) G가 가해군이다.

(ii) G의 부분군 $G = N_0 \geq N_1 \geq \cdots \geq N_{n-1} \geq N_n = \langle e \rangle$가 있어서 $N_i \triangleleft N_{i-1}$이고, N_{i-1}/N_i가 아벨군이다$(1 \leq i \leq n)$.

증명 (i)⟹(ii) $G^{(n)} = \langle e \rangle$일 때, $N_i = G^{(i)}$라 하면 정리 3(2)에 의하여 $N_i \triangleleft N_{i-1}$이고, N_{i-1}/N_i가 아벨군이다$(1 \leq i \leq n)$.

(ii)⟹(i) G/N_1이 아벨군이므로 정리 3(3)에 의하여, $G^{(1)} \subseteq N_1$이다. 마찬가지로, $N_1^{(1)} \subseteq N_2$이고, $G^{(2)} \subseteq N_1^{(1)} \subseteq N_2$이다. 또, 모든 i에 대하여 $G^{(i)} \subseteq N_{i-1}^{(1)} \subseteq N_i$이다. 특히 $G^{(n)} \subseteq N_n = \langle e \rangle$이고, G는 가해군이다. ■

정리 2.15.11

A_n은 3-순환치환으로 생성된다$(n \geq 3)$.

증명 A_n의 원소는 짝치환이므로 항등원이 아닌 A_n의 원소는 $(a,b)(c,d)$나 $(a,b)(a,c)$와 같은 원소의 곱이다(a, b, c, d는 1부터 n까지 서로 다른 양의 정수).
$(a,b)(c,d) = (a,c,d)(a,c,b)$이고, $(a,b)(a,c) = (a,b,c)$이므로, A_n은 3-순환치환으로 생성된다. ■

다음 정리에서는 $S_n^{(1)} = A_n$ 이고, $A_n^{(1)} = A_n$ 임을 보인다. 계산의 기본 도구는 정리 2.10.15($\tau^{-1}(a_1, a_2, \cdots, a_m)\tau = ((a_1)\tau, (a_2)\tau, \cdots, (a_m)\tau)$)이며, 10절과 마찬가지로 오른쪽 표기법을 쓴다.

정리 2.15.12

$n \geq 5$ 일 때, 다음이 성립한다.

(1) $S_n^{(1)} = A_n$ 이고, $A_n^{(1)} = A_n$ 이다.

(2) 모든 $m \geq 1$에 대하여 $S_n^{(m)} = A_n^{(m-1)} = A_n$ 이다.

(3) S_n과 A_n은 비가해군이다.

증명 (1) $\sigma, \tau \in S_n$ 일 때, $\sigma\tau\sigma^{-1}\tau^{-1}$은 짝치환이다. 그러므로, $S_n^{(1)} \subseteq A_n$ 이다.

$n \geq 5$ 이므로, $(1,2,3), (1,4,5) \in S_n$ 이다. 그러므로

$$(1,2,3)(1,4,5)(1,2,3)^{-1}(1,4,5)^{-1} = (1,5,3) \in S_n^{(1)}$$

임의의 $(a,b,c) \in S_n$ 대하여 $\tau(1) = a$, $\tau(5) = b$, $\tau(4) = c$ 인 $\tau \in S_n$을 택하면, $S_n^{(1)} \lhd S_n$ 이므로(정리 3(1)), $\tau^{-1}\sigma\tau = (a,b,c) \in S_n^{(1)}$ 이다. 따라서 $S_n^{(1)}$은 모든 3-순환치환을 가지며, 정리 11에 의하여, $S_n^{(1)} = A_n$ 이다.

A_n 의 경우에도 같은 증명이다. 즉, $n \geq 5$ 이므로, $(1,2,3), (1,4,5) \in A_n$ 이고,

$$(1,2,3)(1,4,5)(1,2,3)^{-1}(1,4,5)^{-1} = (1,5,3) \in A_n^{(1)}$$

이다. 또 위의 τ에 의하여 $\tau^{-1}\sigma\tau = (a,b,c) \in A_n^{(1)}$ 이다. 따라서 정리 11에 의하여, $A_n^{(1)} = A_n$ 이다.

(2)와 (3)은 (1)에 의하여 성립한다. ■

보기 8에서 $1 \leq n \leq 4$ 일 때, S_n과 A_n은 가해군임을 보였다. 이와 함께 정리 12(3)에 의하여 다음을 요약할 수 있다.

정리 2.15.13

(1) S_n이 가해군 $\Leftrightarrow$ $1 \leq n \leq 4$

(2) A_n이 가해군 $\Leftrightarrow$ $1 \leq n \leq 4$

▸▸ 연습문제 2.15

1. N이 군 G의 정규부분군이면, $N^{(1)}$도 G의 정규부분군임을 증명하여라.

2. 군 G의 정규부분군이 G와 $\langle e \rangle$ 뿐일 때, G를 **단순군**(a simple group)이라 한다. 다음을 보여라.

(1) $A_2 = \{(1)\}$와 $A_3 = \{(1), (1,2,3), (1,3,2)\}$는 단순군이다.

(2) $V_4 = \{(1), (1,2)(3,4), (1,3)(2,4), (1,4)(3,2)\}$는 A_4의 정규부분군임을 보여라.(따라서 A_4는 단순군이 아니다.)

3. $n \geq 3$일 때, 다음을 보여라.

(1) A_n은 $n-2$개의 3-순환치환 $(1,2,3), (1,2,4), \cdots, (1,2,n)$으로 생성된다.

(2) $1 \leq a \neq b \leq n$인 a, b에 대하여 A_n은 $n-2$개의 3-순환치환 (a,b,c)로 생성된다$(c \neq a,\ c \neq b)$.

(3) A_n의 정규부분군 N이 하나의 3-순환치환을 가지면$(n \geq 3)$, $N = A_n$이다.

(4) 'A_n이 단순군 $\Leftrightarrow$ $n \neq 4$'이다.

4. 군 G의 위수가 p^2q(p, q는 소수)일 때, G는 가해군임을 보여라.

환(環, Ring)론

이 장에서는

환론의 주제는 자연수(정수)와 다항식에 대한 계산이다. 이 계산은 사칙연산을 기본으로 하며, 이 장에서는 특히 나눗셈(÷)과 인수분해에 관한 이론을 다룬다.

나눗셈을 할 수 있는 환을 유클리드 정역이라 하는데, 나눗셈에 의하여 유클리드 정역은 간단한 구조를 갖는다. 나눗셈은 인수분해를 할 수 있게 하며(유클리드 정역은 유일인수분해 정역), 이 장의 이론 전개에 토대가 된다.

환론에서는 다루는 인수분해(유일인수분해)는 학교수학에서 배우는 자연수의 소인수분해(수학7)와 다항식의 인수분해(수학9, 수학10)와 같은 섯이다. 3.10절에 있는 가우스의 인수분해 정리는 중학교 3학년과 고등학교 1학년 과정에 있는 다항식의 인수분해에 관한 이론이다.

군론의 Syow의 정리나 유한 아벨군의 분류가 주어진 정수의 소인수에 따라 계산되는 것과 같이, 환론에서도 소수(소원)를 이용하는 계산은 근본적인 방법이 된다. 그와 같은 계산은 가우스 정수환에서의 소인수분해(정리 3.8.7), 가우스의 인수분해정리(정리 3.10.2, 3.10.10), 아이젠쉬타인 판정법(정리 3.11.4) 등 중요 계산에서 볼 수 있다.

3.1 환의 정의와 기본적인 성질

정의 3.1.1

공집합이 아닌 집합 R 위에서의 두 이항연산 $+$, $\cdot$ 가 R의 모든 원소 a, b, c에 대하여 다음을 만족할 때, $(R, +, \cdot)$을 **환**(a ring)이라 한다.

(i) $(R, +)$는 아벨군이다. 즉, 모든 $a, b, c \in R$에 대하여

$a+b \in R$, $(a+b)+c = a+(b+c)$, $a+b = b+a$

$0 \in R$이 있어서 $a+0 = a = 0+a$, $-a \in R$이 있어서 $a+(-a) = 0 = (-a)+a$.

(ii) ($\cdot$ 에 대하여 닫혀있다) $a \cdot b \in R$

(iii) ($\cdot$ 의 결합법칙) $(a \cdot b) \cdot c = a \cdot (b \cdot c)$

(iv) ($\cdot$ 의 배분법칙) $a \cdot (b+c) = a \cdot b + a \cdot c$, $(b+c) \cdot a = b \cdot a + c \cdot a$

환 R에서 덧셈($+$)의 항등원은 0(R의 **영**; the zero of R)이라 하고, a의 덧셈의 역원은 $-a$(the minus of a)라 한다.

환 R에서 $a \cdot b$는 ab 또는 $a \times b$로, $a+(-b)$는 $a-b$로 간단히 적는다.

정의 3.1.2

환 R에서 모든 원소 a, b에 대하여 $ab = ba$일 때, R을 **가환환**(a commutative ring)이라 하고, 가환이 아닌 환을 **비가환환**(a noncommutative ring)이라 한다.

정수환, 유리수체, 실수체, 복소수체는 가환환이다($\mathbb{Z} \subseteq \mathbb{Q} \subseteq \mathbb{R} \subseteq \mathbb{C}$). 또 정수계수 다항식환과 유리수계수 다항식환($\mathbb{Z}[x]$, $\mathbb{Q}[x]$)도 가환환이다. 비가환환의 보기로는 전행렬환 $M_n(\mathbb{R})$ $(n \geq 2)$과 사원수환 $\mathbb{H}$가 있다. 가환환과 비가환환은 대수적인 체계나 계산방법에 있어서 매우 다르다.

정의 3.1.3

(1) 환 R의 모든 원소 a에 대하여 $a1_R = a = 1_R a$인 원소 1_R이 있을 때, **R이 단위원을 갖는다** 하고, 1_R을 R의 **단위원**(the unit element of R) 또는 R의 **항등원**(the identity of R)이라 한다.

(2) 단위원 1_R을 갖는 환 R의 원소 u에 대하여, $uu^{-1}=1_R=u^{-1}u$인 원소 $u^{-1}\in R$이 있을 때, **u가 역원을 갖는다** 하고, u^{-1}을 **u의 역원**(the inverse of u)이라 한다. 또 역원을 갖는 원소 u를 R의 단원(a unit of R)이라 한다.

단위원 1_R을 갖는 환 $(R, +, \cdot)$에서 $U(R)=\{u\in R \mid u$가 R의 단원$\}$으로 정의하면, $(U(R), \cdot)$은 군을 이룬다. 이 군을 **R의 단원군**(the group of units of R)이라 부른다.

수의 계산에서 성립하는 다음의 기본적인 계산은 모든 환에서도 적용된다.

정리 3.1.4

환 R과 모든 $a, b\in R$에 대하여 다음이 성립한다.

(1) $a0=0=0a$

(2) $a(-b)=-(ab)=(-a)b$, $(-a)(-b)=ab$.
특히, $a(-1_R)=-a=(-1_R)a$, $(-1_R)(-1_R)=1_R$.

증명 (1) $a0=a(0+0)=a0+a0$. 그러므로 $a0=0$. 마찬가지로 $0a=0$이다.
(2) $a(-b)+ab=a\{(-b)+b\}=a0=0$. 그러므로 $a(-b)=-ab$.
마찬가지로 $(-a)b=-ab$. $(-a)(-b)=-(a(-b))=-(-(ab))=ab$이다. ■

1_R과 $1_R'$이 환 R의 단위원이라면, $1_R=1_R\cdot 1_R'=1_R'$이다. 따라서 환 R의 단위원은 유일하다. 또, $1_R=0$이면, 모든 $a\in R$에 대하여, $a=a1_R=a0=0$이므로, $R=\{0\}$이다. 그러므로 환 R에서 $1_R\neq 0$임을 가정한다.

환 R에서 1_R은 1로, u^{-1}은 $\frac{1}{u}$로 적기도 한다.

지적 3.1.5 (지수법칙의 성립)

환 R에서 모든 $a\in R$과 $m, n\geq 1$에 대하여 $a^n=\underbrace{a\times\cdots\times a}_{n\text{번}}$로 정의하면 다음이 성립한다.

$$a^m a^n=a^{m+n},\quad (a^m)^n=a^{mn}=(a^n)^m$$

지적 3.1.6

$(R, +, \cdot)$이 환일 때 $(R, +)$는 아벨군이므로, 정수와 R의 원소를 곱하는 스칼라 곱이 성립한다. 즉, 모든 $n\in\mathbb{Z}$와 $a\in R$에 대하여,

$$na = \begin{cases} a + \cdots + a \ (n\text{번}), & n \geq 1 \\ 0 & n = 0 \\ (-a) + \cdots + (-a) \ (|n|\text{번}), & n \leq -1 \end{cases}$$

로 정의하면, 모든 $a, b \in R$과 $m, n \in \mathbb{Z}$에 대하여 다음이 성립한다(정리 2.2.5).

(i) $(m+n)a = ma + na$, $m(a+b) = ma + mb$

(ii) $(mn)a = m(na) = n(ma)$

(iii) $1a = a$

$(R, +)$가 아벨군이라는 조건과 위의 조건 (i)−(iii)은 선형대수에서 벡터공간을 정의하는 벡터의 합과 스칼라(scalar) 곱의 조건과 같다. 단, 선형대수에서 스칼라는 실수 또는 주어진 체(정의 3.2.4)의 원소를 의미한다.

또, $(-n)a = n(-a) = -(na)$이고, $1_R \in R$일 때, $na = (n1_R)a$, $(m1_R)(n1_R) = (mn)1_R$이다.

▸▸ 연습문제 3.1

1. 환 R에서 다음의 곱을 전개하여라.

(1) $(a+b)(c+d)$ (2) $(a+b)^2$

2. 가환환 R에서 다음의 곱을 전개하여라.

(1) $(a+b)^2$ (2) $(a+b)^n$, $n \geq 1$

3. (1) 환 R의 원소 a, b와 정수 m, n에 대하여 $(ma)(nb) = mnab$임을 증명하여라.

(2) 환 R의 원소 a가 **멱등원**(idempotent)일 때(즉, $a^2 = a$), 정수 m, n에 대하여 $(ma)(na) = mna$임을 증명하여라.

4. 환 R의 모든 원소가 멱등원일 때, R을 부울환이라 한다. 부울환 R에 대하여 다음을 증명하여라.

(1) 모든 $a \in R$에 대하여 $a = -a$이다.

(2) R은 가환환이다.

5. 다음 복소수체의 부분집합이 덧셈, 뺄셈, 곱셈, 나눗셈(역원의 곱) 중 어느 연산에 대하여 닫혀있는지 각각 말하라.

(1) $A = \{ a^2 + b^2 \mid a, b$는 정수$\}$ (2) $B = \{ a^2 + 3b^2 \mid a, b$는 정수$\}$

(3) $C = \{ a + b\sqrt{2} \mid a, b$는 자연수$\}$ (4) $D = \{ r + s\sqrt{2} \mid r, s$는 양의 유리수$\}$

6. 다음 복소수체의 부분집합이 환인지 확인하고, 환이 아닌 경우는 이유를 말하라.

(1) $2\mathbb{Z} = \{ 2x \mid x$는 정수$\}$ (2) $\frac{1}{2}\mathbb{Z} = \left\{ \frac{1}{2}x \mid x \text{는 정수} \right\}$

(3) $\mathbb{Z}[\sqrt{2}] = \{ a + b\sqrt{2} \mid a, b$는 정수$\}$

(4) $\mathbb{Q}[\sqrt{2}] = \{ r + s\sqrt{2} \mid r, s$는 정수$\}$

(5) $\mathbb{Z}[\sqrt{-1}] = \{ a + b\sqrt{-1} \mid a, b$는 정수$\}$

(6) $\mathbb{Q}[\sqrt{2}] = \{ r + s\sqrt{-1} \mid r, s$는 정수$\}$

(7) $A = \{ a + b\sqrt[3]{2} \mid a, b$는 정수$\}$

(8) $B = \{ a + b\sqrt[3]{2} + c\sqrt[3]{4} \mid a, b, c$는 정수$\}$

7. 실수체 $\mathbb{R}$ 위에서 두 연산 $\oplus, \cdot$을 다음과 같이 정의할 때, $(\mathbb{R}, \oplus, \cdot)$이 체가 됨을 증명하고, 영과 단위원을 지적하여라.

$$a \oplus b = a + b - 1, \qquad a \cdot b = a + b - ab$$

3.2 정역과 환의 보기들

이 절에서는 정수환과 같이 소거법칙(cancellation law)이 성립하는 정역에 대하여 주로 다룬다. 정수환이 유리수체의 부분집합이듯이 주어진 정역은 그 정역의 분수체에 포함된다(3.5절). 이 때, 계산은 소거법칙보다 더 간단히 역원을 곱하여 할 수 있다. 예를 들면, $2x = 4$를 인수분해하여 $2(x-2) = 0$에서 $x = 2$로 푸는 것보다, $2x = 4$의 양변에 2의 역원인 $\frac{1}{2}$를 곱하여 $x = 2$를 구하는 것이 더 간단하다. 그러나 정역이 아닌 환에서 소거법칙이 성립하지 않고 또 역원을 곱하는 계산도 할 수 없어서 간단하지 않다.

정의 3.2.1

(1) 단위원 1을 갖는 가환환 R의 원소 a, b가 $a \neq 0$, $b \neq 0$이고 $ab = 0$일 때, a와 b를 **R의 영인자**(zero-divisor of R)라 한다. $c \in R\,(c \neq 0)$이 영인자가 아닐 때, c를 비영인자(a non-zero-divisor of R)라 한다.

(2) 단위원 1을 갖는 가환환 R에 영인자가 없을 때, **R을 정역**(an integral domain 또는 a domain)이라 한다.

즉, R이 정역 $\Leftrightarrow$ 모든 $a, b \in R$, $ab = 0$이면, $a = 0$ 또는 $b = 0$.

다음 정리에서와 같이 정역의 조건은 소거법칙이 성립한다는 것과 동치이다.

정리 3.2.2

단위원 1을 갖는 가환환 R에서 다음은 서로 동치이다.

(1) R은 정역이다(즉, 모든 $a, b \in R$에 대하여 $ab = 0$이면, $a = 0$ 또는 $b = 0$이다).

(2) (소거법칙) $a, b, c \in R$에 대하여 $a \neq 0$이고 $ab = ac$이면, $b = c$이다.

증명 (1)⟹(2) $ab = ac$이므로 $a(b-c) = 0$이다. $a \neq 0$이고 R이 정역이므로, $b - c = 0$이다. 그러므로 $b = c$이다.

(2)⟹(1) $a, b \in R$이 $a \neq 0$이고 $ab = 0$이라 하자. $ab = 0 = a0$ (3.1.4(1))이므로, 소거법칙에 의하여 $b = 0$이다. 따라서 a는 영인자가 아니고, R은 정역이다. ■

기호 R이 단위원 1을 갖는 가환환일 때, $ZD(R)$은 R의 영인자의 집합을 나타낸다.

보기 3.2.3

$\overline{\mathbb{Z}}_{12}$에서 단원과 영인자는 각각 다음과 같다.

(1) $U(\overline{\mathbb{Z}}_{12}) = \{\overline{1}, \overline{5}, \overline{7}, \overline{11}\}$, $\overline{5}\cdot\overline{5} = \overline{7}\cdot\overline{7} = \overline{11}\cdot\overline{11} = \overline{1}$.

(2) $ZD(\overline{\mathbb{Z}}_{12}) = \{\overline{2}, \overline{3}, \overline{4}, \overline{6}, \overline{8}, \overline{9}, \overline{10}\}$, $\overline{2}\cdot\overline{6} = \overline{3}\cdot\overline{4} = \overline{8}\cdot\overline{3} = \overline{3}\cdot\overline{4} = \overline{10}\cdot\overline{6} = \overline{0}$.

정의 3.2.4

단위원 1을 갖는 환 R에서 모든 $a \in R$, $a \neq 0$이 역원 $a^{-1} \in R$을 가질 때, R을 **나눗셈환**(a division ring)이라 한다. 가환인 나눗셈환을 **체**(a field)라 하고, 비가환인 나눗셈환을 **사체**(a skew-field)라 한다.

체의 보기는 $\mathbb{Q}$, $\mathbb{R}$, $\mathbb{C}$ 등이며, 사체의 보기는 사원수환 $\mathbb{H}$가 있다(보기 3.2.16). 체는 정역의 가장 간단한 보기이다. 그러나 정역은 일반적으로 체가 아니다.

정리 3.2.5

체는 정역이다.

증명 F를 체라고 하고, $a \in F$, $a \neq 0$라고 하자.
만일 $b \in F$, $ab = 0$이면,

$$b = 1b = (aa^{-1})b = a^{-1}(ab) = a^{-1}0 = 0$$

그러므로 a는 영인자가 아니고, 체 F는 정역이다. ■

위의 증명에서와 같이 가환환에서 단원은 영인자가 아니며, 체는 정역 중에서 가장 간단한 보기이다. 그러나 정역은 일반적으로 체가 아니다.

보기 3.2.6

(1) 정수환 $\mathbb{Z}$는 정역이나, 체가 아니다. $U(\mathbb{Z}) = \{-1, 1\}$이다.

원소수가 유한인 환(또는 체)을 **유한환**(**유한체**), 유한이 아닌 환(또는 체)을 **무한환**(**무한체**)라 한다.

정리 3.2.7 (중등교원 임용시험 99-1년 #8)

유한환 R이 정역이면, R은 체이다.

증명 유한환 $R = \{x_1, x_2, \cdots, x_n\}$라 하고, $a \in R$, $a \neq 0$에 대하여, $aR = \{ax_1, ax_2, \cdots, ax_n\}$이라 하자. 정역의 소거법칙(정리 2)에 의하여 $ax_1, ax_2, \cdots, ax_n$은 서로 다른 원소이다. R이 유한집합이고, 부분집합인 aR의 원소의 개수가 R의 원소의 개수와 같으므로, $aR = R$이다. 이제 $1 \in R = aR$이므로 $1 = ax_i$인 $x_i \in R$가 있다. 이 때, $x_i = a^{-1}$이고, R은 체이다. ■

정리 3.2.8

$n \geq 2$에 대하여

(1) n이 소수가 아니면, $\overline{\mathbb{Z}}_n$는 정역이 아니다.

(2) $n = p$가 소수이면, $\overline{\mathbb{Z}}_p$는 체이다.

증명 (1) $n=ab\ (2\le a, b\le n-1)$라 하면, $\overline{\mathbb{Z}}_n$에서 $\bar{a}\neq\bar{0}$, $\bar{b}\neq\bar{0}$이고, $\bar{a}\,\bar{b}=\bar{0}$이므로, $\bar{a}$와 $\bar{b}$**는** 영인자이고, R은 정역이 아니다.

(2) $n=p$가 소수이고, $\bar{a}\in\overline{\mathbb{Z}}_p$, $\bar{a}\neq\bar{0}$이라 하자. p가 소수이므로,

$$\bar{a}\neq\bar{0}\ \Leftrightarrow\ p\nmid a\ \Leftrightarrow\ (p,a)=1$$

이다. 그러므로 $x, y\in\mathbb{Z}$가 있어서 $xa+yp=1$이다. 이제 $\overline{\mathbb{Z}}_p$에서
$\overline{xa+yp}=\bar{x}\,\bar{a}+\bar{y}\,\bar{p}=\bar{x}\,\bar{a}=\bar{1}$이고, $\bar{x}=\bar{a}^{-1}$이다.
따라서 $\bar{a}$는 단원이고, $\overline{\mathbb{Z}}_p$는 체이다. ■

$\overline{\mathbb{Z}}_n$에서는 $n\bar{1}=\bar{n}=\bar{0}$이다. 또 모든 $\bar{a}\in\overline{\mathbb{Z}}_n$에 대하여, $n\bar{a}=\overline{na}=\bar{0}$이다. 이와 같은 수 n을 $\overline{\mathbb{Z}}_n$의 표수라 부른다. 표수의 일반적인 정의는 다음과 같다.

정의 3.2.9

R이 단위원 1_R을 갖는 가환환이고, 적당한 양의 정수 n에 대하여 $n1_R=0$이면 R의 **표수는 유한하다**(R is of finite characteristic, $char(R)<\infty$)고 한다. 이 때, $n1_R=0$을 만족하는 가장 작은 양의 정수 n을 R의 **표수**($char(R)=n$)로 정의한다. R의 표수가 유한하지 않을 경우에 R의 **표수는** 0($char(R)=0$)이라 한다.

$char(R)=n<\infty$일 때, 모든 $a\in R$에 대하여 다음이 성립한다.

$$na=n(1_Ra)=(n1_R)a=0a=0$$

따라서 $char(R)=n<\infty$일 때, $char(R)=\min\{\,m\mid m\ge 1,\ ma=0,\ \text{모든 } a\in R\,\}$이다.

보기 3.2.10

(1) $\mathbb{Z}$, $\mathbb{Q}$, $\mathbb{R}$, $\mathbb{C}$의 표수는 모두 0이다.

(2) $\overline{\mathbb{Z}}_n$의 표수는 n이다.

정리 3.2.11

정역 R의 표수는 0 또는 소수이다. 특히, 체의 표수는 0 또는 소수이다.

증명 귀류법으로 증명한다. R이 정역이고, $char(R)=n=lm$이라 하자$(2 \le l, m)$.

$$0=n1_R=(lm)1_R=(l1_R)(m1_R)$$

이다(연습문제 3.1.3). R이 정역이므로, $0=l1_R$ 또는 $0=m1_R$이다. 이는 n이 R의 표수라는데 모순이다. ■

정수 $m \neq 0, 1, -1$을 소인수분해할 때, m의 각 소인수의 지수가 1인 경우에 m을 **제곱인수가 없는 정수(a square free integer)**라 한다. 즉, 제곱인수가 없는 정수는 $\pm 2, \pm 3, \pm 5, \pm 6, \pm 7, \pm 10, \pm 11, \pm 13, \pm 14, \pm 15 \cdots$ 이다.

정의 3.2.12

$m=-1$ 또는 m이 제곱인수가 없는 정수일 때, 다음을 정의한다.

$$\mathbb{Z}[\sqrt{m}]=\{a+b\sqrt{m} \mid a, b \in \mathbb{Z}\}, \quad \mathbb{Q}[\sqrt{m}]=\{r+s\sqrt{m} \mid r, s \in \mathbb{Q}\}$$

$\alpha=r+s\sqrt{m}$, $\beta=u+v\sqrt{m} \in \mathbb{Q}[\sqrt{m}]$에 대하여,

(i) $\alpha+\beta=(r+u)+(s+v)\sqrt{m}$, $\alpha\beta=ru+msv+(rv+su)\sqrt{m}$

(ii) $\overline{\alpha}=a-b\sqrt{m}$ (α의 **켤레** : the conjugate of α)

(iii) $N(\alpha)=\alpha\overline{\alpha}=a^2-mb^2$ (α의 **노름** : the norm of α)

$\mathbb{Z}[\sqrt{m}]$과 $\mathbb{Q}[\sqrt{m}]$은 복소수체의 부분집합으로서 덧셈과 곱셈에 대하여 닫혀있으며 다음을 알 수 있다.

(1) $\alpha=r+s\sqrt{m}=0 \Leftrightarrow r=s=0 \Leftrightarrow \overline{\alpha}=r-s\sqrt{m}=0 \Leftrightarrow N(\alpha)=r^2-ms^2=0$

(2) $\alpha, \beta \in \mathbb{Q}[\sqrt{m}]$에 대하여 $N(\alpha\beta)=N(\alpha)N(\beta)$이고,

$\alpha=a+b\sqrt{m} \in \mathbb{Z}[\sqrt{m}]$이면, $N(\alpha)=a^2-mb^2 \in \mathbb{Z}$

$\alpha=r+s\sqrt{m} \in \mathbb{Q}[\sqrt{m}]$이면, $N(\alpha)=r^2-ms^2 \in \mathbb{Q}$

정리 3.2.13

$\mathbb{Q}[\sqrt{m}]$은 체이다.

증명 $\mathbb{Q}[\sqrt{m}]$은 덧셈(뺄셈)과 곱셈에 대하여 닫혀있는 가환환이다. 따라서 $\mathbb{Q}[\sqrt{m}]$이 체임을 보이기 위해 $\alpha \in \mathbb{Q}[\sqrt{m}]$ $(\alpha \neq 0)$ 의 역원 $\alpha^{-1} \in \mathbb{Q}[\sqrt{m}]$ 임을 보이면 된다. $\alpha=r+s\sqrt{m} \in \mathbb{Q}[\sqrt{m}]$일 때, '$\alpha \neq 0 \Leftrightarrow N(\alpha)=r^2-ms^2 \neq 0$'이다. 따라서

$\alpha^{-1} = \dfrac{\overline{\alpha}}{N(\alpha)} = \dfrac{r - s\sqrt{m}}{r^2 - ms^2} = \dfrac{r}{r^2 - ms^2} + \left(\dfrac{-s}{r^2 - ms^2}\right)\sqrt{m}$ 이고,

$\dfrac{r}{r^2 - ms^2}, \dfrac{-s}{r^2 - ms^2} \in \mathbb{Q}$ 이므로 $\alpha^{-1} \in \mathbb{Q}[\sqrt{m}]$ 이다.

■

$\mathbb{Q}[\sqrt{m}]$을 $\mathbb{Q}$의 **이차체(a quadratic field over $\mathbb{Q}$)**라 한다.

정리 3.2.14

$\alpha = a + b\sqrt{m} \in \mathbb{Z}[\sqrt{m}]$일 때,

'$\alpha = a + b\sqrt{m}$가 $\mathbb{Z}[\sqrt{m}]$의 단원 $\Leftrightarrow$ $N(\alpha) = a^2 - mb^2 = \pm 1$'

증명 $\Leftarrow$) $N(\alpha) = a^2 - mb^2 = \pm 1$이면,

$\alpha^{-1} = \dfrac{\overline{\alpha}}{N(\alpha)} = \dfrac{\overline{\alpha}}{\pm 1} = \pm(a - b\sqrt{m}) \in \mathbb{Z}[\sqrt{m}]$이므로 α는 $\mathbb{Z}[\sqrt{m}]$의 단원이다.

$\Rightarrow$) $\alpha = a + b\sqrt{m}$가 $\mathbb{Z}[\sqrt{m}]$의 단원이면, $\alpha^{-1} \in \mathbb{Z}[\sqrt{m}]$이 존재하여 $\alpha\alpha^{-1} = 1$이다. 이 때, $N(\alpha\alpha^{-1}) = N(\alpha)N(\alpha^{-1}) = N(1) = 1$이다. $N(\alpha)$와 $N(\alpha^{-1})$이 모두 정수이므로, $N(\alpha) = 1$ 또는 $N(\alpha) = -1$이다.

■

$\mathbb{Z}[\sqrt{m}]$의 단원군 $U(\mathbb{Z}[\sqrt{m}])$은 다음과 같이 세 가지 경우로 나누어 생각한다.

정리 3.2.15

(1) $m \le -2$이면, $U(\mathbb{Z}[\sqrt{m}]) = \{1, -1\}$.

(2) $m = -1$이면, $U(\mathbb{Z}[\sqrt{-1}]) = \{1, -1, i, -i \mid i = \sqrt{-1}\}$.

(3) $m \ge 2$이면, $U(\mathbb{Z}[\sqrt{m}]) \cong \mathbb{Z} \times \{1, -1\}$.

증명 (1) $m \le -2$일 때, $-m \ge 2$이다. 따라서 $N(\alpha) = a^2 - mb^2 = -1$을 만족하는 정수 a, b는 없다. $N(\alpha) = a^2 - mb^2 = 1$을 만족하는 경우는 $a = \pm 1, b = 0$인 경우뿐이다. 그러므로 $U(\mathbb{Z}[\sqrt{m}]) = \{1, -1\}$이다.

(2) $m = -1$일 때, $N(\alpha) = a^2 + b^2 = -1$을 만족하는 정수 a, b는 없다. $N(\alpha) = a^2 + b^2 = 1$을 만족하는 정수는 $a = \pm 1, b = 0$인 경우와 $a = 0, b = \pm 1$인 경우이다. 따라서 $U(\mathbb{Z}[\sqrt{-1}]) = \{1, -1, i, -i\}$이다.

(3) $m \ge 2$일 때, $N(\alpha) = a^2 - mb^2 = \pm 1$를 만족하는 정수 a, b는 부정방정식인 펠방정식(Pell Equation) $x^2 - my^2 = 1$과 $x^2 - my^2 = -1$의 해이다. 여기서는 펠방정식 풀이의 결과만 인용한다.

$\alpha_1 = a_1 + b_1\sqrt{m}$ 이 펠방정식 $x^2 - my^2 = \pm 1$의 최소양의 해라 하자(즉, 자연수 a, b가 $a^2 - mb^2 = \pm 1$을 만족하면, $a \geq a_1$, $b \geq b_1$ 이다). 이 때, 펠방정식 $x^2 - my^2 = \pm 1$의 모든 해는 $n \in \mathbb{Z}$에 대하여 $\alpha_n = \left(a_1 + b_1\sqrt{m}\right)^n$ 또는 $-\alpha_n$이다. 즉, $U(\mathbb{Z}[\sqrt{m}]) = \left\{\alpha_n, -\alpha_n \mid \alpha_n = \alpha_1^n,\ n \in \mathbb{Z}\right\}$. 이 때, 다음의 ϕ가 군동형이다.

$$\phi : U(\mathbb{Z}[\sqrt{m}]) \to \mathbb{Z} \times \{1, -1\},\ \phi(\alpha_1^n) = (n, 1),\ \phi(-\alpha_1^n) = (n, -1)$$

보기 3.2.16 (Hamilton의 사원수환 : The real quarternion ring)

사원군 $\{1, i, j, k\}$을 이용하여, 실수체 위에서 4차원 벡터공간이 되는 사원수환 $\mathbb{H}$는 다음과 같이 정의한다.

$$\mathbb{H} = \left\{a_0 + a_1 i + a_2 j + a_3 k \mid a_i \in \mathbb{R}\right\}.$$

$\xi = a_0 + a_1 i + a_2 j + a_3 k$, $\eta = b_0 + b_1 i + b_2 j + b_3 k \in \mathbb{H}$에 대하여

(o) $\xi = \eta \iff a_i = b_i,\ i = 0, 1, 2, 3$

(i) $\xi + \eta = (a_0 + b_0) + (a_1 + b_1)i + (a_2 + b_2)j + (a_3 + b_3)k$

(ii) $\xi\eta = (a_0b_0 - a_1b_1 - a_2b_2 - a_3b_3) + (a_0b_1 + a_1b_0 + a_2b_3 - a_3b_2)i + (a_0b_2 - a_1b_3 + a_2b_0 + a_3b_1)j + (a_0b_3 + a_1b_2 - a_2b_1 + a_3b_0)k$

(iii) $\overline{\xi} = a_0 - a_1 i - a_2 j - a_3 k$: ξ의 켤레

$$N(\xi) = \xi\,\overline{\xi} = a_0^2 + a_1^2 + a_2^2 + a_3^2 \in \mathbb{R} \ : \ \xi\text{의 노름}$$

위의 정의 하에서 다음의 성질이 성립함을 볼 수 있다.

(1) $\overline{\xi + \eta} = \overline{\xi} + \overline{\eta}$, $\overline{\xi\,\eta} = \overline{\eta}\,\overline{\xi}\ (\neq \overline{\xi}\,\overline{\eta})$

(2) $N(\xi\,\eta) = (\xi\,\eta)(\overline{\xi\,\eta}) = (\xi\,\eta)(\overline{\eta}\,\overline{\xi}) = \xi\,(\eta\overline{\eta})\,\overline{\xi} = (\xi\,\overline{\xi})(\eta\,\overline{\eta}) = N(\xi)N(\eta)$

(3) $N(\xi) = 0 \iff a_0 = a_1 = a_2 = a_3 = 0 \iff \xi = 0 \iff \overline{\xi} = 0 \iff N(\overline{\xi}) = \xi\,\overline{\xi} = 0$

(4) $\xi \neq 0$ 이면, $N(\xi) \neq 0$ 이고, $\xi^{-1} = \dfrac{\overline{\xi}}{N(\xi)}$가 존재한다.

따라서 $(\mathbb{H}, +, \cdot)$은 비가환인 나눗셈환(사체)이다.

보기 3.2.17

$n \times n$행렬의 집합 $M_n(\mathbb{R})$은 행렬의 덧셈과 곱셈에 대하여 닫혀있고, $n \geq 2$일 때, 비가환환이 된다. $M_n(\mathbb{R})$을 n**차 전행렬환**(the full matrix ring of degree n)이라 한다. 이 때, 영은 영행렬이고, 단위원은 n차 항등행렬 I_n이다.

보기 3.2.18 (함수공간)

$C[a,b] = \{ f \mid f : [a,b] \to \mathbb{R}$, 연속$\}$이라 하고,
모든 $f, g \in C[a,b]$와 모든 $x \in [a,b]$에 대하여

$$(f+g)(x) = f(x) + g(x), \quad (f \cdot g)(x) = f(x) \cdot g(x)$$

로 정의하면 $(C[a,b], +, \cdot)$은 단위원을 갖는 가환환이다. 또, 영은 상수함수 0이고, 단위원은 상수함수 1이다.

▶▶ 연습문제 3.2

1. 환 R의 원소 a가 $a^2 = a$일 때, a를 **멱등원**(an idempotent)라 한다. 또, 원소 b가 적당한 $n \geq 1$에 대하여 $b^n = 0$일 때, b를 **멱영원**(a nilpotent element)라 한다. $\overline{\mathbb{Z}}_{24}$에서 다음의 해당하는 원소를 각각 구하여라.

(1) 영인자　　(2) 단원
(3) 멱영원　　(4) 멱등원

2. $\overline{\mathbb{Z}}_{153}$에서 다음의 해당하는 원소의 개수를 각각 구하여라.

(1) 영인자　　(2) 단원
(3) 멱영원　　(4) 멱등원

3. (Frshmen's Dream-Frobenius) 단위원 1을 갖는 가환환 R의 표수가 소수 p일 때, 모든 $a, b \in R$과 $n \geq 1$에 대하여 $(a+b)^{p^n} = a^{p^n} + b^{p^n}$임을 증명하여라.

4. 표수가 유한하고, 원소수가 무한이 많은 환의 보기를 찾아라.

5. 환 R은 무한집합이나 단원군 $U(R)$은 유한집합인 보기를 두 개 이상 찾아라.

6. 다음을 만족하는 n을 모두 구하여라.

(1) $U(\overline{\mathbb{Z}}_n)$가 위수가 100인 순환군인 경우.

(2) $U(\overline{\mathbb{Z}}_n)$가 위수가 100인 군인 경우.

7. 정리 3.2.7의 증명방법을 이용하여, 군 G의 공집합이 아닌 유한 부분집합 H가 G의 연산에 대하여 닫혀있으면 H는 G의 부분군임을 증명하여라.

8. $(C[a,b], +, \cdot)$에서 단원군과 영인자의 집합은 각각 다음과 같음을 증명하여라.

(1) $U(C[a,b]) = \{ f \in C[a,b] \mid f(x) \neq 0,\ \text{모든 } x \in [a,b] \}$.

(2) $ZD(C[a,b]) = \{ f \in C[a,b] \mid f \not\equiv 0 \text{ 이고, } f(x) = 0,\ \forall x \in (c,d),\ \exists (c,d) \subseteq [a,b] \}$

9. (1) p가 소수, $m \geq 1$일 때, $\overline{\mathbb{Z}}_m$의 멱등원은 $a=0$, $a=1$ 2개뿐임을 증명하여라.

(2) $n = p_1^{m_1} p_2^{m_2} \cdots\ p_r^{m_r}$일 때($p_i$는 서로 다른 소수, $n_i \geq 1$), $\overline{\mathbb{Z}}_n$에 있는 멱등원은 2^r개임을 증명하여라.

10. 다음 유한환의 멱등원을 모두 구하여라.

(1) $\overline{\mathbb{Z}}_{80}$ (2) $\overline{\mathbb{Z}}_{700}$

(3) $\overline{\mathbb{Z}}_{1224}$ (3) $\overline{\mathbb{Z}}_{1368}$

11. (중등교원 임용시험 99-1년 #8) **정역의 정의를 '영인자가 없는 가환환'으로 하고** R이 유한 정역이면, R은 체임을 증명하여라.

12. 다음의 $\mathbb{Z}[\sqrt{m}\,]$의 단원 $a + b\sqrt{m}$ 중에서 주어진 조건을 만족하는 것을 모두 구하여라.

(1) $\mathbb{Z}[\sqrt{3}\,]$의 단원 $a + b\sqrt{3}$ 중에서 $1 < a < 10^2$, $1 < b < 10^2$인 것.

(2) $\mathbb{Z}[\sqrt{29}\,]$의 단원 $a + b\sqrt{29}$ 중에서 $1 < a < 10^4$, $1 < b < 10^4$인 것.

(3) $\mathbb{Z}[\sqrt{62}\,]$의 단원 $a + b\sqrt{62}$ 중에서 $1 < a < 10^4$, $1 < b < 10^4$인 것.

3.3 이데알과 상환

환에서의 계산은 이데알을 중심으로 이루어진다. 특히 환에서 소이데알이나 극대이데알을 이용한 계산은 문제풀이의 기본이 된다. 이는 정수환에서 소수와 소인수분해를 이용해 계산하는 것과 같은 과정이다.

정의 3.3.1

환 R의 공집합이 아닌 두 부분집합 S와 I에 대하여 다음을 정의한다.

(1) S가 R의 연산에 대하여 환을 이룰 때, S는 R의 **부분환**(a subring of R)이라 한다. 즉, 'S는 R의 부분환 $\Leftrightarrow$ 모든 $a, b \in S$에 대하여 $a-b \in S$, $ab \in S$.'

(2) I가 다음의 두 조건을 만족할 때, I를 R의 **이데알**(an ideal of R)이라 한다.

(i) 모든 $a, b \in I$에 대하여, $a-b \in I$이다.

(ii) 모든 $r \in R$과 $a \in I$에 대하여, $ra \in I$, $ar \in I$이다.

환 R에서 $\{0\}$과 R은 R의 이데알이다. 또 위의 정의에 의하여 이데알은 부분환이다. 그러나 부분환은 일반적으로 이데알이 아니다.

다음 정리에서와 같이 정수환 $\mathbb{Z}$(또는 $\overline{\mathbb{Z}}_n$)에서는 부분환 또는 부분군은 이데알과 일치한다.

정리 3.3.2 (중등교원 임용시험 2012년 1차 #27)

정수환 $(\mathbb{Z}, +, \cdot)$의 공집합이 아닌 부분집합 I에 대하여 다음은 서로 동치이다.

(1) 적당한 $n \in \mathbb{Z}$에 대하여 $I = n\mathbb{Z}$이다.

(2) I는 $\mathbb{Z}$의 이데알이다.

(3) I는 $\mathbb{Z}$의 부분환이다.

(4) $(I, +)$는 $(\mathbb{Z}, +)$ 부분군이다.

증명 (1)⟹(2) 모든 $x \in \mathbb{Z}$와 모든 $ny, nz \in n\mathbb{Z}$에 대하여,

$$ny - nz = n(y-z) \in n\mathbb{Z}, \quad x(ny) = n(xy) \in n\mathbb{Z}.$$

(2)⟹(3)⟹(4) 정의에 의하여 성립한다.

(4)⟹(1) 정리 2.7.3과 보기 2.7.4. ■

체 F의 공집합이 아닌 부분집합 S가 F의 연산에 대하여 체를 이룰 때, S는 F의 **부분체**(a subfield of F)이라 한다. 즉,

$$S\text{는 } F\text{의 부분체} \Leftrightarrow \text{ 모든 } a,b\in S,\ a-b\in S,\ ab^{-1}\in S\,(b\neq 0)$$

참고 수와 다항식의 계산을 다루는 가환환론에서는 환 R은 단위원 1_R을 갖는 것을 가정한다. 또 S가 환 R의 부분환이라는 것은 두 환의 단위원이 일치함을 가정한다. 즉, $1_s = 1_R$이다.
S가 정역 R의 부분환이면, R에 영인자가 없으므로 부분집합 S에도 영인자가 없다. 따라서 정역의 부분환은 정역이다.

정리 3.3.3

정역의 부분환은 정역이다.

다음이 보기에서 포함 관계에 있는 부분환의 예를 볼 수 있다. 그러나 이데알의 예는 아니다. $\mathbb{Z}$는 $\mathbb{Z}[\sqrt{m}]$의 이데알도 아니고, $\mathbb{Z}$는 $\mathbb{Q}[\sqrt{m}]$의 이데알도 아니다.

보기 3.3.4

완전제곱수가 아닌 정수 m에 대하여

(1) $m\geq 2$ 이면, $\mathbb{Z}\subseteq\mathbb{Z}[\sqrt{m}]\subseteq\mathbb{Q}[\sqrt{m}]\subseteq\mathbb{R}$

(2) $m\leq -1$이면, $\mathbb{Z}\subseteq\mathbb{Z}[\sqrt{m}]\subseteq\mathbb{Q}[\sqrt{m}]\subseteq\mathbb{C}$

정리 3.3.5

단위원 1을 갖는 환 R의 이데알 I에 대하여 다음은 서로 동치이다.

(1) $I=R$.

(2) $1\in I$.

(3) R의 단원 u가 있어서 $u\in I$이다.

증명 (1)⟹(2) $I=R$이므로 $1\in R=I$이다.
(2)⟹(3) 1은 단원이다.
(3)⟹(1) 모든 $r\in R$에 대하여 $r=r1=r(u^{-1}u)=(ru^{-1})u\in I$이므로, $I=R$이다. ■

위의 정리에서와 같이 단위원 1을 갖는 환 R의 이데알 I가 단원을 하나라도 가지면,

$I=R$이다. 따라서 R이 나눗셈환이면, R의 0이 아닌 모든 원소가 단원이므로 R의 이데알은 (0)과 R 뿐이다.

환 R의 이데알 I와 J에 대하여 $I+J$(I와 J의 **합**)과 IJ(I와 J의 **곱**)을 다음과 같이 정의한다.

$$I+J=\{\,a+b \mid a\in I,\ b\in J\,\},\quad IJ=\{\,a_1b_1+\cdots+a_nb_n \mid a_i\in I,\ b_i\in J\}$$

정리 3.3.6

환 R의 이데알 I와 J에 대하여 $I\cap J$, $I+J$, IJ는 모두 R의 이데알이다. 또, 다음이 성립한다.

$$IJ\subseteq I\cap J\subseteq I+J$$

증명 $I\cap J$와 $I+J$는 R의 이데알이다(연습문제). IJ가 R의 이데알임을 증명하자.

모든 $\alpha=a_1b_1+\cdots+a_nb_n$, $\beta=a_1'b_1'+\cdots+a_m'b_m'\in IJ\,(a_i, a_i'\in I,\ b_i, b_i'\in J)$과 모든 $r\in R$에 대하여

$$\alpha-\beta=a_1b_1+\cdots+a_nb_n+(-a_1')b_1'+\cdots+(-a_m')b_m'\in IJ$$
$$r\alpha=r(a_1b_1+\cdots+a_nb_n)=(ra_1)b_1+\cdots+(ra_n)b_n\in IJ$$
$$\alpha r=(a_1b_1+\cdots+a_nb_n)r=a_1(b_1r)+\cdots+a_n(b_nr)\in IJ$$

이므로, IJ는 R의 이데알이다.

또, 모든 $a_1b_1+\cdots+a_nb_n\in IJ\,(a_i\in I,\ b_i\in J)$에 대하여 $a_ib_i\in I\cap J$이므로, $a_1b_1+\cdots+a_nb_n\in I\cap J$이다. 그러므로 $IJ\subseteq I\cap J$이다.

모든 $a\in I\cap J$에 대하여 $a=a+0\in I+J\ (a\in I,\ 0\in J)$이다. 따라서 $I\cap J\subseteq I+J$이다. ■

정리 3.3.7

정수환 $\mathbb{Z}$의 이데알 $a\mathbb{Z}$, $b\mathbb{Z}\,(a,b\in\mathbb{Z})$에 대하여, 다음이 성립한다.

(1) $a\mathbb{Z}b\mathbb{Z}=ab\mathbb{Z}$

(2) $a\mathbb{Z}\cap b\mathbb{Z}=l\mathbb{Z}$, $l=lcm(a,b)$. (3) $a\mathbb{Z}+b\mathbb{Z}=d\mathbb{Z}$, $d=\gcd(a,b)$.

증명 (1) $ax_1by_1+\cdots+ax_nby_n\in a\mathbb{Z}b\mathbb{Z}$에 대하여

$ax_1by_1+\cdots+ax_nby_n=ab(x_1y_1+codts+x_ny_n)\in ab\mathbb{Z}$이므로, $a\mathbb{Z}b\mathbb{Z}\subseteq ab\mathbb{Z}$이다.

또, $abx=(a1)(bx)$이므로, $a\mathbb{Z}b\mathbb{Z}\supseteq ab\mathbb{Z}$이다.

(2) a와 b의 최소공배수 l은 공배수이므로, $l\mathbb{Z}\subseteq a\mathbb{Z}\cap b\mathbb{Z}$이다.

모든 $t\in a\mathbb{Z}\cap b\mathbb{Z}$는 a와 b의 공배수이므로, t는 최소공배수 l의 배수이다. 그러므로 $t\in l\mathbb{Z}$이다.

(3) (a와 b의 최대공약수 d에 대하여 $d=sa+tb(s,t\in\mathbb{Z})$임을 이용하는 증명)
$a=a_1d,\ b=b_1d$라 하자. 모든 $ax+by\in a\mathbb{Z}+b\mathbb{Z}$에 대하여
$ax+by=(a_1x+b_1y)d\in d\mathbb{Z}$이므로 $a\mathbb{Z}+b\mathbb{Z}\subseteq d\mathbb{Z}$이다.
또, 모든 $dx\in d\mathbb{Z}$에 대하여, $dx=(as+bt)x=a(sx)+b(tx)\in a\mathbb{Z}+b\mathbb{Z}$이다.
따라서 $a\mathbb{Z}+b\mathbb{Z}=d\mathbb{Z}$이다. ■

보기 3.3.8

$a=18,\ b=30$이면, $lcm(18,30)=90,\ \gcd(18,30)=6$이므로,

$$(18\mathbb{Z})(30\mathbb{Z})=540\mathbb{Z},\quad 18\mathbb{Z}\cap 30\mathbb{Z}=90\mathbb{Z},\quad 18\mathbb{Z}+30\mathbb{Z}=6\mathbb{Z}$$

환 R의 유한개의 이데알 $I_1,\cdots,I_n$에 대하여 같은 방법으로 $I_1,\cdots,I_n$의 합과 $I_1,\cdots,I_n$의 곱을 정의한다.

정리 3.3.9

환 R의 이데알 $I_1,\cdots,I_n$에 대하여,

(1) $\bigcap_{i=1}^{n} I_i = I_1\cap I_2\cap\cdots\cap I_n$ 은 R의 이데알이다.

(2) $I_1+\cdots+I_n=\{a_1+\cdots+a_n \mid a_i\in I_i\}$ 은 R의 이데알이다.

(3) $I_1\cdots I_n=\left\{\sum_{\text{유한개}}(a_1\cdots a_n) \mid a_i\in I_i\right\}$은 R의 이데알이다.

R이 단위원 1을 갖는 가환환이고 $a\in R$일 때, $Ra=\{ra \mid r\in R\}$를 a**로 생성된 R의 단항이데알**(the principal ideal generated by a)이라 한다. 또, $a_1,\cdots,a_n\in R$에 대하여, $Ra_1+\cdots+Ra_n=\{r_1a_1+\cdots+r_na_n \mid r_i\in R\}$를 $a_1,\cdots,a_n$**으로 생성된 R의 이데알**(the ideal generated by $a_1,\cdots,a_n$)이라 한다. Ra는 (a)로, $Ra_1+\cdots+Ra_n$는 $(a_1,\cdots,a_n)$으로도 적는다.

정리 3.3.10

R이 단위원 1을 갖는 가환환이고 $a_1,\cdots,a_n\in R$일 때, $Ra_1+\cdots+Ra_n$은 R의 이데알이다.

I가 환 R의 이데알이면 I는 R의 정규부분군이므로 잉여류의 집합 R/I는 군이 된다. 이제 R의 이항연산을 이용하여 $R/I = \{ a+I \mid a \in I \}$의 이항연산 $+, \cdot$을 다음과 같이 정의하자.

$$(a+I)+(b+I)=(a+b)+I, \qquad (a+I)\cdot(b+I)=ab+I$$

군론에서 $(R/I, +)$이 아벨군임을 확인하였다.

다음과 같이 R/I의 곱셈이 잘 정의되었다.

$a+I=a'+I,\ b+I=b'+I$이면, 적당한 $\alpha, \beta \in I$에 대하여 $a=a'+\alpha,\ b=b'+\beta$이다. 그러므로 $ab=(a'+\alpha)(b'+\beta)=a'b'+a'\beta+\alpha b'+\alpha\beta$이고, $ab-a'b'=a'\beta+\alpha b'+\alpha\beta \in I$. 따라서 $(a+I)(b+I)=ab+I=a'b'+I=(a'+I)(b'+I)$

R의 이항연산 $+, \cdot$을 이용하여 $R/I=\{ a+I \mid a \in R \}$의 이항연산 $+, \cdot$을 정의하였다. 또 다음과 같이 결합법칙과 배분법칙이 성립한다.

$$\begin{aligned}((a+I)(b+I))(c+I) &= (ab+I)(c+I)=(ab)c+I=a(bc)+I \\ &= (a+I)(bc+I)=(a+I)((b+I)(c+I))\end{aligned}$$

$$\begin{aligned}((a+I)+(b+I))(c+I) &= (a+b)c+I=ac+bc+I=(ac+I)+(bc+I) \\ &= (a+I)(c+I)+(b+I)(c+I)\end{aligned}$$

정의 3.3.11

I가 환 R의 이데알일 때, $(R/I, +, \cdot)$을 I에 의한 R의 **상환**(the quotient ring of R modulo I) 또는 **잉여환**(the residue class ring of R modulo I)이라 한다.

R이 가환환이면, 상환 R/I도 가환환이다. 상환 R/I에서의 영은 $0+I=I$이다. 또, R이 단위원 1을 갖고, $I \neq R$일 때, $1+I \neq 0+I$이고, 상환 R/I는 단위원 $1+I$를 갖는다.

▸▸ 연습문제 3.3

1. 다음 환 R의 부분집합 A를 R의 부분군(부분군이나 부분환이 아닌 경우), 부분환(부분환이나 이데알이 아닌 경우)과 이데알로 각각 구분하여라.

   (1) $R=\mathbb{Z},\ A=6\mathbb{Z}$

   (2) $R=\mathbb{Q},\ A=6\mathbb{Z}$

(3) $R=\mathbb{Z}[\sqrt{2}]$, $A=\mathbb{Z}$

(4) $R=\mathbb{Q}[\sqrt{2}]$, $A=\mathbb{Z}[\sqrt{2}]$

(5) $R=\mathbb{Z}[\sqrt{3}]$, $A=\{3a+3b\sqrt{3} \mid a, b$는 정수$\}$

(6) $R=\mathbb{Z}[\sqrt{2}]$, $A=\{2a+b\sqrt{2} \mid a, b$는 정수$\}$

(7) $R=\{a+b\sqrt[3]{3}+c\sqrt[3]{9} \mid a, b, c$는 정수$\}$, $A=\{a+b\sqrt[3]{3} \mid a, b$는 정수$\}$

(8) $R=\{a+b\sqrt[3]{3}+c\sqrt[3]{9} \mid a, b, c$는 정수$\}$,
$RA=\{3a+b\sqrt[3]{3}+c\sqrt[3]{9} \mid a, b, c$는 정수$\}$

2. 환 R의 이데알 I와 J에 대하여 $I\cap J$와 $I+J$는 R의 이데알임을 보여라.

3. 단위원 1을 갖는 가환환 R의 이데알 I, J에 대하여 다음의 $I:J$는 R의 이데알임을 보여라.

$$I:J=\{x\in R \mid xb\in I, \text{ 모든 } b\in R\}$$

4. 정수환 $\mathbb{Z}$의 이데알 $a\mathbb{Z}$, $b\mathbb{Z}\,(a,b\in\mathbb{Z})$에 대하여, $a\mathbb{Z}b\mathbb{Z}=n\mathbb{Z}$, $a\mathbb{Z}\cap b\mathbb{Z}=l\mathbb{Z}$, $a\mathbb{Z}+b\mathbb{Z}=d\mathbb{Z}$인 정수 n, l, d를 각각 구하여라.

(1) $a=14$, $b=24$

(2) $a=119$, $b=539$

(3) $a=714$, $b=819$

(4) $a=1457$, $b=1517$

5. (1) 정수환 $\mathbb{Z}$의 이데알 I가 $11\mathbb{Z}\subseteq I$이면, $11\mathbb{Z}=I$ 또는 $I=\mathbb{Z}$임을 증명하여라.

(2) 정수환 $\mathbb{Z}$에서 $60\mathbb{Z}\subseteq I$인 이데알 I를 모두 구하여라.

6. (1) $\overline{\mathbb{Z}}_{60}$의 이데알 I를 모두 구하여라.

(2) $\overline{\mathbb{Z}}_{60}$의 상환 $\overline{\mathbb{Z}}_{60}/I$를 모두 구하여라.

7. 단위원 1을 갖는 가환환 R의 이데알이 2 개뿐이면, R은 체임을 증명하여라. 또 비가환인 경우에도 이데알이 2 개뿐이면, R이 사체인지 말하여라.

8. 환 $R=M_2(\mathbb{Z})$일 때, $n\in\mathbb{Z}$에 대하여 $I_n=\left\{\begin{pmatrix} na & nb \\ nc & nd \end{pmatrix} \mid a, b\, c\, d\in\mathbb{Z}\right\}$은 R의 이데알임을 증명하여라.

9. $\mathbb{Z}_n$의 이데알이 10 개일 때 다음을 만족하는 n을 구하여라.

(1) 가장 작은 n

(2) 500에 가장 가까운 n

(3) 네 자리 수 중 가장 가까운 n

10. **(중등교원 임용시험 1998년 #8)**

R이 가환환일 때, R의 멱영원의 집합 J는 R의 이데알임을 증명하여라.

3.4 환준동형 함수

두 환 사이의 관계나 계산은 환준동형 또는 환동형을 통하여 이루어진다.

정의 3.4.1

환 R, R'과 함수 $f : R \to R'$에 대하여

(1) f가 다음을 만족할 때, f를 **준동형** (또는 **환준동형**; a ring-homomorphism)이라고 한다.

$$f(a+b) = f(a) + f(b), \quad f(ab) = f(a)f(b) \quad (a, b \in R)$$

(2) 환준동형 f의 **핵**(the kernel of f), $\ker f = \{ a \mid a \in R,\ f(a) = 0 \}$이다. 즉, $\ker f = f^{-1}(0)$이다.

(3) f가 전단사인 환준동형일 때, f를 **동형**(an isomorphism)이라 한다. 이때, $R \cong R'$ (또는 $R \simeq R'$, $R \approx R'$)로 적는다.

환준동형 $f : R \to R'$은 군준동형이므로, 다음이 성립한다.

$$f(0) = 0,\ f(-a) = -f(a),\ f(a-b) = f(a) - f(b),\ f(na) = nf(a)\ (n \in \mathbb{Z})$$

또, $f(a^m) = f(a)^m \ (m \geq 1)$이며, $f(1) = f(1 \cdot 1) = f(1) \cdot f(1)$이다. 즉, $f(1)$은 R'의 멱등원이다.

군준동형의 핵이 정규부분군이 되듯이 환준동형의 핵은 환의 이데알이 된다.

정리 3.4.2

환준동형, $f: R \to R'$의 핵 $\ker f$는 R의 이데알이다.

증명 $a, b \in \ker f$, $r \in R$일 때,

$f(a-b) = f(a) - f(b) = 0 - 0 = 0$,

$f(ra) = f(r)f(a) = f(r)0 = 0$, $f(ar) = f(a)f(r) = 0f(r) = 0$

따라서 $a-b \in \ker f$, $ra \in \ker f$, $ar \in \ker f$이고, $\ker f$는 R의 이데알이다. ■

$f: R \to R'$ 가 환준동형이면, f는 군준동형이 되므로 정리 2.6.12(2)가 성립한다. 즉,

$$\text{환준동현 } f: R \to R' \text{ 가 단사} \Leftrightarrow \ker f = \langle 0 \rangle$$

보기 3.4.3

$f: R \to R'$, $f(a) = 0$ (모든 $a \in R$)은 환준동형이고, $\ker f = R$이다.

보기 3.4.4

항등함수 $f: R \to R$, $f(a) = a$ ($a \in R$)은 환준동형이고, $\ker f = (0)$이다.

정리 3.4.5

(1) $f: R \to R'$, $g: R' \to R''$가 준동형이면, $g \circ f : R \to R''$은 준동형이다.

(2) $f: R \to R'$ 가 동형이면, $f^{-1} : R' \to R$은 동형이다.

증명 (1) 모든 $a, b \in R$에 대하여

$$(g \circ f)(a+b) = g(f(a+b)) = g(f(a) + f(b)) = (g \circ f)(a) + (g \circ f)(b)$$

$$(g \circ f)(ab) = g(f(ab)) = g(f(a)f(b)) = g(f(a))g(f(b)) = (g \circ f)(a)(g \circ f)(b)$$

따라서 $g \circ f : R \to R''$ 은 준동형이다.

(2) f가 동형이면, 전단사함수이고, f의 역함수 f^{-1}도 전단사함수이다. 따라서 f^{-1}가 준동형임을 보이면 된다.

모든 $a', b' \in R'$에 대하여 f가 전사이므로 $a, b \in R$이 있어서 $f(a) = a'$, $f(b) = b'$이다. 이 때, $f^{-1}(a') = a, f^{-1}(b') = b$이다.

$$f(a+b) = f(a) + f(b) = a' + b' \text{이므로, } f^{-1}(a'+b') = a+b = f^{-1}(a') + f^{-1}(b')$$

$$f(ab) = f(a)f(b) = a'b' \text{이므로, } f^{-1}(a'b') = ab = f^{-1}(a')f^{-1}(b').$$

■

다음 보기에서와 같이 정수환이나 유리수체의 군준동형은 무수히 많으나, 그 중에서 환준동형은 영함수와 항등함수 뿐이다.

보기 3.4.6

함수 $f:\mathbb{Z}\to\mathbb{Z}$에 대하여

(1) f는 군준동형 $\Leftrightarrow$ 적당한 $m\in\mathbb{Z}$에 대하여 $f(x)=mx$

(2) f는 환준동형 $\Leftrightarrow$ f는 영함수($m=0$) 또는 f는 항등함수($m=1$)

풀이 (1) $\Leftarrow$) $f(x+y)=m(x+y)=mx+my=f(x)+f(y)$ 이므로 f는 군준동형이다.

$\Rightarrow$) $f(1)=m$ 이면, f는 군준동형이므로 모든 $x\in\mathbb{Z}$에 대하여 $f(x)=mx$ 이다.

(2) $\Leftarrow$) 영함수($m=0$)와 항등함수($m=1$)는 환준동형이다.

$\Rightarrow$) f가 환준동형이면, $f(1)=f(1\cdot 1)=f(1)f(1)$이다.

그러므로 $f(1)(f(1)-1)=0$이고, $f(1)=0$ 또는 $f(1)=1$이다.

$f(1)=0$이면 f는 영함수이고, $f(1)=1$이면 f는 항등함수이다.

보기 3.4.7

함수 $f:\mathbb{Q}\to\mathbb{Q}$에 대하여

(1) f는 군준동형 $\Leftrightarrow$ 적당한 $r\in\mathbb{Q}$에 대하여 $f(x)=rx$

(2) f는 환준동형 $\Leftrightarrow$ $f(x)=0$ $(r=0)$인 경우와 $f(x)=x$ $(r=1)$인 경우 두 가지

(중등교원 임용고시 2012년 1차 #27 ②)

풀이 (1) $\Leftarrow$) $f(x+y)=r(x+y)=rx+ry=f(x)+f(y)$ 이므로 f는 군준동형이다

$\Rightarrow$) $f(1)=r$이면, $x\in\mathbb{Z}$에 대하여 $f(x)=rx$ 이다. 또한 $\frac{n}{m}\in\mathbb{Q}$에 대하여

$$r=f(1)=f\left(\frac{1}{m}+\cdots+\frac{1}{m}\right)=f\left(\frac{1}{m}\right)+\cdots+f\left(\frac{1}{m}\right)=mf\left(\frac{1}{m}\right)$$

이므로 $f\left(\frac{1}{m}\right)=\frac{r}{m}$ 이다. 따라서 $f\left(\frac{n}{m}\right)=n\frac{r}{m}=r\frac{n}{m}$ 이다.

(2) $\Leftarrow$) 영함수($r=0$)와 항등함수($r=1$)는 환준동형이다.

$\Rightarrow$) f가 환준동형이면, 마찬가지로 $f(1)=0$ 또는 $f(1)=1$이다.

$f(1)=0$이면, f는 영함수이다.

$f(1)=1$이면, 다음과 같이 f는 항등함수이다.

모든 $x=\frac{a}{b}\in\mathbb{Q}\,(a,b\in\mathbb{Z},\,b\neq 0)$, $bf(x)=f(bx)=f(a)=a$이므로,

$f\left(\frac{a}{b}\right)=\frac{a}{b}$이다.

환준동형, $f: R \to R'$ 의 핵 $\ker f$는 R의 이데알이고, 또 다음 정리에서와 같이 f는 상환 $R/\ker f$ 에서 값이 결정되는 함수이다(정리 8의 $\Leftarrow$). 또 상환 $R/\ker f$ 의 서로 다른 원소에서의 f 의 값은 서로 다르다(정리 8의 $\Leftarrow$).

정리 3.4.8

$f: R \to R'$ 이 준동형일 때, 모든 $a, b \in R$ 에 대하여 다음이 성립한다.

$$f(a) = f(b) \iff a - b \in \ker f \iff a + \ker f = b + \ker f$$

특히, "f 가 단사 $\iff \ker f = (0)$"이다.

증명 $f(a) = f(b) \iff f(a) - f(b) = f(a-b) - 0$
$\iff a - b \in \ker f \iff a + \ker f = b + \ker f$ ■

다음과 같이 환의 이데알은 자연준동형의 핵(kernel)이 된다.

정의 3.4.9

I가 환 R의 이데알일 때, $\pi: R \to R/I$, $\pi(a) = a + I$ 는 $\ker \pi = I$ 인 전사준동형이다. π를 R에서 R/I로의 **자연준동형** 또는 **표준준동형**(the natural homomorphism)이라 한다.

환에서도 군에서와 같이 다음의 세 가지의 동형정리가 성립한다. 또 증명방법도 군에서의 동형정리의 증명방법과 같다.

정리 3.4.10 (제 1 동형정리)

전사준동형 $f: R \to R'$ 는 다음과 같이 정의되는 동형 $\overline{f}$ 를 유도한다.

$$\overline{f}: R/\ker f \to R', \ \overline{f}(a + \ker f) = f(a) \quad (a \in R)$$

정리 8에서와 같이, $a + \ker f = b + \ker f \iff a - b \in \ker f \iff f(a) = f(b)$이므로, $\overline{f}$ 는 잘 정의되고 1-1이다. 또 f가 전사이므로 $\overline{f}$ 도 전사이다.

정리 3.4.11 (제 2 동형정리)

환 R의 이데알 I, J에 대하여 다음의 $\overline{g}$ 는 동형이다.

$$\overline{g}: I/(I \cap J) \cong (I+J)/J, \ \overline{g}(a + I \cap J) = a + J \ (a \in I)$$

$g : I \to (I+J)/J$를 $g(a) = a + J\ (a \in I)$로 정의하면, g는 전사준동형이고, $\ker g = I \cap J$이다. 따라서 제 1 동형정리에 의하여 g는 동형 $\bar{g}$를 유도한다.

정리 3.4.12 (제 3 동형정리)

환 R의 이데알 I, J가 $I \subseteq J$일 때, $\dfrac{R/I}{J/I} \cong R/J$이다.

$h : R/I \to R/J$를 $h(a+I) = a + J$로 정의하면, h는 전사준동형이고, $\ker h = J/I$이다. 따라서 제 1 동형정리에 의하여 동형 $\bar{h}$를 유도한다.

준동형 $f : R \to R'$와 R의 이데알 I에 대하여 $f(I)$는 imf의 이데알이다. 그러므로 f가 전사($imf = R'$)이면, $f(I)$는 R'의 이데알이다. 그러나 일반적으로 $f(I)$는 R'의 이데알이 아니다. 간단한 보기로, 준동형 $f : \mathbb{Z} \to \mathbb{Q}\ (f(x) = x)$일 때, $\mathbb{Z}$의 이데알 $n\mathbb{Z}$에 대하여 $n \neq 0$인 경우에 $f(n\mathbb{Z}) = n\mathbb{Z}$는 $\mathbb{Q}$의 이데알이 아니다. 그러나 다음 정리에서와 같이 이데알의 역상은 이데알이다.

정리 3.4.13

$f : R \to R'$가 준동형일 때,

(1) R의 이데알 I에 대하여 $f^{-1}(f(I)) = I + \ker f$이다. 따라서 $I \supseteq \ker f$이면, $f^{-1}(f(I)) = I$이다.

(2) R'의 이데알 I'에 대하여 $f^{-1}(I')$은 R의 이데알이다.

증명 (1) $x \in f^{-1}(f(I)) \Leftrightarrow f(x) \in f(I) \Leftrightarrow f(x) = f(a)\ (a \in I)$
$\Leftrightarrow x - a \in \ker f\ (a \in I) \Leftrightarrow x \in I + \ker f$

(2) 모든 $r \in R$과 모든 $a, b \in f^{-1}(I')$에 대하여 $f(a), f(b) \in I'$이므로,

$$f(a-b) = f(a) - f(b) \in I',$$
$$f(ra) = f(r)f(a) \in I',$$
$$f(ar) = f(a)f(r) \in I'$$

이다. 따라서, $a-b \in f^{-1}(I')$, $ra \in f^{-1}(I')$, $ar \in f^{-1}(I')$이고, $f^{-1}(I')$은 R의 이데알이다. ■

다음 정리는 준동형에 의한 이데알의 대응관계를 지적하는 것으로 정리8이나 정리10(제 1 동형정리)과 같은 내용이다.

정리 3.4.14 (대응정리)

$f: R \to R'$가 전사준동형일 때, R의 이데알 중 $\ker f$를 포함하는 것과 R'의 이데알 사이에는 $1-1$ 대응이 있다.

증명 R의 이데알 중 $\ker f$를 포함하는 것의 집합을 A, R'의 이데알의 집합을 B라 하고, 다음과 같이 두 집합 사이의 함수를 정의하자.

$$\Phi: A \to B, \quad \Phi(I) = f(I)$$
$$\Psi: B \to A, \quad \Psi(I') = f^{-1}(I')$$

f가 전사준동형이므로, $f(I)$는 R'의 이데알이고, Φ는 잘 정의되었다. 또, 정리 13(2)에 의하여 Ψ도 잘 정의되었다. 이제 $\Psi(\Phi(I)) = f^{-1}(f(I)) = I + \ker f = I$이다.
또 f가 전사이므로 $\Phi(\Psi(I')) = f(f^{-1}(I')) = I'$이다. 따라서 $\Phi^{-1} = \Psi$이고, 두 함수는 1–1 대응이다. ■

▸▸ 연습문제 3.4

1. 환 R, R'이 단위원 1_R과 $1_{R'}$을 갖고, $f: R \to R'$이 환준동형이다.

(1) f가 전사이면, $f(1_R) = 1_{R'}$임을 증명하여라.

(2) $f \neq 0$이고 R'이 정역이면, $f(1_R) = 1_{R'}$임을 증명하여라.

(3) 적당한 R의 단원 u에 대하여 $f(u)$가 R'의 단원이면, $f(1_R) = 1_{R'}$이고 $f(u^{-1}) = f(u)^{-1}$임을 증명하여라.

2. (1) $f: \overline{\mathbb{Z}}_m \to \overline{\mathbb{Z}}_n$가 군준동형일 때, 다음을 증명하여라.

f가 환준동형 $\Leftrightarrow$ 적당한 $\overline{\mathbb{Z}}_n$의 멱등원 a에 대하여 $f(x) = ax$, $x \in \overline{\mathbb{Z}}_m$

(2) 환준동형 $f: \mathbb{Z}_{100} \to \mathbb{Z}_{100}$을 모두 구하여라.

(3) 환준동형 $f: \mathbb{Z}_m \to \mathbb{Z}_m$가 8개이다. 이 때, 가장 작은 세자리수 m을 구하여라.

(4) 환준동형 $f: \mathbb{Z}_m \to \mathbb{Z}_m$가 8개이다. 이 때, 가장 큰 두자리수 m을 구하여라.

3. 다음을 만족하는 함수 f에 대하여 $f(\overline{1})$의 값을 구하여라.

(1) $f: \overline{\mathbb{Z}}_{24} \to \overline{\mathbb{Z}}_{24}$인 군준동형 (2) $f: \overline{\mathbb{Z}}_{24} \to \overline{\mathbb{Z}}_{24}$인 환준동형

(3) $f : \overline{\mathbb{Z}}_{18} \to \overline{\mathbb{Z}}_{24}$ 인 군준동형 (4) $f : \overline{\mathbb{Z}}_{18} \to \overline{\mathbb{Z}}_{24}$ 인 환준동형

(5) $f : \overline{\mathbb{Z}}_{24} \to \overline{\mathbb{Z}}_{18}$ 인 군준동형 (6) $f : \overline{\mathbb{Z}}_{24} \to \overline{\mathbb{Z}}_{18}$ 인 환준동형

4. $\sigma : \mathbb{C} \to \mathbb{C}$가 켤레함수, 즉 $\sigma(r+si) = r - si \ (r, s \in \mathbb{R})$일 때, σ는 환준동형임을 증명하여라.

5. m이 완전제곱수가 아닌 정수일 때, 다음을 증명하여라.

(1) $f : \mathbb{Z}[\sqrt{m}\,] \to \mathbb{Z}[\sqrt{m}\,]$가 환준동형 $\Leftrightarrow$ $f \equiv 0$, $f = id$, 또는 $f = \sigma$(켤레함수)

(2) $f : \mathbb{Q}[\sqrt{m}\,] \to \mathbb{Q}[\sqrt{m}\,]$가 환준동형 $\Leftrightarrow$ $f \equiv 0$, $f = id$, 또는 $f = \sigma$(켤레함수)

6. R이 단위원 1을 갖는 가환환에 대하여 다음을 증명하여라.

(1) $\phi : \mathbb{Z} \to R$, $\phi(i) = i\,1_R (i \in \mathbb{Z})$은 환준동형이다.

(2) $char(R) = 0$이면, R은 $\mathbb{Z}$를 부분환으로 가짐을 증명하여라.

(3) $char(R) = n$이면, $\ker\phi = n\mathbb{Z}$이고, R은 $\overline{\mathbb{Z}}_n$를 부분환으로 가짐을 증명하여라.

7. (Frobenius-Freshmen's Dream) 단위원 1을 갖는 가환환 R의 표수가 소수 p일 때, $\phi : R \to R$, $\phi(a) = a^{p^m}$은 환준동형임을 증명하여라.

8. 환 $R_1, \cdots, R_n$의 직적, $R_1 \times \cdots \times R_n$을 다음과 같이 정의한다(2.12절 참고).

$$R_1 \times \cdots \times R_n = \{(a_1, \cdots, a_n) \mid a_i \in R_i\}$$
$$(a_1, \cdots, a_n) + (b_1, \cdots, b_n) = (a_1 + b_1, \cdots, a_n + b_n),$$
$$(a_1, \cdots, a_n)(b_1, \cdots, b_n) = (a_1 b_1, \cdots, a_n b_n)$$

(1) $R_1 \times \cdots \times R_n$이 환임을 증명하여라.

(2) $R_1, \cdots, R_n$이 단위원을 1을 갖는 가환환이면, $R_1 \times \cdots \times R_n$도 단위원을 1을 갖는 가환환임을 증명하여라.

9. 환 R의 이데알 I_i에 대하여, $\phi : R \to R/I_1 \times \cdots \times R/I_n$, $\phi(x) = (\overline{x}, \cdots, \overline{x})$는 환준동형임을 증명하여라(단, 각각의 성분의 $\overline{x} = x + I_i \in R/I_i$이다).

10. 양의 정수 $m_1, \cdots, m_n$에 대하여, $\phi: \mathbb{Z} \to \mathbb{Z}_{m_1} \times \cdots \times \mathbb{Z}_{m_n}$, $\phi(x) = (\overline{x}, \cdots, \overline{x})$로 정의할 때 (단, 각각의 성분의 $\overline{x} = x + m_i\mathbb{Z} \in \mathbb{Z}_{m_i}$), 다음에 답하여라.

(1) $\ker\phi = l\mathbb{Z},\ l = lcm(m_1, \cdots, m_n)$

(2) ϕ가 전사 $\Leftrightarrow$ $m_1, \cdots, m_n$이 쌍마다 서로소(즉, $i \neq j$이면, $(m_i, m_j) = 1$)

(3) **중국인의 나머지 정리**

$m_1, \cdots, m_n$이 쌍마다 서로소일 때, ϕ는 다음의 동형 $\overline{\phi}$를 유도한다.

$$\overline{\phi}: \mathbb{Z}_{m_1 m_2 \cdots m_n} \to \mathbb{Z}_{m_1} \times \cdots \times \mathbb{Z}_{m_n},\ \phi(\overline{x}) = (\overline{x}, \cdots, \overline{x})$$

즉, $m_1, \cdots, m_n$이 쌍마다 서로소일 때, 일자연립합동식 $x \equiv a_i \pmod{m_i}$, $(i = 1, \cdots, n)$는 유일한 해 $x \equiv a \pmod{m_1 m_2 \cdots m_n}$을 갖는다.

11. (중등교원 임용시험 2003년 #6)
다음 연립합동식의 해를 구하여라.

$$\begin{cases} 8x \equiv 4 \pmod{22} \\ 3x \equiv 5 \pmod{25} \end{cases}$$

12. (중등교원 임용시험 2005년 #21, #22)
환준동형 $\phi: \mathbb{Z} \to \mathbb{Z}/3\mathbb{Z} \times \mathbb{Z}/5\mathbb{Z} \times \mathbb{Z}/7\mathbb{Z}$가 $\phi(x) = (x + 3\mathbb{Z}, x + 5\mathbb{Z}, x + 7\mathbb{Z})$일 때,

(1) $\ker\phi$를 구하여라.

(2) $\phi(x) = (2 + 3\mathbb{Z}, 3 + 5\mathbb{Z}, 4 + 7\mathbb{Z})$를 만족하는 정수 x를 모두 구하여라.

13. 어느 고등학교 전체학생을 같은 인원수의 9팀으로 나누면 1명이 남고, 같은 인원수의 10팀으로 나누면 2명이 남으며, 같은 인원수의 11팀으로 나누면 10명이 남는다. 이 고등학교 전체학생 수 a를 구하여라, $0 \leq a < 990$.

14. (중등교원 임용시험 2006년 #9)
환준동형 $f: \mathbb{Z} \to \mathbb{Z}_6$가 $f(x) = 4x \pmod 6$이다. f를 이용하여, $\mathbb{Z}/3\mathbb{Z}$와 $2\mathbb{Z}_6$가 동형임을 보여라.

15. (중등교원 임용시험 2011년 1차 #20)

환준동형 $f:\mathbb{Z}\to\mathbb{Q}$가 단사일 때, 다음을 설명하여라.

(1) 임의의 $n\in\mathbb{Z}$에 대하여 $f(n)=n$이다.

(2) 임의의 $\mathbb{Z}$의 아이디얼 I에 대하여 $f(I)$가 $\mathbb{Q}$의 아이디얼인 경우는 $I=(0)$뿐이다.

(3) 임의의 $\mathbb{Q}$의 아이디얼 J에 대하여 $J=f(I)$인 $\mathbb{Z}$의 아이디얼 I가 있는 경우는 $J=(0)$뿐이다.

16. (중등교원 임용시험 2015년 #4)

다음 삼차 합동방정식에 대하여 $\mathbb{Z}_{2015}$에 속하는 해의 개수를 풀이 과정과 함께 쓰시오.

$$x^3-8\equiv 0 \pmod{2015} \quad (\text{참고}: 2015=5\times 13\times 31)$$

17. (중등교원 임용시험 2015년 #4)

다음 삼차 합동방정식에 대하여 $\mathbb{Z}_{2015}$에 속하는 해를 구하여라.

$$x^3-27\equiv 0 \pmod{2015} \quad (\text{참고}: 2015=5\times 13\times 31)$$

3.5 정역의 분수체

이 절에서 다루는 정역의 분수체는 정수환에서 유리수체를 만드는 것과 같은 과정이다. 즉, 정수의 분수로(또는 두 정수의 비로) 유리수를 만드는 것과 같은 과정이다. 이것은 수학과 교육과정 중 수학 4에서 자연수의 비나 몫으로서의 분수가 도입되고, 수학 8에서 유리수가 도입되는 부분에 해당한다.

정역이란 단위원 1을 갖는 가환환으로서 영인자가 없는 환이다(정의 3.2.1). 또 1을 갖는 가환환이 영인자가 없다는 것은 그 환에서 소거법칙(cancellation law)이 성립한다는 것과 동치이다(정리 3.2.2). 이와 같은 계산은 주어진 정역의 분수체를 만들 때, 분수체에서 역원을 곱하여 계산하는 것과 같은 과정이다. 또 역원을 곱하는 계산은 소거법칙을 쓰는 것보다 더 간단히 표현된다.

분수체를 만들기 위해서는 다음의 정리에서와 같이 두 분수가 같다는 지적이 필요하다.

정리 3.5.1

정역 D에 대하여 집합 $D\times D^{*}=\{(a,b)\mid a,b\in D,\ b\neq 0\}$ 위에서 다음의 관계 $\sim$는 동치관계이다.

$$(a,b)\sim(c,d)\ \Leftrightarrow\ ad=bc$$

증명 (i) $(a,b)\sim(a,b)\ \Leftrightarrow\ ab=ba$.

(ii) $(a,b)\sim(c,d)\ \Leftrightarrow\ ad=bc\ \Leftrightarrow\ cb=da\ \Leftrightarrow\ (c,d)\sim(a,b)$.

(iii) $(a,b)\sim(c,d),\ (c,d)\sim(e,f)\Leftrightarrow ad=bc,\ cf=de$ 이다. 그러므로 $adf=bcf=bde$ 이다. $d(af-be)=0$이고, $d\neq 0$이므로 $af-be=0$이다. 즉, $af=be\ \Leftrightarrow\ (a,b)\sim(e,f)$ 이다. ■

정역 D에 대하여 집합 $D\times D^{*}$의 원소 (a,b)를 포함하는 동치류를 $\frac{a}{b}$로 나타내고, $F(D)=\left\{\frac{a}{b}\mid a,b\in D,\ b\neq 0\right\}$이라 하자. 다음의 두 이항연산에 대하여 $F(D)$는 체가 되며, $F(D)$를 **정역 D의 분수체**(the field of fractions of D)라 한다.

$$\frac{a}{b}+\frac{c}{d}=\frac{ad+bc}{bd},\qquad \frac{a}{b}\frac{c}{d}=\frac{ac}{bd}$$

정리 3.5.2

정역 D의 분수체 $F(D)$는 체이다.

증명 위의 정의에서 $bd\neq 0$이므로, $\frac{ad+bc}{bd},\ \frac{ac}{bd}\in F(D)$이다. 또, $\frac{a}{b}=\frac{a'}{b'},\ \frac{c}{d}=\frac{c'}{d'}$일 때, $ab'=ba',\ cd'=dc'$이다. 그러므로 $b'd'(ad+bc)=b'ad'd+b'bd'c=ba'd'd+b'bc'd=bd(a'd'+b'c')$이고, $\frac{a}{b}+\frac{c}{d}=\frac{a'}{b'}+\frac{c'}{d'}$이다.

$acb'd'=ab'cd'=a'bc'd=bda'c'$이므로, $\frac{a}{b}\frac{c}{d}=\frac{a'}{b'}\frac{c'}{d'}$이다. 그러므로 $F(D)$에서 두 이항연산은 잘 정의되었다.

정역 D의 두 이항연산의 결합법칙과 배분법칙에 의하여 $F(D)$의 두 이항연산의 결합법칙과 배분법칙이 성립한다. 특히, $\frac{0}{1}=\frac{0}{b}\ (b\neq 0)$는 $F(D)$의 영이고, $-\frac{a}{b}=\frac{-a}{b}\in F(D)$이다.

또, $\frac{1}{1}=\frac{b}{b}\ (b\neq 0)$은 $F(D)$의 단위원이다.

이제 $\frac{a}{b} \neq \frac{0}{1} \Leftrightarrow a \neq 0$ 이다.

이 때, $\frac{b}{a} \in F(D)$이며 $\frac{b}{a}\frac{a}{b} = \frac{ba}{ab} = \frac{1}{1}$이므로, $\frac{b}{a} = (\frac{a}{b})^{-1}$이다. 따라서 $F(D)$는 체이다.

■

체 F의 분수체는 F 자신이다. 그러나 다음의 보기에서와 같이 체가 아닌 정역 D의 분수체 $F(D)$는 D를 진부분집합으로 포함하는 체이다.

보기 3.5.3

정수환의 분수체는 유리수체이다. 즉, $F(\mathbb{Z}) = \mathbb{Q}$이다.

보기 3.5.4

정수 m이 제곱수가 아닐 때, $F(\mathbb{Z}[\sqrt{m}]) = \mathbb{Q}[\sqrt{m}]$이다(참고: 정의 3.2.12).

증명 $\supseteq$) 모든 $r+s\sqrt{m} \in \mathbb{Q}[\sqrt{m}]$에 대하여($r = \frac{a}{b}$, $s = \frac{c}{d}$, $a, b, c, d \in \mathbb{Z}$),

$$r+s\sqrt{m} = \frac{a}{b} + \frac{c}{d}\sqrt{m} = \frac{ad+bc\sqrt{m}}{bd} \in F(\mathbb{Z}[\sqrt{m}]) \ (bd \neq 0).$$

$\subseteq$) 모든 $\alpha = \dfrac{a+b\sqrt{m}}{c+d\sqrt{m}} \in F(\mathbb{Z}[\sqrt{m}])$에 대하여($a, b, c, d \in \mathbb{Z}$),

$$\alpha = \frac{(a+b\sqrt{m})(c-d\sqrt{m})}{(c+d\sqrt{m})(c-d\sqrt{m})} = \frac{(ac-mbd)}{c^2-md^2} + \frac{(bc-ad)}{c^2-md^2}\sqrt{m} \in \mathbb{Q}[\sqrt{m}].$$

■

정수계수 다항식환이나 유리계수 다항식환의 분수체는 다같이 유리계수 유리함수체이다. 마찬가지로 정역 D와 D의 분수체 $F = F(D)$에 대하여, D를 계수로 하는 다항식환 $D[x]$나 F를 계수로 하는 다항식환 $F[x]$ 분수체는 F를 계수로 하는 유리함수체 $F(x)$이다. 이 부분은 3.9 절에서 다룬다.

정리 3.5.5

D가 정역일 때, 다음은 단사 준동형이다.

$$\iota : D \to F(D), \quad \iota(a) = \frac{a}{1} \in F(D)$$

증명 $\iota(a+b)=\frac{a+b}{1}=\frac{a}{1}+\frac{b}{1}=\iota(a)+\iota(b)$, $\iota(ab)=\frac{ab}{1}=\frac{a}{1}\frac{b}{1}=\iota(a)\iota(b)$.

$a\in\ker\iota \iff \iota(a)=\frac{a}{1}=\frac{0}{1} \iff a=0$이다. 따라서 ι는 단사 준동형이다. ■

$\iota: D\to F(D)$는 단사 준동형이고 $a \overset{\iota}{\mapsto} \frac{a}{1}$($a$를 $\frac{a}{1}$로 보내는 자연스런 함수)이므로, 정역 D와 $F(D)$의 부분집합인 $\iota(D)$를 동일시할 수 있다. 즉, 정역 D는 D의 분수체 $F(D)$의 부분집합으로 고려한다. 이는 정수환을 유리수체의 부분집합으로 보는 것과 같은 과정이다.

정리 3.5.6

정역 D가 체 K에 포함될 때, 다음은 단사 준동형이다.

$$\phi: F(D)\to K,\quad \phi\left(\frac{a}{b}\right)=ab^{-1}$$

따라서 $F(D)$는 D를 포함하는 체 중 가장 작다.

증명 $\frac{a}{b}=\frac{a'}{b'} \iff ab'=ba' \iff ab^{-1}=a'b'^{-1} \iff \phi\left(\frac{a}{b}\right)=\phi\left(\frac{a'}{b'}\right)$이다. 즉, ϕ는 잘 정의되고 1-1이다.

다음과 같이 ϕ는 준동형이다.

$$\phi\left(\frac{a}{b}+\frac{c}{d}\right)=\phi\left(\frac{ad+bc}{bd}\right)=(ad+bc)(bd)^{-1}=ab^{-1}+cd^{-1}=\phi\left(\frac{a}{b}\right)+\phi\left(\frac{c}{d}\right)$$

$$\phi\left(\frac{a}{b}\frac{c}{d}\right)=\phi\left(\frac{ac}{bd}\right)=(ac)(bd)^{-1}=acd^{-1}b^{-1}=(ab^{-1})(cd^{-1})=\phi\left(\frac{a}{b}\right)\phi\left(\frac{c}{d}\right)$$

■

위의 정리에서 $\phi: F(D)\to K$는 단사 준동형이고, $\frac{a}{b}=\frac{a}{1}\frac{1}{b}=\frac{a}{1}\left(\frac{b}{1}\right)^{-1} \overset{\phi}{\mapsto} ab^{-1}$이므로, $F(D)$는 K의 부분체로 고려할 수 있다. 그러므로 $F(D)$는 D를 포함하는 체 중 가장 작다.

▸▸ 연습문제 3.5

1. 정역 D의 두 원소 a, b가 서로소인 양의 정수 m과 n에 대하여, $a^m = b^m$과 $a^n = b^n$을 만족한다. $a = b$임을 증명하여라(힌트: D의 분수체 F를 이용하여라 - 연습문제 2.5.10 참고).

2. $\mathbb{Z}_{17\mathbb{Z}} = \left\{ \frac{a}{b} \mid a, b \in \mathbb{Z},\ 17 \nmid b \right\}$로 정의할 때, 다음 물음에 답하여라.

(1) $\mathbb{Z}_{17\mathbb{Z}}$는 유리수체 $\mathbb{Q}$의 부분환임을 증명하여라.

(2) $\mathbb{Z} \subsetneq \mathbb{Z}_{17\mathbb{Z}} \subsetneq \mathbb{Q}$임을 설명하여라.

(3) 정수 a, b가 $a + b = 200$이고, $\frac{a}{b}$가 $\mathbb{Z}_{17\mathbb{Z}}$의 단원이 아닌 것 중 가장 큰 $\frac{a}{b}$.

(4) 양의 정수 a, b가 $a + b = 100$이고, $\frac{a}{b}$가 $\mathbb{Z}_{17\mathbb{Z}}$의 단원인 것의 개수.

(5) 양의 정수 a, b가 $a + b = 100$이고, 기약분수 $\frac{a}{b}$가 $\mathbb{Z}_{17\mathbb{Z}}$의 단원인 것의 개수.

3. p가 소수일 때, $\mathbb{Z}_{p\mathbb{Z}} = \left\{ \frac{a}{b} \mid a, b \in \mathbb{Z},\ p \nmid b \right\}$에 대하여 다음을 증명하여라.

(1) $\mathbb{Z}_{p\mathbb{Z}}$는 유리수체 $\mathbb{Q}$의 부분환이고, $\mathbb{Z}_{p\mathbb{Z}}$의 분수체는 $\mathbb{Q}$이다.

(2) $p\mathbb{Z}_{p\mathbb{Z}} = \left\{ \frac{a}{b} \mid a, b \in \mathbb{Z},\ p \mid a,\ p \nmid b \right\}$는 $\mathbb{Z}_{p\mathbb{Z}}$의 이데알이다.

(3) $n \geq 1$일 때, $p^n\mathbb{Z}_{p\mathbb{Z}} = \left\{ \frac{a}{b} \mid a, b \in \mathbb{Z},\ p^n \mid a,\ p \nmid b \right\}$는 $\mathbb{Z}_{p\mathbb{Z}}$의 이데알이다.

4. p가 소수일 때, $\mathbb{Z}_{p^\infty} = \left\{ \frac{a}{p^n} \mid a, n \in \mathbb{Z}, n \geq 0 \right\}$에 대하여 다음을 증명하여라.

(1) $\mathbb{Z}_{p^\infty}$는 유리수체 $\mathbb{Q}$의 부분환이고, $\mathbb{Z}_{p^\infty}$의 분수체는 $\mathbb{Q}$이다.

(2) $q \neq p$인 소수 q에 대하여 $q\mathbb{Z}_{p^\infty} = \left\{ \frac{a}{p^n} \mid a, n \in \mathbb{Z},\ q \mid a, n \geq 0 \right\}$는 $\mathbb{Z}_{p^\infty}$의 이데알이다.

5. $\mathbb{Z}_{7^\infty} = \left\{ \frac{a}{b} \mid a,\, n \in \mathbb{Z},\ b = 7^n,\ n \geq 0 \right\}$에 대하여 다음을 구하여라.

(1) $|ab| \leq 1000$ 인 $\mathbb{Z}_{7^\infty}$의 단원 $\frac{a}{b}$를 모두 구하여라.

(2) 서로소인 양의 정수 a, b가 $a+b \leq 100$이고, $\frac{a}{b}$가 $\mathbb{Z}_{7^\infty}$의 단원이 아닌 것의 개수.

자연수만 수인가? −자연수와 유리수

3 세기에 알렉산드리아에서 활약한 그리스의 수학자 디오판토스(Diophantos, AD 250 년경)는 그의 저서 'Arithmetica'에서 부정방정식(Diophatene Equation)의 해로 자연수나 양의 유리수만을 찾고 있다. 당시에는 자연수만이 수이었기 때문이다. 또 양의 유리수는 자연수의 비(比)로 인식하고 있었다. $\sqrt{2}$는 수가 아니라 작도할 수 있는 크기(magnitude), 즉, 한 변의 길이가 1인 직각이등변삼각형의 빗변의 길이로서 인식하고 있었다. 음수가 없었기 때문에 0보다 작은 해는 찾지 않았는데, 디오판토스는 방정식 $4x+20=4$의 해가 없다('absurd')라고 하였다(「Arithmetica」 V권 문제 2). 또한, 방정식의 모든 해를 찾은 것이 아니라 하나의 해만을 찾은 경우가 대부분이다.

바쉐(C. Bachet, 1581-1638)는 1621 년 삼차 부정방정식 $y^2 = x^3 - 2$의 해로 $(x, y) = (\frac{129}{100}, \frac{383}{1000})$ 등 무한히 많은 유리수해를 찾아낸다. 바쉐의 풀이 이후로 부정방정식에서 유리수 해를 본격적으로 고려하게 되었다. 바쉐의 풀이가 발표되자 페르마(P. Fermat ; 1601-1665)는 방정식 $y^2 = x^3 - 2$의 자연수해는 $(x, y) = (3, 5)$ 뿐이라는 '26의 문제'를 제시하면서 이 문제를 풀었다고 주장한다. 그러나 '26의 문제'는 제시된지 290 년이 지난 1910 년대에 이르러 모델(L. Mordell) 등에 의하여 해결되었다.

3.6 소이데알과 극대이데알

정수에서 소수와 소인수분해를 이용하여 계산하는 것과 같이 환에서는 소이데알과 극대이데알을 이용한 계산이 문제풀이의 기본이 된다.

이 절에서 극대이데알에 관련된 명제인 정의 3.6.9와 정리 3.6.13에서 환은 가환과 비가환 두 가지를 다 고려하고, 나머지 모든 명제에서 환은 단위원 1을 갖는 가환환이다. 또 이 절의 모든 정의와 정리는 3장의 모든 절에 다 같이 적용되는 기본적인 사항이다. 예를 들면, 10절, 11절에 있는 기약다항식은 다항식환에서 기약원(정의 3.6.5)을 말한다.

정의 3.6.1

단위원 1을 갖는 가환환 R의 원소 a, b가 적당한 R의 원소 r에 대하여 $b = ra$일 때, b를 a의 **배수**(b is a multiple of a), 또는 a는 b의 **약수**(a is a divisor of b)라 한다. 이 때, $a \mid b$로 적는다.

지적 3.6.2

(1) 모든 $a \in R$에 대하여 $0 = 0a$이므로, 0은 모든 원소의 배수이다.

(2) $a = 1a$이므로, a는 a의 배수이다.

단위원 1을 갖는 가환환 R의 원소 a, b가 적당한 R의 단원 u에 대하여 $b = ua$일 때, a와 b는 **동반원**(a and b are associates)이라고 한다.

정리 3.6.3

$a, b \in R$이 동반원일 때 $a \sim b$라 하면, $\sim$는 동치관계이다

증명 (i) $a \sim a \Leftrightarrow a = 1a$.

(ii) $a \sim b \Leftrightarrow b = ua$ (u는 R의 단원) $\Leftrightarrow a = u^{-1}b$ (u^{-1}은 R의 단원) $\Leftrightarrow b \sim a$

(iii) $a \sim b,\ b \sim c \Leftrightarrow b = ua,\ c = vb$ (u, v는 R의 단원)

$\Rightarrow c = vua$ (vu는 R의 단원) $\Leftrightarrow a \sim c$

■

지적 3.6.4

(1) $a \mid b \Leftrightarrow b = ra\ (r \in R) \Leftrightarrow b \in (a) \Leftrightarrow (b) \subseteq (a)$

(2) $a \mid b,\ b \mid a \iff b \in (a),\ a \in (b) \iff (a) = (b)$

(3) 또 R이 정역이면,

$$a \mid b,\ b \mid a \iff b = ra,\ a = sb\ (r = s^{-1}\text{인 } R\text{의 단원}) \iff a \sim b$$

정의 3.6.5

단위원 1을 갖는 가환환 R에서 $p \neq 0$이고, 단원이 아닌 원소 p에 대하여

(1) p가 다음을 만족할 때, p를 R의 **기약원**(an irreducible element of R)이라 한다.

$$p = ab\ (a, b \in R) \Rightarrow a\text{가 } R\text{의 단원 또는 } b\text{가 } R\text{의 단원'}$$

(2) p가 다음을 만족할 때, p를 R의 **소원**(a prime element of R)이라 한다.

$$\text{'}p \mid ab\ (a, b \in R) \Rightarrow p \mid a \text{ 또는 } p \mid b\text{'}$$

기약원의 정의에서는 a나 b 중 하나만 R의 단원이다. 그러나 소원의 정의에서는 $p|a$ 와 $p|b$ 둘 다 성립할 수 있다(보기: $3 \mid 3 \times 18$에서 $3|3$이고 $3 \mid 18$이다).

기약원(旣約元)은 더 이상 인수분해되지 않는 원소이다. 수학과교육과정 중 수학 7에서 소수를 '1과 자기 자신만을 약수로 갖는 수'로 정의한 것은 기약원의 정의를 쓴 것이다. 즉, 소수 p의 자연수의 범위에서 약수는 1과 p이고, 정수의 범위에서 약수는 ± 1과 $\pm p$이다(즉, 동반원이 아닌 것은 1과 p이다). 정리 3.7.6 또는 3.7.12에 의하여 정수환 $\mathbb{Z}$에서는 기약원과 소원이 일치한다.

다음 정리에서와 같이 정역에서 소원은 기약원이다.

정리 3.6.6

정역 R에서 소원 p는 기약원이다.

증명 $a, b \in R$이 $p = ab$라 하면, $p = 1(ab)$이므로 $p \mid ab$이다. p가 소원이므로 $p|a$ 또는 $p|b$이다. $p|a$인 경우에 $a = pc\ (c \in R)$이고, $p = ab = (pc)b = p(cb)$이다. R이 정역이고 $p \neq 0$이므로 $cb = 1$이고, b는 단원이다. $p|b$인 경우에는 같은 증명으로 a는 단원이다. 따라서 p는 기약원이다. ■

R이 정역이 아닌 경우에는 소원은 일반적으로 기약원이 아니다.

보기 3.6.7

$R=\overline{\mathbb{Z}}_6$은 정역이 아니다. $\overline{\mathbb{Z}}_6/2\overline{\mathbb{Z}}_6 \cong \overline{\mathbb{Z}}_2$는 체(정역)이므로, $\overline{2}$는 $\overline{\mathbb{Z}}_6$의 소원이다(정리 3.6.11). 그러나 $\overline{2}=\overline{2}\times\overline{4}$이고 $\overline{2}$와 $\overline{4}$ 모두 단원이 아니다. 따라서 $\overline{2}$는 $\overline{\mathbb{Z}}_6$의 기약원이 아니다.

다음 보기에서와 같이 기약원은 일반적으로 소원이 아니다(정리 3.7.12 참고).

보기 3.6.8

$R=\mathbb{Z}[\sqrt{-5}]$에서 6은 다음과 같이 두 가지 방법으로 인수분해 된다.

$$6=2\times 3=(1+\sqrt{-5})(1-\sqrt{-5})$$

위 식에서 $2 \mid 6=(1+\sqrt{-5})(1-\sqrt{-5})$이나, $2 \nmid (1+\sqrt{-5})$이고, $2 \nmid (1-\sqrt{-5})$이다. 그러므로 2는 $\mathbb{Z}[\sqrt{-5}]$의 소원이 아니다. 그러나 2는 $\mathbb{Z}[\sqrt{-5}]$에서 단원이 아닌 두 원소의 곱이 아니어서(계산으로 증명) 기약원이다.

정의 3.6.9

환 R의 이데알 m이 $m\neq R$이고 다음을 만족할 때, m을 R의 **극대이데알**(a maximal ideal of R)이라 한다.

$$m\subseteq I\subseteq R \ (I\text{는 } R\text{의 이데알}) \Rightarrow I=m \text{ 또는 } I=R$$

즉, 극대이데알은 진부분 이데알 중 포함관계($\subseteq$)에 관하여 극대인 원소이다.

정의 3.6.10

단위원 1을 갖는 가환환 R의 이데알 P가 $P\neq R$이고 다음을 만족할 때, P를 R의 **소이데알**(a prime ideal)이라 한다.

$$ab\in P \ (a,b\in R) \Rightarrow a\in P \text{ 또는 } b\in P$$

정리 3.6.11

단위원 1을 갖는 가환환 R의 원소 p가 $p\neq 0$이고 p가 R의 단원이 아닐 때,

'p가 소원 $\Leftrightarrow$ (p)가 소이데알'

증명 모든 $a, b \in R$에 대하여 다음이 성립한다(3.6.4(1) 참고).

p가 소원 $\Leftrightarrow$ $p \mid ab$이면, $p \mid a$ 또는 $p \mid b$
$\Leftrightarrow$ $ab \in (p)$이면, $a \in (p)$ 또는 $b \in (p)$
$\Leftrightarrow$ (p)가 소이데알

■

0은 소원이 아니나, 정역에서 (0)은 소이데알이다.

정리 3.6.12

단위원 1을 갖는 가환환 R에서 다음이 성립한다.

(1) (0)이 소이데알 $\Leftrightarrow$ R이 정역

(2) P가 소이데알 $\Leftrightarrow$ R/P가 정역

증명 $R/(0) \cong R$이므로, (2)가 성립하면 (1)이 성립한다. 따라서 (2)만 증명한다(실제로 (1)과 (2)는 동치명제이다).

P가 소이데알 $\Leftrightarrow$ $ab \in P$이면, $a \in P$ 또는 $b \in P$ $(a, b \in R)$
$\Leftrightarrow$ R/P에서 $\bar{a}\bar{b} = \overline{ab} = 0$이면, $\bar{a} = \bar{0}$ 또는 $\bar{b} = \bar{0}$ $(\bar{a}, \bar{b} \in R/P)$
$\Leftrightarrow$ R/P가 정역

■

정리 3.6.13

(1) R이 나눗셈환이면, (0)는 극대이데알이다.

(2) 단위원 1을 갖는 환 R의 이데알 m에 대하여, R/m이 나눗셈환이면, m은 R의 극대이데알이다.

증명 (2)가 성립하면, $R/(0) \cong R$이므로 (1)이 성립한다(실제로 (1)과 (2)는 동치이다). 여기서도 (2)만 증명한다.

R의 이데알 I가 $m \subsetneq I \subseteq R$인 경우 $a \in I \setminus m$인 원소 a를 뽑자. R/m은 나눗셈환이고 $\bar{a} \neq \bar{0}$이므로 $\bar{a}$는 R/m의 단원이다. 그러므로 적당한 $b \in R$에 대하여 $\bar{b}\,\bar{a} = \bar{1}$이다 $(\bar{b} = (\bar{a})^{-1} \in R/m)$. 이제 $\alpha \in m$이 존재하여 $1 = ba + \alpha$이고, $1 = ba + \alpha \in I$이므로 $I = R$이다.

■

가환환에서 정리 3.6.13의 역은 성립한다. 그러나 비가환환에서는 성립하지 않는다.

보기 3.6.14

$n \geq 2$일 때, $R = M_n(\mathbb{R})$에서 (0)는 극대이데알이지만, $R/(0) \cong R$은 나눗셈환이 아니다. 다음은 $n=2$인 경우의 증명이다(모든 $n \geq 2$인 경우에 대한 증명은 $n=2$인 경우와 같은 방법으로 한다).

$R = M_2(\mathbb{R})$의 이데알 J가 $J \neq (0)$이라 하자$\left(0 = \begin{pmatrix} 0 & 0 \\ 0 & 0 \end{pmatrix}\right)$.

$A \in J$가 $A \neq 0$인 행렬일 때, A는 $rk(A) = 1, 2$이다.

(1) $rkA = 2$이면, A는 정칙행렬이므로 A는 R의 단원이고, $J = R$이다.

(2) $rkA = 1$이면, A의 감소사다리꼴 행렬 A'(the row-reduced echelon form of A)은 다음의 두 가지 중 하나이다.

$$A' = \begin{pmatrix} 0 & 1 \\ 0 & 0 \end{pmatrix} \text{ 또는 } A' = \begin{pmatrix} 1 & a \\ 0 & 0 \end{pmatrix} \ (a \in R)$$

A'은 A를 유한 번 기본행변환하여 얻으므로, $A' = BA$ (B는 기본행변환에 대응하는 기본행렬의 곱)이고, $A' \in J$이다.

1) $A' = \begin{pmatrix} 0 & 1 \\ 0 & 0 \end{pmatrix}$인 경우, $\begin{pmatrix} 1 & 0 \\ 0 & 1 \end{pmatrix} = \begin{pmatrix} 0 & 1 \\ 0 & 0 \end{pmatrix}\begin{pmatrix} 0 & 1 \\ 1 & 0 \end{pmatrix} + \begin{pmatrix} 0 & 1 \\ 1 & 0 \end{pmatrix}\begin{pmatrix} 0 & 1 \\ 0 & 0 \end{pmatrix} \in J$이므로 $J = R$이다.

2) $A' = \begin{pmatrix} 1 & a \\ 0 & 0 \end{pmatrix}$인 경우, $\begin{pmatrix} 1 & 0 \\ 0 & 0 \end{pmatrix} = \begin{pmatrix} 1 & a \\ 0 & 0 \end{pmatrix}\begin{pmatrix} 1 & -a \\ 0 & 1 \end{pmatrix} \in J$이다. 이 때,

$\begin{pmatrix} 1 & 0 \\ 0 & 1 \end{pmatrix} = \begin{pmatrix} 1 & 0 \\ 0 & 0 \end{pmatrix} + \begin{pmatrix} 0 & 1 \\ 1 & 0 \end{pmatrix}\begin{pmatrix} 1 & 0 \\ 0 & 0 \end{pmatrix}\begin{pmatrix} 0 & 1 \\ 1 & 0 \end{pmatrix} \in J$이므로, $J = R$이다.

위의 계산에서 $rkA = 1$인 경우에 $\begin{pmatrix} 1 & 0 \\ 0 & 1 \end{pmatrix} = BAC + B'AC'$의 꼴로 나타나며, A는 단원(정칙행렬)이 아니다. 그러나 가환환의 경우에는 정리 3.6.13의 역이 성립한다.

정리 3.6.15

R이 단위원 1을 갖는 가환환이고 m이 R의 이데알일 때,

(1) R은 체 $\Leftrightarrow$ (0)는 극대이데알

(2) R/m은 체 $\Leftrightarrow$ m은 극대이데알

증명 (1)과 (2)는 동치명제이다. 또 정리 13에서 $\Rightarrow$을 증명하였으므로, 2)의 $\Leftarrow$만 증명한다. m이 R의 극대이데알이면, 모든 $a \in R \setminus m$에 대하여 이데알 $Ra + m = R$이다. 그러므로 모든 $a \in R \setminus m$에 대하여 $ba + \alpha = 1$인 $b \in R$, $\alpha \in m$이 존재한다. 이제 R/m에서

계산을 하면, 모든 $\bar{a} \neq \bar{0}$인 $\bar{a} \in R/m$에 대하여 $\bar{1} = \overline{ba+\alpha} = \bar{b}\bar{a} + \bar{\alpha} = \bar{b}\bar{a}$인 $\bar{b} \in R/m$이 있다. 따라서 R/m은 체이다.

정리 3.6.16

R이 단위원 1을 갖는 가환환일 때, R의 극대이데알은 소이데알이다.

증명 m은 극대이데알 $\Leftrightarrow$ R/m은 체
$\Rightarrow$ R/m은 정역
$\Leftrightarrow$ m은 소이데알

보기 3.6.17

정수환 $\mathbb{Z}$의 이데알 I는 적당한 $n \geq 0$에 대하여 $I = n\mathbb{Z}$이다.

(1) $n = 0$이면, $0\,\mathbb{Z} = (0)$는 소이데알이나($\mathbb{Z}/(0) \cong \mathbb{Z}$는 정역), 극대이데알은 아니다.

(2) $n = 1$이면, $n\mathbb{Z} = \mathbb{Z}$는 소이데알이 아니다.

(3) $n = p$ 소수이면, $p\mathbb{Z}$는 극대이데알이다($\mathbb{Z}/p\mathbb{Z} \cong \overline{\mathbb{Z}}_p$는 체).

(4) $n \geq 2$가 소수가 아니면, $n = ab\ (a, b \geq 2)$이다. 이 때, $ab = n \in n\mathbb{Z}$이지만, $a \notin n\mathbb{Z}$이고 $b \notin n\mathbb{Z}$이므로, $n\mathbb{Z}$는 소이데알이 아니다.

보기 3.6.18

$R = C[0,1] = \{f \mid f : [0,1] \to \mathbb{R}, \text{연속}\}$일 때, $m = \left\{ f \in R \mid f(\frac{1}{2}) = 0 \right\}$은 R의 극대이데알이다.

$\phi : C[0,1] \to R$, $\phi(f) = f\left(\frac{1}{2}\right)$로 정의하면, 다음과 같이 ϕ는 준동형이다.

$$\phi(f+g) = (f+g)\left(\frac{1}{2}\right) = f\left(\frac{1}{2}\right) + g\left(\frac{1}{2}\right) = \phi(f) + \phi(g),$$

$$\phi(fg) = fg\left(\frac{1}{2}\right) = f\left(\frac{1}{2}\right)g\left(\frac{1}{2}\right) = \phi(f)\phi(g)$$

또, 임의의 실수 r에 대하여 f_r을 상수함수 r이라 하면(즉, $f_r(x) = r$, $x \in [0,1]$), $\phi(f_r) = f_r\left(\frac{1}{2}\right) = r$이므로, ϕ는 전사이다. $\ker\phi = m$이고, 제 1 동형정리에 의하여, ϕ는

동형 $\overline{\phi} : C[0,1]/m \xrightarrow{\cong} \mathbb{R}$ 를 유도한다. $\mathbb{R}$ 이 체이므로, 정리 15에 의하여 m은 극대이데알이다.

▶▶ 연습문제 3.6

1. $\overline{\mathbb{Z}}_{42}$에서 다음을 구하여라.

(1) 이데알의 개수
(2) 2 의 동반원의 개수
(3) 2 의 배수의 개수
(4) 10 의 배수의 개수
(5) 3 의 배수의 개수
(6) 33 의 배수의 개수
(7) 6 의 약수의 개수
(8) 30 의 약수의 개수

2. 다음에 해당하는 원소를 모두 구하여라.

(1) $\overline{\mathbb{Z}}_{12}$에서 6 의 약수
(2) $\overline{\mathbb{Z}}_{18}$에서 6 의 약수
(3) $\overline{\mathbb{Z}}_{42}$에서 6 의 약수
(4) $\overline{\mathbb{Z}}_{42}$에서 7 의 약수

3. 다음의 $\overline{\mathbb{Z}}_n$에서 이데알과 소이데알, 극대이데알을 각각 구하여라.

(1) $\overline{\mathbb{Z}}_{12}$ (2) $\overline{\mathbb{Z}}_{101}$ (3) $\overline{\mathbb{Z}}_{102}$ (4) $\overline{\mathbb{Z}}_{343}$

4. 다음을 만족하는 n을 구하여라.

(1) $\overline{\mathbb{Z}}_n$의 소이데알이 3 개인 가장 작은 n
(2) $\overline{\mathbb{Z}}_n$의 극대이데알이 2 개인 가장 작은 세 자릿 수 n
(3) $\overline{\mathbb{Z}}_n$의 극대이데알이 2 개인 가장 큰 세 자릿 수 n

5. p가 소수일 때, $\mathbb{Z}_{p\mathbb{Z}} = \left\{ \frac{a}{b} \mid a, b \in \mathbb{Z},\ p \nmid b \right\}$의 소이데알과 극대이데알을 모두 구하여라.

6. p가 소수일 때, $\mathbb{Z}_{p^\infty} = \left\{ \frac{a}{p^n} \mid a, n \in \mathbb{Z} \right\}$의 소이데알과 극대이데알을 모두 구하여라.

7. R이 단위원 1을 갖는 가환환이고, P가 R의 소이데알로서 R/P가 유한집합이다. P가 R의 극대이데알임을 증명하여라.

8. 사원수환 $\mathbb{H} = \{a_0 + a_1 i + a_2 j + a_3 k \mid a_i \in \mathbb{R}\}$의 이데알을 모두 구하여라.

9. 정수 m이 완전제곱수가 아닐 때, 이차체 $\mathbb{Q}[\sqrt{m}]$의 이데알을 모두 구하여라.

10. 다음을 명제가 맞으면 증명하고, 틀린 명제이면 반례를 들어라.

(1) $\mathbb{Z}[\sqrt{2}]$의 이데알 $2\mathbb{Z}[\sqrt{2}] = \{2a + 2b\sqrt{2} \mid a, b \in \mathbb{Z}\}$는 $\mathbb{Z}[\sqrt{2}]$의 소이데알이다.

(2) $\mathbb{Z}[\sqrt{2}]$의 이데알 $\sqrt{2}\,\mathbb{Z}[\sqrt{2}] = \{2b + a\sqrt{2} \mid a, b \in \mathbb{Z}\}$는 $\mathbb{Z}[\sqrt{2}]$의 극대이데알이다.

***11.** $\mathbb{H}(\overline{\mathbb{Z}}_p) = \{a_0 + a_1 i + a_2 j + a_3 k \mid a_i \in \overline{\mathbb{Z}}_p\}$에 대하여 다음을 증명하여라.

(1) $\mathbb{H}(\overline{\mathbb{Z}}_p)$는 나눗셈환이 아니다.

(2) p가 홀수 소수일 때, $\mathbb{H}(\overline{\mathbb{Z}}_p)$의 이데알은 (0)과 $\mathbb{H}(\overline{\mathbb{Z}}_p)$ 뿐이다.

***12.** m이 $C[0,1] = \{f \mid f : [0,1] \to \mathbb{R}, \text{연속}\}$의 극대이데알이면, 적당한 $c \in [0,1]$에 대하여 $m = \{f \in C[0,1] \mid f(c) = 0\}$임을 증명하여라.

13. **(중등교원 임용시험 2017년 전공A #3)**

환 $\mathbb{Z}_{60}$의 잉여환으로 나타내어지는 모든 체의 직적을 R이라 하자. 환 R의 표수를 구하여라.

14. 유한환 $\overline{\mathbb{Z}}_{3500}$에서 다음의 해당하는 원소의 개수나 부분집합의 개수를 각각 구하여라.

(1) 단원

(2) 영인자

(3) 멱영원

(4) 멱등원

(5) 이데알

(6) 소이데알

(7) 극대이데알

3.7 유클리드정역과 단항이데알정역

6 절에서는 일반적인 가환환에서의 정의와 기본적인 정리를 다루었으며, 이 절에서는 정수환이나 체를 계수로 하는 일변수 다항식환과 같은 단항이데알 정역을 위주로 다룬다.

정수환에서는 나눗셈을 할 수 있고(유클리드정역), 정수환의 모든 이데알은 한 개의 원소로 생성할 수 있으며(단항이데알정역), 또 정수환에서는 소인수분해할 수 있다(유일인수분해정역).

유클리드는 나눗셈을 이용하여 두 자연수의 최대공약수를 계산하였는데, 일반적으로 유일인수분해정역에서 최대공약수를 구할 수 있다. 또 유클리드는 계산의 기본정리라고 불리는 정수의 유일인수분해성을 설명하였는데, 계산의 기본정리가 오늘날과 같은 방법으로 서술되고 증명된 것은 1801년 가우스가 발표한 '수론 연구(Disquiotione Arithmeticae)'에서 이다.

이 절의 내용은 학교수학의 자연수의 나눗셈(수학3), 유리수의 나눗셈(수학5), 단항식과 다항식의 나눗셈(수학8), 다항식의 나눗셈(수학10)과 연결된다.

정의 3.7.1

정역 D에 다음의 조건을 만족하는 함수 d가 있을 때, D(또는 (D, d))를 **유클리드정역**(a Euclidian domain)이라 한다.

$d: D \setminus (0) \to S, \qquad S = \{n \mid n \in \mathbb{Z}, n \geq 0\}$

(i) 모든 $a, b \in D$, $a \neq 0$, $b \neq 0$에 대하여 $d(ab) \geq d(a)$이다.

(ii) (나눗셈) 모든 $a, b \in D$, $b \neq 0$ 에 대하여 $q, r \in D$이 있어서,

$$a = bq + r \text{ 이며, } r = 0 \text{ 또는 } d(r) < d(b) \text{ 이다.}$$

위의 정의에서 d를 **유클리드노름**(the Euclidean norm), q를 **몫**(the quotient), r을 **나머지**(the remainder)라 한다.

보통 $d(0)$은 $undefined$, $-\infty$, -1 중 하나로 정해서 쓴다.

정의 1의 (ii)가 나눗셈을 정의하는 식이며, 경우에 따라 두 가지 이상의 나눗셈식이 가능하다(다음의 보기와 보기 3.8.3).

학교수학의 수학3에서 자연수의 나눗셈을 다룬다. 이는 정수환이 유클리드정역이라는 사실을 자연수에 적용한 것이다.

보기 정수환 $(\mathbb{Z}, d)$는 다음과 같이 유클리드정역이다.

$a \in \mathbb{Z}\,(a \neq 0)$에 대하여 $d(a) = |a|$로 정의하자. 이 때, $a,\ b \in \mathbb{Z}\,(a \neq 0,\ b \neq 0)$에 대하여 $|ab| = |a||b| \geq |a|$이어서 정의 1의 (i)을 만족한다.

$a, b \in \mathbb{Z}\,(b \neq 0)$에 대하여 $\left|\dfrac{a}{b} - q\right| \leq \dfrac{1}{2}$를 만족하는 $q \in \mathbb{Z}$를 택한다. 이 때, $r = a - bq$라 하면,

$$|r| = |a - bq| = |b|\left|\frac{a}{b} - q\right| \leq \frac{1}{2}|b| < |b|$$

이다. 따라서 정의 1의 (ii)를 만족하고 $(\mathbb{Z}, d)$ 유클리드정역이다.

정수환의 나눗셈에서 나머지가 0이 아닌 경우는 두 가지의 나눗셈식이 나타난다. $27 \div 5$나 $-31 \div 5$의 경우 각각 다음과 같다.

(1) $27 = 5 \times 5 + 2,\ d(2) < d(5)$ 또는 $27 = 5 \times 6 + (-3),\ d(-3) < d(5)$

(2) $-31 = 5 \times (-6) + (-1),\ d(-1) < d(5)$ 또는 $-31 = 5 \times (-7) + 4,\ d(4) < d(5)$

체는 유클리드 정역의 가장 간단한 보기로 체에서의 나눗셈은 다음의 자명한 경우뿐이다.

정리 3.7.2

체 F는 다음의 나눗셈에 의하여 유클리드정역이다.

(1) $d: F^* \to S$는 모든 $a \in F^*$에 대하여 $d(a) = 0$ (상수값)이고,

$a, b \in F,\ b \neq 0$에 대하여 $a \div b$는 $a = b(ab^{-1}) + 0$, 즉 $q = ab^{-1},\ r = 0$이다.

(2) 체 F의 나눗셈은 (1)의 경우뿐이다.

증명 (1) 모든 $a \in F^*$에 대하여 $d(a) = 0$으로 정의하면, $a, b \in F^*$에 대하여 (i)의 조건 $d(a) \leq d(ab)$를 만족한다.

$a, b \in F,\ b \neq 0$에 대하여 $a = b(ab^{-1}) + 0$, 즉 $q = ab^{-1},\ r = 0$는 (ii)를 만족한다. 따라서 체 F는 유클리드정역이다.

(2) 체 (F, d)가 유클리드정역이고, 유클리드 노름 d가 정의 1을 만족한다고 하자. 이 때, $a, b \in F^*$에 대하여 조건 (i)에 의하여

$$d(a) \leq d(a \cdot a^{-1}b) = d(b) \leq d(b \cdot b^{-1}a) = d(a)$$

이다. 그러므로 $d(a) = d(b)$이고, $d(a)$는 S의 한 값으로 정하면 된다.

이제 (F, d)가 (ii)를 만족하기 위해서는 나머지 $r = 0$이며, 몫 $q = ab^{-1}$이다.

따라서 나눗셈 $a \div b$는

$$a = b(ab^{-1}) + 0$$

인 경우뿐이다.

학교수학의 수학5에서 분수(유리수)의 나눗셈은 나누는 수의 역수를 곱한다. 즉, 이 나눗셈은 유리수체 $\mathbb{Q}$ 에서의 나눗셈이다. 또 수학8의 단항식과 다항식의 나눗셈에서는 나누는 식의 역수(reciprocal)를 곱한다. 이 나눗셈은 이 식들을 포함하는 유리식체에서의 나눗셈이다. 예를 들면, $2a^2x \div 5abx^3 = \dfrac{2a}{5bx^2}$ 는 이 식들을 포함하는 유리식체 $\mathbb{Q}(a, b, x)$ 에서의 나눗셈이다(유리식체는 정의 3.9.15를 참고).

수학10에서 다항식의 나눗셈은 유리수계수 일변수 다항식환 $(\mathbb{Q}[x], d)$의 나눗셈이며, 이때, $d(f(x)) = \deg(f(x))$이다. 이는 정리 3.9.11에서 F가 체일 때, $(F[x], d = \deg)$ 유클리드정역임을 증명하는 과정이다.

정리 3.7.3

(D, d)가 유클리드정역이고, $a, b, s \in D$, $b \neq 0$이고 $b = sa$일 때,

(1) s가 단원이면 $\Leftrightarrow$ $d(a) = d(b)$

(2) s가 단원이 아니면 $\Leftrightarrow$ $d(a) < d(b)$

증명 (1) $\Rightarrow$) s가 단원이고 $ts = 1$이라 하자.
$d(a) \leq d(sa) \leq d(t(sa)) = d(a)$이므로, $d(a) = d(b)$이다.

(2) $\Rightarrow$) s가 단원이 아니고, $d(a) = d(b)$라 하자. a를 b로 나누면,
$a = bq + r$ $(q, r \in D)$이고, $r = 0$ 또는 $d(r) < d(b) = d(a)$이다. 그런데 $r = a - bq = a(1 - sq)$은 a의 배수이므로 $r = 0$이고, $sq = 1$이다. 이는 s가 단원이 아니라는데 모순이며, $d(a) < d(b)$이다.

(1)과 (2)의 $\Leftarrow$) s가 단원이거나 단원이 아닌 둘 중 한 가지만 성립하므로 $\Leftarrow$는 위의 증명의 따름 결과가 된다.

정의 3.7.4

정역 D의 모든 이데알 I가 하나의 원소로 생성될 때, 즉, $I = (a)$, $a \in R$일 때, D를 **단항이데알정역**(a principal ideal domain)이라 한다.

체 F의 이데알은 (0)과 $F=(1)$뿐이므로, 체는 단항이데알정역이다.

다음 정리의 증명은 정수환 $\mathbb{Z}$가 단항이데알정역이라는 증명과 같다. 즉, $\mathbb{Z}$의 이데알 I에 대하여 $I=n\mathbb{Z}$인 n을 찾는 것과 같은 계산이다(정리 3.3.2).

정리 3.7.5

(D, d)가 유클리드정역이면, D는 단항이데알정역이다.

증명 D의 이데알 $I=(0)$은 단항이데알이므로, $I\neq(0)$인 경우를 증명하자.
$I\neq(0)$인 D의 이데알 I에 대하여 $S=\{d(a) \mid a\neq 0, a\in I\}$라 하면, S는 0 이상의 정수의 부분집합이므로 자연수의 정렬성을 적용할 수 있다. 즉, $m=\min S$가 존재하며, 적당한 $b\in I\,(b\neq 0)$가 있어서 모든 $a\in I\,(a\neq 0)$에 대하여 $m=d(b)\leq d(a)$이다.
이제 다음과 같이 $I=(b)$임을 볼 수 있다.
($\supseteq$) $b\in I$이므로, $(b)\subseteq I$이다.
($\subseteq$) $a\in I$에 대하여 a를 b로 나누면, $a=bq+r\ (q, r\in D)$, $r=0$ 또는 $d(r)<d(b)$.
$r=a-qb\in I$이고 $d(b)=\min S$이므로, $r=0$이다. 즉, $a=qb\in(b)$이다. ■

단항이데알정역과 유클리드정역은 다르다. 단항이데알정역이지만 유클리드정역이 아닌 보기로 다음의 A_{-19}가 있다(A_{-19}는 $\mathbb{Q}[\sqrt{-19}]$의 부분환이다).

$$A_{-19}=\left\{\frac{a+b\sqrt{-19}}{2} \mid a, b\in\mathbb{Z},\ a\equiv b\ (\mathrm{mod}\ 2)\right\}$$

다음의 정리에서와 같이 단항이데알정역에서 극대이데알은 기약원으로 생성되는 단항이데알이다. 또 기약원은 소원이 된다.

정리 3.7.6

D가 단항이데알정역이고, $p\in D$가 $p\neq 0$, p가 단원이 아닐 때, 다음은 서로 동치이다.

(1) p는 기약원이다. (2) (p)는 극대이데알이다.
(3) $D/(p)$는 체이다. (4) $D/(p)$는 정역이다.
(5) (p)는 소이데알이다. (6) p는 소원이다.

증명 (2) $\overset{3.6.15}{\longleftrightarrow}$ (3) $\overset{3.2.5}{\longrightarrow}$ (4) $\overset{3.6.12}{\longleftrightarrow}$ (5) $\overset{3.6.11}{\longleftrightarrow}$ (6) $\overset{3.6.6}{\longrightarrow}$ (1)이고, (1)$\Longrightarrow$(2)만 증명하면 된다.
p가 기약원이고, D의 이데알 I가 $(p)\subseteq I\subseteq D$라고 하자. D가 단항이데알정역이므로 $I=(a)$인 $a\in D$가 있다. $p=1p\in(p)\subseteq(a)$이므로, $p=ra\,(r\in D)$이다. p가 기약원

이므로 r은 D의 단원 또는 a가 D의 단원이다. r이 단원이면, p와 a는 동반원이고, $(p)=I$이다. a가 단원이면, $I=D$이다. 따라서 (p)는 극대이데알이다. ■

정의 3.7.7

D가 정역이고, $a_1, \cdots, a_n \in D$일 때,

(1) (i)과 (ii)를 만족하는 $d \in D$를 $a_1, \cdots, a_n$의 **최대공약수**(the greatest common divisor, $d = \gcd(a_1, \cdots, a_n)$)라고 한다.

(i) $d \mid a_i \ (1 \le i \le n)$

(ii) $d' \in D$이 $d' \mid a_i \ (1 \le i \le n) \Rightarrow d' \mid d$

(2) (iii)과 (iv)를 만족하는 $l \in D$을 $a_1, \cdots, a_n$의 **최소공배수**(the least common multiple, $l = lcm(a_1, \cdots, a_n)$)라고 한다.

(iii) $a_i \mid l \ (1 \le i \le n)$

(iv) $l' \in D$이 $a_i \mid l' \ (1 \le i \le n) \Rightarrow l \mid l'$

주의 3.7.8

d와 d'이 $a_1, \cdots, a_n$의 최대공약수이면, 조건 (ii)에 의하여 d와 d'은 동반원이다. 또 $a_1, \cdots, a_n$의 최대공약수의 동방원인 원소도 $a_1, \cdots, a_n$의 최대공약수이다. 이는 최소공배수일 때도 마찬가지이다. 즉, 최대공약수(또는 최소공배수)는 하나의 원소로 정의되지 않고 동반원인 원소가 모두 최대공약수(또는 최소공배수)이다.

단항이데알정역에서 최대공약수와 최소공배수는 다음의 정리에서와 같이 단항이데알의 생성원으로 나타난다. 이 정리의 증명과정은 정리 3.3.7의 경우와 같다.

정리 3.7.9

단항이데알정역 D의 원소 $a_1, \cdots, a_n$에 대하여

(1) $(a_1, \cdots, a_n) = (d)$일 때, $d = \gcd(a_1, \cdots, a_n)$이다.

(2) $(a_1) \cap \cdots \cap (a_n) = (l)$일 때, $l = lcm(a_1, \cdots, a_n)$이다.

증명 D가 단항이데알정역이므로, $(a_1, \cdots, a_n) = (d)$이고 $(a_1) \cap \cdots \cap (a_n) = (l)$인 단항생성원 d와 l이 각각 존재한다.

(1) $a_i = 0a_1 + \cdots + 1a_i + \cdots + 0a_n \in (a_1, \cdots, a_n)$ 이므로, 모든 $a_i \in (a_1, \cdots, a_n) = (d)$ 이다. 그러므로 $d \mid a_i$ 이다.
이제 $d' \mid a_i$ $(1 \le i \le n)$이고, $r_i' d' = a_i$ $(r_i' \in D)$라 하자. $d \in (d) = (a_1, \cdots, a_n)$ 이므로 $d = s_1 a_1 + \cdots + s_n a_n$ $(s_i \in D)$이다.
따라서 $d = s_1 a_1 + \cdots + s_n a_n = (s_1 r_1' + \cdots + s_n r_n') d'$ 이고 $d' \mid d$ 이다. d가 (i)과 (ii)를 만족하므로 $d = \gcd(a_1, \cdots, a_n)$이다.

(2) $l \in (l) = (a_1) \cap \cdots \cap (a_n)$ 이므로 $l \in (a_i)$, 즉, $a_i \mid l$ 이다$(1 \le i \le n)$.
이제 $a_i \mid l'$ $(1 \le i \le n)$이면, $l' \in (a_1) \cap \cdots \cap (a_n) = (l)$ 이므로 $l \mid l'$ 이다. 따라서 $l = lcm(a_1, \cdots, a_n)$이다. ■

정의 3.7.10

정역 D가 다음을 만족할 때, D를 **유일인수분해정역**(UFD; a unique factorization domain)이라 한다.
a가 단원이 아니고 $a \neq 0$인 D의 모든 원소 a에 대하여
(i) $a = p_1 \cdots p_r$ $(p_1, \cdots, p_r$은 D의 기약원이고 $r \ge 1)$
(ii) $a = p_1 \cdots p_r = q_1 \cdots q_s$이고, p_i, q_j가 D의 기약원
$\Rightarrow r = s$이고, 곱의 순서를 적절히 바꾸면 $p_i = u_i q_i$ (u_i는 D의 단원, $1 \le i \le n$).

즉, 정역 D의 원소가 유한개의 기약원의 곱(조건 i)으로 유일하게 인수분해(조건 ii)될 때, D를 유일인수분해정역이라 한다. 정역 D가 (조건 i)을 만족하면 D를 **인수분해정역**(FD; a factorization domain)이라 한다.

정리 3.7.11

D가 단항이데알정역이면, D는 유일인수분해정역이다.

증명 단원도 아니고 영도 아닌 D의 원소 중 유한개의 기약원의 곱이 아닌 원소 a_1이 있다고 가정하자.
우선 a_1이 기약원이 아니다. 그러므로 a_1은 단원이 아닌 두 원소 b_1과 c_1의 곱이다. 즉, $a_1 = b_1 c_1$. 또, a_1이 유한개의 기약원의 곱이 아니므로, b_1과 c_1 둘 중 하나는 유한개의 기약원의 곱이 아니다. b_1이 아닌 경우 $b_1 = a_2$라 하자 (c_1이 아닌 경우는 $c_1 = a_2$). 이때, c_1이 단원이 아니므로 $(a_1) \subsetneq (a_2)$이다.
$n \ge 1$에 대하여 단원도 아니고 영도 아닌 D의 원소 a_n이 유한개의 기약원의 곱이 아

닐 때, 귀납적으로 다음과 같이 a_{n+1}을 만든다.
우선 a_n이 기약원이 아니다. 그러므로 a_n은 단원이 아닌 두 원소 b_n과 c_n의 곱이다. 즉, $a_n = b_n c_n$. 또, a_n이 유한개의 기약원의 곱이 아니므로, b_n과 c_n 둘 중 하나는 유한개의 기약원의 곱이 아니다. b_n이 아닌 경우 $b_n = a_{n+1}$하자(c_n이 아닌 경우는 $c_n = a_{n+1}$). 이 때, c_n이 단원이 아니므로 $(a_n) \subsetneq (a_{n+1})$이다.
$I = \bigcup_{i=1}^{\infty}(a_i)$ 는 D의 이데알이다. (왜냐하면, $x, y \in I$일 때, $x \in (a_i), y \in (a_j)$이다. $i \le j$인 경우 $(a_i) \subseteq (a_j)$이고, $x - y \in (a_j) \subseteq I$이다. $j \le i$인 경우는 $x - y \in (a_i) \subseteq I$이다. 또 $r \in D$에 대하여 $rx \in (a_i) \subseteq I$이다.)
D가 단항이데알정역이므로, $I = \bigcup(a_i) = (d)$인 원소 d가 있다. $d \in I$이므로 적당한 N에 대하여, $d \in (a_N)$이다. 이 때, $I = (d) \subseteq (a_N) \subseteq I$이므로, $(a_N) = (a_{N+1}) = I$가 되어 모순이다. 그러므로 D에 유한개의 기약원의 곱이 아닌 원소는 없다.
이제 $a = p_1 \cdots p_r = q_1 \cdots q_s$이고, p_i, q_j가 D의 기약원이라 하자. D가 단항이데알정역이므로, 모든 p_i는 소원이다(정리 6). $p_1 | q_1 \cdots q_s$과 소원의 정의에 의하여, 적당한 q_j에 대하여 $p_1 | q_j$이다. $p_1 | q_1$이라 하자. $q_1 = u_1 p_1$ $(u_1 \in D)$일 때, q_1이 기약원이므로 u_1은 단원이다. r에 관한 귀납법에 의하여, $r = s$이고 $q_i = u_i p_i$ (u_i는 D의 단원)이다.

■

유일인수분해정역이나 단항이데알정역 아닌 보기는 정수계수 다항식환 $\mathbb{Z}[x]$, 유리수계수 이변수 다항식환 $\mathbb{Q}[x,y]$ 등으로 10절에서 다룬다(3.10.11).

정리 3.7.12

D가 인수분해정역일 때,

$$D\text{가 유일인수분해정역} \Leftrightarrow D\text{의 모든 기약원이 소원이다.}$$

증명 $\Leftarrow$) 정리 11의 증명 중 마지막 부분이 D가 인수분해정역일 때 모든 기약원이 소원이면, D가 유일인수분해정역임을 증명하는 부분이다.
$\Rightarrow$) D가 유일인수분해정역이고 p가 D의 기약원이라 하자. $p | ab$ $(a, b \in D)$이면, $rp = ab$ $(r \in D)$이다. 이제 r, a, b를 기약원의 곱으로 인수분해할 때, D가 유일인수분해정역이므로 양변이 같은 기약원의 곱으로 나타난다. 따라서 $p | a$ 또는 $p | b$이다.

■

위의 증명에서와 같이 소원에 의한 인수분해(소인수분해)는 유일인수분해가 된다.
정수를 소인수분해하여 두 정수의 최대공약수와 최소공배수를 구하는 방법으로 유일인수분해정역에서도 최대공약수와 최소공배수를 구할 수 있다.

정리 3.7.13

유일인수분해정역 D의 두 원소 a, b의 최대공약수 d와 최소공배수 l은 다음과 같다.

$a = p_1^{m_1} \cdots p_k^{m_k}$, $b = p_1^{n_1} \cdots p_k^{n_k}$ (p_i는 서로 다른 기약원, $m_i \geq 0$, $n_i \geq 0$)일 때,

$$d = p_1^{d_1} \cdots p_k^{d_k}, \quad l = p_1^{e_1} \cdots p_k^{e_k} \quad (d_i = \min(m_i, n_i),\ e_i = \max(m_i, n_i))$$

▸▸ 연습문제 3.7

1. (D, d)가 유클리드정역일 때, $U(D) = \{ u \mid d(u) = d(1) \}$임을 증명하여라.

2. (D, d)가 유클리드정역이고, $a, b \in D$가 $d(a) = d(b)$이나, a와 b가 동반원이 아닌 것의 보기를 찾아라.

3. D가 정역이고, $a, b \in D$와 $d = \gcd(a, b)$에 대하여 다음을 증명하여라.

(1) d'이 a와 b의 최대공약수이면, d와 d'은 동반원이다.

(2) e가 d의 동반원이면, e는 a와 b의 최대공약수이다.

4. (Euclid Lemma) 정수 a, b, c가 $a \mid bc$이고 $(a, b) = 1$이면, $a \mid c$임을 증명하여라.

***5.** p가 소수일 때, $\mathbb{Z}_{p\mathbb{Z}}$에 대하여 다음을 증명하여라(연습문제 3.5.2, 3.5.3 참고).

(1) $p\mathbb{Z}_{p\mathbb{Z}} = \left\{ \dfrac{a}{b} \mid a, b \in \mathbb{Z},\ p \mid a,\ p \nmid b \right\}$는 $\mathbb{Z}_{p\mathbb{Z}}$의 극대이데알이다.

(2) I가 $\mathbb{Z}_{p\mathbb{Z}}$의 이데알이면, 적당한 $n \geq 1$에 대하여 $I = p^n \mathbb{Z}_{p\mathbb{Z}}$이다.

(3) $\mathbb{Z}_{p\mathbb{Z}}$는 극대이데알이 $p\mathbb{Z}_{p\mathbb{Z}}$ 하나 뿐인 단항이데알정역이다.

6. $\mathbb{Z}_{2^\infty} = \left\{ \dfrac{a}{2^n} \mid a, n \in \mathbb{Z} \right\}$에서 다음 두 수의 최대공약수와 최소공배수를 가장 작은 양의 정수로 나타내어라(연습문제 3.5.4, 3.5.5 참고).

(1) $28,\ 147$

(2) $-60,\ 75$

(3) $\dfrac{99}{8},\ -264$

(4) $-\dfrac{119}{128},\ -\dfrac{245}{512}$

3.8 가우스정수환 $\mathbb{Z}[i]$

이차체 $\mathbb{Q}[\sqrt{m}\,]$과 부분환 $\mathbb{Z}[\sqrt{m}\,]$에서의 계산은 정수를 이해하는데 도움이 된다. 특히, 가우스정수환 $\mathbb{Z}[i]$의 유일인수분해성과 그를 이용한 계산은 정수론의 문제를 해결하는 도구가 된다. 예를 들면, $4n+1$ 꼴의 소수가 두 제곱수의 합이라는 페르마의 정리(정리 3.8.5)도 $\mathbb{Z}[i]$의 유일인수분해성(3.8.2)을 이용하여 증명할 수 있다.

다음 정리에서는 $m=-2,-1,2,3$에 대하여 같은 계산으로 $\mathbb{Z}[\sqrt{m}\,]$이 유클리드정역임을 증명한다. 따라서 $m=-1$인 가우스 정수환 $\mathbb{Z}[i]$는 유일인수분해정역이다(3.7.5, 3.7.11).

정리 3.8.1

$m=-2,-1,2,3$일 때, $\mathbb{Z}[\sqrt{m}\,]$은 유클리드정역이다.

증명 먼저 $\alpha=r+s\sqrt{m}\in\mathbb{Q}[\sqrt{m}\,]$에 대하여 $d(r+s\sqrt{m}\,)=|N(r+s\sqrt{m}\,)|=|r^2-ms^2|$으로 정의하면, 모든 $\alpha,\ \beta\in\mathbb{Q}[\sqrt{m}\,]$에 대하여 다음이 성립한다.

$$d(\alpha\beta)=|N(\alpha\beta)|=|N(\alpha)N(\beta)|=|N(\alpha)||N(\beta)|=d(\alpha)d(\beta)$$

특히 $\alpha,\beta\in\mathbb{Z}[\sqrt{m}\,]$ $(\alpha\neq 0,\beta\neq 0)$일 때 $d(\alpha)$, $d(\beta)$는 양의 정수이므로, $d(\alpha)d(\beta)\geq d(\alpha)$이다(정의 3.7.1(i)).

모든 $\alpha,\beta\in\mathbb{Z}[\sqrt{m}\,]$, $\beta\neq 0$에 대하여 $\dfrac{\alpha}{\beta}\in\mathbb{Q}[\sqrt{m}\,]$이고, $\dfrac{\alpha}{\beta}=s+t\sqrt{m}$ $(s,t\in\mathbb{Q})$이다.

두 정수 a,b를 $|s-a|\leq\dfrac{1}{2}$, $|t-b|\leq\dfrac{1}{2}$가 되도록 택하고, 몫 q와 나머지 r을 다음과 같이 한다.

$$q=a+b\sqrt{m}\in\mathbb{Z}[\sqrt{m}\,],\qquad r=\alpha-\beta q\in\mathbb{Z}[\sqrt{m}\,]$$

이제 $d(r)=d(\alpha-\beta q)=d\left(\beta\left(\dfrac{\alpha}{\beta}-q\right)\right)=d(\beta)\,d\left(\dfrac{\alpha}{\beta}-q\right)$이다.

$(s-a)^2\leq\dfrac{1}{4}$, $(t-b)^2\leq\dfrac{1}{4}$이므로, $m=-2,-1,2,3$의 각각의 경우에 대하여 다음이 성립한다.

$$d\left(\frac{\alpha}{\beta}-q\right)=d((s-a)+(t-b)\sqrt{m}\,)=|(s-a)^2-m(t-b)^2|<1$$

그러므로 d를 $d:\mathbb{Z}[\sqrt{m}\,]\setminus(0)\ \to\ S$인 함수로 고려할 때, $d(r)<d(\beta)$인 나눗셈 식, $\alpha=\beta q+r$이 성립하고(정의 3.7.1(ii)) $\mathbb{Z}[\sqrt{m}\,]$은 유클리드정역이다. ■

$m=-3$ 또는 $m=5$일 때, 다음과 같이 $\mathbb{Z}[\sqrt{m}\,]$에서 인수분해는 유일하지 않다.

$$4 = 2\times 2 = (1+\sqrt{-3})\times(1-\sqrt{-3})$$
$$-4 = (-2)\times 2 = (1+\sqrt{5})\times(1-\sqrt{5})$$

따름정리 3.8.2

$\mathbb{Z}[i]$는 단항이데알정역이며, 유일인수분해정역이다. 특히, $\mathbb{Z}[i]$에서 기약원은 소원이다.

증명 정리 3.7.5, 3.7.11과 3.7.6에 의하여 성립한다. ■

정리 3.8.1의 증명에서 정수 a, b를 $|s-a| \le \frac{1}{2}$, $|t-b| \le \frac{1}{2}$가 되도록 택하므로, s, t에 따라 나눗셈 식은 1, 2, 또는 4 가지가 가능하다.

보기 3.8.3

유클리드정역 $\mathbb{Z}[i]$에서 $\alpha = 15$, $\beta = 3+i$ 일 때, $\alpha \div \beta$는 다음과 같다.

$\frac{\alpha}{\beta} = \frac{9}{2} - \frac{3}{2}i$ 이므로 $a = 4, 5$, $b = -2, -1$의 네 가지가 가능하다.

$$15 = (3+i)(4-2i) + (1-2i), \qquad 15 = (3+i)(4-i) + (2-i)$$
$$15 = (3+i)(5-2i) + (-2+i), \qquad 15 = (3+i)(5-i) + (-1-2i)$$

위의 네 가지 계산에서 모두 $d(r) = 5 < d(\beta) = 10$이다.

정리 3.8.4

p가 $4n+1$ 꼴의 소수이면, 합동식 $x^2 \equiv -1 \pmod{p}$의 해가 존재한다.

증명 윌슨(Wilson)의 정리에 의하여 $(p-1)! \equiv -1 \pmod{p}$이다. $p = 4n+1$이므로 $\frac{p-1}{2} = 2n$은 짝수이다. 그러므로 $\left(\frac{p-1}{2}\right)!$은 짝수개의 자연수의 곱이다.

이제 $g = \left(\frac{p-1}{2}\right)!$이라 하면, 다음의 계산에서와 같이 $g^2 \equiv -1 \pmod{p}$이다.

$$\begin{aligned} -1 &\equiv (p-1)! \equiv 1\times 2\times\cdots\times\frac{p-1}{2}\times\frac{p+1}{2}\times\cdots\times(p-1) \\ &\equiv 1\times 2\times\cdots\times\frac{p-1}{2}\times\left(-\frac{p-1}{2}\right)\times\cdots\times(-1) \equiv g^2 \pmod{p} \end{aligned}$$

■

위의 정리에서 $p = 5$일 때 $g = 2! = 2$이다. 또 $p = 13$일 때 $g \equiv 6! \equiv 5 \pmod{13}$이다.

정리 3.8.5 (페르마의 정리)

p가 $4n+1$ 꼴의 소수이면, 적당한 정수 a, b에 대하여 $p=a^2+b^2$이다.

증명 정리 4에 의하여 $g=\left(\frac{p-1}{2}\right)!$ 이라 할 때, $g^2+1=mp\ (m\in\mathbb{Z})$이다. 이 식을 $\mathbb{Z}[i]$에서 인수분해하면, $(g+i)(g-i)=mp$ 이다.

만일 p가 $\mathbb{Z}[i]$에서 기약원(소원)이라 하면, $p\,|\,g+i$ (또는 $p\,|\,g-i$)이다. 이 때, $p(e+fi)=g+i\ (e,f\in\mathbb{Z})$이고 $pf=1$이 되어 모순이다. 그러므로 p는 $\mathbb{Z}[i]$에서 기약원이 아니고, $\mathbb{Z}[i]$의 단원이 아닌 두 원소, $a+bi$와 $c+di$의 곱이다.

즉, $p=(a+bi)(c+di)$이다. 이 식의 양변의 노름을 계산하면,

$$p\bar{p}=pp=(a+bi)(c+di)(a-bi)(c-di)=(a^2+b^2)(c^2+d^2)$$

$a+bi$, $c+di$가 $\mathbb{Z}[i]$의 단원이 아니므로 $a^2+b^2>1$, $c^2+d^2>1$이다. 위의 식을 유일인수분해정역 $\mathbb{Z}$의 곱으로 볼 때, p는 $\mathbb{Z}$의 기약원이므로, $p=a^2+b^2$이고, $p=c^2+d^2$이다. ■

위의 증명과정에서 나타난 계산은 다음과 같다.

$5=1^2+2^2=(1+2i)(1-2i)$, $13=2^2+3^3=(2+3i)(2-3i)$,

$17=4^2+1^2=(4+i)(4-i)$ $\cdots$

그러나 소수가 아닌 $4n+1$ 꼴의 양의 정수 중에는 두 제곱수의 합이 아닌 것이 있다. 예를 들면, $21=4^2+5=3^2+12=2^2+17=1^2+20$ 이므로 21 은 두 제곱수의 합이 아니다.

또한 $4n+3$ 꼴의 정수는 두 제곱수의 합이 아니다(연습문제 3.8.5).

정리 3.8.6

$\alpha=a+b\sqrt{m}\in\mathbb{Z}[\sqrt{m}]$에 대하여 적당한 소수 p가 있어서

$N(\alpha)=a^2-mb^2=\pm p$ (즉, $N(\alpha)$가 $\mathbb{Z}$의 기약원)이면, α는 $\mathbb{Z}[\sqrt{m}]$의 기약원이다.

증명 α가 $\mathbb{Z}[\sqrt{m}]$의 기약원이 아니라 하자. 즉, $\mathbb{Z}[\sqrt{m}]$의 단원이 아닌 원소 β, γ가 있어서 $\alpha=\beta\gamma$이다. β, γ가 단원이 아니므로, $N(\beta)\neq\pm1$, $N(\gamma)\neq\pm1$이다. 이는 $N(\alpha)=N(\beta)N(\gamma)=\pm p$($p$는 소수)에 모순된다. 따라서 α는 $\mathbb{Z}[\sqrt{m}]$의 기약원이다. ■

위의 정리와 $\mathbb{Z}$와 $\mathbb{Z}[i]$의 유일인수분해성을 이용하면 $\mathbb{Z}[i]$의 기약원을 다 찾을 수 있다.

정리 3.8.7

$\mathbb{Z}[i]$ 의 기약원인 $\alpha=a+bi\ (a,\ b\in\mathbb{Z})$는 다음의 세 가지 중 하나이다.

(1) $N(\alpha)=2$ 인 α. 즉, $\alpha=\pm(1\pm i)$.

(2) $N(\alpha)=p$ 이고, p는 $4n+1$ 꼴의 소수인 α.
즉, $\alpha=\pm(1\pm 2i),\ \pm(2\pm i),\ \pm(2\pm 3i),\ \pm(3\pm 2i),\cdots$.

(3) α는 $4n+3$ 꼴의 정수인 소수. 즉, $\alpha=\pm 3,\ \pm 3i,\ \pm 7,\ \pm 7i,\ \pm 11,\ \pm 11i,\ \cdots$

증명 $\Leftarrow$) 정리 6에 의하여 (1)과 (2)의 α는 $\mathbb{Z}[i]$의 기약원이다.

(3) $\alpha=p$, $p=4n+3$ 꼴의 소수가 $\mathbb{Z}[i]$의 기약원이 아니라 하자. 즉, $\mathbb{Z}[i]$의 단원이 아닌 $a+bi,\ c+di$가 있어서 $p=(a+bi)(c+di)$이다. 양변의 노름을 계산하면,

$$p\bar{p}=pp=(a+bi)(a-bi)(c+di)(c-di)=(a^2+b^2)(c^2+d^2)$$

$\mathbb{Z}$의 유일인수분해성에 의하여, $p=a^2+b^2\ (p=c^2+d^2)$ 이다. 그러나 $4n+3$ 꼴의 정수인 p는 두 제곱수의 합이 아니므로 모순이다. 그러므로 $\alpha=p$가 $4n+3$ 꼴의 소수이면, α는 $\mathbb{Z}[i]$의 기약원이다.

$\Rightarrow$) $\alpha=a+bi$가 $\mathbb{Z}[i]$의 기약원이고, $N(\alpha)=a^2+b^2=p_1\cdots p_l$ (p_i는 소수)라 하자.

$p_1=2=(1+i)(1-i)$인 경우 :

$1+i$는 $\mathbb{Z}[i]$의 기약원(소원)이고 $1+i\mid a^2+b^2=(a+bi)(a-bi)$이므로, $1+i\mid a+bi$이다(또는 $1+i\mid a-bi$이다). $1+i$와 $a+bi$ 둘 다 기약원이므로 $a+bi=\pm(1+i)$ 또는 $a+bi=\pm i(1+i)$ 이다. 즉, (1)의 경우이다.

p_1이 $4n+1$ 꼴의 소수인 경우는 같은 계산으로 (2)의 경우가 된다.

p_1이 $4n+3$ 꼴의 소수인 경우는 p_1이 $\mathbb{Z}[i]$의 기약원(소원)이고,
$p_1\mid a^2+b^2=(a+bi)(a-bi)$이므로, $p_1\mid a+bi$이다(또는 $p_1\mid a-bi$). 이 때, p_1과 $a+bi$ 둘 다 $\mathbb{Z}[i]$의 기약원이므로 $p_1=\pm(a+bi)$. 즉 $b=0$이고, $\alpha=a=p_1$인 (3)의 경우이다. 또는 $p_1=\pm i(a+bi)$. 즉 $a=0$이고, $\alpha=b=p_1$인 (3)의 경우이다. ■

지적 3.8.8

(1) 네 개의 가우스정수 $\pm(1\pm i)$는 다음과 같이 동반원이다.

$$-1(1+i)=-1-i,\quad -i(1+i)=1-i,\quad i(1+i)=-1+i$$

(2) $\alpha=a+bi$ 이고, $|a|\neq|b|$, $ab\neq 0$ 이면, 켤레인 가우스정수 α, $\bar{\alpha}$는 동반원이 아니다. 정리 3.8.7(2)에서 p가 $4n+1$ 꼴의 소수일 때, $N(\alpha)=p$ 인 가우스정수는 8개다. 그 중 4개가 동반원이고, 나머지 4개는 앞의 4개의 켤레원들이다.
예를 들면, $N(\alpha)=5$ 인 가우스정수는 $\pm(1+2i)$, $\pm(2-i)$와 $\pm(1-2i)$, $\pm(2+i)$의 8개다. 그 중 4개의 가우스정수 $\pm(1+2i)$, $\pm(2-i)$가 동반원이고, 이들의 켤레인 4개의 원소 $\pm(1-2i)$, $\pm(2+i)$가 서로 동반원이다.

▶▶ 연습문제 3.8

1. 다음을 증명하여라.

(1) $\alpha = a+bi$ 가 $\mathbb{Z}[i]$의 단원이 아니다 $\Leftrightarrow$ $N(\alpha) = a^2+b^2 > 1$

(2) $\mathbb{Z}[\sqrt{m}\,]$의 단원이 4 개 $\Leftrightarrow$ $m = -1$(즉, $\sqrt{m} = i$)

2. $\mathbb{Z}[i]$ 에서 다음 원소를 포함하는 극대이데알을 모두 구하여라.

(1) 36 (2) 100 (3) 238 (4) 89×109

3. $\mathbb{Z}[i]$ 에서 다음 두 원소를 소인수분해하고, 두 원소의 최대공약수 d 와 최소공배수 l 을 각각 구하여라.

(1) 24, 36 (2) 6, $5+i$

(3) $4+6i$, $5+i$ (4) $-8+14i$, $91+13i$

(5) $49+21i$, 638 (6) 238, $49-161i$

4. 다음 가환환에서 이데알의 개수, 소이데알의 개수, 극대이데알의 개수를 각각 구하여라.

(1) $\mathbb{Z}[i]/(36)$ (2) $\mathbb{Z}[i]/(55)$

(3) $\mathbb{Z}[i]/(4+6i)$ (4) $\mathbb{Z}[i]/(-8+14i)$

5. $4n+3$ 꼴의 정수는 두 제곱수(정수의 제곱수)의 합이 아님을 보여라.

6. 모든 양의 정수는 네 개의 제곱수의 합이다(Lagrange 4 Square Theorem). 양의 정수 중 세 개의 제곱수의 합이 아닌 가장 작은 두 개를 찾아라.

7. (1) $4n+3$ 꼴의 소수가 무한히 많음을 증명하여라.

(2) $6n+5$ 꼴의 소수가 무한히 많음을 증명하여라.

***8.** $4n+1$ 꼴의 소수가 무한히 많음을 증명하여라.

***9.** (1) 양의 정수 a, b가 두 제곱수의 합이면, ab 도 두 제곱수의 합임을 보여라.

(2) 양의 정수 a, b가 네 제곱수의 합이면, ab 도 네 제곱수의 합임을 보여라.

(3) 양의 정수 중에서 두 제곱수의 합으로 나타낼 수 있는 수를 모두 구하여라.

10. (중등교원 임용시험 2012년 1차 #20)
가우스 정수환 $\mathbb{Z}[i]$에 대하여 다음을 설명하여라.
(1) $\mathbb{Z}[i]$는 주이데알 정역이다.
(2) $\mathbb{Z}[i]$의 단원은 4개이다.
(3) $\langle 2 \rangle$는 $\mathbb{Z}[i]$의 극대이데알이 아니다.

11. 다음을 만족하는 가장 작은 자연수 m을 구하여라.
(1) 유한환 $\mathbb{Z}_m$이 12개의 이데알을 갖는다.
(2) 유한환 $\mathbb{Z}_m$이 45 개의 이데알을 갖는다.

12. 가우스 정수환 $\mathbb{Z}[i]$에서 자연수 m으로 생성된 단항이데알 $m\mathbb{Z}[i]$로 잘라 상환인 $\mathbb{Z}[i]/m\mathbb{Z}[i]$를 만들었다($m\mathbb{Z}[i] = \{m(a+bi) \mid a, b \in \mathbb{Z}\}$).
(1) $\mathbb{Z}[i]/m\mathbb{Z}[i]$가 45 개의 이데알을 가질 때, 가장 작은 자연수 m을 구하여라.
(2) $\mathbb{Z}[i]/m\mathbb{Z}[i]$가 12 개의 이데알을 가질 때, 가장 작은 자연수 m을 구하여라.

3.9 다항식과 형식적 멱급수

다항식에 관한 이해와 계산도구는 방정식의 풀이를 위해 필요하다. 체 F를 계수로 하는 다항식환 $F[x]$는 유클리드정역으로(3.9.11), 체론(4장)에서 다루는 주요 과제이다. $f(x)$가 $F[x]$의 기약다항식일 때, $F[x]/(f(x))$에 갈루아이론을 적용하여 방정식 $f(x)=0$의 근을 이해할 수 있고, 또 거듭제곱근($\sqrt[n]{\ }$)으로 방정식의 근을 나타낼 수 있는지 판정할 수 있다. 피타고라스 방정식이나 타원방정식과 같은 정수계수 방정식의 정수해(또는 유리수해)를 찾는 부정방정식의 문제에서도 다항식과 다항식환에 관한 이론은 기본적인 도구가 된다.

수학과 교육과정에서는 수학 7에서 미지수의 도입과 다항식의 계산이 시작되어 수학 8, 수학 9, 수학 10으로 이어지고 있다.

이 절에서는 가환환 R을 계수로 하는 다항식환 $R[x]$에 관한 용어와 기본적인 계산을 다룬다. R이 단위원 1을 갖는 가환환일 때, $R[x]$도 1을 갖는 가환환이므로 3.6 절에 있는 정의와 정리들이 $R[x]$에 그대로 적용된다.

정의 3.9.1

R이 단위원 1을 갖는 가환환이고, x가 미지수일 때,
$f(x)=a_0+a_1x+\cdots+a_mx^m$ $(a_i \in R)$를 R**을 계수로 하는 다항식**(또는 R 위에서의 다항식, a polynomial over R)이라고 한다.

다항식 $f(x)=a_0+a_1x+\cdots+a_mx^m$에서 a_ix_i를 $f(x)$의 **항**(a term of $f(x)$), a_i를 $f(x)$의 **계수**(a coefficient of $f(x)$)라 한다. a_0를 $f(x)$의 **상수항**(the constant term of $f(x)$)이라 하고, $a_m \neq 0$일 때 a_mx^m를 $f(x)$의 **최고차 항**(the highest term of $f(x)$), a_m을 **최고차항의 계수**((the highest coefficient of $f(x)$)라 한다. 또, $f(x)=a_0$일 때, $f(x)$를 **상수다항식**이라 한다. a_0가 0인 상수다항식을 **영다항식**이라 한다.

정의 3.9.2

단위원 1을 갖는 가환환 R 위에서 다항식의 집합을 $R[x]$로 나타낸다. 즉, $R[x]=\left\{f(x) \mid f(x)=a_0+a_1x+\cdots+a_mx^m,\ a_i \in R\right\}$. $R[x]$에서 원소의 상등과 연산은 다음과 같이 정의한다.

$f(x)=a_0+a_1x+\cdots+a_mx^m$, $g(x)=b_0+b_1x+\cdots+b_nx^n \in R[x]$에 대하여,

(i) $f(x)=g(x) \iff a_i=b_i$ (모든 $i \geq 0$)

(ii) $f(x)+g(x)=(a_0+b_0)+(a_1+b_1)x+\cdots+(a_i+b_i)x^i+\cdots$

(iii) $f(x)g(x)=c_0+c_1x+\cdots+c_{m+n}x^{m+n}$, $c_i=a_0b_i+a_1b_{i-1}+\cdots+a_ib_0$

$R[x]$를 R **위에서 다항식환**(the polynomial ring over R)이라 부른다.

정의 2의 조건 (i)은 다음의 (i ′)과 동치이며, x가 미지수임을 말한다.

(i ′) $f(x)=a_0+a_1x+\cdots+a_mx^m=0 \iff a_i=0$ (모든 $i \geq 0$)

정리 3.9.3

R이 단위원 1을 갖는 가환환일 때, R 위에서 다항식환 $R[x]$도 단위원 1을 갖는 가환환이다. 또 R은 $R[x]$의 부분환이다.

$R[x]$의 0은 상수다항식 0이고, 단위원은 상수다항식 1이다. R의 배분법칙과 결합법칙에 의하여 $R[x]$의 배분법칙과 결합법칙이 성립하며, 가환의 성질도 마찬가지이다. 즉,

$f(x)g(x) = c_0 + c_1 x + \cdots + c_{m+n}x^{m+n}$, $\quad c_i = a_0 b_i + a_1 b_{i-1} + \cdots + a_i b_0$일 때,

$c_i = a_0 b_i + a_1 b_{i-1} + \cdots + a_i b_0 = a_i b_0 + \cdots + a_1 b_{i-1} + a_0 b_i = b_0 a_i + \cdots + b_{i-1} a_1 + b_i a_0$이므로 $f(x)g(x) = g(x)f(x)$이다.

지적 3.9.4

$\iota : R \to R[x]$ $(\iota(a) = a)$가 (자연) 단사준동형이므로 R은 $R[x]$의 부분환으로 고려할 수 있다. 즉, R의 원소는 $R[x]$의 상수다항식으로 고려한다. 또 $R[x]$의 상수다항식은 R의 원소로 각각 고려한다.

정의 3.9.5

단위원 1을 갖는 가환환 R 위에서의 다항식 $f(x)$, $f(x) \neq 0$에 대하여

$$f(x) = a_0 + a_1 x + \cdots + a_m x^m, \ a_m \neq 0$$

일 때, m을 $f(x)$의 **차수**(the degree of $f(x)$)라 한다. 간단히 $\deg(f(x)) = m$으로 적는다. 영다항식의 차수는 $-\infty$ 또는 정의하지 않는다(undefined).

최고차항의 지수인 차수는 다항식에 관한 증명에서 가장 많이 쓰는 양이다. 그러나 항이 유한개인 다항식에서는 최고차항의 지수인 차수와 마찬가지로 최저차항의 지수를 이용하여 같은 방법으로 정리들을 증명할 수 있다.

정리 3.9.6

R이 단위원 1을 갖는 가환환이고, $f(x), g(x) \in R[x]$일 때,

(1) $\deg(f(x)g(x)) \leq \deg(f(x)) + \deg(g(x))$

(2) R이 정역이면, $\deg(f(x)g(x)) = \deg(f(x)) + \deg(g(x))$이다.

증명 (1) $\deg(f(x)) = m$, $\deg(g(x)) = n$이고, $f(x) = a_0 + \cdots + a_m x^m$ $(a_m \neq 0)$, $g(x) = b_0 + \cdots + b_n x^n$ $(b_n \neq 0)$이라 하자. 이 때, $f(x)g(x) = a_0 b_0 + \cdots + a_m b_n x^{m+n}$이므로 $\deg(f(x)g(x)) \leq \deg(f(x)) + \deg(g(x))$이다.

(2) R이 정역이면 $a_m b_n \neq 0$이므로, $\deg(f(x)g(x)) = m + n = \deg(f(x)) + \deg(g(x))$이다. ■

R이 정역이 아니면, $\deg(f(x)g(x)) < \deg(f(x)) + \deg(g(x))$가 될 수 있다. 예를 들면, $f(x) = 1 + 6x$, $g(x) = 1 + 6x^2 \in \overline{\mathbb{Z}}_{12}[x]$일 때, $f(x)g(x) = 1 + 6x + 6x^2$이므로

$$\deg(f(x)g(x)) = 2 < \deg(f(x)) + \deg(g(x)) = 3$$

이다.

정리 3.9.7

R이 정역이면, $R[x]$도 정역이다.

증명 $f(x), g(x) \in R[x]$, $f(x) \neq 0$, $g(x) \neq 0$라고 하자. 따라서
$f(x) = a_0 + \cdots + a_m x^n (a_m \neq 0)$, $g(x) = b_0 + \cdots + b_n x^n$ $(b_n \neq 0)$으로 쓸 수 있다. 이 때,
$f(x)g(x) = a_0 b_0 + \cdots + a_m b_n x^{m+n}$이고, R이 정역이므로 $a_m b_n \neq 0$이다. 그러므로
$f(x)g(x) \neq 0$이고, $R[x]$도 정역이다. ■

위의 증명은 정리 3.9.6(2)와 같은 과정이다. 또, 이 증명은 $f(x)$와 $g(x)$의 최저차항을 이용하여 증명할 수 있다.

체는 정역이므로, F가 체일 때, $F[x]$는 정역이다.

보기 3.9.8

다음의 포함관계에 있는 환들은 모두 정역이다.

(1) $\mathbb{Z}[x] \subseteq \mathbb{Q}[x] \subseteq \mathbb{R}[x] \subseteq \mathbb{C}[x]$

(2) $\mathbb{Z}[\sqrt{m}][x] \subseteq \mathbb{Q}[\sqrt{m}][x]$ (m은 제곱수가 아닌 정수)

(3) $\overline{\mathbb{Z}}_p \subseteq \overline{\mathbb{Z}}_p[x]$ (p는 소수)

기약원은 단원을 이용하여 정의한다(정의 3.6.5). 따라서 주어진 환에서 그 환의 단원을 이해하여야 기약원을 찾을 수 있다. 다항식환의 단원을 규명하는 다음의 정리와 보기는 다항식환의 기약원을 찾는데 필수적이다.

정리 3.9.9

R이 정역이면, $U(R[x]) = U(R)$이다. 특히, F가 체일 때, $U(F[x]) = F^*$이다. 즉, $F[x]$의 단원은 0이 아닌 상수다항식이다.

증명 ⊇) $a \in U(R)$이고, $ab=1$ $(b \in R)$이라 하자. 이 때, $a, b, 1$은 $ab=1$을 만족하는 $R[x]$의 상수다항식이고(3.9.3), $a \in U(R[x])$이다.

⊆) $f(x) \in U(R[x])$이고, $f(x)g(x)=1$ ($g(x) \in R[x]$)이라 하자.
R이 정역이므로 $\deg(f(x)g(x)) = \deg(f(x)) + \deg(g(x)) = \deg(1) = 0$이다(3.9.6 (2)). 그러므로 $\deg(f(x)) = \deg(g(x)) = 0$이고, $f(x) = a$, $g(x) = b$ $(a, b \in R)$이다.
a, b는 R의 원소이고(3.9.3), $f(x)g(x) = ab = 1$이므로 $f(x) = a \in U(R)$이다. ■

보기 3.9.10

(1) $U(\mathbb{Z}[x]) = U(\mathbb{Z}) = \{1, -1\}$

(2) $U(\mathbb{Z}[i][x]) = U(\mathbb{Z}[i]) = \{1, -1, i, -i\}$

(3) $U(\mathbb{Q}[x]) = U(\mathbb{Q}) = \mathbb{Q}^*$

(4) $U(\mathbb{Q}[\sqrt{m}][x]) = U(\mathbb{Q}[\sqrt{m}]) = \mathbb{Q}[\sqrt{m}]^*$

$\mathbb{Q}[x]$와 같이 체를 계수로 하는 변수가 한 개인 다항식환, $F[x]$에서는 나눗셈을 할 수 있다.

정리 3.9.11
F가 체일 때, $F[x]$는 유클리드정역이다.

증명 $f(x) \in F[x]$, $f(x) \neq 0$에 대하여, $d(f(x)) = \deg(f(x))$로 정의하자. $f(x) \neq 0$일 때, $\deg(f(x))$는 0 이상의 정수이다. 또, $g(x) \in F[x]$, $g(x) \neq 0$에 대하여 다음과 같이 정의 3.7.1의 (i)을 만족한다.

$$\deg(f(x)g(x)) = \deg(f(x)) + \deg(g(x)) \geq \deg(f(x))$$

이제 $f(x), g(x) \in F[x]$, $g(x) \neq 0$일 때, $\deg(f(x))$에 관한 귀납법으로 나눗셈을 증명하자.

$\deg(f(x)) < \deg(g(x))$인 경우에는 몫 $q(x) = 0$, 나머지 $r(x) = f(x)$이 다음과 같이 정의 3.7.1 (ii)를 만족한다.

$$f(x) = g(x)0 + f(x)$$

$\deg(f(x)) \geq \deg(g(x))$인 경우에 다음과 같이 몫 $q(x)$와 나머지 $r(x)$를 계산한다.

$f(x) = a_m x^m + a_{m-1}x^{m-1} + \cdots + a_0$ $(a_m \neq 0)$,

$g(x) = b_n x^n + b_{n-1}x^{n-1} + \cdots + b_0$ $(b_n \neq 0)$이라 하자$(m \geq n)$.

$f_1(x) = f(x) - a_m b_n^{-1} x^{m-n} g(x)$라 하면, $\deg(f_1(x)) < \deg(f(x))$이다. 그러므로 귀납법에 의하여 $f_1(x) = g(x)q_1(x) + r_1(x)$, $\deg(r_1(x)) < \deg(g(x))$인 $q_1(x), r_1(x) \in F[x]$가 있다. 이 때, $q(x) = a_m b_n^{-1} x^{m-n} + q_1(x)$, $r(x) = r_1(x)$라 하면,

$$f(x) = a_m b_n^{-1} x^{m-n} g(x) + f_1(x) = g(x)\{a_m b_n^{-1} x^{m-n} + q_1(x)\} + r(x)$$
$$= g(x)q(x) + r(x)$$

이고, $\deg(r(x)) < \deg(g(x))$이다. 따라서 $F[x]$는 유클리드정역이다. ■

정리 3.7.5와 3.7.6에 의하여 다음이 성립한다.

따름정리 3.9.12 (중등교원 임용시험 1999년-2 #12)

F가 체일 때, $F[x]$는 단항이데알정역이다.

따름정리 3.9.13

F가 체이고, $f(x) \in F[x]$, $\deg(f(x)) \geq 1$이면, 다음은 서로 동치이다.

(1) $f(x)$는 기약원(기약다항식)이다.
(2) $(f(x))$는 극대이데알이다.
(3) $F[x]/(f(x))$는 체이다.
(4) $F[x]/(f(x))$는 정역이다.
(5) $(f(x))$는 소이데알이다.
(6) $f(x)$는 소원이다.

F가 체이고 $f(x), g(x) \in F[x]$일 때, $F[x]$는 단항이데알정역이므로 정리 3.7.9에서와 같이 $f(x), g(x)$의 최대공약수 $d(x)$와 최소공배수 $l(x)$를 구할 수 있다. 즉,

$(f(x)) + (g(x)) = (d(x))$, $(f(x)) \cap (g(x)) = (l(x))$

정의 3.9.14

R이 단위원 1을 갖는 가환환일 때, R 위에서 유한개의 변수 $x_1, \cdots, x_n$**에 관한 다항식환**은 귀납적으로 정의한다. 즉, $n \geq 1$에 대하여 $R[x_1, \cdots, x_{n-1}]$이 정의되었다고 하면, $R[x_1, \cdots, x_n] = R[x_1, \cdots, x_{n-1}][x_n]$으로 정의한다.

정의 3.9.15

F가 체일 때, 다항식환 $F[x_1, \cdots, x_n]$의 분수체를 $F(x_1, \cdots, x_n)$로 적는다. 즉,

$$F(x_1, \cdots, x_n)$$
$$= \left\{ \frac{f(x_1, \cdots, x_n)}{g(x_1, \cdots, x_n)} \mid f(x_1, \cdots, x_n),\ g(x_1, \cdots, x_n) \in F[x_1, \cdots, x_n],\ g(x_1, \cdots, x_n) \neq 0 \right\}.$$

$F(x_1, \cdots, x_n)$을 변수 $x_1, \cdots, x_n$**에 관한 유리식체(또는 유리함수체)**라 한다.

해석학에서 다루는 급수함수(Maclaurin series)와 같이 대수에서도 형식적 멱급수를 다룬다. 대수의 형식적 멱급수는 수렴의 개념이 없이 형식적으로 표현되는 무한 합으로 나타나는 급수를 말한다. 형식적 멱급수환은 다항식 뿐 아니라 일반적인 가환환의 연구에 쓰이는 중요한 도구이다. 이 절에서는 형식적 멱급수환의 정의와 간단한 성질만을 소개한다.

정의 3.9.16

R이 단위원 1을 갖는 가환환이고, x가 미지수일 때,

(1) $f(x)=\sum_{i=0}^{\infty} a_i x^i = a_0 + a_1 x + \cdots + a_i x^i + \cdots \quad (a_i \in R)$를 R 위에서의 **형식적 멱급수**(a formal power series over R)라고 한다.

(2) $R[[x]] = \left\{ f(x) \mid f(x) = \sum_{i=0}^{\infty} a_i x^i,\ a_i \in R \right\}$를 R 위에서의 **형식적 멱급수환**(a formal power series ring over R)라고 하며, $R[[x]]$에서 원소의 상등과 연산은 다항식에서와 같은 방법으로 정의한다.

$f(x) = a_0 + a_1 x + \cdots + a_i x^i + \cdots,\quad g(x) = b_0 + b_1 x + \cdots + b_i x^i + \cdots \in R[[x]]$에 대하여,

(i) $f(x) = g(x) \quad \Leftrightarrow \quad a_i = b_i$ (모든 $i \geq 0$)

(ii) $f(x) + g(x) = (a_0 + b_0) + (a_1 + b_1)x + \cdots + (a_i + b_i)x^i + \cdots$

(iii) $f(x)g(x) = c_0 + c_1 x + \cdots + c_i x^i + \cdots,\quad c_i = a_0 b_i + a_1 b_{i-1} + \cdots + a_i b_0$

다항식환과 마찬가지로 형식적멱급수 전체의 집합도 1을 갖는 가환환이다.

정리 3.9.17

R이 단위원 1을 갖는 가환환일 때, $R[[x]]$도 1을 갖는 가환환이다. 또 $R \subsetneq R[x] \subsetneq R[[x]]$이다.

R이 정역이고, $f(x), g(x) \in R[[x]]$가 $f(x) \neq 0$, $g(x) \neq 0$라 하자. $f(x)$와 $g(x)$의 0이 아닌 첫 항(최저차항)의 곱이 $f(x)g(x)$의 0이 아닌 첫 항이 되며, $f(x)g(x) \neq 0$이다. 따라서 $R[[x]]$도 정역이다.

정리 3.9.18

R이 정역이면, $R[[x]]$도 정역이다.

멱급수환에서의 단원은 다항식환과 다르게 상수항만 단원이면 된다.

정리 3.9.19

R이 단위원 1을 갖는 가환환이고, $f(x)=\sum a_i x^i \in R[[x]]$일 때,

$$f(x)\text{가 } R[[x]]\text{의 단원} \Leftrightarrow a_0\text{가 } R\text{의 단원}$$

증명 $\Rightarrow$) $f(x) \in U(R[[x]])$이고, $f(x)g(x)=1$ $(g(x)=\sum b_i x^i \in R[[x]])$라 하자. 양변의 상수항을 비교하면, $a_0 b_0 = 1$이므로, a_0는 R의 단원이다.

$\Leftarrow$) (Long Division) a_0가 R의 단원일 때, 식 $1=f(x)g(x)$을 만족하는 $g(x)=\sum b_i x^i$의 계수 b_i를 귀납적으로 구할 수 있다. 즉, $1=f(x)g(x)$의 양변을 비교하면, $1=a_0 b_0$에서 $b_0=a_0^{-1} \in R$이다. 이제 $i \geq 1$에 대하여, $b_0, \cdots, b_{i-1} \in R$이 정해졌다면, $0=a_0 b_i + a_1 b_{i-1} + \cdots + a_i b_0$이고, $b_i = -(a_1 b_{i-1} + \cdots + a_i b_0) a_0^{-1} \in R$이다. 즉, $1=f(x)g(x)$을 만족하는 $g(x)=\sum b_i x^i$가 존재하고, $f(x)$는 $R[[x]]$의 단원이다. ■

▶▶ 연습문제 3.9

1. 다음의 $f(x),\ g(x) \in R[x]$에 대하여 $f(x)g(x)$를 다음의 세 가지 경우에 각각 계산하여라.

(a) $R=\mathbb{Z}$　　(b) $R=\overline{\mathbb{Z}}_{17}$　　(c) $R=\overline{\mathbb{Z}}_{12}$

(1) $f(x)=6,\ g(x)=6+4x+2x^2$

(2) $f(x)=5+3x,\ g(x)=1+6x+8x^2$

(3) $f(x)=5+6x+6x^2,\ g(x)=5+6x+6x^2$

2. 다음의 $f(x),\ g(x) \in F[x]$에 대하여 $f(x) \div g(x)$를 (a) $R=\mathbb{Q}$ (b) $R=\overline{\mathbb{Z}}_{17}$인 경우에 각각 계산하여라.

(1) $f(x)=x^2+5x+3,\ g(x)=-x+6$

(2) $f(x)=5+3x,\ g(x)=1+6x+8x^2$

(3) $f(x)=6x^3+5x^2+2x+1,\ g(x)=2x^2+x+5$

3. R이 정역이고, $f(x), g(x) \in R[x]$, $f(x) \neq 0$, $g(x) \neq 0$이다. $f(x)$와 $g(x)$의 최저차항을 이용하여 $f(x)g(x) \neq 0$ 임을 보여라.

4. $\mathbb{Z}[x]$가 유클리드 정역이 아님을 $f(x) \div g(x)$를 할 수 없는 보기로 설명하여라.

5. $$\cos x = \sum_{n=0}^{\infty} \frac{(-1)^n}{(2n)!} x^{2n},\ \sin x = \sum_{n=0}^{\infty} \frac{(-1)^n}{(2n+1)!} x^{2n+1},\ \tan^{-1} x = \sum_{n=0}^{\infty} \frac{(-1)^n}{2n+1} x^{2n+1}$$

이다. Long Division(정리 16)이용하여 다음을 구하여라.

(1) $\sec x$의 0이 아닌 첫 네 개의 항과 $\sec^{(5)}0$, $\sec^{(6)}0$

(2) $\tan x$의 0이 아닌 첫 네 개의 항과 $\tan^{(5)}0$, $\tan^{(6)}0$

(3) $f(x)=\dfrac{\tan^{-1}x}{\cos x}$의 0이 아닌 첫 세 개의 항과 $f^{(4)}(0)$, $f^{(5)}(0)$

(4) $g(x)=\dfrac{\tan^{-1}x}{\sin x}$의 0이 아닌 첫 세 개의 항과 $g^{(3)}(0)$, $g^{(4)}(0)$

6. (중등교원 임용시험 1999년-2 #12)

F가 체일 때, $F[x]$의 모든 이데알은 단항 이데알임을 증명하여라.

7. (중등교원 임용시험 2003년 #8)

체 F 위의 다항식환 $F[x]$에서 $p(x) \in F[x]$가 기약다항식이면, $\langle p(x) \rangle$는 $F[x]$의 극대이데알임을 증명하여라.

8. (중등교원 임용시험2011년 1차 #21)

$\mathbb{Z}_{24}$ 위에서의 다항식환 $\mathbb{Z}_{24}[x]$에 대하여 다음을 설명하여라.

(1) $\mathbb{Z}_{24}[x]$은 정역이 아니다.

(2) $\mathbb{Z}_{24}[x]$의 단원은 무수히 많다.

(3) $\mathbb{Z}_{24}[x]$는 $\mathbb{Z}_4[x] \times \mathbb{Z}_6[x]$과 동형이 아니다.

(4) $f(x)=x^3-6x^2+11x-6 \in \mathbb{Z}_{24}[x]$는 $\mathbb{Z}_{24}$에서 15개의 근을 갖는다.

(5) $\mathbb{Z}_{24}[x]/(x^2+12)$는 체가 아니다.

9. (중등교원 임용시험 2012년 2차 #3-2)
가환환 R에 대하여 R 위에서의 다항식환 $R[x]$가 주이데알 정역이면, R은 체임을 증명하여라.

10. 다음 환에서의 단원의 개수는?

(1) $\overline{\mathbb{Z}}_{119}[x]$ (2) $\overline{\mathbb{Z}}_{12}[x]$ (3) $\mathbb{Z}[\sqrt{-1}][x]$

(4) $\mathbb{Z}[\sqrt{10}][x]$ (5) $\mathbb{Z}[[x]]$

11. p가 소수일 때, 다항식환 $\overline{\mathbb{Z}}_p[x]$에서 다음을 구하여라.

(1) 이차다항식으로 생성되는 이데알의 개수

(2) 이차다항식으로 생성되는 극대이데알의 개수

(3) 삼차다항식으로 생성되는 소이데알의 개수

12. 다음 상환에 있는 이데알, 소이데알, 극대이데알의 개수를 각각 구하여라.

(1) $\mathbb{Z}[x]/\langle x^2+1\rangle$ (2) $\mathbb{Z}[x]/\langle x^2+1,\ 270\rangle$

(3) $\mathbb{Z}[x]/\langle 60,\ x^2+61\rangle$ (4) $\mathbb{Z}[x]/\langle 100,\ x^2+101\rangle$

13. 다항식환 $\mathbb{Z}_5[x]$에서 $f(x)=x^3+3x^2+4x+4$와 $g(x)=x^4+2x^3+4x^2+3x+2$로 생성된 두 이데알 $I=\langle x^3+3x^2+4x+4\rangle$와 $J=\langle x^4+2x^3+4x^2+3x+2\rangle$에 대하여 다음 이데알의 단항생성원을 구하여라(단, 단항생성원은 기약다항식의 곱으로 적는다).

(1) $I+J$ (2) $I\cap J$ (3) IJ (4) $I:J$ (5) $J:I$

14. (1) $\mathbb{Z}_{11}[x]$에서 두 단항 이데알 $I=\langle x^2+6x+5\rangle$와 $J=\langle x^3+x^2+x+1\rangle$에 대하여 $I+J$와 $I\cap J$의 단항생성원을 구하여라.

(2) $\mathbb{Z}_{13}[x]$에서 두 단항 이데알 $I=\langle x^2+6x+5\rangle$와 $J=\langle x^3+x^2+x+1\rangle$에 대하여 $I+J$와 $I\cap J$의 단항생성원을 구하여라.

15. p가 소수일 때, $n\geq 0$에 대하여 $\phi_n:\overline{\mathbb{Z}}_p[x]\to\overline{\mathbb{Z}}_p[x]$, $\phi_n(f(x))=f(x)^{p^n}$은 환준동형임을 보여라.

16. 이차환 $\mathbb{Z}[\sqrt{2}]$ 에서 다음을 보여라.

(1) 단항이데알 $\langle 2 \rangle = \{2a+2b\sqrt{2} \mid a, b \in \mathbb{Z}\}$는 $\mathbb{Z}[\sqrt{2}]$의 소이데알이 아니다.

(2) 단항이데알 $\langle \sqrt{2} \rangle = \{2a+b\sqrt{2} \mid a, b \in \mathbb{Z}\}$는 $\mathbb{Z}[\sqrt{2}]$의 극대이데알이다.

> **참고** 단항이데알 $\langle \sqrt{2} \rangle$의 원소는 $(c+d\sqrt{2})\sqrt{2} = 2d+c\sqrt{2}$ 의 꼴이다.

17. 이차환 $\mathbb{Z}[\sqrt{35}]$ 에서 다음을 구하라.

(1) $\sqrt{35}$ 를 포함하는 극대이데알

(2) p가 소수일 때, $\mathbb{Z}[\sqrt{35}]$ 의 단항이데알 $\langle p \rangle = \{p(a+b\sqrt{35}) \mid a+b\sqrt{35} \in \mathbb{Z}\sqrt{35}\}$가 극대이데알인 것 중 가장 작은 p 2개

3.10 다항식의 인수분해와 가우스의 정리

이 절의 주된 내용은 1802년 가우스가 증명한 R이 유일인수분해정역이면, $R[x]$도 유일인수분해정역이라는 정리이다. 증명의 아이디어는 다음 그림에서와 같이 매우 간단하다. 유일인수분해정역 R의 분수체를 F라 할 때, $F[x]$는 유클리드정역이므로 유일인수분해정역이다. 이 때, R과 $F[x]$의 유일인수분해를 이용하여 $R[x]$의 유일인수분해를 증명한다.

$$\begin{array}{ccc} R & \xrightarrow{\subseteq} & F \\ \downarrow & & \downarrow \\ R[x] & \xrightarrow{\subseteq} & \underline{F[x]} \\ & & ED \Rightarrow pid \Rightarrow UFD \end{array} \qquad\qquad \begin{array}{ccc} \mathbb{Z} & \xrightarrow{\subseteq} & \mathbb{Q} \\ \downarrow & & \downarrow \\ \mathbb{Z}[x] & \xrightarrow{\subseteq} & \mathbb{Q}[x] \end{array}$$

위의 두 그림이 예시하는 것은 $R[x]$와 $\mathbb{Z}[x]$가 각각 유일인수분해정역임을 증명할 때, 증명하는 과정이나 계산방법이 같다는 점이다. 이 절에서는 일반적인 경우인 $R[x]$가 유일인수분해정역임을 증명하였다. $\mathbb{Z}[x]$ 의 경우에는 R의 분수체인 F 대신 $\mathbb{Q}$를 $F[x]$ 대신 $\mathbb{Q}[x]$를 적고 같은 방법으로 증명한다.

학교수학의 수학 10의 문자와 식(대수) 단원에서 두 다항식의 최대공약수와 최소공배수를 구하는 문제를 다룬다. 이 때, 교과서에 따라 '수인수를 무시한다'는 지적과 '수인수를 고려

한다'는 지적이 나온다. 예를 들면, 두 다항식 $12(x^2-1)$과 $18(x^3-1)$의 최대공약수는 수인수를 무시하면 $x-1$, 수인수를 고려하면 $6(x-1)$이다. '수인수를 무시한다'는 것은 $\mathbb{Q}[x]$에서의 인수분해로 수인수 6이 $\mathbb{Q}[x]$에서 단원이기 때문이다. '수인수를 고려한다'는 것은 $\mathbb{Z}[x]$에서의 인수분해로 수인수 6이 $\mathbb{Z}[x]$에서 단원이 아니기 때문에 계산에 포함된다. 이는 정리 3.10.7(1)에 근거한다.

가우스는 $f(x)\in R[x]$를 인수분해할 때, 먼저 $f(x)$의 계수들의 최대공약수 a를 분리하여 $f(x)=af_1(x)$로 고친 다음 계산하였다. 그 이유는 $f_1(x)$의 경우 $R[x]$에서의 인수분해와 $F[x]$에서의 인수분해가 같아서 $F[x]$의 유일인수분해성을 이용할 수 있기 때문이다. 또 a의 인수분해는 R과 $R[x]$에서 같다(정리 3.10.8(1)).

정의 3.10.1

R이 유일인수분해정역이고, $f(x)=a_0+a_1x+\cdots+a_nx^n\in R[x]$일 때, $f(x)$의 계수들의 최대공약수 $c(f(x))$를 $f(x)$의 **내용**(the content of $f(x)$)이라 한다. 즉, $c(f(x))=\gcd(a_0,a_1,\cdots,a_n)$이다.
또, $c(f(x))=1$일 때, $f(x)$를 **원시다항식**(a primitive polynomial) 이라 한다.

다항식 $f(x)$의 계수 중 하나라도 1(또는 R의 단원)이면, $f(x)$는 원시다항식이다. 최고차항의 계수가 1인 다항식을 **모닉다항식**(a monic polynomial)이라 하는데 모닉다항식은 원시다항식이다.

정리 3.10.2

(가우스) R이 유일인수분해정역이고, $f(x),\ g(x)\in R[x]$에 대하여
1) $f(x)$와 $g(x)$가 원시다항식이면, $f(x)g(x)$도 원시다항식이다.
2) $c(f(x)g(x))=c(f(x))c(g(x))$

증명 (1) $f(x)$와 $g(x)$는 원시다항식이고, $f(x)g(x)$는 원시다항식이 아니라 하자.

$$f(x)=a_0+a_1x+\cdots+a_nx^n,\qquad g(x)=b_0+b_1x+\cdots+b_mx^m$$

라 적고, $f(x)g(x)=c_0+c_1x+\cdots+c_{n+m}x^{n+m}$라 하자. $f(x)g(x)$가 원시다항식이 아니므로, 적당한 소원 $p\in R$이 존재해서 $p\,|\,c(f(x)g(x))$이다.
그러나 $f(x)$와 $g(x)$가 원시다항식이므로 $f(x)$와 $g(x)$의 계수 중 p의 배수가 아

닌 것이 적어도 하나 존재한다. a_r과 b_s를 각각 $f(x)$와 $g(x)$의 계수 중 p의 배수가 아닌 첫 계수(최저차항의 계수)라 하자. $p \nmid a_r$, $p \nmid b_s$이고 p는 소원이므로, $p \nmid a_r b_s$이다.

이제 $f(x)g(x)$의 계수인 c_{r+s}를 계산하면,

$$c_{r+s} = a_r b_s + (a_{r-1}b_{s+1} + \cdots + a_0 b_{r+s}) + (a_{r+1}b_{s-1} + \cdots + a_{r+s}b_0)$$

$p \mid c_{r+s}$이고 $p \mid a_0, \cdots, p \mid a_{r-1}$, $p \mid b_0, \cdots, p \mid b_{s-1}$이므로 $p \mid a_r b_s$가 된다.

이는 모순이고 $f(x)g(x)$는 원시다항식이다.

(2) $c(f(x)) = a$, $c(g(x)) = b$라 하고, $f(x) = af_1(x)$, $g(x) = bg_1(x)$라 하면, $f_1(x)$와 $g_1(x)$는 원시다항식이다. $f(x)g(x) = af_1(x)bg_1(x) = abf_1(x)g_1(x)$이다. (1)에 의하여 $f_1(x)g_1(x)$는 원시다항식이므로,

$$c(f(x)g(x)) = c(abf_1(x)g_1(x)) = ab(c(f_1(x)g_1(x))) = ab$$

■

위의 정리를 $f(x)$, $g(x) \in \mathbb{Z}[x]$인 경우에 증명할 때는 증명의 넷째 줄에서 '적당한 **소수** $p \in \mathbb{Z}$'로 한 구절만 바꾸면 된다.

보기 3.10.3

(1) $f(x) = 2x^3 - 6x + 60$, $g(x) = x^3 + 8x^2 + 12x - 16$이면,

$$c(f(x)g(x)) = c(f(x))c(g(x)) = 2 \times 1 = 2.$$

(2) $f(x) = 3x^3 - 9x + 75$, $g(x) = 15x^4 + 20x^2 + 15x + 600$이면,

$$c(f(x)g(x)) = c(f(x))c(g(x)) = 3 \times 5 = 15.$$

계수정리방법 3.10.4

$f(x) \in \mathbb{Q}[x]$일 때, $f(x)$의 계수인 유리수들의 공통분모(분모들의 최소공배수)를 b라 하면, $f(x) = \frac{1}{b}f_1(x)$ $(f_1(x) \in \mathbb{Z}[x])$이다. 또 $c(f_1(x)) = a$라 하면, 다음과 같이 적을 수 있다.

$$f(x) = \frac{1}{b}f_1(x) = \frac{a}{b}f_2(x) \quad (f_2(x) \in \mathbb{Z}[x]\text{는 원시다항식})$$

위의 정리방법은 R이 유일인수분해정역이고 F가 R의 분수체이며, $f(x) \in F[x]$일 때도 마찬가지로 적용한다.

정리 3.10.5 (가우스)

$f(x) \in \mathbb{Z}[x]$가 두 유리수계수 다항식의 곱으로 인수분해되면, $f(x)$는 같은 차수의 두 정수 계수 다항식의 곱으로 인수분해된다. 즉,

$$f(x) = g(x)h(x) \ \ (g(x),\ h(x) \in \mathbb{Q}[x])$$
$$\Rightarrow f(x) = g_2(x)h_2(x) \ \ (g_2(x),\ h_2(x) \in \mathbb{Z}[x])$$

이며, $\deg(g(x)) = \deg(g_2(x)) \geq 1$, $\deg(h(x)) = \deg(h_2(x)) \geq 1$ 이다.

위의 정리에서 $f(x)$가 두 유리수계수 다항식의 곱으로 인수분해된다는 것은, $\deg(g(x)) \geq 1$, $\deg(h(x)) \geq 1$을 뜻하며, 이는 $g(x)$, $h(x)$가 $\mathbb{Q}[x]$의 단원이 아니라는 는 것과 동치이다. 따라서 $f(x) = g(x)h(x)$는 $\mathbb{Q}[x]$의 기약원이 아니다. 위의 정리의 일반적인 모양은 다음 정리이고, 두 정리의 증명과정은 같다.

정리 3.10.6

R이 유일인수분해정역이고, F는 R의 분수체이다. $f(x) \in R[x]$가 $F[x]$에서 두 다항식의 곱으로 인수분해되면, $f(x)$는 $R[x]$에서 같은 차수의 두 다항식의 곱으로 인수분해된다. 즉,

$$f(x) = g(x)h(x) \ \ (g(x),\ h(x) \in F[x])$$
$$\Rightarrow f(x) = g_2(x)h_2(x) \ \ (g_2(x),\ h_2(x) \in R[x]),$$

이고, $\deg(g(x)) = \deg(g_2(x)) \geq 1$, $\deg(h(x)) = \deg(h_2(x)) \geq 1$.

증명 $g(x), h(x) \in F[x]$의 계수를 3.10.4와 같이 정리해 적는다. 즉,

$g(x) = \frac{1}{b}g_1(x) = \frac{a}{b}g_2(x)$, $g_1(x), g_2(x) \in R[x]$, $a = c(g_1(x))$, $g_2(x)$는 원시다항식

$h(x) = \frac{1}{d}h_1(x) = \frac{c}{d}h_2(x)$, $h_1(x), h_2(x) \in R[x]$, $c = c(h_1(x))$, $h_2(x)$는 원시다항식

$f(x) = g(x)h(x) = \frac{a}{b}g_2(x)\frac{c}{d}h_2(x) = \frac{ac}{bd}g_2(x)h_2(x)$이고, $bdf(x) = acg_2(x)h_2(x)$이다.

양변의 내용을 비교하면, $bd(c(f(x))) = ac(c(g_2(x)h_2(x))) = ac$ (정리 2(1)).

그러므로 $\frac{ac}{bd} = c(f(x)) \in R$이다. 따라서 $\frac{ac}{bd}g_2(x), h_2[x] \in R[x]$이고,

$f(x) = \left(\frac{ac}{bd}g_2(x)\right)h_2(x)$, $\deg(g(x)) = \deg\left(\frac{ac}{bd}g_2(x)\right)$, $\deg(h(x)) = \deg(h_2(x))$.

■

위의 정리의 대우 명제는 정리 7(2)이며, $R[x]$(또는 $\mathbb{Z}[x]$)에서 기약다항식의 판정을 위하여 다음과 같이 더 자세히 적을 수 있다.

정리 3.10.7

$f(x)=a_0+a_1x+\cdots+a_nx^n \in \mathbb{Z}[\mathrm{x}]$가 정수계수 다항식일 때,

(1) $\deg(f(x))=0$인 경우. 즉, $f(x)=a\in\mathbb{Z}$일 때,

$$f(x)=a\text{는 } \mathbb{Z}[x]\text{에서 기약다항식} \Leftrightarrow a\text{는 소수(정수소수)}$$

(2) $\deg(f(x))\geq 1$인 경우. 일 때,

$$f(x)\text{는 } \mathbb{Z}[x]\text{에서 기약다항식} \Leftrightarrow c(f(x))=1,\ f(x)\text{는 } \mathbb{Q}[x]\text{에서 기약다항식}$$

정리 7(2)에 의하여 $f(x)\in\mathbb{Z}[x]$, $\deg(f(x))\geq 1$일 때, $f(x)$를 기약다항식의 곱으로 나타내는 인수분해에서 $\mathbb{Z}[x]$에서 인수분해와 $\mathbb{Q}[x]$에서 인수분해의 차이는 $c(f(x))$ 처리에서만 달라진다. 정리 7(1)에 의하여 정수인 $c(f(x))$의 $\mathbb{Z}[x]$에서는 인수분해는 $\mathbb{Z}$에서의 소인수분해이다. 그러나 $\mathbb{Q}[x]$에서는 0이 아닌 정수인 $c(f(x))$는 단원이므로 항등원 1과 마찬가지로 인수분해의 대상이 되지 않는다.

위의 정리의 일반적인 형태는 다음 정리와 같고 두 정리의 증명과정은 같다. 실제 증명과정은 기약원의 정의(3.6.5)에 유의하고 단원의 집합이 같음(3.9.10 : R이 정역인 경우, $U(R[x])=U(R)$)을 고려하여 계산한다. 또 $c(f(x))$는 $f(x)$의 계수들의 최대공약수이므로 $c(f(x))$의 동반원도 $c(f(x))$이다(3.7.8).

정리 3.10.8

R이 유일인수분해정역이고, F가 R의 분수체일 때,

$f(x)=a_0+a_1x+\cdots+a_nx^n\in R[x]$에 대하여 다음이 성립한다.

(1) $\deg(f(x))=0$인 경우. 즉, $f(x)=a\in R$일 때,

$$f(x)=a\text{는 } R[x]\text{의 기약원(기약다항식)} \Leftrightarrow a\text{는 } R\text{의 기약원(소원)}$$

(2) $\deg(f(x))\geq 1$인 경우.

$$f(x)\text{는 } R[x]\text{의 기약원(기약다항식)} \Leftrightarrow c(f(x))=1,\ f(x)\text{는 } F[x]\text{에서 기약원}$$

증명 (1) $\Rightarrow$) $a=bc$ $(b, c\in R)$라 하자. $b, c\in R\subseteq R[x]$이고, a는 $R[x]$의 기약원이므로, b 또는 c는 $R[x]$의 단원이다. $U(R[x])=U(R)$이므로, b 또는 c는 R의 단원이다. 따라서 a는 R의 기약원이다.

$\Leftarrow$) $a = g(x)h(x)$ $(g(x), h(x) \in R[x])$이라 하자.
$\deg(a) = 0 = \deg(g(x)) + \deg(h(x))$이므로, $g(x) = b \in R$, $h(x) = c \in R$이다. 그러므로 $a = bc$이다. a는 R의 기약원이므로, b 또는 c는 R의 단원이다. $U(R) = U(R[x])$이므로, $g(x) = b$ 또는 $h(x) = c$는 $R[x]$의 단원이다. 따라서 a는 $R[x]$의 기약원이다.

(2) $\Rightarrow$) $c(f(x)) \neq 1$ 라 하자(즉, $c(f(x)) \not\in U(R) = U(R[x])$). 이 때,
$f(x) = c(f(x))f_1(x)$는 $R[x]$의 단원이 아닌 두 원소의 곱이므로 $f(x)$는 $R[x]$의 기약원이 아니다. 이는 모순이고, $c(f(x)) = 1$이다.
$f(x)$가 $F[x]$에서 기약원이 아니라 하면, $f(x)$는 $F[x]$에서 차수가 1 차 이상인 두 다항식의 $g(x), h(x)$의 곱이다. 정리 6에 의하여 $f(x)$는 $R[x]$에서 차수가 1 차 이상인 두 다항식의 $g_2(x), h_2(x)$의 곱이므로 이는 $f(x)$는 $R[x]$의 기약원이라는데 모순이다.

$\Leftarrow$) $f(x) = g(x)h(x)\,(g(x), h(x) \in R[x])$이라 하자.
만일 $\deg(g(x)) \geq 1$, $\deg(h(x)) \geq 1$이라면, $g(x), h(x) \in F[x]$이므로 이는 $f(x)$가 $F[x]$에서 기약원이라는데 모순이다. 그러므로 $g(x), h(x)$ 중 하나는 상수다항식이다. $g(x) = b \in R$이라 하자. 양변의 내용을 계산하면
$1 = c(f(x)) = c(bh(x)) = b(c(h(x))$이므로, $g(x) = b \in U(R) = u(R[x])$이다.
따라서 $f(x)$는 $R[x]$의 기약원이다.

■

보기 3.10.9

$f(x) = 60(x^4 + x + 1)$은 다음과 같이 $\mathbb{Z}[x]$에서는 6개의 기약다항식의 곱이고, $\mathbb{Q}[x]$에서는 2개의 기약다항식의 곱이다.

(1) $60(x^4 + x^2 + 1) = 2 \times 2 \times 3 \times 5(x^2 - x + 1)(x^2 + x + 1)$의 $\mathbb{Z}[x]$에서 기약인수는 $2,\ 2,\ 3,\ 5,\ x^2 - x + 1,\ x^2 + x + 1$이다.

(2) $60(x^4 + x^2 + 1) = 60(x^2 - x + 1)(x^2 + x + 1)$의 $\mathbb{Q}[x]$에서 기약인수는 $x^2 - x + 1,\ x^2 + x + 1$이고 60은 단원이다.

정리 8에서 $R[x]$의 기약원(기약다항식)을 다 파악하였으므로 이제 가우스의 정리를 증명할 수 있다.

정리 3.10.10 (가우스)

R이 유일인수분해정역이면, $R[x]$도 유일인수분해정역이다.

증명 $f(x) \in R[x]$, $f(x) \neq 0$, $f(x) \notin U(R[x])$라 하자.

이제 $f(x) = c(f(x))f_1(x)$, $f_1(x) \in R[x]$는 원시다항식이다.

$c(f(x))$를 R에서 인수분해하여, $c(f(x)) = p_1 \cdots p_r$라 하자. R의 기약원인 p_i는 정리 8(1)에 의하여, $R[x]$의 기약원이다.

$f_1(x)$를 유클리드정역인 $F[x]$의 기약원의 곱으로 나타내면(F는 R이 분수체),

$$f_1(x) = g_1(x) \cdots g_l(x) \quad (g_i(x)\text{는 } F[x]\text{의 기약원})$$

$g_i(x)$를 3.10.4를 이용하여 정리하면, $g_i(x) = \dfrac{a_i}{b_i} h_i(x)$이다. 이 때, $a_i, b_i \in R$이고, $h_i(x) \in R[x]$는 원시다항식이며, $g_i(x)$와 $h_i(x)$는 $F[x]$의 기약원이다.

정리 8(2)에 의하여, $h_i(x)$는 $R[x]$의 기약원이다.

이제 $f(x) = c(f(x))f_1(x) = (c(f(x)))\dfrac{a_1 \cdots a_l}{b_1 \cdots b_l} h_1(x) \cdots h_l(x)$. 양변에 $b_1 \cdots b_l$을 곱한 다음 내용을 계산하면(정리 2에 의하여 $c(h_1(x) \cdots h_l(x)) = 1$이다),

$b_1 \cdots b_l(c(f(x))) = c(f(x))a_1 \cdots a_l$이므로, $\dfrac{a_1 \cdots a_l}{b_1 \cdots b_l} = 1$(또는 R의 단원)이다. 따라서 다음의 식은 $R[x]$에서 $r+l$개의 기약원의 곱이다.

$$f(x) = c(f(x))f_1(x) = p_1 \cdots p_r h_1(x) \cdots h_l(x)$$

이제 $R[x]$에서 인수분해의 유일성을 증명하자. 다음과 같이 두 가지 인수분해식을 주자.

$$f(x) = p_1 \cdots p_r h_1(x) \cdots h_l(x) = q_1 \cdots q_s k_1(x) \cdots k_m(x)$$

p_i, q_i는 R의 기약원(정리 8(1)), $h_i(x), k_i(x)$는 1차 이상의 $R[x]$의 기약원(정리 8(2)).

양변을 내용을 계산하면 $p_1 \cdots p_r = q_1 \cdots q_s$이다. R의 유일인수분해성에 의하여, $r = s$이고, 순서를 바꾸면 $p_i = u_i q_i\,(u_i \in U(R) = U(R[x]))$이다. 그러므로

$$h_1(x) \cdots h_l(x) = u_1 \cdots u_r k_1(x) \cdots k_m(x)$$

이제 $F[x]$의 유일인수분해성에 의하여, $l = m$이고 순서를 바꾸면 $h_i(x) = \dfrac{a_i}{b_i} k_i(x)$이다 ($a_i, b_i \in R$). $h_i(x)$와 $k_i(x)$가 원시다항식이므로 $\dfrac{a_i}{b_i} = v_i\,(v_i$는 R의 단원)이다. 그러므로, $h_i(x) = v_i k_i(x)$이고 인수분해

$$f(x) = p_1 \cdots p_r h_1(x) \cdots h_l(x) = q_1 \cdots q_s k_1(x) \cdots k_m(x)$$

는 같은 인수분해이다. ■

보기 3.10.11

다음의 보기는 단항이데알정역이 아닌 유일인수분해정역이다.

(1) F가 체이고 $n \geq 2$일 때, $F[x_1, \cdots, x_n]$.

(2) $n \geq 1$일 때, $\mathbb{Z}[x_1, \cdots, x_n]$.

(3) $n \geq 1$일 때, $\mathbb{Z}[i][x_1, \cdots, x_n]$.

▸▸ 연습문제 3.10

1. 정리 2(1)의 증명과정에서 'a_r과 b_s를 p의 배수가 아닌 최고차항의 계수'로 택하고, 증명과정을 완성하여라.

2. 다음 두 정수계수 다항식 $f(x)$, $g(x)$에 대하여 $f(x)g(x)$의 내용을 구하여라.

(1) $f(x) = 30x^5 - 25x^2 + 15x + 105$, $g(x) = 21x^8 + 7x + 707$

(2) $f(x) = x^4 - 2x^3 + 3x^2 - 4x + 5$, $g(x) = 5x^4 - 4x^3 + 3x^2 - 2x + 1$

(3) $f(x) = 18x^5 - 90x^2 + 567x + 900$, $g(x) = 5(100x^{100} + 50x^{50} + 777)$

(4) $f(x) = \sum_{n=6}^{100} nx^n$, $g(x) = \sum_{m=2}^{100} 6^m x^m$

3. 정리 5의 증명과정을 완성하여라.

4. 정리 7의 증명과정을 완성하여라.

5. (1) $f(x) \in \mathbb{R}[x]$가 실수가 아닌 복소수 α를 근으로 가지면, α의 켤레 $\overline{\alpha}$도 $f(x)$의 근임을 증명하여라.

(2) $f(x) \in \mathbb{R}[x]$가 $\mathbb{R}[x]$에서 기약원이면, $\deg(f(x)) = 1, 2$임을 증명하여라.

6. 다음의 다항식을 $\mathbb{Z}[x]$, $\mathbb{Q}[x]$, $\mathbb{R}[x]$와 $\mathbb{C}[x]$의 원소로서 각각 인수분해할 때, 인수분해에 있는 기약원의 개수를 차례대로 구하여라.

(1) $30x^4 - 30$

(2) $98x^4 + 98$

(3) $12x^4 + 12x^2 + 12$

(4) $f(x) = 91x^6 - 91$

7. 다음 두 다항식의 최대공약수와 최소공배수를 $\mathbb{Z}[x]$와 $\mathbb{Q}[x]$의 원소로서 각각 구하여라(단, $\mathbb{Q}[x]$에서 최대공약수와 최소공배수는 원시다항식으로 구한다.)

(1) $x^3+1,\ \ x^4-1$

(2) $18(x^4-1),\ 12(x^5-x^4+x^3-x^2),$

(3) $98(x^3+1),\ 28(x^4+x^2+1)$

(4) $4x^3+8x^2-4x-8,\ 6x^3-6x^2-12x$

8. $\mathbb{Z}[x]$에서 이데알 $(2,x)=\{2f(x)+xg(x)\mid f(x),\, g(x)\in\mathbb{Z}[x]\}$이다.

(1) $(2,x)=\left\{a_0+a_1x+\cdots+a_nx^n\mid a_i\subset\mathbb{Z}[x],\, 2\mid a_0\right\}$임을 증명하여라.

(2) $(2,x)$는 단항이데알이 아님을 보여라.

(3) 상환 $\mathbb{Z}[x]/(2,x)$와 동형인 환을 구하여라.

9. $\mathbb{Q}[x,y]$의 이데알 $(x,y)=\{xf(x,y)+yg(x,y)\mid f(x,y),\, g(x,y)\in\mathbb{Q}[x,y]\}$이다.

(1) (x,y)는 단항이데알이 아님을 보여라.

(2) 상환 $\mathbb{Q}[x,y]/(x,y)$와 동형인 환을 구하여라.

10. $n\geq 1$일 때, 다음에 해당하는 보기를 찾아라.

(1) $\mathbb{Z}[x]$의 이데알로서 $n+1$개의 원소로 생성되나, n개의 원소로 생성되지 않는 것.

(2) $\mathbb{Q}[x,y]$의 이데알로서 $n+1$개의 원소로 생성되나, n개의 원소로 생성되지 않는 것.

11. (중등교원 임용시험 2008년 8번)

두 정수 a,b와 $\mathbb{Z}[x]$의 이데알 $I=(a,bx)=\{af(x)+bxg(x)\mid f(x),\, g(x)\in\mathbb{Z}[x]\}$에 대하여 다음을 증명하여라.

I가 단항이데알이면, $a=0$ 또는 $a\mid b$이다.

12. $a,b,c\in\mathbb{Z},\ a\neq 0,\ b\neq 0$에 대하여 다음의 $\mathbb{Z}[x]$의 이데알 I가 단항이데알일 때, 단항생성원을 구하여라.

$$I=\left(ax,\, b+cx^2\right)=\left\{axf(x)+(b+cx^2)g(x)\mid f(x),\, g(x)\in\mathbb{Z}[x]\right\}$$

13. **(중등교원 임용시험 2015년 논술형 1번)**

$f(x)=a_0+a_1x+\cdots+a_nx^n\in\mathbb{Z}[x]$는 다항식이다. 소수 p에 대하여

$f_p(x)=\overline{a_0}+\overline{a_1}\,x+\cdots+\overline{a_n}\,x^n\in\overline{\mathbb{Z}}_p[x]$로 정의할 때, 다음을 설명하여라.

(1) $\deg(f_p(x))=\deg(f(x))$ 이고 $f_p(x)$가 $\overline{\mathbb{Z}}_p[x]$에서 기약이면, $f(x)$가 $\mathbb{Q}[x]$에서 기약.

(2) '$f_p(x)$가 $\overline{\mathbb{Z}}_p[x]$에서 기약 $\Rightarrow$ $f(x)$가 $\mathbb{Q}[x]$에서 기약'이 성립하지 않는 보기.

14. 다음의 유일인수분해정역 R을 계수로 하는 다항식환 $R[x]$에서 두 다항식 $f(x)$와 $g(x)$의 내용, $c(f(x),g(x))$를 구하여라(단, 내용은 R의 기약원의 곱으로 적는다).

(1) $R=\mathbb{Z}$, $f(x)=833x^{16}-119x^8+833$, $g(x)=45x^{15}+105x^{10}+300x^5+600\in\mathbb{Z}[x]$

(2) $R=\mathbb{Z}[i]$, $f(x)=5x^2+(-2+i)$, $g(x)=15x^3-20x+(1-2i)\in\mathbb{Z}[i][x]$

15. 다항식환 $\mathbb{Z}[x]$에서 I는 상수항이 12의 배수인 다항식 전체로 이루어진 집합이다. 즉, $I=\{f(x)\mid f(x)=a_0+a_1x+\cdots+a_nx^n,\ a_i\in\mathbb{Z},\ a_0\mid 12\}$이다. 다음을 보여라.

(1) I는 12와 x로 생성된 이데알 $\langle 12, x\rangle$임을 보여라.

(2) I는 단항이데알이 아님을 보여라.

(3) I를 포함하는 $\mathbb{Z}[x]$의 극대이데알 m을 모두 찾고, $\mathbb{Z}[x]/m$을 간단히 나타내어라.

16. $\mathbb{Z}[x]$에서 이데알 $\langle 3, x^2-6\rangle=\{3f(x)+(x^2-6)g(x)\mid f(x), g(x)\in\mathbb{Z}[x]\}$이다.

(1) 이데알 $\langle 3, x^2-6\rangle$의 원소인 다항식의 계수의 조건을 구하여라.

(2) 이데알 $\langle 3, x^2-6\rangle$은 단항이데알이 아님을 보여라.

(3) 이데알 $\langle 3, x^2-6\rangle$은 소이데알이 아님을 보여라.

17. $\mathbb{Z}[x]$에서 이데알 $\langle 3, x^2-5\rangle=\{3f(x)+(x^2-5)g(x)\mid f(x), g(x)\in\mathbb{Z}[x]\}$이다.

(1) 이데알 $\langle 3, x^2-5\rangle$은 단항이데알이 아님을 보여라.

(2) 이데알 $\langle 3, x^2-5\rangle$은 극대이데알임을 보여라.

18. $\mathbb{Z}[x]$에서 $\langle 5, 15-3x^2\rangle=\langle 5, x^2\rangle$임을 보여라.

3.11 기약다항식의 판정

3.10 절에서는 R이 유일인수분해정역일 때 $R[x]$도 유일인수분해정역이라는 가우스의 정리를 증명하였다. 이 절은 인수분해의 도구가 되는 기약다항식을 판정에 관한 내용이다. 또 이 절의 명제들과 그의 증명 방법은 3.10절에서와 마찬가지로 $f(x) \in \mathbb{Z}[x]$일 때와 $f(x) \in R[x]$일 때 동일하다. 이 절에서는 $f(x) \in \mathbb{Z}[x]$인 경우로 서술하고 증명하겠다.

$f(x) \in \mathbb{Z}[x]$, $\deg(f(x)) \geq 1$인 다항식 $f(x)$가 기약(irreducible)임을 판정할 때, 우선 $f(x) = c(f(x))f_1(x)$로 고친 다음 **원시다항식** $f_1(x)$가 기약인지 계산한다. 정리 3.10.7(2)에 의하여 **$f_1(x)$가 $\mathbb{Z}[x]$에서 기약다항식이라는 사실은 $f_1(x)$가 $\mathbb{Q}[x]$에서 기약다항식이라는 사실과 동치**이다. 따라서 차수가 일차 이상인 정수계수 다항식이 원시다항식이면, 그 다항식이 $\mathbb{Z}[x]$에서 기약 또는 $\mathbb{Q}[x]$에서 기약이라는 구분을 하지 않는다. 또 정리 3.7.10(1)에 의하여 정수인 $c(f(x))$의 $\mathbb{Z}[x]$에서 인수분해는 $\mathbb{Z}$에서 인수분해와 같다.

$f_1(x)$가 기약임을 판정하기 위하여 다음의 두 가지 방법 중 하나를 이용한다.

1. **미정계수법** : $f_1(x)$가 $\mathbb{Q}[x]$에서 기약이 아니라 가정하면 가우스의 정리(3.10.5)에 의하여 $f_1(x)$는 일차 이상인 두 정수계수 다항식의 곱이다. 그러므로 $f_1(x)$를 미정계수로 주어지는 두 다항식의 곱으로 나타내어 양변에서 각 항의 계수를 비교한다. 각 항의 계수의 비교는 미정계수에 관한 정수해를 찾는 부정방정식이 되는데, 이 방정식의 정수해가 없음을 보여 $f_1(x)$가 기약다항식임을 증명한다.
2. **아이젠쉬타인 판정법**을 이용한다.

미정계수법은 모든 다항식에 쓸 수 있으며, 아이젠쉬타인 판정법(정리 3.11.5)은 판정법의 조건을 만족하는 다항식에 적용할 수 있다.

다음의 유리근의 정리를 이용하여 주어진 다항식이 일차 인수를 갖는지 알 수 있으며, 이는 미정계수법의 첫 단계이다.

정리 3.11.1 (유리근의 정리)

정수계수 다항식 $f(x)=a_0+a_1x+\cdots+a_nx^n$ $(a_n\neq 0)$이 유리수 $\frac{c}{b}(b,\ c\in\mathbb{Z},$ $(b,c)=1)$를 근으로 가지면, $c\mid a_0,$ $b\mid a_n$이다. 특히, $a_n=1$인 경우 $f(x)$의 유리수 근은 정수이다.

증명 $\frac{c}{b}$를 $f(x)$에 대입하면, $0=f(\frac{c}{b})=a_0+a_1\frac{c}{b}+\cdots+a_n(\frac{c}{b})^n$이다. 양변에 b^n을 곱하면, $0=a_0b^n+a_1cb^{n-1}+\cdots+a_{n-1}c^{n-1}b+a_nc^n$이다. 그러므로
$-a_nc^n=a_0b^n+a_1cb^{n-1}+\cdots+a_{n-1}c^{n-1}b=b(a_0b^{n-1}+a_1cb^{n-2}+\cdots+a_{n-1}c^{n-1})$이다.
따라서 $b\mid a_nc^n$이고, $(b,c)=1$이므로, $b\mid a_n$이다.
마찬가지로, $-a_0b^n=c(a_1b^{n-1}+\cdots+a_{n-1}c^{n-2}b+a_nc^{n-1})$이므로 $c\mid a_0b^n$이다. $(b,c)=1$이므로, $c\mid a_0$이다. ■

보기 3.11.2

원시다항식 $f(x)=8x^3-6x-1$은 기약다항식이다.
만일 $f(x)$가 $\mathbb{Q}[x]$에서 가약이라면, $f(x)$는 $\mathbb{Q}[x]$에서 1차 다항식과 2차 다항식의 곱이다. 정리 3.10.5에 의하여 $f(x)$는 $\mathbb{Z}[x]$에서 일차다항식과 이차다항식의 곱이다. $f(x)$의 일차 인수를 $bx-c$라 하면, 정리 1에 의하여 $b\mid 8$이고, $c\mid 1$이다. 그러나 $\alpha=\pm\frac{1}{8},$ $\pm\frac{1}{4},$ $\pm\frac{1}{2},$ $\pm\frac{1}{1}$ 중 어느 것을 대입해도 $f(\alpha)\neq 0$이므로 모순이다.
따라서 $f(x)=8x^3-6x-1$은 기약다항식이다.

보기 3.11.3

원시다항식 $f(x)=x^4-10x^2+1$은 기약다항식이다.
만일 $f(x)$가 $\mathbb{Q}[x]$에서 가약이라면, $f(x)$는 $\mathbb{Q}[x]$에서 (일차다항식)×(삼차다항식) 또는 (이차다항식)×(이차다항식)이다.

(1) $f(x)=$ (일차다항식)×(삼차다항식)인 경우
보기 2에서와 같이 $f(x)$는 유리수 근 $\alpha=\pm 1$을 갖는다.
$f(1)=f(-1)=-8\neq 0$이므로 모순이다.

(2) $f(x)=$ (이차다항식)×(이차다항식)인 경우
정리 3.10.5에 의하여 $f(x)$는 $\mathbb{Z}[x]$에서 두 개의 2차 다항식의 곱이다. 그러므로

$$f(x)=x^4-10x^2+1=(x^2+ax+b)(x^2+cx+d),\ a,b,c,d\in\mathbb{Z}$$

위의 식을 풀면, $a+c=0,\ ac+b+d=-10,\ ad+bc=0,\ bd=1$이다.

$b=d=1$이면, $ac=-a^2=-12$이고, $a=\pm 2\sqrt{3}$ 이므로 모순이다.

$b=d=-1$이면, $ac=-a^2=-8$이고, $a=\pm 2\sqrt{2}$ 이므로 모순이다.

따라서 $f(x)=x^4-10x^2+1$은 기약다항식이다.

정리 3.11.4 (Eisenstein 판정법)

$f(x)=a_0+a_1x+\cdots+a_nx^n\in\mathbb{Z}[x]$가 다음의 두 조건 중 하나를 만족하는 소수 p가 있으면, $f(x)$는 $\mathbb{Q}[x]$에서 기약다항식이다.

(i) $p|a_0,\ p|a_1,\cdots,p|a_{n-1},\ p\nmid a_n,\ p^2\nmid a_0$

(ii) $p|a_1,\ p|a_2,\cdots,\ p|a_n,\ p\nmid a_0,\ p^2\nmid a_n$

증명 (i)과 (ii)의 증명과정이 같다.

(ii)의 경우를 증명하자. $f(x)$는 $\mathbb{Q}[x]$에서 기약다항식이 아니라 하면, 정리 3.10.5에 의하여 $\mathbb{Z}[x]$에서 차수가 일차 이상인 두 다항식의 곱이다. 그러므로 $f(x)$를 다음과 같이 적을 수 있다.

$$f(x)=a_0+a_1x+\cdots+a_nx^n=(b_0+b_1x+\cdots+b_rx^r)(c_0+c_1x+\cdots+c_sx^s)$$

$b_i,\ c_j\in\mathbb{Z}$이고, $b_r\neq 0,\ c_s\neq 0,\ 1\leq r,\ s\leq n-1,\ r+s=n$이다.

$p\nmid a_0=b_0c_0$이므로 $p\nmid b_0$이고 $p\nmid c_0$이다.

$p\,|\,a_n=b_rc_s,\ p^2\nmid a_n$이므로 b_r과 c_s 둘 중 하나만 p의 배수이다. $p|b_r$이고 $p\nmid c_s$인 경우를 증명하자($p\nmid b_r$이고 $p|c_s$인 경우도 같은 증명이다).

계수 b_t를 p의 배수가 아닌 b_i 중 최고차항의 계수라 하자. 이 때, $0\leq t\leq r-1$이다. 그러므로 $1\leq s\leq t+s\leq(r-1)+s\leq n-1$이고, 조건 (ii)에 의하여 $p\,|\,a_{t+s}$이다. 또, $a_{t+s}=b_tc_s+(b_{t+1}c_{s-1}+\cdots+b_rc_{s+t-r})$이고, $b_{t+1},\cdots,b_r$은 p의 배수이므로, $p\,|\,b_tc_s$이다. 그러나 p는 소수(소원)이고, $p\nmid b_t,\ p\nmid c_s$이므로 이는 모순이다. 따라서 $f(x)$는 $\mathbb{Q}[x]$에서 기약다항식이다. ■

보기 3.11.5

(1) p가 소수이고, $n\geq 1$일 때, Eisenstein 판정법에 의하여 원시다항식 $f(x)=x^n\pm p$과 $g(x)=px^n\pm 1$은 기약이다.

(2) $a = p_1 p_2^{e_2} \cdots p_r^{e_r}$ (p_i는 서로 다른 소수, $e_i \geq 1$)일 때, 정리 4에서 $p = p_1$을 적용하면, $f(x) = x^n \pm a$과 $g(x) = ax^n \pm 1$은 각각 기약임을 알 수 있다.

보기 3.11.6

원시다항식 $f(x) = 2x^5 - 10x + 5$는 기약다항식이다. 정리 4(i)을 쓸 때는 $p = 2$이고, 정리 4(ii)을 쓸 때는 $p = 5$이다.

보기 3.11.7

$f(x) = x^4 + 1$일 때, $f(x+1) = (x+1)^4 + 1 = x^4 + 4x^3 + 6x^2 + 4x + 2$이다. 정리 4 (i)에서 $p = 2$인 경우이다. 그러므로 $f(x+1)$과 $f(x)$가 기약다항식이다.

정리 3.11.8

$f(x) \in \mathbb{Q}[x]$이고, $a, b \in \mathbb{Q}$, $a \neq 0$일 때,

'$f(x)$가 $\mathbb{Q}[x]$에서 기약다항식 $\Leftrightarrow$ $f(ax+b)$가 $\mathbb{Q}[x]$에서 기약다항식'

증명 차수가 1차 이상인 두 다항식 $g(x), h(x) \in \mathbb{Q}[x]$에 대하여

$$f(x) = g(x)h(x) \ \Leftrightarrow \ f(ax+b) = g(ax+b)\,h(ax+b)$$

이다. 따라서 대우 명제를 고려하면 $f(x)$가 $\mathbb{Q}[x]$에서 기약다항식인 것과 $f(ax+b)$이 $\mathbb{Q}[x]$에서 기약다항식인 것은 서로 동치이다.

■

정리 3.11.9

p가 소수일 때, $f_p(x) = x^{p-1} + x^{p-2} + \cdots + 1$은 기약다항식이다.

증명 $f_p(x+1)$이 기약다항식임을 증명하자. $f_p(x) = \dfrac{x^p - 1}{x-1}$이므로,

$$\begin{aligned} f_p(x+1) &= \frac{(x+1)^p - 1}{(x+1)-1} = \frac{1}{x}\left\{x^p + \binom{p}{p-1}x^{p-1} + \cdots + \binom{p}{i}x^i + \cdots + \binom{p}{1}x + 1 - 1\right\} \\ &= x^{p-1} + \binom{p}{p-1}x^{p-1} + \cdots + \binom{p}{i}x^{i-1} + \cdots + \binom{p}{1} \end{aligned}$$

$1 \leq i \leq p-1$일 때, $p \nmid (p-i)!$이고 $p \nmid i!$, p가 소수이므로 $p \nmid (p-i)!i!$이다. 따라서 $\binom{p}{i} = \dfrac{p!}{(p-i)!i!}$는 p의 배수이다. 또, $a_0 = \binom{p}{1} = p$은 p^2의 배수가 아니므로, 정리 4(i)에 의하여 $f_p(x)$는 기약다항식이다.

■

위의 정리에 의하여, $f_2(x)=x+1$, $f_3(x)=x^2+x+1$, $f_5(x)=x^4+x^3+x^2+x+1$ 등은 기약다항식이다. 그러나 n이 소수가 아닐 때, $f_n(x)=x^{n-1}+x^{n-2}+\cdots+1$는 기약다항식이 아니다. $n=kl$이고 $k, l\geq 2$일 때, 다음과 같이 인수분해된다.

$$\begin{aligned} f_n(x) &= x^{n-1}+x^{n-2}+\cdots+1 \\ &= (x^{k-1}+x^{k-2}+\cdots+1)(x^{k(l-1)}+x^{k(l-2)}+\cdots+1) \end{aligned}$$

정리 3.11.10

p가 소수이고, $m\geq 0$일 때, 원시다항식 $g_m(x)$는 기약다항식이다.

$$g_m(x)=f_p(x^{p^m})=x^{p^m(p-1)}+x^{p^m(p-2)}+\cdots+x^{p^m}+1$$

증명 $m=0$인 경우는 정리 9에서 증명하였다. 이제 $m\geq 1$인 경우를 증명하자.
$h(x)=g_m(x+1)$이 기약다항식임을 증명하면 된다.

먼저 $1\leq i\leq p^m-1$일 때, 다음과 같이 $\binom{p^m}{i}$은 p의 배수이다.

$$\binom{p^m}{i} = \frac{p^m}{i}\times\left\{\frac{(p^m-1)(p^m-2)\cdots(p^m-(i-1))}{1\times 2\times\cdots\times(i-1)}\right\}$$

이다. { } 안의 분수에서 소수 p의 중복도(지수)를 따지면, $1\leq j\leq i-1\leq p^m-2$인 j에 대하여 분자에 있는 p^m-j와 분모에 있는 j를 각각 소인수분해할 때 p의 중복도가 같다. 또, i를 소인수분해할 때 p의 중복도는 m보다 작으므로 $\binom{p^m}{i}$은 p의 배수이다.

$g_m(x)=f_p(x^{p^m})=\dfrac{x^{p^{m+1}}-1}{x^{p^m}-1}$이므로, $h(x)=g_m(x+1)=\dfrac{(x+1)^{p^{m+1}}-1}{(x+1)^{p^m}-1}$이다.

그러므로, $h(x)=\dfrac{x^{p^{m+1}}+p\times r(x)}{x^{p^m}+p\times s(x)}$이고($r(x), s(x)\in\mathbb{Z}[x]$),

$\{x^{p^m}+p\times s(x)\}h(x)=x^{p^{m+1}}+p\times r(x)$이다.

이제 $h(x)=x^q+a_1x^{q-1}+\cdots+a_{q-1}x+a_q$ $(q=p^m(p-1))$로 하여 위의 식에 대입하면,

$\{x^{p^m}+p\times s(x)\}(x^q+a_1x^{q-1}+\cdots+a_{q-1}x+a_q)=x^{p^{m+1}}+p\times r(x)$이다. 양변에서 최고차항인 $x^{p^{m+1}}$을 소거한 다음 정리하면,

$$x^{p^m}(a_1x^{q-1}+\cdots+a_{q-1}x+a_q)=p\times\{r(x)-s(x)(x^q+a_1x^{q-1}+\cdots+a_{q-1}x+a_q)\}$$

그러므로 $p|a_1,\cdots,p|a_q$이다. 또, $a_q=h(0)=g_m(1)=p$이므로, 정리 4(i)에 의하여 $h(x)$는 기약다항식이다. ■

보기 3.11.11

위의 정리에 의하여, 다음의 다항식은 기약다항식이다.

(1) $p=2$일 때,

$f_2(x^2)=x^2+1,\quad f_2(x^{2^2})=x^4+1,\quad f_2(x^{2^3})=x^8+1,\cdots.$

(2) $p=3$일 때,

$f_3(x^3)=x^6+x^3+1,\quad f_3(x^{3^2})=x^{18}+x^9+1,\quad f_3(x^{3^3})=x^{54}+x^{27}+1,\cdots.$

(3) $p=5$일 때,

$f_5(x^5)=x^{20}+x^{15}+x^{10}+x^5+1,\quad f_5(x^{5^2})=x^{100}+x^{75}+x^{50}+x^{25}+1,\cdots.$

▶▶ 연습문제 3.11

1. (1) 정리 1을 R이 유일인수분해정역이고 $f(x)\in R[x]$일 때, 서술하고 증명하여라.
(2) 정리 1을 3.10.2(2)와 3.10.4를 이용하여 증명하여라.

2. 정리 4를 R이 유일인수분해정역이고 $f(x)\in R[x]$일 때, 서술하고 증명하여라.

3. Eisenstein 판정법을 이용하여 $a=p_1p_2^{e_2}\cdots p_r^{e_r}$ (p_i는 서로 다른 소수, $e_i\geq 1$)이고, $n\geq 2$일 때, $\sqrt[n]{a}$는 무리수임을 설명하여라.

4. $f(x)\in\mathbb{Z}[x]$와 $a\in\mathbb{Z}$일 때, $f(x)$가 $\mathbb{Q}[x]$에서 기약다항식이라는 것과 $f(x+a)$가 $\mathbb{Q}[x]$에서 기약다항식이라는 것은 서로 동치임을 증명하여라.

5. 다음 다항식이 $\mathbb{Q}[x]$에서 기약임을 증명하여라.

(1) $2x^3-10x+15$
(2) $4x^3+6x+1$
(3) x^4-3x^2+1
(4) $3x^5+6x^2-18x+2$
(5) $2x^5-10x+5$
(6) $x^5-5x^3-20x+5$
(7) $x^6+x^5+\cdots+x+1$
(8) x^8+1 (문제 4를 이용하여 증명)
(9) x^5+x^4+3x+1
(10) x^5+x^4+4x+1

6. 다음 다항식을 $\mathbb{Z}[x]$, $\mathbb{Q}[x]$, $\mathbb{R}[x]$에서 각각 인수분해할 때, 인수분해에 있는 기약원의 개수를 각각 구하라.

(1) $391(x^4+x^3+x^2+x+1)$ (2) $30x^5-150x+75$

(3) $6x^8+6$ (4) $28x^{18}+28x^9+28$

(5) $119(x^4+x^2+1)$ (6) $18(x^{12}+x^6+1)$

(7) $x^{20}+x^{15}+x^{10}+x^5+1$ (8) $x^{100}+x^{75}+x^{50}+x^{25}+1$

7. 정리 3.11.10의 증명과정에 있는 다음 식을 이용하여 □ 안에 들어갈 양의 정수를 계산하여라(연습문제 2.11.1과 비교).

$$\binom{p^m}{i} = \frac{p^m}{i}\times\left\{\frac{(p^m-1)(p^m-2)\cdots(p^m-(i-1))}{1\times 2\times\cdots\times(i-1)}\right\}$$

(1) $\binom{243}{90}=3^{\square}m$, $(3,m)=1$ (2) $\binom{5^5}{250}=5^{\square}m$, $(5,m)=1$

(3) $\binom{7^{10}}{98}=7^{\square}m$, $(7,m)=1$ (4) $\binom{11^{100}}{12100}=11^{\square}m$, $(11,m)=1$

8. (1) 소수 p와 $f(x)=x^2+1\in\mathbb{Z}_p[x]$에 대하여 다음을 증명하여라.

$$x^2+1 \text{ 가 } \mathbb{Z}_p[x] \text{ 에서 기약} \Leftrightarrow p \text{ 가 } 4n+3 \text{ 꼴의 소수}$$

(2) $\mathbb{Z}[x]$에서 소수 p와 x^2+1로 생성된 이데알, $I_p=\langle x^2+1, p\rangle$ 중에서 다음에 해당하는 소수 p를 쓰시오.

1) I_p가 $\mathbb{Z}[x]$의 극대이데알인 소수 p 중 가장 작은 3개

2) I_p가 $\mathbb{Z}[x]$의 소이데알이 아닌 소수 p 중 가장 작은 것 3개

3) I_p가 $\mathbb{Z}[x]$의 극대이데알인 소수 p 중에서 100에 가장 가까운 것 2개

9. 소수 p와 $m\ge 0$에 대하여 $x^{p^{m+1}}-1$을 인수분해하여라.

10. p가 홀수소수이고, $m\ge 0$일 때, 다음의 다항식이 기약임을 증명하여라.

$$h(x)=x^{p^m(p-1)}-x^{p^m(p-2)}+x^{p^m(p-3)}\cdots-x^{p^m}+1\in\mathbb{Z}[x]$$

11. $f(x)=x^{100}+1$을 기약다항식의 곱으로 나타내어라(인수분해).

12. 다음의 다항식을 $\mathbb{Z}[x]$, $\mathbb{Q}[x]$, $\mathbb{R}[x]$의 원소로서 각각 인수분해 할 때, 인수분해에 있는 기약원의 개수를 차례대로 구하여라.

(1) $f(x)= x^{90}-1$　　(2) $g(x)= x^{90}+1$

13. **(중등교원 임용시험 2014년 1차 서술형 #3)**

다항식환 $\mathbb{Z}_{2014}[x]$에서 $f(x)=x^2-14$를 두 일차식의 곱

$$f(x)=(ax+b)(cx+d)$$

로 나타낼 수 없음을 증명하여라.

14. 다항식 $f(x)=12x^4-120x+12$를 $\mathbb{Z}[x]$, $\mathbb{Q}[x]$, $\mathbb{R}[x]$, $\mathbb{C}[x]$에서 각각 인수분해할 때, 나타나는 소원($f(x)$의 기약인수)를 각각 적어라.

15. $\mathbb{Z}[i][x]$에 있는 다음 다항식의 기약인수(약수인 기약다항식)을 모두 적어라.

(1) $f(x)=6x^2+6$　　(2) $g(x)=35x^2-70x+70$

16. (1) $x^4+3x^3+2x^2+2x+1\in\mathbb{Z}_5[x]$의 기약인수를 모두 적어라.

(2) $x^6+x^4+4x^2+1\in\mathbb{Z}_7[x]$의 기약인수를 모두 적어라.

04 CHAPTER

체(体, Field)론

이 장에서는

체는 단위원 1을 갖는 가환환으로서 0이 아닌 모든 원소가 곱셈에 대한 역원을 갖는 것을 말한다(3.2.4). 즉, 체는 유리수체나 실수체와 같이 가환이면서 덧셈, 뺄셈, 곱셈, 나눗셈($a \div b = ab^{-1}$, $b \neq 0$인 경우)에 대하여 닫혀있는 집합을 말한다.

선형대수에서 벡터와 대비해서 스칼라(scalar)라고 부르는 것은 보통 실수를 말하는데, 일반적으로는 주어진 체의 원소이다. 체론에서 기본적으로 계산하는 양(quantity)도 선형대수의 차원이다. 왜냐하면 두 체 F와 K가 포함관계($F \subseteq K$)에 있을 때, K는 F를 스칼라로 하는 벡터공간이기 때문이다(4.1.1). 기저에 있는 원소의 개수인 차원은 잘 정의되고 또 구체적인 보기에서 간단히 계산된다. 포함관계에 있는 다양한 체들 사이에서 차원의 계산은 체론을 이해하기 위한 기본도구이며 방정식의 풀이로 이어진다.

체론의 정리들은 방정식의 풀이에 필요한 도구이다. 뿐만 아니라 각의 삼등분 문제와 같은 그리스의 삼대작도문제가 불가능하다는 것을 증명한다. 이 장에서는 체 F 위에서 일변수 다항식 $f(x) \in F[x]$ 에 관한 갈루아이론과 거듭제곱근에 의한 방정식 $f(x)=0$의 풀이에 초점을 맞춘다.

4.1 확대체

유리수체 $\mathbb{Q}$와 이차체 $\mathbb{Q}[\sqrt{m}\,]$은 $\mathbb{Q} \subseteq \mathbb{Q}[\sqrt{m}\,]$인 포함관계에 있다. 이 때, $\mathbb{Q}[\sqrt{m}\,]$은 $\mathbb{Q}$의 원소를 스칼라로 하는 벡터공간이 되며, $\{1, \sqrt{m}\,\}$을 기저로 할 수 있으므로 $\dim_{\mathbb{Q}} \mathbb{Q}[\sqrt{m}\,] = 2$이다.

지적 4.1.1

체 F와 K가 $F \subseteq K$일 때, $u, v \in K$, $a \in F$에 대하여 K의 원소로서 u와 v의 합인 $u+v$를 벡터의 덧셈으로, K의 원소로서 a와 u의 곱인 au를 스칼라 a와 벡터 u의 곱셈으로 하면 K는 F를 스칼라로 하는 벡터공간이 된다. 왜냐하면 $(K, +)$는 아벨군이고, K의 곱셈의 결합법칙과 곱셈과 덧셈과의 배분법칙에 의하여 벡터공간을 정의하는 조건을 모두 만족하기 때문이다.

정의 4.1.2

체 F와 K가 $F \subseteq K$일 때, K를 F의 **확대체**(an extension field of F)라 한다. 이 때, K의 F-벡터공간으로서의 차원 $\dim_F K$를 $[K:F]$라 적고, K의 F 위에서의 **지수**(the degree of K over F)라 부른다.
$[K:F] < \infty$일 때, K를 F의 **유한확대체**(a finite extension of F)라 하고,
$[K:F] = \infty$일 때, K를 F의 **무한확대체**(an infinite extension of F)라 한다.

정리 4.1.3

L이 F의 유한확대체이고 K가 L의 유한확대체이면, K는 F의 유한확대체이고, 다음이 성립한다.

$$[K:F] = [K:L][L:F]$$

증명 $[L:F] = m$, $[K:L] = n$이라 하고, $B_1 = \{u_1, \cdots, u_m\}$을 L의 F 위에서의 기저, $B_2 = \{v_1, \cdots, v_n\}$을 K의 L 위에서의 기저라 하자. 다음과 같이 mn 개의 K의 원소 $\{u_i v_j \mid i = 1, \cdots, m,\ j = 1, \cdots n\}$가 K의 F 위에서의 기저임을 보일 수 있다.
$\sum_{i,j} a_{ij} u_i v_j = 0$이라 하자($i = 1, \cdots, m$, $j = 1, \cdots, n$, $a_{ij} \in F$).

$$\sum_{\substack{i=1,\cdots,m\\ j=1,\cdots,n}} a_{ij}u_iv_j = (\sum_{i=1}^{m} a_{i1}u_i)v_1 + \cdots + (\sum_{i=1}^{m} a_{in}u_i)v_n = 0$$

$B_2 = \{v_{1,} \cdots ,v_n\}$는 L 위에서 일차독립이므로, $\sum_{i=1}^{m} a_{i1}u_i = 0, \cdots ,\sum_{i=1}^{m} a_{in}u_i = 0$ 이다.

$B_1 = \{u_{1,} \cdots ,u_m\}$는 F 위에서 일차독립이므로, 모든 i에 대하여, $a_{i1}=0, \cdots , a_{in}=0$ 이다. 그러므로 $\{u_iv_j \mid i=1,\cdots,m,\ j=1,\cdots,n\}$ F 위에서의 일차독립이다.

이제 임의의 $v \in K$에 대하여, $B_2 = \{v_{1,} \cdots ,v_n\}$는 K의 L 위에서의 기저이므로,

$$v = w_1v_1 + \cdots + w_nv_n \quad (w_i \in L)$$

인 w_i가 존재한다. $B_1 = \{u_{1,} \cdots ,u_m\}$을 L의 F 위에서의 기저이므로, $j=1,\cdots,n$에 대하여 $w_j - a_{1j}u_1 + \cdots + a_{mj}u_m$인 $a_{ij} \in F$가 있다. 그러므로

$$\begin{aligned} v &= w_1v_1 + \cdots + w_nv_n \\ &= (a_{11}u_1 + \cdots + a_{m1}u_m)v_1 + \cdots + (a_{1n}u_1 + \cdots + a_{mn}u_m)v_n \\ &= \sum_{i,j} a_{ij}u_iv_j \end{aligned}$$

이고, $\{u_iv_j \mid i=1,\cdots,m,\ j=1,\cdots,n\}$는 F 위에서의 K를 생성한다. ■

체 F, L, K가 $F \subseteq L \subseteq K$일 때, L을 F와 K의 **중간체**(an intermediate field of F and K)라 한다. 다음의 정리에서와 같이 중간체에 대한 지수(차원)의 계산은 군론의 라그랑쥬의 정리에서처럼 약수와 배수의 관계로 나타난다. 이 약수와 배수의 관계는 작도가능성의 판정에 이용되며, 갈루아의 이론의 증명과 거듭제곱근에 의한 방정식의 풀이에 효과적인 계산도구가 된다.

따름정리 4.1.4

체 F, L, K가 $F \subseteq L \subseteq K$이고 $[K:F] < \infty$ 이면,
$[L:F] \mid [K:F]$이고, $[K:L] \mid [K:F]$이다.

증명 L은 F 위에서 K의 부분공간이므로, $[L:F] \le [K:F] < \infty$ 이다. 또 F 위에서 K의 기저는 L 위에서 K를 생성하므로 $[K:L] \le [K:F] < \infty$ 이다. 그러므로 정리 3에 의하여 $[K:F] = [K:L][L:F]$이고, $[L:F] \mid [K:F]$와 $[K:L] \mid [K:F]$이 성립한다. ■

포함관계에 있는 유한개의 체에 정리 3을 적용하면 다음과 같다.

따름정리 4.1.5

포함관계에 있는 체 $F_0 \subseteq F_1 \subseteq \cdots \subseteq F_n$ 에서 모든 i 에 대하여 F_i 가 F_{i-1} 의 유한 확대체이면, F_n 은 F_0 의 유한확대체이며 다음이 성립한다.

$$[F_n : F_0] = [F_n : F_{n-1}][F_{n-1} : F_{n-2}] \cdots [F_1 : F_0]$$

K가 F 의 확대체이고, $u \in K$, $f(x) = a_0 + a_1 x + \cdots + a_n x^n \in F[x]$ 일 때, x 에 u 를 대입한 $f(u) = a_0 + a_1 u + \cdots + a_n u^n$ 은 K 의 원소이다. 또 $f(u) = 0$ 일 때, u 를 $f(x)$ 의 **근**(a root)이라 한다(정의 4.4.1).

정의 4.1.6

K가 F 의 확대체이고, $u \in K$일 때, 다음과 같이 K 의 부분집합인 $F[u]$ 와 $F(u)$ 를 정의한다.

$$F[u] = \{ f(u) \mid f(x) \in F[x] \}$$

$$F(u) = \left\{ \frac{f(u)}{g(u)} \mid f(x), g(x) \in F[x], g(u) \neq 0 \right\}$$

모든 $f(x), g(x) \in F[x]$에 대하여 $f(u) \pm g(u) = (f \pm g)(u)$ 이고, $f(u)g(u) = (fg)(u)$ 이므로, $F[u]$ 는 K 의 부분환이다. 또 $F[u]$ 는 F와 u 에 의하여 생성되므로(덧셈과 곱셈에 대하여) F와 u 를 포함하는 K 의 부분환 중 가장 작은 환이다.

$\dfrac{f(u)}{g(u)} \neq 0$ 이면 $f(u) \neq 0$ 이고, $\left(\dfrac{f(u)}{g(u)}\right)^{-1} = \dfrac{g(u)}{f(u)}$ 이다. 그러므로 $F(u)$ 는 K의 부분체이고, F와 u 를 포함하는 K 의 부분체 중 가장 작은 체이다. $F(u)$ 를 F에 u 를 첨가하여 만든 F의 **단순확대체**(a simple extension of F)라 한다.

유한개의 원소 $u_1, \cdots, u_n \in K$ 에 대하여 같은 방법으로 정의한다. 즉,

$$F[u_1, \cdots, u_n] = \{ f(u_1, \cdots, u_n) \mid f(x_1, \cdots, x_n) \in F[x_1, \cdots, x_n] \},$$

$$F(u_1, \cdots, u_n) = \left\{ \frac{f(u_1, \cdots, u_n)}{g(u_1, \cdots, u_n)} \mid f(x_1, \cdots, x_n), g(x_1, \cdots, x_n) \in F[x_1, \cdots, x_n], g(u_1, \cdots, u_n) \neq 0 \right\}$$

정의 4.1.7

(1) K가 F의 확대체이고, $u \in K$일 때, 영다항식이 아닌 $f(x) \in F[x]$가 존재해서 $f(u) = 0$이면, u를 F 위에서 **대수적인 원소**(an algebraic element over F)라 한다. F 위에서 대수적이 아닌 원소를 F 위에서 **초월적인 원소**(a transcendental element over F)라 한다.

(2) 복소수 u가 $\mathbb{Q}$ 위에서 대수적일 때, u를 **대수적인 수**(an algebraic number)라 한다. 대수적인 아닌 복소수를 **초월수**(a transcendental number)라 한다.

모든 $a \in F$는 $f(x) = x - a \in F[x]$의 근이므로, a는 F 위에서 대수적이다.

보기 4.1.8

(1) $\sqrt[3]{2}$은 $f(x) = x^3 - 2$의 근이므로, $\sqrt[3]{2}$은 $\mathbb{Q}$ 위에서 대수적이다.

(2) $\omega = \dfrac{-1 + \sqrt{3}\,i}{2}$는 $f(x) = x^2 + x + 1$의 근이므로, ω는 $\mathbb{Q}$ 위에서 대수적이다.

(3) π는 유리수 계수 다항식의 근이 아니고, π는 초월수이다. 그러나 π는 $f(x) = x - \pi$의 근이고, π는 $\mathbb{R}$ 위에서 대수적이다.

정리 4.1.9

K가 F의 확대체이고, $u \in K$일 때, 다음은 서로 동치이다.

(1) u는 F 위에서 대수적이다.

(2) $[F(u) : F] < \infty$

(3) $F(u) = F[u]$

증명 (1)⟹(2), (1)⟹(3) u가 F 위에서 대수적이라 하자.

$\varphi : F[x] \to F[u]$를 $\varphi(f(x)) = f(u)$로 정의하면 φ는 다음과 같이 준동형이다.

$$\begin{aligned}\varphi(f(x)+g(x))) &= \varphi((f+g)(x)) = (f+g)(u)\\ &= f(u)+g(u) = \varphi((f(x)) + \varphi(g(x))\end{aligned}$$

$$\varphi(f(x)g(x)) = \varphi((fg)(x)) = (fg)(u) = f(u)g(u) = \varphi(f(x))\varphi(g(x))$$

또, $F[u]$의 정의에 의하여 φ는 전사준동형이고, 제 1 동형정리에 의하여 φ는 동형 $\overline{\varphi} : F[x]/\ker\varphi \cong F[u]$를 유도한다. u가 F 위에서 대수적이므로 $\ker\varphi \neq (0)$이다. $F[x]$는 단항이데알정역이므로(3.9.11) $\ker\varphi = (p(x))$인 $0 \neq p(x) \in F[x]$가 존재한다. $F[u]$는 체 K의 부분환이므로 정역이다. 그러므

로 $(p(x))$는 소이데알이고, 이는 $F[x]/(p(x)) \cong F[u]$가 체라는 사실과 동치이다(3.9.13). 따라서 $F(u)=F[u]$이고, (1)⟹(3)이 증명되었다.

이제 $p(x)=a_0+a_1x+\cdots+a_nx^n \in F[x]$일 때, $[F(u):F] \leq n$임을 증명한다. $F(u)=F[u]$이므로 모든 $\alpha \in F(u)$에 대하여, $\alpha = f(u)$인 $f(x) \in F[x]$가 있다. 유클리드정역 $F[x]$에서 $f(x)$를 $p(x)$로 나누면,

$f(x)=p(x)q(x)+r(x)$, $q(x), r(x) \in F[x]$, $\deg(r(x)) < \deg(p(x))$.

$r(x)=b_0+b_1x+\cdots+b_{n-1}x^{n-1}$ $(b_i \in F)$라 하면, $p(u)=0$이므로

$f(u)=p(u)q(u)+r(u)=r(u)=b_0+b_1u+\cdots+b_{n-1}u^{n-1}$이다. 따라서 F 위에서 $\{1, u, \cdots, u^{n-1}\}$이 $F(u)=F[u]$을 생성하고, $[F(u):F] \leq n$이다.

(2)⟹(1) $[F(u):F]=n$이라 하면, $n+1$개의 K의 원소 $\{1, u, \cdots, u^n\}$는 F 위에서 일차종속이다. 그러므로 적어도 하나가 0이 아닌 $c_i \in F$가 존재해서

$c_0 1+c_1u+\cdots+c_nu^n=0$이다. $f(x)=c_0+c_1x+\cdots+c_nx^n$이라 하면,

$f(x) \in F[x]$는 영다항식이 아니고, $f(u)=0$이므로 u는 F 위에서 대수적이다.

(3)⟹(1) $F(u)=F[u]$라 하면, $\frac{1}{u} \in F[u]$이므로, $\frac{1}{u}=a_0+a_1u+\cdots+a_nu^n$ $(a_i \in F)$이다. $f(x)=-1+a_0x+a_1x^2+\cdots+a_nx^{n+1} \in F[x]$이라 하면 $f(x)$는 영다항식이 아니고, 위의 식에 의하여 $f(u)=0$이므로 u는 F 위에서 대수적이다. ■

정리 9를 대수적인 원소 u 대신 u를 근으로 하는 다항식 $p(x)$를 주어로 서술하면 정리 10과 같다. 정리 10의 공식, $[F(u): F]=\deg(p(x))$는 정리 3과 함께 체론의 계산에서 기본적인 도구이다.

정리 4.1.10

K가 F의 확대체이고 $u \in K$가 F 위에서 대수적일 때, 영다항식이 아닌 $p(x) \in F[x]$에 대하여 다음은 서로 동치이다.

(1) $p(x)$는 u를 근으로 하는 차수가 가장 작은 다항식이다.

(2) $p(x)$는 u를 근으로 하는 기약다항식이다.

(3) 준동형 $\varphi: F[x] \to F[u]$ $(\varphi(f(x))=f(u))$의 핵, $\ker\varphi=(p(x))$이다.

$p(x)$가 위의 동치조건 만족할 때, $[F(u): F]=\deg(p(x))$이다.

증명 (1)⟹(2) u를 근으로 하는 차수가 가장 작은 다항식 $p(x)$가 기약이 아니라 하자. 즉, 적당한 $f(x), g(x) \in F[x]$에 대하여

$$p(x)=f(x)g(x),\ 1 \leq \deg(f(x)), \deg(g(x)) < \deg(p(x)$$

이다. 이 때, $0=p(u)=f(u)g(u)$ 이므로 $f(u)=0$ 또는 $g(u)=0$ 이다. 이는 $p(x)$가 u를 근으로 하는 차수가 가장 작은 다항식이라는 데 모순이다.

(2)⟹(3) $p(x)$는 u를 근으로 하므로 $(p(x))\subseteq \ker\varphi$ 이다. 그런데 $p(x)$가 기약다항식이므로 $(p(x))$는 극대이데알이고(3.9.13), $(p(x))=\ker\varphi$ 이다.

(3)⟹(1) 전사준동형 φ는 동형 $\overline{\varphi}: F[x]/(p(x))\cong F[u]$를 유도한다(정리 9). 체 K의 부분환 $F[u]$는 정역이므로, $(p(x))$는 소이데알이고, 이는 $p(x)$가 기약다항식이라는 사실과 동치이다(3.9.13).

만일 기약다항식 $p(x)$보다 차수가 더 작고 u를 근으로 하는 0이 아닌 다항식이 있다고 하면, $f(x)$가 그런 다항식 중 차수가 가장 작은 다항식이라 하자. $p(x)$를 $f(x)$로 나누어 $p(x)=f(x)q(x)+r(x)$, $\deg(r(x))<\deg(f(x))$이다. $0=p(u)=r(u)$ 이고, $\deg(f(x))$의 최소성에 의하여 $r(x)=0$이다. 그러므로 $p(x)=f(x)q(x)$ 이고 이는 $p(x)$가 기약이라는데 모순이다. 따라서 $p(x)$는 u를 근으로 하는 0이 아닌 다항식 중 차수가 가장 작다.

이제 이 동치조건 하에서 $[F(u):F]=\deg(p(x))$을 증명하자.

먼저 정리 9에서 $p(x)=a_0+a_1x+\cdots+a_nx^n\in F[x]$일 때, $F(u)=F[u]$는 F 위에서 $\{1, u, \cdots, u^{n-1}\}$로 생성됨을 증명하였다.

만일 $\{1, u, \cdots, u^{n-1}\}$이 F 위에서 일차종속이라면, 적어도 하나가 0이 아닌 $b_i\in F$가 존재해서 $b_0 1+b_1u+\cdots+b_{n-1}u^{n-1}=0$이다. 이 때, $q(x)=b_0+b_1x+\cdots+b_{n-1}x^{n-1}$이라 하면, $q(x)\in F[x]$는 영다항식이 아니고 u를 근으로 하는 $p(x)$보다 차수가 더 작은 다항식이므로 모순이다.

따라서 $\{1, u, \cdots, u^{n-1}\}$는 F 위에서 일차독립이고, $[F(u):F]=n$이다. ■

$p_1(x)$와 $p_2(x)$가 모닉이고 u를 근으로 하는 차수가 가장 작은 다항식이라 하자. 이 때, $p_1(x)$와 $p_2(x)$는 모닉이고 차수가 같으므로, $\deg(p_1(x)-p_2(x))<\deg(p_1(x))$이다. 또, $p_1(u)-p_2(u)=0-0=0$이므로, $p_1(x)-p_2(x)$는 u를 근으로 하는 차수가 $p_1(x)$보다 더 작은 다항식이다. 그러므로 $p_1(x)-p_2(x)$는 영다항식이고, $p_1(x)=p_2(x)$이다. 따라서 대수적인 원소 u를 근으로 하는 차수가 가장 작은 다항식은 유일하다.

정의 4.1.11

K가 F의 확대체이고 $u\in K$가 F 위에서 대수적일 때, u를 근으로 하는 모닉인 기약다항식 $p(x)\in F[x]$를 F 위에서 u의 **기약다항식**(the irreducible polynomial of u over F) 또는 F 위에서 u의 **최소다항식**(the minimal polynomial of u over F)이라 한다.

보기 4.1.12

(1) $u = \sqrt{2}$ 의 최소다항식은 $p(x) = x^2 - 2$ 이다. 그러므로
$[\mathbb{Q}(\sqrt{2}) : \mathbb{Q}] = 2$ 이고, $\{1, \sqrt[2]{2}\}$ 은 $\mathbb{Q}$ 위에서 $\mathbb{Q}(\sqrt[2]{2})$ 의 기저이다.

(2) $u = \sqrt[3]{2}$ 의 최소다항식은 $p(x) = x^3 - 2$ 이다. 그러므로
$[\mathbb{Q}(\sqrt[3]{2}) : \mathbb{Q}] = 3$ 이고, $\{1, \sqrt[3]{2}, \sqrt[3]{4}\}$ 은 $\mathbb{Q}$ 위에서 $\mathbb{Q}(\sqrt[3]{2})$ 의 기저이다.

(3) $\omega = \dfrac{-1+\sqrt{3}i}{2}$ 의 최소다항식은 $p(x) = x^2 + x + 1$ 이므로, $[\mathbb{Q}(\omega) : \mathbb{Q}] = 2$ 이고,
$\{1, \omega\}$ 는 $\mathbb{Q}$ 위에서 $\mathbb{Q}(\omega)$ 의 기저이다.

▶▶ 연습문제 4.1

1. 체 F 와 $f(x) \in F[x]$, $\deg(f(x)) \geq 1$ 일 때, 상환 $R = F[x]/(f(x))$ 에 대하여 다음에 답하여라(정리 4.1.10과 비교).

(1) R 은 F 위에서 차원이 n 인 벡터공간임을 보여라.

(2) $f(x)$ 가 기약다항식이 아니면, R 은 정역이 아님을 보여라.

(3) $R_1 = \mathbb{Q}[x]/(x^3+1)$ 과 $R_2 = \mathbb{C}[x]/(x^2+1)$ 에서 영인자의 보기를 각각 찾아라.

2. 유리수체 $\mathbb{Q}$ 위에서 다음 수의 최소 다항식을 구하여라(연습문제 4.2.2와 비교).

(1) $\sqrt{2}$

(2) $\sqrt{3}$

(3) $\omega = \dfrac{-1+\sqrt{3}i}{2}$

(4) $\rho = \cos\dfrac{2\pi}{5} + i\sin\dfrac{2\pi}{5}$

(5) $\delta = \dfrac{1+i}{\sqrt{2}}$

(6) $\sqrt{2} + \sqrt{3}$

(7) $-\sqrt{2} + \sqrt{5}$

(8) $\sqrt{2+\sqrt{3}}$

3. $\mathbb{Q}[\pi] \neq \mathbb{Q}(\pi)$ 임을 증명하여라.

4. p 가 소수일 때, $\mathbb{Q}$ 위에서 $\rho = \cos\dfrac{2\pi}{p} + i\sin\dfrac{2\pi}{p}$ 의 최소다항식과 $[\mathbb{Q}(\rho) : \mathbb{Q}]$ 를 각각 구하여라.

5. p가 소수일 때, $\mathbb{Q}$ 위에서 $\rho = \cos\frac{\pi}{p} + i\sin\frac{\pi}{p}$의 최소다항식과 $[\mathbb{Q}(\rho):\mathbb{Q}]$를 각각 구하여라.

6. 유리수체 $\mathbb{Q}$ 위에서 다음 수의 최소 다항식을 구하여라.

(1) $\rho = \cos\frac{2\pi}{243} + i\sin\frac{2\pi}{243}$ (2) $\mu = \cos\frac{\pi}{343} + i\sin\frac{\pi}{343}$

7. 체 $F \subseteq K \subseteq L$과 $u \in L$에 대하여 다음을 보여라.

(1) u가 F 위에서 대수적이면, u는 K 위에서 대수적이고, $[K(u):K] \le [F(u):F]$이다.

(2) (1)에서 $[K(u):K] = [F(u):F]$인 보기와 $[K(u):K] \ne [F(u):F]$인 보기를 각각 찾아라.

8. K와 L이 체 F의 유한 확대체일 때, 다음을 보여라.

(1) $[K:F]$와 $[L:F]$가 서로소이면, $K \cap L = F$이다.

(2) $K \cap L = F$이나, $[K:F]$와 $[L:F]$가 서로소가 아닌 보기를 찾아라.

9. 체 F와 K가 $F \subseteq K$일 때, $u \in K$에 대하여 다음을 보여라.

(1) $F[u]$는 정역임을 설명하여라.

(2) $F[u]$는 F와 u를 포함하는 K의 부분환 중 가장 작은 환임을 증명하여라.

(3) $F(u)$는 F와 u를 포함하는 K의 부분체 중 가장 작은 체임을 증명하여라.

(4) $F[u]$의 분수체는 $F(u)$임을 증명하여라.

10. F의 확대체 K의 원소 u가 F 위에서 대수적이고, u를 근으로 하는 다항식 $p_1(x), p_2(x) \in F[x]$가 영다항식이 아닐 때, 다음을 증명하여라.

(1) $p_1(x)$가 기약이면, $p_1(x)$는 u를 근으로 하는 다항식 중 차수가 가장 작다.

(2) $p_1(x)$와 $p_2(x)$가 u를 근으로 하는 다항식 중 차수가 가장 작고, 두 다항식의 계수 중 0 아닌 것이 같으면, $p_1(x) = p_2(x)$이다.

11. (중등교원 임용시험 2005년 #19)

체 F의 대수적 확대체 K가 $[K:F] = 10$이다. $F[x]$의 기약다항식 $f(x)$의 차수가 3이면, $f(x)$의 어떤 근도 K에 포함되지 않음을 증명하여라.

12. (중등교원 임용시험 2009년 1차 #21)

F의 확대체 E의 원소 α가 F 위에서 대수적일 때, 환준동형 $\phi_\alpha : F[x] \to E$, $\phi_\alpha(f(x)) = f(\alpha)$에 대하여 다음을 보여라.

(1) $\ker(\phi_\alpha)$는 $F[x]$의 0이 아닌 소이데알임을 보여라.

(2) $F[x]/\ker(\phi_\alpha)$와 E가 동형이기 위한 조건을 적고, 또 동형이 아닌 간단한 보기를 들어라.

13. 유리수체 $\mathbb{Q}$와 실수체 $\mathbb{R}$위에서 다음 수의 최소 다항식을 각각 구하여라.

(1) $\alpha = \sqrt{3} - \sqrt{5}$

(2) $\beta = \dfrac{-1+i}{\sqrt{2}}$

4.2 대수적 확대체

이 절에서는 대수적 확대체와 대수적인 수에 대하여 탐구하고자 한다.

정의 4.2.1

F의 확대체 K의 원소가 모두 F 위에서 대수적일 일 때, K를 F의 **대수적 확대체**(an algebraic extension of F)라 한다. F의 대수적인 확대체가 아닌 확대체를 **초월적 확대체**(a transcendental extension of F)라 한다.

정리 4.2.2 (중등교원 임용시험 1999년-2 #13)

K가 F의 유한확대체이면, K는 F의 대수적 확대체이다.

증명 K가 F의 확대체이고, $[K:F] = n < \infty$라 하자. K의 임의의 원소 u에 대하여 $n+1$개의 K의 원소 $\{1, u, \cdots, u^n\}$는 F 위에서 일차종속이다. 그러므로 적어도 하나가 0이 아닌 $a_i \in F$가 존재해서 $a_0 1 + a_1 u + \cdots + a_n u^n = 0$이다. 이제 $f(x) = a_0 + a_1 x + \cdots + a_n x^n$이라 하면, $f(x) \in F[x]$는 영다항식이 아니고 $f(u) = 0$이므로 u는 F 위에서 대수적이다. ■

특히, F의 확대체 K의 원소 u가 F 위에서 대수적일 때, $F(u)$는 F의 유한확대체이고, 따라서 $F(u)$의 모든 원소는 F 위에서 대수적이다.

지적 4.2.3

체 F, L, K가 $F \subseteq L \subseteq K$이고, $u \in K$가 F 위에서 대수적일 때, $[L(u):L] \leq [F(u):F]$이다. 왜냐하면, $f(x) \in F[x]$가 F 위에서 u의 기약다항식이면, $f(x) \in L[x]$이고 $f(u)=0$이기 때문이다. 예를 들면, $u=\sqrt[4]{2}$의 $\mathbb{Q}$ 위에서의 기약다항식은 $x^4-2=(x^2-\sqrt{2})(x^2+\sqrt{2})$이고, $u=\sqrt[4]{2}$의 $\mathbb{Q}(\sqrt{2})$ 위에서의 기약다항식은 $x^2-\sqrt{2}$이다. 그러므로 $[\mathbb{Q}(\sqrt[4]{2}):\mathbb{Q}(\sqrt{2})]=2$이고, $[\mathbb{Q}(\sqrt[4]{2}):\mathbb{Q}]=4$이다.

정리 2의 일반적인 형태는 다음과 같이 서술할 수 있다.

정리 4.2.4

K가 F의 확대체일 때, 다음이 성립한다.

K가 F의 유한확대체 $\Leftrightarrow$ $K=F(u_1,\cdots,u_n)$, $u_i \in K$는 F 위에서 대수적인 원소

증명 $\Rightarrow$) $[K:F]=n$이고, $\{u_1,\cdots,u_n\}$는 F 위에서 K의 기저라 하자. K의 임의의 원소 u에 대하여 $a_i \in F$가 있어서 $u=a_0u_1+\cdots+a_nu_n$이므로 $K=F(u_1,\cdots,u_n)$이다.

$\Leftarrow$) F 위에서 대수적인 유한개의 K의 원소 $u_1,\cdots,u_n$에 대하여 $K=F(u_1,\cdots,u_n)$라 하자. u_i는 F 위에서 대수적이므로, u_i는 $F(u_1,\cdots,u_{i-1})$ 위에서 대수적이다. 이제 $[F(u_1,\cdots,u_{i-1},u_i):F(u_1,\cdots,u_{i-1})]=m_i$라 하면, 4.1.5에 의하여 $[K:F]=m_1\cdots m_n < \infty$이다. ■

정리 4.2.5

L이 F의 대수적 확대체이고 K가 L의 대수적 확대체이면, K는 F의 대수적 확대체이다.

증명 K의 임의의 원소 v가 F 위에서 대수적임을 보이면 된다.
v는 L 위에서 대수적이므로 영다항식이 아닌 $f(x) \in L[x]$가 있어서 $f(v)=0$이다.
$f(x)=u_0+u_1x+\cdots+u_nx^n$ $(u_i \in L)$이라 하면 $f(x) \in F(u_0,\cdots,u_n)[x]$이고,
$[F(u_0,\cdots,u_n)(v):F(u_0,\cdots,u_n)] \leq n$이다. 또, u_i는 F 위에서 대수적이므로 4.1.5에 의하여 $[F(u_0,\cdots,u_n):F] < \infty$이다. 그러므로 다음이 성립한다.

$$[F(v):F] \le [F(u_0,\cdots,u_n)(v):F]$$
$$=[F(u_0,\cdots,u_n)(v):F(u_0,\cdots,u_n)][F(u_0,\cdots,u_n):F] < \infty$$

정리 4.1.9에 의하여, v는 F 위에서 대수적이고, K는 F의 대수적 확대체이다.

■

정리 4.2.6

K가 F의 확대체일 때, $u, v \in K$가 F 위에서 대수적이면, $u \pm v$, uv와 uv^{-1} ($v \neq 0$인 경우)는 모두 F 위에서 대수적이다.

증명 (1) $[F(u):F]=m$, $[F(v):F]=n$일 때, $[F(u)(v):F(u)] \le m$이다(4.2.3). 따라서

$$[F(u,v):F]=[F(u)(v):F(u)][F(u):F] \le mn$$

이고, $F(u,v)$는 F의 유한확대체이다. $u \pm v$, uv와 uv^{-1}($v \neq 0$인 경우)는 모두 F의 유한확대체 $F(u,v)$의 원소이므로 F 위에서 대수적이다(4.2.2).

■

K가 F의 확대체일 때, $Cl_K(F)=\{\, u \in K \mid u$는 F 위에서 대수적인 원소 $\}$라 하면, 정리 6(1)에 의하여 $Cl_K(F)$는 F를 포함하는 K의 부분체이다. 또 $Cl_K(F)$의 모든 원소는 F 위에서 대수적이므로, $Cl_K(F)$는 F의 대수적 확대체이다.

$Cl_K(F)$를 K 안에서 F의 **대수적 덮개**(the algebraic closure of F in K)라 한다.

참고 4.2.7

(1) $Cl_{\mathbb{C}}(\mathbb{R})=\mathbb{C}$이다. 왜냐하면, 모든 복소수는 실계수 일차다항식의 근이거나(실수의 경우) 또는 실계수 이차다항식의 근이기 때문이다(실수가 아닌 복소수의 경우).

(2) $Cl_{\mathbb{C}}(\mathbb{Q})$는 $\mathbb{Q}$의 대수적 확대체이나 유한확대체가 아니다($[Cl_{\mathbb{C}}(\mathbb{Q}):\mathbb{Q}]=\infty$).

>> 초월수의 발견과 미해결의 문제들

복소수 중에서 0이 아닌 유리수 계수 다항식의 근인 수를 대수적인 수라 하고, 대수적인 아닌 복소수를 초월수라 한다(정의 4.1.7(2)). 주어진 복소수가 초월수임을 증명하는 것은 매우 어려운 계산으로 아직도 많은 문제들이 미해결의 상태이다.

1. 초월수의 발견에 관한 간단한 역사

(1) 최초의 초월수의 발견은 프랑스의 해석학자인 J. Liouville(1809-1882)에 의하여 이루어졌다. 그는 1844년 다음과 같은 순환하지 않는 소수들은 초월수라고 주장하였으며, Liouville은 1851년에 완전한 증명을 제시하였다.

$$\alpha = \sum_{n=1}^{\infty} a_n 10^{-n!} \quad (a_n\text{은 } 1\text{부터 } 9\text{까지의 정수})$$

예를 들면, 모든 $a_n = 1$ 인 경우에 u는 다음과 같다.

$$\alpha = 10^{-1} + 10^{-2} + 10^{-6} + 10^{-24} + \cdots = 0.110001000000000000000001 0 \cdots$$

(2) $e = \sum_{n=0}^{\infty} \frac{1}{n!}$ 의 경우

오일러(L. Euler ; 1707-1783)는 1737년 e가 무리수라는 것을 증명하였고, 1840년 Liouville은 e가 정수계수 이차방정식의 근이 아님을 보였다. 1873년 C. Hermite (1822-1901)는 e가 초월수임을 증명하였다.

(3) 원주율 π

원주율 π를 기원전 2000년경 바빌론인들은 $\frac{25}{8}$으로, 이집트 인들은 $\left(\frac{16}{9}\right)^2$으로 계산하였다. 1776년 J. H. Lambert(1728-1777) π가 무리수임을 보였다.
F. Lindemann(1852-1939)은 1882년 'Über die Zahl π'라는 논문에서 다음과 같이 Hermite의 계산결과를 이용하여 π가 초월수임을 보였다.
Hermite는 $\alpha_1, \cdots, \alpha_n$ 이 서로 다른 대수적인 수이고, $\beta_1, \cdots, \beta_n$ 이 0이 아닌 대수적 수이면, $\beta_1 e^{\alpha_1} + \cdots + \beta_n e^{\alpha_n} \neq 0$ 임을 보였다. 만일 π가 대수적인 수이면, πi도 대수적인 수이다(4.2.6). Hermite의 식에서 $\alpha_1 = \pi i$, $\alpha_2 = 0$, $\beta_1 = \beta_2 = 1$로 하면, $e^{\pi i} + e^0 = 0$이 되어 모순이다. 따라서 πi는 초월수이고, π도 초월수이다.

(4) $\sqrt{2}^{\sqrt{2}}$는 어떤 수인가? – Hilbert의 일곱 번째 문제

이 문제는 D. Hilbert(1862-1943)가 1900년 파리 세계수학자대회에서 제안한 20세기에 풀어야할 23 가지 문제 중 일곱 번째 문제이다. 이 문제는 무리수의 무리수 승이 유리수가 될 수 있느냐에 답을 준다. 왜냐하면, $\sqrt{2}^{\sqrt{2}}$가 유리수가 아니라면,

$(\sqrt{2}^{\sqrt{2}})^{\sqrt{2}} = 2$로 유리수이기 때문이다.

Hilbert는 1919년 괴팅겐 대학의 강연에서 이 문제는 페르마의 마지막 정리보다 더 먼 미래에야 해결이 가능할 것이며, 이 강의실에 있는 그 누구도 생전에는 그 해결을 못 볼 것이라 예상하였다. 그러나 Hilbert의 예상과는 달리 러시아의 수학자 A. O. Gelfond(1906-1968)와 독일의 수학자 T. Schneider는 1934년 각각 다른 방법으로 $\sqrt{2}^{\sqrt{2}}$를 포함한 다음과 같은 종류의 복소수들이 초월수임을 증명하였다.

정리 4.2.8 (Gelfond, Schneider : 1934년)

복소수 α, β가 대수적인 수이고, $\alpha \neq 0, 1$, β가 무리수이면, α^{β}는 초월수이다.

(5) 리이만의 가설과 ζ 함수의 값

1859년 리이만은 '주어진 크기보다 작은 소수의 개수(Über die Anzahl der Primzahlen unter einer gegebenen Grosse)'라는 논문을 남겼는데, 이 논문에서 그는 "내가 지금 증명할 수 없지만 복소함수 $\zeta(s)$의 0의 실수부는 $\frac{1}{2}$인 것 같다."라고 적었다.

리이만의 가설, 1859년

단순 0인 $s=-2n$을 제외하고, ζ 함수의 0의 실수부는 $\frac{1}{2}$이다.

$$\zeta(s) = \prod_{p:\text{소수}} \frac{1}{1-p^{-s}} = \sum_{n=1}^{\infty} \frac{1}{n^s}$$

$\zeta(2) = \sum_{n=1}^{\infty} \frac{1}{n^2} = \frac{\pi^2}{6}$, $\zeta(4) = \sum_{n=1}^{\infty} \frac{1}{n^4} = \frac{\pi^4}{90}$, $\zeta(6) = \sum_{n=1}^{\infty} \frac{1}{n^6} = \frac{\pi^6}{945}$은 모두 초월수이다.

D. Zagier는 1975년 본(Bonn) 대학 취임 연설에서 '어떤 수는 소수이고, 어떤 수는 소수가 아닌 아무런 이유를 찾을 수 없다'고 하였다. 그런데 소수에 대한 가장 분명한 이해는 리이만 가설(Riemann Hypothesis)의 참 또는 거짓에서 찾을 수 있는데, P. Erdos(1913-1996)는 소수를 이해하는데 적어도 백만년이 걸리지 않을까 예상하였다 ('It will be another million years at least before we understand prime numbers').

2. 미해결의 문제들

다음과 같은 수들이 대수적인 수인지 초월수인지 아직 미해결의 상태이다.

(1) $\pi + e$, πe, π^e는 어떤 수인가?

> **참고** $e^{\pi i} = -1$이고, e^{π}는 초월수이다.

(2) s가 3 이상의 홀수인 양의 정수일 때, $\zeta(s)$는 초월수인가?

> **참고** R. Aprey는 1978년 $\zeta(3) = \sum_{n=1}^{\infty} \frac{1}{n^3}$이 무리수임을 증명하였다. s가 3 이상의 홀수인 양의 정수일 때, $\zeta(s)$가 무리수인가 대한 결과는 있으나, 초월수에 대한 결과는 아직 없다.)

(3) 오일러 수, $c = \lim_{n \to \infty} \left(\sum_{k=1}^{n} \frac{1}{k} - \int_1^n \frac{1}{x} dx \right) = \lim_{n \to \infty} \left(\sum_{k=1}^{n} \frac{1}{k} - \ln n \right)$

▶▶ 연습문제 4.2

1. 다음 수의 실수체 $\mathbb{R}$ 위에서의 최소 다항식을 구하여라(연습문제 4.1.2와 비교).

(1) $\omega = \dfrac{-1 + \sqrt{3}i}{2}$ (2) $\rho = \cos\dfrac{2}{5}\pi + i\sin\dfrac{2}{5}\pi$

(3) $\delta = \dfrac{1+i}{\sqrt{2}}$ (4) $\sqrt{2 + \sqrt{3}}$

2. 다음의 복소수를 대수적인 수와 초월수로 나누어라.

(1) $3^{\sqrt{2}}$	(2) $(\sqrt{5}^{\sqrt{2}})^{2\sqrt{2}}$	(3) $\sqrt{3}^{\sqrt{2}-1}$
(4) $(\sqrt{2}-1)^{\sqrt{2}-1}$	(5) $\sin 15^\circ$	(6) $\cos 10^\circ$
(7) $\tan 1^\circ$	(8) $\cot 0.5^\circ$	(9) $e^{\frac{\pi}{2}i}$
(10) $e^2 = \sum_{n=0}^{\infty} \frac{2^n}{n!}$	(11) $\sum_{n=1}^{\infty} \frac{1}{n^2}$	

(12) $10^{-1}+2\times 10^{-2}+10^{-6}+2\times 10^{-24}+\cdots$
$= 0.12000100000000000000000020\cdots$

3. K가 F의 대수적 확대체일 때, $u\in K$에 대하여 다음을 보여라.

(1) $[F(u):F(u^2)]=2$이거나, 또는 $F(u)=F(u^2)$이다.

(2) $[F(u):F]$가 홀수이면, $F(u)=F(u^2)$이다.

(3) $[\mathbb{Q}(u):\mathbb{Q}]=2$이고, $\mathbb{Q}(u)=\mathbb{Q}(u^2)$인 u를 찾아라.

4. K가 F의 확대체이고, $\alpha,\beta\in K$가 $[F(\alpha):F]=m$, $[F(\beta):F]=n$이다.

(1) $(m,n)=1$이면, $[F(\alpha,\beta):F]=mn$임을 보여라.

(2) $(m,n)>1$일 때, $[F(\alpha,\beta):F]<mn$인 보기와 $[F(\alpha,\beta):F]=mn$인 보기를 각각 찾아라(문제 5 참고).

5. $[\mathbb{Q}(\alpha):\mathbb{Q}]=2$, $[\mathbb{Q}(\beta):\mathbb{Q}]=4$이며, 다음을 만족하는 $\alpha,\beta\in\mathbb{C}$의 보기를 찾아라.

(1) $[\mathbb{Q}(\alpha+\beta):\mathbb{Q}]=2$

(2) $[\mathbb{Q}(\alpha+\beta):\mathbb{Q}]=4$

(3) $[\mathbb{Q}(\alpha+\beta):\mathbb{Q}]=8$

(4) $[\mathbb{Q}(\alpha\beta):\mathbb{Q}]=2$

(5) $[\mathbb{Q}(\alpha\beta):\mathbb{Q}]=4$

(6) $[\mathbb{Q}(\alpha\beta):\mathbb{Q}]=8$

4.3 자와 컴퍼스에 의한 작도

임의의 각의 삼등분이나 부피가 두 배인 정육면체의 작도와 같은 문제는 고대 그리스 때부터 제기되었다. 1837년 방첼(P. Wantzel(1814-1848)은 처음으로 그와 같은 작도가 불가능하다는 것을 증명하였는데, 방첼의 아이디어는 작도의 문제를 방정식의 근에 관한 문제로 바꾸는 것이다(정리 4.3.5).

이 절에서 작도가능한 수라는 것은 단위 길이(길이가 1인 선분)를 정한 다음, 눈금 없는 곧은 자와 컴퍼스로 그 수를 길이로 하는 선분을 작도할 수 있느냐 하는 문제이다(Costuction with straightedge and compass). 즉, 길이가 1인 선분과 그 선분의 양 끝 점을 이용하여 평면 위에서 직선(곧은 자)과 원(콤파스)을 그려나갈 때, 이 도형들이 만나는 교점 사이의 거리가 작도가능한 수이다.

정의 4.3.1

(1) 단위 길이를 정한 다음 눈금 없는 곧은 자와 컴퍼스로 길이가 u 인 선분을 작도할 수 있을 때, $u\,(u>0)$를 **작도가능한 수**(a costructible number)라고 한다. 양의 실수 u 가 작도 가능한 수 일 때, $-u$ 도 **작도가능한 수**로 정의한다. (0은 작도가능한 수로 정한다.)

정리 4.3.2

u, v 가 작도가능한 수일 때, $u+v$, $u-v$, uv, $\frac{u}{v}$($v \neq 0$ 인 경우)는 작도가능한 수이다.

증명 $u+v$와 $u-v$는 자와 컴퍼스로 다음과 같이 작도한다.
자와 컴퍼스를 이용하여 직선 밖의 한 점을 지나 그 직선에 수직인 직선과 그 직선에 평행인 직선을 각각 작도할 수 있다. 따라서 다음과 같이 uv와 $\frac{u}{v}\,(v \neq 0)$를 작도한다. ■

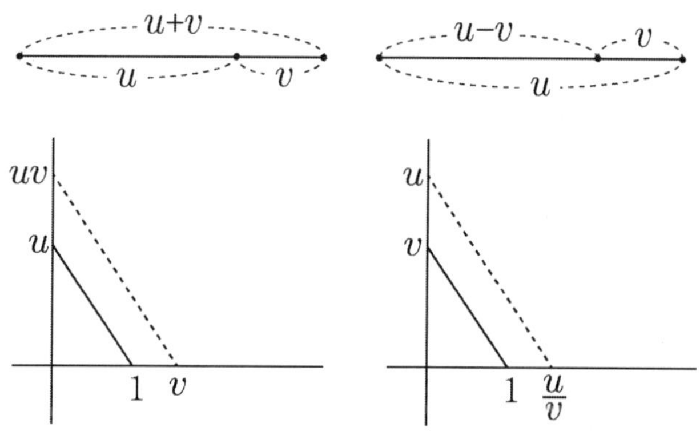

따름정리 4.3.3

작도가능한 수 전체의 집합은 유리수체를 포함하는 실수체의 부분체이다.

증명 정리 2에 의하여 작도가능한 수 전체의 집합은 실수체의 부분체이며, 유리수체를 포함하는 체이다. ■

정리 4.3.4

$u\,(u>0)$가 작도가능한 수이면, $\sqrt{u}$ 도 작도가능한 수이다.

증명 지름이 $1+u$인 원을 그린 다음, 점 A에서 1만큼 떨어진 점 C에서 수직선을 세우면 다음과 같이 $\overline{CD}=\sqrt{u}$ 이다.

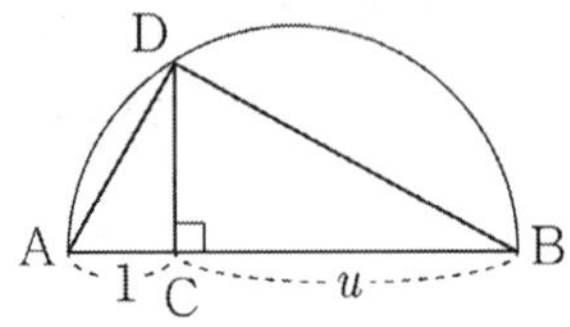

$\overline{CD}=x$, $\overline{AD}=y$, $\overline{BD}=z$ 라 하고 세 개의 직각삼각형에 피타고라스 정리를 적용하면, $1+x^2=y^2$, $u^2+x^2=z^2$, $y^2+z^2=(1+u)^2$ 이다. 그러므로

$$y^2+z^2=1+u^2+2x^2=(1+u)^2$$

이고, $x=\sqrt{u}$ 이다. ■

자와 콤파스를 이용하면 직선 밖의 한 점을 지나 그 직선에 수직인 직선이나 그 직선에 평행인 직선을 작도할 수 있다. 그러므로 좌표평면에서 자와 컴파스로 직선과 원을 작도할 때 나타나는 교점 $P(u,v)$의 x-좌표 u와 y-좌표 v는 작도가능한 수이다. 반대로 u와 v가 작도가능한 수이면, 점 $P(u,v)$를 두 직선의 교점으로 작도할 수 있다. 따라서 작도가능한 수는 좌표평면에서 작도할 수 있는 원과 직선의 교점의 x-좌표 또는 y-좌표이다.

따름정리 3에 의하여 모든 유리수를 작도할 수 있고, 유리수 a, b에 대하여 좌표평면에서 유리수 격자점 $A(a, b)$를 작도할 수 있다. 두 유리수 격자점을 지나는 직선의 식이나 유리수 격자점을 중심으로 하고 반지름이 유리수인 원의 식에서 계수는 모두 유리수이다. 이제 a, b, c, d, e, f가 유리수인 경우 교점의 좌표를 구하면 다음과 같다.

(1) 직선 $ax+by+c=0$과 직선 $dx+ey+f=0$의 교점의 x-좌표와 y-좌표는 모두 유리수이다.

(2) 직선 $ax+by+c=0$과 원 $x^2+y^2+dx+ey+f=0$의 경우
직선의 식을 y에 관한 식으로 고친 다음, y를 원의 식에 대입하여 이차방정식의 근의 공식으로 x에 관하여 푼다. 교점의 x-좌표는 적당한 양의 유리수 r에 대하여 $F_1=\mathbb{Q}(\sqrt{r})$의 원소이다. 교점의 y-좌표도 마찬가지이다.

(3) 원 $x^2+y^2+ax+by+c=0$과 원 $x^2+y^2+dx+ey+f=0$의 교점은 직선 $(a-d)x+(b-e)y+c-f=0$과 원 $x^2+y^2+ax+by+c=0$의 교점이며, 교점의 x-좌표는 (2)의 경우와 같이 $\mathbb{Q}$의 적당한 이차확대체 $F_1=\mathbb{Q}(\sqrt{r})$의 원소이다.

(1)−(3)의 과정에서 얻은 새로운 교점을 이용하여 원이나 직선을 작도하자. 이 때, 나타나는 교점의 x-좌표 또는 y-좌표는 F_1의 적당한 이차확대체 $F_2 = F_1(\sqrt{u})$의 원소이다 ($u \in F_1$). 작도가능한 수는 이와 같은 과정을 유한 번 시행하여 얻게 되는 교점의 x-좌표 또는 y-좌표이므로 다음이 성립한다.

정리 4.3.5 방첼 1837년

실수 u가 작도가능한 수라는 것은 다음과 동치이다.

양의 실수 $u_1, \cdots, u_n$이 존재하여 $u \in \mathbb{Q}(u_1, \cdots, u_n)$이며, $u_1^2 \in \mathbb{Q}$이고, $i \geq 2$에 대하여 $u_i^2 \in \mathbb{Q}(u_1, \cdots, u_{i-1})$이다.

증명 $\Rightarrow$) 위에서 설명한 것과 같이 직선과 원의 방정식을 연립하여 이차방정식의 근의 공식으로 푸는 과정이다.

$\Leftarrow$) 정리 4와 따름정리 3에 의하여 $\mathbb{Q}(u_1, \cdots, u_n)$의 모든 원소는 작도가능하다. ■

따름정리 4.3.6

실수 u가 작도가능한 수이면, $[\mathbb{Q}(u) : \mathbb{Q}] = 2^m \ (m \geq 0)$이다.

증명 u가 작도가능한 수이면, 정리 5의 조건을 만족하는 $\mathbb{Q}$의 확대체 $\mathbb{Q}(u_1, \cdots, u_n)$가 존재한다. $[\mathbb{Q}(u_1, \cdots, u_i) : \mathbb{Q}(u_1, \cdots, u_{i-1})] = 1$ 또는 2이다($u_i \in \mathbb{Q}(u_1, \cdots, u_{i-1})$인 경우는 1). 정리 4.1.5에 의하여 $[\mathbb{Q}(u_1, \cdots, u_n) : \mathbb{Q}] = 2^l \ (l \geq 0)$이고, 정리 4.1.4에 의하여 $[\mathbb{Q}(u) : \mathbb{Q}] = 2^m \ (m \geq 0)$이다. ■

위의 정리의 대우 명제로 작도불가능한 수의 판정법을 간결하게 적을 수 있다.

따름정리 4.3.7

실수 u의 $\mathbb{Q}$ 위에서 기약다항식의 차수가 $2^m \ (m \geq 0)$ 꼴의 자연수가 아니면, u가 작도가능한 수가 아니다.

증명 $p(x)$를 u의 $\mathbb{Q}$ 위에서 기약다항식이라 하면, 정리 4.1.10에 의하여, $[\mathbb{Q}(u) : \mathbb{Q}] = \deg(p(x))$이다. 따라서 정리 6에 의하여 $\deg(p(x))$가 $2^m \ (m \geq 0)$ 꼴의 자연수가 아니면, u가 작도가능한 수가 아니다. ■

좌표평면에서 크기가 θ(rad)인 각을 나타내는 반직선과 단위원이 만나는 점에서 x축에 수직을 그으면 $\cos\theta$이고, y축에 수직을 그으면 $\sin\theta$이다. 따라서 크기가 θ인 각을 작도할 수 있다는 것은 $\cos\theta$(또는 $\sin\theta$)를 작도할 수 있다는 것과 동치이다.

다음의 고대 그리스의 삼대 작도문제 중 두 가지는 Wantzel이 1837년 Journal de Mathematiques에 발표한 논문에서 불가능하다는 것이 밝혀졌다.

정리 4.3.8 방첼, 1837년 : 각의 삼등분(Trisect an angle)

60°를 삼등분하여 20°를 작도하는 것은 불가능하다.

증명 20°를 작도를 작도할 수 있으면, $\cos 20°$를 작도할 수 있다. 그런데 $\cos 3\theta = 4\cos^3\theta - 3\cos\theta$이므로, $\cos 20°$는 $p(x) = 8x^3 - 6x - 1$의 근이다. $p(x)$는 $\mathbb{Q}$ 위에서 기약다항식이므로(3.11.2), $[\mathbb{Q}(\cos 20°) : \mathbb{Q}] = 3$이다(4.1.10). 그러므로 정리 7에 의하여 $\cos 20°$는 작도할 수 없고, 20°도 작도할 수 없다. ■

$\sin 30° = \frac{1}{2}$는 작도할 수 있고, 따라서 90°를 삼등분하여 30°를 작도할 수 있다.

정리 4.3.9 방첼 1837년 : 정육면체 두배하기(Duplicate a cube)

주어진 정육면체의 두 배의 부피를 갖는 정육면체의 모서리의 길이는 작도 불가능하다.

증명 주어진 정육면체의 모서리의 길이가 a(a는 작도가능)라 하면 부피는 a^3이고, 두 배의 부피는 $2a^3$이다. 그러므로 부피가 $2a^3$인 정육면체의 모서리의 길이는 $\sqrt[3]{2}\,a$이다. $\sqrt[3]{2}\,a$이 작도가능한 수이면, $\sqrt[3]{2} = \frac{\sqrt[3]{2}\,a}{a}$도 작도가능한 수이다(정리 2). 그러나 $[\mathbb{Q}(\sqrt[3]{2}) : \mathbb{Q}] = 3$이므로 이는 정리 7에 모순이다. 따라서 주어진 정육면체의 두 배의 부피를 갖는 정육면체의 모서리의 길이는 작도가능한 수가 아니다. ■

Lindemann은 π가 초월수임의 증명하여 고대 그리스의 삼대 작도문제 중 다음의 문제가 불가능함을 보인다.

정리 4.3.10 린데만, 1882년(Squaring a circle)

주어진 원과 넓이가 같은 정사각형은 작도 불가능하다.

증명 반지름이 r인 원의 넓이는 πr^2이고(r은 작도가능), 이 원과 넓이가 같은 정사각형의 한

변의 길이는 $\sqrt{\pi}\,r$이다. $\sqrt{\pi}\,r$이 작도가능한 수이면 $\sqrt{\pi}$ 도 작도가능한 수이다. 그러나 π가 초월수이므로 $\sqrt{\pi}$ 도 초월수이고, $[\mathbb{Q}(\sqrt{\pi}):\mathbb{Q}]=\infty$ (4.1.9)이다. 따라서 주어진 원과 넓이가 같은 정사각형은 작도불가능하다. ■

참고 복소수 $\alpha=u+vi$가 작도가능한 수라는 것은 다음의 두 가지 중 하나로 정의할 수 있으며, 두 정의는 서로 동치이다.

(1) u와 v가 작도가능한 실수일 때(정의 1을 이용), 복소수 $\alpha=u+vi$를 **작도가능한 수**라 한다.

(2) 복소평면에서 눈금 없는 곧은 자와 컴파스로 원점 O와 $A(1,0)$만을 가지고(즉, 원점과 단위길이만 이용하여), 복소수 $\alpha=u+vi$(즉, 점 $P(u,v)$)를 작도할 수 있을 때, $\alpha=u+vi$를 **작도가능한 수**라 한다.

이 절의 정리 2부터 정리 7까지의 각 정리는 같은 방법으로 작도가능한 복소수에 관한 정리로 서술하고 증명할 수 있다.

≫ 정다각형의 작도문제

가우스(C. Gauss : 1777-1855)는 1796 년 정17각형을 작도할 수 있음을 보였다. 이는 정오각형을 작도한 유클리드 이후 첫 결과이다. 가우스는 1801년 발표한 수론 연구(Disquisitione Arithmeticae)에서 정다각형의 작도에 관한 문제를 완벽하게 규명하였는데 여기서는 그 결과만은 인용하겠다.

정의 4.3.11

(1) $M_n=2^n-1\,(n\geq 2)$을 **메르센수**(a Mersenne number)라고 하고, M_n이 소수일 때, **메르센소수**(a Mersenne prime number)라 한다.

(2) $F_n=2^{(2^n)}+1\ \ (n\geq 0)$을 **페르마수**(a Fermat number)라고 하고, F_n이 소수일 때, **페르마소수**(a Fermat prime number)라 한다.

보기 4.3.12

다음에서 F_0부터 F_4까지는 소수이고, F_5, F_6, F_7은 소수가 아니다.

$F_0=2^{(2^0)}+1=2^1+1=3,\qquad F_1=2^{(2^1)}+1=2^2+1=5,$

$F_2 = 2^{(2^2)} + 1 = 2^4 + 1 = 17$ $\qquad$ $F_3 = 2^{(2^3)} + 1 = 257,$

$F_4 = 2^{(2^4)} + 1 = 65537$ $\qquad$ $F_5 = 2^{(2^5)} + 1 = 641 \times 6700417, \cdots$

정리 4.3.13 가우스, 1801년

$n \geqq 3$ 일 때, 정 n각형이 작도 가능하다는 것은 다음과 동치이다.

$$n = 2^e p_1 \cdots p_r \ (e \geqq 0,\ r \geqq 0 \text{이고, } p_i \text{는 서로 다른 페르마소수})$$

보기 4.3.14

가우스의 공식에 따라 다음과 같이 분류된다.

(1) 작도가능한 정 n각형은 n이 다음의 경우일 때이다.

$3,\ 4 = 2^2,\ 5,\ 6 = 2 \times 3,\ 8 = 2^3,\ 10 = 2 \times 5,\ 12 = 2^2 \times 3,\ 15 = 3 \times 5,$

$16 = 2^4,\ 17,\ 20 = 2^2 \times 5, \cdots$

(2) 작도불가능한 정 n각형은 n이 다음의 경우일 때이다.

$7,\ 9 = 3^2,\ 11,\ 13,\ 14 = 2 \times 7,\ 18 = 2 \times 3^2,\ 19,\ 21 = 3 \times 7, \cdots$

▶▶ 연습문제 4.3

1. 다음이 서로 동치임을 설명하여라.

(1) θ° 는 작도 가능한 각도 $\qquad$ (2) $\sin\theta^\circ$ 는 작도 가능한 수

(3) $\cos\theta^\circ$ 는 작도 가능한 수 $\qquad$ (4) $\sin\theta^\circ + i\cos\theta^\circ$ 는 작도 가능한 수

2. 다음을 작도 가능한 각도와 작도 불가능한 각도로 각각 나누어라.

(1) 1°	(2) 3°	(3) 8°
(4) 11°	(5) 22.5°	(6) 31.5°

3. 양의 정수 m에 대하여 'm° 가 작도 가능 $\Leftrightarrow$ $3 \mid m$'임을 보여라.

('m° 가 작도 가능 $\Leftrightarrow$ $\dfrac{360}{m}$ 각형이 작도 가능'임을 이용한다.)

4. 다음의 n에 대하여 작도 가능한 정n각형을 찾아라.

(1) $n=51$	(2) $n=75$	(3) $n=136$	(4) $n=175$
(5) $n=360$	(6) $n=578$	(7) $n=2056$	(8) $n=3400$

5. 다음 복소수가 작도 가능함을 설명하여라.

(1) $-\sqrt{2}+\sqrt{5}$　　(2) $\sqrt{2+\sqrt[4]{3}}$

(3) $\omega=\dfrac{-1+\sqrt{3}i}{2}$　　(4) $\rho=\cos\dfrac{2\pi}{5}+i\sin\dfrac{2\pi}{5}$

(5) $\delta=\dfrac{1+i}{\sqrt{2}}$　　(6) $\delta=\cos\dfrac{2\pi}{17}+i\sin\dfrac{2\pi}{17}$

6. $\eta=\cos\dfrac{2\pi}{7}+i\sin\dfrac{2\pi}{7}$ 를 이용하여 정7각형이 작도 불가능함을 보여라.

7. 홀수소수 p가 페르마소수가 아닐 때, 정p각형이 작도 불가능함을 보여라.

($\xi=\cos\dfrac{2\pi}{p}+i\sin\dfrac{2\pi}{p}$ 를 이용한다.)

8. (중등교원 임용시험 1997년 #5)

고대 그리스의 3대 작도 문제를 서술하고, 각 문제에 대하여 작도가 불가능한 이유를 설명하여라.

4.4 분해체

이 절에서는 근의 존재성, 즉, 방정식을 푼다는 것에 대하여 다룬다. 1799년 가우스가 증명한 대수학의 기본정리(복소수 계수 방정식은 복소수를 근으로 갖는다)에 의하여 유리수 계수 방정식은 복소수를 근으로 갖는다. 그러나 유리수에서 실수를 만드는 과정(Dedekind cut 이나 코오시 수열)은 방정식을 푸는 대수적인 과정이 아니다. 대수적으로 정리 4.4.3과 같이 주어진 방정식의 근을 갖는 확대체를 만들어 근의 존재성을 보인다.

정의 4.4.1

체 F와 $f(x) \in F[x]$에 대하여 F의 확대체 K의 원소 u가 $f(u)=0$을 만족할 때, u를 $f(x)$의 **근**(a root) 또는 **해**(a solution)라 한다. 또, 영다항식은 모든 원소를 근으로 한다.

정리 4.4.2

$f(x) \in F[x]$가 $\deg(f(x)) \geq 1$일 때, F의 확대체 K의 원소 u에 대하여 다음이 성립한다.

(1) (나머지정리) $f(x)=(x-u)q(x)+f(u)$인 $q(x) \in K[x]$가 있다.

(2) (인수정리) u가 $f(x)$의 근 $\Leftrightarrow$ $(x-u) \mid f(x)$

증명 K는 체이므로, $K[x]$는 유클리드정역이다(3.9.10). $K[x]$에서 $f(x)$를 일차다항식 $x-u$로 나누면 나머지는 상수이므로, 다음이 성립한다.

$$f(x)=(x-u)q(x)+r,\ q(x) \in K[x],\ r \in K$$

(1) 위식의 양변에 u를 대입하면, $f(u)=(u-u)q(x)+r=r$이다.

(2) 식 $f(x)=(x-u)q(x)+f(u)$에서,

$$f(u)=0 \Leftrightarrow f(x)=(x-u)q(x) \Leftrightarrow (x-u) \mid f(x)$$

■

정리 4.4.3 근의 존재성(중등교원 임용시험 2002년 #10)

$p(x)$가 $F[x]$의 기약다항식이면, $[K:F]=\deg(p(x))$이고 $p(x)$의 근을 갖는 F의 확대체 K가 존재한다.

증명 $K=F[x]/(p(x))$라 하면 다음과 같이 K가 조건을 만족함을 볼 수 있다.

단항이데알정역 $F[x]$에서 기약다항식 $p(x)$가 생성하는 이데알 $(p(x))$는 극대이데알이므로 K는 체이다(3.7.6). 또 $\iota : F \to F[x]/(p(x))$, $\iota(a)=\bar{a}=a+(p(x))$가 단사준동형이므로 K는 F의 확대체이다. 즉, F와 $\iota(F)$는 동형이고 $\iota(a)=\bar{a}=a+(p(x))$이므로, K의 부분체 $\iota(F)$와 F를 동일시할 수 있고, K는 F의 확대체이다. 또 정리 4.1.10에 의하여 $[K:F]=\deg(p(x))$이다.

이제 $u=\bar{x}=x+(p(x)) \in K$라 하면, 상환 $K=F[x]/(p(x))$의 정의에 의하여, $p(u)=p(\bar{x})=\overline{p(x)}=\bar{0} \in F[x]/(p(x))$이다. 따라서 K의 원소 $u=x+(p(x))$는 $p(x)$의 근이다.

■

위의 정리에서 F는 체이고, $p(x)$는 $F[x]$의 기약원이므로 상수다항식이 아니다. 상수다항식이 아닌 일반적인 다항식 $f(x)$의 근의 존재성은 $f(x)$의 기약인수(기약원인 약수) $p(x)$를 이용하여 보일 수 있다.

정리 4.4.4

$f(x) \in F[x]$가 $\deg(f(x)) \geq 1$일 때, $[K:F] \leq \deg(f(x))$이고 $f(x)$의 근을 갖는 F의 확대체 K가 존재한다.

증명 $p(x)$를 $F[x]$에서 $f(x)$의 기약인수라 하자. $K = F[x]/(p(x))$라 하면 정리 3에서와 같이 $u = \bar{x} = x + (p(x)) \in K$는 $p(x)$의 근이다. $p(x)$는 $f(x)$의 인수이므로 u는 $f(x)$의 근이다. 또, $[K:F] = \deg(p(x)) \leq \deg(f(x))$이다. ■

위의 정리에서 $f(x)$가 기약다항식이 아닐 때, 상환 $F[x]/(f(x))$는 F를 포함하나 정역이 아니다.

정리 4.4.5

$f(x) \in F[x]$가 $\deg(f(x)) = n \geq 1$일 때, $[K:F] \leq n!$이고 $f(x)$의 모든 근을 갖는 F의 확대체 K가 존재한다.

증명 $\deg(f(x)) = n$에 관한 귀납법으로 증명한다.

$n = 1$인 경우 $f(x) = ax + b(a, b \in F,\ a \neq 0)$이고, $-\dfrac{b}{a} \in F$가 근이다. 그러므로 $K = F$가 조건을 만족한다.

$\deg(f(x)) = n \geq 1$인 경우 정리 4에 의하여 $[K_0 : F] \leq n$이고, $f(x)$의 근 u를 갖는 F의 확대체 $K_0 = F(u)$가 존재한다. $K_0[x]$에서 $f(x) = (x-u)g(x)$로 인수분해되며, $\deg(g(x)) = n-1$이다. 이제 귀납법에 의하여 $[K:K_0] \leq (n-1)!$이고, $g(x)$의 모든 근을 갖는 K_0의 확대체 K가 존재한다. 이 때, K는 F의 확대체로서 $f(x)$의 모든 근을 갖고 $[K:F] = [K:K_0][K_0 : F] \leq n!$이다. ■

다항식의 근의 개수는 중복도를 쳐서 센다(counting upto multiplicities). 즉, $a(x-u)^n$의 근의 개수는 n개이다. $n \neq 1$일 때, 두 다항식 $a(x-u)^n$과 $a(x-u)$은 다른 다항식이고 근의 개수도 다르다. 이는 집합론에서 서로 다른 원소의 개수만을 세는 것과 다르다.

정리 5에서 n차 다항식 $f(x)$는 $K[x]$에서 n개의 일차다항식의 곱으로 인수분해 된다.

즉, 적당한 $a \in F$, $u_1, \cdots, u_n \in K$에 대하여, $f(x) = a(x-u_1)\cdots(x-u_n)$이다. $K[x]$는 유일인수분해정역이므로, $K[x]$에서 $f(x)$의 인수분해 $a(x-u_1)\cdots(x-u_n)$는 유일하다. 따라서 n차 다항식 $f(x)$의 근은 $u_1, \cdots, u_n$의 n개이다.

계수가 체가 아닌 경우 n차 다항식의 근은 n개보다 많을 수 있다. $\mathbb{Z}_4[x]$에서 일차다항식 $2x = 2(x-2)$이고, $x = 0, 2$를 근으로 갖는다.

비가환인 사원수환 $\mathbb{H}$(보기 3.2.10)를 계수로 하는 다항식환 $\mathbb{H}[x]$에서 이차다항식 x^2+1은 다음과 같이 세 가지로 인수분해되며, $\pm i$, $\pm j$, $\pm k$를 근으로 갖는다.

$$x^2+1 = (x-i)(x+i) = (x-j)(x+j) = (x-k)(x+k)$$

정의 4.4.6

$f(x) \in F[x]$가 $\deg(f(x)) = n \geq 1$일 때, 다음의 조건을 만족하는 F의 확대체 K를 F 위에서 $f(x)$의 **분해체**(the splitting field of $f(x)$ over F)라고 한다.

(1) $K[x]$에서 $f(x)$는 다음과 같이 일차다항식의 곱으로 인수분해된다.

$$f(x) = a(x-u_1)\cdots(x-u_n), \qquad a \in F$$

(2) $K = F(u_1, \cdots, u_n)$

정리 5에 의하여 F 위에서 n차 다항식 $f(x) \in F[x]$의 n개의 근 $u_1, \cdots, u_n$으로 생성된 $f(x)$의 분해체 $K = F(u_1, \cdots, u_n)$가 존재한다. 또 $f(x)$의 분해체는 유일하다(정리 9).

체 F와 G 사이에 동형 $\sigma : F \to G$와, $f(x) = a_n x^n + \cdots + a_0 \in F[x]$에 대하여,

$$(\sigma f)(x) = \sigma(a_n)x^n + \cdots + \sigma(a_0) \in G[x]$$

로 정의한다. 이 때, $f(x)$가 $F[x]$의 기약다항식인 것과 $(\sigma f)(x)$가 $G[x]$의 기약다항식인 것은 서로 동치이다.

정리 4.4.7

$\sigma : F \to G$가 체 F와 G 사이의 동형이고, $p(x)$가 $F[x]$의 기약다항식이다. F의 확대체 K의 원소 u가 $p(x)$이 근이고 G의 확대체 L의 원소 v가 $(\sigma p)(x)$이 근이면, 다음을 만족하는 동형 $\tilde{\sigma} : F(u) \to G(v)$가 존재한다.

(1) 모든 $a \in F$에 대하여 $\tilde{\sigma}(a) = \sigma(a)$

(2) $\tilde{\sigma}(u) = v$

증명 $\sigma : F \to G$가 동형이므로, 모든 $\overline{f(x)} \in F[x]/(p(x))$에 대하여 $\sigma_1 : F[x]/(p(x)) \to G[x]/((\sigma p)(x))$를 $\sigma_1(\overline{f(x)}) = \overline{(\sigma f)(x)}$로 정의하면 σ_1은 동형이다. 또, 정리 4.1.10에 의하여 동형 $\sigma_2 : F[x]/(p(x)) \cong F(u)$, $\sigma_3 : G[x]/((\sigma p)(x)) \cong G(v)$이 존재한다. 이 때, $\hat{\sigma} = \sigma_3 \circ \sigma_1 \circ \sigma_2^{-1} : F(u) \to G(v)$이라 하면, 다음이 성립한다.

$$\tilde{\sigma}(a) = \sigma_3(\sigma_1(\sigma_2^{-1}(a))) = \sigma_3(\sigma_1(a)) = \sigma_3(\sigma(a)) = \sigma(a),\ a \in F$$

$$\tilde{\sigma}(u) = \sigma_3(\sigma_1(\sigma_2^{-1}(u))) = \sigma_3(\sigma_1(\bar{x})) = \sigma_3(\bar{x})) = v$$

■

정리 4.4.8

$\sigma : F \to G$가 체 F와 G 사이에 동형이고, $f(x) \in F[x]$가 상수다항식이 아니라 하자. K가 F 위에서 $f(x)$의 분해체이고 L이 G 위에서 $(\sigma f)(x)$의 분해체이면, σ는 동형 $\hat{\sigma} : K \to L$로 확대된다.

증명 $[K : F] = n$에 관한 귀납법으로 증명한다.

$n = 1$인 경우에 $f(x)$는 $F[x]$에서 1차 인수의 곱으로 인수분해되고, $(\sigma f)(x)$도 $G[x]$에서 1차 인수의 곱으로 인수분해되므로, $K = F$이고, $L = G$이다. 이 때, $\hat{\sigma} = \sigma$가 조건을 만족한다.

$n \geq 2$이면, $f(x)$는 $F[x]$에서 차수가 2 이상인 기약인수 $p(x)$를 갖는다. $u \in K$와 $v \in L$을 각각 $p(x)$와 $(\sigma p)(x)$의 근이라 하면, 정리 7에 의하여 동형 $\tilde{\sigma} : F(u) \to G(v)$가 존재한다. 이제 $f(x) \in F(u)[x]$, $(\sigma f)(x) \in G(v)[x]$로 각각 고려할 때, K는 $F(u)$ 위에서 $f(x)$의 분해체이고, L은 $G(v)$ 위에서 $(\sigma f)(x)$의 분해체이다. 이 때, $[K : F(u)] < n$이므로 귀납법에 의하여 동형 $\tilde{\sigma} : F(u) \to G(v)$는 동형 $\hat{\sigma} : K \to L$로 확대된다.

■

위의 정리에서 $F = G$일 때, $\sigma = 1_F$로 하면 다음을 얻는다.

따름정리 4.4.9

상수다항식이 아닌 $f(x) \in F[x]$에 대하여 K와 L이 F 위에서 $f(x)$의 분해체이면, 모든 $a \in F$에 대하여 $\sigma(a) = a$인 동형 $\sigma : K \to L$이 존재한다.

따름정리 4.4.10

K가 $f(x) \in F[x]$의 분해체이고, $p(x)$가 $F[x]$에서 $f(x)$의 기약인수라 하자. $p(x)$의 서로 다른 두 근 u, v에 대하여 다음을 만족하는 동형 $\sigma : K \to K$가 존재한다.

(1) 모든 $a \in F$에 대하여 $\sigma(a) = \sigma(a)$

(2) $\sigma(u) = v$

증명 정리 7에 의하여 동형 $\tilde{\sigma} : F(u) \to F(v)$가 존재한다. K가 $F(u)$와 $F(v)$ 위에서 각각 $f(x)$의 분해체이므로, 조건을 만족하는 동형 $\sigma : K \to K$가 존재한다. ■

보기 4.4.11

(1) $f(x) = x^2 - 2 \in \mathbb{Q}[x]$의 근은 $\sqrt{2}, -\sqrt{2}$이다. 그러므로 $\mathbb{Q}$ 위에서 $f(x)$의 분해체는 $\mathbb{Q}(\sqrt{2}, -\sqrt{2}) = \mathbb{Q}(\sqrt{2})$이고, $[\mathbb{Q}(\sqrt{2}) : \mathbb{Q}] = 2$이다.

(2) $f(x) = x^3 - 2 \in \mathbb{Q}[x]$의 근은 $\sqrt[3]{2}, \sqrt[3]{2}\,\omega, \sqrt[3]{2}\,\omega^2$이다 ($\omega = \dfrac{-1+\sqrt{3}i}{2}$).

$\mathbb{Q}$ 위에서 $f(x)$의 분해체는 $\mathbb{Q}(\sqrt[3]{2}, \sqrt[3]{2}\omega, \sqrt[3]{2}\omega^2) = \mathbb{Q}(\sqrt[3]{2}, \omega) = \mathbb{Q}(\sqrt[3]{2}, \sqrt{3}i)$이다. 또

$[\mathbb{Q}(\sqrt[3]{2}, \omega) : \mathbb{Q}] = [\mathbb{Q}(\sqrt[3]{2}, \omega) : \mathbb{Q}(\sqrt[3]{2})]\,[\mathbb{Q}(\sqrt[3]{2}) : \mathbb{Q}] = 2 \times 3 = 6$ 이다.

(3) $f(x) = (x^2-2)(x^2-3) \in \mathbb{Q}[x]$의 근은 $\sqrt{2}, -\sqrt{2}, \sqrt{3}, -\sqrt{3}$이다. 그러므로 $\mathbb{Q}$ 위에서 $f(x)$의 분해체는 $\mathbb{Q}(\sqrt{2}, \sqrt{3})$이고,

$[\mathbb{Q}(\sqrt{2}, \sqrt{3}) : \mathbb{Q}] = [\mathbb{Q}(\sqrt{2}, \sqrt{3}) : \mathbb{Q}(\sqrt{2})][\mathbb{Q}(\sqrt{2}) : \mathbb{Q}] = 2 \times 2 = 4$ 이다.

▸▸ 연습문제 4.4

1. 다음의 두 다항식 $f(x), g(x) \in \mathbb{Q}[x]$에 대하여 $f(x)$를 $g(x)$로 나눈 나머지를 계산하고, $g(x) \mid f(x)$인지 판정하여라.

(1) $f(x) = x^3 - x^2 - 10x + 6,\ g(x) = x + 3$

(2) $f(x) = 2x^3 + 4x^2 - 4x - 3,\ g(x) = x + 2$

(3) $f(x) = 8x^4 + 6x^2 - 6x + 1,\ g(x) = 2x - 1$

(4) $f(x) = x^4 + 1,\ g(x) = x^2 + 1$

2. 다음의 두 다항식 $f(x), g(x) \in \mathbb{Z}_2[x]$ 에 대하여 $f(x)$ 를 $g(x)$ 로 나눈 나머지를 계산하고, $g(x) \mid f(x)$ 인지 판정하여라.

(1) $f(x) = x^3 + x + 1,\ g(x) = x + 1$

(2) $f(x) = x^4 + 1,\ g(x) = x^2 + 1$

3. 다음의 두 다항식 $f(x), g(x) \in \mathbb{Z}_5[x]$ 에 대하여 $f(x)$ 를 $g(x)$ 로 나눈 나머지를 계산하고, $g(x) \mid f(x)$ 인지 판정하여라.

(1) $f(x) = x^2 + 1,\ g(x) = x + 3$

(2) $f(x) = 2x^3 + 4x^2 - 4x - 3,\ g(x) = x + 2$

4. $\mathbb{Q}[x]$ 에서 $x^3 + x^2 + ax + b$ 가 $(x+1)(x-2)$ 의 배수일 때, 상수 a 와 b 의 값을 각각 구하여라.

5. $\mathbb{Z}_5[x]$ 와 $\mathbb{Z}_7[x]$ 에서 모두(각각 환의 원소로서) $x^4 + 4x + a$ 가 $x + 3$ 의 배수이다. a 를 가장 작은 양의 정수로 나타내어라.

6. 다음의 $f(x) \in \mathbb{Q}[x]$ 의 $\mathbb{Q}$ 위에서의 분해체 K 와 $[K : \mathbb{Q}]$ 를 각각 구하여라.

(1) $f(x) = (x^2 - 1)(x^2 - 3)$

(2) $f(x) = (x^2 + 1)(x^2 - 3)$

(3) $f(x) = x^4 + 1$

(4) $f(x) = x^4 - 5$

(5) $f(x) = x^4 + x^2 + 1$

(6) $f(x) = x^4 - x^2 + 1$

(7) $f(x) = (x^2 + 1)(x^3 - 2)$

(8) $f(x) = x^5 - 1$

(9) $f(x) = x^6 + 1$

(10) $f(x) = x^6 + x^3 + 1$

7. p 가 소수일 때, $g_p(x) = x^p - 1 \in \mathbb{Q}[x]$ 의 $\mathbb{Q}$ 위에서의 분해체 K 와 $[K : \mathbb{Q}]$ 를 각각 구하여라.

8. $f(x) = x^2 + x + 1 \in \mathbb{Z}_2[x]$ 에 대하여 다음에 답하여라.

(1) $f(x) = x^2 + x + 1$ 는 $\mathbb{Z}_2[x]$ 에서 기약다항식임을 보여라.

(2) $K = \mathbb{Z}_2[x]/(x^2 + x + 1)$ 는 $\mathbb{Z}_2$ 의 확대체이고, $[K : \mathbb{Z}_2] = 2$ 임을 설명하여라.

(3) K 는 $\mathbb{Z}_2$ 위에서 $f(x) = x^2 + x + 1$ 의 분해체임을 보여라.

9. F의 확대체 K가 $[K:F]=n$이다. 다음에 답하여라.

(1) $n=2$이면, K는 F 위에서 어떤 이차다항식의 분해체임을 보여라.

(2) $n=3$이고, K는 F 위에서 다항식의 분해체가 아닌 보기를 찾아라.

10. p가 소수일 때, $\mathbb{Z}_p[x]$에서 다음을 구하여라.

(1) 최고차항의 계수가 1인(monic) 이차 기약다항식의 개수

(2) 최고차항의 계수가 1인(monic) 삼차 기약다항식의 개수

(3) 원소의 개수가 p^2인 체를 만들어라(이 체들은 $\mathbb{Z}_p$ 위에서 $x^{p^2}-x\in\mathbb{Z}_p[x]$의 분해체이고(정리 4.9.2(2)), 따라서 이 체들은 서로 동형이다(따름정리 9).

(4) 원소의 개수가 p^3인 체를 만들어라(이 체들은 $\mathbb{Z}_p$ 위에서 $x^{p^3}-x\in\mathbb{Z}_p[x]$의 분해체이고, 서로 동형이다).

11. 완전제곱수가 아닌 정수 m과 유리수 r, s에 대하여, $\sigma:\mathbb{Q}[\sqrt{m}\,]\to\mathbb{Q}[\sqrt{m}\,]$, $\sigma(r+s\sqrt{m}\,)=r-s\sqrt{m}$ 이다. 다음을 증명하여라.

(1) σ는 환동형이다.

(2) $r+s\sqrt{m}$가 $p(x)\in\mathbb{Q}[x]$의 근이면, $r-s\sqrt{m}$도 $p(x)\in\mathbb{Q}[x]$의 근이다(σ를 이용하여 증명한다. 연습문제 4.2.1(1)과 비교).

12. (중등교원 임용시험 2002년 #10)

F가 체이고, $p(x)$가 $F[x]$의 기약다항식이면, $p(x)$의 한 개의 근을 갖는 F의 확대체 K가 존재함을 보여라.

13. (중등교원 임용시험 2008년 #9)

유리수체 $\mathbb{Q}$ 위에서 기약다항식 $f(x)=x^3-2x+2$의 한 근을 θ라 할 때, $\mathbb{Q}(\theta)$에서 $3+\theta$의 곱셈에 대한 역원을 구하여라.

4.5 근의 중복도와 분리다항식

체의 표수는 0 또는 소수이다(정리 3.2.11). 체 또는 체를 계수로 하는 다항식환의 연구에서 표수는 계산의 기준이 된다. 학교수학에서는 유리수(또는 실수, 복소수)의 범위에서 계산하므로 표수가 0인 경우이다. 그러나 표수가 소수 p인 경우에 오히려 이항정리가 다음과 같이 간단해진다.

$$(a+b)^{p^n} = a^{p^n} + b^{p^n} \text{ (연습문제 3.2.3 : Frobenius)}$$

위의 계산은 표수가 소수 p인 경우에 문제 해결의 중요한 도구가 되며, 이 절의 주제인 기약다항식이 중근을 가질 수 있는가 하는 문제를 해결할 때도 이용된다.

정리 4.5.1

R이 단위원 1_R을 갖는 가환환일 때, 다음이 성립한다.

(1) R의 표수가 0인 경우에 R은 $\mathbb{Z}$를 부분환으로 가진다.

(2) $char(R) = n \geq 1$인 경우에 R은 $\overline{\mathbb{Z}}_n$를 부분환으로 가진다.

증명 $\phi: \mathbb{Z} \to R$을 $\phi(i) = i1_R$로 정의하면,

$$\phi(i+j) = (i+j)1_R = i1_R + j1_R = \phi(i) + \phi(j),$$
$$\phi(ij) = ij1_R = i1_R j1_R = \phi(i)\phi(j)$$

이므로 ϕ는 환준동형이다.

(1) $char(R) = 0$이면 ϕ는 단사이고, $\mathbb{Z}$는 R의 부분환이다.

(2) $char(R) = n \geq 1$이면 $\ker\phi = n\mathbb{Z}$이고, ϕ는 단사준동형 $\overline{\phi}: \mathbb{Z}_n \to R$를 유도한다. 이 때, $\mathbb{Z}_n$는 R의 부분환이다.

■

위의 증명과정에서 (1)의 경우에는 $\mathbb{Z}$와 동형인 $im\,\phi$가 R의 부분환이고, (2)의 경우에는 $\overline{\mathbb{Z}}_n$와 동형인 $im\,\overline{\phi}$가 R의 부분환이다. 그런데 $\phi(i) = i1_R$는 자연스런 함수이므로 동형인 $\mathbb{Z}$와 $im\,\phi$((2)의 경우는 동형인 $\overline{\mathbb{Z}}_n$와 $im\,\overline{\phi}$)를 동일시 할 수 있다. 또 이 환은 1_R로 생성된 R의 가장 작은 부분환이다.

체 F의 부분체 중 가장 작은 것을 F의 **소체**(the prime subfield of F)라 한다. 즉, 체 F의 모든 부분체의 교집합은 F의 부분체가 되고, 이 부분체가 F의 소체이다. 다음과 같이 체 F의 소체는 $\mathbb{Q}$ 또는 $\overline{\mathbb{Z}}_p$이다.

정리 4.5.2

체 F의 소체를 P라 하면 다음이 성립한다.

(1) $char(F)=0$ 이면, $P=\mathbb{Q}$ 이다.

(2) $char(F)=p$ 이면(p는 소수), $P=\overline{\mathbb{Z}}_p$ 이다.

증명 (1) $char(F)=0$인 경우

정리 1에 의하여 F는 정수환 $\mathbb{Z}$를 부분환으로 갖는다. 정리 3.5.6에 의하여 $\mathbb{Z}$의 분수체 $\mathbb{Q}$는 F의 부분체이고, $P\subseteq\mathbb{Q}$이다.

또 F의 임의의 부분체 K에 대하여 $K\neq(0)$이므로 $a\neq0$인 $a\in K$가 있다. 이 때, $aa^{-1}=1_F\in K$이다. 그러므로 부분체 K는 정수 m과 $n\neq0$에 대하여, $(m1_F)(n1_F)^{-1}$을 포함하고, $\mathbb{Q}$는 K의 부분체이다. 따라서 $P=\mathbb{Q}$이다.

(2) $char(F)=p$, 소수인 경우

정리 1에 의하여 $\overline{\mathbb{Z}}_p\subseteq F$이므로 $P\subseteq\overline{\mathbb{Z}}_p$이다. 또 F의 임의의 부분체 K와 정수 m에 대하여 $(m1_F)\in K$이므로, $\overline{\mathbb{Z}}_p\subseteq K$이다. 따라서 $P=\overline{\mathbb{Z}}_p$이다. ■

정의 4.5.3

체 F와 $f(x)\in F[x]$에 대하여 F의 확대체 K의 원소 u가 $f(x)$의 근이다. $K[x]$에서 $f(x)$가 다음과 같이 인수분해될 때,

$$f(x)=(x-u)^m g(x),\ m\geq 1,\ g(x)\in K[x],\ g(u)\neq 0$$

m을 $f(x)$의 근 u의 **중복도**(the multiplicity of u)라 한다.

$m=1$일 때, u를 $f(x)$의 **단근**(a simple root), $m\geq 2$일 때, u를 $f(x)$의 **중근**(a multiple root)라 한다.

근의 중복도를 셀 때는 해석학에서와 마찬가지로 미분을 이용한다(정리 4.5.6).

정의 4.5.4

체 F와 $f(x)=a_0+a_1x+\cdots+a_nx^n\in F[x]$에 대하여 $f(x)$의 **미분**(the derivative of $f(x)$), $f'(x)=a_1+2a_2x^1+\cdots+na_nx^{n-1}\in F[x]$로 정의한다.

정리 4.4.5

$f(x),\ g(x) \in F[x]$와 $a,\ b \in F$에 대하여 다음이 성립한다.

(1) $(af(x)+bg(x))' = af'(x)+bg'(x)$

(2) $(f(x)\cdot g(x))' = f'(x)\cdot g(x)+f(x)\cdot g'(x)$

정리 5의 증명은 연습문제에서 확인한다. (2)의 경우 $f(x)=x^m,\ g(x)=x^n$일 때, 다음과 같이 성립함을 확인할 수 있으며 일반적인 경우도 이를 이용하여 유도할 수 있다.

$$(f(x)\cdot g(x))' = (x^{m+n})' = (m+n)x^{m+n-1}$$
$$f'(x)\cdot g(x)+f(x)\cdot g'(x) = mx^{m\ \ 1}x^n + x^m\cdot nx^{n-1} = (m+n)x^{m+m-1}$$

정리 4.5.6

$f(x) \in F[x]$에 대하여 F의 확대체 K의 원소 u가 $f(x)$의 근일 때,

u가 $f(x)$의 중근 $\Leftrightarrow$ $f'(u)=0$

증명 $\Rightarrow$) $f(x)=(x-u)^m g(x)$, $m \geq 2$, $g(x) \in K[x]$, $g(u) \neq 0$이라 하자.
$f'(x) = m(x-u)^{m-1}g(x)+(x-u)^m g'(x) = (x-u)^{m-1}\{mg(x)+(x-u)g'(x)\}$
이고 $m \geq 2$이므로, $f'(u)=0$이다.
$\Leftarrow$) u가 $f(x)$의 단근이라 하자. 즉, $f(x)=(x-u)g(x)$, $g(u) \neq 0$. 이 때,
$f'(x) = g(x)+(x-u)g'(x)$이고, $f'(u)=g(u) \neq 0$이다. ■

근의 중복도를 가늠할 때 대수적으로는 $f(x)$와 $f'(x)$의 최대공약수를 이용하는데, 먼저 어떤 확대체 위에서도 최대공약수가 변하지 않는다는 이해가 필요하다.

정리 4.5.7

$f(x),\ g(x) \in F[x]$이고, K는 F의 임의의 확대체이다. $f(x)$와 $g(x)$의 $F[x]$에서의 최대공약수를 $(f(x),\ g(x))_{F[x]}$, $K[x]$에서의 최대공약수를 $(f(x),\ g(x))_{K[x]}$라 하면, 다음이 성립한다.

(1) $(f(x),\ g(x))_{F[x]} = (f(x),\ g(x))_{K[x]}$이다.

(2) 특히, $(f(x),\ g(x))_{F[x]}=1 \Leftrightarrow (f(x),\ g(x))_{K[x]}=1$

증명 (1) $(f(x), g(x))_{F[x]} = d(x)$, $f(x) = d(x)f_1(x)$, $g(x) = d(x)g_1(x)$라 하자.
$(f_1(x), g_1(x))_{F[x]} = 1$이므로, $h(x)f_1(x) + k(x)g_1(x) = 1$이다($h(x), k(x) \in F[x]$).
이제 $f_1(x), g_1(x), h(x), k(x) \in K[x]$로 고려하면, $(f_1(x), g_1(x))_{K[x]} = 1$ 이다.
그러므로 $(f(x), g(x))_{K[x]} = d(x)$ 이다.

(2) (1)의 식을 이용하면 된다(또는 (1)의 증명과정에서 성립함을 보였다). ■

정리 4.5.8

$f(x) \in F[x]$에 대하여, 다음이 성립한다.

$$f(x)\text{가 중근을 갖는다} \Leftrightarrow (f(x), f'(x)) \neq 1$$

그러므로 $f(x)$의 모든 근이 단근이라는 사실은 $(f(x), f'(x)) = 1$ 과 동치이다.

증명 $f(x)$가 F의 확대체 K의 원소 u를 중근으로 가지면, $(x-u) \mid f'(x)$ 이다(정리 6). 그러므로 $(x-u) \mid (f(x), f'(x))$ 이고, $(f(x), f'(x)) \neq 1$ 이다.

$\Leftarrow$) $\deg(f(x)) = n$이고, $f(x)$가 분해체에서 서로 다른 n개의 근 $u_1, \cdots, u_n$을 갖는다 하자. 즉, $f(x) = a(x-u_1)\cdots(x-u_n)$, $a \in F$. 이 때,

$$f'(x) = a\{(x-u_2)\cdots(x-u_n) + (x-u_1)(x-u_3)\cdots(x-u_n) + \cdots + (x-u_1)\cdots(x-u_{n-1})\}.$$

이제 $f'(u_1) = a(u_1-u_2)\cdots(u_1-u_n) \neq 0$이고, 마찬가지로 모든 u_i에 대하여 $f'(u_i) \neq 0$이다. 따라서 $f(x)$와 $f'(x)$는 $K[x]$에서 서로소이고, 정리 7(2)에 의하여, $(f(x), f'(x)) = 1$이다. ■

$f(x)$가 기약다항식인 경우 다음과 같이 근의 중복도를 더 간단히 판정할 수 있다.

정리 4.5.9

$f(x) \in F[x]$가 기약다항식일 때, 다음이 성립한다.

(1) $f'(x) = 0 \Leftrightarrow f(x)$의 모든 근이 중근이다.

(2) $f'(x) \neq 0 \Leftrightarrow f(x)$의 모든 근이 단근이다.

증명 (1) $f'(x) = 0$ 이면 $f(x)$의 모든 근 u에 대하여 $f'(u) = 0$ 이고, 정리 6에 의하여 u는 $f(x)$의 중근이다.

(2) $f(x)$가 기약다항식이므로 임의의 $g(x) \in F[x]$에 대하여 다음이 성립한다.

$$(f(x), g(x)) \neq 1 \Leftrightarrow f(x) \mid g(x)$$

이제 $g(x) = f'(x)$인 경우 $\deg(f'(x)) < \deg(f(x))$ 이므로, '$f(x) \mid f'(x) \Leftrightarrow$

$f'(x)=0$' 이다. 그러므로 $f'(x)\neq 0$ 이면, $(f(x),\, f'(x))=1$ 이다. 이 때, 정리 8에 의하여 $f(x)$ 의 모든 근이 단근이다.

■

학교수학에서 다루는 유리수 계수 기약다항식의 근은 모두 단근이다.

따름정리 4.5.10

F가 표수가 0 인 체이고, $f(x)\in F[x]$ 가 기약다항식이면, $f(x)$ 의 모든 근은 단근이다.

증명 $f(x)$가 기약다항식이므로, $\deg(f(x))=n\geq 1$이다. $f(x)=a_nx^n+\cdots+a_1x+a_0$, $a_n\neq 0$이라 하자. F가 표수가 0이므로 $na_n\neq 0$이고, $f'(x)=na_nx^{n-1}+\cdots+a_1\neq 0$이다. 정리 9에 의하여 $f(x)$ 의 모든 근은 단근이다.

■

유한체 위에서의 기약다항식의 근도 모두 단근이다.

따름정리 4.5.11

F가 유한체이고, $f(x)\in F[x]$ 가 기약다항식이면, $f(x)$ 의 모든 근은 단근이다.

증명 $char(F)=p$, F 위에서 $f(x)$의 분해체를 K라 하자. F의 소체 $\overline{\mathbb{Z}}_p$ 위에서 K의 지수, $[K:\overline{\mathbb{Z}}_p]=n$이라 하자. 이때, $|K|=p^n$이고, K의 곱셈군 $(K^*,\cdot\ )$의 원소의 개수 $|K^*|=p^n-1$이다. 라그랑주의 정리에 의하여 모든 $a\in K^*$에 대하여, $a^{p^n-1}=1$이다 $(1=1_F=1_K)$. 그러므로 모든 $a\in K$에 대하여, $a^{p^n}=a$이다(오일러의 정리). 따라서 모든 $a\in K$는 다항식 $g(x)=x^{p^n}-x$ 의 근이다.

$f(x)$의 한 근을 $u\in K$라 하면 $g(u)=0$이므로, u의 기약다항식 $f(x)$는 $g(x)$ 의 약수이다. 이제 $g'(x)=p^nx^{p^n-1}-1=-1$이므로, $(g(x),\, g'(x))=1$이다. 정리 8에 의하여 $g(x)$의 모든 근은 단근이다(또는, 차수가 p^n인 $g(x)$는 서로 다른 p^n개의 K의 원소를 근으로 갖는다). $f(x)$는 $g(x)$ 의 약수이므로 $f(x)$의 모든 근은 단근이다.

■

보기 4.5.12

$F=\overline{\mathbb{Z}}_2$ 위에서 기약다항식 $f(x)=x^2+x+1$ 의 분해체 $K=\overline{\mathbb{Z}}_2[x]/(x^2+x+1)$ 이다. $u=\overline{x}\in\overline{\mathbb{Z}}_2[x]/(x^2+x+1)$ 라 하면, $f(x)$의 두 근은 u와 $u^2=u+1$이다. K의 네 원소는 다음과 같이 $x^4-x\in\overline{\mathbb{Z}}_2[x]$의 근이다.

$$x^4-x=x(x-1)(x-u)(x-(u+1))=x(x-1)(x^2+x+1)$$

보기 4.9.5에서는 $x^3+x^2+1 \in \overline{\mathbb{Z}}_2[x]$의 분해체에 있는 8개의 원소가 $x^8-x \in \overline{\mathbb{Z}}_2[x]$의 근임을 보이고, 보기 4.9.6에서는 $x^2+1 \in \overline{\mathbb{Z}}_3[x]$에 있는 분해체의 9개의 원소가 $x^9-x \in \overline{\mathbb{Z}}_3[x]$의 근임을 보인다.

계수체 F가 표수가 소수인 무한체이면, 기약다항식 $f(x) \in F[x]$가 중근을 갖는 경우가 있다.

보기 4.5.13

(1) $F=\overline{\mathbb{Z}}_p(t)$. 즉, 소수 p와 변수 t에 대하여 F가 다항식환 $\overline{\mathbb{Z}}_p[t]$의 분수체이다. $f(x)=x^p-t$는 $F[x]$의 기약다항식이다. F 위에서 $f(x)$의 분해체 K에 있는 $f(x)$의 한 근을 u라 하자($u^p=t \Leftrightarrow u=t^{\frac{1}{p}}$). $F[x]$의 기약다항식 $f(x)$는 $K[x]$에서 다음과 같이 인수분해된다.

$$f(x)=x^p-t=(x-u)^p \quad (\text{연습문제 } 3.2.3)$$

즉, u는 중복도가 p인 $f(x)$의 근이고, $K=F(u)$이다. 또 $f'(x)=px^{p-1}=0$이다.

(2) $F=\overline{\mathbb{Z}}_3(t)$, $u=t^{\frac{1}{6}}$일 때, F 위에서 u의 기약다항식은 $f(x)=x^6-t$이다. $K=F(u)$라 하면, $K[x]$에서 $f(x)$는 다음과 같이 인수분해된다.

$$f(x)=x^6-t=x^6-u^6=(x^3-u^3)(x^3+u^3)=(x-u)^3(x+u)^3$$

즉, $f(x)$는 중복도가 각각 3인 두 근 u와 $-u$를 갖고, F 위에서 $f(x)$의 분해체 $F(u,-u)=K$이다.

(3) $F=\overline{\mathbb{Z}}_p(s+t,\ st)$, s, t는 변수이다. $u=s^{\frac{1}{p}}$, $v=t^{\frac{1}{p}}$일 때, F 위에서 u(또는 v)의 기약다항식은 $f(x)=x^{2p}-(s+t)x^p+st \in F[x]$이다. $K=F(u,v)$라 하면, $K[x]$에서 $f(x)$는 다음과 같이 인수분해된다.

$$f(x)=x^{2p}-(s+t)x^p+st=(x^p-s)(x^p-t)=\{(x-u)(x-v)\}^p$$

따라서 K는 F 위에서 $f(x)$의 분해체이다.

일반적으로 표수가 소수 p인 체 위에서 기약다항식의 근들은 같은 중복도, $p^e\ (e \geq 0)$를 갖는다. 다음의 정리는 증명 없이 인용만 한다.

정리 4.5.14

체 F의 표수가 소수 p이고, $f(x) \in F[x]$가 기약다항식이다. 이 때, $f(x)$가 분해체 K에서 서로 다른 m개의 근 $u_1, \cdots, u_m$을 가지면, $f(x)$는 $K[x]$에서 다음과 같이 인수분해된다.

$$f(x) = a\{(x-u_1)\cdots(x-u_m)\}^{p^e} \quad (a \in F,\ e \geq 0,\ \deg(f(x)) = mp^e)$$

정의 4.5.15

(1) $f(x) \in F[x]$는 상수다항식이 아니고, K는 F 위에서 $f(x)$의 분해체이다. K에 있는 $f(x)$의 근이 모두 단근일 때, $f(x)$를 **분리다항식**(a seperable polynomial)이라 한다.

(2) K가 F의 확대체이고, $u \in K$가 F 위에서 대수적이다. F 위에서 u의 기약다항식이 분리다항식일 때, u를 F 위에서 **분리원소**(a seperable element over F)라 한다. K의 모든 원소가 F 위에서 분리원소일 때, K를 F의 **분리확대체**(a seperable extension of F)라 한다.

정리 4.5.16

K가 F의 대수적 확대체일 때, 다음이 성립한다.

(1) $char(F) = 0$이면, K는 F의 분리확대체이다.

(2) F가 유한체이면, K는 F의 분리확대체이다.

증명 (1)은 따름정리 10의 결과로 얻어지고, (2)는 따름정리 11의 결과이다. ■

다음의 원시원소의 정리는 증명없이 서술한다.

정리 4.5.17 (원시 원소의 정리)

K가 F의 유한 분리확대체이면, 적당한 $u \in K$에 대하여 $K = F(u)$이다.

$K = F(u)$일 때, u를 F 위에서 K의 원시 원소(a primitive element)라 한다.

▸▸ 연습문제 4.5

1. $f(x),\ g(x) \in F[x]$ 와 $a,\ b \in F$ 에 대하여 다음을 증명하여라.

(1) $(af(x)+bg(x))' = af'(x)+bg'(x)$

(2) $(f(x)\cdot g(x))' = f'(x)\cdot g(x)+f(x)\cdot g'(x)$

2. 체 F 의 표수가 소수 p 일 때, $f(x) \in F[x]$ 에 대하여 다음을 증명하여라.

$$f'(x)=0 \iff \text{적당한 } g(x) \in F[x] \text{ 에 대하여 } f(x)=g(x^p)$$

3. 체 F 위에서의 유리함수체 $F(x)$ 의 어떤 원소의 제곱도 x 가 아님을 보여라.
(즉, $\sqrt{x} \notin F(x)$ 이다. $\sqrt{2}$ 가 무리수라는 증명과 비교)

4. $F=\overline{\mathbb{Z}}_5(t)$ 일 때, F 의 대수적 덮개에 있는 다음 원소 $u,\ v,\ w$ 의 기약다항식 $f(x)$, $f(x)$ 의 근의 중복도, F 위에서 $f(x)$ 의 분해체 K 와 $[K:F]$ 를 각각 구하여라.

(1) $u=t^{\frac{1}{5}}$ (2) $v=t^{\frac{1}{10}}$ (3) $w=t^{\frac{1}{25}}$

5. $F=\overline{\mathbb{Z}_7}(t)$ 일 때, F 의 대수적 덮개에 있는 다음 원소 $u,\ v,\ w$ 의 기약다항식 $f(x)$, $f(x)$ 의 근의 중복도, F 위에서 $f(x)$ 의 분해체 K 와 $[K:F]$ 를 각각 구하여라.

(1) $u=t^{\frac{1}{7}}$ (2) $v=t^{\frac{1}{21}}$ (3) $w=t^{\frac{1}{343}}$

> **참고** (2)의 경우 $1^{\frac{1}{3}}=1,2,4$ 이고, $x^2+vx+v^2=(x-2v)(x-4v)$ 를 이용한다.

6. $F=\overline{\mathbb{Z}_p}(s+t,\ st)$, s,t 는 변수라 하자. F 의 대수적 덮개에 있는 $u=s^{\frac{1}{2p}}$ 의 기약다항식 $f(x)$, $f(x)$ 의 근의 중복도, F 위에서 $f(x)$ 의 분해체 K 와 $[K:F]$ 를 각각 구하여라(보기 4.5.13(3) 참고).

7. 표수가 소수 p 인 체 F 와 F 의 확대체 K 에 대하여 다음의 L 은 F 와 K 의 중간체임을 보여라.

$$L:=\{u \in K \mid \text{적당한 } n \ge 0 \text{ 에 대하여 } u^{p^n} \in F\}$$

8. $\mathbb{Q}(\sqrt{2}, \sqrt{3}) = \mathbb{Q}(u)$ 인 u를 찾아라.

9. 체 $F \subseteq L \subseteq K$에 대하여 다음을 증명하여라.
(1) K가 F의 분리확대체이면, L은 F의 분리확대체이고 K는 L의 분리확대체이다.
*(2) L이 F의 분리확대체이고 K가 L의 분리확대체이면, K는 F의 분리확대체이다.

10. **(중등교원 임용시험 2010년 1차 #28)**
$f(x) = (x^2-2)(x^2-11) \in \mathbb{Q}[x]$의 $\mathbb{Q}$ 위에서의 분해체 K에 대하여 다음에 답하여라.
(1) $\alpha \in K$일 때, $\mathbb{Q}(\alpha)$는 $\mathbb{Q}$ 위에서 대수적이다.
(2) $\beta \in K$일 때, $[\mathbb{Q}(\beta) : \mathbb{Q}(\beta^2)]$을 구하여라.
(3) $[K : \mathbb{Q}(\gamma)] = 1$ 인 $\gamma \in K$를 찾아라.

4.6 갈루아 이론

갈루아의 기본정리는 다항식 $f(x) \in F(x)$가 분리 다항식이고 K가 F 위에서 $f(x)$의 분해체일 때, F와 K의 중간체와 군 $Aut_F K$(정의 4.6.1)의 부분군 사이에 1-1 대응이 있음을 보여준다. 이 1-1 대응에서는 대응되는 수치인 지수도 같아진다. 즉, F와 K의 중간체 L에 대하여 $[K:L] = |Aut_L K|$(정리 4.6.10)이 성립하며, 이는 방정식 $f(x)=0$의 근을 이해하는 도구를 제공한다.

정의 4.6.1
K가 F의 확대체일 때, 다음을 정의한다.
(1) $\sigma : K \to K$가 동형일 때, σ를 K의 **자기동형**(an automorphism of K)라고 한다.
(2) σ가 K의 자기동형이고 모든 $a \in F$에 대하여 $\sigma(a) = a$일 때, σ를 K의 F-**자기동형**(an F-automorphism of K)라고 한다. 또 다음의 두 집합을 정의한다.

$$Aut\,K := \{\sigma \mid \sigma\text{는 } K\text{의 자기동형}\},$$
$$Aut_F\,K := \{\sigma \mid \sigma\text{는 } K\text{의 } F-\text{자기동형}\}$$

이 때, $Aut_F K$를 F 위에서 K의 **갈루아군**(the Galois group of K over F)라 한다. $f(x) \in F[x]$이고 K가 F 위에서 $f(x)$의 분해체일 때, $Aut_F K$를 F 위에서 $f(x)$의 **갈루아군**(the Galois group of $f(x)$ over F)라 한다.

정리 3.4.5에 의하여 $\sigma, \tau \in Aut K$일 때, $\sigma \cdot \tau \in Aut K$이고, $\sigma^{-1} \in Aut K$이다. 또 항등함수 $1_k \in Aut K$이므로 $(Aut K, \cdot)$은 군이다.

정리 4.6.2

K가 F의 확대체일 때, $Aut_F K$는 $Aut K$의 부분군이다.

증명 $\sigma, \tau \in Aut_F K$일 때, 모든 $a \in F$에 대하여 $\sigma \cdot \tau(a) = \sigma(\tau(a)) = \sigma(a) = a$이다. 또, $\sigma(a) = a$이므로 $\sigma^{-1}(a) = a$이다. 따라서 $\sigma \cdot \tau \in Aut_F K$, $\sigma^{-1} \in Aut_F K$이고, $Aut_F K$는 $Aut K$의 부분군이다. ■

정의 4.6.3

K가 F의 확대체일 때, F와 K의 중간체 L과 $Aut_F K$의 부분군 H에 대하여 L'과 H의 **고정체**(the fixed field of H) H'를 다음과 같이 정의한다.

(1) $L' := Aut_L K = \{\sigma \mid \sigma$는 K의 $L-$자기동형$\}$

(2) $H' := \{u \in K \mid$ 모든 $\sigma \in H$에 대하여 $\sigma(u) = u\}$

책에 따라 $L'(= Aut_L K)$은 $G(K, L)$로, H'은 K_H로 적고 있다.

$F' = Aut_F K$이고, 정리 2에서와 같이 L'은 F'의 부분군이다. 또 다음 정리에서와 같이 H'은 체 F와 K의 중간체이다.

정리 4.6.4

K가 F의 확대체이고 H가 $Aut_F K$의 부분군일 때, H'은 체 F와 K의 중간체이다.

증명 H는 $Aut_F K$의 부분군이므로 $F \subseteq H'$이다.
$u, v \in H'$일 때, 모든 $\sigma \in H$에 대하여 $\sigma(u-v) = \sigma(u) - \sigma(v) = u - v$이다. 또, $v \neq 0$일 때, $\sigma(uv^{-1}) = \sigma(u)\sigma(v)^{-1} = uv^{-1}$이다. 그러므로 $u - v \in H'$이고, $v \neq 0$일 때, $uv^{-1} \in H'$이다. 따라서 H'은 체 F와 K의 중간체이다. ■

보조정리 4.6.5

K가 F의 확대체이고 L과 M은 F와 K의 중간체이다. H와 J가 $G = Aut_F K$의 부분군일 때, 다음이 성립한다.

(1) $F' = Aut_F K = G$, $K' = Aut_K K = (1_k)$ ($1_K : K \to K$는 항등함수).

(2) $(1_k)' = K$, $G' \supseteq F$.

(3) $L \subseteq M$이면, $M' \subseteq L'$.

(4) $H \subseteq J$이면, $J' \subseteq H'$.

(5) $L'' = (L')'$, $H'' = (H')'$이라 하면, $L \subseteq L''$, $H \subseteq H''$.

(6) $H' = H'''$, $L' = L'''$.

증명 (1)~(4)는 정의에 의하여 성립한다.

(5) 모든 $u \in L$과 모든 $\sigma \in L'$에 대하여 $\sigma(u) = u$이므로 $u \in L''$이고, $L \subseteq L''$이다. 모든 $\sigma \in H$와 모든 $u \in H'$에 대하여 $\sigma(u) = u$이므로, $\sigma \in H''$이고, $H \subseteq H''$이다.

(6) $L \subseteq L''$이므로, (3)에 의하여 $L''' \subseteq L'$이다. 또, L'에 (5)를 적용하면 $L' \subseteq L'''$이다. 따라서 $L' = L'''$이다.
마찬가지로, $H' = H'''$이 성립한다. ■

다음의 두 보조정리는 이 절의 부록에서 증명한다.

보조정리 4.6.6

K가 F의 유한확대체이고, L과 M은 F와 K의 중간체이다. 이 때, $L \subseteq M$이면, $[L' : M'] \leq [M : L]$이다. 특히 $[F' : K'] = |Aut_F K| \leq [K : F]$이다.

보조정리 4.6.7

K가 F의 유한확대체이고, H와 J가 갈루아군 $G = Aut_F K$의 부분군이다. 이 때, $H \subseteq J$이면, $[H' : J'] \leq [J : H]$이다.

정의 4.6.8

F의 확대체 K와 갈루아군 $Aut_F K$에 대하여 $F'' = (Aut_F K)' = F$일 때, K를 F의 **갈루아 확대체**(a Galois extension of F)라 한다.

즉, K가 F의 갈루아 확대체($F'' = (Aut_F K)' = F$)라는 것은 임의의 $u \in K - F$에 대하여, $\sigma \in Aut_F K$가 있어서 $\sigma(u) \neq u$라는 것과 동치이다.

다음의 정리를 이용하여 유한 확대체가 갈루아 확대체가 되는 경우를 판정할 수 있다. 이 정리의 증명은 이 절의 부록에서 한다.

정리 4.6.9

K가 F의 유한확대체일 때, 다음이 성립한다.

'K는 F의 갈루아 확대체 $\Leftrightarrow$ K는 F 위에서 적당한 분리 다항식의 분해체'

보조정리 5(2)에서 $(Aut_F K)' \supseteq F$임을 지적하였다. K가 F의 갈루아 확대체 ($(Aut_F K)' = F$)일 때, 보조정리 6, 7에서 $[L' : M'] = [M : L]$과 $[H' : J'] = [J : H]$이며, 갈루아의 기본정리가 성립한다.

정리 4.6.10 (갈루아의 기본정리, 1828년)

K가 F의 유한 갈루아 확대체일 때, 다음이 성립한다.

(1) $\Phi : \{M \mid M$은 F와 K의 중간체$\} \to \{J \mid J$는 $Aut_F K$의 부분군$\}$,
$\Phi(M) = M'$은 1-1 대응이다(더욱이 $M'' = M$이고, $J'' = J$이다).

(2) F와 K의 중간체 $L \subseteq M$에 대하여 $[L' : M'] = [M : L]$이다.
특히, $|Aut_F K| = [K : F]$이다.

(3) $Aut_F K$의 부분군 $H \subseteq J$에 대하여 $[H' : J'] = [J : H]$이다.

(4) K는 모든 중간체 M의 갈루아 확대체이다. 즉, $M'' = M$이다.

(5) 중간체 M이 F의 갈루아 확대체이다 $\Leftrightarrow$ $Aut_M K$가 $Aut_F K$의 정규부분군이다.
이 때, $Aut_F K / Aut_M K \cong Aut_F M$이다.

증명 (1) K가 F의 갈루아 확대체이므로, $F'' = (Aut_F K)' = F$이다. K가 F의 유한 확대체이므로, F와 K의 모든 중간체 M에 대하여 다음이 성립한다.

$$[M : F] \leq [M'' : F] = [M'' : F''] \leq [F' : M'] \leq [M : F]$$

(각 부등호에서 순서대로 $M \subseteq M''$ (정리 5(5)), $F'' = F$, 정리 5(4)와 정리 5(3)을 각각 적용한다.)

그러므로 위의 식에서 모두 '$=$'가 성립하며, $M = M''$이다.

마찬가지로 $(1_K)'' = K' = Aut_K K' = (1_K)$를 이용하면, $Aut_F K$의 모든 부분군 J에

대하여 다음이 성립한다.

$$[J:(1_K)] \le [J'':(1_K)] = [J'':(1_K)''] \le [(1_K)':J'] \le [J:(1_K)]$$

그러므로 $J=J''$ 이다.

이제 $\Psi: \{J \mid J$는 $Aut_F K$의 부분군$\} \to \{M \mid M$은 F와 K의 중간체$\}$를

$\Psi(J)=J'$ 으로 정의하면, $\Psi=\Phi^{-1}$이고, Φ는 1-1 대응이다.

(2) (1)의 증명에서 F와 K의 모든 중간체 L에 대하여, $L=L''$이다. 그러므로 식에 $F=L$을 적용하면, $[L':M']=[M:L]$을 얻는다.

(3) (1)의 증명에서 $Aut_F K$의 부분군 H에 대하여 $H=H''$이다. 그러므로(1_K) 대신 H를 적용하면, $[H':J']=[J:H]$을 얻는다.

(4) $M''(=(Aut_M K)')=M$이므로 K는 M의 갈루아 확대체이다.

(5) 이 절의 뒤에 싣는다.

■

정리 4.6.11

K가 F의 확대체이고, $u \in K$가 F 위에서 대수적이며, $\sigma \in Aut_F K$이다.

(1) $f(x) \in F[x]$에 대하여 $f(u)=0$이면, $f(\sigma(u))=0$이다.

(2) u와 $\sigma(u)$의 F 위에서 최소다항식은 같다.

증명 (1) $f(x)=a^n x^n+\cdots+a_0$일 때($a_i \in F$), $f(u)=a_n u^n+\cdots+a_0=0$이다. 그러므로

$0=\sigma(0)=\sigma(a_n u^n+\cdots+a_0)=\sigma(a_n)\sigma(u)^n+\cdots+\sigma(a_0)=a_n\sigma(u)^n+\cdots+a_0$

$=f(\sigma(u))$이다.

(2) $p(x)$를 F 위에서 u의 최소다항식이라 하면, (1)에 의하여 $p(\sigma(u))=0$이다. 또, $p(x)$는 모닉인 기약다항식이므로 $p(x)$는 $\sigma(u)$의 F 위에서 최소다항식이다.

■

따름정리 4.6.12

상수 다항식이 아닌 $f(x) \in F[x]$가 F 위에서 $f(x)$의 분해체 K에서 n개의 서로 다른 근을 가지면, $f(x)$의 갈루아군 $Aut_F K$는 n차 대칭군 S_n의 부분군이다($n \ge 1$).

증명 $f(x)$의 서로 다른 근을 $u_1, \cdots, u_n$이라 하자. $K=F(u_1,\cdots,u_n)$이므로, 임의의 $\sigma \in Aut_F K$에 대하여 $\sigma(u_i)$의 값만 결정하면 된다($1 \le i \le n$). 정리 11(1)에 의하여 $\sigma(u_i)=u_j$이므로($1 \le j \le n$), σ는 n개의 근 $u_1,\cdots,u_n$의 치환이다. 따라서 σ는 $\{1,\cdots,n\}$의 치환으로 고려할 수 있고, $Aut_F K$는 S_n의 부분군이다.

■

다음의 보기에 있는 유리수 계수 기약다항식(또는 서로 다른 기약다항식의 곱)은 모두 분리 다항식(정리 4.5.10)이다. 따라서 이와 같은 다항식의 분해체는 $\mathbb{Q}$의 갈루아 확대체이고, 분해체가 아닌 것은 $\mathbb{Q}$의 갈루아 확대체가 아니다(정리 9).

보기 4.6.13

$f(x) = x^2 - 2 \in \mathbb{Q}[x]$의 근은 $\pm\sqrt{2}$이고, 분해체는 $K = \mathbb{Q}(\sqrt{2})$이다. 정리 10(2)에 의하여 $|Aut_{\mathbb{Q}} K| = [K : \mathbb{Q}] = 2$이다.

임의의 $\phi \in Aut_{\mathbb{Q}} K$와 $a \in \mathbb{Q}$에 대하여 $\phi(a) = a$이다. 이제 $K = \mathbb{Q}(\sqrt{2})$이므로 $\phi(\sqrt{2})$만 결정하면 된다. 정리 11에 의하여 $\phi(\sqrt{2}) = \sqrt{2}$ 또는 $\phi(\sqrt{2}) = -\sqrt{2}$이다. $\phi(\sqrt{2}) = \sqrt{2}$이면, $\phi = 1_K$이고, $\phi(\sqrt{2}) = -\sqrt{2}$이면, $\phi = \sigma$(켤레함수)이다. 따라서 $Aut_{\mathbb{Q}} K = \{1_K, \sigma\}$이고, $Aut_{\mathbb{Q}} K \cong \overline{\mathbb{Z}}_2$이다.

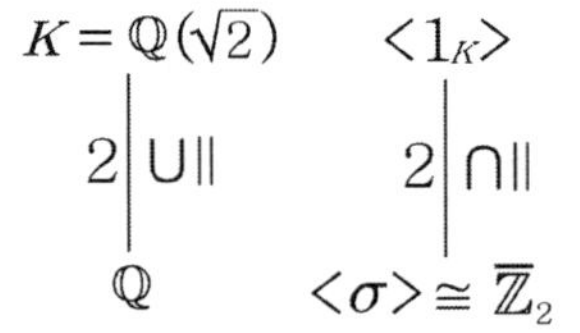

$f(x) = x^2 - 2$의 분해체와 갈루아 군의 격자도
(분해체의 격자도에서 포함관계는 갈루아군의 격자도와 반대로 된다.)

보기 4.6.14

$f(x) = x^3 - 2 \in \mathbb{Q}[x]$의 근은 $\sqrt[3]{2}$, $\sqrt[3]{2}\,\omega$, $\sqrt[3]{2}\,\omega^2$ 이다 ($\omega = \frac{-1 + \sqrt{3}i}{2}$). $\mathbb{Q}$ 위에서 $f(x)$의 분해체는 $K = \mathbb{Q}(\sqrt[3]{2}, \sqrt[3]{2}\,\omega, \sqrt[3]{2}\,\omega^2) = \mathbb{Q}(\sqrt[3]{2}, \omega)$이다. 그러므로 $|Aut_{\mathbb{Q}} K| = [K : \mathbb{Q}] = 6$이다.

이제 $\phi \in Aut_{\mathbb{Q}} K$에 대하여 $\phi(\sqrt[3]{2})$과 $\phi(\omega)$만 결정하면 된다. 정리 11에 의하여 $\phi(\sqrt[3]{2}) = \sqrt[3]{2}$, $\sqrt[3]{2}\,\omega$, 또는 $\sqrt[3]{2}\,\omega^2$이고, $\phi(\omega) = \omega$ 또는 ω^2이다.

세 근을 순서대로 $u_1 = \sqrt[3]{2}$, $u_2 = \sqrt[3]{2}\,\omega$, $u_3 = \sqrt[3]{2}\,\omega^2$라 하고, $\sigma, \tau \in Aut_{\mathbb{Q}} K$를 다음과 같이 정의하자.

$$\sigma(\sqrt[3]{2}) = \sqrt[3]{2}\,\omega,\ \sigma(\omega) = \omega,\ \tau(\sqrt[3]{2}) = \sqrt[3]{2},\ \tau(\omega) = \omega^2 \text{ 로}$$

이 때, $\sigma(\sqrt[3]{2}\,\omega)=\sigma(\sqrt[3]{2})\sigma(\omega)=\sqrt[3]{2}\,\omega^2$, $\sigma(\sqrt[3]{2}\,\omega^2)=\sqrt[3]{2}$ 이므로, $\sigma=(1,2,3)$이다. 또, $\tau(\sqrt[3]{2}\,\omega)=\sqrt[3]{2}\,\omega^2$, $\tau(\sqrt[3]{2}\,\omega^2)=\sqrt[3]{2}\,\omega^4=\sqrt[3]{2}\,\omega$ 이므로, $\tau=(2,3)$이다. 그러므로 왼쪽 표기법으로 계산할 때, 다음과 같다.

$$Aut_{\mathbb{Q}} K$$
$$=\left\{(1_k),\ \sigma=(1,2,3),\ \sigma^2=(1,3,2),\ \tau=(2,3),\ \sigma\tau=(1,2),\ \sigma^2\tau=(1,3)\right\}\cong S_3$$

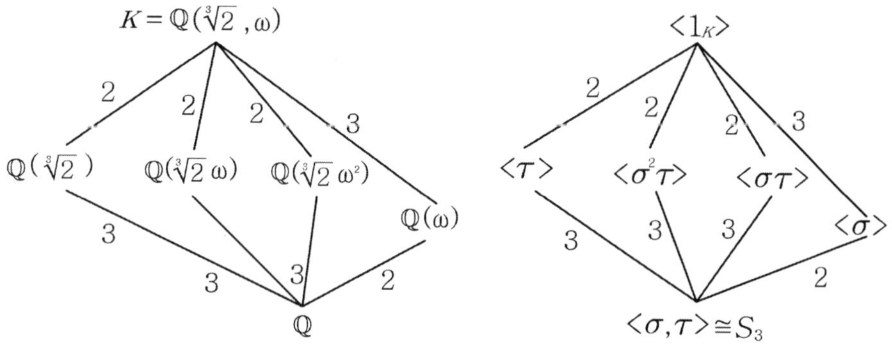

$f(x)=x^2-2$의 분해체와 갈루아 군의 격자도
(분해체의 K의 격자도를 이동하여 갈루아군의 격자도에 포갤 때, 각 중간체에 대응되는 부분군을 얻는다.)

보기 4.6.15

$\mathbb{Q}(\sqrt[3]{2})$는 분해체가 아니므로 $\mathbb{Q}$의 갈루아 확대체가 아니다.

임의의 $\phi\in Aut_{\mathbb{Q}}\mathbb{Q}(\sqrt[3]{2})$에 대하여 $\phi(\sqrt[3]{2})=\sqrt[3]{2}$ 이므로, $\phi=1_K$이고, $Aut_{\mathbb{Q}} K=\langle 1_K\rangle$ 이다. 이 때, $|Aut_{\mathbb{Q}}\mathbb{Q}(\sqrt[3]{2})|<[K:\mathbb{Q}]=3$ 이고 갈루아의 대응은 성립하지 않는다.

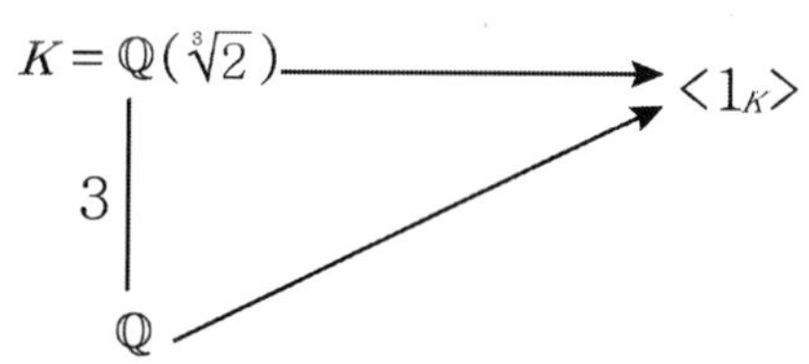

갈루아 확대체가 아닌 경우 1-1 대응이 일어나지 않는다.

보기 4.6.16

$f(x)=(x^2-2)(x^2-3)\in\mathbb{Q}[x]$ 의 근은 $\pm\sqrt{2}$, $\pm\sqrt{3}$ 이고, $\mathbb{Q}$ 위에서 $f(x)$의 분해체는 $K=\mathbb{Q}(\sqrt{2},\sqrt{3})$이다. $|Aut_{\mathbb{Q}}K|=[K:\mathbb{Q}]=4$이다.

네 근을 순서대로 $u_1=\sqrt{2}$, $u_2=-\sqrt{2}$, $u_3=\sqrt{3}$, $u_4=-\sqrt{3}$라 하고,

$\sigma,\tau\in Aut_{\mathbb{Q}}K$를 다음과 같이 정의하자.

$$\sigma(\sqrt{2})=-\sqrt{2},\ \sigma(\sqrt{3})=\sqrt{3},\ \tau(\sqrt{2})=\sqrt{2},\ \tau(\sqrt{3})=-\sqrt{3}$$

이 때, $\sigma(-\sqrt{2})=\sqrt{2}$, $\tau(-\sqrt{3})=\sqrt{3}$ 이므로, $\sigma=(1,2)$, $\tau=(3,4)$이고,

$$Aut_{\mathbb{Q}}K=\{(1_k),\ \sigma=(1,2),\ \tau=(3,4),\ \sigma\tau=(1,2)(3,4)\}\cong V_4.$$

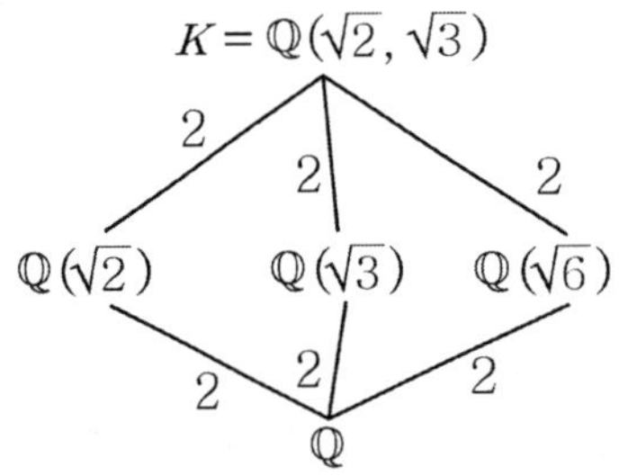

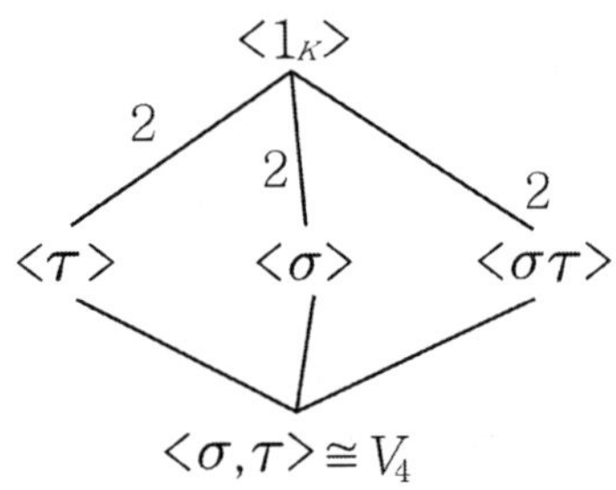

보기 4.6.17

$f(x)=x^4+1\in\mathbb{Q}[x]$ 의 근은 다음의 4개이다.

$$u_1=\frac{1}{\sqrt{2}}(1+i),\quad u_2=u_1^3=\frac{1}{\sqrt{2}}(-1+i)=iu_1,\quad u_3=u_1^5=-u_1,\quad u_4=u_1^7=-u_3$$

$\mathbb{Q}$ 위에서 $f(x)$의 분해체는 $K=\mathbb{Q}(u_1)=\mathbb{Q}(\sqrt{2},i)$이고, $|Aut_{\mathbb{Q}}K|=[K:\mathbb{Q}]=4$이다.

$\sigma,\tau\in Aut_{\mathbb{Q}}K$를 다음과 같이 정의하자.

$$\sigma(\sqrt{2})=-\sqrt{2},\ \sigma(i)=i,\ \tau(\sqrt{2})=\sqrt{2},\ \tau(i)=-i$$

이 때, $\sigma(u_1)=-u_1=u_3$, $\sigma(u_2)=\dfrac{1}{-\sqrt{2}}(-1+i)=u_4$, $\sigma(u_3)=\sigma(-u_1)=u_1$,

$\sigma(u_4)=\sigma(-u_2)=-u_4=u_2$ 이므로, $\sigma=(1,3)(2,4)$ 이다.

또, $\tau(u_1)=u_4$, $\tau(u_4)=u_1$, $\tau(u_2)=u_3$, $\tau(u_3)=u_2$ 이므로, $\tau=(1,4)(2,3)$ 이다.

따라서 $Aut_{\mathbb{Q}}K=\{(1_k),\ \sigma=(1,3)(2,4),\ \tau=(1,4)(2,3),\ \sigma\tau=(1,2)(3,4)\}\cong V_4$이다.

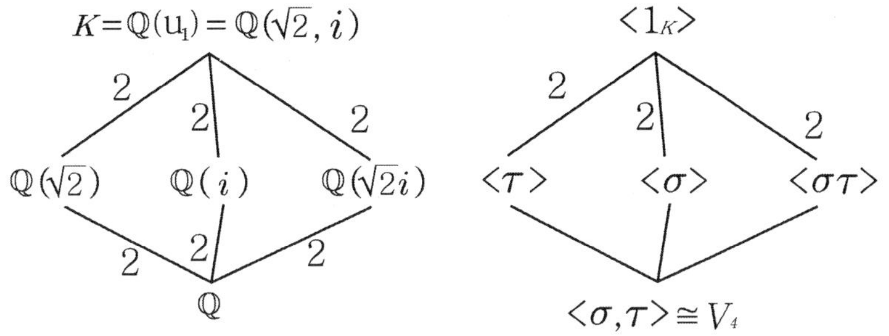

보기 4.5.13의 기약다항식 $f(x) \in F[x]$는 분리 다항식이 아니다. 따라서 F 위에서 $f(x)$의 분해체 K는 F의 갈루아 확대체가 아니고(정리 9), 갈루아의 대응정리는 성립하지 않는다.

보기 4.6.18

(1) $F=\overline{\mathbb{Z}}_p(t)$ (p는 소수, t는 변수), $f(x)=x^p-t \in F[x]$. $u=\sqrt[p]{t}$ 라 하면, $f(x)=x^p-t=(x-u)^p$ 이므로 $f(x)$의 근은 u뿐이다. 그러므로 F 위에서 $f(x)$의 분해체 $K=F(u)$이고, $f(x)$의 갈루아군 $Aut_F K=(1_K)$이다. 이 때, $1=|Aut_F K|<[K:F]=3$ 으로 갈루아의 대응정리는 성립하지 않는다.

(2) $F=\overline{\mathbb{Z}}_3(t)$, $f(x)=x^6-t \in F[x]$. $u=\sqrt[6]{t}$ 일 때,

$$f(x)=x^6-t=x^6-u^6=(x^3-u^3)(x^3+u^3)=(x-u)^3(x+u)^3$$

$f(x)$는 두 근 u와 $-u$를 갖고, F 위에서 $f(x)$의 분해체 $K=F(u,-u)=F(u)$이다. 이 때, $Aut_F K=\{1_K, \sigma\}$ $(\sigma(u)=-u)$이므로, $2=|Aut_F K|<[K:F]=6$이다.

4.6 부록(증명이 긴 정리의 증명)

보조정리 4.6.6

K가 F의 유한확대체이고, L과 M은 F와 K의 중간체이다. 이 때, $L \subseteq M$이면, $[L':M'] \leq [M:L]$이다. 특히 $[F':K']=|Aut_F K| \leq [K:F]$이다.

증명 $[M:L]=n$에 관한 귀납법으로 증명한다. $n=1$일 때, $M=L$이므로 성립한다. $M\neq L$일 때, $u\in M-L$라 하자. K는 F의 유한확대체이므로, u는 F 위에서 대수적이고 또한 L 위에서 대수적이다. L 위에서 u의 기약다항식 $f(x)$가 k차 다항식일 때, $[L(u):L]=\deg f(x)=k$이고 $1<k\leq n$이다.

(1) $1<k<n$인 경우에 $[M:L(u)]=n/k<n$, $[L(u):L]=k<n$이므로 귀납법에 의하여, $[L(u)':M']\leq n/k$, $[L':L(u)']\leq k$이다. 따라서

$$[L':M']=[L':L(u)'][L(u)':M']\leq k(n/k)\leq n$$

(2) $k=n$인 경우에 $M=L(u)$이다. 이 때, 다음과 같이 Φ를 정의한다.

$$\Phi:\{\sigma M' \mid \sigma\in L'\}\to\{v\in K \mid f(v)=0\},\ \Phi(\sigma M')=\sigma(u)$$

1) $f(x)\in L[x]$이고, $\sigma\in L'$이므로, $f(\sigma(u))=\sigma(f(u))=\sigma(0)=0$이다(정리 11). 또, $\theta\in M'$일 때, $u\in M$이므로 $(\sigma\theta)(u)=\sigma(\theta(u))=\sigma(u)$이다. 그러므로 L' 안의 M'의 좌잉여류에 대하여 정의된 함수 Φ는 잘 정의되었다.

2) $\sigma,\tau\in L'$이고, $\Phi(\sigma M')=\Phi(\tau M')$이라 하자. 즉, $\sigma(u)=\tau(u)$이다. 이 때, $\tau^{-1}\sigma(u)=u$이고, $M=L(u)$이므로, $\tau^{-1}\sigma\in M'$이다. 그러므로 $\sigma M'=\tau M'$이고, Φ는 단사함수이다.

따라서 $[L':M']\leq$ ($f(x)$의 서로 다른 근의 개수) $\leq k=[L:M]$이 성립한다. ■

다음의 정리의 증명에서는 **선형대수의 정리인** '상수항이 모두 0인 일차 연립방정식에서 변수의 개수가 식의 개수보다 많으면, $0=(0,\cdots,0)$이 아닌 해(a nontrivial solution)가 존재한다'를 이용한다.

보조정리 6에서 $|Aut_FK|\leq[K:F]$을 증명할 때도 다음과 같이 **선형대수의 정리**를 이용할 수 있다. $|Aut_FK|>[K:F]=n$라 가정하고 F 위에서 K의 기저 $u_1,\cdots,u_n$과 Aut_FK의 원소 $\sigma_1,\cdots,\sigma_{n+1}$ 대하여 1차 연립방정식 $\sigma_j(u_i)x_j=0$을 만든다. 이 때, 변수의 개수가 식의 개수보다 많으므로 0이 아닌 해가 존재하고 이는 모순임을 보인다.

보조정리 4.6.7

K가 F의 유한확대체이고, H와 J가 갈루아군 $G=Aut_FK$의 부분군이다. 이 때, $H\subseteq J$이면, $[H':J']\leq[J:H]$이다.

증명 귀류법으로 증명한다. $[J:H]=n$이고, $[H':J']>[J:H]$이라 하자. 이 때, J 안에서 H의 서로 다른 좌잉여류의 대표원 $\sigma_1,\cdots,\sigma_n$과 J' 위에서 H'의 일차독립인 원소 $u_1,\cdots,u_{n+1}$를 이용하여 다음과 같이 $\sigma_i(u_j)\in K$를 계수로 하는 일차 연립방정식을 만든다. 즉,

$$\begin{cases} \sigma_1(u_1)x_1+\sigma_1(u_2)x_2+\cdots+\sigma_1(u_{n+1})x_{n+1}=0 \\ \quad\cdots \\ \sigma_n(u_1)x_1+\sigma_n(u_2)x_2+\cdots+\sigma_n(u_{n+1})x_{n+1}=0 \end{cases} \quad \cdots (1)$$

이 식에서 변수의 개수가 식의 개수보다 많으므로 $0=(0,\cdots,0)$ 이 아닌 해가 존재한다. 그와 같은 해 중에서 성분(x_i의 값) 중에 0이 아닌 것의 개수가 가장 적은 것을 택하자. 또 필요하면 변수의 위치를 바꾸어 0이 아닌 해$(v_1,\cdots,v_{n+1})$에서 $v_1\neq 0,\cdots,v_r\neq 0$이고, $v_{r+1}=v_{r+2}=\cdots=v_{n+1}=0$이라 하자. 상수항이 모두 0인 방정식(homogeneous)이므로, $v_1^{-1}(v_1,\cdots,v_{n+1})$ 도 해이다. 그러므로 $v_1=1$임을 가정할 수 있다.

이제 $u_1,\cdots,u_{n+1}\in H'$이 J' 위에서 일차독립이라는 사실을 이용하여 $\tau\in J$가 존재해서 $\tau(v_2)\neq v_2$이고, $(\tau(v_1),\tau(v_2),\cdots,\tau(v_{n+1}))$도 해임을 보인다. 상수항이 모두 0인 방정식이므로 두 해의 차도 해가 된다. 또, $\tau(v_1)=\tau(1)=1$이고, $j\geq r+1$일 때, $\tau(v_j)=\tau(0)=0$이므로, $(0,v_2-\tau(v_2),\cdots,v_r-\tau(v_r),0,\cdots,0)$이 해가 되어 모순이다.

다음과 같이 위의 성질을 만족하는 $\tau\in J$를 찾자.

J 안에서 H의 서로 다른 좌잉여류의 대표원 $\sigma_1,\cdots,\sigma_n$ 중에서 오직 한 개만 H의 원소이다. $\sigma_1\in H$라 하자. 모든 $u_i\in H'$이므로, $\sigma_1(u_i)=u_i$이다. 연립방정식 (1)의 첫째 식에 해 $(v_1,\cdots,v_{n+1})$를 대입하면, $v_{r+1}=\cdots=v_{n+1}=0$이므로

$$u_1v_1+u_2v_2+\cdots+u_rv_r=0$$

만일 0이 아닌 $v_1,\cdots,v_r$이 모두 J'의 원소라면, 이는 $u_1,\cdots,u_r$이 J' 위에서 일차독립이라는데 모순이다. 그러므로 J'의 원소가 아닌 것이 존재하고, $v_2\notin J'$이라 하자. 그러므로 $\tau(v_2)\neq v_2$인 $\tau\in J$가 있다. 이제 다음의 연립방정식에서

$$\begin{cases} \tau\sigma_1(u_1)x_1+\tau\sigma_1(u_2)x_2+\cdots+\tau\sigma_1(u_{n+1})x_{n+1}=0 \\ \quad\cdots \\ \tau\sigma_n(u_1)x_1+\tau\sigma_n(u_2)x_2+\cdots+\tau\sigma_n(u_{n+1})x_{n+1}=0 \end{cases} \quad \cdots (2)$$

연립방정식 (1)의 에 해 $(v_1,\cdots,v_{n+1})$를 대입하여, 환준동형 τ를 적용하면

$$\begin{aligned} 0=\tau(0) &= \tau(\sigma_i(u_1)v_1+\sigma_i(u_2)v_2+\cdots+\sigma_i(u_{n+1})v_{n+1}) \\ &= \tau\sigma_i(u_1)\tau(v_1)+\tau\sigma_i(u_2)\tau(v_2)+\cdots+\tau\sigma_i(u_{n+1})\tau(v_{n+1}),\quad 1\leq i\leq n \end{aligned}$$

그러므로 $(\tau(v_1),\tau(v_2),\cdots,\tau(v_{n+1}))$는 식 (2)의 해가 된다.

$\sigma_1,\cdots,\sigma_n$은 J 안에서 H의 좌잉여류의 대표원이고, $\tau\in J$이므로 $\tau\sigma_1,\cdots,\tau\sigma_n$도 J 안에서 H의 좌잉여류의 대표원이다. 이 때, 모든 σ_i에 대하여 $\sigma_{i'}$이 존재해서 $\tau\sigma_i=\sigma_{i'}\delta\,(\delta\in H)$이 성립한다. 또, 모든 $u_j\in H'$이므로

$$\tau\sigma_i(u_j)=\sigma_{i'}\delta(u_j)=\sigma_{i'}(\delta(u_j))=\sigma_{i'}(u_j)$$

따라서 (1)과 (2)는 같은 연립방정식이고, $(\tau(v_1),\tau(v_2),\cdots,\tau(v_{n+1}))$는 (1)의 해이다. ■

정리 9와 정리 10(5)를 증명하기 위해서는 다음의 도구가 필요하다.

정의 4.6.19
F와 K의 중간체 M이 (F와 K에 대하여) **안정적**(stable)이라는 것은
모든 $\sigma \in Aut_F K$에 대하여, $\sigma(M) \subseteq M$일 때이다.

F와 K의 중간체 M이 안정적이면, $\sigma \in Aut_F K$에 대하여 $\sigma^{-1} \in Aut_F K$이므로, $\sigma^{-1}(M) \subseteq M$이다. 따라서 $\sigma_{|M} \in Aut_F M$이다.

보조정리 4.6.20
K가 F의 유한 갈루아 확대체이고, M이 F와 K의 중간체일 때, 다음은 서로 동치이다.
(1) $Aut_M K$는 $Aut_F K$의 정규부분군이다.
(2) M이 F와 K에 대하여 안정적이다.
(3) M이 F의 갈루아 확대체이다.

증명 (1)⟹(2) 모든 $\tau \in Aut_M K$와 $\sigma \in Aut_F K$에 대하여 $\sigma^{-1}\tau\sigma \in Aut_M K$이다. 그러므로 모든 $u \in M$에 대하여 $(\sigma^{-1}\tau\sigma)(u) = u$이고, $\tau(\sigma(u)) = \sigma(u)$이다. 즉, $\sigma(u) \in (Aut_M K)' = M''$이다. 정리 10(1)에서 $M'' = M$이므로, $\sigma(u) \in M$이다.

(2)⟹(1) 모든 $u \subset M$과 $\sigma \in Aut_F K$에 대하여 $\sigma(u) \in M$이다. 그러므로 모든 $\tau \in Aut_M K$에 대하여 $\tau(\sigma(u)) = \sigma(u)$이고, $(\sigma^{-1}\tau\sigma)(u) = u$이다. 따라서 $\sigma^{-1}\tau\sigma \in Aut_M K$이고, $Aut_M K$는 $Aut_F K$의 정규부분군이다.

(2)⟹(3) K가 F의 갈루아 확대체이므로, $u \in M - F$에 대하여 $\sigma(u) \neq u$인 $\sigma \in Aut_F K$가 존재한다. M이 F와 K에 대하여 안정적이므로 $\sigma_{|M} \in Aut_F M$이고, $\sigma_{|_M}(u) \neq u$이다. 따라서 M이 F의 갈루아 확대체이다.

(3)⟹(2) $u \in M$에 대하여 $p(x)$를 F 위에서 u의 최소(기약)다항식이고, $u_1, \cdots, u_r$ $(u_1 = u)$을 M에 있는 $p(x)$의 서로 다른 근이라 하자. 이 때, $r \leq \deg(p(x))$이다. 정리 11에 의하여 모든 $\tau \in Aut_F M$에 대하여 $\{u_1, \cdots, u_r\} = \{\tau(u_1), \cdots, \tau(u_r)\}$이다. 그러므로 $f(x) = (x-u_1)(x-u_2)\cdots(x-u_r) = x^r + a_1 x^{r-1} + \cdots + a_r$일 때, $\tau(a_i) = a_i$이다. M이 F의 갈루아 확대체이므로, 모든 $a_i \in F$이고, $f(x) \in F[x]$이다. $p(x)$가 F 위에서 u의 최소다항식이므로 $p(x) \mid f(x)$이고, $\deg(f(x)) \leq \deg(p(x))$이므로 $p(x) = f(x)$이다. 그러므로 $p(x)$는 근은 서로 다르고(즉, $p(x)$는 분리 다항식), 모두 M에 있다.

이제 모든 $\sigma \in Aut_F K$에 대하여 $\sigma(u)$도 $p(x)$의 근이므로(정리 11), $\sigma(u) \in M$이다. 따라서 M은 F와 K에 대하여 안정적이다.

■

정리 4.6.9

K가 F의 유한확대체일 때, 다음이 성립한다.

'K는 F의 갈루아 확대체 $\Leftrightarrow$ K는 F 위에서 적당한 분리 다항식의 분해체'

증명 $\Rightarrow$) 정리 20의 (3)$\Rightarrow$(2)의 증명과정에서 $M=K$로 하면, K는 F의 분리확대체임을 볼 수 있다. 이 때, 정리 4.5.16에 의하여 $K=F(u)$이다. 다시 정리 20의 (3)$\Rightarrow$(2)의 증명과정에서 $M=K$로, $p(x)$는 F 위에서 u이 최소다항식으로 하면, $p(x)$의 모든 근은 K에 있고, $K=F(u)$는 $p(x)$의 분해체이다.

$\Leftarrow$) $n=[K:F]$에 관한 귀납법으로 증명한다.

K가 F 위에서 분리 다항식 $f(x)$의 분해체라 하자.

$n=1$인 경우 $K=F$이고, F는 F의 갈루아 확대체이다.

$n>1$이면, $f(x)$의 기약인수 $p(x) \in F[x]$가 있어서 $r=\deg(p(x))>1$이다. 이 때, $p(x)$는 K 안에 r 개의 서로 다른 근 $u_1, \cdots, u_r$을 갖는다. 이제 $F_1=F(u_1)$이라 하면, K가 F_1 위에서 분리 다항식 $f(x) \in F_1[x]$의 분해체이다. 귀납법에 의하여 K는 F_1의 갈루아 확대체이다.

$v \in K$가 모든 $\sigma \in Aut_F K$에 대하여 $\sigma(v)=v$라 하자. $Aut_{F_1} K \subseteq Aut_F K$이고, K는 F_1의 갈루아 확대체이므로 $v \in F_1=F(u_1)$이다. 그러므로 다음이 성립한다.

$$v=a_0+a_1u_1+\cdots+a_{r-1}u_1^{r-1},\ a_i \in F$$

정리 4.4.10에 의하여 $\sigma_i \in Aut_F K$가 존재해서 $\sigma(u_1)=u_i$를 만족한다. 이 때, $v=\sigma(v)=a_0+a_1u_i+\cdots+a_{r-1}u_i^{r-1}$이다. 그러므로 다음의 $g(x) \in K[x]$는

$$g(x)=(a_0-v)+a_1x+\cdots+a_{r-1}x^{r-1} \in K[x]$$

는 r 개의 서로 다른 근 $u_1, \cdots, u_r$을 갖는다. $g(x)$가 자신의 차수보다 많은 근을 가지므로 가능한 경우는 $g(x)=0$이다. 특히, $v=a_0 \in F$이다. 따라서 K는 F의 갈루아 확대체이다.

■

정리 4.6.10 (갈루아의 기본정리)

K가 F의 유한 갈루아 확대체인 경우,

(5) '중간체 M이 F의 갈루아 확대체 $\Leftrightarrow$ $Aut_M K$가 $Aut_F K$의 정규부분군'이다.

이 때, $Aut_F K/Aut_M K \cong Aut_F M$이다.

(증명) 정리 17에서 다음의 동치 관계를 증명하였다.

'중간체 M이 F 갈루아 확대체 $\Leftrightarrow$ M이 F와 K에 대하여 안정적

$\Leftrightarrow$ $Aut_M K$가 $Aut_F K$의 정규부분군'

이제 ϕ: $Aut_F K \to Aut_F M$을 $\phi(\sigma) = \sigma_{|M}$으로 정의하자. M이 F와 K에 대하여 안정적이므로 ϕ는 잘 정의되었다. 또 분명히 $\ker\phi = Aut_M K$이다.

정리 10(2)에 의하여 $|Aut_F K / Aut_M K| = [F' : M'] = [M : F]$이다. 또, M이 F의 갈루아 확대체이므로 $[M : F] = |Aut_F M|$이다(정리 10(2)).

그러므로 $|Aut_F K / Aut_M K| = |Aut_F M|$이고, 제1동형 정리에 의하여 ϕ는 동형이다. ■

▸▸ 연습문제 4.6

1. $f(x) = x^n - 1 \in \mathbb{Q}[x]$의 $\mathbb{Q}$ 위에서의 갈루아군은 아벨군임을 증명하여라.

2. 다음의 $f(x) \in \mathbb{Q}[x]$의 $\mathbb{Q}$ 위에서의 분해체 K와 $f(x)$의 갈루아군 $Aut_{\mathbb{Q}} K$를 구하고, $\mathbb{Q}$와 K의 중간체와 $Aut_{\mathbb{Q}} K$의 부분군 사이의 갈루아 대응을 확인하여라.

(1) $f(x) = (x^2-1)(x^2-3)$　　(2) $f(x) = (x^2+1)(x^2-3)$

(3) $f(x) = x^4 + x^2 + 1$　　(4) $f(x) = x^4 - x^2 + 1$

(5) $f(x) = (x^2-2)(x^3-2)$　　(6) $f(x) = x^5 - 1$

(7) $f(x) = x^6 + x^3 + 1$　　(8) $f(x) = x^6 + 1$

3. $f(x) \in \mathbb{Q}[x]$의 분해체 K에 대하여 $f(x)$의 다음 F_i 위에서의 갈루아군 $Aut_{F_i} K$를 각각 구하여라.

(1) $f(x) = x^3 - 3$의 $F_1 = \mathbb{Q}$, $F_2 = \mathbb{Q}(w)$, $F_3 = \mathbb{Q}(\sqrt[3]{3})$.

(2) $f(x) = x^4 - 2$의 $F_1 = \mathbb{Q}$, $F_2 = \mathbb{Q}(\sqrt[4]{2})$, $F_3 = \mathbb{Q}(\sqrt[2]{2})$, $F_4 = \mathbb{Q}(\sqrt[2]{2}\,i)$.

(3) $f(x) = x^4 + 1$의 $F_1 = \mathbb{Q}$, $F_2 = \mathbb{Q}(\sqrt{2})$, $F_3 = \mathbb{Q}(i)$.

4. p가 소수일 때, $g_p(x) = x^p - 1 \in \mathbb{Q}[x]$의 $\mathbb{Q}$ 위에서의 분해체 K와 $g_p(x)$의 갈루아군 $Aut_{\mathbb{Q}} K$를 구하고, $\mathbb{Q}$와 K의 중간체와 $Aut_{\mathbb{Q}} K$의 부분군 사이의 갈루아 대응을 확인하여라.

5. $f(x) = x^2 + x + 1 \in \mathbb{Z}_2[x]$ $\mathbb{Z}_2$ 위에서의 분해체 K와 $f(x)$의 갈루아군 $Aut_{\mathbb{Z}_2} K$를 구하고, $\mathbb{Z}_2$와 K의 중간체와 $Aut_{\mathbb{Z}_2} K$의 부분군 사이의 갈루아 대응을 확인하여라.

6. $\mathbb{Q}(\sqrt[4]{2})$은 $\mathbb{Q}$의 갈루아 확대체가 아니다. $\mathbb{Q}$와 $\mathbb{Q}(\sqrt[4]{2})$의 중간체와 $Aut_{\mathbb{Q}}\mathbb{Q}(\sqrt[4]{2})$의 부분군 사이의 갈루아 대응이 성립하지 않음을 보여라.

7. 복소수 u가 $u^n = 1$이고, $u^m \neq 1\ (0 < m < n)$일 때, u를 1**의 원시적** n **제곱근**이라 한다(a primitive n-th root of unity).

(1) 1의 원시적 n 제곱근은 모두 $\phi(n)$개임을 보여라(ϕ는 오일러의 ϕ-함수).

(2) u가 1의 원시적 n 제곱근이면, $\mathbb{Q}(u)$는 $f(x) = x^n - 1$의 분해체임을 보여라. (따라서 $\mathbb{Q}(u)$는 $\mathbb{Q}$의 갈루아 확대체이다.)

(3) $u_1, \cdots, u_{\phi(n)}$이 1의 원시적 n 제곱근일 때, $\sigma : \mathbb{Q}(u_1) \to \mathbb{Q}(u_1)$가 자기동형이면, $\sigma(u_1) = (u_i)$ 임을 보여라. 따라서 $|Aut_{\mathbb{Q}}\mathbb{Q}(u_1)| \leq \phi(n)$이다.

(4) $p_n(x) = (x - u_1)(x - u_2) \cdots (x - u_{\phi(n)}) \in \mathbb{Z}[x]$(정수 계수 다항식)임을 보여라.

*(5) $p_n(x)$는 $\mathbb{Q}$ 위에서 기약다항식임을 보여라. 따라서 $[\mathbb{Q}(u_1) : \mathbb{Q}] = |Aut_{\mathbb{Q}}\mathbb{Q}(u_1)| = \phi(n)$이다.

(6) $Aut_{\mathbb{Q}}\mathbb{Q}(u_1) = \{\sigma_1, \sigma_2, \cdots, \sigma_{\phi(n)}\}$은 아벨군임을 보여라.

8. **(중등교원 임용시험 2014년 2차 #2)**

다항식 $f(x) = x^6 + 3$의 유리수체 $\mathbb{Q}$ 위에서의 분해체를 K라 하면, 갈루아군 $G(K/\mathbb{Q})$의 위수(order)가 6임을 증명하여라.

9. 다항식 $f(x) = x^6 - 3$의 유리수체 $\mathbb{Q}$ 위에서의 분해체 K하면, 갈루아군 $G(K/\mathbb{Q})$를 구하여라.

10. **(중등교원 임용시험 2015년 논술형 #1)**

다항식 $f(x) = x^9 + 3x^6 + 165x^3 + 1$은 $\sqrt[3]{2} - \sqrt[3]{3}$을 근으로 갖는다. 다음을 풀어라.

(1) $\mathbb{Z}_{13}[x]$에서 $f(x)$와 $f_{13}(x) = x^9 + 3x^6 + 9x^3 + 1$은 합동이고, $f_{13}(x)$는 $\mathbb{Z}_{13}[x]$에서 기약다항식이다. 이를 이용하여 $f(x)$가 $\mathbb{Q}[x]$에서 기약다항식임을 증명하여라.

(2) $[\mathbb{Q}(\sqrt[3]{2}, \sqrt[3]{3}):\mathbb{Q}]$ 를 구하여라.

(3) 다항식 $g(x)=(x^3-2)(x^3-3)\in\mathbb{Q}[x]$의 분해체를 E라 할 때, $g(x)$의 갈루아군 $G(E/\mathbb{Q})$의 위수(order)를 구하여라.

11. (10번과 연계-문제 3.10.13번 참고)

$f(x)=a_0+a_1x+\cdots+a_nx^n\in\mathbb{Z}[x]$는 원시다항식이다. 소수 p에 대하여 $f_p(x)=\overline{a_0}+\overline{a_1}\,x+\cdots+\overline{a_n}\,x^n\in\overline{\mathbb{Z}}_p[x]$로 정의할 때, 다음을 설명하여라.

(1) $\deg(f_p(x))=\deg(f(x))$ 이고 $f_p(x)$가 $\overline{\mathbb{Z}}_p[x]$에서 기약이면, $f(x)$가 $\mathbb{Q}[x]$에서 기약.

(2) '$f_p(x)$가 $\overline{\mathbb{Z}}_p[x]$에서 기약 $\Rightarrow$ $f(x)$가 $\mathbb{Q}[x]$에서 기약'이 성립하지 않는 보기.

12. (중등교원 임용시험 2016년 전공A #14)

유리수체 $\mathbb{Q}$ 위에서의 대수적인 원소 α와 단순확대체 $K=\mathbb{Q}(\alpha)$가 있다. F가 K의 부분체이고, $irr(\alpha, F)=x^r+a_1x^{r-1}+a_2x^{r-2}+\cdots+a_r$ $(a_1, a_2, \cdots, a_r\in F)$이다.

(1) $F=\mathbb{Q}(a_1, a_2, \cdots, a_r)$임을 보여라.

(2) $\alpha=\sqrt{2}+i$, $F=\mathbb{Q}(\sqrt{2})$일 때, $irr(\alpha, F)$를 구하라(단, $i=\sqrt{-1}$).

13. (12번의 일반화)

포함관계에 있는 체 $F_0\subseteq F\subseteq K$에서 $K=F_0(\alpha)$이고, α는 F_0 위에서 대수적인 원소이다. α의 F 위에서 기약다항식이 다음과 같을 때,

$$irr(\alpha, F)=x^r+a_1x^{r-1}+a_2x^{r-2}+\cdots+a_r\ (a_1, a_2, \cdots, a_r\in F)$$

$F=F_0(a_1, a_2, \cdots, a_r)$임을 보여라.

14. (중등교원 임용시험 2016년 전공B #6)

체 K는 유리수체 $\mathbb{Q}$ 위에서의 차수 $[K:\mathbb{Q}]=270$인 갈루아확대체이고, 갈루아군 $G(K/\mathbb{Q})$는 순환군이다. $\sqrt{2}\in K$일 때, $\sqrt{2}$를 포함하는 K의 부분체의 개수를 구하라.

15. (중등교원 임용시험 2017년 전공B #6)

유리수체 $\mathbb{Q}$ 위에서의 대수적인 원소 α에 대하여 단순확대체 $K=\mathbb{Q}(\alpha)$는 $\mathbb{Q}$의 갈루

아 확대체이며 $[K:\mathbb{Q}]=100$ 이다. $\sigma: K\to K$, $\sigma(\alpha)=\alpha^{-1}$ 가 갈루아군 $G(K/\mathbb{Q})$ 에 속하는 K 의 자기동형일 때, $F=\mathbb{Q}(\alpha+\alpha^{-1})$ 에 대하여 $[F:\mathbb{Q}]$ 를 구하라.

16. **(15번의 일반화)**

포함관계에 있는 체 $F_0\subseteq F\subseteq K$ 에서 K 는 F_0 의 갈루아 확대체이다. 또, $K=F_0(\alpha)$ 이고, $[K:F_0]=100$ 이다. $\sigma: K\to K$, $\sigma(\alpha)=\alpha^{-1}$ 가 갈루아군 $G(K/F_0)$ 에 속하는 K 의 자기동형일 때, $F=F_0(\alpha+\alpha^{-1})$ 에 대하여 $[F:F_0]$ 를 구하라.

17. **(15번의 응용)**

다음의 수 β 에 대하여 $[\mathbb{Q}(\beta):\mathbb{Q}]$ 를 구하여라.

(1) $\beta=\cos\frac{2\pi}{125}$ (2) $\beta=i\sin\frac{2\pi}{125}$ (3) $\beta=\cos\frac{2\pi}{5}$

(4) $\beta=\cos\frac{2\pi}{243}$ (5) $\beta=\cos\frac{2\pi}{343}$ (6) $\beta=\cos\frac{2\pi}{2017}$

18. $f(x)=x^n-1\in\mathbb{Q}[x]$ 의 분해체 $\mathbb{Q}(u)$ $(u=\cos\frac{2\pi}{n}+i\sin\frac{2\pi}{n}$, 문제 7)에 대하여 $Aut_{\mathbb{Q}}\mathbb{Q}(u)\cong\mathbb{Z}_n^*$ 이다. 이를 이용하여 다음을 구하라.

(1) $x^{18}+x^9+1\in\mathbb{Q}[x]$ 의 분해체 K 와 갈루아군 $Aut_{\mathbb{Q}}K$, 중간체의 개수

(2) $x^{100}-x^{75}+x^{50}-x^{25}+1\in\mathbb{Q}[x]$ 의 분해체 K 와 갈루아군 $Aut_{\mathbb{Q}}K$, 중간체의 개수

4.7 거듭제곱근에 의한 방정식의 풀이

거듭제곱근($\sqrt[n]{\ }$)에 의한 방정식의 풀이는 기원 전 2000년경에 제작된 바빌론의 점토판에서도 찾을 수 있다. 1500년대 초에는 3차 방정식과 4차 방정식의 근의 공식이 발견되었다. 1826년 아벨(N. Abel)은 차수가 5차 이상인 경우 근의 공식이 존재하지 않음을 보였는데, 이는 이 문제에 대한 최초의 반례라 할 수 있다.

1828년 갈루아는 기본정리(정리 4.6.10)를 증명하고, 이를 이용하여 거듭제곱근에 의한 방정식의 풀이에 대한 완벽한 규명을 하였다.

$f(x)=2x^5-10x+5\in\mathbb{Q}[x]$ 일 때, 방정식 $f(x)=0$은 거듭제곱근에 의해 풀 수 없는 방정식 중 가장 간단한 것이다(보기 4.7.7).

정의 4.7.1

F의 확대체 K가 다음 조건을 만족할 때, K를 F의 **거듭제곱근 확대체**(a radical extension of F)라 한다.

(1) $K=F(u_1,\cdots,u_m)$, $u_i\in K$.

(2) $u_1^{n_1}\in F$이고, $i\geq 2$일 때, $u_i^{n_i}\in F(u_1,\cdots,u_{i-1})$이다 $(n_i\geq 1)$.

정의 4.7.2

$f(x)\in F[x]$와 F 위에서 $f(x)$의 분해체 L에 대하여 F의 거듭제곱근 확대체 K가 존재해서 $F\subseteq L\subseteq K$일 때, $f(x)$를 **거듭제곱근으로 풀 수 있다**(solvable by radicals)라고 한다.

F의 거듭제곱근 확대체 K는 유한확대체이고, 정의 1에서 $v_i=u_i^{n_i}\in F(u_1,\cdots,u_{i-1})$에 대하여 $u_i=\sqrt[n_i]{v_i}$이다. 그러므로 F의 거듭제곱근 확대체 K의 모든 원소는 F의 원소와 거듭제곱근($\sqrt[n]{\ }$)으로 나타낼 수 있다. 마찬가지로 $f(x)\in F[x]$를 거듭제곱근으로 풀 수 있으면, $f(x)$의 모든 근도 F의 원소와 거듭제곱근($\sqrt[n]{\ }$)으로 나타낼 수 있다. 다음 정리에서는 증명의 아이디어만을 요약한다.

정리 4.7.3

$f(x)\in F[x]$를 거듭제곱근으로 풀 수 있으면, $f(x)$의 갈루아군은 가해군이다. 즉, $f(x)$의 갈루아군이 가해군이 아니면, $f(x)$는 거듭제곱근으로 풀 수 없다.

증명의 아이디어

$char(F)=0$(즉, $\mathbb{Q}\in F$)이고, $n=n_1\cdots n_m$에 대하여 $\theta=e^{\frac{2\pi i}{n}}\in F$인 경우에 다음과 같이 증명과정을 요약할 수 있다.

F 위에서 $f(x)$의 분해체 L과 F의 거듭제곱근 확대체 K가 $F\subseteq L\subseteq K$이고, $K=F(u_1,\cdots,u_m)$, $u_i^{n_i}\in F(u_1,\cdots,u_{i-1})$이라 하자.

먼저 K는 F의 갈루아 확대체임을 가정할 수 있다. $(Aut_FK)'=F_0\supseteq F$인 경우에 K는

F_0의 갈루아 확대체이고, $Aut_F K = Aut_{F_0} K$이다. 또, $K = F_0(u_1, \cdots, u_m)$는 F_0의 거듭제곱근 확대체이므로, F 대신 F_0를 쓰면 된다.

$F_i = F(u_1, \cdots, u_i)$라 하면, $F_i = F_{i-1}(u_i)$는 F_{i-1}의 갈루아 확대체이다. 왜냐하면, $\rho = e^{\frac{2\pi i}{n_i}} = \theta^{\frac{n}{n_i}} \in F$에 대하여 $p_i(x) = x^{n_i} - u_i^{n_i} \in F_{i-1}(x)$는 서로 다른 근 $u_i, u_i\rho, \cdots, u_i\rho^{n_i - 1} \in F_i$를 갖는다. 그러므로 F_i는 분리다항식 $p_i(x)$의 분해체이다(정리 4.6.9). 또, K는 모든 중간체 F_{i-1}의 갈루아 확대체이다(정리 4.6.10(4)). 그러므로 정리 4.6.10(5)에 의하여 $Aut_{F_i}K$가 $Aut_{F_{i-1}}K$의 정규부분군이다.

이제 다음의 $Aut_F K$의 부분군의 열에서

$$Aut_F K \supseteq Aut_{F_1} K \supseteq Aut_{F_2} K \supseteq \cdots \supseteq Aut_{F_{m-1}} K \supseteq Aut_K K = (e)$$

$Aut_{F_{i-1}} K / Aut_{F_i} K \cong Aut_{F_{i-1}} F_i$(정리 4.6.10(5)). 그리고 $\sigma, \tau \in Aut_{F_{i-1}} F_i$에 대하여 $\sigma(u_i) = u_i\rho^k$, $\tau(u_i) = u_i\rho^l$이다. 그러므로 $\tau\sigma(u_i) = \tau(u_i\rho^k) = u_i\rho^l\rho^k = u_i\rho^{k+l} = \sigma\tau(u_i)$이고, $Aut_{F_{i-1}} F_i$은 아벨군이다. 따라서 정리 2.15.10에 의하여 $Aut_F K$은 가해군이다.

$char(F) = 0$일 때, F 위에서 $f(x)$의 분해체 L은 F의 갈루아 확대체이다(정리 4.5.15(1), 4.6.9). 따라서 $Aut_F K / Aut_L K \cong Aut_F L$이고, 가해군의 준동형상이 되는 $f(x)$의 갈루아군 $Aut_F L$은 가해군이다(정리 2.15.9.(2)). ■

$n \geq 5$일 때, S_n과 A_n은 모두 비가해군이므로(정리 2.15.12(3)), 다음을 얻는다.

따름정리 4.7.4

$f(x) \in F[x]$의 갈루아군이 $n \geq 5$에 대하여 S_n(또는 A_n)이면, $f(x)$는 거듭제곱근으로 풀 수 없다.

정리 3의 역은 다음의 경우 각각 성립한다. 이 정리의 증명은 생략한다.

정리 4.7.5

$f(x) \in F[x]$이고

(1) $char(F) = 0$이면,

'$f(x)$는 거듭제곱근으로 풀 수 있다 $\Leftrightarrow$ $f(x)$의 갈루아군은 가해군'

(2) $char(F) = p$ 소수이고, $p > \deg(f(x))$이면,

'$f(x)$는 거듭제곱근으로 풀 수 있다 $\Leftrightarrow$ $f(x)$의 갈루아군은 가해군'

정리 4.7.6

기약다항식 $f(x) \in \mathbb{Q}[x]$의 차수 $\deg(f(x)) = p$는 소수이고, $f(x)$의 근 중 실수가 아닌 복소수는 2개뿐이다. 이 때, $f(x)$의 갈루아군은 p차 대칭군 S_p이다. 특히, $p \geq 5$인 경우에 $f(x)$는 거듭제곱근으로 풀 수 없다.

증명 $\mathbb{Q}$ 위에서 기약다항식 $f(x)$는 분리다항식이다(4.5.10). $f(x)$의 근 $u_1, \cdots, u_p \in \mathbb{C}$라 하면, $f(x)$의 분해체 $K = \mathbb{Q}(u_1, \cdots, u_p)$는 $\mathbb{Q}$의 갈루아 확대체이다(4.6.9). 그러므로 정리 4.6.10(2)에 의하여 $[K:\mathbb{Q}] = |Aut_{\mathbb{Q}}K|$이다. 또, $Aut_{\mathbb{Q}}K$는 S_p의 부분군이다(4.6.12).

$f(x)$는 실계수 다항식이므로, u_1, u_2를 $f(x)$의 실수가 아닌 복소수 근이라 하면, $\overline{u_1} = u_2$이다. $\theta : \mathbb{C} \to \mathbb{C}$를 $\theta(u) = \overline{u}$일 때, $\tau = \theta_{|K} \in Aut_{\mathbb{Q}}K$이다. 또, $\tau(u_1) = u_2$이고, $\tau(u_i) = u_i$ $(i \geq 3)$이므로, $\tau = (1,2) \in S_p$이다.

$[\mathbb{Q}(u_1):\mathbb{Q}] = p$이므로(4.1.10),

$$p \mid [K:\mathbb{Q}(u_1)][\mathbb{Q}(u_1):\mathbb{Q}] = [K:\mathbb{Q}] = |Aut_{\mathbb{Q}}K|$$

이다. 코오시의 정리(2.9.16)에 의하여 위수가 p인 원소 $\delta \in Aut_{\mathbb{Q}}K \subseteq S_p$가 존재한다. 그런데 S_p에서 위수가 p인 원소는 p-순환치환 뿐이다. 이 때, 적당한 $1 \leq i \leq p-1$에 대하여 $\delta^i = (1,2,\cdots)$이다. 이제 $u_3, u_4, \cdots, u_p$의 순서를 적절히 바꾸면(reindexing), $\sigma = \delta^i = (1,2,3,\cdots,p)$라 할 수 있다. 이 때, 정리 2.10.16에 의하여 $Aut_{\mathbb{Q}}K = S_p$이다. ■

보기 4.7.7

$f(x) = 2x^5 - 10x + 5 \in \mathbb{Q}[x]$는 $\mathbb{Q}$ 위에서 기약다항식이다(3.11.4).

$f'(x) = 10(x^4 - 1) = 10(x-1)(x+1)(x^2+1)$이므로, $f(x)$는 $x = -1$에서 극대값 $f(-1) = 13$, $x = 1$에서 극소값 $f(1) = -3$을 갖는다. 그러므로 $f(x)$는 실수가 아닌 복소수 근 2개와 실근 3개를 갖는다. 따라서 정리 6에 의하여 $f(x)$의 갈루아군은 S_5이고, 방정식 $f(x) = 0$은 근 중 어느 것도 거듭제곱근으로 풀 수 없다.

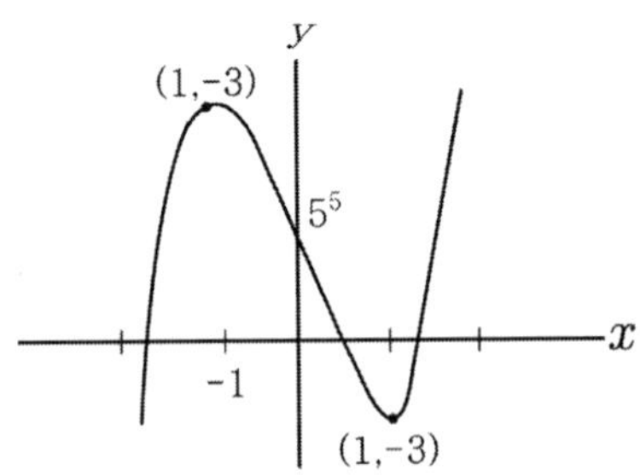

$f(x) = 2x^5 - 10x + 5$의 그래프

기약다항식의 경우 그 근 중 하나를 거듭제곱근으로 풀 수 있으면, 나머지 모든 근을 거듭제곱근으로 풀 수 있다. 그러나 기약다항식이 아닌 경우는 그렇지 않다.

$f(x)=(x^2-2)(2x^5-10x+5) \in \mathbb{Q}[x]$ 의 경우 두 근은 $\pm\sqrt{2}$ 이고, 나머지 근들은 거듭제곱근으로 풀 수 없다. 또 $f(x)$의 갈루아 군은 $\overline{\mathbb{Z}}_2 \oplus S_5$ 이며, 비가해군이다.

≫ 대칭식과 기본대칭식

n차 대칭군 S_n은 체 F 위에서의 n개의 변수 $x_1, \cdots, x_n$에 관한 유리식체 $F(x_1, \cdots, x_n)$에서 다음과 같이 작용한다.

$r(x_1, \cdots, x_n) \in F(x_1, \cdots, x_n)$과 $\sigma \in S_n$에 대하여

$$\sigma(r(x_1, \cdots, x_n)) = r(x_{\sigma(1)}, \cdots, x_{\sigma(n)}) \in F(x_1, \cdots, x_n)$$

로 정의하면, 항등함수 $(1) \in S_n$과 $\sigma, \tau \in S_n$에 대하여 다음이 성립한다.

$$(1)(r(x_1, \cdots, x_n)) = r(x_1, \cdots, x_n),\ (\tau\sigma)(r(x_1, \cdots, x_n)) = \tau(\sigma(r(x_1, \cdots, x_n)))$$

더욱이 $\sigma \in S_n$과 $r(x_1, \cdots, x_n), s(x_1, \cdots, x_n) \in F(x_1, \cdots, x_n)$에 대하여

$\sigma(r(x_1, \cdots, x_n)+s(x_1, \cdots, x_n)) = \sigma(r(x_1, \cdots, x_n)) + \sigma(s(x_1, \cdots, x_n))$,

$\sigma(r(x_1, \cdots, x_n)s(x_1, \cdots, x_n)) = \sigma(r(x_1, \cdots, x_n))\sigma(s(x_1, \cdots, x_n))$

이므로, σ는 환준동형이고 또한 $\sigma \in Aut_F F(x_1, \cdots, x_n)$이다. 따라서 S_n은 갈루아군 $Aut_F F(x_1, \cdots, x_n)$의 부분군이다.

> **정의 4.7.8**
>
> $F(x_1, \cdots, x_n)$에서 $Aut_F F(x_1, \cdots, x_n)$의 부분군 S_n의 고정체,
>
> $S_n' = \{r(x_1, \cdots, x_n) \in F(x_1, \cdots, x_n) \mid$ 모든 $\sigma \in S_n$에 대하여
>
> $\sigma(r(x_1, \cdots, x_n)) = r(x_1, \cdots, x_n)\}$
>
> 의 원소를 F 위에서의 $x_1, \cdots, x_n$에 관한 **대칭식**(a symmetric function)이라 한다.

다음의 n개의 다항식을 $x_1, \cdots, x_n$에 관한 **기본 대칭식**(an elementary symmetric function)이라 한다.

$$a_1 = \sum x_i = x_1 + x_2 + \cdots + x_n$$

$$a_2 = \sum_{i<j} x_i x_j = x_1 x_2 + x_1 x_3 + \cdots + x_{n-1} x_n$$

$$a_3 = \sum_{i<j<k} x_i x_j x_k = x_1 x_2 x_3 + \cdots + x_{n-2} x_{n-1} x_n$$

$$\cdots$$

$$a_n = x_1 x_2 \cdots x_n$$

정리 4.7.9

체 F 위에서의 n 개의 변수 $x_1, \cdots, x_n$에 관한 유리식체 $F(x_1, \cdots, x_n)$과 갈루아군 $Aut_F F(x_1, \cdots, x_n)$의 부분군 S_n에 대하여 다음이 성립한다.

(1) $a_1, \cdots, a_n$이 $x_1, \cdots, x_n$에 관한 기본 대칭식이면, $S_n' = F(a_1, \cdots, a_n)$이다.

(2) $Aut_{F(a_1, \cdots, a_n)} F(x_1, \cdots, x_n) = S_n$

(3) $[F(x_1, \cdots, x_n) : F(a_1, \cdots, a_n)] = |Aut_{F(a_1, \cdots, a_n)} F(x_1, \cdots, x_n)| = n!$

(4) $F(x_1, \cdots, x_n)$은 $F(a_1, \cdots, a_n)$ 위에서 다음의 $q_n(t)$의 분해체이다.

$$q_n(t) = t^n - a_1 t^{n-1} + a_2 t^{n-2} - \cdots + (-1)^n a_n \in F(a_1, \cdots, a_n)[t]$$

그러므로 $F(x_1, \cdots, x_n)$은 $F(a_1, \cdots, a_n)$의 갈루아 확대체이다.

증명 (4) 분명히, $F(a_1, \cdots, a_n) \subseteq S_n'$이고, $Aut_{F(a_1, \cdots, a_n)} F(x_1, \cdots, x_n) \supseteq S_n$이다.

$q_n(t) = t^n - a_1 t^{n-1} + a_2 t^{n-2} - \cdots + (-1)^n a_n = (t-x_1)(t-x_2)\cdots(t-x_n)$이므로 $F(x_1, \cdots, x_n)$은 $F(a_1, \cdots, a_n)$ 위에서 $q_n(t)$의 분해체이다. 따라서 정리 4.6.9에 의하여 $F(x_1, \cdots, x_n)$은 $F(a_1, \cdots, a_n)$의 갈루아 확대체이다.

(1), (2), (3)은 다음과 같이 하나의 부등식으로 증명된다.

정리 4.4.5에 의하여 $[F(x_1, \cdots, x_n) : F(a_1, \cdots, a_n)] \leq n!$이다. 또 4.6.6에 의하여 $[F(x_1, \cdots, x_n) : F(a_1, \cdots, a_n)] \geq |Aut_{F(a_1, \cdots, a_n)} F(x_1, \cdots, x_n)|$이고, 분명히 $Aut_{F(a_1, \cdots, a_n)} F(x_1, \cdots, x_n) \supseteq S_n$이다. 위의 결과들을 함께하면,

$$n! \geq [F(x_1, \cdots, x_n) : F(a_1, \cdots, a_n)] \geq |Aut_{F(a_1, \cdots, a_n)} F(x_1, \cdots, x_n)| \geq |S_n| = n!$$

그러므로 $[F(x_1, \cdots, x_n) : F(a_1, \cdots, a_n)] = |Aut_{F(a_1, \cdots, a_n)} F(x_1, \cdots, x_n)| = n!$이고(3), $Aut_{F(a_1, \cdots, a_n)} F(x_1, \cdots, x_n) = S_n$이다(2). 또한 갈루아의 기본정리(4.6.10(4))에 의하여, $S_n' = F(a_1, \cdots, a_n)'' = F(a_1, \cdots, a_n)$이다. ■

≫ 근의 공식과 일반 다항식

이차방정식의 근의 공식을 이용하여 $ax^2+bx+c=0\,(a\neq 0)$의 근을 구하면,

$$x=\frac{-b\pm\sqrt{b^2-4ac}}{2a}$$

이다. 또, $a\neq 0$일 때, $ax^2+bx+c=0$을 푸는 것과 $x^2+a_1x+a_2=0\,(a_1=\frac{b}{a},\ a_2=\frac{c}{a})$을 푸는 것은 같다. 이 때, a_1, a_2 (마찬가지로 a, b, c)는 계수체의 모든 원소를 대입할 수 있는 미정계수(변수)이다.

체 F와 n개의 미정계수(변수) $a_1, \cdots, a_n$에 대하여 유리함수체 $F(a_1, \cdots, a_n)$의 원소를 계수로 하는 다음의 n차 모닉 다항식

$$p_n(x)=x^n+a_1x^{n-1}+\cdots+a_{n-1}x+a_n\in F(a_1, \cdots, a_n)[x]$$

를 F **위에서의 일반 n차 다항식**(the general polynomial of degree n over F)라 한다.

n차 방정식의 근의 공식이 있는가 하는 문제는 바로 일반 n차 다항식 $p_n(x)$를 $F(a_1, \cdots, a_n)$ 위에서 거듭제곱근으로 풀 수 있는가 하는 문제이다. 정리 9에서와 같이 일반 n차 다항식 $p_n(x)$의 분해체 $F(x_1, \cdots, x_n)$은 $F(a_1, \cdots, a_n)$의 확대체이고,갈루아군 $Aut_{F(a_1, \cdots, a_n)}F(x_1, \cdots, x_n)=S_n$이다. $n\geq 5$일 때, S_n은 비가해군이므로(정리 2.15.12), 차수 5 이상인 경우 근의 공식이 없다(정리 4).

정리 4.7.10

F가 체일 때, 일반 n차 다항식 $p_n(x)\in F(a_1, \cdots, a_n)[x]$의 갈루아군은 S_n이다. 그러므로 차수가 5 이상인 경우 근의 공식은 없다.

▶▶ 연습문제 4.7

1. 다음의 다항식을 세 변수 x, y, z 에 관한 기본대칭식으로 나타내어라.

(1) $x^2 + y^2 + z^2$

(2) $(x-y)^2 + (y-z)^2 + (z-x)^2$

(3) $x^3 + y^3 + z^3$

2. $\rho = \cos\frac{2\pi}{5} + i\sin\frac{2\pi}{5}$ 는 $f_5(x) = x^4 + x^3 + x^2 + x + 1$ 의 근임을 이용하여 다음을 보여라.

(1) $\delta = 2\cos\frac{2\pi}{5}$ 는 $g(x) = x^2 + x - 1$ 의 근이다.

(2) $\cos\frac{2\pi}{5}$ 를 $\mathbb{Q}$ 위에서 거듭제곱근을 써서 나타내어라.

(3) $\sin\frac{2\pi}{5}$ 를 $\mathbb{Q}$ 위에서 거듭제곱근을 써서 나타내어라.

3. $f(x) = x^5 - 2 \in \mathbb{Q}[x]$ 에 대하여 다음에 답하여라.

(1) $\mathbb{Q}$ 위에서의 분해체 K와 $f(x)$의 갈루아군 $Aut_{\mathbb{Q}} K$를 구하고, $\mathbb{Q}$와 K의 중간체와 $Aut_{\mathbb{Q}} K$의 부분군 사이의 갈루아 대응을 확인하여라.

(2) $Aut_{\mathbb{Q}} K$ 가 가해군임을 보여라(정리 2.15.10 이용).

(3) $f(x)$의 근을 각각 $\mathbb{Q}$ 위에서 거듭제곱근을 써서 나타내어라.

4. 다음의 $f(x) \in \mathbb{Q}[x]$ 의 $\mathbb{Q}$ 위에서 갈루아군을 구하고, $f(x)$의 근은 $\mathbb{Q}$ 위에서 거듭제곱근을 써서 풀 수 없음을 설명하여라.

(1) $f(x) = x^5 - 20x - 10$

(2) $f(x) = x^5 - 5x^3 - 20x + 5$

5. 7차 다항식 $f(x) \in \mathbb{Q}[x]$ 의 갈루아군이 S_7 인 $f(x)$의 보기를 찾아라.

4.8 근의 공식과 그 발견의 역사

(1) 이차방정식의 근의 공식-고대 바빌론의 점토판과 중국의 구장산술

기원전 3500년(혹은 더 일찍) 시작된 고대 메소포타미아 문명(고대 바빌론)에서는 다양한 수학적 기록을 찾을 수 있다. 고대 바빌론 인들은 점토판에 쐐기문자로 기록했는데, 기원전 1900년경 제작된 점토판에 이미 피타고라스 방정식의 해가 나타나 있다. 또 기원전 2000년경 제작된 점토판에서는 여러 이차방정식의 풀이를 볼 수 있다. 그 중 하나는 이차방정식, $x^2+\frac{2}{3}x=\frac{35}{60}$이며, 풀이로 $x=\sqrt{\left(\frac{1}{2}\cdot\frac{2}{3}\right)^2+\frac{35}{60}}-\frac{1}{2}\cdot\frac{2}{3}$을 세시하고 있다. 비록 고대 바빌론인들이 이차방정식의 근의 공식을 일반적인 형태로 제시하지 않았지만, 이와 같은 체계적인 풀이에서 그들이 이차방정식의 근의 공식을 예시하고 있다는 것을 알 수 있다.

이차방정식의 근의 공식은 기원전 150년경에 저술된 중국의 구장산술에서도 흔적을 찾을 수 있다.

(2) 삼차 방정식의 근의 공식의 발견－이탈리아 수학자들의 활약

삼차 방정식의 근의 공식은 다음과 같이 이탈리아 수학자들에 의하여 발견되었다.

• Sciopione del Ferro	1515년 경 $x^3+px=q$의 풀이 제시
• Nicolo Fontana(Tartaglia)	1500년대 초 $x^3+px^2=q$의 풀이 제시
• Hieronymus Cardan	1545년 'Ars Magnus'에 위의 결과를 토대로 삼차 방정식 $x^3+a_1x^2+a_2x+a_3=0$의 근의 공식 발표

방정식 $x^3+px^2=q$의 근의 공식을 발견한 Fontana는 Cardan의 간청으로 누구에게도 알리지 않을 것을 약속받고 Cardan에게 가르쳐주었다. 그러나 Cardan은 약속을 어기고, 그의 저서 위대한 ‘예술(Ars Magnus)’에 삼차 방정식의 근의 공식에 관한 결과를 종합하여 발표하였다.

방정식 $x^3+a_1x^2+a_2x+a_3=0$을 다음과 같이 푼다.

$x = y - \frac{a_1}{3}$을 대입하면, $y^3 + py + q = 0(p = -\frac{1}{3}a_1^2 + a_2,\ q = \frac{2}{27}a_1^3 - \frac{1}{3}a_1a_2 + a_3)$.

$y = u - \frac{p}{3u}$를 대입하면, $u^6 + qu^3 - \frac{p^3}{27} = 0$을 얻는다.

$u^3 = -\frac{q}{2} \pm \sqrt{\frac{q^2}{4} + \frac{p^3}{27}}$이고, $u^6 + qu^3 - \frac{p^3}{27} = 0$의 6개의 근은 다음과 같다.

$$u_1,\ u_2 = \sqrt[3]{-\frac{q}{2} \pm \sqrt{\frac{q^2}{4} + \frac{p^3}{27}}}\ ,$$

$$u_3,\ u_4 = \sqrt[3]{-\frac{q}{2} \pm \sqrt{\frac{q^2}{4} + \frac{p^3}{27}}}\ \omega,$$

$$u_5,\ u_6 = \sqrt[3]{-\frac{q}{2} \pm \sqrt{\frac{q^2}{4} + \frac{p^3}{27}}}\ \omega^2\ \left(\omega = \frac{-1 + \sqrt{-3}}{2}\right).$$

$u_1u_2 = u_3u_6 = u_4u_5 = -\frac{p}{3}$이고, 6개 u_i를 $x_i = u_i - \frac{p}{3u_i} - \frac{a_1}{3}$에 대입하면,

$x_1 = x_2,\ \ x_3 = x_6,\ \ x_4 = x_5$이 된다.

그러므로 다음과 같이 방정식 $x^3 + a_1x^2 + a_2x + a_3 = 0$의 3개의 근을 얻는다.

$$x_1 = \sqrt[3]{-\frac{q}{2} + \sqrt{\frac{q^2}{4} + \frac{p^3}{27}}} + \sqrt[3]{-\frac{q}{2} - \sqrt{\frac{q^2}{4} + \frac{p^3}{27}}} - \frac{a_1}{3}$$

$$x_3 = \sqrt[3]{-\frac{q}{2} + \sqrt{\frac{q^2}{4} + \frac{p^3}{27}}}\ \omega + \sqrt[3]{-\frac{q}{2} - \sqrt{\frac{q^2}{4} + \frac{p^3}{27}}}\ \omega^2 - \frac{a_1}{3}$$

$$x_5 = \sqrt[3]{-\frac{q}{2} + \sqrt{\frac{q^2}{4} + \frac{p^3}{27}}}\ \omega^2 + \sqrt[3]{-\frac{q}{2} - \sqrt{\frac{q^2}{4} + \frac{p^3}{27}}}\ \omega - \frac{a_1}{3}$$

위의 식에서 p와 q는 미정계수 a_i에 관한 식으로 나타나고, $a_i \in F(a_1, a_2, a_3)$이다. 이 때, 위 식의 풀이 과정은 분모가 0이 아닌 경우에 성립한다. 즉 $F = \mathbb{Q}$인 경우뿐 아니라, $char(F) \neq 2, 3$인 모든 체 F에 대하여 성립한다(정리 4.7.5 참고).

(3) 사차 방정식의 근의 공식의 발견

사차 방정식의 근의 공식은 Cardan의 제자인 Lodovico Ferrari가 1540년경 다음과 같이 삼차 방정식의 근의 공식을 이용하여 발견하였다. Cardan은 'Ars Magnus'에 Ferrari의 사차 방정식의 근의 공식을 삼차 방정식의 근의 공식과 함께 발표하였다.

방정식 $x^4 + a_1x^3 + a_2x^2 + a_3x + a_4 = 0$ 에서 $x = y - \frac{a_1}{4}$을 대입하면, 삼차항이 0 인 경우가 된다. 그리므로 일반성을 잃음이 없이 방정식 $x^4 + cx^2 + dx + e = 0$ 을 푸는 경우와 같다.

먼저 방정식 $x^4 + cx^2 + dx + e = 0$을 $\left(x^2 + \frac{t}{2}\right)^2 = (t-c)x^2 - dx + \left(\frac{t^2}{4} - e\right)$의 꼴로 고친 다음, 우변을 완전제곱화하는 t에 관한 삼차식을 삼차 방정식의 근의 공식 (Fontana-Cardan 식)으로 푼다. 즉, 판별식 $D = d^2 - 4\left(\frac{t^2}{4} - e\right)(t-c) = 0$ 을 만족하는 t를 구하다. 이제,

$$\left(x^2 + \frac{t}{2}\right)^2 = (t-c)x^2 - dx + \left(\frac{t^2}{4} - e\right) = (\alpha x + \beta)^2 \ ,$$

$$\alpha = \sqrt{t-c}\,,\ \beta = \sqrt{\frac{t^2}{4} - e}\,,\ 2\alpha\beta = -d\ .$$

따라서 방정식 $x^2 + \frac{t}{2} = \alpha x + \beta$ 와 $x^2 + \frac{t}{2} = -(\alpha x + \beta)$ 에서 각각 2개의 근을 얻고, 이는 방정식 $x^4 + cx^2 + dx + e = 0$ 의 4개의 근이 된다.

위의 풀이 과정에서 얻게 되는 근의 공식은 분모가 0 이 아닌 경우 성립한다. 즉, $F = \mathbb{Q}$ 인 경우뿐 아니라, $char(F) \neq 2, 3$인 모든 F에 대하여 성립한다(정리 4.7.5(2) 참고).

(4) 가우스와 대수학의 기본정리

가우스가 1799년 Helmstat 대학에서 Pfaff의 지도 하에 박사학위를 받았는데, 박사학위 논문의 주제가 '모든 복소수 계수 방정식은 복소수를 근으로 갖는다'는 대수학의 기본정리이다. 대수학의 기본정리(Fundamental Theorem of Algebra)라는 말은 가우스가 처음으로 사용하였으나, 가우스 이전에 d'Alembert(1746년), 오일러(1749년), 라그랑쥬(1772년)에 의하여 이 정리의 증명이 제시되었다. 그러나 그들의 증명은 모두 틀린 증명이었으며, 가우스가 처음으로 맞는 증명을 제시하였다. 가우스는 1799년의 첫 증명에서는 기하적인 방법을 이용하였고, 1816년의 세 번째 증명과 1849년의 네 번째 증명에서는 당시 발달하고 있었던 복소해석학을 더 풍부하게 이용하였다.

(5) 차수가 5 이상인 경우 근의 공식 – 모든 방정식을 거듭제곱근으로 풀 수 있는가?

1799년 루피니(Ruffini)는 5차 방정식의 경우 거듭제곱근으로 풀 수 없다는 것을 증명하였는데 그의 증명에는 오류가 있었다.

1824년 아벨(N. Abel)은 5차 이상인 경우 방정식의 근의 공식이 존재하지 않음을 증명하고, '5차 일반방정식의 풀이 불가능'이란 제목으로 논문을 제출하였다. 심사를 맡은 가우스는 논문의 제목만을 보고 'Here is another of those monstrosities(이런 괴물이)!'라고 화를 내를 내며 아벨의 논문을 휴지통에 버렸다고 한다. 가우스는 아벨 논문의 제목만을 보고, 자신의 결과인 근이 존재성을 증명하는 대수학의 기본정리에 반한다고 생각한 것이다. 방정식이 5차인 경우 일반방정식은 거듭제곱근으로 풀 수 없다는(즉, 근의 공식이 존재하지 않는다는) 논문의 내용은 읽지 않은 결과이다.

1828년 갈루아(E. Galois)는 근이 공식과 주어진 방정식을 거듭제곱근을 써서 푸는 문제에 대한 완벽한 규명(a complete characterization)을 한다. 그러나 1829년 당시 17세이던 갈루아가 파리과학원에 제출한 논문은 심사를 맡은 Cauchy가 분실하였다. 1830년 갈루아는 논문을 다시 제출하였으나, 심사를 맡은 Fourier가 곧 세상을 떠난다. 1831년 갈루아는 세 번째로 파리과학원에 논문을 제출하였는데 심사를 맡은 Possion이 논문의 증명과정이 불분명하다("His argument is not sufficiently clear nor developed enough for us to judge their correctness …")는 이유로 Possion은 불합격 판정을 내린다. 프랑스 혁명 이후의 정치적 소용돌이에 휘말렸던 갈루아는 마침내 그 여파로 1832년 결투 끝에 사망한다. 갈루아는 그의 결과를 결투 전 날 편지로 자신의 이론을 친구에게 알렸는데, 갈루아의 이와 같은 업적은 그의 사후 14년이 지난 1846년 리오빌(J. Liouville)이 Journal de Mathematiques에 실어 세상에 알렸다.

정리 4.7.10 (Abel–Galois)

F가 체이고, $n \geq 5$ 일 때, 일반 n차 다항식 $p_n(x)$는 거듭제곱근으로 풀 수 없다. 즉, 방정식의 차수가 5 이상인 경우 근의 공식은 없다.

$$p_n(x) = x^n + a_1 x^{n-1} + \cdots + a_{n-1}x + a_n \in F(a_1, \cdots, a_n)[x]$$

▶▶ 연습문제 4.8

1. 다음 방정식의 근을 거듭제곱근을 써서 나타내어라.

(1) $f(x) = x^3 + 3x^2 + 2$

(2) $f(x) = x^3 - 10x + 1$

(3) $f(x) = x^4 + 3x^2 + 1$

(4) $f(x) = x^4 - x^2 + 1$

(5) $f(x) = x^6 + 1$

(6) $f(x) = x^6 + x^3 + 1$

2. **9중등교원 임용시험 2000년 #5)**

방정식 $x^3 + ax + b = 0$ $(a, b$는 실수)의 한 근이 $u + v$ 일 때, $\omega u + \omega^2 v$ 와 $\omega^2 u + \omega v$ 도 이 방정식의 근임을 보여라 ($\omega = \dfrac{-1+\sqrt{-3}}{2}$).

(단, $u = \sqrt[3]{-\dfrac{b}{2} + \sqrt{\left(\dfrac{b}{2}\right)^2 + \left(\dfrac{a}{3}\right)^3}}$, $v = \sqrt[3]{-\dfrac{b}{2} - \sqrt{\left(\dfrac{b}{2}\right)^2 + \left(\dfrac{a}{3}\right)^3}}$)

3. 방정식 $x^3 + ax^2 + c = 0$ 의 근의 공식을 구하여라(a, c 는 미정계수).

4. 방정식 $x^4 + bx^2 + d = 0$ 의 근의 공식을 구하여라(b, d는 미정계수).

5. 방정식 $x^4 + cx + d = 0$ 의 근의 공식을 구하여라(c, d는 미정계수).

4.9 유한체 사이의 갈루아군

유한체 F의 표수가 p(소수)이면, F는 소체 $\overline{\mathbb{Z}}_p$ 위에서 벡터공간이 된다(4.1.1과 4.5.2). 이 때, $[F: \overline{\mathbb{Z}}_p] = m$ 이면, F는 $\overline{\mathbb{Z}}_p$를 스칼라로 하는 m 차원 벡터공간이므로 $F \cong \overline{\mathbb{Z}}_p^{\,m}$ 이다. 또, $|F| = |\overline{\mathbb{Z}}_p^{\,m}| = p^m$ 이다.

보조정리 4.9.1

유한체 K의 곱셈군 $(K^*, \cdot)$는 순환군이다.

증명 곱셈군 K^*는 유한 아벨군이다. K^*의 불변인자를 $m_1 | m_2 | \cdots | m_t (m_1 > 1)$라 하자. 이 때, $K^* \cong \overline{\mathbb{Z}}_{m_1} \oplus \cdots \oplus \overline{\mathbb{Z}}_{m_t}$이고, K^*의 모든 원소의 위수는 m_t의 약수이다. 그러므로 K^*의 모든 원소는 $f(x) = x^{m_t} - 1_K \in K[x]$의 근이다. 만일 K^*가 순환군이 아니라 하면(즉, $t \geq 2$), $m_t < |K^*|$이다. 이 때, 차수가 m_t인 (체를 계수로 하는) 다항식, $f(x)$가 m_t보다 많은 개수의 근을 가지므로 이는 모순이다. 따라서 유한체의 곱셈군은 순환군이다. ■

다음 정리에서와 같이 두 유한체 F와 K가 포함 관계 $F \subseteq K$에 있을 때, K는 F의 갈루아 확대체이다. 또, K의 F 위에서의 갈루아군 $Aut_F K$는 유한 순환군이므로, 간단한 갈루아 대응관계를 볼 수 있다.

참고 기출 임용시험에서는 $F = \overline{\mathbb{Z}}_p$($p$는 소수)인 경우를 위주로 다루고 있다. 이 경우는 다음의 정리들에서 $F = \overline{\mathbb{Z}}_p$, $m = 1$에 해당한다.

정리 4.9.2

두 유한체 F와 K가 $F \subseteq K$, $[K: F] = n$이며, $char(F) = p$, $|F| = p^m$ $(m \geq 1)$이다. 이 때, 다음이 성립한다.

(1) $K = F(u)$ 인 $u \in K$가 존재한다.

(2) K는 F 위에서 분리다항식 $f(x) = x^{p^{mn}} - x \in F[x]$ 의 분해체이다. 따라서 K는 F의 갈루아 확대체이다.

(3) $\phi: K \to K$, $\phi(v) = v^{p^m}(v \in K)$일 때, $\phi \in Aut_F K$이다. 더욱이 K의 F 위에서의 갈루아군 $Aut_F K = \langle \phi \rangle \cong (\mathbb{Z}_n, +)$이다.

(4) $Aut_F K$의 부분군은 n의 약수 d에 대하여 $\langle \phi^d \rangle$이며, 갈루아 대응은 $L_d := \{ v \in K \mid \phi^d(v) = v^{p^{dm}} = v \} \leftrightarrow \langle \phi^d \rangle$ (즉, $(L^d)' = \langle \phi^d \rangle$)이다.

증명 (1) 보조정리 1에서와 같이 유한체 K의 곱셈군 $(K^*, \cdot\ )$는 순환군이다. 즉, 적당한 $u \in K$에 대하여 $K^* = \langle u \rangle$이다. 그러므로 $K = \{0\} \cup \langle u \rangle = F(u)$이다.

(2) $[K:F] = n$이므로, $|K| = |F|^n = (p^m)^n = p^{mn}$이다. K의 곱셈군 $(K^*, \cdot\ )$의 원소의 개수, $|K^*| = p^{mn} - 1$이다. 라그랑쥬의 정리에 의하여 모든 $v \in K^*$에 대하여, $v^{p^{mn}-1} - 1_K$이다$(1_F = 1_K)$. 그러므로 모든 $v \in K$에 대하여, $v^{p^{mn}} = v$이고, v는 $f(x) = x^{p^{mn}} - x \in F[x]$의 근이다. $f'(x) = p^{mn}x^{p^{mn}-1} - 1 = -1$이므로, $(f(x), f'(x)) = 1$이다. 정리 4.5.8에 의하여 $f(x)$는 분리다항식이다. 그러므로 K는 F 위에서 분리다항식 $f(x)$의 분해체이고, K는 F의 갈루아 확대체이다(4.6.9).

(3) K는 F의 갈루아 확대체이므로, $|Aut_F K| = [K: F] = n$이다(4.6.10(2)).
$v, w \in K$에 대하여, $\phi(v+w) = (v+w)^{p^m} = v^{p^m} + w^{p^m} = \phi(u) + \phi(v)$, $\phi(vw) = (vw)^{p^m} = v^{p^m}w^{p^m} = \phi(u)\phi(v)$이다. 또, $|F| = p^m$이므로, $a \in F$에 대하여, $\phi(a) = a^{p^m} = a$이므로, $\phi \in Aut_F K$이다.
이제 모든 $v \in K$에 대하여, $\phi^2(v) = \phi(\phi(v)) = \phi(v^{p^m}) = (v^{p^m})^{p^m} = v^{p^{2m}}$이고, 귀납적으로 $\phi^i(v) = v^{p^{im}}(i \ge 1)$이다. 그러므로 $\phi^n(v) = v^{p^{nm}} = v$이고, $\phi^n = id$이다. 그런데 K^*의 생성원 u의 위수는 $p^{mn} - 1$이므로, $1 \le i \le n-1$일 때, $\phi^i(u) = u^{p^{im}} \ne u$이다. 따라서, $\langle \phi \rangle \cong \{id, \phi, \cdots, \phi^{n-1}\}$이고, $Aut_F K = \langle \phi \rangle \cong \overline{\mathbb{Z}_n}$이다.

(4) $Aut_F K = <\phi>$가 위수 n인 순환군이므로, $Aut_F K$의 부분군은 n의 약수 d에 대하여 $<\phi^d>$ 뿐이다. 이 때, 정리 4.6.10(1)의 갈루아 대응은 $L_d := \{ v \in K \mid \phi^d(v) = v^{p^{dm}} = v \} \leftrightarrow <\phi^d>$ (즉, $(L^d)' = <\phi^d>$)이다. ■

정리 2(3)을 다음과 같이 요약할 수 있다.

정리 4.9.3

두 유한체 F와 K가 $F \subseteq K$, $char(F) = p$, $|F| = p^m (m \ge 1)$이다. $u \in K$가 $f(x) \in F[x]$의 근일 때, 모든 $i \ge 1$에 대하여 $u^{p^{im}}$도 $f(x)$의 근이다.

증명 정리 2(3)과 같이 $\phi: K\to K$, $\phi(v)=v^{p^m}(v\in K)$라 하면 $\phi\in Aut_F K$이다.
$f(x)=a_0+a_1x+\cdots+a_nx^n \quad (a_i\in F)$라 하면, $f(u)=a_0+a_1u+\cdots+a_nu^n=0$이다.
모든 $a\in F$에 대하여 $\phi(a)=a$ 이므로

$$\begin{aligned}0 &= \phi(f(u)) = \phi(a_0+a_1u+\cdots+a_nu^n) = \phi(a_0)+\phi(a_1)\phi(u)+\cdots+\phi(a_n)\phi(u)^n \\ &= a_0+a_1u^{p^m}+\cdots+a_n(u^{p^m})^n = f(u^{p^m})\end{aligned}$$

또, $\phi^i(u)=u^{p^{im}} \quad (i\geq 1)$이므로,

$$0=\phi^i(f(u)) = a_0+a_1u^{p^{im}}+\cdots+a_n(u^{p^{im}})^n = f(u^{p^{im}})$$

따라서 모든 $i\geq 1$에 대하여 $\phi^i(u)=u^{p^{im}}$은 $f(x)$의 근이다. ■

정리 4.9.4

두 유한체 K와 L의 원소수가 같으면, K와 L은 동형이다.

증명 $char(K)=p$, $[K:\mathbb{Z}_p]=n$이라 하자. 이 때, $|K|=|L|=p^n$이고, K와 L은 모두 $\mathbb{Z}_p$ 위에서 $f(x)=x^{p^n}-x$의 분해체이다. 따라서 정리 4.4.9에 의하여, K와 L은 동형이다. ■

다음의 보기와 연습문제는 위의 정리에서 $F=\mathbb{Z}_p$, 즉, $m=1$인 경우이다.

보기 4.9.5 (중등교원 임용모의평가 2009년 #22)

$F=\mathbb{Z}_2$ 위에서 기약다항식 $p(x)=x^3+x^2+1$에 대하여

$K=\mathbb{Z}_2[x]/(x^3+x^2+1)$인 경우 :

$[K:F]=3$, $|K|=2^3=8$, $|K^*|=7$이다. 그러므로 $(K^*,\cdot)\cong(\mathbb{Z}_7,+)$이고, K^*의 항등원 1_K가 아닌 나머지 6개의 원소가 모두 곱셈군 K^*의 생성원이 될 수 있다.

특히, $u=\bar{x}\in\mathbb{Z}_2[x]/(x^3+x^2+1)$에 대하여 $K=\mathbb{Z}_2(u)$이고, 다음과 같다.

$$u^3=u^2+1,\quad u^4=u^3+u=u^2+u+1,\quad u^5=u^3+u^2+u=2u^2+u+1=u+1,$$
$$u^6=u^2+u,\quad u^7=u^3+u^2=2u^2+1=1$$

$p(x)=x^3+x^2+1$의 세 근은 다음과 같이 u, u^2, u^4이다(정리 3).

$$p(u^2)=u^6+u^4+1=(u^3+u^2+1)^2=p(u)^2=0,$$

$$p(u^4) = u^{12} + u^8 + 1 = (u^3 + u^2 + 1)^4 = p(u)^4 = 0$$

$\overline{\mathbb{Z}}_2$ 위에서 3차 기약다항식은 $p(x) = x^3 + x^2 + 1$와 $q(x) = x^3 + x + 1$뿐이다. 또, $q(x) = (x - u^3)(x - u^5)(x - u^6)$이고, u^3, $(u^3)^2 = u^6$, $(u^3)^4 = u^5$을 근으로 갖는다.

K는 $\overline{\mathbb{Z}}_2$ 위에서 분리다항식 $f(x) = x^8 - x$의 분해체로서, $\overline{\mathbb{Z}}_2$의 갈루아 확대체이며,

$$\begin{aligned} f(x) &= x^8 - x \\ &= x(x-1)\{(x-u)(x-u^2)(x-u^4)\}\{(x-u^3)(x-u^5)(x-u^6)\} \\ &= x(x-1)\{x^3 + x^2 + 1\}\{x^3 + x + 1\} \end{aligned}$$

갈루아군 $Aut_F K = \{ id, \phi, \phi^2 \} \cong \overline{\mathbb{Z}}_3$이다.

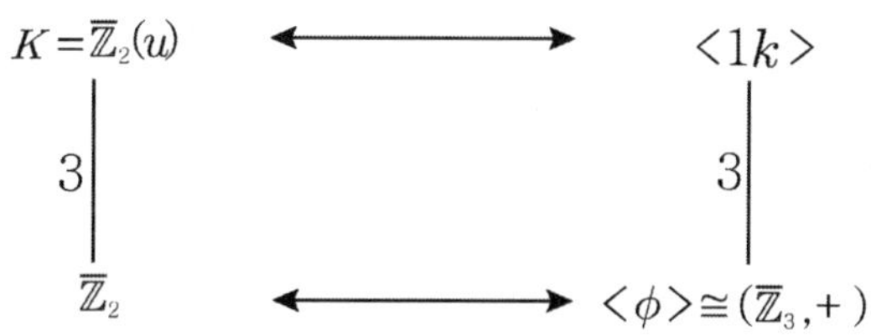

갈루아 대응을 나타내는 격자도

보기 4.9.6 **(중등교원 임용시험 2007년 #8 - 위수가 9인 체를 만들어 원소로 나열하기)**

$\overline{\mathbb{Z}}_3$ 위에서 이차 모닉 기약다항식은 $p(x) = x^2 + 1$, $x^2 + x + 2$, $x^2 + 2x + 2$ 3개이다. 위수가 9인 체는 이 3개의 기약다항식 이용하여 각각 만들 수 있다.

$K = \overline{\mathbb{Z}}_3[x]/(x^2+1)$, $u = \overline{x} \in \overline{\mathbb{Z}}_3[x]/(x^2+1)$일 때, $K = \overline{\mathbb{Z}}_3(u)$이고, K의 원소는 다음과 같다.

$$K = \{0, 1, 2, u, u+1, u+2, 2u, 2u+1, 2u+2\}$$

$|K^*| = 8$이고, $\phi(8) = 4$이므로 순환군 K^*의 생성원은 4개이다. $u+1$이 다음과 같이 위수가 8인 생성원 중 하나이다(u의 위수는 4이고 K^*의 생성원은 아니다).

즉, $K^* = \langle u+1 \rangle$.

$$(u+1)^2 = u^2 + 2u + 1 = 2u, \qquad (u+1)^3 = 2u^2 + 2u = 2u + 1$$

$$(u+1)^4 = 2u^2 + 3u + 1 = -1 = 2, \qquad (u+1)^5 = 2u + 2$$

$$(u+1)^6 = 2(u+1)^2 = u, \qquad (u+1)^7 = u^2 + u = u + 2$$

K는 $\overline{\mathbb{Z}}_3$ 위에서 분리다항식 $f(x)=x^9-x$의 분해체로서, $\overline{\mathbb{Z}}_3$의 갈루아 확대체이며,

$$\begin{aligned} f(x) &= x^9 - x \\ &= x(x-1)(x-2)\{(x-u)(x-2u)\}\{(x-(u+1))(x-(2u+1))\} \\ &\quad \{(x-(u+2))(x-(2u+2))\} \\ &= x(x-1)(x-2)\{x^2+1\}\{x^2+x+2\}\{x^2+2x+2\} \end{aligned}$$

갈루아군 $Aut_F K = \{ id, \phi \} \cong \overline{\mathbb{Z}}_2$이다.

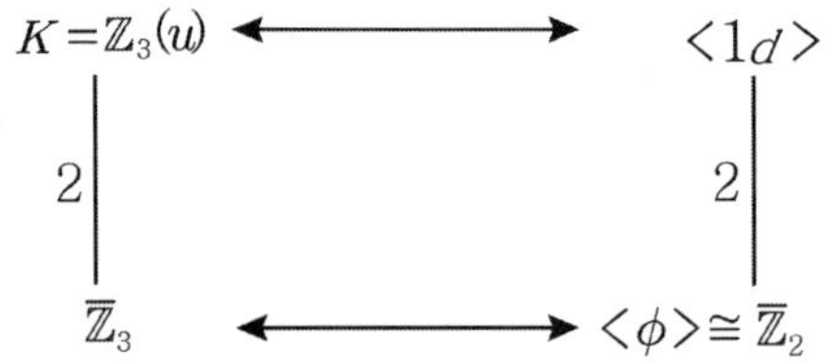

갈루아 대응 격자도

보기 4.9.7 (중등교원 임용시험 2009년 #22)

K가 $\overline{\mathbb{Z}}_3$ 위에서 $[K:\overline{\mathbb{Z}}_3]=6$ 인 확대체일 때:

$|K|=3^6=729$이다. 그러므로 K는 $\overline{\mathbb{Z}}_3$ 위에서 분리다항식, $f(x)=x^{729}-x\in\overline{\mathbb{Z}_3}[x]$의 분해체이고, $\overline{\mathbb{Z}}_3$의 갈루아 확대체이다.

K의 $\overline{\mathbb{Z}}_3$ 위에서 갈루아군 $Aut_{\overline{\mathbb{Z}}_3}K=<\phi>\ \cong \overline{\mathbb{Z}}_6(\phi:\ K\to K,\ \phi(v)=v^3,\ v\in K)$이다. 갈루아군의 부분군은 (id), $\{id, \phi^3\}$, $\{id, \phi^2, \phi^4\}$, $<\phi>$이고, 대응되는 중간체는 각각 K, L_3, L_2, $\overline{\mathbb{Z}}_3$이다(정리 2(4) 참고, $L_d := \left\{ v\in K \mid \phi^d(v)=v^{3^d}=v \right\}$).

실제로, $p(x)=x^6+x+2$는 $\overline{\mathbb{Z}}_3[x]$에서 기약다항식이고, $K=\overline{\mathbb{Z}}_3[x]/(x^6+x+2)$는 $\overline{\mathbb{Z}}_3$의 6차 확대체이다. 또, $\overline{\mathbb{Z}}_3$의 모든 6차 확대체는 K와 동형이다(정리 4).

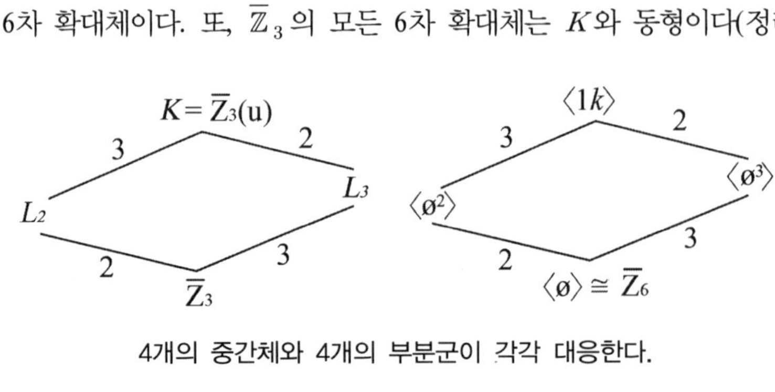

4개의 중간체와 4개의 부분군이 각각 대응한다.

▶▶ 연습문제 4.9

1. (정리 2의 $m=1$인 경우)

표수가 p인 체 K가 $[K:\mathbb{Z}_p]=n$일 때, 다음을 증명하여라.

(1) $K=\mathbb{Z}_p(u)$인 $u\in K$가 존재한다.

(2) K는 $\mathbb{Z}_p$ 위에서 분리다항식 $f(x)=x^{p^n}-x\in\mathbb{Z}_p[x]$의 분해체이다. 따라서 K는 $\mathbb{Z}_p$의 갈루아 확대체이다.

(3) $\phi: K\to K$, $\phi(v)=v^p\,(v\in K)$일 때, $\phi\in Aut_{\mathbb{Z}_p}K$이다.
특히, $Aut_{\mathbb{Z}_p}K=\langle\phi\rangle\cong(\mathbb{Z}_n,+)$이다.

(4) $Aut_{\mathbb{Z}_p}K$의 부분군은 n의 약수 d에 대하여 $\langle\phi^d\rangle$이며, 갈루아 대응은
$L_d:=\{\,v\in K\mid\phi^d(v)=v^{p^d}=v\,\}\leftrightarrow\langle\phi^d\rangle$ (즉, $(L^d)'=\langle\phi^d\rangle$)이다.

2. (중등교원 임용시험 2009년 2차 #3 정리 3의 $m=1$인 경우)

K는 $\mathbb{Z}_p$의 확대체로서 $[K:\mathbb{Z}_p]=n$이다. 곱셈순환군 $K^*=\langle u\rangle$이고, $\mathbb{Z}_p[x]$의 기약다항식 $f(x)$가 u를 근으로 가질 때, 다음에 답하여라.

(1) $\phi: K\to K$, $\phi(v)=v^p$는 환동형사상이다.

(2) 모든 $v\in K$에 대하여 $\phi^n: K\to K$, $\phi^n(v)=v$이다.

(3) $K^*=\langle u\rangle$의 생성원인 $u, u^p, u^{p^2}, \cdots, u^{p^{n-1}}$도 $f(x)$의 근이다.

3. $\overline{\mathbb{Z}}_5$ 위에서 다항식 $f(x)=x^2+x+1$에 대하여 다음에 답하여라.

(1) $f(x)$는 $\overline{\mathbb{Z}}_5[x]$에서 기약다항식임을 보여라.

(2) $\overline{\mathbb{Z}}_5$ 위에서 다항식 $f(x)$의 분해체 K와 $[K:\overline{\mathbb{Z}}_5]$를 구하여라.

(3) $u\in K$가 $f(x)$의 근일 때, $K=\overline{\mathbb{Z}}_5(u)$이고, u^2도 $f(x)$의 근임을 보여라.

(4) $f(x)$의 갈루아군 $Aut_{\overline{\mathbb{Z}}_5}K$를 구하고, $\overline{\mathbb{Z}}_5$와 K의 중간체와 $Aut_{\overline{\mathbb{Z}}_5}K$의 부분군 사이의 갈루아 대응을 확인하여라.

4. $f(x)=x^3+2x+2\in\overline{\mathbb{Z}}_3[x]$에 대하여 다음에 답하여라.

(1) $f(x)$는 $\overline{\mathbb{Z}}_3[x]$에서 기약다항식임을 보여라.

(2) $K=\overline{\mathbb{Z}}_3[x]/(x^3+2x+2)$는 $\overline{\mathbb{Z}}_3$ 위에서 $f(x)$의 분해체이고, $u\in K$가 $f(x)$의 근일 때, $u^3=u+1$과 $u^9=u+2$가 $f(x)$의 근임을 보여라.

(3) $f(x)$의 갈루아군 $Aut_{\overline{\mathbb{Z}}_3}K$를 구하고, $\overline{\mathbb{Z}}_3$와 K의 중간체와 $Aut_{\overline{\mathbb{Z}}_5}K$의 부분군 사이의 갈루아 대응을 확인하여라.

5. $\overline{\mathbb{Z}}_2$ 위에서 차수가 4인 확대체 K를 만들고, K가 $\overline{\mathbb{Z}}_2$의 갈루아 확대체임을 보여라. 또, $\overline{\mathbb{Z}}_2$와 K의 중간체와 $Aut_{\overline{\mathbb{Z}}_2}K$의 부분군 사이의 갈루아 대응을 확인하여라.

6. 125개의 원소를 가지는 $\overline{\mathbb{Z}}_5$의 확대체 K를 만들고, K가 $\overline{\mathbb{Z}}_5$의 갈루아 확대체임을 보여라. 또, $\overline{\mathbb{Z}}_5$와 K의 중간체와 $Aut_{\overline{\mathbb{Z}}_5}K$의 부분군 사이의 갈루아 대응을 확인하여라.

7. 343개의 원소를 가지는 $\overline{\mathbb{Z}}_7$의 확대체 K를 만들고, K가 $\overline{\mathbb{Z}}_7$의 갈루아 확대체임을 보여라. 또, $\overline{\mathbb{Z}}_7$과 K의 중간체와 $Aut_{\overline{\mathbb{Z}}_7}K$의 부분군 사이의 갈루아 대응을 확인하여라.

8. **(중등교원 임용시험 2007년 #18)**
위수가 9인 체 F_9을 구성하고 F_9을 원소나열법으로 나타내어라.

9. **(중등교원 임용시험 2009년 1차 #22)**
$p(x)=x^6+x+2$는 $\overline{\mathbb{Z}}_3[x]$에서 기약다항식이고, $K=\overline{\mathbb{Z}}_3[x]/(x^6+x+2)$는 $\overline{\mathbb{Z}}_3$의 6차 확대체이다(보기 4.9.7). 다음에 답하여라.

(1) K는 $\overline{\mathbb{Z}}_3$ 위에서 분해체임을 설명하여라.

(2) K는 $\overline{\mathbb{Z}}_3$ 위에서 분리 확대체임을 설명하여라.

(3) $\overline{\mathbb{Z}}_3$와 K 사이에 다음을 만족하는 중간체 L과 M이 각각 1개씩 존재함을 설명하여라.

$$|Aut_L K|=2,\ |Aut_M K|=3$$

10. **(중등교원 임용시험 2010년 2차 #4)**

$f(x) = x^6 + 12x^4 - 3x^3 - 108x^2 + 24x - 120$ 에 대하여 다음의 각 경우 근의 존재성을 증명하여라.

(1) $f(x) \in \mathbb{Q}[x]$ 이고, $\mathbb{Q}$ 안에 있는 $f(x)$ 의 근

(2) $f(x) \in \mathbb{Q}[x]$ 이고, $\mathbb{C}$ 안에 있는 $f(x)$ 의 근

(3) $f(x) \in \mathbb{Q}[x]$ 이고, $F = \mathbb{Q}[x]/(f(x))$ 가 $\mathbb{Q}$ 의 확대체임을 증명하고, F 안에 있는 $f(x)$ 의 근

(4) $f(x) \in \mathbb{Z}_2[x]$ 이고, $[F : \mathbb{Z}_2] = 2^{10}$ 인 $\mathbb{Z}_2$ 의 확대체 안에 있는 $f(x)$ 의 근

11. **(중등교원 임용시험 2011년 1차 #22)**

p 가 소수이고, 체 K 가 $\mathbb{Z}_p$ 위에서 $f(x) = x^{p^4} - x \in \mathbb{Z}_p[x]$ 의 분해체일 때, 다음을 설명하여라.

(1) 모든 $v \in K$ 에 대하여, $v^{p^4} = v$ 이다.

(2) $\mathbb{Z}_p \subseteq L \subseteq K$ 이고, $L \neq \mathbb{Z}_p$, $L \neq K$ 인 중간체 L 은 한 개다.

(3) $f(x)$ 의 $\mathbb{Z}_p$ 위에서 갈루아군 $Aut_{\mathbb{Z}_p}K$ 는 위수가 4인 순환군이다.

12. **(중등교원 임용시험 2012년 2차 #2)**

p 가 소수이고, 체 K 가 $\mathbb{Z}_p$ 위에서 $f(x) = x^p - x - a \in \mathbb{Z}_p[x]$ $(a \neq 0)$ 의 분해체, $Aut_{\mathbb{Z}_p}K$ 는 $f(x)$ 의 갈루아군이며, $\alpha \in K$ 는 $f(x)$ 의 한 근이다.

$\psi_\alpha : Aut_{\mathbb{Z}_p}K \to \mathbb{Z}_p$ 를 $\psi_\alpha(\sigma) = \sigma(\alpha) - \alpha$ $(\sigma \in Aut_{\mathbb{Z}_p}K)$ 로 정의할 때, 다음을 증명하여라.

(1) $\psi_\alpha(\sigma) \in \mathbb{Z}_p$ 이고, $K = \mathbb{Z}_p(\alpha)$ 이다.

(2) $\psi_\alpha : Aut_{\mathbb{Z}_p}K \to (\mathbb{Z}_p, +)$ 는 군동형이다.

(3) $\alpha, \beta \in K$ 가 $f(x)$ 의 근일 때, $\psi_\alpha = \psi_\beta$ 이다.

13. **(중등교원 임용시험 2012년 1차 #21)**

체 F 가 $[F : \mathbb{Z}_2] = 6$ 이다. $\alpha \in F$ 와 $\phi_\alpha : \mathbb{Z}_2[x] \to F$ 에 대하여 다음을 답하여라.

(1) $|F| = 2^6$ 이다.

(2) $\ker(\phi)$ 는 $\mathbb{Z}_2[x]$ 의 주이데알이다.

(3) α 의 기약다항식은 다항식 $x^{2^6} - x$ 을 나눈다.

(4) α 의 기약다항식 $irr(\alpha, \mathbb{Z}_2)$의 차수를 설명하여라.

(5) $im(\phi_\alpha)$는 F의 부분체이다.

14. (중등교원 임용시험 2013년1차 #19)

$\alpha = \dfrac{1+\sqrt{5}}{2}$ 에 대하여 $\mathbb{Z}[\alpha] = \{a + b\alpha \mid a, b \in \mathbb{Z}\}$ 이다.

환준동형, $\phi: \mathbb{Z}[\alpha] \to M_2(\mathbb{Z}_3)$, $\phi(a+b\alpha) = \begin{pmatrix} \overline{a+b} & \overline{b} \\ \overline{b} & \overline{a} \end{pmatrix}$로 정의할 때, $\ker(\phi)$와 $im(\phi)$를 각각 구하여라.

15. (중등교원 임용시험 2013년 1차 #20)

체 F가 $[F: \mathbb{Z}_2] = 60$ 일 때, 다음을 설명하여라.

(1) K가 F의 부분체이면, $\mathbb{Z}_2 \subseteq K$이다.

(2) F의 두 부분체이면, K_1, K_2가 $[F: K_1] = 5$, $[F: K_2] = 10$이면, $K_2 \subseteq K_1$이다.

(3) F의 두 부분체이면, K_1, K_2가 $[F: K_1] = 6$, $[F: K_2] = 10$이면, $K_1 \cap K_2$는 $\mathbb{Z}_2$의 이차확대체이다.

16. p가 소수일 때, $\mathbb{Z}_p[x]$ 의 기약다항식에 관한 다음을 증명하여라.

(1) $p(x)$가 차수가 n 인 $\mathbb{Z}_p[x]$ 의 기약다항식일 때, $p(x) \mid x^{p^n} - x$ 임을 증명하여라.

(2) $q(x)$가 차수가 d 인 $\mathbb{Z}_p[x]$ 의 기약다항식일 때, 다음을 증명하여라.

$$q(x) \mid x^{p^n} - x \iff d \mid n$$

17. (1) p는 소수이고, $\mathbb{Z}_p$의 대수적인 확대체 K의 원소 α, β가 $[\mathbb{Z}_p(\alpha): \mathbb{Z}_p] = m_1$, $[\mathbb{Z}_p(\beta): \mathbb{Z}_p] = m_2$ 이다. $[\mathbb{Z}_p(\alpha) \cap \mathbb{Z}_p(\beta): \mathbb{Z}_p] = d$ 임을 증명하여라($d = \gcd(m_1, m_2)$).

(2) 두 유한체 $F \subseteq K$와 K의 원소 α, β가 $[F(\alpha): F] = m_1$, $[F(\beta): F] = m_2$ 이다. $[F(\alpha) \cap F(\beta): F] = d$ 임을 증명하여라($d = \gcd(m_1, m_2)$).

18. 체 $F \subseteq K$와 K의 원소 α, β가 $[F(\alpha) : F] = m_1$, $[F(\beta) : F] = m_2$ 이다. $F(\alpha, \beta)$ 가 F의 갈루아 확대체이고, $d = \gcd(m_1, m_2)$ 일 때, 다음을 보여라.

(1) $Aut_F K(\alpha, \beta)$ 가 순환군이면, $[F(\alpha) \cap F(\beta) : F] = d$ 이다.

(2) $Aut_F K(\alpha, \beta)$ 가 순환군이 아닐 때, $[F(\alpha) \cap F(\beta) : F] = d$ 가 성립하지 않는 보기를 찾아라.

19. $f(x) = x^5 + x^2 + 2x + 1 \in \mathbb{Z}_3[x]$ 의 $\mathbb{Z}_3$ 위에서 분해체를 K라 할 때, 갈루아군 $Aut_{\mathbb{Z}_3} K$와 중간체의 개수를 각각 구하라.

PART 02

연습문제 해답

CHAPTER 02 군(郡, Group)론

▸▸ 연습문제 2.1

1. (1) ① S ② M ③ N ④ G
(2) ① M ② M ③ M ④ M
(3) ① S ② M ③ N ④ G
(4) ① G ② M ③ G ④ M

2. (1) $\langle a \mid o(a)=3 \rangle = \{ e, a, a^2 \}$
(2) $\langle a \mid o(a)=4 \rangle = \{ e, a, a^2, a^3 \}$ 또는
$\{ e, a, b, ab \mid a^2 = b^2 = e, ab = ba \}$

4. (2) $\alpha x + \alpha y = \alpha(x+y) \in \alpha\mathbb{Z}$ 이고, 복소수의 덧셈이므로 결합법칙 성립한다.
$0 = \alpha 0 \in \alpha\mathbb{Z}$ 이고, $-\alpha x = \alpha(-x) \in \alpha\mathbb{Z}$ 이다. 따라서 $(\alpha\mathbb{Z}, +)$는 군이다.
(1)은 (2)에서 $\alpha = \frac{1}{2}$ 인 경우이다.

5. (2) $\alpha = r + s\sqrt{m}$, $\beta = u + v\sqrt{m} \in \mathbb{Q}[\sqrt{m}]^*$ 일 때,
(i) 우선 $\alpha\beta \neq 0$ 이고, $\alpha\beta = (ru+msv)+(rv+su)\sqrt{m} \in \mathbb{Q}[\sqrt{m}]^*$ 이다.
(ii) 복소수의 곱셈이므로 결합법칙 성립하다.
(iii) $1 = 1 + 0\sqrt{m} \in \mathbb{Q}[\sqrt{m}]^*$ 이다.
(iv) $\frac{1}{\alpha} = \frac{1}{r+s\sqrt{m}} = \frac{r}{r^2-ms^2} + \frac{-s}{r^2-ms^2}\sqrt{m} \in \mathbb{Q}[\sqrt{m}]^*$(**분모의 유리화**).
(1) $r, s, u, v \in \mathbb{Z}$ 의 경우 위에서 (i), (ii), (iii)이 성립함을 볼 수 있다.

6. $\Leftarrow$) $Ax_1 = 0$ 이고, $Ax_2 = 0$ 이라 하자. $A(x_1 + x_2) = Ax_1 + Ax_2 = 0 + 0 = 0$ 이므로 $x_1 + x_2$ 가 해집합의 원소이다. $A0 = 0$ 이므로 0 이 해집합의 원소이다. $A(-x_1) = -Ax_1 = 0$ 이므로 $-x_1$ 가 해집합의 원소이다.
(실제로 모든 실수 r 에 대하여 $A(rx_1) = rAx_1 = 0$ 이므로 rx_1 가 해집합의 원소이고, 상수부분이 모두 0 인 일차연립방정식의 해집합은 $\mathbb{R}^n$ 의 부분공간이다.)

$\Rightarrow$) $Ax_1 = 0$ 이고, $Ax_2 = 0$ 이라 하자.

방정식 $Ax = b$ 의 해집합이 벡터의 덧셈에 대하여 군이므로 $x_1 - x_2$ 도 해집합의 원소이다. 그러므로 $b = A(x_1 - x_2) = Ax_1 - Ax_2 = b - b = 0$ 이다.

8. $A = \begin{pmatrix} 2 & 0 & 0 \\ 0 & 5 & 0 \\ 0 & 0 & 0.1 \end{pmatrix} \in SL_3(\mathbb{R}) \setminus O_3(\mathbb{R})$, $A = \begin{pmatrix} 0 & 0 & 1 \\ 0 & 1 & 0 \\ 1 & 0 & 0 \end{pmatrix} \in O_3(\mathbb{R}) \setminus SL_3(\mathbb{R})$.

9. (1) $\phi(n) = 8$ 인 n 을 구하는 문제이다.

p 가 n 의 소인수라 하자. 이 때, $p \le 7$ 이다(그렇지 않다면 $p \ge 11$ 이고, $\phi(n) \ge 10$ 이다). 또한 $\phi(7) = 6 \nmid 8$ 이므로, p는 $2, 3, 5$ 중 하나이다.

$p = 2$ 이면, $n = 2^4 = 16$ 이고, $\phi(2^4) = 2^4 - 2^3 = 8$ 이다.

$p = 2, 3$ 이면, 3의 지수는 1이다. 이 때, $n = 2^3 3 = 24$ 이고, $\phi(2^3 3) = 8$ 이다.

$p = 2, 5$ 이면, 5의 지수는 1이다. 이 때, $n = 2^2 5 = 20$ 이고, $\phi(2^2 5) = 8$ 이다.

$p = 3, 5$ 이면, $n = 3 \times 5 = 15$ 이고, $\phi(3 \times 5) = (3-1)(5-1) = 8$ 이다.

$p = 2, 3, 5$ 이면, $n = 2 \times 3 \times 5 = 30$ 이고, $\phi(2 \times 3 \times 5) = 8$ 이다.

정답 **16, 24, 20, 15, 30**

(2) $\phi(n) = 100 = 2^2 5^2$ 인 n 을 구하는 문제이다.

p 가 n 의 소인수이면, p 또는 $p - 1$ 이 100 의 약수가 되어야 한다. 그와 같은 소수 $p = 2, 3, 5, 11, 101$ 이다.

(i) $p = 101$ 인 경우는 $n = 101$, $n = 2 \times 101 = 202$ 뿐이다.

(ii) $p \ne 101$ 인 경우는 5 가 n 의 소인수가 되어야 한다. 이 때, $\phi(5) = 4 = 2^2$ 이므로 n 의 소인수가 될 수 있는 것은 2 와 5 뿐이다(5 가 아닌 홀수소수는 n 의 소인수이면, 2의 지수가 2보다 커지므로 안된다). 이 경우 $n = 5^3$ 과 $n = 2 \times 5^3 = 250$ 이다.

정답 **101, 202, 125, 250**

10. $A = \begin{pmatrix} x & y \\ z & w \end{pmatrix}$ 라 하자. $AA^T = I_2$ 이므로 $x^2 + y^2 = 1$, $z^2 + w^2 = 1$, $xz + yw = 0$ 이다.

$x^2 + y^2 = 1$ 이므로 $x = \cos\alpha$, $y = \sin\alpha$ 라 할 수 있고, 또 $\alpha = -\theta$ 로 치환하면 $x = \cos\theta$, $y = -\sin\theta$ 가 된다.

마찬가지로 $z^2 + w^2 = 1$ 이므로 $z = \cos\beta$, $w = \sin\beta$ 라 놓을 수 있다. 이 때,

$$0 = xz + yw = \cos\theta\cos\beta - \sin\theta\sin\beta = \cos(\theta + \beta)$$

따라서 $\theta + \beta = \pi/2$ 또는 $3\pi/2$ 이다.

(1) $\beta=\pi/2-\theta$ 인 경우는 $A=\begin{pmatrix}\cos\theta & -\sin\theta \\ \sin\theta & \cos\theta\end{pmatrix}=\rho_\phi$ 가 된다.

(2) $\beta=3\pi/2-\theta$ 인 경우는 $A=\begin{pmatrix}\cos\theta & -\sin\theta \\ -\sin\theta & -\cos\theta\end{pmatrix}$ 이다. 이때, $\theta=-2\phi$라 하면,

$A=\begin{pmatrix}\cos 2\phi & \sin 2\phi \\ \sin 2\phi & -\cos 2\phi\end{pmatrix}=\delta_\phi$ 는 $\mathbb{R}^2$에서 직선 $y=(\tan\phi)x$에 관한 대칭이동이다.

▶▶ 연습문제 2.2

1. (1) $a^2=e \Leftrightarrow a^{-1}a^2=a^{-1}e \Leftrightarrow a=a^{-1}$

(2) $ab=e \Leftrightarrow a=b^{-1} \Leftrightarrow ba=e$

(3) $bab^{-1}=e \Leftrightarrow b^{-1}(bab^{-1})b=b^{-1}b=e \Leftrightarrow a=e$

(4) $abc=e \Leftrightarrow a^{-1}(abc)c^{-1}=a^{-1}c^{-1} \Leftrightarrow b=a^{-1}c^{-1}$ $b=a^{-1}c^{-1}$

2. G가 아벨군이므로, $a\cdot b=b\cdot a$이고, $a^{-1}\cdot b^{-1}=b^{-1}\cdot a^{-1}$이다(정리 4(4)).

$i\ge 1$이면, $(a\cdot b)^i=(a\cdot b)\cdot(a\cdot b)\cdot\cdots\cdot(a\cdot b)=(a\cdot\cdots\cdot a)(b\cdot\cdots\cdot b)=a^i\cdot b^i$이다.

$i\le -1$이면, $(a\cdot b)^i=(a\cdot b)^{-1}\cdot\cdots\cdot(a\cdot b)^{-1}=(b^{-1}\cdot a^{-1})\cdots(b^{-1}\cdot a^{-1})$

$=(a^{-1}\cdot\cdots\cdot a^{-1})(b^{-1}\cdot\cdots\cdot b^{-1})=a^i\cdot b^i$.

$i=0$이면, $(a\cdot b)^i=e=a^i\cdot b^i$이다.

3. (1) $(ab)^2=a^2b^2$이므로, $a(ba)b=a(ab)b$이고, $ba=ab$

(2) $(ab)^i=a^ib^i$, $(ab)^{i+1}=a^{i+1}b^{i+1}$, $(ab)^{i+2}=a^{i+2}b^{i+2}$라 적고, $ab=ba$ 임을 보인다.

(3) S_3의 경우 $i=6, 7$로 하면, 모든 $a, b\in S_3$에 대하여, $(ab)^6=e=a^6b^6$(라그랑쥬의 정리-2.4.12)이고, $(ab)^7=ab=a^7b^7$이지만 S_3는 아벨군이 아니다.
(이는 모든 위수가 n인 비아벨군에서 $i=n, n+1$로 택하면 된다.)

4. $a, b\in G$에 대하여 $(ab)^{-1}=b^{-1}a^{-1}$이다.
(왜냐하면, $ab(b^{-1}a^{-1})=a(bb^{-1})a^{-1}=aea^{-1}=aa^{-1}=e$ 이고,
$(b^{-1}a^{-1})ab=b(aa^{-1})b^{-1}=beb^{-1}=bb^{-1}=e$ 이기 때문이다.)
이제 $ab=(ab)^{-1}=b^{-1}a^{-1}=ba$이므로 G는 아벨군이다.

5. $A = \{a \in G \mid a^2 = e\}$, $B = \{b \in G \mid b^2 \neq e\}$라 하면, $G = A \cup B$이고, $A \cap B = \varnothing$ 이다. 그러므로 $|G| = |A| + |B|$이다.
또, $b \in B$이면, $b^2 \neq e$ 이므로 $(b^{-1})^2 = (b^2)^{-1} \neq e$ 이다. 그러므로 $b^{-1} \in B$이다.
또, $b \neq b^{-1}$이므로 $|B|$는 짝수이다. $|G|$가 짝수이므로, $|A|$도 짝수이다.
$e \in A$ 이므로, $A \neq \varnothing$ 이고 $|A| \geq 2$이다. 따라서 G에는 $a \neq e$, $a^2 = e$인 a가 있다.

7. $n \geq 1$일 때, $(bab^{-1})^n = (bab^{-1})(bab^{-1})\cdots(bab^{-1})$
$$= ba(b^{-1}b)a(b^{-1}b)a\cdots(b^{-1}b)ab^{-1} = ba^nb^{-1}$$
$n \leq -1$일 때, $(bab^{-1})^n = (bab^{-1})^{-1}(bab^{-1})^{-1}\cdots(bab^{-1})^{-1}$
$$= (ba^{-1}b^{-1})(ba^{-1}b^{-1})\cdots(ba^{-1}b^{-1})$$
$$= ba^{-|n|}b^{-1} = ba^nb^{-1}$$
$n = 0$일 때, $(bab^{-1})^0 = e = ba^0b^{-1}$

***8.** $n = 1$일 때, 성립한다.
이제 $n \geq 1$에 대하여 $b^nab^{-n} = a^{(m^n)}$을 가정하자. 이 때,
$$b^{n+1}ab^{-(n+1)} = b(b^nab^{-n})b^{-1} = b(a^{(m^n)})b^{-1} = (bab^{-1})(bab^{-1})\cdots(bab^{-1})$$
$$= a^ma^m\cdots a^m = (a^m)^{(m^n)} = a^{m(m^n)} = a^{(m^{n+1})}$$

> **참고** $bab^{-1} = a^m$일 때, 식 $b^nab^{-n} = a^{(m^n)}$은 모든 정수 n에 대하여 성립한다. 여기서는 $n \leq -1$인 경우의 증명은 생략한다.

▶▶ 연습문제 2.3

1. (1) $(\mathbb{Z}^+, +)$는 항등원 0을 포함하지 않으므로 부분군이 아니다.
(2) $1^2 + 2^2 = 5 \notin \{\pm a^2 \mid a \in \mathbb{Z}\}$이므로 부분군이 아니다.
(3) $m\mathbb{Z}$는 부분군이고, $(\mathbb{Z}^+, +)$의 부분군은 적당한 $m \in \mathbb{Z}$에 대하여 $m\mathbb{Z}$이다.
(4) $12\mathbb{Z} \cap 18\mathbb{Z} = 36\mathbb{Z}$ 이며, 부분군이다.
(5) $12\mathbb{Z} + 18\mathbb{Z} = 6\mathbb{Z}$ 이며, 부분군이다.
(6) $(12\mathbb{Z} : 18\mathbb{Z}) = 2\mathbb{Z}$ 이며, 부분군이다.

2. (1) $(\mathbb{Q}_{\geq 0}, +)$는 1의 역원 -1을 포함하지 않으므로 부분군이 아니다.

(2) $1^3+2^3=9 \notin \{x^3 \mid x \in \mathbb{Q}\}$ 이므로 부분군이 아니다.
(3) $r\mathbb{Z}$ 는 $(\mathbb{Q}, +)$ 의 부분군이다.
(4) $\frac{1}{2}\mathbb{Z} \cap \frac{1}{3}\mathbb{Z} = \mathbb{Z}$ 이며, 부분군이다.
(5) $\frac{5}{6}\mathbb{Z}+\frac{10}{9}\mathbb{Z} = \frac{5}{18}\mathbb{Z}$ 이며, 부분군이다.
(6) $\frac{10}{9}\mathbb{Z} : \frac{5}{6}\mathbb{Z} = \frac{4}{3}\mathbb{Z}$ 이며, 부분군이다.

3. (1) − (7)에서 (2)를 제외하고 모두 $(\mathbb{Q}^*, \cdot)$ 의 부분군이다.
(2) 0 의 곱셈에 대한 역원이 존재하지 않으므로 $(\mathbb{Q}_{\geq 0}, \cdot)$ 는 부분군이 아니다.

4. $h, k \in H$ 일 때, $(aha^{-1})(aka^{-1}) = a(hk)a^{-1} \in aHa^{-1}$ 이고,
$(aha^{-1})^{-1} = ah^{-1}a^{-1} \in aHa^{-1}$ 이므로, aHa^{-1} 는 부분군이다.

5. (1) $\Leftarrow$) $H \subseteq K$ 이면, $H \cup K = K$ 는 G 의 부분군이다. $K \subseteq H$ 인 경우는 $H \cup K = H$ 가 G 의 부분군이다.
$\Rightarrow$) (대우를 증명) $a \in H-K$, $b \in K-H$ 인 a, b 가 존재한다고 하자. $ab \in H$ 이면, $b = a^{-1}(ab) \in H$ 이어서 모순이다. 마찬가지로 $ab \in K$ 이면, $a = (ab)b^{-1} \in K$ 이어서 모순이다. 그러므로 $ab \notin H \cup K$ 이고, $H \cup K$ 는 G 의 곱에 대하여 닫혀있지 않으므로 G 의 부분군이 아니다.
(2)는 (1)을 이용하여 증명한다.

8. $A, B \in SL_n(\mathbb{Z}_p)$ 일 때, $\det AB = (\det A)(\det B) = \overline{1} \times \overline{1} = \overline{1}$ 이므로 $AB \in SL_n(\mathbb{Z}_p)$ 이다. $\det A^{-1} = (\det A)^{-1} = \overline{1}^{-1} = \overline{1}$ 이므로 $A^{-1} \in SL_n(\mathbb{Z}_p)$ 이다. 따라서 $SL_n(\mathbb{Z}_p)$ 는 $GL_n(\mathbb{Z}_p)$ 의 부분군이다.

9. (1) $A, B \in SL_n(\mathbb{Z})$ 일 때, A, B 의 각 성분은 정수이다. 그러므로 AB 의 성분도 정수이다. 또, $\det AB = (\det A)(\det B) = 1$ 이므로, $AB \in SL_n(\mathbb{Z})$ 이다. 또한 $\det A^{-1} = \frac{1}{\det A} = 1$ 이고, $A^{-1} = \frac{1}{\det A}(adj\,A) = (adj\,A)$ 의 성분도 모두 정수이므로 $A^{-1} \in SL_n(\mathbb{Z})$ 이다. 그러므로 $SL_n(\mathbb{Z})$ 는 $GL_n(\mathbb{Z})$ 의 부분군이다.
(2) $A, B \in GL_n(\mathbb{Z})$ 이면, $\det A = \pm 1$, $\det B = \pm 1$ 이다. 이 때, (1)과 같은 방법으로 증명한다.

(3) (1)에 의하여 증명되었다.

(4) $O_n(\mathbb{Z}) := \{ A \in M_n(\mathbb{Z}) \mid AA^T = I_n = A^TA \}$ 이므로,

$M_n(\mathbb{Z}) \cap O_n(\mathbb{R}) = O_n(\mathbb{Z})$ 이다(정의에 의하여 그대로 성립).

(5) $A_\theta = \begin{pmatrix} \cos\theta & -\sin\theta \\ \sin\theta & \cos\theta \end{pmatrix} \in O_2(\mathbb{R}) - O_2(\mathbb{Z})$

θ 가 $\dfrac{\pi}{2}$ 의 정수배가 아닐 때, θ 만큼의 회전이동인 A_θ 는 성분이 정수가 아니므로, $O_2(\mathbb{Z})$ 의 원소가 아니다. 또 회전이동은 등거리선형변환이므로 직교행렬이다(또는 $A_\theta^{-1} = A_{-\theta} = A_\theta^T$ 임을 직접 계산한다).

▶▶ 연습문제 2.4

1. G가 아벨군이므로 좌잉여류와 우잉여류가 같다.

(1) H의 잉여류는 H, $aH = \{ a, a^3, a^5, a^7, a^9, a^{11} \}$ 의 두 개다.

(2) K의 잉여류는 K, $aK = \{ a, a^4, a^7, a^{10} \}$, $a^2K = \{ a^2, a^5, a^8, a^{11} \}$ 의 세 개다.

2. (1) H의 좌잉여류와 우잉여류는 같고, 다음의 두 개다.

$$H,\ (1,2)H = \{ (1,2), (1,3), (2,3) \} = H(1,2)$$

(2) K의 좌잉여류는 K, $(1,3)K = \{ (1,3), (1,3,2) \}$, $(2,3)K = \{ (2,3), (1,2,3) \}$.

K의 우잉여류는 K, $K(1,3) = \{ (1,3), (1,2,3) \}$, $K(2,3) = \{ (2,3), (1,3,2) \}$

3. V_4의 좌잉여류와 우잉여류는 같고, 다음의 두 개다.

$$V_4,\ (1,3)V_4 = \{ (1,3), (1,4,2,3), (2,4), (1,2,3,4) \} = V_4(1,3)$$

4. 정리 8과 같이 다음이 성립하므로

$aH = bH \Leftrightarrow a^{-1}b \in H \Leftrightarrow a^{-1} \in Hb^{-1} \Leftrightarrow Ha^{-1} = Hb^{-1} \Leftrightarrow \phi(aH) = \phi(bH)$

$\{ Ha_i^{-1} \mid i \in I \}$의 원소는 서로 다른 우잉여류이다.

또, 임의의 $x \in G$에 대하여 x^{-1}은 적당한 a_iH의 원소이다. 즉, $x^{-1} = a_ih$ $(h \in H)$ 이다. 이 때, $x = h^{-1}a_i^{-1} \in Ha_i^{-1}$ 이므로, $\{ Ha_i^{-1} \mid i \in I \}$는 H의 모든 우잉여류의 집합이다.

5. (1) $|HK| = \dfrac{9\times 6}{3} = 18$

(2) $|HK| = \dfrac{8\times 8}{4} = 16$

(3) $|HK| = \dfrac{6\times 4}{1} = 24$

6. $x \in G$에 대하여 $(H\cap K)x = Hx \cap Kx$ 임을 보이고, 이를 이용하여 $[G: H\cap K] \leq [G: H][G: K]$을 보인다.

7. (1) $G = \langle a \mid o(a) = p^2 \rangle$일 때, 위수가 p인 원소는 $a^p, a^{2p}, \cdots, a^{(p-1)p}$의 $p-1$(개)이다. 위수가 p인 부분군은 $\{e, a^p, a^{2p}, \cdots, a^{(p-1)p}\}$의 한 개다.

(2) G가 순환군이 아닐 때, 위수가 p인 원소는 p^2-1(개)이다. 위수가 p인 부분군은 $(p^2-1)/(p-1) = p+1$ (개)이다.

8. $\Rightarrow$) G가 유한군이면, G의 부분집합이 유한개이므로 G의 부분군도 유한개이다.

$\Leftarrow$) G의 부분군이 유한개이면, G의 순환부분군이 유한개이다. 또한 모든 원소의 위수가 유한임을 보인다. 그러므로 G의 모든 순환부분군에 있는 원소의 개수는 유한하고, $|G|$는 이 개수 이하임을 보인다.

9. (연습문제 2.2.8 : $bab^{-1} = a^m$ 이면, $b^n ab^{-n} = a^{(m^n)}$을 이용한다.)

(1) $a = b^3ab^{-3} = a^{2^3} = a^8$ 이므로 $a^7 = e$ 이다. 7 이 소수이므로 $o(a) = 7$이다.

(2) $a = b^5ab^{-5} = a^{32}$ 이므로 $a^{31} = e$ 이다. 31 이 소수이므로 $o(a) = 31$ 이다.

(3) $a = b^{11}ab^{-11} = a^{2^{11}}$ 이므로 $a^{2^{11}-1} = e$ 이다. $2^{11}-1 = 2047 = 23\times 89$ 이다. 23, 89 가 소수이고, $o(a)$는 두 자릿수이므로, $o(a) = 23$ 또는 $o(a) = 89$ 이다.

(4) $a = b^{12}ab^{-12} = a^{(12^6)}$ 이므로 $a^{(12^6)-1} = e$ 이다.

$$\begin{aligned} 12^6 - 1 &= (12^3-1)(12^3+1) \\ &= (12-1)(12^2+12+1)(12+1)(12^2-12+1) \\ &= 11\times 157\times 13\times 7\times 19 \end{aligned}$$

$o(a)$가 소수이므로 $o(a) = 11, 157, 13, 7, 19$ 이다.

(5) $a = b^{18}ab^{-18} = a^{(18^6)}$ 이므로 $a^{(18^6)-1} = e$ 이다.

$$\begin{aligned} 18^6 - 1 &= (18^3-1)(18^3+1) \\ &= (18-1)(18^2+18+1)(18+1)(18^2-18+1) \\ &= 17\times 7^3\times 19\times 307 \end{aligned}$$

$o(a)$가 소수이므로 $o(a) = 17, 7, 19, 307$ 이다.

10. (2) $\overline{\mathbb{Z}}_9^* = \{\bar{1}, \bar{2}, \bar{4}, \bar{5}, \bar{7}, \bar{8}\}$

(3) $\overline{\mathbb{Z}}_{20}^* = \{\bar{1}, \bar{3}, \bar{7}, \bar{9}, \overline{11}, \overline{13}, \overline{17}, \overline{19}\}$

11. (1) $\{\bar{1}\}$, $\{\bar{1}, \bar{3}\}$, $\{\bar{1}, \bar{5}\}$, $\{\bar{1}, \bar{7}\}$의 4개.

(2) $\{\bar{1}, \bar{3}, \bar{3}^2 = \bar{9}, \bar{3}^3 = \bar{7}\}$, $\{\bar{1}, \overline{13}, \overline{13}^2 = \bar{9}, \overline{13}^3 = \overline{17}\}$의 2개.

12. $(a, a^n - 1) = 1$이므로, $\bar{a} \in \overline{\mathbb{Z}}_{a^n-1}^*$이고, $o(\bar{a}) = n$이다. 또 $o(\overline{\mathbb{Z}}_{a^n-1}^*) = \phi(a^n - 1)$이므로 정리 12에 의하여 $n \mid \phi(a^n - 1)$이다.

13. (1) 임의의 자연수 N에 대하여 $(N-1, N) = 1$, $(N+1, N) = 1$. 특히 $(p!+1, p!) = 1$이다. 따라서 소수 q가 $q \mid (p!+1)$이면, $(q, p!) = 1$이고, $q > p$이다.

(2) 윌슨의 정리에 의하여 p가 소수일 때, $(p-1)! \equiv 1 \pmod{p}$이다.

이는 다항식 $x^2 - 1 \in \mathbb{Z}_p[x]$의 해가 $x = 1$, $x = -1 \equiv p-1$ 뿐이며, 이는 $\overline{\mathbb{Z}}_p^*$에서 $a^2 = 1$(항등원)인 원소, 즉 $a = a^{-1}$인 원소가 $a = 1$, $a = p-1$ 뿐이기 때문이다. 즉,

$$\begin{aligned}(p-1)! &\equiv 1 \times \{2 \times \cdots \times (p-2)\} \times (p-1)\\ &\equiv 1 \times \{1\} \times (p-1) \equiv -1 \pmod{p}\end{aligned}$$

마찬가지로 $(p-2)! \equiv 1 \times \{2 \times \cdots \times (p-2)\} \equiv 1 \pmod{p}$이다.

(또는 $(p-2)! \equiv (p-1)! \times (p-1) \equiv (-1) \times (-1) \equiv 1 \pmod{p}$).

(3) $|\overline{\mathbb{Z}}_{2p}^*| = \phi(2p) = p-1$이다. 따라서 라그랑쥬의 정리에 의하여 $(a, 2p) = 1$인 모든 정수 a에 대하여 $a^{p-1} \equiv 1 \pmod{2p}$이다. p가 3보다 큰 소수이므로 $(3, 2p) = 1$이고, $3^{p-1} \equiv 1 \pmod{2p}$이다.

14. 이 복소수의 집합을 G라 하고 $z = re^{i\theta} \in G$를 택하자($z \neq 0$). 만일 $|z| = r \neq 1$이면, $n \in \mathbb{Z}$에 대하여 $z^n = r^n e^{in\theta}$의 크기는 r^n이다. 따라서 z^n은 무수히 많은 복소수가 되므로 모순이다. 그러므로 $|z| = 1$이고, $z = e^{i\theta}$이다.

라그랑쥬의 정리에 의하여 $z^n = e^{in\theta} = 1 = e^{2\pi ki}$이다($k \in \mathbb{Z}$). 따라서 $n\theta = 2\pi k$이고, $\theta = \dfrac{2\pi k}{n}$이다. 그러므로 $G \subseteq R_n$이다.

포함관계에 있는 두 유한집합 G와 R_n의 원소의 개수가 같으므로 $G = R_n$이다.

▸▸ 연습문제 2.5

2. (1) 임의의 $a \in N$ 은 $a = ea \in HN$이므로 $N \subseteq HN$이다.
$HN = \cup_{h \in H} hN = \cup_{h \in H} Nh = NH$이므로 HN은 G의 부분군이다 (2.4.18).
(2) N이 G의 정규부분군이므로 당연히 N은 HN의 정규부분군이다.
(3) $a \in H \cap N$ 와 $x \in H$에 대하여 $xax^{-1} \in H \cap N$이므로 $H \cap N$은 H의 정규부분군이다.

3. $a \in M,\ b \in N,\ x \in G$일 때, $xabx^{-1} = (xax^{-1})(xbx^{-1}) \in MN$이므로 MN은 G의 정규부분군이다.

4. (1) $aba^{-1}b^{-1} = a(ba^{-1}b^{-1}) \in M$이고, $aba^{-1}b^{-1} = (aba^{-1})b^{-1} \in N$이므로, $aba^{-1}b^{-1} \in M \cap N$이다.
(2) $M \cap N = \langle e \rangle$이면, $aba^{-1}b^{-1} = e$이고, $ab = ba$이다.

5. 모든 $x \in G$에 대하여, xNx^{-1}은 위수가 $o(N)$인 G의 부분군이다. 따라서 조건에 의하여 모든 $x \in G$에 대하여, $xNx^{-1} = N$이고 N은 G의 정규부분군이다.

6. 사원수군 Q_8 (보기 2.5.12).

7. 4차 정이면체군 D_4에서 $K = \langle b \rangle,\ N = \{e,\ a^2,\ b,\ a^2b\}$의 경우 :
$aba^{-1} = a^2b \notin \langle b \rangle$ 이므로 $K = \langle b \rangle$는 D_4의 정규부분군이 아니다(보기 2.5.11).

8. $\langle a \rangle$가 G의 정규부분군이므로, $x \in G$일 때, $xax^{-1} = a^i \in \langle a \rangle$이다(정수 i는 x에 따라 결정된다).
$\langle a \rangle$ 부분군은 $\langle a^j \rangle$의 꼴이며, $xa^jx^{-1} = (a^i)^j = (a^j)^i \in \langle a^j \rangle$이므로 $\langle a^j \rangle$는 G의 정규부분군이다.

9. 정리 2.5.8(기본사항 2.4.13를 이용).

10. $o(G/N) = m$이다. 그러므로 임의의 $a \in G$에 대하여 $(Na)^m = N$이고, $a^m \in N$이다.
이제 $(m, n) = 1$이므로 적당한 $x,\ y \in \mathbb{Z}$에 대하여 $mx + ny = 1$이다. 그러므로
$a = a^1 = a^{mx+ny} = (a^m)^x(a^n)^y = (a^m)^x \in N$이다.

11. **참고** $D_4/C(D_4)$와 $Q_8/\langle -1 \rangle$는 각각 사원수군 V_4와 동형이다(6절).

12. (1) 임의의 $\overline{\dfrac{m}{n}} \in \mathbb{Q}/\mathbb{Z}$에 대하여 $n\left(\overline{\dfrac{m}{n}}\right)=\left(\overline{\dfrac{m}{1}}\right)=\overline{0}$ 이므로, $\overline{\dfrac{m}{n}}$의 위수는 n의 약수이다.

(2) 상군 $\mathbb{Q}/\mathbb{Z}$에서 위수가 100인 원소는 $\overline{\dfrac{m}{100}}$ 이면서 $(m, 100)=1$인 경우이다. 그와같은 원소는 $\phi(100)=40$ 개다.

(3) $0 \le m \le n-1$인 $\overline{\dfrac{m}{n}} \in \mathbb{Q}/\mathbb{Z}$ 중에서 위수가 n인 것의 개수는 $\phi(n)$이다. 따라서 $\phi(n)=8$인 n을 구하는 문제다. 그와 같은 n은 $16, 24, 20, 15, 30$(연습문제 2.1.9(1))이다.

(4) $0 \le m \le n-1$인 $\overline{\dfrac{m}{n}} \in \mathbb{Q}/\mathbb{Z}$ 중에서 위수가 n인 것의 개수는 $\phi(n)$이다. 따라서 $\phi(n)=100$인 n을 구하는 문제다. 그와 같은 n은 101, 202, 125, 250 (연습문제 2.1.9(2))이다.

(5) $\alpha \in \mathbb{R}$이 무리수이면, 모든 $n \ge 1$에 대하여 $n\alpha \notin \mathbb{Q}$이므로 $\mathbb{R}/\mathbb{Z}$에서 $\overline{\alpha}$의 위수는 무한이다($\alpha=\pi$, $\alpha=e$ 등).

14. (1) $A, B \in SL_n(\mathbb{R})$일 때, $\det AB=(\det A)(\det B)=1$이므로, $AB \in SL_n(\mathbb{R})$이다. $\det A^{-1}=\dfrac{1}{\det A}=1$이므로, $A^{-1} \in SL_n(\mathbb{R})$이다.

모든 $C \in GL_n(\mathbb{R})$에 대하여

$\det(CAC^{-1})=(\det C)(\det A)(\det C^{-1})=\det A=1$ 이므로,

$CAC^{-1} \in SL_n(\mathbb{R})$이고, $SL_n(\mathbb{R}) \lhd GL_n(\mathbb{R})$ 이다.

(2) 연습문제 2.3.9(1)과 14(1)을 이용한다.

(3) $A=\begin{pmatrix} 0 & 1 \\ 1 & 0 \end{pmatrix} \in O_2(\mathbb{R})$와 $B=\begin{pmatrix} 1 & 1 \\ 0 & 1 \end{pmatrix} \in GL_2(\mathbb{R})$에 대하여

$BAB^{-1}=\begin{pmatrix} 1 & 0 \\ 1 & -1 \end{pmatrix} \notin O_2(\mathbb{R})$ 이다.

17. (정리 2.5.6과 증명 방법이 같다.)

증명 $xN=zN$, $yN=wN$라 하자. 이 때, $x=za$, $y=wb$이다(a, $b \in N$). N이 G의 정규부분군이므로 $wN=Nw$ 이고, $aw \in wN=Nw$ 이므로 $aw=wa'$ ($a' \in N$)이다. 그러므로 $xNyN=xyN=zawbN=zwa'bN=zwN=zNwN$이고, 연산이 잘 정의되었다.

또 정의에 의해서 $xNyN = xyN \in G/N$이다.
군 G의 연산의 결합법칙이 다음과 같이 G/N의 결합법칙을 준다.

$$(xNyN)zN = xyNzN = (xy)zN = x(yz)N = xNyzN = xN(yNzN)$$

$xNeN = xN = eNxN$ 이므로, $N = eN$는 G/N의 항등원이다.
$x^{-1}NxN = x^{-1}xN = eN = xNx^{-1}N$ 이므로, $(xN)^{-1} = x^{-1}N$ 이다.

18. (1) (Sylow III-정리 2.11.5를 이용한다.)
$40 = 2^3 \times 5$ 이므로, 위수가 40인 군 G에서 위수가 5인 부분군은 G의 5-Sylow 부분군이다. 정리 2.11.5에 의하여 그 개수 $n_5 = 5k+1$ 꼴의 정수로서 8의 약수이다. 따라서 $n_5 = 1$ 이고, N은 유일하므로 정규부분군이다.

(2) $\mathbb{Z}_2 \oplus \mathbb{Z}_2 / \langle (1,0) \rangle \cong \mathbb{Z}_2$, $\mathbb{Z}_2 \oplus \mathbb{Z}_2 / \langle (0,1) \rangle \cong \mathbb{Z}_2$, $\mathbb{Z}_2 \oplus \mathbb{Z}_2 / \langle (1,1) \rangle \cong \mathbb{Z}_2$ 로 모두 동형이다. 따라서 $\mathbb{Z}_2 \oplus \mathbb{Z}_2$의 잉여군 중 동형이 아닌 것은 $\langle (0,0) \rangle$, $\mathbb{Z}_2$, $\mathbb{Z}_2 \oplus \mathbb{Z}_2$의 3 가지이다.

(3) $\mathbb{Z}/6\mathbb{Z} = \mathbb{Z}_6$의 부분군은 $\langle 0 \rangle$, $3\mathbb{Z}_6$, $2\mathbb{Z}_6$, $\mathbb{Z}_6$의 4개이다.

▶▶ 연습문제 2.6

1. (1) $\sigma(x) = x^{-1} = y^{-1} = \sigma(y)$ 이면, $x = y$ 이므로 σ는 단사이다. 또, $x \in G$에 대하여 $\sigma(x^{-1}) = (x^{-1})^{-1} = x$ 이므로, σ는 전사이다.

(2) ⇒) $\sigma(xy) = (xy)^{-1} = y^{-1}x^{-1} = x^{-1}y^{-1} = \sigma(x)\sigma(y)$ 이므로, σ는 준동형이다.
⇐) σ가 준동형이면, $x, y \in G$에 대하여 $\sigma(x^{-1}y^{-1}) = \sigma(x^{-1})\sigma(y^{-1})$ 이다. 그러므로 $(x^{-1}y^{-1})^{-1} = yx = \sigma(x^{-1})\sigma(y^{-1}) = xy$ 이고, G는 아벨군이다.

2. $\sigma_g(xy) = gxyg^{-1} = (gxg^{-1})(gyg^{-1}) = \sigma_g(x)\sigma_g(y)$ 이므로, σ_g는 준동형이다.
또, σ_g는 $(\sigma_g)^{-1} = \sigma_{g^{-1}}$ 인 동형임을 보인다.

3. (1) $\phi_m(xy) = (xy)^m = x^m y^m = \phi_m(x)\phi_m(y)$ 이므로, ϕ_m는 준동형이다.

(2) 다음과 같이 $\phi_m : G \to G$, $\phi_m(x) = x^m$ 이 전사임을 보인다.
$(m,n) = 1$ 이므로 적당한 $k, l \in \mathbb{Z}$ 에 대하여 $mk + nl = 1$ 이다. 그러므로 임의의 $a \in G$에 대하여 $a = a^1 = a^{mk+nl} = (a^m)^k (a^n)^l = (a^k)^m = \phi_m(a^k)$ 이다. 즉, $x = a^k$ 이다. (또, G가 유한집합이므로, ϕ는 전단사이고 동형이다.)

4. (1) $\ker f = \{0\}$ (2) $\ker f = \{\overline{0}, \overline{6}\}$ (3) $\ker f = \{\overline{0}\}$

(4) $\ker f = \{0\}$ (5) $\ker f = \{1\}$

5. (1) ⟹) $f(1) = m \in \mathbb{Z}$ 일 때, $f : \mathbb{Z} \to \mathbb{Z}$ 가 준동형임을 이용하여 모든 $x \in \mathbb{Z}$ 에 대하여 $f(x) = mx$ 임을 보인다.

(2) $f(1) = r \in \mathbb{Q}$ 일 때, $n \geq 1$ 에 대하여

$r = f(1) = f(\frac{1}{n} + \cdots + \frac{1}{n}) = f(\frac{1}{n}) + \cdots + f(\frac{1}{n}) = nf(\frac{1}{n})$ 이므로

$f(\frac{1}{n}) = \frac{r}{n}$ 이다.

마찬가지로 $l \in \mathbb{Z}$ 에 대하여 $f(\frac{l}{n}) = r\frac{l}{n}$ 임을 보인다.

6. $f : \overline{\mathbb{Z}}_m \to \overline{\mathbb{Z}}_n$ 가 준동형 ⇔ $f(x) = \mu_{i \cdot n_1}(x)$ $(i = 0, 1, \cdots, (d-1))$

⟸) $a = i \cdot n_1$ 일 때, 다음과 같이 $f(x) = \mu_a(x) = ax$ 가 잘 정의된다.

$x = y \in \mathbb{Z}_m$ 이라 하자. 이 때, $m \mid x - y$ 이고 $d \mid m$, $n_1 \mid a$ 이므로, $n \mid a(x-y)$ 이다. 그러므로 $f(x) = ax \equiv ay = f(y) \pmod n$ 이다.

$f(x+y) = a(x+y) = ax + ay = f(x) + f(y)$ 이므로 $f = \mu_a$ 준동형이다.

⟹) $f : \overline{\mathbb{Z}}_m \to \overline{\mathbb{Z}}_n$ 가 준동형일 때, $f(1) = a$ 라 하자.

$f(0) = f(m) = am = 0 \in \mathbb{Z}_n$ 이어야 한다. 즉, $n \mid am$ 이고, $n_1 \mid am_1$ 이다($m = m_1 d$). $(n_1, m_1) = 1$ 이므로 $n_1 \mid a$ 이다.

> **참고** $\{f \mid f : \overline{\mathbb{Z}_m} \to \overline{\mathbb{Z}_n}$, 준동형$\}$은 군을 이루며, $\overline{\mathbb{Z}}_d$ 와 동형이다.

7. (1) 보기 15.

(2) 보기 16.

(3) $f(xy) = (xy)^3 = x^3y^3 = f(x)f(y)$, $\ker f = \langle 1 \rangle$, $f(\sqrt[3]{z}) = z$ 이므로 f 는 동형.

(4) $f(xy) = (xy)^2 = x^2y^2 = f(x)f(y)$, $\ker f = \{1, -1\}$ 이다. 실수 $x > 0$ 에 대하여 $f(\sqrt{x}) = x$ 이므로 f 는 전사이다. f 는 동형 $\overline{f} : \mathbb{R}^*/\{1, -1\} \cong \mathbb{R}^+$ 을 유도한다.

(5) $f(zw) = |zw| = |z||w| = f(z)f(w)$. $\ker f = S_1$. 실수 $x > 0$ 에 대하여 $f(x) = |x| = x$ 이므로 f 는 전사이다. f 는 동형 $\overline{f} : \mathbb{R}^*/S_1 \cong \mathbb{R}^+$ 을 유도한다.

8. 위수가 4인 군 G가 순환군이 아니면, G의 원소의 위수는 1 또는 2이다(정리 2.4.12). 이제 위수가 2인 원소 $a, b \in G$, $a \neq b$에 대하여, $ab \neq e, a, b$이고, $ab = ba$임을 보인다.

9. (1) $D_3 = \langle a, b \mid o(a) = 3,\ o(b) = 2,\ bab^{-1} = a^{-1} \rangle$이므로 S_3와 동형이다. 또는 다음과 같이 서술한다.

$f : D_3 \to S_3$를 $f(a^i b^j) = (1,2,3)^i (2,3)^j$로 정의하면, f는 전단사함수이다.

또 $x = a^i b^j$, $y = a^k b^l \in D_3$에 일 때,

j가 짝수이면, $xy = a^{i+k} b^l$ 이고,

$f(xy) = (1,2,3)^{i+k}(2,3)^l = (1,2,3)^i (2,3)^j (1,2,3)^k (2,3)^l = f(x) f(y)$.

j가 홀수이면, $xy = a^{i-k} b^{l+1}$ 이고,

$f(xy) = (1,2,3)^{i-k}(2,3)^{l+1} = (1,2,3)^i (2,3)^j (1,2,3)^k (2,3)^l = f(x) f(y)$

따라서 전단사함수 f는 동형이다.

(2) 연습문제 2.2.4와 2.2.5에 의하여(또는 코시 정리 2.9.6), 위수가 6인 비아벨군 G에는 위수가 3인 원소 a와 위수가 2인 원소 b가 있다.

이 때, $[G : \langle a \rangle] = 2$이므로, $\langle a \rangle \lhd G$이다. 그러므로 $bab^{-1} \in \langle a \rangle$이다.

$bab^{-1} = e$이면, $a = e$이어서 모순. $bab^{-1} = a$이면, $ab = ba$이어서 G가 아벨군이 되어 모순이다. 따라서 $bab^{-1} = a^2 = a^{-1}$이고, G는 D_3와 동형이다.

10. (1) $[D_4 : \langle a \rangle] = 2$이므로, $\langle a \rangle \lhd D_4$이다.

(2) $[D_4 : N_2] = 2$이므로, $N_2 \lhd D_4$이다.

(3) a^2, $(a^3)^2 = a^2 \in N_3$이므로, D_4 / N_3에서 모든 원소의 위수는 1 또는 2이고, $D_4 / N_3 \cong V_4$이다.

13. (1) $A^2 = \begin{pmatrix} -1 & 0 \\ 0 & -1 \end{pmatrix} = -I_2$이므로, $A^3 = -A = \begin{pmatrix} 0 & -1 \\ 1 & 0 \end{pmatrix}$이고,

$A^4 = (-I_2)(-I_2) = I_2$이고 $o(A) = 4$이다.

마찬가지로 $B^2 = \begin{pmatrix} -1 & 0 \\ 0 & -1 \end{pmatrix} = -I_2$이므로, $B^3 = -B = \begin{pmatrix} 0 & -i \\ -i & 0 \end{pmatrix}$이고,

$B^4 = (-I_2)(-I_2) = I_2$이고 $o(B) = 4$이다.

(2) $BA^3 = \begin{pmatrix} 0 & i \\ i & 0 \end{pmatrix} \begin{pmatrix} 0 & -1 \\ 1 & 0 \end{pmatrix} = \begin{pmatrix} i & 0 \\ 0 & -i \end{pmatrix}$, $AB = \begin{pmatrix} 0 & 1 \\ -1 & 0 \end{pmatrix} \begin{pmatrix} 0 & i \\ i & 0 \end{pmatrix} = \begin{pmatrix} i & 0 \\ 0 & -i \end{pmatrix}$로 같다.

(1)에서와 같이 $A^2 = -I_2 = B^2$이다.

(3) $Q = \{ I, A, A^2, A^3, B, AB, A^2B, A^3B \}$는 (1)과 (2)에 의하여 Q_8과 동형이다.

(4) Q에서 위수가 4인 원소는 $A,\ A^3,\ B,\ AB,\ A^2B,\ A^3B$ 의 6개이다. 이들이 생성하는 부분군은 다음의 3개이고, Q에서 지수가 2이므로 모두 Q의 정규부분군이다.

$$\langle A\rangle = \{ I,\ A,\ A^2,\ A^3 \},$$
$$\langle B\rangle = \{ I,\ B,\ B^2 = A^2,\ B^3 = A^2B \},$$
$$\langle AB\rangle = \{ I,\ AB,\ (AB)^2 = A^2,\ (AB)^3 = A^3B \}$$

위수가 2인 원소는 $A^2 = \begin{pmatrix} -1 & 0 \\ 0 & -1 \end{pmatrix} = -I_2$ 뿐이고, $-I_2$ 는 스칼라 행렬이고,

$\langle A\rangle = \{ I,\ A^2 \} = C(Q)$ }이므로 Q의 정규부분군이다.

나머지 부분군은 자명한 부분군 $\langle I\rangle$ 와 Q로 Q의 정규부분군이다.

15. (1) $\ker\phi \lhd G$ 이고, $\ker\phi$ 에 속하는 원소는 다음의 6개이다.

$$\begin{pmatrix} 1 & b \\ 0 & 1 \end{pmatrix},\ \begin{pmatrix} 2 & b \\ 0 & 2 \end{pmatrix},\ b = 0, 1, 2$$

$A = \begin{pmatrix} 2 & 1 \\ 0 & 2 \end{pmatrix} \in \ker\phi$ 에 대하여 $A^2 = \begin{pmatrix} 2 & 1 \\ 0 & 2 \end{pmatrix}\begin{pmatrix} 2 & 1 \\ 0 & 2 \end{pmatrix} = \begin{pmatrix} 1 & 1 \\ 0 & 1 \end{pmatrix}$, $A^3 = \begin{pmatrix} 2 & 0 \\ 0 & 2 \end{pmatrix}$,

$A^6 = \begin{pmatrix} 1 & 0 \\ 0 & 1 \end{pmatrix}$이다. 따라서, A 의 위수는 6이고, $\ker\phi = \langle A \rangle \cong \mathbb{Z}_6$이다.

(2) $G = \left\{ A^i,\ \begin{pmatrix} 1 & 0 \\ 0 & 2 \end{pmatrix}, \begin{pmatrix} 1 & 1 \\ 0 & 2 \end{pmatrix}, \begin{pmatrix} 1 & 2 \\ 0 & 2 \end{pmatrix}, \begin{pmatrix} 2 & 0 \\ 0 & 1 \end{pmatrix}. \begin{pmatrix} 2 & 1 \\ 0 & 1 \end{pmatrix}, \begin{pmatrix} 2 & 2 \\ 0 & 1 \end{pmatrix} \mid i = 0, \cdots 5 \right\}$이다.

$B = \begin{pmatrix} 1 & 0 \\ 0 & 2 \end{pmatrix}$의 위수는 2 이고($A^i$가 아닌 뒤의 6개의 원소의 위수는 모두 2),

$$AB = BA^5 = \begin{pmatrix} 2 & 2 \\ 0 & 1 \end{pmatrix}$$

따라서 $G \cong D_6$ 이다.

16. $A = \begin{pmatrix} a & b \\ c & d \end{pmatrix}$일 때, $AA^T = I_2$에서 $a^2 + b^2 = 1,\ c^2 + d^2 = 1,\ ac + bd = 0$ 을 얻는다.

위의 세 가지 식을 만족하는 행렬은 다음의 8 개다.

$$\left\{ \begin{pmatrix} 1 & 0 \\ 0 & 1 \end{pmatrix}, \begin{pmatrix} 1 & 0 \\ 0 & 2 \end{pmatrix}, \begin{pmatrix} 2 & 0 \\ 0 & 1 \end{pmatrix}, \begin{pmatrix} 2 & 0 \\ 0 & 2 \end{pmatrix}, \begin{pmatrix} 0 & 1 \\ 1 & 0 \end{pmatrix}, \begin{pmatrix} 0 & 1 \\ 2 & 0 \end{pmatrix}, \begin{pmatrix} 0 & 2 \\ 1 & 0 \end{pmatrix}, \begin{pmatrix} 0 & 2 \\ 2 & 0 \end{pmatrix} \right\}$$

(1) $\ker\phi$ 는 행렬식이 1 인 4개의 행렬이고, 다음과 같다.

$$\langle A \rangle = \left\{ I_2,\ A = \begin{pmatrix} 0 & 1 \\ 2 & 0 \end{pmatrix},\ A^2 = \begin{pmatrix} 2 & 0 \\ 0 & 2 \end{pmatrix},\ A^3 = \begin{pmatrix} 2 & 0 \\ 0 & 1 \end{pmatrix} \mid A^4 = I_2 \right\} \cong \mathbb{Z}_4$$

(2) $B = \begin{pmatrix} 1 & 0 \\ 0 & 2 \end{pmatrix}$의 위수는 2 이고($A^i$가 아닌 나머지 4개의 원소의 위수는 모두 2),

$$AB = BA^3 = \begin{pmatrix} 0 & 2 \\ 2 & 0 \end{pmatrix}$$

따라서 $O_2(\mathbb{Z}_3) \cong D_4$ 이다.

17. $A = \begin{pmatrix} a & b \\ c & d \end{pmatrix}$ 일 때, $a^2+b^2=1$, $c^2+d^2=1$, $ac+bd=0$ 을 만족하는 행렬은 다음의 16 개이다.

$$\begin{pmatrix}1&0\\0&1\end{pmatrix}, \begin{pmatrix}1&0\\0&6\end{pmatrix}, \begin{pmatrix}6&0\\0&1\end{pmatrix}, \begin{pmatrix}6&0\\0&6\end{pmatrix}, \begin{pmatrix}0&1\\1&0\end{pmatrix}, \begin{pmatrix}0&1\\6&0\end{pmatrix}, \begin{pmatrix}0&6\\1&0\end{pmatrix}, \begin{pmatrix}0&6\\6&0\end{pmatrix},$$

$$\begin{pmatrix}2&5\\2&2\end{pmatrix}, \begin{pmatrix}2&2\\5&2\end{pmatrix}, \begin{pmatrix}2&2\\2&5\end{pmatrix}, \begin{pmatrix}2&5\\5&5\end{pmatrix}, \begin{pmatrix}5&2\\2&2\end{pmatrix}, \begin{pmatrix}5&2\\5&5\end{pmatrix}, \begin{pmatrix}5&5\\2&5\end{pmatrix}, \begin{pmatrix}5&5\\5&2\end{pmatrix}$$

$A = \begin{pmatrix}2&5\\2&2\end{pmatrix}$, $B = \begin{pmatrix}0&1\\1&0\end{pmatrix}$ 일 때, $o(A)=8$ 이고, $o(B)=2$ 이다.

(1) $\det(A) = 4-10 = -6 = 1$ 이므로 $\ker\phi = \langle A \mid o(A)=8 \rangle \cong \mathbb{Z}_8$ 이다.

(나머지 8 개는 BA^i 이고, $\det(BA^i) = -1$ 이다.)

(2) $AB = \begin{pmatrix}2&5\\2&2\end{pmatrix}\begin{pmatrix}0&1\\1&0\end{pmatrix} = \begin{pmatrix}5&2\\2&2\end{pmatrix}$, $BA^7 = \begin{pmatrix}0&1\\1&0\end{pmatrix}\begin{pmatrix}2&2\\5&2\end{pmatrix} = \begin{pmatrix}5&2\\2&2\end{pmatrix}$ 이므로

$O_2(\mathbb{Z}_7) = \langle A, B \mid o(A)=8,\ o(B)=2,\ AB = BA^7 \rangle \cong D_8$ 이다.

(설명) $A = \begin{pmatrix}2&5\\2&2\end{pmatrix} = \begin{pmatrix}2&-2\\2&2\end{pmatrix} = 2\begin{pmatrix}1&-1\\1&1\end{pmatrix}$,

$A^2 = 4\begin{pmatrix}1&-1\\1&1\end{pmatrix}^2 = 4\begin{pmatrix}0&-2\\2&0\end{pmatrix} = 8\begin{pmatrix}0&-1\\1&0\end{pmatrix} = \begin{pmatrix}0&-1\\1&0\end{pmatrix}$,

$A^4 = \begin{pmatrix}0&-1\\1&0\end{pmatrix}\begin{pmatrix}0&-1\\1&0\end{pmatrix} = \begin{pmatrix}-1&0\\0&-1\end{pmatrix}$,

$A^8 = \begin{pmatrix}-1&0\\0&-1\end{pmatrix}\begin{pmatrix}-1&0\\0&-1\end{pmatrix} = \begin{pmatrix}1&0\\0&1\end{pmatrix}$ 이므로, $o(A)=8$.

18. 함수 $f : GL_n(\mathbb{Z}_p) \to (\mathbb{Z}_p^*, \ \cdot\ )$, $f(A) = \det A$ 는 $\det(AB) = \det A \det B$ 를 만족하므로 군준동형이다. 또, 임의의 $a \in \mathbb{Z}_p^*$ 에 대하여 n 차 대각선행렬 $A_a = diag(a, 1, \cdots, 1)$ 를 택하면, $\det A_a = a$ 이다. 따라서 $f = \det$ 전사인 군준동형이다.

정의에 의하여 $\ker f = SL_n(\mathbb{Z}_p)$ 이고, 제1동형정리에 의하여 f 는 동형,

$\overline{f} : GL_n(\mathbb{Z}_p)/SL_n(\mathbb{Z}_p) \to \mathbb{Z}_p^*$ 를 유도한다.

(1) $\ker f = SL_n(\mathbb{Z}_p)$ 는 $GL_n(\mathbb{Z}_p)$ 의 정규부분군이다.

(2) $A \in M_n(\mathbb{Z}_p)$ 에 대하여 A 의 i 번째 행(the row i of A)를 A_i 로 나타내자. 이 때, $A = (A_1, \cdots, A_n)$ 에 대하여 다음이 성립한다.

A 가 가역행렬 $\Leftrightarrow$ $A_1, \cdots, A_n$ 가 일차독립인 벡터

따라서 $A \in GL_n(\mathbb{Z}_p)$이면, A의 첫 번째 행 A_1이 될 수 있는 것은 $0 = (0, 0, \cdots, 0)$가 아닌 행이다. 그 가지 수는 $p^n - 1$가지이다.

일차독립인 $A_1, \cdots, A_{i-1}$ 에 대하여,

A_i를 $c_1A_1 + \cdots + c_{i-1}A_{i-1}$ $(c_1, \cdots, c_{i-1} \in \mathbb{Z}_p)$의 꼴이 아닌 벡터로 택하면, $A_1, \cdots, A_{i-1}, A_i$가 일차독립이다. 따라서 A_i가 될 수 있는 벡터는 $p^n - p^{i-1}$가지이다(p^{i-1}은 계수 $c_1, \cdots, c_{i-1}$를 택하는 방법의 수). A_n이 될 수 있는 것은 $A_1, A_2, \cdots, A_{n-1}$의 일차결합이 아닌 $p^n - p^{n-1}$가지이다. 그러므로 가역행렬 A의 개수는 $(p^n - 1)(p^n - p)\cdots(p^n - p^{n-1})$개다.

(3) $\overline{f} : GL_n(\mathbb{Z}_p)/SL_n(\mathbb{Z}_p) \to \mathbb{Z}_p^*$가 동형이므로 $\dfrac{|GL_n(\mathbb{Z}_p)|}{|SL_n(\mathbb{Z}_p)|} = |\mathbb{Z}_p^*| = p-1$ 이다.

따라서

$$|SL_n(\mathbb{Z}_p)| = \frac{|GL_n(\mathbb{Z}_p)|}{p-1} = \frac{(p^n-1)(p^n-p)\cdots(p^n-p^{n-1})}{p-1}$$
$$= p^{n-1}(p^n-1)(p^n-p)\cdots(p^n-p^{n-2})$$

(4) $\overline{i} \in \mathbb{Z}_p^*$에 대하여 $H_i = f^{-1}(\overline{i})$ $(f = \det)$라 하면, H_i는 $\ker f = SL_n(\mathbb{Z}_p)$의 군 $GL_n(\mathbb{Z}_p)$의 서로 다른 잉여류이다. 라그랑쥬의 정리 증명에서와 같이

$|H_1| = |H_2| = \cdots = |H_{p-1}| = p^{n-1}(p^n-1)(p^n-p)\cdots(p^n-p^{n-2})$

19. 군 $GL_2(\mathbb{Z}_2)$의 원소는 다음의 6개이다.

$$\begin{pmatrix}1&0\\0&1\end{pmatrix}, \begin{pmatrix}1&1\\0&1\end{pmatrix}, \begin{pmatrix}1&0\\1&1\end{pmatrix}, \begin{pmatrix}0&1\\1&0\end{pmatrix}, \begin{pmatrix}1&1\\1&0\end{pmatrix}, \begin{pmatrix}0&1\\1&1\end{pmatrix}$$

$A = \begin{pmatrix}1&1\\1&0\end{pmatrix}$일 때, $A^2 = \begin{pmatrix}0&1\\1&1\end{pmatrix}$, $A^3 = \begin{pmatrix}1&1\\1&0\end{pmatrix}\begin{pmatrix}0&1\\1&1\end{pmatrix} = \begin{pmatrix}1&0\\0&1\end{pmatrix}$이므로 $o(A) = 3$이다.

$B = \begin{pmatrix}0&1\\1&0\end{pmatrix}$일 때, $o(B) = 2$이다. 또

$A^2B = \begin{pmatrix}0&1\\1&1\end{pmatrix}\begin{pmatrix}0&1\\1&0\end{pmatrix} = \begin{pmatrix}1&0\\1&1\end{pmatrix}$, $BA = \begin{pmatrix}0&1\\1&0\end{pmatrix}\begin{pmatrix}1&1\\1&0\end{pmatrix} = \begin{pmatrix}1&0\\1&1\end{pmatrix}$이므로, $A^2B = BA$.

$AB = \begin{pmatrix}1&1\\0&1\end{pmatrix} = BA^2$이다. 따라서 $GL_2(\mathbb{Z}_2) \cong S_3$이다.

> **참고** $\mathbb{Z}_2 = \{0, 1\}$이므로 $GL_2(\mathbb{Z}_2) = SL_2(\mathbb{Z}_2)$이다. 또, $O_2(\mathbb{Z}_2) = \left\{\begin{pmatrix}1&0\\0&1\end{pmatrix}, \begin{pmatrix}0&1\\1&0\end{pmatrix}\right\} \cong \mathbb{Z}_2$ 이다.

***20.** (1) 다음과 같이 $\mathbb{Z}_4$의 곱셈표를 만들어 개수를 센다($^-$ 는 생략).

×	0	1	2	3
0	0	0	0	0
1	0	1	2	3
2	0	2	0	2
3	0	3	2	1

16개의 자리 중 0이 8군데, 1이 2군데, 2가 4군데, 3이 2군데이다. 이를 이용하여, $\det A = ad - bc = 1$ 이 되는 경우의 수를 계산하면,

ad	bc	$ad - bc = 1$
1	0	$2 \times 8 = 16$
2	1	$4 \times 2 = 8$
3	2	$2 \times 4 = 8$
0	3	$8 \times 2 = 16$

따라서 $|SL_2(\mathbb{Z}_4)| = 16 + 8 + 8 + 16 = 48$ 이다.

$\det A = ad - bc = -1$ 인 경우는 $8 + 8 + 16 + 16 = 48$ 가지이고, $|GL_2(\mathbb{Z}_4)| = 96$ 이다.

(2) $|O_2(\mathbb{Z}_4)|$ 의 경우는 문제 16, 17의 경우와 같이 $A = \begin{pmatrix} a & b \\ c & d \end{pmatrix} \in O_2(\mathbb{Z}_4)$ 일 때, 방정식 $a^2 + b^2 = 1,\ c^2 + d^2 = 1,\ ac + bd = 0$ 을 풀어서 구한다. 다음의 16개다.

$$\begin{pmatrix} 1 & 0 \\ 0 & 1 \end{pmatrix}, \begin{pmatrix} 1 & 2 \\ 2 & 1 \end{pmatrix}, \begin{pmatrix} 3 & 0 \\ 0 & 3 \end{pmatrix}, \begin{pmatrix} 3 & 2 \\ 2 & 3 \end{pmatrix}, \begin{pmatrix} 0 & 1 \\ 3 & 0 \end{pmatrix}, \begin{pmatrix} 0 & 3 \\ 1 & 0 \end{pmatrix}, \begin{pmatrix} 2 & 1 \\ 3 & 2 \end{pmatrix}, \begin{pmatrix} 2 & 3 \\ 1 & 2 \end{pmatrix},$$

$$\begin{pmatrix} 1 & 0 \\ 0 & 3 \end{pmatrix}, \begin{pmatrix} 1 & 2 \\ 2 & 3 \end{pmatrix}, \begin{pmatrix} 3 & 0 \\ 0 & 1 \end{pmatrix}, \begin{pmatrix} 3 & 2 \\ 2 & 1 \end{pmatrix}, \begin{pmatrix} 0 & 1 \\ 1 & 0 \end{pmatrix}, \begin{pmatrix} 0 & 3 \\ 3 & 0 \end{pmatrix}, \begin{pmatrix} 2 & 1 \\ 1 & 2 \end{pmatrix}, \begin{pmatrix} 2 & 3 \\ 3 & 2 \end{pmatrix},$$

참고 $SO_2(\mathbb{Z}_4) = \{ A \in O_2(\mathbb{Z}_4) \mid \det A = \overline{1} \}$은 위의 16개 중 첫 줄의 8개다. 이 군은 아벨군으로 $SO_2(\mathbb{Z}_4) \cong \mathbb{Z}_2 \oplus \mathbb{Z}_4$이다(2.12절 참고).

21. 보기 2.6.15의 동형 $\overline{f} : (\mathbb{R}, +)/(\mathbb{Z}, +) \to (S^1, \cdot)$, $\overline{f}(x) = e^{2\pi i x}$ 를 이용한다.

(1) 상군 $(\mathbb{R}, +)/(\mathbb{Z}, +)$에서 위수가 무한한 원소의 개수는 구간 $[0, 1)$ 에 있는 무리수의 개수이다. 무한히 많다(uncountable).

(2) 상군 $(\mathbb{R}, +)/(\mathbb{Z}, +)$에서 위수가 유한한 원소의 개수는 구간 $[0, 1)$ 에 있는 유리수의 개수이다. 무한히 많다(countable).

(3) 상군 $(\mathbb{R}, +)/(\mathbb{Z}, +)$에서 위수가 931인 원소는 $1 \le a \le 931$, $(a, 931)$인 a 에 대하여 $\frac{a}{931}$ 인 원소이다. $931 = 7^2 \times 19$이고, 그 개수는 $\phi(931) = (7^2 - 7)(19 - 1) = 756$.

참고 S^1에서 위수가 931인 원소는 $(a, 931)$ 인 a에 대하여 $e^{2\pi i\left(\frac{a}{931}\right)}$이다.

22. $N \triangleleft G$ 이므로 상군 G/N과 자연준동형 $\phi : G \to G/N$, $\phi(x) = x + N$을 고려할 수 있다. $o(G/N) = \dfrac{200}{40} = 5$이므로 $o(x+N) = 1$ 또는 5 이다.

$o(H) = 8$ 이므로 모든 $a \in H$에 대하여 $\phi(a) = a + N$의 위수는 8의 약수이다. 따라서 $o(a+N)$는 5와 8의 공약수이고, $o(a+N) = 1$이다. 즉, 모든 $a \in H$에 대하여 $a + N = N$이고 이는 $H \subseteq N$과 동치이다.

▸▸ 연습문제 2.7

1. (1) $o(\overline{3}) = 10$, $o(\overline{5}) = 2$, $o(\overline{8}) = 5$

(2) $o(\overline{3}) = 6$, $o(\overline{5}) = 18$, $o(\overline{8}) = 9$

(3) $o(\overline{27}) = 100$, $o(\overline{55}) = 20$, $o(\overline{72}) = 25$

2. (1) $\overline{\mathbb{Z}_{11}^*} \cong \overline{\mathbb{Z}}_{10}$이므로 생성원은 $\overline{2}$, $\overline{2^3} = \overline{8}$, $\overline{2^7} = \overline{7}$, $\overline{2^9} = \overline{6}$ 의 $\phi(\phi(11)) = 4$ (개)이다.

(2) 생성원은 $\overline{3}$, $\overline{3^3}$, $\overline{3^5}$, $\overline{3^7}$, $\overline{3^9}$, $\overline{3^{11}}$, $\overline{3^{13}}$, $\overline{3^{15}}$ 의 $\phi(\phi(17)) = 8$ (개)

(3) 생성원은 $\overline{5}$, $\overline{5^5} = \overline{11}$ 의 $\phi(\phi(18)) = 2$ (개)

(4) 생성원은 $\overline{5}$, $\overline{5^3}$, $\overline{5^5}$, $\overline{5^7}$, $\overline{5^9}$, $\overline{5^{13}}$, $\overline{5^{15}}$, $\overline{5^{17}}$, $\overline{5^{19}}$, $\overline{5^{21}}$ 의 $\phi(\phi(23)) = 10$ (개)

3. 다음 순환군의 부분군의 개수와 생성원의 개수를 각각 구하여라.

(1) 부분군 8개, 생성원은 $\phi(250) = 100$ (개)이다.

(2) $882 = 2 \times 3^2 \times 7^2$ 이므로 부분군 18개, 생성원은 $\phi(882) = 252$ (개)이다.

(3) $\overline{\mathbb{Z}}^*_{250} \cong \overline{\mathbb{Z}}_{100}$ 이므로 부분군 9개, 생성원은 $\phi(100) = 40$ (개)이다.

(4) $686 = 2 \times 7^3$ 이므로 $\overline{\mathbb{Z}}^*_{686} \cong \overline{\mathbb{Z}}_{294}$ 이다. $294 = 2 \times 3 \times 7^2$ 이므로 부분군 12개, 생성원은 $\phi(294) = 84$ (개)이다.

4. (1) $\phi(8) = 4$ 이고, $\overline{\mathbb{Z}}^*_8$에서 모든 원소의 위수가 1 또는 2임을 보인다.

(2) $\phi(12) = 4$ 이고, $\overline{\mathbb{Z}}^*_{12}$에서 모든 원소의 위수가 1 또는 2임을 보인다.

5. (1) $(ab)^n = e \;\Leftrightarrow\; (ba)^{n-1} = a^{-1}b^{-1} \;\Leftrightarrow\; (ba)^n = e$

(2) $o(ab) = m$, $o(ba) = n$ 이라 하고, (1)을 이용하여 $m \mid n$ 과 $n \mid m$ 과 각각 보인다.

6. 클라인의 사원군 $V_4 = \langle a, b \mid o(a) = 2,\ o(b) = 2,\ ab = ba \rangle$ 에서
$\langle a \rangle \cap \langle b \rangle = \langle e \rangle$ 이고, $(o(a),\ o(b)) = 2 \neq 1$ 이다.

7. 정리 2.7.5 (1)을 이용하거나 또는 다음과 같이 보인다.

(1) $o(a^i) = 2$ 이면, $a^{2i} = e$ 이므로 $2m \mid 2i$ 이다. 따라서 $m \mid i$ 이고 $0 \leq i \leq 2m-1$ 이므로 $i = m$ 이다.

(2) $o(a^i) = p$ 이면, $a^{ip} = e$ 이므로 $pm \mid pi$ 이다. 따라서 $m \mid i$ 이고 $0 \leq i \leq pm-1$ 이므로 $i = m, 2m, \cdots, (p-1)m$ 이다.

8. (1) $(1,2,3)^2 = (1,3,2)$, $(1,2,3)(1,2) = (2,3)$, $(1,2,3)^2(1,2) = (1,3)$

(2) $(1,2)(1,3) = (1,2,3)$

(3) a 가 3−순환치환, b 가 2−순환치환인 경우는 $3+3=6$ (가지)이고, a 와 b 가 2−순환치환인 경우는 3 (가지)이므로, 생성원을 2개로 하는 방법은 모두 9 가지이다.

9. (1) 중심이 원점인 정사각형상의 네 꼭지점을 1 을 $P(1,0)$ 에 두고 반시계 방향으로 배치한다. 이 때, $\sigma = (1,2,3,4)$ 는 90° 만큼의 회전이동이고, $\tau = (2,4)$ 는 x−축에 관한 대칭이동이다. 이것이 D_4의 기하적인 정의이다.
(또는 $o(\sigma) = 4$, $o(\tau) = 2$ 이고, $\sigma\tau = (1,4)(2,3) = \tau\sigma^{-1}$ 을 계산하여 Δ_4 가 D_4와 동형임을 증명한다.)

(2) (1)과 같은 방법으로 한다.

10. $o(\sigma) = n$, $o(\tau) = 2$ 이고, 정n각형의 꼭지점 $i = 1, 2, \cdots, n$ 대하여,
$(i)(\sigma\tau) = (i)(\tau\sigma^{-1})$ 임을 확인한다.

11. n이 홀수이고, $D_n = \{ e, a, \cdots, a^{n-1}, b, ab, \cdots, a^{n-1}b \}$ 에서

(1) 위수가 2인 원소는 $b, ab, \cdots, a^{n-1}b$ 의 n개.

(2) $1 \leq i \leq n-1$ 일 때, $a^i b = ba^{-i} \neq ba^i$ 이므로 $b, a^i \notin C(D_n)$ 이다.
$1 \leq i \leq n-1$ 일 때, $(ba^i)b = a^{-i} \neq b(ba^i) = a^i$ 이므로 $ba^i \notin C(D_n)$ 이다.
따라서 $C(D_n) = \langle e \rangle$ 이다.

(3) $[D_n : N_1] = 2$ 이므로 N_1 은 D_n 의 정규부분군이다.

12. $n = 2m$ 인 짝수일 때, D_n 에서 대하여 다음에 답하여라.

(1) 위수가 2인 원소는 $b, ab, \cdots, a^{n-1}b, a^m$ 의 $n+1$ 개.

(2) $aa^m = a^m a$ 이고, $ba^m = a^{-m}b = a^m b$ 이므로, $a^m \in C(D_n)$ 이다.

$1 \le i \le n-1$ 일 때, $a^i b = ba^{-i} = ba^i \Leftrightarrow a^{2i} = e \Leftrightarrow i = m$ 이다. 즉, $i \neq m$ 일 때, $a^i b \neq ba^i$ 이고, $a^i \notin C(D_n)$ 이다.

$0 \le i \le n-1$ 일 때, $(ba^i)a = ba^{i+1} \neq a(ba^i) = ba^{i-1}$ 이므로 $ba^i \notin C(D_n)$.

따라서 $C(D_n) = \{e, a^m\}$ 이다.

(3) $a^{2i}(a^{2j}b) = a^{2(i+j)}b \in N_2$, $(a^{2j}b)a^{2i} = a^{2(j-i)}b \in N_2$ 이므로 N_2는 D_n의 부분군이다. 또, $[D_n : N_2] = 2$ 이므로 N_2는 D_n의 정규부분군이다.

(4) $ba^{2i}b^{-1} = ba^{2i}b = a^{-2i} = a^{2(m-i)} \in N_3$ 는 D_n의 정규부분군이다. D_n/N_3 는 위수가 4인 군으로 모든 원소의 위수가 1 또는 2이므로 $D_n/N_3 \cong V_4$ 이다.

(5) 상군의 정의에 의하여 $D_n/C(D_n) \cong D_m$ 이다. 또는

$\phi : D_n \to D_m$ 을 다음과 같이 정의한다.

$\phi(a^i b^j) = a^i b^j \ (0 \le i \le m-1)$, $\phi(a^i b^j) = a^{i-m} b^j \ (m \le i \le n-1)$

이 때, ϕ가 전사준동형이고, $\ker\phi = \{e, a^m\}$임을 보인다.

13. $(\overline{\mathbb{Z}}^*_{11}, \cdot) \cong (\overline{\mathbb{Z}}_{10}, +)$ 이다. $2^5 \equiv 32 \equiv -1 \pmod{11}$이므로, 2가 원시근 중 하나이다. 즉, $o(2) = 10$이고, $(\overline{\mathbb{Z}}^*_{11}, \cdot) = \langle 2 \rangle$이다. 이 때, 원시근들은 다음과 같이 지수를 10과 서로소인 수로 택하면 되고, 그 개수는 $\phi(\phi(11)) = \phi(10) = 4$개다. 즉, 원시근은 다음과 같다.

$$2,\ 2^3 \equiv 8,\ \ 2^7 \equiv 128 \equiv 7,\ \ 2^9 \equiv 28 \equiv 6 \pmod{11}$$

14. (1) 먼저 $ghh^{-1}g^{-1} = g(hh^{-1})g^{-1} = geg^{-1} = gg^{-1} = e$ 이고,

$h^{-1}g^{-1}gh = h^{-1}(g^{-1}g)h = = h^{-1}eh = hh^{-1} = e$ 이므로,

$(gh)^{-1} = h^{-1}g^{-1}$ 이다.

순환군 G는 아벨군이므로 다음과 같이 σ는 준동형사상이다.

$$\sigma(gh) = (gh)^{-1} = h^{-1}g^{-1} = g^{-1}h^{-1} = \sigma(g)\phi(h),\ g, h \in G$$

$g \neq h \in G$이면, $\sigma(g) = g^{-1} \neq h^{-1} = \sigma(h)$이므로 σ는 단사이다.

임의의 $g \in G$에 대하여 $\sigma(g^{-1}) = (g^{-1})^{-1} = g$ 이므로 σ는 전사이다.

따라서 σ는 동형사상이다.

참고 군 G에 대하여 $\sigma : G \to G$를 $\sigma(g) = g^{-1}$, $g \in G$(the inversion map)일 때,

(a) σ는 전단사 함수이다.

(b) σ가 준동형사상(따라서 σ는 동형사상) $\Leftrightarrow$ G가 아벨군

(2) 순환군 $G=\langle a \rangle$, $\tau: G \to G$가 동형이라 하자. 이 때, $\tau(a)=a^n$이면, 모든 $a^i \in \langle a \rangle$에 대하여 $\tau(a^i)=(a^n)^i=a^{ni}$이다.

τ는 전사이므로 $\sigma(a^j)=a^{nj}=a$ 인 $a^j \in \langle a \rangle$. 이 때, $a^{nj-1}=e$ 이고, $G=\langle a \rangle$는 무한순환군이므로 $nj-1=0$이다. 즉, $nj=1$이고, $n=1$ 또는 $n=-1$이다.

$n=1$이면, $\tau=id$이고, $n=-1$이면, $\tau=\sigma$(the inversion map)이다.

15. (1) $n=2, 4, p^k$ 또는 $2p^k$(p는 홀수소수, $k \geq 1$)일 때, $(\mathbb{Z}_n^*, \cdot)$는 순환군 $\langle g \rangle$이다. 또 오일러 함수 ϕ의 정의에 의하여 $|\mathbb{Z}_n^*|=\phi(n)$이다. 그러므로 $o(g)=\phi(n)$이다. 이제 $g^i \equiv g^j \pmod{n}$이면, 순환군 $\langle g \rangle$에서 $g^i=g^j$ 이다. 따라서 $g^{i-j}=e$이고, $\phi(n) \mid (i-j)$이다. 따라서 $i \equiv j \pmod{\phi(n)}$이다. (마지막 부분의 증명은 $i-j$를 $\phi(n)$으로 나누어, $i-j=\phi(n)q+r$에서 위수의 정의에 의하여 $r=0$이다.)

(2) $\mathbb{Z}_8^*=\{1, 3, 5, 7\}$이고, $3^2 \equiv 9 \equiv 1$, $5^2 \equiv 1$, $7^2 \equiv 1 \pmod{8}$이고, $3 \times 5 \equiv 15 \equiv 7 \pmod{8}$이므로 $\mathbb{Z}_8^*$는 사원군 V_4 ($\cong \mathbb{Z}_2 \oplus \mathbb{Z}_2$)와 동형이다.

참고 (a) $\mathbb{Z}_{12}^*=\{1, 5, 7, 11\}$은 위수가 4인 군으로 순환군이 아니므로 사원군 V_4와 동형이다.

(b) $\mathbb{Z}_{15}^*=\{1, 2, 4, 7, 8, 11, 13, 14\}$은 위수가 8인 군으로 순환군이 아니다. $\mathbb{Z}_{15}^*$에서 $o(2)=4$이고, $\mathbb{Z}_{15}^* \cong \mathbb{Z}_2 \oplus \mathbb{Z}_4$(2.12 군의 직적 참고)이다.

16. $o(2)=28$이므로 $2^7, 2^{14}, 2^{21} \equiv 2^{-7}, 2^{28} \equiv 1$이 $x^4 \equiv 1 \pmod{29}$를 만족한다. 이 수들을 모두 곱하면 $2^7 \times 2^{14} \times 2^{21} \times 1 \equiv 2^7 \times 2^{14} \times 12^{-7} \times 1 \equiv 2^{14}$이고, $k=14$이다.

17. $(\mathbb{Z}_{27}^*, \cdot)=\langle 2 \rangle$이고, $|\mathbb{Z}_{27}^*|=\phi(27)=18$이다.
주어진 식으로부터 $x_n \equiv 16^n x_0 \equiv 2^{4n} x_0 \pmod{27}$이고, $x_0 \equiv 2^{4n} x_0 \pmod{27}$이기 위한 필요충분조건은 $18 \mid 4n$이다. 따라서 최소의 자연수 $n=9$이다.

18. $(m, 10)=1$이므로, $(m, 100)=1$. 문제의 조건에서 $m^{18} \equiv 21 \pmod{100}$이다.
이제 군 $\mathbb{Z}_{100}^*$에서 계산하자. $|\mathbb{Z}_{100}^*|=\phi(100)=(2^2-2)(5^2-5)=40$이다. 따라서 $m^{40} \equiv 1 \pmod{100}$이고, $m^{294} \equiv (m^{40})^6 m^{54} \equiv m^{54} \equiv (m^{18})^3 \equiv 21^3 \equiv 61 \pmod{100}$이다. 따라서 m^{294}의 마지막 두 자리 수는 61이다.

참고 $\mathbb{Z}_{100}^*$은 순환군이 아니고, 모든 원소의 위수는 20의 약수이다.

19. 위수가 2014 인 순환군 G의 부분군의 개수는 2014 의 약수의 개수와 같다.
$2014 = 2^1 \times 19^1 \times 53^1$ 이므로 부분군의 개수 $m = (1+1)(1+1)(1+1) = 8$ 이다.
$G = \langle a \rangle$ 에서 위수가 38 인 원소는 $a^{53 \times j}$, $(j, 38) = 1$ 을 만족하는 원소이다. 그러므로 그 개수 $n = \phi(38) = (2-1)(19-1) = 18$ 이다. 따라서 $m + n = 8 + 18 = 26$ 이다.

20.

> **참고** $\mathbb{Z}_{89}^* = \langle 23 \rangle = \langle 3 \rangle \cong (\mathbb{Z}_{88}, +)$ 이다.

$a = 23^{41}$ 이므로 $a^n = 23^{41n} \equiv 23 \pmod{89}$ 인 가장 작은 양의 정수 n을 구하여 한다.
$23^{41n-1} \equiv 1 \pmod{89}$ 이고, $\mathbb{Z}_{89}^* = \langle 23 \rangle \cong (\mathbb{Z}_{88}, +)$ 이므로 $88 \mid (41n-1)$ 이다 (2.4.13). 그러므로 $88m + 41n = 1$인 정수 m이 존재한다. 이 식을 만족하는 가장 작은 양의 정수 n을 구하는 문제는 절댓값이 가장 작은 음의 정수 m을 구하는 문제다.
$88m \equiv 6m \equiv 1 \pmod{41}$ 에서 $m \equiv 7 \equiv -34 \pmod{41}$ 이고, 이 식을 만족하는 절댓값이 가장 작은 음의 정수 $m = -34$ 이다. 따라서 $n = \dfrac{1 + 88 \times 34}{41} = 73$ 이다.

21. $50 = 2 \times 5^2$ 이고, $\phi(50) = (2-1)(5^2-5) = 20$ 이므로 $(\overline{\mathbb{Z}}_{50}^*, \cdot)$는 위수가 20 인 순환군이다. 이 때 $o(3) = 20$ 이어서 순환생성원이다.)

(1) $(\overline{\mathbb{Z}}_{50}^*, \cdot) = \langle 3 \rangle$ 이고, 이 군의 순환생성원은 $(i, 20) = 1$ 인 i에 대하여 3^i 이다. 그 수는 $\phi(20) = 8$ 개이고, 다음과 같다.
$3^1,\ 3^3 = 9,\ 3^7 = 37,\ 3^9 = 33,\ 3^{11} = 47,\ 3^{13} = 23,\ 3^{17} = 13,\ 3^{19} = 17$
즉, $a = 3, 9, 37, 33, 47, 23, 13, 17$ 이다.

(2) $x^5 \equiv 1 \pmod{50}$을 만족하는 것은 $3^4 = 31,\ 3^8 = 11,\ 3^{12} = 41,\ 3^{16} = 21,\ 3^{20} = 1$ 이다. 즉, $x = 31,\ 11,\ 41,\ 21,\ 1$이다.

(3) $3^4 \times 3^8 \times 3^{12} \times 3^{16} \times 1 = 3^{4+8+12+16} = 3^{40} \equiv 1 \pmod{50}$

(4) $31 \equiv 81 = 3^4 \pmod{50}$ 이다. 따라서 $o(31) = o(3^4) = \dfrac{20}{(4, 20)} = 5$

(5) $3^4 \times 3^2 \equiv 31 \times 9 = 279 \equiv 29 \pmod{50}$ 이다. 따라서
$o(29) = o(3^6) = \dfrac{20}{(6, 20)} = 10$

22. $54 = 2 \times 3^3$, $\phi(54) = 18$ 이므로 $\overline{\mathbb{Z}}_{54}^*$는 순환군 $(\overline{\mathbb{Z}}_{18}, +)$과 동형이다.

(1) 부분군의 개수는 18의 약수의 개수인 $(1+1)(2+1) = 6$ 이다.

(2) 생성원의 개수는 $\phi(18) = 6$개다.

(3) $(\overline{\mathbb{Z}}_{54}^*, \cdot) = \langle 5 \rangle$이고, $25 = 5^2$의 위수는 $\dfrac{18}{2} = 9$이다.

(4) $5^3 = 125 \equiv 17 \pmod{54}$이므로 17 의 위수 $\dfrac{18}{3} = 6$이다.

23. n개(유한개)의 복소수의 집합 G가 복소수 곱에 대하여 군을 이루면 G는 위수가 n인 순환군 $R_n = \left\{ \rho^k \;\middle|\; \rho = e^{\frac{2\pi}{n}i} = \cos\dfrac{2\pi}{n} + i\sin\dfrac{2\pi}{n},\;\; k = 0, 1, \cdots, n-1 \right\}$이다.(**문제 2.4.14**).

이 문제의 경우 $G = R_{100} \cong (\mathbb{Z}_{100}, +)$이다. 이 군의 생성원,

$\rho = e^{\frac{2\pi}{100}i} = \cos\dfrac{2\pi}{100} + i\sin\dfrac{2\pi}{100}$에 대하여

(1) $a^{20} = 1$인 원소는 ρ^{5i} $(0 \le i \le 19)$인 20개이다.

(2) 위수가 20인 원소는 ρ^{5i} 중 $(i, 20) = 1$인 것으로서 그 개수는 $\phi(20) = 8$개이고, 다음과 같다.

$$\rho^{5\times1},\ \rho^{5\times3},\ \rho^{5\times7},\ \rho^{5\times9},\ \rho^{5\times11},\ \rho^{5\times13},\ \rho^{5\times17},\ \rho^{5\times19}$$

(3) 유한 순환군 G의 부분군의 개수는 $o(G)$의 약수의 개수와 같다(**정리 2.7.5(3)**).
$120 = 2^2 \times 5^2$의 약수의 개수는 $(2+1)(2+1) = 9$개다.

24. D_n과 $\langle a^m \rangle$의 생성원에 대하여 계산하면 된다. 즉,
$a(a^m)a^{-1} = a^m \in \langle a^m \rangle$, $b(a^m)b^{-1} = b^2 a^{-m} = a^{(l-1)m} \in \langle a^m \rangle$이므로
$\langle a^m \rangle \lhd D_n$이다.

다른 방법 $\phi : D_n \to D_m$을 $\phi(a^i b^j) = a^i b^j$로 정의하면, 조건 $m | n$에 의하여 ϕ는 군준동형이다(확인!). ϕ는 전사이고, $\ker\phi = \langle a^m \rangle$이므로 제1동형정리에 의하여 ϕ는 동형, $\overline{\phi} : D_n / \langle a^m \rangle \cong D_m$을 유도한다.

25. 마지막 두 자릿수를 구하는 문제이므로 $\mathbb{Z}_{100}$에서 값을 구하는 문제이다. 또한 $(a, 20) = 1$이므로 $(a, 100) = 1$이고, 곱셈만을 사용하므로 $\mathbb{Z}_{100}^*$에서 계산한다.
$|\mathbb{Z}_{100}^*| = 40$이다. (또, $\mathbb{Z}_{100}^*$는 순환군이 아니고 위수가 20인 원소가 있고, 모든 원소의 위수는 20의 약수이다.)

(1) $a^{2105} \equiv (a^{40})^{25} a^{105} \equiv (a^{15})^7 \equiv 7^7 \equiv 43 \pmod{100}$

(**다른 풀이**는 $\mathbb{Z}_{100}^*$에서 모든 원소의 위수는 20의 약수임을 이용하면,
$a^{2105} \equiv (a^{20})^{105} a^5 \equiv a^5 \equiv (a^{15})^3 \equiv 7^3 \equiv 343 \equiv 43 \pmod{100}$)

(2) $a^{2017} \equiv (a^{40})^{25} a^{17} \equiv a^{17} \equiv (a^{19})^3 \equiv 11^3 \equiv 31 \pmod{100}$

참고 $3^{15} \equiv 7 \pmod{100}$, $91^{19} \equiv 91^{-1} \equiv 11 \pmod{100}$

▶▶ 연습문제 2.8

1. $\Rightarrow$) τ_g 가 준동형이면, $\tau_g(e)= ge = e$ 이므로 $g= e$ 이다.

$\Leftarrow$) $g= e$ 이면, $\tau_g= 1_G$ 는 준동형이다.

2. 보기 2.8.16에 의하여 $|Aut(\mathbb{Z}_n)|= \phi(n)$ 이다(ϕ는 오일러의 phi-함수).

(1) $\phi(250)= (2-1)(5^3-5^2)= 100$

(2) $\phi(636)= (4-2)(3-1)(53-1)=208$

(3) $\phi(636)= (2-1)(7^3-7^2)= 294$

(4) $\phi(900)= (2^2-2)(3^2-3)(5^2-5)= 240$

3. $Inn(Q_8) \cong Q_8/C(Q_8) \cong V_4$ 이다.

4. n 이 홀수이면, $C(D_n)= \langle e\rangle$ 이다(연습문제 2.7.11(2)). 따라서 $Inn(D_n) \cong D_n$ 이다.

$n= 2m$ 이 짝수이면, $C(D_n)= \{e, a^m\}$ 이다. 따라서

$Inn(D_n) \cong D_n/C(D_n) \cong D_m$ 이다(연습문제 2.7.12).

5. 모든 $\tau(a) \in \tau(N)$ 과 $x \in G$ 에 대하여($a \in N$) τ가 전사이므로 $\tau(z)= x$ 인 $z \in G$ 가 있다. 또, $N \lhd G$ 이므로 $zaz^{-1} \in N$ 이다. 따라서

$x\tau(a)x^{-1}= \tau(z)\tau(a)\tau(z)^{-1}= \tau(zaz^{-1}) \in \tau(N)$ 이고, $\tau(N) \lhd G$ 이다.

6. 모든 $\tau \in Aut(G)$ 에 대하여 $\tau(N) \subseteq N$ 이므로, 특히 임의의 $\sigma_g \in Inn(G)$ 에 대하여

$\sigma_g(N)= gNg^{-1} \subseteq N$ 이다. 따라서 $N \lhd G$ 이다.

$V_4= \{e, a, b, c= ab\}$ 는 아벨군이므로 모든 부부군이 정규부분군이다. $N= \{e, a\}$,

$\tau \in Aut(G)$ 를 $\tau(e)= e$, $\tau(a)= b$, $\tau(b)= a$, $\tau(c)= c$ 로 하면, $\tau(N) \not\subseteq N$ 이다.

7. D_4 에서 위수가 1 또는 2인 원소는 e, a^2, b, ab, a^2b, a^3b의 6개뿐이다. 즉, 이 6개의 원소가 자기자신이 역원이다. 그러므로 $\tau= id$ 가 문제의 조건을 만족시킨다.

8. G 가 아벨군이고 모든 원소의 위수가 2인 경우에 항등원이 아닌 두 원소 a, b 를 택한다. $\tau: G \to G$ 를 $\tau(a)= b$, $\tau(b)= a$ 이고, a, b 이외의 원소 c 에 대하여 $\tau(c)= c$ 로 정의하면 $id \neq \tau \in Aut(G)$ 이다(문제 6 참고).

G 가 아벨군이고 원소가 3 이상인 원소가 있는 경우에 역원을 취하는 함수(the inversion map), $\sigma: G \to G$, $\sigma(x) = x^{-1}$가 $id \neq \sigma \in Aut(G)$ 이다(문제 2.6.1 참고).
G 가 비아벨군인 경우에 $g \notin C(G)$ 에 대하여 내부자기동형 $id \neq \sigma_g \in Aut(G)$ 이다.

10. $X = \{xH \mid x \in G\}$ 일 때, $\tau: G \to S(X)$, $\tau(g) = \tau_g$, $\tau_g: X \to X$, $\tau_g(xH) = gxH$ 에 대하여 $o(G) = 36 \nmid 4!$ 이므로 준동형 τ 는 단사가 아니다. 그러므로 $K = \ker\tau \neq \langle e \rangle$ 이다. 또, 문제 9(2)에 의하여 $K = \ker\tau$는 G의 정규부분군으로 H에 포함되는 것 중 가장 크다.

11. 먼저 다음과 같이 $\phi: Aut(\overline{\mathbb{Z}}_n) \to (\overline{\mathbb{Z}}_n^*, \bullet)$, $\phi(\sigma) = \sigma(\overline{1}) \in \overline{\mathbb{Z}}_n^*$ 임을 보인다(이는 ϕ가 잘 정의됨을 보이는 것이다).
σ는 단사이므로 정리 2.8.12에 의하여 $o(\sigma(\overline{1})) = o(\overline{1}) = n$ 이다. 또, 정리 2.7.5(1)에 의하여 $o(\sigma(\overline{1})) = \dfrac{n}{(n, \sigma(\overline{1}))}$ 이다. 그러므로 $(n, \sigma(\overline{1})) = 1$ 이고, $\sigma(\overline{1}) \in \overline{\mathbb{Z}}_n^*$ 이다.
이제 $\sigma, \tau \in Aut(\overline{\mathbb{Z}}_n)$일 때, $\sigma(\overline{1}) = \overline{m}$, $\tau(\overline{1}) = \overline{l}$ 라 하자. 다음과 같이 ϕ는 준동형이다.

$$\phi(\tau\sigma) = (\tau\sigma)(\overline{1}) = \tau(\sigma(\overline{1})) = \tau(\overline{m}) = \overline{l}\,\overline{m} = \tau(\overline{1})\sigma(\overline{1}) = \phi(\tau)\phi(\sigma)$$

임의의 $\overline{m} \in \overline{\mathbb{Z}}_n^*$에 대하여 $\sigma = \mu_m$이라 하자. 즉, $\sigma(\overline{x}) = \mu_m(\overline{x}) = m\overline{x} = \overline{mx}$.
이 때, $\phi(\sigma) = \sigma(\overline{1}) = \overline{m}$ 이므로, ϕ는 전사이다.
또한, $\tau \in \ker\phi$ 이면, $\phi(\tau) = \tau(\overline{1}) = \overline{1}$ 이다. 이는 $\tau(\overline{x}) = \overline{x}$ 를 유도하고 τ는 항등함수이다. 따라서 $\ker\phi = \langle id \rangle$ 이고, ϕ는 단사이다.

12. $\ker f \lhd S_4$ 이므로, 다음의 경우를 고려하면 된다.

(1) $\ker f = S_4$ 인 경우는 $\forall \sigma \in S_4$에 대하여 $f(\sigma) = (1)$ 인 경우이고 1개이다.

(2) $\ker f = A_4$ 인 경우는 $\forall \sigma \in A_4$에 대하여 $f(\sigma) = (1)$ 이고, $\forall \tau \in S_4 - A_4$는 $f(\tau) = (1, 2)$, $f(\tau) = (1, 3)$, 또는 $f(\tau) = (2, 3)$의 3 개다.

(3) $\ker f = V_4$ 인 경우는 $S_4 / V_4 \cong S_3$ (보기 2.6.19)이므로 f는 동형 $\overline{f}: S_3 \to S_3$를 유도한다. 그런 동형은 6 개다(보기 2.8.13(2)).

따라서 준동형 $f: S_4 \to S_3$는 모두 $1+3+6 = 10$ 개다.

▶▶ 연습문제 2.9

1. (1) $g, h \in C_G(H)$ 이면, 모든 $x \in H$에 대하여
$(hg)x = h(gx) = h(xg) = (hx)g = x(hg)$ 이므로, $gh \in C_G(H)$ 이다. 또, 모든 $x \in H$에 대하여 $gx = xg$ 이므로 $xg^{-1} = g^{-1}x$ 가 성립한다. 그러므로 $g^{-1} \in C_G(H)$ 이고, $C_G(x)$는 G의 부분군이다.
$g, h \in N_G(H)$ 이면, $(hg)H = h(gH) = h(Hg) = (hH)g = H(hg)$ 이므로, $gh \in N_G(H)$ 이다. 또, $gH = Hg$ 이므로 $Hg^{-1} = g^{-1}H$ 가 성립한다. 그러므로 $g^{-1} \in N_G(H)$ 이고, $N_G(x)$는 G의 부분군이다.

(2) $N_G(H)$ 의 정의에 의하여 H는 $N_G(H)$ 의 정규부분군이다.

(3) H가 G의 정규부분군 $\Leftrightarrow$ 모든 $x \in G$ 에 대하여 $xH = Hx$ $\Leftrightarrow$ $G = N_G(H)$

2. (1) 정리 5에 의하여 $|\overline{x}| = [G : C_G(x)] = 2$ 이므로 $C_G(x) \lhd G$ 이다.

(2) S_3 에서 $x = (1,2)$ 일 때, $\overline{x} = \{(1,2), (1,3), (2,3)\}$, $C_G(x) = \langle (1,2) \rangle$ 이다. 이 보기에서 $|\overline{x}| = 3$ 이고, $C_G(x)$는 G의 정규부분군이 아니다.

3. (1) 위수가 n인 군 G의 켤레류가 $\overline{e}$ 와 $\overline{x}$ 2개라 하자($x \neq e$). 정리 5에 의하여 $|\overline{x}| = (n-1) \mid n$ 이다. $(n-1, n) = 1$ 이므로 $n = 2$ 이고, $G \cong \overline{\mathbb{Z}}_2$ 이다.

(2) S_3 의 켤레류는 $\{(1)\}$, $\{(1,2), (1,3), (2,3)\}$, $\{(1,2,3), (1,3,2)\}$ 3개이다.

(3) A_4 가 켤레류가 4개인 비아벨군이다(보기 2.10.22).

4. (1) 위수가 p인 원소 $p-1$(개). 위수가 p^2 인 원소는 $\phi(p^2) = p^2 - p$ 개.

(2) 위수가 p인 원소 p^2-1(개). 위수가 p인 부분군은 $(p^2-1)/(p-1) = p+1$ 개.

5. (1) $n = 2m$ 이 짝수일 때

대표원 x	켤레류 $\overline{x}$	$\lvert\overline{x}\rvert$	$C_G(x)$	$\lvert C_G(x)\rvert$
e	$\{e\}$	1	D_n	$2n$
a^m	$\{a^m\}$	1	D_n	$2n$
$a^i\,(1 \le i < m)$	$\{a^i, a^{n-i}\}$	2	$\langle a \rangle$	n
b	$\{a^{2j}b\}$	m	$\{e, a^m, b, a^m b\}$	4
ab	$\{a^{2j+1}b\}$	m	$\{e, a^m, ab, a^{m+1}b\}$	4

위의 표에서 $i = 1, 2, \cdots, m-1$ 일 때, 켤레류 $\overline{a^i} = \{a^i, a^{n-i}\}$는 2개의 원소를 가진다. 켤레류 $\overline{b} = \{a^{2j}b \mid j = 0, 1, \cdots, m-1\}$로 m(개)의 원소를 갖는다. 마찬가지로 켤레류 $\overline{ab} = \{a^{2j+1}b \mid j = 0, 1, \cdots, m-1\}$로 m(개)의 원소를 갖는다. 따라서 켤레류는 $1+1+(m-1)+1+1 = m+3$ 개이다.

(2) $n = 2m+1$이 홀수일 때

대표원 x	켤레류 $\overline{x}$	$\lvert \overline{x} \rvert$	$C_G(x)$	$\lvert C_G(x) \rvert$
e	$\{e\}$	1	D_n	$2n$
$a^i\,(1 \le i \le m)\}$	$\{a^i, a^{n-i}\}$	2	$\langle a \rangle$	n
b	$\{a^j b\}$	n	$\{e, b\}$	2

위의 표에서 $i = 1, 2, \cdots, (n-1)/2$ 일 때, 켤레류 $\overline{a^i} = \{a^i, a^{n-i}\}$는 2개의 원소를 가진다. 켤레류 $\overline{b} = \{a^j b \mid j = 0, 1, \cdots, n-1\}$로 n(개)의 원소를 갖는다. 따라서 켤레류는 $1+(n-1)/2+1 = m+2$개다.

6. $G/C(G) = \langle aC(G) \rangle$라 하자. 임의의 $x, y \in G$에 대하여 $x = a^i g$, $y = a^j h$인 $g, h \in C(G)$가 있다. 이 때, $xy = a^i g a^j h = a^{i+j} gh = a^{j+i} hg = a^j h a^i g = yx$이다.

7. $g \in C_G(\tau(x))$ 이면, $g\tau(x)g^{-1} = \tau(x)$이다. $g = \tau(h)$, $h \in G$라 하자. 이 때,
$g\tau(x)g^{-1} = \tau(h)\tau(x)\tau(h)^{-1} = \tau(hxh^{-1}) = \tau(x)$ 이므로 $hxh^{-1} = x$ 이고,
$h \in C_G(x)$ 이다. 따라서 $g = \tau(h) \in \tau(C_G(x))$ 이다.
$g = \tau(h) \in \tau(C_G(x))$라 하자 $(h \in C_G(x))$.
$g\tau(x)g^{-1} = \tau(h)\tau(x)\tau(h)^{-1} = \tau(hxh^{-1}) = \tau(x)$ 이므로 $g \in C_G(\tau(x))$ 이다.

8. (1) x의 켤레류, $\overline{x} = \{y \mid y = gxg^{-1},\ g \in G\}$이다. 그러므로 $x \in N$이고 $N \lhd G$이면, $\overline{x} \subseteq N$이다.

(2) (1)에 의하여 $\overline{x} \subseteq N$이므로, $|N| = \sum |\overline{x_i}|$ (x_i는 켤레류의 대표원 중 N에 속하는 것)이 성립한다.

9. 문제 8에 의하여 N에서의 류등식을 고려할 수 있다. 즉, 유한군 G의 켤레류 중 N에 포함되는 것을 $\overline{x_1}, \cdots, \overline{x_m}, \overline{y_1}, \cdots, \overline{y_n}$ 라 하자($x_i \in C(G) \cap N$, $y_j \in N - C(G)$).

$$|N| = |C(G) \cap N| + \sum_{j=1}^{n} \frac{|G|}{|C_G(y_j)|}$$

이 때, $y_j \notin C(G)$이므로 $\sum_{j=1}^{n} \frac{|G|}{|C_G(y_j)|}$는 p의 배수이다. 또, $|N|$이 p의 배수이므로 $|C(G) \cap N|$도 p의 배수이다. 따라서 $N \cap C(G) \neq \langle e \rangle$이다.

▶▶ 연습문제 2.10

1. σ의 궤도 : $\{2\}$, $\{6\}$, $\{8, 9, 10\}$, $\{1, 7, 3, 5, 4\}$
σ의 순환치환 : (2), (6), $(8, 9, 10)$, $(1, 7, 3, 5, 4)$

3. $\sigma = \sigma_1 \sigma_2 \cdots \sigma_r$, σ_i는 길이가 n_i인 σ의 순환치환이라 하자.
$o(\sigma) = m$, $lcm(n_1, n_2, \cdots, n_r) = l$이라 하면,
$(1) = \sigma^m = \sigma_1^m \sigma_2^m \cdots \sigma_r^m$에서 $\sigma_i^m = (1)$임을 보인다(정리 2.7.7). 따라서 $l \mid m$이다.
또, $\sigma^l = \sigma_1^l \sigma_2^l \cdots \sigma_r^l = (1)$이므로, $m \mid l$이다.

4. (1) $\delta = \tau^{-1} \sigma \tau = (2, 4, 5, 1, 3)$, $\epsilon = \tau \sigma \tau^{-1} = (4, 1, 5, 2, 3)$
(2) $\delta = \tau^{-1} \sigma \tau = (2, 7)(1, 3, 6)$, $\epsilon = \tau \sigma \tau^{-1} = (2, 3)(1, 6, 7)$

5. (1) a, b, c, d가 1부터 4까지 서로 다른 수이고, $\tau \in S_4$일 때, 정리 16에 의하여
$\tau^{-1}(a, b)(c, d)\tau = (\tau(a), \tau(b))(\tau(c), \tau(d))$이다.
$\tau \in S_4$이므로 τ는 단사이고 $\tau(a)$, $\tau(b)$, $\tau(c)$, $\tau(d)$는 1부터 4까지 서로 다른 수이다.
따라서 $\tau^{-1}(a, b)(c, d)\tau = (\tau(a), \tau(b))(\tau(c), \tau(d)) \in V_4$이고, $V_4 \lhd S_4$이다.
(2) $n \geq 5$일 때, $\tau = (4, 5) \in S_n$를 택하면, $\tau^{-1}(1, 2)(3, 4)\tau = (1, 2)(3, 5) \notin V_4$이다. 따라서 V_4는 S_n의 정규부분군이 아니다.

참고 $n \geq 5$일 때, $\tau = (1, 2)(4, 5) \in A_n$이면, $\tau^{-1}(1, 2)(3, 4)\tau = (1, 2)(3, 5) \notin V_4$이다. 따라서 V_4는 A_n의 정규부분군이 아니다.

6. $\sigma = (a_1, a_2, \cdots, a_n) = (a_1, a_2)(a_1, a_3) \cdots (a_1, a_n)$는 $n-1$(개)의 호환의 곱이다. 따라서
'n-순환치환 $\sigma = (a_1, a_2, \cdots, a_n)$이 짝치환 $\Leftrightarrow$ n이 홀수'

7. (1) $\delta \in H - A_n$, $A = \{\sigma \in H \mid \sigma$는 짝치환$\}$, $B = \{\tau \in H \mid \tau$는 홀치환$\}$

이고, $f: A \to B$ 를 $f(\sigma) = \delta\sigma$ 로 정의한다. 이 때, $\delta\sigma$ 는 홀치환이고, $\delta\sigma \in H$ 이므로 f 는 잘 정의되었다. $\sigma_1 \neq \sigma_2$ 이면, $\delta\sigma_1 \neq \delta\sigma_2$ 이므로 f 는 단사이다. 또, 임의의 $\tau \in B$ 에 대하여 $\delta^{-1}\tau \in A$ 이고, $f(\delta^{-1}\tau) = \tau$ 이므로 f 는 전사이다. 그러므로 $|A| = |B|$ 이다.

따라서 $|H| = |A| + |B| = 2|A|$ 는 짝수이다.

(2) $\{(1), (1,2)\}$, $\{(1), (1,3)\}$, $\{(1), (2,3)\}$의 3개.

(3) S_4 에서 부분군 중 위수가 6인 것은 S_3 와 동형인 것 4개이고, 그 중 하나는 1 을 고정시키는 $\{(1), (2,3,4), (2,4,3), (2,3), (2,4), (3,4)\}$ 이다.

S_4 에서 부분군 중 위수가 8인 것은 D_4 동형인 것 3개 : D_4^1, D_4^2, D_4^3 (문제 2.3.6).

8. (1) $\binom{n}{m}(m-1)! = \dfrac{n!}{(n-m)!\,m}$

(2) $(n-m)!\,m$

(3) $C_{S_n}(\sigma) = \{\sigma^i\tau \mid i = 1, \cdots, m,\ \tau \in S(\{m+1, \cdots, n\})\}$

9. $n \geq 4$ 일 때, S_n 에서 $\tau = (1,2)(3,4)$ 에 대하여 다음에 답하여라.

(1) S_n 에서 τ의 켤레원인 원소는 $\binom{n}{2}\binom{n-2}{2}\dfrac{1}{2!} = \dfrac{n(n-1)(n-2)(n-3)}{8}$ 개다.

(2) $|C_{S_n}(\tau)| = |S_n| \div \left\{\dfrac{n(n-1)(n-2)(n-3)}{8}\right\} = 8(n-4)!$.

(3) $D_4^3 = \langle (1,3,2,4), (1,2) \rangle$에 대하여(연습문제 2.3.6)

$(1,3,2,4)^{-1}(1,2)(3,4)(1,3,2,4) = (3,4)(1,2) = (1,2)(3,4)$,

$(1,2)^{-1}(1,2)(3,4)(1,2) = (3,4)(1,2) = (1,2)(3,4)$

이므로 $D_4^3 \subseteq C(\tau)$ 이다. 또한 $|D_4^3| = |C(\tau)| = 8$ 이므로 $D_4^3 = C(\tau)$ 이다.

따라서 $C_{S_n}(\tau) = \{\sigma\delta \mid \sigma \in D_4^3, \delta \in S(\{5, \cdots, n\})\}$ 이다.

10. (1) S_n 에서 δ와 켤레원인 원소는 $\binom{n}{2}\binom{n-2}{2}\binom{n-4}{2}\dfrac{1}{3!} = \dfrac{n(n-1)\cdots(n-5)}{48}$ 개다.

(2) $|C_{S_n}(\delta)| = n! \div \left\{\dfrac{n(n-1)\cdots(n-5)}{48}\right\} = 48(n-6)!\}$

(3) **이 문제**에서 찾는 48개의 치환으로 이루어진 S_6 의 부분군은 다음과 같이 찾는다. 먼저 $(1,2), (3,4), (5,6) \in C_{S_n}(\delta)$ 이다. 또한 한 쌍의 원소로 이루어진 세 집합 $\{1,2\}$, $\{3,4\}$, $\{5,6\}$ 을 바꾸는 치환도 $C_{S_n}(\delta)$ 의 원소이다. 각각의 집합을 차례로 1, 2, 3번

집합이라고 할 때, 세 집합을 바꾸는 치환 중 $(1,2,3)$에 해당하는 것 중 하나는 S_6에서 $\sigma_1=(1,3,5)(2,4,6)$이고, 세 집합을 바꾸는 치환 중 $(1,2)$에 해당하는 것 중 하나는 S_6에서 $\sigma_2=(1,3)(2,4)$이다(σ_i의 다른 선택은 $(1,2),(3,4),(5,6)$을 곱하여 얻을 수 있다).

이제 $C_{S_n}(\tau)$는 다음과 같이 $48\times(n-6)!$개의 원소로 구성된다.

$$C_{S_n}(\tau)=\{(1,2)^i(3,4)^j(5,6)^k\sigma_2^l\sigma_1^m\delta \mid i,j,k,l=0,1,\ m=0,1,2,\ \delta\in S(\{7,\cdots,n\})\}$$

11. (1) S_n에서 β와 켤레원인 원소는

$\binom{n}{3}\times(3-1)!\times\binom{n-3}{3}\times(3-1)!\times\frac{1}{2!}=\frac{n(n-1)\cdots(n-5)}{18}$ 개다.

(2) $|C_{S_n}(\beta)|=n!\div\left\{\frac{n(n-1)\cdots(n-5)}{18}\right\}=18\times(n-6)!$

(3) 먼저 $(1,2,3),(4,5,6)\in C_{S_n}(\beta)$이다. 또 두 집합 $\{1,2,3\}$, $\{4,5,6\}$을 맞바꾸는 치환도 $C_{S_n}(\beta)$의 원소이다. 그와 같은 치환 중 하나는 S_6에서 $\sigma=(1,4)(2,5)(3,6)$이다. 따라서 다음의 $18\times(n-6)!$개의 원소가 $C_{S_n}(\beta)$을 이룬다.

$C_{S_n}(\beta)=\{(1,2,3)^i(4,5,6)^j\sigma^k\delta \mid i,j=0,1,2,\ k=0,1,\ \delta\in S(\{7,\cdots,n\})\}$

12. p가 소수일 때, S_p에서 위수가 p인 원소는 p-순환치환 뿐이고, 그 개수는

$\binom{p}{p}(p-1)!=(p-1)!$ (개)이다.

13. (1) S_4에서 위수가 4인 원소는 4-순환치환 뿐이고, 개수는 $(4-1)!=6$ (개)이다.

(2) $\sigma^4=(1)$인 원소는 $1+6+3+6=16$ (개)이다.

14. (1) S_5에서 위수가 6인 원소는 $\{2,3\}$-꼴의 치환이고, 그 개수는

$\binom{5}{2}(2-1)!\binom{3}{3}(3-1)!=20$ (개)이다.

(2) $\sigma^6\neq(1)$인 원소는 위수가 4인 4-순환치환과 위수가 5인 5-순환치환 뿐이다. 그러므로 $\sigma^6=(1)$인 σ의 개수는 $120-\binom{5}{4}(4-1)!-\binom{5}{5}(5-1)!=66$ (개)이다.

15. (1) S_6에서는 $\{1,2,3\}$-꼴과 $\{6\}$-꼴의 치환의 위수가 6

A_6에서는 $\{1,5\}$-꼴의 치환의 위수가 5

(2) S_7에서는 $\{3, 4\}$ −꼴의 치환의 위수가 12

A_7에서는 $\{7\}$ −꼴의 치환의 위수가 7

(3) S_{10}에서는 $\{2, 3, 5\}$ −꼴의 치환의 위수가 30

A_{10}에서는 $\{3, 7\}$ −꼴의 치환의 위수가 21

(4) S_{12}에서는 $\{3, 4, 5\}$ −꼴의 치환의 위수가 60

A_{12}에서는 $\{5, 7\}$ −꼴의 치환의 위수가 35 ($\{2, 3, 7\}$ −꼴은 홀치환이다).

16. (1) S_{13}에서는 $\{1, 3, 4, 5\}$ −꼴의 치환의 위수가 가장 크고, 그 위수는 $lcm(1, 3, 4, 5) = 60$ 이다. ($\{6, 7\}$ −꼴의 치환은 위수가 42로 이보다 작다)
대표원은 $\sigma = (1)(2, 3, 4)(5, 6, 7, 8)(9, 10, 11, 12, 13)$.
σ와 켤레인 원소가 σ와 같은 꼴이다. 이 꼴을 가지는 원소의 개수는

$$\binom{13}{1}\times\binom{12}{3}\times(3-1)!\times\binom{9}{4}\times(4-1)!\times\binom{5}{5}\times(5-1)!$$
$$= (13\times 12\times\cdots\times 6)\times 2$$

(2) A_{13}에서는 $\{1, 5, 7\}$ −꼴의 치환의 위수가 가장 크고, 그 위수는 35 이다. 대표원은 $\tau = (1)(2, 3, 4, 5, 6)(7, 8, 9, 10, 11, 12, 13)$ 이고, τ와 켤레인 원소가 τ와 같은 꼴이다. 이 꼴을 가지는 원소의 개수는

$$\binom{13}{1}\times\binom{12}{5}\times(5-1)!\times\binom{7}{7}\times(7-1)! = (13\times 12\times\cdots\times 8)\times 4!\times 6$$

(3) S_{14}에서는 $\{3, 4, 7\}$ −꼴의 치환의 위수가 가장 크고, 그 위수는 84 이다. 대표원은 $\sigma = (1, 2, 3)(4, 5, 6, 7)(8, 9, 10, 11, 12, 13, 14)$ 이고, σ와 켤레인 같은 꼴의 원소의 개수는

$$\binom{14}{7}\times(7-1)!\times\binom{7}{4}\times(4-1)!\times\binom{3}{3}\times(3-1)!$$
$$= (14\times 13\times\cdots\times 8)\times 60$$

(4) A_{14}에서는 $\{2, 3, 4, 5\}$ −꼴의 치환의 위수가 가장 크고, 그 위수는 60 이다. 대표원 $\sigma = (1, 2)(3, 4, 5)(6, 7, 8, 9)(10, 11, 12, 13, 14)$ 와 켤레인 같은 꼴의 원소의 개수는

$$\binom{14}{5}\times(5-1)!\times\binom{9}{4}\times(4-1)!\times\binom{5}{3}\times(3-1)!\times\binom{2}{2} = 14\times 13\times\cdots\times 6$$

17. (1) 7차 대칭군 S_7에서 위수가 6 인 원소의 꼴은 '합이 7 이고, 최소공배수가 6 인 자연수들' 을 찾으면 된다. 그와 같은 꼴과 각 꼴에 해당하는 원소의 개수는 다음과 같다.

1) $\{1, 6\}$ 꼴, 개수는 $\binom{7}{1}\times\binom{6}{6}\times(6-1)! = 7\times 5! = 840$.

2) $\{1, 1, 2, 3\}$ 꼴, 그 개수는

$$\binom{7}{1}\times\binom{6}{1}\times\frac{1}{2!}\times\binom{5}{2}\times(2-1)!\times\binom{3}{3}\times(3-1)!=7\times6\times\frac{1}{2!}\times10\times2=420.$$

3) $\{2, 2, 3\}$ 꼴, 그 개수는

$$\binom{7}{2}\times(2-1)!\times\binom{5}{2}\times(2-1)!\times\frac{1}{2!}\times\binom{3}{3}\times(3-1)!$$

$$=21\times10\times\frac{1}{2!}\times2=210.$$

(2) 8차 대칭군 S_8에서 위수가 6인 원소의 꼴은 $\{2, 6\}$, $\{1, 1, 6\}$, $\{2, 3, 3\}$, $\{1, 2, 2, 3\}$, $\{1, 1, 1, 2, 3\}$이고, 이 중 A_8의 꼴은 $\{2, 6\}$과 $\{1, 2, 2, 3\}$이다.

1) $\{2, 6\}$ 꼴의 치환의 개수는 $\binom{8}{2}\times\binom{6}{6}\times(6-1)!=28\times5!=3360$.

2) $\{1, 2, 2, 3\}$ 꼴, 그 개수는

$$\binom{8}{1}\times\binom{7}{2}\times\binom{5}{2}\times\frac{1}{2!}\times\binom{3}{3}\times(3-1)\neq1680.$$

▶▶ 연습문제 2.11

1. (1) $5-2=3$ (2) $3-2=1$ (3) $3-2=1$ (4) $4-2=2$

2. (1) S_4의 2-Sylow 부분군은 D_4^1, D_4^2, D_4^3 의 3개(연습문제 2.3.6).

S_4의 3-Sylow 부분군은 $\langle(1, 2, 3)\rangle$, $\langle(1, 2, 4)\rangle$, $\langle(1, 3, 4)\rangle$, $\langle(2, 3, 4)\rangle$의 4개

(2) A_4의 2-Sylow 부분군은 $\{(1), (1, 2)(3, 4), (1, 3)(2, 4), (1, 4)(2, 3)\}$ 1개

A_4의 3-Sylow 부분군은 $\langle(1, 2, 3)\rangle$, $\langle(1, 2, 4)\rangle$, $\langle(1, 3, 4)\rangle$, $\langle(2, 3, 4)\rangle$의 4개

3. (1) S_5의 2-Sylow 부분군은 위수가 8이고, 네 개의 숫자 a, b, c, d $(1\le a, b, c, d\le5)$에 대하여 각각 D_4^1, D_4^2, D_4^3 형태의 3개씩 있다. 그러므로 $3\times5=15$ (개)이다.

(2) S_5의 3-Sylow 부분군은 위수가 3이므로 3-순환치환에 의하여 생성된다. 그 개수는

$$\binom{5}{3}(3-1)!\,\frac{1}{2}=10\ (\text{개})$$

(3) S_5의 5-Sylow 부분군의 개수는 $\binom{5}{5}(5-1)!\,\frac{1}{4}=6$ (개)

4. (1) A_5 의 2-Sylow 부분군은 위수가 4이고, 네 개의 숫자 a, b, c, d $(1 \le a, b, c, d \le 5)$ 에 대하여 각각 $V_4 = \{(1), (a, b)(c, d), (a, c)(b, d), (a, d)(b, c)\}$ 1개다. 그러므로 모두 $1 \times 5 = 5$ (개)이다.

(2) A_5 의 3-Sylow 부분군은 S_5 의 3-Sylow 부분군과 같고 10 개다.

(3) A_5 의 5-Sylow 부분군은 S_5 의 5-Sylow 부분군과 같고 6 개다.

5. $K = \ker f$ 일 때, $PK/K \cong f(P)$ 이다. 그러므로

$|f(P)| = |PK/K| = \dfrac{|P||K|}{|P \cap K|}\dfrac{1}{|K|} = \dfrac{|P|}{|P \cap K|}$ 이고, $f(P)$ 는 G 의 p-부분군이다. P가 G 의 정규부분군이므로, G 의 유일한 p-Sylow 부분군이고 $f(P) \subseteq P$ 이다.

6. P가 G의 p-Sylow 부분군이라 하면, 정리 4(Sylow II)에 의하여 적당한 $x \in G$에 대하여 $H \subseteq xPx^{-1}$ 이다. 따라서 $H = x^{-1}Hx \subseteq P$ 이다.

7. 정리 5(Sylow III)에 의하여 $n_p \mid q$ 이므로 $n_p = 1$ 또는 $n_p = q$ 이다. 또, $n_p = kp + 1$ 을 만족한다. 그러므로 $p > q$ 이거나, $q \not\equiv 1 \pmod{p}$ 이면, $n_p = 1$ 이다.

8. 위수가 다음과 같은 군에서 p-Sylow 부분군이 정규분분군인 소수 p를 찾아라.

(1) 3-Sylow 부분군 (2) 5-Sylow 부분군

(3) 7-Sylow 부분군 (4) 3-Sylow 부분군과 5-Sylow 부분군

(5) 5-Sylow 부분군과 7-Sylow 부분군 (6) 11-Sylow 부분군

9. (1) 군 G의 위수 $143^3 = 11^3 \times 13^3$이다. Sylow의 정리 III(정리 2.11.5)에 의하여 G의 11-Sylow 부분군의 개수, $n_{11} = 11k + 1$ 이고, $n_{11} \mid 13^3$ 이다. $13 \equiv 2$, $13^2 \equiv 4$, $13^3 \equiv 8 \pmod{11}$이므로 $n_{11} = 11k + 1 = 1$ 이다. G의 11-Sylow 부분군 P는 유일하므로 $P \lhd G$ 이고, G 는 단순군이 아니다.

(2) 군 G의 위수가 $3^6 \times 7$ 이므로, G의 3-Sylow 부분군의 개수, $n_3 = 3k + 1$ 이고, $n_3 \mid 7$ 이다. 그러므로 $n_3 = 1$ 또는 7 이다. G의 7-Sylow 부분군의 개수 $n_7 = 7l + 1$ 이고, $n_7 \mid 3^6$ 이다. 그러므로 $n_7 = 1$ 또는 3^6 이다.

$n_3 = 7$ 이고, $n_7 = 3^6$ 경우에 다음과 같이 모순이다.

G의 7-Sylow 부분군은 위수가 소수인 7이므로 서로 다른 2 개의 Sylow 7-부분군의 교집합은 $\{e\}$ 이다. 그러므로 $n_7 = 3^6$ 이면, G에 위수가 7인 원소가 $3^6(7-1)$ (개)있다. $n_3 = 7$ 일 때, 서로 다른 2 개의 Sylow 3-부분군의 교집합은 최대 3^5개의 원소가

있다. 그러므로 이 2 개의 Sylow 2-부분군에는 원소가 적어도 $2\times 3^6-3^5$개 있다. 이 경우 G에는 적어도 $3^6(7-1)+2\times 3^6-3^5$ (개)가 있고 이는 모순이다. 따라서 $n_2=1$ 또는 $n_7=1$이고, G는 단순군이 아니다.

이 때, G에는 위수가 3의 배수인 원소는 적어도 $7(3^6-3^5)+3^5-1$ (개)있다(이것은 7개의 G의 3-Sylow 부분군들의 교집합이 위수가 7인 원소는 적어도 $3^6(7-1)$ (개)이다. 그러므로 G에는 $3^6\times 7$ (개)보다 많은 원소가 있고 이는 모순이다. 따라서 $n_2=1$ 또는 $n_7=1$이고, G는 단순군이 아니다.

10. (1) G의 11-Sylow 부분군의 개수, $n_{11}=11k+1$이고, $n_{11}\mid 17^2$ 이다. 그러므로 $n_{11}=1$이고, G의 11-Sylow 부분군 P는 유일하고, $P\lhd G$이다. G의 17-Sylow 부분군의 개수 $n_{17}=17l+1$이고, $n_{17}\mid 11^2$이다. 그러므로 $n_{17}=1$이고, G의 17-Sylow 부분군 Q는 유일하고, $Q\lhd G$이다.

$P\lhd G$이므로, PQ는 G의 부분군이다. 또, $|PQ|=\dfrac{|P||Q|}{|P\cap Q|}=\dfrac{11^2\times 17^2}{1}$이므로$PQ=G$이다. P와 Q 모두 위수가 p^2 꼴이므로 아벨군이다(정리2.9.9). 모든 $a\in P$와 $b\in Q$에 대하여, $aba^{-1}b^{-1}=a(ba^{-1}b^{-1})=(aba^{-1})b^{-1}\in P\cap Q=\langle e\rangle$이므로 $ab=ba$이다. 따라서 $G=PQ$는 아벨군이다.

(2) $833=7^2\times 17$이다. G의 7-Sylow 부분군의 개수, $n_7=7k+1$이고, $n_7\mid 17$ 이다. 그러므로 $n_7=1$이고, G의 7-Sylow 부분군 P는 유일하고, $P\lhd G$이다. G의 17-Sylow 부분군의 개수 $n_{17}=17l+1$이고, $n_{17}\mid 7^2$이다. 그러므로 $n_{17}=1$이고, G의 17-Sylow 부분군 Q는 유일하고, $Q\lhd G$이다.

$P\lhd G$이므로, PQ는 G의 부분군이다. 또, $|PQ|=\dfrac{|P||Q|}{|P\cap Q|}=\dfrac{7^2\times 11^2}{1}$이므로$PQ=G$이다. P는 위수가 p^2 꼴이므로 아벨군 Q는 순환군이므로 아벨군이다. 모든 $a\in P$와 $b\in Q$에 대하여, $aba^{-1}b^{-1}=a(ba^{-1}b^{-1})=(aba^{-1})b^{-1}\in P\cap Q=\langle e\rangle$이므로 $ab=ba$이다. 따라서 $G=PQ$는 아벨군이다.

11. (1) $168=2^3\times 3\times 7$. 실로우III(정리 2.11.5)에 의하여 $n_7=7l+1$이고, $n_7\mid 2^3\times 3\times 7$이다. 또한 $n_7=7l+1$은 7과 서로소이므로 $n_7\mid 2^3\times 3$이다. G가 단순군이므로 $n_7\neq 1$이다. 그러므로 $n_7=8$이다. 위수가 7인 서로 다른 두 부분군의 교집합은 $\langle e\rangle$이므로 G에 있는 위수가 7인 원소의 개수는 $8(7-1)=48$(개)이다.

(2) $528 = 2^4 \times 3 \times 11$. $n_{11} = 11k + 1$ 이고, $n_{11} \mid 2^4 \times 3$ 이다. G가 단순군이므로 $n_{11} \neq 1$ 이다. 그러므로 $n_{11} = 12$ 이다. 위수가 11 인 서로 다른 두 부분군의 교집합은 $\langle e \rangle$이므로 G에 있는 위수가 11인 원소의 개수는 $12(11-1) = 120$ (개)이다.

(3) $2625 = 3 \times 7 \times 5^3$. G의 5-Sylow 부분군의 개수, $n_5 = 5k + 1$ 이고, $n_5 \mid 3 \times 7$ 이다. 따라서 $n_5 = 1, 21$ 이다. G가 단순군이므로 $n_{11} \neq 1$ 이고, $n_5 = 21$ 이다.

G의 7-Sylow 부분군의 개수, $n_7 = 7l + 1$ 이고, '$n_7 \mid 3 \times 5^3$ 이다. 따라서 $n_7 = 1, 15$ 이다. G가 단순군이므로 $n_7 = 15$ 이다. 위수가 7인 서로 다른 두 부분군의 교집합은 $\langle e \rangle$이므로 G에 있는 위수가 7인 원소의 개수는 $15(7-1) = 90$ (개)이다.

12. (4) 군 G의 위수가 $n = p^{\beta} m$ (p는 소수, $(p, m) = 1$)이라 하자. 모든 $x \in G$에 대하여 $Q \neq xPx^{-1}$ 라 하면, $|PxQ| = |P(xQx^{-1})| = \dfrac{|P||Q|}{|P \cap xQx^{-1}|}$ 는 $p^{\beta+1}$ 의 배수이다. PxQ 는 (1)의 동치관계 하에서 x 의 동치류이고, 그 원소수가 $p^{\beta+1}$ 의 배수이므로 G의 위수가 $p^{\beta+1}$ 의 배수가 되어 모순이다.

▶▶ 연습문제 2.12

1. $\phi : G_1 \times G_2 \rightarrow G_2 \times G_1$, $\phi((a_1, a_2)) = (a_2, a_1)$ 이 동형임을 보인다.

2. $C(G_1 \times G_2) = C(G_1) \times C(G_2)$ 임을 보인다.

3. (1) $f : G \rightarrow D$, $f(a) = (a, a)$ 가 동형임을 보인다.

(2) D가 T의 정규부분군이면, $(a, a) \in D$, $(a, b) \in T$ 에 대하여 $(a, b)(a, a)(a, b)^{-1} = (a, bab^{-1}) \in D$ 이다. 그러므로 $a = bab^{-1}$ 이고, $ab = ba$ 이므로 G는 아벨군이다.

G가 아벨군이라 하자. 임의의 $(a, a) \in D$, $(x, y) \in T$ $a, x, y \in G$ 에 대하여 $(x, y)(a, a)(x, y)^{-1} = (xax^{-1}, yay^{-1}) = (a, a) \in D$ 이므로 D가 T의 정규부분군이다.

4. (1) $o(G) = p_1^{n_1} \cdots p_m^{n_m}$ (p_i 는 서로 다른 소수)이고, P_i 가 G의 p_i -Sylow 부분군이라 하자. 정리 2.4.18에 의하여 $P_1 P_2 \cdots P_n$ 은 G 의 부분군이다. 정리 2.4.20에 의하여

$G = P_1P_2 \cdots P_n$ 이다. 또, 모든 P_i 에 대하여 $P_i \cap (P_1 \cdots P_{i-1}P_{i+1} \cdots P_m)$ $= \langle e \rangle$ 이므로 정리 7에 의하여 $\phi: P_1 \times \cdots \times P_n \to G$, $\phi((a_1, a_2, \cdots, a_n))$ $= a_1a_2 \cdots a_n$ 은 동형이다.

(2) G의 Sylow 부분군이 모두 정규부분군이면, $P_1P_2 \cdots P_n$ 은 G의 부분군이고, $G = P_1P_2 \cdots P_n$ 이다. 이제 (1)과 같이 증명한다.

5. $G = N_1 \cdots N_n = N_i(N_1 \cdots N_{i-1}N_{i+1} \cdots N_n)$ 이다.

만일 $N_i \cap (N_1 \cdots N_{i-1}N_{i+1} \cdots N_n) \neq \langle e \rangle$ 이면, 다음과 같이 모순이 된다.

$$o(G) = \frac{o(N_i)o(N_1 \cdots N_{i-1}N_{i+1} \cdots N_n)}{o(N_i \cap N_1 \cdots N_{i-1}N_{i+1} \cdots N_n)} < o(N_1) \cdots o(N_n) = o(G)$$

그러므로 모든 N_i 에 대하여$N_i \cap (N_1 \cdots N_{i-1}N_{i+1} \cdots N_n) = \langle e \rangle$ 이다. 따라서 정리 7에 의하여 $G \cong N_1 \times \cdots \times N_n$ 이다.

6. (2) m 이 홀수이고 $n = 2m$ 일 때, $D_n = \{e, a, \cdots, a^{n-1}, b, ab, \cdots, a^{n-1}b\}$에서 $N_1 = \langle a^2, b \rangle = \{e, a^2, \cdots, a^{2(m-1)}, b, a^2b, \cdots, a^{2(m-1)}b\}$은 D_n 의 부분군이고 지수가 2 이므로, $N_1 \lhd D_n$이다. 또, $N_1 \cong D_m$ 이다. $N_2 = \{e, a^m\} = C(D_n)$ 이므로, $N_2 \lhd D_n$ 이다. 또, $N_2 \cong \overline{\mathbb{Z}}_2$이다. m 이 홀수이므로 $N_1 \cap N_2 = \langle e \rangle$ 이고, $N_1N_2 = D_6$ 이다. 정리 7에 의하여 $D_m \times \overline{\mathbb{Z}}_2 \cong D_n$ 이다.

7. 이 문제의 일반적인 풀이(상세 풀이)는 **8번**과 **연습문제 2.6.18**에 있다.

(1) $V_4 \cong \mathbb{Z}_2 \oplus \mathbb{Z}_2$ 이고, $\mathbb{Z}_2 \oplus \mathbb{Z}_2$ 는 $\mathbb{Z}_2$ 를 스칼라로 하는 이차원 벡터공간이다. 이 때,
'f 가 준동형 $\Leftrightarrow f: \mathbb{Z}_2 \oplus \mathbb{Z}_2 \to \mathbb{Z}_2 \oplus \mathbb{Z}_2$가 선형함수'이고, 개수는 $|M_2(\mathbb{Z}_2)| = 2^4 = 16$.
'f 가 동형 $\Leftrightarrow f: \mathbb{Z}_2 \oplus \mathbb{Z}_2 \to \mathbb{Z}_2 \oplus \mathbb{Z}_2$가 전단사인 선형함수'이고,
개수는 $|GL_2(\mathbb{Z}_2)| = (2^2 - 1)(2^2 - 2) = 6$.

참고 $Aut(V_4) = GL_2(\mathbb{Z}_2) \cong S_3$ – 보기 2.8.14

(2) $289 = 17^2$, 17은 소수이다. 따라서 G는 아벨군이고, 순환군이 아니므로 $G \cong \mathbb{Z}_{17} \oplus \mathbb{Z}_{17}$ 이다.
'f 가 준동형 $\Leftrightarrow f: \mathbb{Z}_{17} \oplus \mathbb{Z}_{17} \to \mathbb{Z}_{17} \oplus \mathbb{Z}_{17}$가 선형함수'이고, 개수는 $|M_2(\mathbb{Z}_{17})| = 17^4$.
'f 가 동형 $\Leftrightarrow f: \mathbb{Z}_{17} \oplus \mathbb{Z}_{17} \to \mathbb{Z}_{17} \oplus \mathbb{Z}_{17}$가 전단사인 선형함수'이고,
개수는 $|GL_2(\mathbb{Z}_{17})| = (17^2 - 1)(17^2 - 17)$.

***8.** 먼저 다음 정리를 이해한다.

> **정리 2.12.14** p가 소수일 때, 체 $\mathbb{Z}_p$의 원소를 스칼라로 하는 벡터공간 V, W와 함수 $f: V \to W$에 대하여, 'f가 군준동형 $\Leftrightarrow$ f가 $\mathbb{Z}_p$-선형함수'이다.
>
> $$f(av) = f(v + \cdots + v) = f(v) + \cdots + f(v) = af(v)$$
>
> **증명** $\Leftarrow$) 선형함수의 첫 번째 조건이 군준동형의 정의이므로 성립한다.
>
> $\Rightarrow$) f가 군준동형이면 선형함수의 두 번째 조건이 성립한다는 것을 증명한다. 즉, $a \in \mathbb{Z}_p$에 대하여 $f(av) = f(v + \cdots v) = f(v) + \cdots + f(v) = af(v)$ 이고, 첫 번째 조건에 의하여 두 번째 조건이 성립한다.

같은 증명으로 **정리 2.12.14**는 스칼라가 $\mathbb{Z}_n$, $\mathbb{Z}$, $\mathbb{Q}$ 일 때도 성립한다. 문제 (2), (3)의 답은 **연습문제 2.6.18**에 있다.

(1) $\mathbb{Z}_p \oplus \mathbb{Z}_p$는 $\mathbb{Z}_p$-위에서 이차원 벡터공간이고, 선형함수 $f: \mathbb{Z}_p \oplus \mathbb{Z}_p \to \mathbb{Z}_p \oplus \mathbb{Z}_p$는 $\mathbb{Z}_p$-위에서 2×2 행렬과 $1-1$ 대응이 된다. 따라서 그 개수는 $|M_2(\mathbb{Z}_p)| = p^4$ 개다.

(2) $\{ f \mid f: \mathbb{Z}_p \oplus \mathbb{Z}_p \to \mathbb{Z}_p \oplus \mathbb{Z}_p, \text{동형} \} = GL_2(\mathbb{Z}_p)$ 이고, 그 개수는 $(p^2-1)(p^2-p)$개다.

(3) $\{ f \mid f: \mathbb{Z}_p \oplus \mathbb{Z}_p \oplus \mathbb{Z}_p \to \mathbb{Z}_p \oplus \mathbb{Z}_p \oplus \mathbb{Z}_p, \text{동형} \} = GL_3(\mathbb{Z}_p)$ 이고, 그 개수는 $(p^3-1)(p^3-p)(p^3-p^2)$개다.

9. (1) 4^4 (개), $2 \times 2 = 4$ (개)

(2) 4^4 (개), $2 \times 2 = 4$ (개)

(3) 60^{1500} (개), $15 \times 20 = 300$ (개)

(4) 1500^{60} (개), $15 \times 20 = 300$ (개)

(5) 720^{480} (개), $8 \times 2 \times 12 \times 30 - 5760$(개)

(6) 735^{210} (개), $3 \times 5 \times 7 \times 7 = 735$ (개)

***10.** 준동형 $f: \mathbb{Z} \oplus \mathbb{Z} \to \mathbb{Z} \oplus \mathbb{Z}$가 $f((x, y)) = x(a, b) + y(c, d)$ 일 때,

$$f\text{가 동형} \Leftrightarrow \det\begin{pmatrix} a & b \\ c & d \end{pmatrix} = ad - bc = \pm 1$$

$\Rightarrow$) f가 동형이고, $f^{-1}((1,0)) = (a', b')$, $f^{-1}((0,1)) = (c', d')$이라 하자.

$(1, 0) = f^{-1}(f((1,0))) = f^{-1}((a, b)) = a(a', b') + b(c', d')$
$= (aa' + bc', ab' + bd')$

$(0, 1) = f^{-1}(f((0,1))) = f^{-1}((c, d)) = c(a', b') + d(c', d')$
$= (ca' + dc', cb' + dd')$

위의 두 식은 $\begin{pmatrix} 1 & 0 \\ 0 & 1 \end{pmatrix} = \begin{pmatrix} a & b \\ c & d \end{pmatrix}\begin{pmatrix} a' & b' \\ c' & d' \end{pmatrix}$ 이고, $1 = \det\begin{pmatrix} a & b \\ c & d \end{pmatrix}\det\begin{pmatrix} a' & b' \\ c' & d' \end{pmatrix}$ 이다.

$a, b, c, d, a', b', c', d' \in \mathbb{Z}$ 이므로, $\det\begin{pmatrix} a & b \\ c & d \end{pmatrix} = ad - bc = \pm 1$ 이다.

$\Leftarrow$) $\det\begin{pmatrix} a & b \\ c & d \end{pmatrix} = ad - bc = \pm 1$ 일 때,

$A^{-1} = \dfrac{1}{ad-bc}\begin{pmatrix} d & -b \\ -c & a \end{pmatrix} = \begin{pmatrix} a' & b' \\ c' & d' \end{pmatrix} \in M_2(\mathbb{Z})$ 이다.

이 때, $g : \mathbb{Z}\oplus\mathbb{Z} \to \mathbb{Z}\oplus\mathbb{Z}$, $g((x, y)) = x(a', b') + y(c', d')$ 에 대하여 $f^{-1} = g$ 이고, f 는 동형이다.

11. (1) G는 아벨군이므로 G의 모든 부분군은 정규부분군이다.

(2) $\mathbb{Z}_{12}$ 에서 3 의 위수는 4 이고, $\mathbb{Z}_7$ 에서 1 의 위수는 7 이다. 따라서 $\mathbb{Z}_{12} \oplus \mathbb{Z}_7$ 에서 $(3,\ 1)$ 의 위수는 $lcm(4,\ 7) = 28$ 이다.

(3) $(12, 7) = 1$ (서로소)이므로, $\mathbb{Z}_{12} \oplus \mathbb{Z}_7 \cong \mathbb{Z}_{84}$ 로 순환군이다.

12. 다음과 같이 $G = \mathbb{Z}_{12} \times \mathbb{Z}_6$ 에서 $H = \langle (5, 5) \rangle = \langle (1, 1) \rangle$ 임을 보인다.

먼저 $5(1, 1) = (5,\ 5)$ 이므로 $\langle (5, 5) \rangle \subseteq \langle (1, 1) \rangle$ 이다. 또한 $5(5,\ 5) = (25, 25) = (1, 1)$이므로 $\langle (5, 5) \rangle \supseteq \langle (1, 1) \rangle$ 이다. 따라서 $\langle (5, 5) \rangle = \langle (1, 1) \rangle$ 이다.

여기서 $o(5,\ 0) = 12$, $o(0,\ 5) = 6$이므로 $o((5,\ 5)) = lcm(12, 6) = 12$이고(정리 2.7.7(2)), 위수가 12 인 순환군 H의 원소를 나열하면 다음과 같다.

$H = \{ (0, 0), (1, 1), (2, 2), (3, 3), (4, 4), (5, 5), (6, 0), (7, 1), (8, 2), (9, 3),$
$(10, 4), (11, 5) \}$

(1) $(3, 3) \in H$ 이므로 $(3, 3) + H = H$ 이고, $o((3, 3) + H) = 1$

(2) $6(1, 2) = (6,\ 12) = (6,\ 0) \in H$ 이므로, $o((1,\ 2) + H) \mid 6$ 이다. 그런데 $2(1, 2) = (2,\ 4) \notin H$, $3(1, 2) = (3,\ 6) \notin H$ 이므로 $o((1,\ 2) + H) = 6$ 이다.

(3) $3(4, 2) = (12,\ 6) = (0,\ 0) \in H$이고, $(4, 2) \notin H$이므로 $o((4,\ 2) + H) = 3$ 이다.

13. $(x,\ y) \in K \Leftrightarrow f(x,\ y) = 9x = 0 \Leftrightarrow 12 \mid 9x \Leftrightarrow 4 \mid x$ 이다. 그러므로 $K = 4\mathbb{Z}_{12} \times \mathbb{Z}_6 = \{ (a,\ b) \mid a = 0,\ 4,\ 8,\ b = 0, 1, \cdots, 5 \}$ 이다. 따라서

$o((\mathbb{Z}_{12} \times \mathbb{Z}_6)/K) = \dfrac{12 \times 6}{3 \times 6} = 4$ 이다.

14. 먼저 $H=\langle(5,5)\rangle=\langle(1,1)\rangle$ 임을 보이자.

$5(1,1)=(5,5)$ 이므로 $\langle(5,5)\rangle\subseteq\langle(1,1)\rangle$ 이다. 또한 $5(5,5)=(25,25)=(1,1)$ 이므로 $\langle(5,5)\rangle\supseteq\langle(1,1)\rangle$ 이다. 따라서 $\langle(5,5)\rangle=\langle(1,1)\rangle$ 이다.

따라서 순환군 H의 원소를 나열하면 다음과 같다.

$(0,0),(1,1),(2,2),(3,3),(4,4),(5,5),(6,6),(7,7),(0,8),(1,9),(2,10),(3,11)$
$(4,0),(5,1),(6,2),(7,3),(0,4),(1,5),(2,6),(3,7),(4,8),(5,9),(6,10),(7,11)$

잉여군의 위수 $o(G/H)=\dfrac{8\times12}{24}=4$ 이므로, 잉여군의 원소의 위수는 4의 약수이다.

(1) $(1,1)\in H$이므로 $o((1,1)+H)=1$

(2) $(1,7)\notin H$이고, $2(1,7)=(2,14)=(2,2)\in H$이므로 $o((1,7)+H)=2$

(3) $(4,3)\notin H$이고, $2(4,3)=(8,6)=(0,6)\notin H$이므로 $o((4,3)+H)=4$

15. 먼저 $H=\langle(6,15)\rangle=\langle(3,3)\rangle$ 임을 보이자.

$5(3,3)=(15,15)=(6,15)$ 이므로 $\langle(6,15)\rangle\subseteq\langle(3,3)\rangle$ 이다. $5(6,15)=(30,75)=(3,3)$ 이므로 $\langle(6,15)\rangle\supseteq\langle(3,3)\rangle$ 이다. 따라서 $\langle(6,15)\rangle=\langle(3,3)\rangle$ 이다.

따라서 순환군 H의 원소는 $(0,0),(3,3),(6,6),(0,9),(3,12),(6,15)$의 6개다. 따라서 잉여군의 위수 $o(G/H)=\dfrac{9\times18}{6}=27$ 이고, 잉여군의 원소의 위수는 27의 약수이다.

> **참고** $\mathbb{Z}_9\times\mathbb{Z}_{18}$ 의 원소의 위수는 18의 약수이고, 상군의 원소의위수는 9의 약수이다.

(1) $(1,1)\notin H$이고, $3(1,1)=(3,3)\in H$이므로 $o((1,1)+H)=3$

(2) $(1,0)\notin H$이고, $3(1,0)=(3,0)\notin H$, $9(1,0)=(9,0)\in H$이므로
$o((1,0)+H)=9$

(3) $(2,1)\notin H$이고, $3(2,1)=(6,3)\notin H$, $9(2,1)=(0,9)\in H$이므로
$o((2,1)+H)=9$

16. **보기 2.12.9**에서 $D_6=\langle a,b\mid o(a)=6, o(b)=3, ab=ba^{-1}\rangle$는 두 정규부분군 $C(D_6)=\{e,a^3\}\cong\mathbb{Z}_2$과 $\{e,a^2,a^4,b,ba^2,ba^4\}\cong D_3$의 직적과 동형이다. 즉, $D_6\cong\mathbb{Z}_2\times D_3$ 이다. $\sigma\in Aut(D_6)$일 때, σ가 전사준동형이므로 중심에 속하는 원소는 중심에 속하는 원소로 간다. 또한 σ가 단사준동형이므로 $\sigma(a^3)=a^3$이다.

이제 동형 $g: D_6\to\mathbb{Z}_2\times D_3$을 이용하여 $Aut(D_3)$를 계산한다. 먼저, $g(a^3)=(1,e)$이다. 따라서 모든 $\tau\in Aut(\mathbb{Z}_2\times D_3)$에 대하여 $\tau((1,e))=(1,e)$이다. 따라서 동형 τ는 왼쪽 직적인자인 $\mathbb{Z}_2$에 대하여 항등함수이고($\tau_{|\mathbb{Z}_2=id}$)이다. 이제 τ의 오른쪽 직적인자 D_3에서의 값만 결정하면 된다.

$D_3 \cong S_3$ (연습문제 2.6.9)이므로, $Aut(D_6) \cong Aut(D_3) \cong Aut(S_3) \cong S_3$ 이다. 즉, $Aut(D_6) \cong S_3$이다.

참고 $Aut(D_6) \cong Aut(D_3) \cong Aut(S_3) \cong S_3$**에 있는 자기동형의 실제 값의 추적.**

보기 2.8.13에 따라 다음과 같이 계산한다. $Aut(S_3)$에 속하는 자기동형은 정의구역인 S_3의 위수가 2인 세원소의 값에 의하여 결정된다. D_6에서 위수가 2인 이 세 원소는 $D_6 \cong \mathbb{Z}_2 \times D_3$의 대응에 의하여 $b=1, ba^2=2, ba^4=3$번의 세 개의 원소다. 이제 $Aut(D_6)$의 항등함수가 아닌 5개의 자기동형의 D_6의 생성원 a, b에서의 값은 다음과 같이 결정된다.

$\sigma=(1,2,3)$은 $\sigma(a)=\sigma(a^3bba^4)=\sigma(a^3)\sigma(b)\sigma(ba^4)=a^3ba^2b=a$, $\sigma(b)=ba^2$.

$\sigma^{-1}=(1,3,2)$은 $\sigma^{-1}(a)=a$, $\sigma^{-1}(b)=ba^4$.

$\tau=(1,2)$는 $\tau(a)=\tau(a^3bba^4)=\tau(a^3)\tau(b)\tau(ba^4)=a^3ba^2ba^4=a^5$, $\tau(b)=ba^2$.

$\delta=(1,3)$은 $\delta(a)=\delta(a^3bba^4)=\delta(a^3)\delta(b)\delta(ba^4)=a^3ba^4b=a^5$, $\delta(b)=ba^4$.

$\eta=(2,3)$은 $\eta(a)=\eta(a^3bba^4)=\eta(a^3)\eta(b)\eta(ba^4)=a^3bba^2=a^5$, $\eta(b)=b$.

17. $((1,2,3),(1,2)(3,4)) \in S_3 \times V_4$의 위수는 $3\times 2=6$이나 S_4에는 위수가 6인 원소가 없다. (또, S_4에는 위수가 4인 원소가 있으나 $S_3 \times V_4$에는 위수가 4인 원소가 없다.)

18. 군 $\mathbb{Z} \oplus \mathbb{Z}$의 두 원소 (a,b), $(7,15)$에 대하여 다음이 성립한다.
'(a,b), $(7,15)$가 생성원 $\Leftrightarrow$ (a,b), $(7,15)$가 일차독립이며, 생성원 $\Leftrightarrow$ $15a-7b=\pm 1$'
왜냐하면 주어진 (x,y)에 대하여 방정식$(x,y)=\alpha(a,b)+\beta(7,15)$을 풀면,
$A=\begin{pmatrix} a & 7 \\ b & 15 \end{pmatrix}$일 때, 방정식은 $\begin{pmatrix} x \\ y \end{pmatrix}=A\begin{pmatrix} \alpha \\ \beta \end{pmatrix}$이고, 계수인 $\begin{pmatrix} \alpha \\ \beta \end{pmatrix}=A^{-1}\begin{pmatrix} x \\ y \end{pmatrix}$이다. 원소가 정수인 A의 역행렬, $A^{-1}=\dfrac{adjA}{\det A}$가 존재하기 위한 동치조건은 $\det A=15a-7b=\pm 1$이다.
따라서 이 문제는 부정방정식 $15a-7b=1$과 $15a-7b=-1$을 푸는 문제이다.
$15a-7b=1$의 해 중 $|a|+|b|\le 30$인 것은 $(1,2)$, $(8,17)$, $(-6,-13)$이다.
$15a-7b=-1$의 해 중 $|a|+|b|\le 30$인 것은 $(-1,-2)$, $(-8,-17)$, $(6,13)$이다.

▶▶ 연습문제 2.13

1. (1) 위수의 소인수가 하나이므로 기본인자와 불변인자는 같고, 동형이 아닌 것은 다음의 $p(5)=7$개이다.

$\mathbb{Z}_2 \oplus \mathbb{Z}_2 \oplus \mathbb{Z}_2 \oplus \mathbb{Z}_2 \oplus \mathbb{Z}_2$: 2, 2, 2, 2, 2

$\mathbb{Z}_2 \oplus \mathbb{Z}_2 \oplus \mathbb{Z}_2 \oplus \mathbb{Z}_{2^2}$: $2, 2, 2, 2^2$

$\mathbb{Z}_2 \oplus \mathbb{Z}_2 \oplus \mathbb{Z}_{2^3}$: $2, 2, 2^3$

$\mathbb{Z}_2 \oplus \mathbb{Z}_{2^4}$: $2, 2^4$

$\mathbb{Z}_2 \oplus \mathbb{Z}_{2^2} \oplus \mathbb{Z}_{2^2}$: $2, 2^2, 2^2$

$\mathbb{Z}_{2^2} \oplus \mathbb{Z}_{2^3}$: $2^2, 2^3$

$\mathbb{Z}_{2^5}$: 2^5

(2) 기본인자와 불변인자는 같고, 동형이 아닌 것은 $p(6) = 11$ (개)이다.

(3) 동형이 아닌 것은 다음의 $p(3)p(2) = 3 \times 2 = 6$ (개)이다.

$\mathbb{Z}_2 \oplus \mathbb{Z}_6 \oplus \mathbb{Z}_6$: 기본인자는 2, 2, 2, 3, 3 이고, 불변인자는 $2 \mid 6 \mid 6$

$\mathbb{Z}_2 \oplus \mathbb{Z}_2 \oplus \mathbb{Z}_{18}$: 기본인자는 $2, 2, 2, 3^2$이고, 불변인자는 $2 \mid 2 \mid 18$

$\mathbb{Z}_6 \oplus \mathbb{Z}_{12}$: 기본인자는 $2, 2^2, 3, 3$이고, 불변인자는 $6 \mid 12$

$\mathbb{Z}_2 \oplus \mathbb{Z}_{36}$: 기본인자는 $2, 2^2, 3^2$이고, 불변인자는 $2 \mid 36$

$\mathbb{Z}_3 \oplus \mathbb{Z}_{24}$: 기본인자는 $2^3, 3, 3$이고, 불변인자는 $3 \mid 24$

$\mathbb{Z}_{72}$: 기본인자는 $2^3, 3^2$이고, 불변인자는 $3 \mid 72$

(4) 동형이 아닌 것은 다음의 $P(4)p(3)p(2) = 5 \times 3 \times 2 = 30$ (개)이다.

2. 위수가 가장 큰 원소는 위수가 가장 큰 순환부분군을 생성하며, 가장 큰 위수는 불변인자의 마지막 숫자이다.

(1) $\mathbb{Z}_{18} \oplus \mathbb{Z}_8 \cong \mathbb{Z}_2 \oplus \mathbb{Z}_9 \oplus \mathbb{Z}_8 \cong \mathbb{Z}_2 \oplus \mathbb{Z}_{72}$ 이고, 이 군의 불변인자는 $2 \mid 72$ 이다. 따라서 위수가 가장 큰 원소의 위수는 72 이다. 그와 같은 원소는 $(b, 72) = 1$인 b에 대하여 $(a, b) \subset \mathbb{Z}_2 \oplus \mathbb{Z}_{72}$ 이고, 그 개수는 $2 \times \phi(72)$이다.

위수가 72인 순환부분군에는 위수가 72인 원소가 $\phi(72)$개 존재한다. 또 이 원소들은 이 순환부분군의 생성원이므로 위수가 72인 다른 순환부분군에는 속하지 않는다. 따라서 위수가 가장 큰 순환부분군의 위수는 72이고, 2개가 있다.

(2) $\mathbb{Z}_{18} \oplus \mathbb{Z}_{28} \cong \mathbb{Z}_2 \oplus \mathbb{Z}_9 \oplus \mathbb{Z}_4 \oplus \mathbb{Z}_7 \cong \mathbb{Z}_2 \oplus \mathbb{Z}_{252}$ 이고, 이 군의 불변인자는 $2 \mid 252$ 이다. 따라서 위수가 가장 큰 원소의 위수는 252이다. 또한, 위수가 가장 큰 순환부분군의 위수는 252이고, 2개가 있다.

(3) $\mathbb{Z}_8 \oplus \mathbb{Z}_{45} \oplus \mathbb{Z}_{100} \cong \mathbb{Z}_8 \oplus \mathbb{Z}_9 \oplus \mathbb{Z}_5 \oplus \mathbb{Z}_4 \oplus \mathbb{Z}_{25} \cong \mathbb{Z}_{20} \oplus \mathbb{Z}_{1800}$ 이고, 이 군의 불변인자는 $20 \mid 1800$ 이다. 따라서 위수가 가장 큰 원소의 위수는 1800이다. 또한, 위수가 가장 큰 순환부분군의 위수는 1800이고, 20개가 있다.

(4) $\mathbb{Z}_8 \oplus \mathbb{Z}_{14} \oplus \mathbb{Z}_{343} \cong \mathbb{Z}_{2^3} \oplus \mathbb{Z}_2 \oplus \mathbb{Z}_7 \oplus \mathbb{Z}_{7^3} \cong \mathbb{Z}_{14} \oplus \mathbb{Z}_{2744}$이고, 이 군의 불변인자는 $14|2744$이다. 따라서 위수가 가장 큰 원소의 위수는 2744이다. 또한, 위수가 가장 큰 순환부분군의 위수는 2744이고, 14개가 있다.

참고 위수가 2744인 14개의 순환부분군을 $\mathbb{Z}_{14} \oplus \mathbb{Z}_{2744}$에서 찾으면, 다음과 같다.

$$\langle(0,1)\rangle,\ \langle(1,1)\rangle, \cdots, \langle(13,1)\rangle$$

3. (1) $\mathbb{Z}_p \oplus \mathbb{Z}_p$에 있는 위수가 p인 원소는 p^2-1개다. 위수가 p인 원소는 위수가 p인 순환부분군을 생성하며 위수가 p인 다른 순환부분군에는 속하지 않는다. 또 위수가 p인 하나의 순환부분군에는 위수가 p인 원소가 $p-1$개가 있다. 따라서 위수가 p인 부분군은 $(p^2-1)\div(p-1)=p+1$개다.

(2) $\mathbb{Z}_p \oplus \mathbb{Z}_p \oplus \mathbb{Z}_p$에 있는 위수가 p인 원소는 p^3-1개이고, 위수가 p인 부분군은 $(p^3-1)\div(p-1)=p^2+p+1$개다.

(3) $\mathbb{Z}_p \oplus \mathbb{Z}_{p^2}$에 있는 위수가 p인 원소는 항등원 $(0,0)$가 아닌 $(a, bp) \in \mathbb{Z}_p \oplus \mathbb{Z}_{p^2}$꼴의 원소이다($a, b=0, \cdots p-1$). 따라서 그 개수는 p^2-1이다. 위수가 p인 부분군은 $(p^2-1)\div(p-1)=p+1$개다.

(4) 순환군에서 그 군의 위수의 주어진 약수를 위수로 하는 부분군은 1개다. $\mathbb{Z}_{p^3}$에서는 $\langle p^2 \rangle$이다.

4. 정리 2.12.12를 이용한다.

$\Rightarrow$) 만일 서로 다른 소수 p, q가 $o(G)$의 소인수이면, G의 불변인자 중 적어도 하나는 pq의 배수이다. 그러므로 소수의 승수로 이루어진 기본인자와 불변인자가 다르다.

$\Leftarrow$) $o(G)=p^n$이고, G의 기본인자가 $p^{n_1}, \cdots, p^{n_r}$이라 하자.

이 때, $1 \le n_1 \le \cdots \le n_r$을 가정할 수 있다. 그러므로 $p^{n_1}|p^{n_2}\cdots|p^{n_r}$이고, G의 기본인자와 불변인자가 일치한다.

5. (1) $n = 2^3 \times 3^2 = 72$

(2) $n = 2^2 \times 3^3 = 108$

(3) $n = 5^3 \times 3^2 = 1125$

($2^3 \times 11^2 = 968$, $2^3 \times 13^2 = 1352$, $3^3 \times 7^2 = 1323$, $7^3 \times 2^2 = 1372$)

6. (1) Q_8과 D_4 2개가 있다.

(2) 위수가 27인 아벨군 중 동형이 아닌 것은 다음의 3 가지이다.

$$\mathbb{Z}_3 \oplus \mathbb{Z}_3 \oplus \mathbb{Z}_3, \quad \mathbb{Z}_3 \oplus \mathbb{Z}_{3^2}, \quad \mathbb{Z}_{3^3}$$

7. (1) $G = \langle a \rangle$라 할 때, a의 위수가 무한이므로 $\phi : \mathbb{Z} \to \langle a \rangle$, $\phi(i) = a^i$는 동형이다

(2) 두 아벨군을 기본인자로 구성하면, $\mathbb{Z}_4 \oplus \mathbb{Z}_{18} \oplus \mathbb{Z}_{15} \cong \mathbb{Z}_4 \oplus (\mathbb{Z}_2 \oplus \mathbb{Z}_9) \oplus (\mathbb{Z}_3 \oplus \mathbb{Z}_5)$ 이고, $\mathbb{Z}_3 \oplus \mathbb{Z}_{10} \oplus \mathbb{Z}_{36} \cong \mathbb{Z}_3 \oplus (\mathbb{Z}_2 \oplus \mathbb{Z}_5) \oplus (\mathbb{Z}_4 \oplus \mathbb{Z}_9)$ 으로 같으므로 서로 동형이다.

(3) 위수가 360인 순환군의 생성원은 $\phi(360) = (8-4)(9-3)(5-1) = 96$ 모두 96개이다.

8. $k \in \ker(f) \Leftrightarrow f(k) = (\overline{k}, \overline{k}) = (\overline{0}, \overline{0}) \Leftrightarrow 2|k,\ 3|k$이다. 따라서 $\ker(f) = 6\mathbb{Z}$ 이다.

(2) $400 = 2^4 \times 5^2$ 이다. 따라서 동형이 아닌 것은 $p(4)p(2) = 5 \times 2 = 10$ 가지이다. p는 분할함수. 구체적으로

$\mathbb{Z}_2 \oplus \mathbb{Z}_2 \oplus \mathbb{Z}_2 \mathbb{Z}_2 \oplus \mathbb{Z}_5 \oplus \mathbb{Z}_5$, $\mathbb{Z}_2 \oplus \mathbb{Z}_2 \oplus \mathbb{Z}_{2^2} \oplus \mathbb{Z}_5 \oplus \mathbb{Z}_5$, $\mathbb{Z}_2 \oplus \mathbb{Z}_{2^3} \oplus \mathbb{Z}_5 \oplus \mathbb{Z}_5$, $\mathbb{Z}_{2^2} \oplus \mathbb{Z}_{2^2} \oplus \mathbb{Z}_5 \oplus \mathbb{Z}_5$, $\mathbb{Z}_{2^4} \oplus \mathbb{Z}_5 \oplus \mathbb{Z}_5$

$\mathbb{Z}_2 \oplus \mathbb{Z}_2 \oplus \mathbb{Z}_2 \mathbb{Z}_2 \oplus \mathbb{Z}_{5^2}$, $\mathbb{Z}_2 \oplus \mathbb{Z}_2 \oplus \mathbb{Z}_{2^2} \oplus \mathbb{Z}_{5^2}$, $\mathbb{Z}_2 \oplus \mathbb{Z}_{2^3} \oplus \mathbb{Z}_{5^2}$, $\mathbb{Z}_{2^2} \oplus \mathbb{Z}_{2^2} \oplus \mathbb{Z}_{5^2}$, $\mathbb{Z}_{2^4} \oplus \mathbb{Z}_{5^2}$

9. **정리 2.7.9**를 이용하여 푼다.

$$(\overline{\mathbb{Z}}_n^*, \cdot) \text{이 순환군} \Leftrightarrow n = 2,\ 4,\ p^k \text{ 또는 } 2p^k\ (p\text{는 홀수소수, } k \geq 1)$$

(1) 101은 소수이고 $\mathbb{Z}^*_{2 \times 101^{100}}$ 는 위수가 $\phi(2 \times 101^{100}) = (101-1)101^{99} = 2^2 \times 5^2 \times 101^{99}$ 인 순환군이다.

따라서 불변인자는 $100(101^{99})$이고, 기본인자는 2^2, 5^2, 101^{99}이다.

(2) $\mathbb{Z}^*_{4 \times 101^{100}}$ 는 순환군이 아니며, 위수가 $100(101^{99})$인 원소가 있다. 따라서 $\mathbb{Z}^*_{4 \times 101^{100}} \cong \mathbb{Z}_2 \oplus \mathbb{Z}_{100(101)^{99}}$ 이다. 불변인자는 $2 | 100(101)^{99}$이고, 기본인자는 2, 2^2, $5^2 101^{99}$이다.

(3) $\mathbb{Z}^*_{2p^k}$ 는 위수가 $\phi(2p^k) = (p-1)p^{k-1}$인 순환군이다.

따라서 불변인자는 $(p-1)p^{k-1}$이다. 기본인자는 $p - 1 = 2^{(2^m)}$, p^{k-1}이다.

(4) $\mathbb{Z}^*_{4p^k}$ 는 순환군이 아니며, 위수가 $(p-1)p^{k-1}$인 원소가 있다.

따라서 $\mathbb{Z}^*_{4p^k} \cong \mathbb{Z}_2 \oplus \mathbb{Z}_{(p-1)p^{k-1}}$ 이다.

불변인자는 $2 | (p-1)p^{k-1}$ 이고, 기본인자는 2, $2^{(2^m)}$, p^{k-1}이다.

10. 문제의 조건에 의하여 $G \cong \mathbb{Z}_p \oplus \mathbb{Z}_{p^2}$이다.

(1) $G \cong \mathbb{Z}_p \oplus \mathbb{Z}_{p^2}$의 기본인자는 $p,\ p^2$ 이고, 불변인자는 $p \mid p^2$ 이다.

(2) $\mathbb{Z}_p \oplus \mathbb{Z}_{p^2}$에 있는 위수가 p^2인 원소는 $(b, p) = 1$ 인 b에 대하여 $(a, b) \in \mathbb{Z}_p \oplus \mathbb{Z}_{p^2}$인 원소이다. 따라서 그 개수는 $p \times \phi(p^2) = p(p^2 - p)$ 이다.

(3) 위수가 p^2인 하나의 순환부분군에는 위수가 p^2인 원소가 $\phi(p^2)$개 있다. 또 위수가 p^2인 원소는 그 순환부분군의 생성원이므로 다른 순환부분에는 속하지 않는다. 따라서 위수가 p^2인 순환부분군의 개수는 $(p \times \phi(p^2)) \div \phi(p^2) = p$ 개다.

참고 위수가 p^2인 p개의 순환부분군을 생성원으로 표시하면,
$\langle (0,1) \rangle, \langle (1,1) \rangle, \cdots, \langle (p-1,1) \rangle$이다.
만일 $\langle (1,1) \rangle = \langle (2,1) \rangle$이면, $(2,1)-(1,1) = (1,0) \in \langle (1,1) \rangle$이다.
이 때, $(1,1)-(1,0) = (0,1) \in \langle (1,1) \rangle$이 되어 $\langle (1,1) \rangle = \mathbb{Z}_p \oplus \mathbb{Z}_{p^2}$이므로 모순이다. 이와 같이 위의 위수가 p^2인 p개의 순환부분군은 서로 다르다.

(4) 위수가 p^2인 부분군 중 순환부분군의 아닌 것은 $\mathbb{Z}_p \oplus \mathbb{Z}_p$ 와 동형이다. 이와 같은 부분군에는 위수가 p인 원소가 $p^2 - 1$개 있다. 그런데 $\mathbb{Z}_p \oplus \mathbb{Z}_{p^2}$에 있는 위수가 p인 원소는 $p^2 - 1$개다. 따라서 위수가 p^2인 부분군 중 순환부분군의 아닌 것은 한 개이고, 부분군 $\mathbb{Z}_p \oplus p\mathbb{Z}_p$ 이다.

11. $G = \mathbb{Z}_{p^2} \oplus \mathbb{Z}_{p^3}$의 기본인자는 $p^2,\ p^3$ 이고, 불변인자는 $p^2 \mid p^3$ 이다.

12. $G = \mathbb{Z}_{p^2} \oplus \mathbb{Z}_{p^3}$에서 원소의 위수는 $1,\ p,\ p^2,\ p^3$ 중 하나이다.

(1) 위수가 p 인 원소는 항등원 $(0,0)$가 아닌 $(ap, bp^2) \in \mathbb{Z}_{p^2} \oplus \mathbb{Z}_{p^3}$꼴의 원소이다 $(a, b = 0, \cdots\ p-1)$. 따라서 그 개수는 $p^2 - 1$ 이다.

(3) 위수가 p^3인 원소는 $(b, p) = 1$ 인 b에 대하여 $(a,\ b) \in \mathbb{Z}_{p^2} \oplus \mathbb{Z}_{p^3}$ 꼴의 원소이다. $(a = 0, \cdots\ p^2 - 1\ )$. 따라서 그 개수는 $p^2 \times \phi(p^3) = p^2(p^3 - p^2)$이다.

(2) 위수가 p^2인 원소는 항등원 $(0,0)$가 아닌 원소로서 위수가 $p,\ p^3$이 아닌 경우이다. 그 개수는 $p^5 - \{p^2(p^3 - p^2) + (p^2 - 1) + 1\} = p^4 - p^2$

13. 문제 11의 원소의 개수를 이용하여 푼다.

(1) $G = \mathbb{Z}_{p^2} \oplus \mathbb{Z}_{p^3}$의 부분군 중 위수가 p인 부분군은 개수는 위수가 p인 원소의 개수로 센다. 위수가 p인 서로 다른 두 부분군의 교집합은 $\langle e \rangle$이므로 위수가 p인 부분군은 개수는 $(p^2 - 1) \div (p - 1) = p + 1$ (개)이다.

(2) $G=\mathbb{Z}_{p^2}\oplus\mathbb{Z}_{p^3}$의 부분군 중 위수가 p^2인 부분군은 ① $\mathbb{Z}_{p^2}$과 동형인 순환부분군과 ② $\mathbb{Z}_p\oplus\mathbb{Z}_p$과 동형인 것 두 가지이다.

① $\mathbb{Z}_{p^2}$과 동형인 순환부분군의 개수는 위수가 p^2인 원소의 개수로 센다. 순환부분군 $\mathbb{Z}_{p^2}$에 있는 원소 중 위수가 p^2인 것은 $\phi(p^2)=p^2-p$ (개)이고, 순환부분군 $\mathbb{Z}_{p^2}$에 있는 이 원소들은 이 부분군의 생성원이므로 다른 순환부분군에 속하지 않는다. 따라서 위수가 p^2인 순환부분군의 개수는 $(p^4-p^2)\div\phi(p^2)=p(p+1)$ (개)이다.

② 순환군이 아닌 부분군으로서 $\mathbb{Z}_p\oplus\mathbb{Z}_p$과 동형인 것에는 위수가 p인 원소가 p^2-1개가 있다. $G=\mathbb{Z}_{p^2}\oplus\mathbb{Z}_{p^3}$에 위수가 p인 원소가 p^2-1개 있으므로 그와 같은 부분군은 1 개이다. 즉, $H_1=p\mathbb{Z}_{p^2}\oplus p^2\mathbb{Z}_{p^3}$ 뿐이다.

①과 ②로부터 위수가 p^2인 부분군은 $p(p+1)+1=p^2+p+1$ (개)이다.

14. $G=\mathbb{Z}_{p^2}\oplus\mathbb{Z}_{p^3}$의 부분군 중 위수가 p^3인 순환부분군은 $\mathbb{Z}_{p^3}$과 동형인 부분군이다. $\mathbb{Z}_{p^3}$과 동형인 순환부분군의 개수는 위수가 p^3인 원소의 개수로 센다.

$G=\mathbb{Z}_{p^2}\oplus\mathbb{Z}_{p^3}$의 원소 중 위수가 p^3인 것은 $p^2\times\phi(p^3)$개이다(문제 11(3)). 위수가 p^3인 원소는 $\mathbb{Z}_{p^3}$과 동형인 하나의 순환부분군에 속하여 이 부분군을 생성하며, $\mathbb{Z}_{p^3}$과 동형인 다른 순환부분군에는 속하지 않는다.

$\mathbb{Z}_{p^3}$과 동형인 순환부분군에 있는 원소 중 위수가 p^3인 것은 $\phi(p^3)$(개)이다. 따라서 위수가 p^3인 순환부분군의 개수는 $\{p^2\times\phi(p^3)\}\div\phi(p^3)=p^2$(개)이다.

이와 같은 순환부분군은 $a=0,1,\cdots,p^2-1$에 대하여 $\langle(a,1)\rangle\subseteq\mathbb{Z}_{p^2}\oplus\mathbb{Z}_{p^3}$이다.

15. $G=\mathbb{Z}_{p^2}\oplus\mathbb{Z}_{p^3}$의 부분군 중 위수가 p^3인 순환부분군이 아닌 것은 $\mathbb{Z}_p\oplus\mathbb{Z}_{p^2}$과 동형이다 ($\mathbb{Z}_p\oplus\mathbb{Z}_p\oplus\mathbb{Z}_p$과 동형인 것은 없다).

G의 원소 중 위수가 p인 것은 p^2-1 개이며, 부분군 $K=p\mathbb{Z}_{p^2}\oplus p^2\mathbb{Z}_{p^3}$에 속하는 원소들이다(문제 11(1)). H가 $\mathbb{Z}_p\oplus\mathbb{Z}_{p^2}$과 동형인 G의 부분군이면 H의 원소 중 위수가 p인 것은 p^2-1 개이므로, $K\subseteq H$이다(*).

이제 $\mathbb{Z}_p\oplus\mathbb{Z}_{p^2}$과 동형인 부분군의 개수는 위수가 p^2인 원소의 개수로 센다.

$\mathbb{Z}_{p^2}\oplus\mathbb{Z}_{p^3}$의 원소 중 위수가 p^2인 것은 p^4-p^2 개이다(문제 11(2)). $\mathbb{Z}_p\oplus\mathbb{Z}_{p^2}$과 동형인 부분군의 원소 중 위수가 p^2인 것은 $p\times\phi(p^2)=p(p^2-p)$ (개)이다. 따라서 $\mathbb{Z}_p\oplus\mathbb{Z}_{p^2}$과 동형인 부분군은 많아야 $\{p^4-p^2\}\div p(p^2-p)=p+1$ (개)이다. 왜냐하면 (*)에 의하여 $\mathbb{Z}_p\oplus\mathbb{Z}_{p^2}$의 왼쪽 직적인자인 $\mathbb{Z}_p$에 대하여 $\mathbb{Z}_p\oplus\langle 0\rangle$ G의 부분군 $K=p\mathbb{Z}_{p^2}\oplus p^2\mathbb{Z}_{p^3}$의

일부분으로 $\mathbb{Z}_p \oplus \mathbb{Z}_{p^2}$와 동형인 모든 부분군에 포함되기 때문이다.

이제 다음의 $p+1$개의 부분군은 $\mathbb{Z}_p \oplus \mathbb{Z}_{p^2}$과 동형인 G의 부분군으로서 서로 다르다.

$$H_0 = \langle (0, p) \rangle + \langle (p, 0) \rangle, \quad H_1 = \langle (1, p) \rangle + \langle (p, 0) \rangle, \cdots,$$

$$H_{p-1} = \langle (p-1, p) \rangle + \langle (p, 0) \rangle, \quad H_p = \langle (1, 0) \rangle + \langle (0, p^2) \rangle.$$

따라서 $\mathbb{Z}_{p^2} \oplus \mathbb{Z}_{p^3}$의 부분군 중 $\mathbb{Z}_p \oplus \mathbb{Z}_{p^2}$과 동형인 부분군은 $p+1$개다.

16. (1) $2268 = 2^2 \times 3^4 \times 7$이다. G의 불변인자를 $a \mid b \mid c$라 하자.
$a = 6$이면, $6 \mid b$이고 $6 \mid c$이다. 이는 $6^3 \mid 2^2 \times 3^4 \times 7$되어 모순이다. $c \neq 6$이므로 $b = 6$이다. 이 때, G의 불변인자는 $3 \mid 2 \times 3 \mid 2 \times 3^2 \times 7$이다. 즉, $3 \mid 6 \mid 126$이다.

(2) G의 불변인자가 $3 \mid 2 \times 3 \mid 2 \times 3^2 \times 7$이므로, $G \cong \mathbb{Z}_3 \oplus \mathbb{Z}_6 \oplus \mathbb{Z}_{126}$이다. 이 때, G의 원소의 위수의 최댓값은 126이다.

(3) 위수가 126인 원소는 $(d, e, f) \in \mathbb{Z}_3 \oplus \mathbb{Z}_6 \oplus \mathbb{Z}_{126}$ 중 $(f, 126) = 1$인 것이다. 따라서 그 개수는 $3 \times 6 \times \phi(126) = 3 \times 6 \times (2-1) \times (3^2 - 3)(7-1) = 648$개다.

17. $\overline{\mathbb{Z}}_{36}^*$는 위수가 $\phi(36) = 12$이고, $36 = 2^2 \times 3^2$이므로 순환군이 아닌 아벨군이다.
순환군 $\overline{\mathbb{Z}}_{18}^* = \langle 5 \rangle$에서 $o(5) = \phi(18) = 6$이다. 따라서 $\overline{\mathbb{Z}}_{36}^*$에서도 $o(5) = 6$이다
(왜냐하면, $1 \le a \le 5$에 대하여 5^a는 18의 배수가 아니므로 5^a는 36의 배수가 아니다. 따라서 위수가 12인 아벨군 $\overline{\mathbb{Z}}_{36}^*$에서 $o(5) = 6$ 또는 $o(5) = 12$인데, $\overline{\mathbb{Z}}_{36}^*$는 순환군이 아니므로 $o(5) = 6$이다).
이제 $\overline{\mathbb{Z}}_{36}^*$이 순환군이 아니고 위수가 6인 원소가 있으므로, $\overline{\mathbb{Z}}_{36}^*$의 불변인자는 $2 \mid 6$이다.
즉, $\overline{\mathbb{Z}}_{36}^* \cong \overline{\mathbb{Z}}_2 \oplus \overline{\mathbb{Z}}_6$이다. 두 군이 동형이므로 $\overline{\mathbb{Z}}_2 \oplus \overline{\mathbb{Z}}_6$에서 문제를 푼다.

(1) $\overline{\mathbb{Z}}_2 \oplus \overline{\mathbb{Z}}_6$에서 위수가 6인 원소는 $(0, 1)$, $(0, 5)$, $(1, 1)$, $(1, 5)$, $(1, 2)$, $(1, 4)$의 6개.

(2) 위수가 6인 부분군은 순환부분군이다(정리 2.12.12). 하나의 위수가 6인 순환부분군에는 위수가 6인 원소가 2개가 있고, 이 원소들은 생성원이므로 다른 위수가 6인 부분군에는 속하지 않는다. 따라서 위수가 6인 부분군의 개수는 $6 \div 2 = 3$이다.
실제로 $\langle (0, 1) \rangle = \langle 0 \rangle \oplus \overline{\mathbb{Z}}_6$, $\langle (1, 1) \rangle$, $\langle (1, 2) \rangle = \overline{\mathbb{Z}}_2 \oplus 2\overline{\mathbb{Z}}_6$이 $\overline{\mathbb{Z}}_2 \oplus \overline{\mathbb{Z}}_6$의 위수가 6인 부분군이다.

18. $(\overline{\mathbb{Z}}_{100}^*, \cdot)$는 위수가 $\phi(100) = 40$이고, 순환군이 아닌 아벨군이다.
$\overline{\mathbb{Z}}_{50}^*$에서 $o(3) = \phi(50) = 20$이므로 $\overline{\mathbb{Z}}_{100}^*$에서도 $o(3) = \phi(50) = 20$이다
(왜냐하면, $1 \le a \le 19$에 대하여 3^a는 50의 배수가 아니므로 3^a는 100의 배수가 아니다.

따라서 위수가 40인 아벨군 $\overline{\mathbb{Z}}_{100}^*$ 에서 $o(3)=20, 40$ 인데, $\overline{\mathbb{Z}}_{100}^*$ 는 순환군이 아니므로 $o(3) \neq 40$ 이다).

이제 $\overline{\mathbb{Z}}_{100}^*$ 는 순환군이 아니고 위수가 20 인 원소가 있으므로, $\overline{\mathbb{Z}}_{100}^*$ 의 불변인자는 $2|20$ 이다. 즉, $\overline{\mathbb{Z}}_{100}^* \cong \overline{\mathbb{Z}}_2 \oplus \overline{\mathbb{Z}}_{20}$ 이다. 이 때, $f: \overline{\mathbb{Z}}_2 \oplus \overline{\mathbb{Z}}_{20} \to \overline{\mathbb{Z}}_{100}^*$, $f((0,a))=3^a$, $f((1,a))=-3^a \equiv 99 \times 3^a$ 가 동형이다. 동형 f 아래서 해당하는 원소를 찾는다.

(1) $\overline{\mathbb{Z}}_2 \oplus \overline{\mathbb{Z}}_{20}$ 에서 위수가 2 인 원소는 $(1,0)$, $(0,10)$, $(1,10)$ 이다. 따라서 $\overline{\mathbb{Z}}_{100}^*$ 에서 위수가 2 인 원소는 $-1 \equiv 99$, $3^{10} \equiv 49$, $-3^{10} \equiv -49 \equiv 51$ 의 세 개다.

(2) $\overline{\mathbb{Z}}_2 \oplus \overline{\mathbb{Z}}_{20}$ 에서 위수가 10 인 원소는
$(0,2), (0,6), (0,14), (0,18), (1,2), (1,6), (1,14), (1,18), (1,4), (1,8), (1,12)$, $(1,16)$ 이다. 따라서 $\overline{\mathbb{Z}}_{100}^*$ 에서도 12개다.
(실제로 $\overline{\mathbb{Z}}_{100}^*$ 에 있는 위수가 10 인 원소는 $3^2 \equiv 9$, $3^6 \equiv 29$, $3^{14} \equiv 69$, $3^{18} \equiv 89$, $-9 \equiv 91$, $-29 \equiv 71$, $-69 \equiv 31$, $-89 \equiv 11$, $-3^4 \equiv 19$, $-3^8 \equiv 39$, $-3^{12} \equiv 59$, $-3^{16} \equiv 79$ 이다.)

(3) 위수가 10인 (부분)군은 모두 순환군이다. 또 각각의 순환부분군에는 위수가 10인 원소가 4개가 있는데 다른 순환부분군에 속하지 않는다. 따라서 $\overline{\mathbb{Z}}_2 \oplus \overline{\mathbb{Z}}_{20}$ (또는 $\overline{\mathbb{Z}}_{100}^*$)에 있는 위수가 10인 부분군의 개수는 $12 \div 4 = 3$개다. (실제로 이 세 개의 부분군은 $\langle (0,2) \rangle = \langle 0 \rangle \oplus 2\overline{\mathbb{Z}}_{20}$, $\langle (1,2) \rangle$, $\langle (1,4) \rangle = \overline{\mathbb{Z}}_2 \oplus 4\overline{\mathbb{Z}}_{20}$ 의 세 순환부분군이다.)

(4) $3^5 = 243 \equiv 43 \pmod{100}$ 이다.
$\overline{\mathbb{Z}}_{100}^*$ 에서 $o(3)=20$ 이므로 $o(43) = \dfrac{20}{5} = 4$ 이다.

(5) $19 \equiv -3^4 \pmod{100}$ 이다. 동형 $f: \overline{\mathbb{Z}}_2 \oplus \overline{\mathbb{Z}}_{20} \to \overline{\mathbb{Z}}_{100}^*$ 에 의하여
$f((1,4)) = -3^4 = 19$ 이다.
$\overline{\mathbb{Z}}_2 \oplus \overline{\mathbb{Z}}_{20}$ 에서 $o((1,4)) = \gcd(2,5) = 10$ 이므로, $o(19) = 10$ 이다.

19. (**정리**를 이용하며 16, 17번과 같은 풀이 과정이다.)
$n = 4p^k$ 이므로 $\overline{\mathbb{Z}}_{4p^k}^*$ 는 순환군이 아니다. 이제 순환군 $(\overline{\mathbb{Z}}_{2p^k}^*, \cdot) = \langle g \rangle$ 라 하자. 이 때, $\overline{\mathbb{Z}}_{2p^k}^*$ 에서 $o(g) = \phi(2p^k) = p^{k-1}(p-1)$ 이다. $p^{k-1}(p-1) = m$ 이라 하자. 이 때, $o\left(\overline{\mathbb{Z}}_{2p^k}^*\right) = m$, $o\left(\overline{\mathbb{Z}}_{4p^k}^*\right) = 2m$ 이다. $1 \leq a \leq m-1$ 에 대하여 g^a 는 $2p^k$ 의 배수가 아니므로 g^a 는 $4p^k$ 의 배수가 아니다. 따라서 $\overline{\mathbb{Z}}_{4p^k}^*$ 에서 $o(g) = m$ 또는 $o(g) = 2m$ 이다. 그런데

$\overline{\mathbb{Z}}^*_{4p^k}$는 순환군이 아니므로 $o(g)=m$이다.

순환군이 아닌 $\overline{\mathbb{Z}}^*_{4p^k}$에 위수가 m인 원소가 있으므로 $\overline{\mathbb{Z}}^*_{4p^k}$의 불변인자는 $2|m$이다. 즉, $\overline{\mathbb{Z}}^*_{4p^k} \cong \overline{\mathbb{Z}}_2 \oplus \overline{\mathbb{Z}}_m$이다. 이 때, $f:\overline{\mathbb{Z}}_2 \oplus \overline{\mathbb{Z}}_m \to \overline{\mathbb{Z}}^*_{4p^k}$, $f((0,a))=g^a$, $f((1,a))=-g^a$가 동형이다. 동형 f 아래서 문제에 해당하는 원소를 찾는다.

(1) G의 불변인자는 $2|m$이다($m=p^{k-1}(p-1)$).

(2) $\overline{\mathbb{Z}}_2 \oplus \overline{\mathbb{Z}}_m$에서 위수가 2인 원소는 $m_1=m/2$에 대하여 $(1,0)$, $(0,m_1)$, $(1,m_1)$이다. 따라서 $\overline{\mathbb{Z}}^*_{4p^k}$에서 위수가 2인 원소도 세 개다.

(3) $\overline{\mathbb{Z}}_2 \oplus \overline{\mathbb{Z}}_m$에서 위수가 p인 원소는 $a_1=p^{k-2}(p-1)$에 대하여 $(0,a_1)$, $(0,2a_1)$, $\cdots$, $(0,(p-1)a_1)$의 p개다. 따라서 $\overline{\mathbb{Z}}^*_{4p^k}$에서 위수가 p인 원소도 p개다.

(4) 위의 p개의 원소의 합은 $\left(0, \dfrac{(p-1)pa_1}{2}\right)=(0,0)$이다. 따라서 $\overline{\mathbb{Z}}^*_{4p^k}$에서 위수가 p인 원소의 곱은 $f((0,0))=g^0=1$이다.

20. (1) 군준동형 $f:\overline{\mathbb{Z}}_2 \oplus \overline{\mathbb{Z}}_6 \to \overline{\mathbb{Z}}_3 \oplus \overline{\mathbb{Z}}_{12}$는 두 원소 $(1,0),(0,1) \in \overline{\mathbb{Z}}_2 \oplus \overline{\mathbb{Z}}_6$에서 f의 값을 정하면 된다. 연습문제 2.6.6과 같이 $f((1,0))=(0,0),(0,6) \in \overline{\mathbb{Z}}_3 \oplus \overline{\mathbb{Z}}_{12}$의 2개의 원소를 값으로 가질 수 있다.

위수가 6인 $(0,1) \in \overline{\mathbb{Z}}_2 \oplus \overline{\mathbb{Z}}_6$의 경우는 $a=0,1,2 \in \overline{\mathbb{Z}}_3$에 대하여 $f((0,1))=(a,0),(a,2),\cdots,(a,10) \in \overline{\mathbb{Z}}_3 \oplus \overline{\mathbb{Z}}_{12}$의 $3\times 6=18$개의 원소를 값으로 가질 수 있다. 따라서 군준동형 f는 18개다.

간단한 풀이 $\gcd(2,3)\times\gcd(2,12)\times\gcd(6,3)\times\gcd(6,12)=18$개.

(2) **간단한 풀이** $\gcd(2,3)\times\gcd(2,5)\times\gcd(2,72)\times\gcd(108,3)\times\gcd(108,5)\times\gcd(108,72)=216$개.

▸▸ 연습문제 2.14

1. G의 p-Sylow 부분군의 개수, $n_p=kp+1$이고, $n_p \mid q$이다. $q \not\equiv 1 \pmod p$이므로, $n_p=1$이다. 그러므로 G의 p-Sylow 부분군 $P=\langle a\rangle$는 유일하고, $P \lhd G$이다. G의 q-Sylow 부분군의 개수 $n_q=lq+1$이고, $n_q \mid p$이다. $p<q$이므로 $n_q=1$이다. 그러므로 G의 q-Sylow 부분군 $Q=\langle b\rangle$는 유일하고, $Q \lhd G$이다.

$aba^{-1}b^{-1} \in P \cap Q = \langle e \rangle$이므로, $aba^{-1}b^{-1} = e$이고 $ab = ba$이다. 이 때, $o(ab) = pq$ (정리 2.7.7)이므로 $G = \langle ab \rangle$는 순환군이다.

2. $[G : \langle a \rangle] = 2$ 이므로, $\langle a \rangle \lhd G$이다. 그러므로 $bab^{-1} = a^m$ 이라 하면, $a = b^2ab^{-2} = a^{m^2}$ 이다(연습문제 2.2.8). 따라서 $a^{m^2-1} = e$ 이고, $p \mid m^2 - 1$ 이다. p가 소수이므로, $p \mid m-1$ 또는 $p \mid m+1$ 이다.

$p \mid m-1$, 즉, $m \equiv 1 \pmod p$ 인 경우에 $bab^{-1} = a^m = a$ 이므로 G는 아벨군이다. 이 때, $o(ab) = 2p$ 이고, $G = \langle ab \rangle \cong \mathbb{Z}_{2p}$ 이다.

$p \mid m+1$, 즉, $m \equiv -1 \pmod p$ 인 경우에 $bab^{-1} = a^m = a^{-1}$ 이다. 그러므로 $ba = a^{-1}b$ G이고, $G = \langle a, b \rangle \cong D_p$ 이다.

3. 모든 원소의 위수가 1 또는 2인 군은 아벨군이다(연습문제 2.2.4). 그러므로 G가 위수가 8 인 비아벨군이면, 위수가 4 인 원소 a가 있다. 이때, $\langle a \rangle \lhd G$이다. $bab^{-1} \in \langle a \rangle$ 이고, $o(bab^{-1}) = o(a)$ 이므로, $bab^{-1} = a^3$ 이다($bab^{-1} = a$ 이면, G는 아벨군이다).

이제 $o(G/\langle a \rangle) = 2$ 이므로, $b \in G$가 $b \notin \langle a \rangle$ 이면, $b^2 \in \langle a \rangle$ 이다. 따라서 $b^2 = e$ 또는 $b^2 = a^2$ 이다($b^2 = a$ 또는 $b^2 = a^3$ 이면, $o(b) = 8$ 이고, G는 순환군이다). $b^2 = e$ 인 경우는 $G = \langle a, b \rangle \cong D_4$ 이고, $b^2 = a^2$ 인 경우는 $G = \langle a, b \rangle \cong Q_8$ 이다.

▸▸ 연습문제 2.15

1. $N^{(1)}$이 G의 정규부분군임을 증명하기 위해서는 $N^{(1)}$의 생성원인 $aba^{-1}b^{-1}$ $(a, b \in N)$과 $x \in G$에 대하여 $x(aba^{-1}b^{-1})x^{-1} \in N^{(1)}$ 을 보이면 된다. $N \lhd G$ 이므로 xax^{-1}, $xbx^{-1} \in N$ 이고, 다음과 같이 $xaba^{-1}b^{-1}x^{-1} \in N^{(1)}$ 이다.

$$\begin{aligned} x(aba^{-1}b^{-1})x^{-1} &= (xax^{-1})(xbx^{-1})(xa^{-1}x^{-1})(xb^{-1}x^{-1}) \\ &= (xax^{-1})(xbx^{-1})(xax^{-1})^{-1}(xbx)^{-1} \in N^{(1)} \end{aligned}$$

2. (2) 보기 2.10.23.

4. (i) $p = q$인 경우, 즉 $o(G) = p^3$ 이면, $o(C(G)) = p, p^2$, 또는 p^3 이다. 모든 경우에 $G/C(G)$ 는 아벨군이고, 정리 3.(3)에 의하여 $G^{(1)} \subseteq C(G)$ 이다. $C(G)$는 아벨군이므로 $C(G)^{(1)} = \langle e \rangle$ 이다. 따라서 $G^{(2)} = \langle e \rangle$ 이고, G는 가해군이다.

> **참고** $o(G) = p^n$ 이고 $n \geq 2$ 이면, $G^{(n-1)} = \langle e \rangle$ 이다.

(ii) $p > q$ 인 경우에 G 의 p-실로우 부분군의 개수, $n_p = kp + 1$ 이다. 또 n_p 는 q 의 약수이므로(실로우 III), $n_p = 1$ 이다. 그러므로 G 의 p-실로우 부분군 P 는 G 의 정규부분군이다. $o(G/P) = q$ 이므로, G/P 는 순환군이고, $G^{(1)} \subseteq P$ 이다. 위수가 p^2 인 P 는 아벨군이므로 $P^{(1)} = \langle e \rangle$ 이다. 따라서 $G^{(2)} = \langle e \rangle$ 이고, G 는 가해군이다.

(iii) $p < q$ 인 경우에 G 의 q-실로우 부분군의 개수, $n_q = lq + 1$ 이다. 또 n_q 는 p^2 의 약수이므로(실로우 III), $n_q = 1$ 또는 $n_q = p^2$ 이다.

$n_q = 1$ 인 경우 (ii)와 같이 보인다.

$n_q = p^2$ 인 경우에 $p^2 \equiv 1 \pmod q$ 이다. 그러므로 $q \mid (p-1)(p+1)$ 이다. q 가 소수이므로 $q \mid (p-1)$ 또는 $q \mid (p+1)$ 이다. $p < q$ 인 경우이므로 $q = p+1$ 이고, $p = 2$, $q = 3$ 이다. 위수가 12인 비아벨군은 A_4, D_6 와 T 뿐이며(연습문제 2.14.4), 모두 가해군이다.

$T := \langle a, b \mid o(a) = 6,\ a^2 = b^2,\ ab = ba^{-1} \rangle$ 의 경우,

$T^{(1)} = \langle a \rangle$, $T^{(2)} = \langle e \rangle$ 이다.

CHAPTER 03 환(環, Ring)론

▸▸ 연습문제 3.1

1. (1) $(a+b)(c+d)= ac+ad+bc+bd$

(2) $(a+b)^2 = a^2+ab+ba+b^2$

2. (1) $(a+b)^2 = a^2+2ab+b^2$

(2) $(a+b)^n = a^n+\binom{n}{1}a^{n-1}b+\cdots+\binom{n}{i}a^{n-i}b^i+\cdots+b^n$

3. (1) $$\begin{aligned}(ma)(nb) &= (a+\cdots+a)(b+\cdots+b)\\ &= a(b+\cdots+b)+\cdots+a(b+\cdots+b)\\ &= (ab+\cdots+ab)+\cdots+(ab+\cdots+ab) = mnab\end{aligned}$$

(2) $(ma)(na)=mna^2=mna$ 임을 증명하여라.

4. (1) $a=a^2=(-a)^2=-a$이다.

(2) $a+b=(a+b)^2=a^2+ab+ba+b^2=a+ab+ba+b$이므로, $ab+ba=0$이다.

(1)에 의하여, $ab=-ba=ba$ 이다.

5. (1) 닫힌 연산이 없다. (2) 닫힌 연산이 없다.

(3) 덧셈, 곱셈 (4) 덧셈, 곱셈

((4)의 경우 $(3+\sqrt{2})\div(1+\sqrt{2})=-1+2\sqrt{2}\not\in D$ 이다.)

6. (1) 환 (2) 곱셈에 대하여 닫혀 있지 않다. (3) 환 (4) 환

(5) 환 (6) 환 (7) 곱셈에 대하여 닫혀 있지 않다. (8) 환

7. 영(덧셈의 항등원)은 1 이고, 단위원(곱셈의 항등원)은 0 ,

$a\neq 1$ 일 때, a 의 역원, $a^{-1}=\dfrac{a}{a-1}$ 이다.

▸▸ 연습문제 3.2

1. (1) 영인자는 $24-\phi(24)-1=15$ (개)

$\overline{2}, \overline{3}, \overline{4}, \overline{6}, \overline{8}, \overline{9}, \overline{10}, \overline{12}, \overline{14}, \overline{15}, \overline{16}, \overline{18}, \overline{20}, \overline{21}, \overline{22}$

(2) 단원은 $\phi(24)=8$ (개) : $\overline{1}, \overline{5}, \overline{7}, \overline{11}, \overline{13}, \overline{17}, \overline{19}, \overline{23}$

(3) 멱영원은 $\overline{6}$ 의 배수 4 (개) : $\overline{0}, \overline{6}, \overline{12}, \overline{18}$

(4) 멱등원은 $2^2=4$(개)이다(연습문제 10을 참고).

'$\overline{a}$ 가 멱등원 $\Leftrightarrow$ $24=2^3\cdot 3 \mid (a-1)a$ '이다. $(a-1, a)=1$ 이므로 $2^3 \mid (a-1)$ 또는 $2^3 \mid a$ 인 a 중에서 멱등원을 찾는다. 멱등원은 $\overline{0}, \overline{1}, \overline{9}, \overline{16}$ 이다.

2. $153=3^2\times 17$ 이다. $\phi(153)=(3^2-3)(17-1)=96$ 이다.

(1) 영인자는 $153-\phi(153)-1=56$ (개)

(2) 단원은 $\phi(153)=96$ (개)

(3) 멱영원은 $3\times 17=51$ 의 배수 $\overline{0}, \overline{51}, \overline{102}$ 3(개)

(4) $153=3^2\cdot 17$ 의 소인수가 2 개이므로, 멱등원은 $2^2=4$ (개) 이다

'$\overline{a}$ 가 멱등원 $\Leftrightarrow$ $153=3^2\cdot 17 \mid a(a-1)$ '에서 $a \mid 17$ 또는 $(a-1) \mid 17$ 인 경우에 찾는다.

$\overline{0}, \overline{1}, \overline{18}, \overline{136}$ 이 멱등원이다. $18=17+1$, $136=8\times 17$ 이다.

3. $(a+b)^{p^n}=a^{p^n}+\cdots+\binom{p^n}{i}a^{p^n-i}b^i+\cdots+b^{p^n}$ 이다. 이 때, $1\le i\le p^m-1$ 인 경우 이항전개의 계수 $\binom{p^n}{i}$ 은 다음과 같이 p의 배수이다.

$$\binom{p^n}{i}=\frac{p^n}{i}\times\left\{\frac{(p^n-1)(p^n-2)\cdots(p^n-(i-1))}{1\times 2\times\cdots\times(i-1)}\right\}$$

이다. { } 안의 분수에서 소수 p 의 중복도(지수)를 따지면, $1\le j\le i-1\le p^n-2$ 인 j 에 대하여 분자에 있는 p^n-j 와 분모에 있는 j 를 각각 소인수분해할 때 p의 중복도가 같다. 또, i를 소인수분해할 때 p의 중복도는 n 보다 작으므로 $\binom{p^n}{i}$ 은 p의 배수이다. R의 표수가 p 이므로 $\binom{p^n}{i}a^{p^n-i}b^i=0$ 이고, $(a+b)^{p^n}=a^{p^n}+b^{p^n}$ 이다.

4. 유한환 $\overline{\mathbb{Z}}_n$ 를 계수로 하는 다항식환 $\overline{\mathbb{Z}}_n[x]$ 는 표수가 n 이고, 원소수가 무한하다.

5. 1) $U(\mathbb{Z}) = \{ 1, -1 \}$

2) $U(\mathbb{Z}[x]) = U(\mathbb{Z}) = \{ 1, -1 \}$

3) $U(\mathbb{Z}[i]) = \{ 1, -1, i, -i \}$

4) $m \leq -2$ 일 때, $U(\mathbb{Z}[\sqrt{m}]) = \{ 1, -1 \}$

5) $\mathbb{H}(\mathbb{Z}) = \{a_0 + a_1 i + a_2 j + a_3 k \mid a_i \in \mathbb{Z}\}$일 때,

$U(\mathbb{H}(\mathbb{Z})) = \{ \pm 1, \pm i, \pm j, \pm k \}$

(3), 4), 5)의 경우 '$\alpha \in U(R) \Leftrightarrow N(\alpha) = \pm 1$'

즉, $N(\alpha) \in U(\mathbb{Z}) = \{ 1, -1 \}$에 의하여 성립한다.)

6. $U(\overline{\mathbb{Z}}_n) = \overline{\mathbb{Z}}_n^*$ 이고, $|U(\overline{\mathbb{Z}}_n)| = \phi(n)$ 이다. 즉, $\phi(n) = 100 = 2^2 5^2$ 인 n을 구하는 문제이며, 연습문제 2.1.10에서 $n = 101, 202, 125, 250$ 이다. 정리 2.7.9에 의하여 $n = 101, 202, 125, 250$ 의 경우 모두 $U(\overline{\mathbb{Z}}_n) = \overline{\mathbb{Z}}_n^*$ 는 순환군이다.

(1) $n = 101, 202, 125, 250$

(2) $n = 101, 202, 125, 250$

7. 군 G의 공집합이 아닌 유한 부분집합 H가 G의 연산에 대하여 닫혀있다고 하자. $H = \{x_1, x_2, \cdots, x_n\}$이라 하고, $a \in H$ 에 대하여, $aH = \{ax_1, ax_2, \cdots, ax_n\}$이라 하자. 군의 소거법칙(정리 2.2.2)에 의하여 $ax_1, ax_2, \cdots, ax_n$은 서로 다른 원소이다. 유한집합인 H와 그의 부분집합인 aH의 원소의 개수가 같으므로, $aH = H$ 이다. 특히, $a \in H = aH$ 이am로 $a = ax_i$인 $x_i \in H$가 있다. 이 때, $x_i = e \in H$ 이다.

또 $x_i = e \in H = aH$이므로 $e = ax_j$ 인 $x_j \in H$ 가 존재한다. 이 때, $x_j = a^{-1}$ 이다. 따라서 H는 G의 부분군이다.

8. (2) $\supseteq$) $f \neq 0$ 인 연속함수 f 가 적당한 소구간 (c, d) 의 모든 점 x 에서 $f(x) = 0$ 이라 하자. $g \in C[a, b]$를 모든 $x \in [a, c] \cup [d, b]$ 에 대하여 $g(x) = 0$ 이고, 모든 $x \in (c, d)$ 에 대하여 $g(x) \neq 0$ 으로 정의하자. $g(\frac{c+d}{2}) = 1$ 이고, 함수 g 의 그래프가 세 점 $(c, 0)$, $(\frac{c+d}{2}, 1)$, $(d, 0)$ 을 선분으로 이어지도록 한다. 이 때, 모든 $x \in [a, b]$ 에 대하여 $f(x)g(x) = 0$ 이므로, $f \in ZD(C[a, b])$ 이다.

$\subseteq$) $f \in ZD(C[a, b])$ 이고, $f(x)g(x) = 0$, $f \neq 0$, $g \neq 0$ 이라 하자. $g \neq 0$ 이므로 적당한 $\alpha \in [a, b]$ 에 대하여 $g(\alpha) \neq 0$ 이다. $g(\alpha) > 0$ 이라 하자 ($g(\alpha) < 0$ 인 경우도 같은 증명). g 가 연속함수이므로 $\epsilon = \frac{1}{2} g(\alpha)$ 에 대하여 $\delta > 0$ 이 있어서

모든 $x \in (\alpha-\delta, \alpha+\delta) \cap [a, b]$ 에 대하여, $|g(x) - g(\alpha)| < \epsilon$ 이다. 이 때, $g(x) > g(\alpha) - \epsilon = \frac{1}{2} g(\alpha) > 0$ 이다.

$(c, d) \subseteq (\alpha-\delta, \alpha+\delta) \cap [a, b]$ 가 되도록 택하면, 모든 $x \in (c, d)$ 에 대하여 $g(x) > 0$ 이다. 따라서 모든 $x \in (c, d)$ 에 대하여 $f(x) = 0$ 이다.

9. (1) p가 소수일 때, $\overline{\mathbb{Z}}_{p^m}$ 의 멱등원은 다음과 같이 $\bar{a} = \bar{0}$ 과 $\bar{a} = \bar{1}$ 뿐이다.

$\bar{a}$ 가 $\overline{\mathbb{Z}}_{p^m}$ 의 멱등원 $\Leftrightarrow$ $a^2 \equiv a \pmod{p^m}$ $\Leftrightarrow$ $p^m \mid (a^2 - a) = a(a-1)$

그러므로 $p \mid (a^2 - a) = a(a-1)$이다. p 는 소수이므로, $p \mid a$ 또는 $p \mid (a-1)$ 이다. $p \mid a$ 인 경우, $(a, a-1) = 1$ 이므로 $p \nmid a-1$ 이다. 이 때, $p^m \mid a(a-1)$ 에서 $p^m \mid a$ 이다. 즉, $\overline{\mathbb{Z}}_{p^m}$ 에서 $\bar{a} = \bar{0}$ 이다.

$p \mid (a-1)$ 인 경우 마찬가지로 $\overline{\mathbb{Z}}_{p^m}$ 에서 $\bar{a} = \bar{1}$ 이다.

(2) $n = p_1^{m_1} p_2^{m_2} \cdots p_r^{m_r}$ 일 때(p_i 는 서로 다른 소수, $n_i \geq 1$),

$\bar{a}$ 가 $\overline{\mathbb{Z}}_n$ 의 멱등원 $\Leftrightarrow$ $a^2 \equiv a \pmod{n}$ $\Leftrightarrow$ $a^2 \equiv a \pmod{p_i^{m_i}}$, 모든 i

즉, a 는 이차연립합동식 $\{ x^2 \equiv x \pmod{p_i^{m_i}}$ 의 해이다. 위에서와 같이 각 이차 합동식은 단 2개의 해 $a_i \equiv 0, 1 \pmod{p_i^{m_i}}$ 를 갖는다. 이 때, $p_1^{m_1}, \cdots, p_r^{m_r}$ 은 쌍마다 서로소이므로 다음의 2^r (개)의 해를 얻는다(중국인의 나머지 정리).

$x \equiv c_1 M_1 N_1 + c_2 M_2 N_2 + \cdots + c_r M_r N_r \pmod{n}$

각 $c_i = 0, 1$ 의 두 가지이고, $M_i = \dfrac{n}{p_i^{m_i}}$, $(M_i, p_i^{m_i}) = 1$ 이므로,

$M_i N_i + p_i^{m_i} b_i = 1$ 를 만족하는 정수 N_i 와 b_i 가 존재한다.

10. 9(2)에서와 같이 중국인의 나머지정리를 이용하여 푼다.

(1) $\overline{\mathbb{Z}}_{80}$ 의 멱등원 : $80 = 2^4 \times 5$이고, $c_i = 0$ 또는 $c_i = 1$에 대하여

$$\begin{aligned} x &\equiv c_1 5(-3) + c_2 \times 2^4 \times 1 \pmod{80} \\ &\equiv 0, -15, 16, 1 \pmod{80} \\ &\equiv 0, 65, 16, 1 \pmod{80} \end{aligned}$$

(2) $\overline{\mathbb{Z}}_{700}$ 의 멱등원 : $700 = 2^2 \times 5^2 \times 7$ 이고, $c_i = 0$ 또는 $c_i = 1$에 대하여

$$\begin{aligned} x &\equiv c_1 \times 5^2 \times 7 \times (-1) + c_2 \times 2^2 \times 7 \times (-8) + c_3 \times 2^2 \times 5^2 \times 4 \pmod{700} \\ &\equiv 0, 400, -224, 176, -175, 225, -399, 1 \pmod{700} \\ &\equiv 0, 400, 476, 176, 525, 225, 301, 1 \pmod{700} \end{aligned}$$

(3) $\overline{\mathbb{Z}}_{1224}$ 의 멱등원 : $1224 = 2^3 \times 3^2 \times 17$ 이고, $c_i = 0$ 또는 $c_i = 1$에 대하여

$$\begin{aligned} x &\equiv c_1 \times 3^2 \times 17 \times 1 + c_2 \times 2^3 \times 17 \times 1 + c_3 \times 2^3 \times 3^2 \times (-4) \pmod{1224} \\ &\equiv c_1 \times 153 + c_2 \times 136 + c_3 \times (-288) \pmod{1224} \\ &\equiv 0,\ -288,\ 136,\ -152,\ 153,\ -135,\ 289,\ 1 \pmod{1224} \\ &\equiv 0,\ 936,\ 136,\ 1072,\ 153,\ 1089,\ 289,\ 1 \pmod{1224} \end{aligned}$$

(4) $\overline{\mathbb{Z}}_{1368}$ 의 멱등원 : $1368 = 2^3 \times 3^2 \times 19$ 이고, $c_i = 0$ 또는 $c_i = 1$에 대하여

$$\begin{aligned} x &\equiv c_1 \times 3^2 \times 19 \times 3 + c_2 \times 2^3 \times 19 \times (-1) + c_3 \times 2^3 \times 3^2 \times (-5) \pmod{1368} \\ &\equiv c_1 \times 513 + c_2 \times (-152) + c_3 \times (-360) \pmod{1368} \\ &\equiv 0,\ 1008,\ 1216,\ 856,\ 513,\ 153,\ 361,\ 1 \pmod{1368} \end{aligned}$$

11. 유한환 $R = \{x_1, x_2, \cdots, x_n\}$라 하고, $a \in R$, $a \neq 0$에 대하여, $aR = \{ax_1, ax_2, \cdots, ax_n\}$이라 하자. 만일 $ax_i = ax_j$이면, $a(x_i - x_j) = 0$이다. R이 정역이고, $a \neq 0$이므로 $x_i = x_j$이다. 그러므로 $ax_1, ax_2, \cdots, ax_n$은 서로 다른 원소이다. R이 **유한**집합이고, 부분집합인 aR의 원소의 개수가 R의 원소의 개수와 같으므로, $aR = R$이다.

$a \in R = aR$이므로 적당한 x_{i_0}에 대하여 $a = ax_{i_0}$이다. 이 때, 모든 $ax_i \in aR = R$에 대하여 $x_{i_0}(ax_i) = (ax_{i_0})x_i = ax_i$이므로 x_{i_0}는 R의 단위원 1이다.

이제 $1 \in R = aR$이므로 $1 = ax_l$인 $x_l \in R$가 있다. 이 때, $x_l = a^{-1}$이고, R은 체이다.

12. (1) '$\alpha = a + b\sqrt{3}$가 $\mathbb{Z}[\sqrt{3}]$의 단원$\Leftrightarrow \alpha\overline{\alpha} = a^2 - 3b^2 = \pm 1$'(보기 3.2.15(3)).

따라서 펠방정식 $x^2 - 3y^2 = 1$ 또는 $x^2 - 3y^2 = -1$을 풀어서 단원을 찾는다. $\sqrt{3}$를 번분수 전개하면(펠방정식의 해법)

$$\sqrt{3} = 1 + \cfrac{1}{\cfrac{1}{\sqrt{3}-1}} = 1 + \cfrac{1}{1 + \cfrac{1}{1+\sqrt{3}}}$$ 로 번분수 전개의 주기 $e = 2$이다.

이 때, $\dfrac{1}{1+\sqrt{3}}$를 제외하면, $1 + \dfrac{1}{1} = \dfrac{2}{1}$를 얻는다. 이 기약분수의 분자를 a_1, 분모를 b_1으로 택하여 최소 양의 해(근본해)인 $\alpha_1 = 2 + 1\sqrt{3}$을 얻는다.

$\alpha_2 = (2+\sqrt{3})^2 = 7 + 4\sqrt{3}$, $\alpha_3 = (2+\sqrt{3})^3 = 26 + 15\sqrt{3}$,

$\alpha_4 = (2+\sqrt{3})^4 = 97 + 56\sqrt{3}$, $\alpha_5 = (2+\sqrt{3})^5 = 362 + 209\sqrt{3}$.

따라서 $1 < a, b < 10^2$인 것은 $\alpha_1 = 2 + 1\sqrt{3}$, $\alpha_2 = (2+\sqrt{3})^2 = 7 + 4\sqrt{3}$, $\alpha_3 = (2+\sqrt{3})^3 = 26 + 15\sqrt{3}$, $\alpha_4 = (2+\sqrt{3})^4 = 97 + 56\sqrt{3}$이다.

(주기 $e = 2$, 짝수이므로 $x^2 - 3y^2 = -1$의 해는 없고, $\alpha_1\overline{\alpha_1} = 2^2 - 3 \times 1^2 = 1$이다.)

(2) $\mathbb{Z}[\sqrt{29}\,]$의 단원은 펠방정식 $x^2-29y^2=1$ 또는 $x^2-29y^2=-1$을 풀어서 단원을 찾는다. $\sqrt{29}$ 를 번분수 전개하면

$$\sqrt{29} = 5+\cfrac{1}{2+\cfrac{1}{1+\cfrac{1}{1+\cfrac{1}{2+\cfrac{1}{5+\sqrt{62}}}}}} \text{ 이고, } 5+\cfrac{1}{2+\cfrac{1}{1+\cfrac{1}{1+\cfrac{1}{2}}}}=\frac{70}{13}$$

을 얻는다.

따라서 최소 양의 해(근본해)는 $\alpha_1=70+13\sqrt{29}$ 이다.

$\alpha_2=(70+13\sqrt{29}\,)^2=9801+1820\sqrt{29}$.

따라서 $1<a,\, b<10^4$, $1<b<10^4$ 인 것은 $\alpha_1=70+13\sqrt{29}$,

$\alpha_2=9801+1820\sqrt{29}$ 이다.

(주기 $e=5$**, 홀수이므로** $\alpha_1\overline{\alpha_1}=70^2-29\times 13^2=-1$ **이다.)**

(3) 펠방정식 $x^2-62y^2=1$ 또는 -1 을 풀어서 단원을 찾는다. $\sqrt{62}$ 를 번분수 전개하면

$$\sqrt{62} = 7+\cfrac{1}{1+\cfrac{1}{6+\cfrac{1}{1+\cfrac{1}{7+\sqrt{62}}}}} \text{ 이고, } 7+\cfrac{1}{1+\cfrac{1}{6+\cfrac{1}{1}}}=\frac{63}{8} \text{를 얻는다.}$$

따라서 최소 양의 해(근본해)는 $\alpha_1=63+8\sqrt{62}$

$\alpha_2=(63+8\sqrt{62}\,)^2=7{,}937+1{,}008\sqrt{62}$. 따라서 $1<a<10^4$, $1<b<10^4$ 인 것은 $\alpha_1=63+8\sqrt{62}$, $\alpha_2=7{,}937+1{,}008\sqrt{62}$ 이다.

(주기 $e=4$**, 짝수이므로** $x^2-62y^2=-1$ **의 해는 없고,** $\alpha_1\overline{\alpha_1}=63^2-62\times 8^2=1$ **이다.)**

▶▶ 연습문제 3.3

1. (1) 이데알 (2) 부분환 (3) 부분환 (4) 부분환
(5) 이데알 (6) 이데알 (7) 부분군 (8) 이데알

2. $r\in R$, $a+b,\ a'+b'\in I+J$ 일 때($a,\ a'\in I$, $b,\ b'\in J$),

$(a+b)-(a'+b') = (a-a')+(b-b') \in I+J$,
$r(a+b) = ra+rb \in I+J$, $(a+b)r = ar+br \in I+J$
이므로 $I+J$는 R의 이데알이다.

3. $r \in R$과 $x, y \in (I:J)$일 때, 모든 $b \in J$에 대하여 $xb, yb \in I$이다. 그러므로 $(x-y)b = xb-yb \in I$이고, $x-y \in (I:J)$이다. 또, $(rx)b = r(xb) \in I$이고, $rx \in (I:J)$이다. 따라서 $I:J$는 R의 이데알이다.

4. (1) $n = 2^4 \cdot 3 \cdot 7 = 336$, $l = 2^3 \cdot 3 \cdot 7 = 168$, $d = 2$

(2) $n = 7^3 \cdot 11 \cdot 17 = 641641$, $l = 7^2 \cdot 11 \cdot 17 = 9163$, $d = 7$

(3) $n = 2 \cdot 3^3 \cdot 7^2 \cdot 13 \cdot 17 = 584766$, $l = 2 \cdot 3^2 \cdot 7 \cdot 13 \cdot 17 = 27846$, $d = 3 \cdot 7 = 21$

(4) $n = 31 \cdot 37^2 \cdot 41 = 1739999$, $l = 31 \cdot 37 \cdot 41 = 47027$, $d = 37$

5. (1) $I = n\mathbb{Z}$라 하자. $11\mathbb{Z} \subseteq n\mathbb{Z}$이므로 $n \mid 11$이다. 따라서 $n = 1$ 또는 $n = 11$이다. $n = 11$이면, $I = 11\mathbb{Z}$이고, $n = 1$이면, $I = \mathbb{Z}$이다.

(2) $I = n\mathbb{Z}$라 하면, $60\mathbb{Z} \subseteq n\mathbb{Z}$이므로 $n \mid 60$이다.
따라서 $n = 1, 2, 3, 4, 5, 6, 10, 12, 15, 20, 30, 60$이고, $I = n\mathbb{Z}$의 12(개)이다.

6. (1) $\overline{\mathbb{Z}}_{60}$의 이데알 I는 $n \mid 60$인 $\langle \overline{n} \rangle = \overline{n}\,\overline{\mathbb{Z}}_{60}$의 꼴이다(정리 2와 정리 2.7.5(3)을 참고).
따라서 $n = 1, 2, 3, 4, 5, 6, 10, 12, 15, 20, 30, 60$일 때, $I = \overline{n}\,\overline{\mathbb{Z}}_{60}$의 12(개)이다.

(2) $\overline{\mathbb{Z}}_{60}/\overline{n}\,\overline{\mathbb{Z}}_{60} = \overline{\mathbb{Z}}_n$이고, 상환은 $\overline{\mathbb{Z}}_{60}/\overline{\mathbb{Z}}_{60} = (\overline{0})$, $\overline{\mathbb{Z}}_{60}/\overline{2}\,\overline{\mathbb{Z}}_{60} = \overline{\mathbb{Z}}_2, \cdots$,
$\overline{\mathbb{Z}}_{60}/\overline{0}\,\overline{\mathbb{Z}}_{60} = \overline{\mathbb{Z}}_{60}$의 12 가지이다.

7. 단위원 1을 갖는 가환환 R의 이데알이 2 개뿐이라 하자. $a \in R$, $a \neq 0$에 대하여 이데알 $Ra = R$이다. 그러므로 $1 \in R = Ra$이고, 적당한 $r \in R$에 대하여 $1 = ra$이다. 이때, $r = a^{-1}$이고, R은 체이다.
$n \geq 2$일 때, 전행렬환 $R = M_n(\mathbb{R})$의 이데알은 (0)와 R 2 개뿐이나(보기 3.6.14), R은 사체가 아니다.

8. $\begin{pmatrix} na & nb \\ nc & nd \end{pmatrix} = nA \in I_n$, $\begin{pmatrix} ne & nf \\ ng & nh \end{pmatrix} = nB \in I_n$와 $C \in R$에 대하여
$nA - nB = n(A-B) \in I_n$이고,
$C(nA) = n(CA) \in I_n$, $(nA)C = n(AC) \in I_n$이므로, I_n은 R의 이데알이다.

9. $\overline{\mathbb{Z}}_n$의 이데알의 개수는 n 의 약수의 개수이다.

(1) 가장 작은 n은, $n = 2^4 \cdot 3 = 48$

(2) 500에 가장 가까운 n은, $n = 2^4 \cdot 31 = 496$

(3) 네 자리 수 중 가장 작은 n은, $n = 3^4 \cdot 13 = 1053$

($2^4 \cdot 61 = 976$, $2^4 \cdot 67 = 1072$ $3^4 \cdot 11 = 891$, $5^4 \cdot 2 = 1250$)

10. $J = \{ a \in R \mid a^n = 0, \exists n \geq 0 \}$라 하면, $0 \in J$이므로 $J \neq \varnothing$ 이다.
$a, b \in J$라 하면 $a^m = 0, b^n = 0$인 $m, n \geq 0$가 있다.
R이 가환환이므로 다음의 이항 전개의 식이 성립한다.

$$(a-b)^{m+n-1} = \sum_{i+j=m+n+1} (-1)^j \binom{i}{m+n-1} a^i b^j$$

이 때, $i+j = m+n-1$이므로 $i \geq m$ 또는 $j \geq n$이다(만일, $i \leq m-1$이고, $j \leq n-1$이면, $i+j \leq m+n-2$이다). 따라서 $(a-b)^{m+n-1} = 0$이고, $a-b \in J$이다. 모든 $r \in R$에 대하여(R이 가환환이므로) $(ra)^m = r^m a^m = r^m 0 = 0$ 이므로 $ra \in J$이다. 따라서 J는 R의 이데알이다.

▶▶ 연습문제 3.4

1. (1) f가 전사이므로, 적당한 $r \in R$이 $f(r) = 1_{R'}$ 이다. 그러므로
$1_{R'} = f(r) = f(1_R r) = f(1_R) f(r) = f(1_R) 1_{R'} = f(1_R)$ 이다.

(2) $f(1_R) = f(1_R 1_R) = f(1_R) f(1_R)$ 이므로, $f(1_R)(f(1_R) - 1_{R'}) = 0$ 이다. R'이 정역이므로 $f(1_R) = 0$ 또는 $f(1_R) - 1_{R'} = 0$ 이다. $f(1_R) = 0$ 인 경우에 모든 $a \in R$에 대하여 $f(a) = f(a 1_R) = f(a) f(1_R) = f(a) 0 = 0$ 이고, $f = 0$ 이다. 따라서 $f \neq 0$이면, $f(1_R) = 1_{R'}$ 이다.

(3) $f(u) = f(u 1_R) = f(u) f(1_R)$ 이다. 양변에 $f(u)^{-1}$ 을 곱하면, $1_{R'} = f(1_R)$ 이다. 또, $1_{R'} = f(1_R) = f(uu^{-1}) = f(u) f(u^{-1}) = f(u^{-1} u) = f(u^{-1}) f(u)$ 이므로, $f(u^{-1}) = f(u)^{-1}$.

2. (1) $\Rightarrow$) f가 환준동형이면, $f(1) = f(1 \cdot 1) = f(1) f(1)$ 이다. 그러므로 $f(1) = a$ 라 하면, a 는 $\overline{\mathbb{Z}}_n$의 멱등원이다. 이 때, f가 군준동형이므로, 모든 $x \in \overline{\mathbb{Z}}_m$ 에 대하여 $f(x) = ax$이다.

⇐) 군준동형 $f: \overline{\mathbb{Z}}_m \to \overline{\mathbb{Z}}_n$가 $\overline{\mathbb{Z}}_n$의 멱등원 a에 대하여 $f(x) = ax$ $(x \in \overline{\mathbb{Z}}_m)$라 하자. 이 때, $f(xy) = a(xy) = a^2(xy) = (ax)(ay) = f(x)f(y)$ 이므로 f는 환준동형이다.

(2) 연습문제 3.2.10과 같이 $\mathbb{Z}_{100}$의 멱등원을 찾는다. $b, c = 0, 1$에 대하여

$$b \times 2^2 \times (-6) + c \times 5^2 \times 1 = 0, 1, 76, 25 \pmod{100}$$

따라서 환준동형 $f: \mathbb{Z}_{100} \to \mathbb{Z}_{100}$은 $a = 0, 1, 76, 25$를 곱하는 다음의 네 개의 함수이다($f(x) = \mu_a(x) = ax$, the multiplication map).

$$f_1(x) = 0,\ f_2(x) = x,\ f_3(x) = 76x,\ f_4(x) = 25x$$

(3) '$f: \mathbb{Z}_m \to \mathbb{Z}_m$이 환준동형 ⇔ $f(x) = ax$, a는 $\mathbb{Z}_m$의 멱등원'이고, $\mathbb{Z}_m$의 멱등원이 $8 = 2^3$개인 경우는 m의 서로 다른 소인수가 3개인 경우이다.

$100 = 2^2 \times 5^2$, 101은 소수, $102 = 2 \times 3 \times 17$이다. 따라서 서로 다른 소인수가 3개인 가장 작은 세 자릿수인 102가 답이다.

(4) 환준동형 $f: \mathbb{Z}_m \to \mathbb{Z}_m$가 2개인 경우는 m의 소인수가 1개인 경우이다.

$99 = 3^2 \times 11$, $98 = 2 \times 7^2$, 97은 소수이다. 따라서 소인수가 1개인 가장 큰 한 자릿수인 97이 답이다.

3. 군준동형은 연습문제 2.6.6, 환준동형은 연습문제 3.2.10과 연습문제 3.4.2를 이용

(1) $f(\overline{1}) = \overline{0}, \overline{1}, \cdots, \overline{23}$ 중 하나.

(2) $\overline{\mathbb{Z}}_{24}$의 멱등원은 $\overline{0}, \overline{1}, \overline{9}, \overline{16}$이다. 따라서 $f(\overline{1}) = \overline{0}, \overline{1}, \overline{9}, \overline{16}$.

(3) 군준동형은 $(18, 24) = 6$개 있으며, $f(\overline{1}) = \overline{0}, \overline{4}, \overline{8}, \overline{12}, \overline{16}, \overline{20}$.

(4) 환준동형은 위의 6개 중 $f(\overline{1})$이 $\overline{\mathbb{Z}}_{24}$의 멱등원인 $\overline{0}, \overline{16}$이다. 즉, $f(\overline{1}) = \overline{0}, \overline{16}$.

(5) 군준동형은 $(24, 18) = 6$개 있으며, $f(\overline{1}) = \overline{0}, \overline{3}, \overline{6}, \overline{9}, \overline{12}, \overline{15}$이다.

(6) $\overline{\mathbb{Z}}_{18}$의 멱등원은 $\overline{0}, \overline{1}, \overline{9}, \overline{10}$이다. 따라서 환준동형인 경우 $f(\overline{1}) = \overline{0}, \overline{9}$.

4. 두 복소수 α, β에 대하여 $\overline{\alpha + \beta} = \overline{\alpha} + \overline{\beta}$ 와 $\overline{\alpha\beta} = \overline{\alpha}\ \overline{\beta}$ 임을 보인다.

5. (1)과 (2) 같이 증명한다.

⇐) $f \equiv 0$, $f = id$, 또는 $f = \sigma$(켤레함수)는 환준동형임을 간단히 보일 수 있다.

⇒) $f: \mathbb{Q}[\sqrt{m}] \to \mathbb{Q}[\sqrt{m}]$가 환준동형이라 하자. $f(1) = f(1 \cdot 1) = f(1) \cdot f(1)$이므로, $f(1) = 0$ 또는 $f(1) = 1$이다.

$f(1) = 0$인 경우에 모든 $x \in \mathbb{Z}$ (또는 $x \in \mathbb{Q}$)에 대하여,

$f(x) = f(x \cdot 1) = f(x) \cdot f(1) = f(x) \cdot 0 = 0$이고, $f \equiv 0$이다.

$f(1)=1$ 인 경우에 모든 $x \in \mathbb{Z}$ 에 대하여, $f(x)=x$ 임을 보인다. 이제 보기 7과 같이 모든 $x \in \mathbb{Q}$ 에 대하여, $f(x)=x$ 임을 보인다.
또, $m=f(m)=f(\sqrt{m}\cdot\sqrt{m})=f(\sqrt{m})\cdot f(\sqrt{m})$ 이므로,
$f(\sqrt{m})=\sqrt{m}$ 또는 $f(\sqrt{m})=-\sqrt{m}$ 이다.
$f(\sqrt{m})=\sqrt{m}$ 인 경우는 $f(r+s\sqrt{m})=f(r)+f(s)f(\sqrt{m})=r+s\sqrt{m}$ 이므로 $f=id$이다. $f(\sqrt{m})=-\sqrt{m}$ 인 경우는 $f(r+s\sqrt{m})=r-s\sqrt{m}$ 이므로 $f=\sigma$(켤레함수)이다.

7. $(a+b)^{p^n}=a^{p^n}+\cdots+\binom{p^n}{i}a^{p^n-i}b^i+\cdots+b^{p^n}$ 이다. 이 때, $1\le i\le p^m-1$ 인 경우 이항전개의 계수 $\binom{p^n}{i}$ 은 소수 p의 배수이다(연습문제 3.2.3). R 의 표수가 소수 p이므로 모든 $a, b\in R$ 에 대하여 $\phi(a+b)=(a+b)^{p^n}=a^{p^n}+b^{p^n}=\phi(a)+\phi(b)$ 이다. 또한, $\phi(ab)=(ab)^{p^n}=a^{p^n}b^{p^n}=\phi(a)\phi(b)$ 이므로, ϕ 는 환준동형이다.

8. (1) 정리 2.12.2에서와 같이 $R_1\times\cdots\times R_n$ 은 군이다.
또 $(a_1,\cdots,a_n)(b_1,\cdots,b_n)=(a_1b_1,\cdots,a_nb_n)\in R_1\times\cdots\times R_n$ 이므로 곱이 잘 정의되었다. $R_1\times\cdots\times R_n$ 에서 곱의 결합법치과 배분법칙은 각 R_i 에서 곱의 결합법치과 배분법칙에 의하여 유도된다.
(2) 각 R_i가 가환환이므로 다음과 같이 $R_1\times\cdots\times R_n$ 도 가환환이다.
$(a_1,\cdots,a_n)(b_1,\cdots,b_n)=(a_1b_1,\cdots,a_nb_n)=(b_1a_1,\cdots,b_na_n)=(b_1,\cdots,b_n)(a_1,\cdots,a_n)$
$(a_1,\cdots,a_n)(1,\cdots,1)=(a_11,\cdots,a_n1)=(a_1,\cdots,a_n)$ 이므로,
$(1,\cdots,1)$ 이 $R_1\times\cdots\times R_n$ 의 단위원이다.

9. $\phi(x+y)=(\overline{x+y},\cdots,\overline{x+y})=(\overline{x},\cdots,\overline{x})+(\overline{y},\cdots,\overline{y})=\phi(x)+\phi(y)$ 이고, $\phi(xy)=(\overline{xy},\cdots,\overline{xy})=(\overline{x},\cdots,\overline{x})(\overline{y},\cdots,\overline{y})=\phi(x)\phi(y)$ 이므로 ϕ는 환준동형이다.

10. (1) $\phi(x)=(\overline{x},\cdots,\overline{x})=(\overline{0},\cdots,\overline{0})$ $\Leftrightarrow$ 모든 m_i에 대하여 $m_i\mid x$
$\Leftrightarrow lcm(m_1,\cdots,m_n)\mid x$
이므로 $\ker\phi=l\mathbb{Z}$, $l=lcm(m_1,\cdots,m_n)$ 이다.
(2) $\Rightarrow$) ϕ가 전사이면, $(m_1,m_2)=1$ 임을 보이자(나머지 경우도 같인 방법으로 증명한다).
ϕ가 전사이면, $\phi(x)=(\overline{x},\cdots,\overline{x})=(\overline{1},\overline{0}\cdots,\overline{0})$ 인 $x\in\mathbb{Z}$가 있다.

$x \equiv 1 \pmod{m_1}$, $x \equiv 0 \pmod{m_2}$이므로, $1-x \in m_1\mathbb{Z}$이고 $x \in m_2\mathbb{Z}$이다. 따라서

$1=(1-x)+x \in m_1\mathbb{Z}+m_2\mathbb{Z}$이고, 적당한 $a, b \in \mathbb{Z}$에 대하여,

$1=am_1+bm_2$이므로 $(m_1, m_2)=1$이다.

$\Leftarrow$) $(\overline{a_1}, \cdots, \overline{a_n},) \in \mathbb{Z}_{m_1} \times \cdots \times \mathbb{Z}_{m_n}$라 하자. $m_1, \cdots, m_n$이 쌍마다 서로소이므로 각 m_i에 대하여 $M_i = m_1 \cdots m_{i-1}m_{i+1} \cdots m_n$라 하면, $(m_i, M_i)=1$이다. 따라서 $m_iL_i + M_iN_i = 1$인 $L_i, N_i \in \mathbb{Z}$가 있다. 이 때, $M_iN_i \equiv 1 \pmod{m_i}$이고, $m_j \neq m_i$일 때, $M_iN_i \equiv 0 \pmod{m_j}$이다. 이제 $x = a_1M_1N_1 + a_2M_2N_2 + \cdots + a_nM_nN_n$이라 하면 $\overline{x} \equiv \overline{a_i} \pmod{m_i}$이고, $\phi(x) = (\overline{x}, \cdots, \overline{x},) = (\overline{a_1}, \cdots, \overline{a_n},)$이다.

(3) $m_1, \cdots, m_n$이 쌍마다 서로소일 때, $l = lcm(m_1, \cdots, m_n) = m_1m_2 \cdots m_n$이다. 또, (2)에 의하여 ϕ는 전사인 환준동형이다. 따라서 제1동형정리에 의하여 ϕ는 동형 $\overline{\phi}$를 유도한다.

$$\phi : \mathbb{Z}_{m_1m_2\cdots m_n} \to \mathbb{Z}_{m_1} \times \cdots \times \mathbb{Z}_{m_n},\ \phi(\overline{x}) = (\overline{x}, \cdots, \overline{x})$$

11. $22 | (8x-4) \Leftrightarrow 11 | (4x-2)$이므로 $8x \equiv 4 \pmod{22} \Leftrightarrow 4x \equiv 2 \pmod{11}$이다. 이 때, $x \equiv 12x \equiv 3 \times 4x \equiv 3 \times 2 \equiv 6 \pmod{11}$이다.

$3x \equiv 5 \pmod{25}$이면, $(-8)3x \equiv (-8)5 \pmod{25}$이고, $x \equiv -40 \equiv 10 \pmod{25}$이다.

이제 $(11, 25)=1$이고, $\begin{cases} x \equiv 6 \pmod{11} \\ x \equiv 10 \pmod{25} \end{cases}$를 풀면(10(2)와 같이),

$$x \equiv 6 \times 25 \times 4 + 10 \times 11 \times (-9) \equiv -390 \equiv 160 \pmod{275}$$

또는 $x \equiv 160 \pmod{550}$과 $x \equiv 160+275 \equiv 435 \pmod{550}$이다.

12. (1) $\phi(x) = (x+3\mathbb{Z}, x+5\mathbb{Z}, x+7\mathbb{Z}) = (0,0,0) \Leftrightarrow lcm(3,5,7) = 105 | x$이다. 따라서 $\ker\phi = 105\mathbb{Z}$이다.

(2) 먼저 세 수 3, 5, 7은 쌍마다 서로소이다. 10(2)에서와 같이 구한다.

$x \equiv 2 \times 35 \times (-1) + 3 \times 21 \times 1 + 4 \times 15 \times 1 \equiv 53 \pmod{105}$

13. 일차합동식 $\begin{cases} x \equiv 1 & \pmod{9} \\ x \equiv 2 & \pmod{10} \\ x \equiv 10 & \pmod{11} \end{cases}$을 만족하는 x를 구하면 된다. 먼저 세 수 9, 10, 11은 쌍마다 서로소이다.

$x \equiv 1 \times 110 \times (-4) + 2 \times 99 \times (-1) + 10 \times 90 \times 6 \equiv 4762 \equiv 802 \pmod{990}$

14. $f(x) \equiv 4x \equiv 0 \pmod 6 \Leftrightarrow 6 \mid 4x \Leftrightarrow 3 \mid x$이다. 따라서 $\ker f = 3\mathbb{Z}$이다.
$imf = \{\overline{0}, \overline{4}, \overline{8} = \overline{2}\} = 2\mathbb{Z}_6$이다. 따라서 제1동형정리에 의하여, f는 동형, $\overline{f} : \mathbb{Z}/3\mathbb{Z} \to 2\mathbb{Z}_6$, $\overline{f}(\overline{x}) = \overline{4x} \pmod 6$를 유도한다.

15. (1) f가 환준동형이므로 $f(1) = f(1 \times 1) = f(1) \times f(1)$이므로 $f(1) = 0$ 또는 $f(1) = 1$이다. $f(1) = 0$이면, 모든 $n \in \mathbb{Z}$에 대하여 $f(n) = 0$이고 f는 일대일이 아니다. 따라서 $f(1) = 1$이고, 이 때, 임의의 $n \in \mathbb{Z}$에 대하여 $f(n) = n$이다.

(2) 임의의 $\mathbb{Z}$의 아이디얼 $I = m\mathbb{Z}$ $(m \in \mathbb{Z})$이다. 또 $\mathbb{Q}$는 체이므로 $\mathbb{Q}$의 아이디얼은 (0)와 $\mathbb{Q}$ 뿐이다.
$f(m\mathbb{Z}) = m\mathbb{Z}$ 이고, 이것이 $\mathbb{Q}$의 아이디얼인 경우는 $m = 0$인 $I = (0)$ 뿐이다.

(3) $I = (0)$ 일 때, $f((0)) = (0)$인 경우만 $\mathbb{Q}$의 아이디얼이다.

16. $x^3 - 8 \equiv (x-2)(x^2+2x+4)$, $x^2+2x+4 = (x+1)^2+3$이고, $2015 = 5 \times 13 \times 31$이다.
따라서 $x+1 = X$라 하고 다음과 같이 X에 관한 이차 합동식을 고려한다.

$$X^2 \equiv -3 \pmod{2015} \Leftrightarrow \begin{cases} X^2 \equiv -3 \pmod 5 \\ X^2 \equiv -3 \pmod{13} \\ X^2 \equiv -3 \pmod{31} \end{cases}$$

해의 개수(존재)는 다음과 같이 Legendre의 기호와 이차잉여의 상호법칙을 이용하여 푼다.
먼저
$x^3 - 8 \equiv (x-2)(x^2+2x+4) = 0 \pmod 5$에서 $x - 2 \equiv 0$ 또는 $x^2+2x+4 \equiv 0$이다.
다음과 같이 $x^2+2x+4 \equiv (x+1)^2+3 \equiv 0$ 의 해는 없고, $x^3 - 8 \equiv 0 \pmod 5$의 해는 $x \equiv 2$ 한 개뿐이다.

$$\left(\frac{-3}{5}\right) = \left(\frac{2}{5}\right) = (-1)^{\frac{5^2-1}{8}} = (-1)$$이므로 $X^2 \equiv -3 \pmod 5$의 해는 없다.

$x^3 - 8 \equiv 0 \pmod{13}$의 경우, $x \equiv 2$와 다음과 같이 2개가 더 있어 모두 3개이다.

$$\left(\frac{-3}{13}\right) = \left(\frac{10}{13}\right) = \left(\frac{2}{13}\right)\left(\frac{5}{13}\right) = (-1)^{\frac{13^2-1}{8}}\left(\frac{5}{13}\right)$$
$$= (-1)\left(\frac{3}{5}\right) = (-1)\left(\frac{5}{3}\right) = (-1)\left(\frac{2}{3}\right) = (-1)(-1)^{\frac{3^2-1}{8}} = 1$$

$x^3 - 8 \equiv 0 \pmod{31}$의 경우, $x \equiv 2$와 다음과 같이 2개가 더 있어 모두 3개이다.

$$\left(\frac{-3}{31}\right) = \left(\frac{28}{31}\right) = \left(\frac{4}{31}\right)\left(\frac{7}{31}\right) = \left(\frac{7}{31}\right) = (-1)\left(\frac{31}{7}\right) = (-1)\left(\frac{3}{7}\right) = (-1)(-1)\left(\frac{7}{3}\right)$$
$$= \left(\frac{4}{3}\right) = 1$$

따라서 $x^3-8\equiv 0 \pmod{2015}$ 의 해는 $1\times 3\times 3=9$ (개)이다.

참고 1.

$x^3-8\equiv 0 \pmod 5$ 의 해는 $x\equiv 2$, $x^3-8\equiv 0 \pmod{13}$ 의 해는 $x\equiv 2,5,6$,

$x^3-8\equiv 0 \pmod{31}$ 의 해는 $x\equiv 2,10,19$ 이다. 따라서 중국인의 나머지정리에 이용하여 다음과 같이 $x^3-8\equiv 0 \pmod{2015}$ 의 9개의 해를 얻는다.

$$\begin{aligned} x &\equiv 2\times 13\times 31\times 2+b\times 5\times 31\times(-1)+c\times 2\times 13\times(-10),\ (b=2,5,6,\ c=2,10,19) \\ &\equiv 2,847,1042,1552,382,577,1397,227,422 \pmod{2015} \end{aligned}$$

참고 2.

위의 풀이에서 5, 13, 31 이 소수임을 이용하였다. 즉, p 가 소수일 때, $\mathbb{Z}_p$ 는 체(정역)이므로 위의 풀이가 성립한다. $n\geq 2$일 때, $\mathbb{Z}_{p^n}$ 에서 3차 다항식의 해가 3개보다 많을 수 있다. **임용시험 1차 #21(3.9절 문제 8(4))**

$f(x)=(x-1)(x-2)(x-3)=0 \pmod 8$ 의 근은 $a=1,2,3,5,7$의 5개다.

17. $2015=5\times 13\times 31$ 이고, $x^3-27=(x-3)(x^2+3x+9)$ 이다.

$$x^2+3x+9=\left(x+\frac{3}{2}\right)^2-\frac{9}{4}+9=\left(x+\frac{3}{2}\right)^2+\frac{27}{4}=y^2+\frac{27}{4},\ y=x+\frac{3}{2}.$$

* 각각의 법 5, 13, 31 에서 2 의 역원 $\frac{1}{2}$과 4 의 역원 $\frac{1}{4}$이 존재한다.

(1) $\mathbb{Z}_5$ 에서 $y^2=\frac{-27}{4}=(-2)\times 4=-8=2$, $\left(\frac{2}{5}\right)=(-1)^{\frac{5^2-1}{8}}=-1$ 이고,

5 를 법으로 할 때, x^2+3x+9 의 해가 없다.

(2) $\mathbb{Z}_{13}$ 에서 $y^2=\frac{-27}{4}=(-1)\times(-3)=3$, $\left(\frac{3}{13}\right)=\left(\frac{13}{3}\right)=\left(\frac{1}{3}\right)=1$ 이고, 해가 있다. 실제로 $y=x+\frac{3}{2}=\pm 4$ 이고,

$x=\frac{-3}{2}+4=(-3)\times 7+4=-17=9$ 또는 $x=\frac{-3}{2}-4=1$.

(3) $\mathbb{Z}_{31}$ 에서 $y^2=\frac{-27}{4}=4\times 8=32=1$ 이고, 해가 있다.

실제로 $y=x+\frac{3}{2}=\pm 1$ 이고,

$x=\frac{-3}{2}+1=(-3)\times 16+1=-47=15$ 또는 $x=\frac{-3}{2}-1=13$.

이제 중국인의 나머지 정리에 의하여 다음과 같이 9개의 해를 찾을 수 있다.

$$x \equiv a\times 13\times 31\times 2+b\times 5\times 31\times(-1)+c\times 5\times 13\times(-10)$$
$$\equiv 313,\ 1873,\ 573,\ 3,\ 1563,\ 263,\ 1088,\ 633,\ 1348\ (\mathrm{mod}\ 2015)$$

$a=3,\ b=3,\ 1,\ 9,\ c=3,\ 13,\ 15$

▸▸ 연습문제 3.5

1. 단사준동형 $\iota : D \to F(D)$, $\iota(a)=\dfrac{a}{1}\in F(D)$ 에 의하여 정역 D를 그의 분수체 $F(D)$ 의 부분집합으로 고려할 수 있다. 다음의 계산은 $F(D)$ 에서 한다.

$(m,n)=1$ 이므로 적당한 $x,\ y\in\mathbb{Z}$ 에 대하여 $mx+ny=1$ 이다. 이제

$a=a^{mx+ny}=(a^m)^x(a^n)^y=(b^m)^x(b^n)^y=b^{mx+ny}=b$

이다(위의 계산에서 $m,\ n\ge 1$ 이므로, $x,\ y$ 중 하나는 음의 정수이다. 따라서 $F(D)$ 에서 계산한다).

2. (1) $\dfrac{a}{b}$, $\dfrac{c}{d}\in\mathbb{Z}_{17\mathbb{Z}}$ 일 때, 즉, $a,\ b,\ c,\ d\in\mathbb{Z}$ 이고, $17\nmid b$, $17\nmid d$ 이다. 17 이 소수이므로 $17\nmid bd$ 이다. 그러므로 $\dfrac{a}{b}-\dfrac{c}{d}=\dfrac{ad-bc}{bd}\in\mathbb{Z}_{17\mathbb{Z}}$, $\dfrac{a}{b}\dfrac{c}{d}=\dfrac{ac}{bd}\in\mathbb{Z}_{17\mathbb{Z}}$ 이다.

(2) $\dfrac{1}{2}\in\mathbb{Z}_{17\mathbb{Z}}-\mathbb{Z}$ 이고, $\dfrac{1}{17}\in\mathbb{Q}-\mathbb{Z}_{17\mathbb{Z}}$ 이다.

(3) $\dfrac{a}{b}$가 $17\mid a$ 일 때 단원이 아니다. 가장 큰 것은 $\dfrac{187}{13}$.

(4) 단원은 $99-(5+5)=89$ (개).

비단원 $\dfrac{17}{83}$, $\dfrac{34}{66}$, $\dfrac{51}{49}$, $\dfrac{68}{32}$, $\dfrac{85}{15}$와 $\mathbb{Z}_{17\mathbb{Z}}$의 원소가 아닌 $\dfrac{83}{17}$, $\dfrac{66}{34}$, $\dfrac{49}{51}$, $\dfrac{32}{68}$, $\dfrac{15}{85}$을 제외.

(5) $\dfrac{a}{100-a}$ 에서 '$(a,100-a)=1 \Leftrightarrow (a,100)=1$'이다.

$\phi(100)=(4-2)(25-5)=40$ 이고, 기약분수 $\dfrac{a}{100-a}$ 가 $\mathbb{Z}_{17\mathbb{Z}}$의 단원인 것은 $40-(2+2)=36$ (개)이다.

비단원 $\dfrac{17}{83}$, $\dfrac{51}{49}$와 $\mathbb{Z}_{17\mathbb{Z}}$의 원소가 아닌 $\dfrac{83}{17}$, $\dfrac{49}{51}$을 제외.

3. (1) $\dfrac{a}{b}$, $\dfrac{c}{d}\in\mathbb{Z}_{p\mathbb{Z}}$ 일 때, 즉, $a,\ b,\ c,\ d\in\mathbb{Z}$ 이고, $p\nmid b$, $p\nmid d$ 이다. p 가 소수이므로

$p \nmid bd$ 이다. 그러므로 $\dfrac{a}{b}-\dfrac{c}{d}=\dfrac{ad-bc}{bd}\in\mathbb{Z}_{p\mathbb{Z}}$, $\dfrac{a}{b}\dfrac{c}{d}=\dfrac{ac}{bd}\in\mathbb{Z}_{p\mathbb{Z}}$ 이다. 따라서 $\mathbb{Z}_{p\mathbb{Z}}$는 유리수체 $\mathbb{Q}$의 부분환이다. 또, $\mathbb{Z}\subseteq\mathbb{Z}_{p\mathbb{Z}}\subseteq\mathbb{Q}$ 이므로, $\mathbb{Z}_{p\mathbb{Z}}$의 분수체는 $\mathbb{Q}$이다.

(2) $\dfrac{a}{b}$, $\dfrac{c}{d}\in p\mathbb{Z}_{p\mathbb{Z}}$ 와 $\dfrac{e}{f}\in\mathbb{Z}_{p\mathbb{Z}}$ 일 때, 즉, $a, b, c, d, e, f\in\mathbb{Z}$ 이고, $p\nmid b$, $p\nmid d$, $p\nmid f$, $p\mid a$, $p\mid c$ 이다. 이 때, $p\mid(ad-bc)$, $p\mid ae$ 이다. 또, p 가 소수이므로 $p\nmid bd$, $p\nmid bf$ 이다.

그러므로 $\dfrac{a}{b}-\dfrac{c}{d}=\dfrac{ad-bc}{bd}\in p\mathbb{Z}_{p\mathbb{Z}}$, $\dfrac{a}{b}\dfrac{e}{f}=\dfrac{ae}{bf}\in p\mathbb{Z}_{p\mathbb{Z}}$ 이다.

(3) $\dfrac{a}{b}$, $\dfrac{c}{d}\in p^n\mathbb{Z}_{p\mathbb{Z}}$ 와 $\dfrac{e}{f}\in\mathbb{Z}_{p\mathbb{Z}}$ 일 때, 즉, $a, b, c, d, e, f\in\mathbb{Z}$ 이고, $p\nmid b$, $p\nmid d$, $p\nmid f$, $p^n\mid a$, $p^n\mid c$ 이다. 이 때, $p^n\mid(ad-bc)$, $p^n\mid ae$ 이고, $p\nmid bd$, $p\nmid bf$ 이다.

그러므로 $\dfrac{a}{b}-\dfrac{c}{d}=\dfrac{ad-bc}{bd}\in p^n\mathbb{Z}_{p\mathbb{Z}}$, $\dfrac{a}{b}\dfrac{e}{f}=\dfrac{ae}{bf}\in p^n\mathbb{Z}_{p\mathbb{Z}}$ 이다.

참고 $\mathbb{Z}_{p\mathbb{Z}}$의 이데알은 (0), $\mathbb{Z}_{p\mathbb{Z}}$ 와 $p^n\mathbb{Z}_{p\mathbb{Z}}$ $(n\geq 1)$ 뿐이다.

4. (1) $\mathbb{Z}\subseteq\mathbb{Z}_{p^\infty}\subseteq\mathbb{Q}$ 이므로, $\mathbb{Z}_{p^\infty}$의 분수체는 $\mathbb{Q}$이다.

(2) $\dfrac{a}{p^m}$, $\dfrac{c}{p^n}\in q\mathbb{Z}_{p^\infty}$ 와 $\dfrac{e}{p^l}\in\mathbb{Z}_{p^\infty}$ 일 때, 즉, $a, c, e\in\mathbb{Z}$, $l, m, n\geq 1$ 이고, $q\mid a$, $q\mid c$ 이다. 이 때, $q\mid(ap^n-cp^m)$, $q\mid ae$ 이므로

$\dfrac{a}{p^m}-\dfrac{c}{p^n}=\dfrac{ap^n-cp^m}{p^{m+n}}\in q\mathbb{Z}_{p^\infty}$, $\dfrac{e}{p^l}\dfrac{a}{p^m}=\dfrac{ae}{p^{l+m}}\in q\mathbb{Z}_{p^\infty}$ 이다.

따라서 $q\mathbb{Z}_{p^\infty}$ 는 $\mathbb{Z}_{p^\infty}$의 이데알이다.

5. (1) $\pm\dfrac{1}{1}$, $\pm\dfrac{1}{7}$, $\pm\dfrac{7}{1}$, $\pm\dfrac{1}{49}$, $\pm\dfrac{49}{1}$, $\pm\dfrac{1}{343}$, $\pm\dfrac{343}{1}$ 의 14개 $(7^4=2401>1000)$

(2) $(99-3)+(93-14)+(51-8)=218$ (개)

$\dfrac{1}{1}$, $\dfrac{2}{1}$, $\cdots$, $\dfrac{99}{1}$ 중에서 단원인 $\dfrac{1}{1}$, $\dfrac{7}{1}$, $\dfrac{49}{1}$ 의 3개 제외.

$\dfrac{1}{7}$, $\dfrac{2}{7}$, $\cdots$, $\dfrac{93}{7}$ 중에서 단원 $\dfrac{1}{7}$, 위에 있는 숫자와 겹치는 $\dfrac{7}{7}$, $\dfrac{14}{7}$, $\cdots$, $\dfrac{91}{7}$ 의 14개 제외.

$\dfrac{1}{49}$, $\dfrac{2}{49}$, $\cdots$, $\dfrac{51}{49}$ 중에서 단원 $\dfrac{1}{49}$, 위에 있는 숫자와 겹치는 $\dfrac{7}{49}$, $\dfrac{14}{49}$, $\cdots$, $\dfrac{49}{49}$ 의 8개 제외.

▸▸ 연습문제 3.6

1. (1) 이데알의 개수는 42 의 약수의 개수인 8 (개)

(2) 2 의 동반원의 개수는 단원의 개수인 $\phi(42) = (2-1)(3-1)(7-1) = 12$ (개)

(3) 2 의 배수의 개수는 $|2\overline{\mathbb{Z}}_{42}| = 21$ (개)

(4) $(10, 42) = 2$ 이므로 10 의 배수의 개수는 $|10\overline{\mathbb{Z}}_{42}| = |2\overline{\mathbb{Z}}_{42}| = 21$ (개)

(5) 3 의 배수의 개수는 $|3\overline{\mathbb{Z}}_{42}| = 14$ (개)

(6) $(33, 42) = 3$ 이므로 33 의 배수의 개수는 $|33\overline{\mathbb{Z}}_{42}| = |3\overline{\mathbb{Z}}_{42}| = 14$ (개)

(7) $\overline{a}$ 가 $\overline{\mathbb{Z}}_{42}$에서 $\overline{6}$ 의 약수이기 위한 필요충분조건은 다음과 같이 $ax + 42y = 6$ 인 $x, y \in \mathbb{Z}$ 가 있는 경우이다.

$$\overline{a} \mid \overline{6} \Leftrightarrow \overline{a}\,\overline{x} = \overline{6} \Leftrightarrow ax \equiv 6 \pmod{42} \Leftrightarrow ax + 42y = 6$$

즉, a 와 42 의 최대공약수가 6 의 약수인 경우이다. 안 되는 경우는 a 가 7 의 배수인 0, 7, 14, 21, 28, 35 의 6 가지이므로 6 의 약수의 개수는 $42-6 = 36$ (개)이다.

(8) 30 의 약수의 개수의 경우는 $ax + 42y = 30$ 인 $x, y \in \mathbb{Z}$ 가 있는 경우이다. 이 경우도 (7)과 마찬가지로 안 되는 경우는 a 가 7 의 배수인 0, 7, 14, 21, 28, 35 의 6 가지이므로 30 의 약수의 개수는 $42-6 = 36$ (개)이다.

2. (1) $\overline{\mathbb{Z}}_{12}$에서 6 의 약수는 4 의 배수가 아닌 것 : 1, 2, 3, 5, 6, 7, 9, 10, 11

(2) $\overline{\mathbb{Z}}_{18}$에서 6 의 약수는 9 의 배수가 아닌 것 :
1, 2, 3, 4, 5, 6, 7, 8, 10, 11, 12, 13, 14, 15, 16, 17

(3) $\overline{\mathbb{Z}}_{42}$에서 9 의 약수는 2 의 배수도 아니고 7 의 배수가 아닌 것으로
$42-21-6+3 = 18$ (개) : 1, 3, 5, 9, 11, ⋯ , 39, 41

(4) $\overline{\mathbb{Z}}_{42}$에서 7 의 약수는 2 의 배수도 아니고 3 의 배수가 아닌 것으로
$42-21-14+7 = 14$ (개) : 1, 5, 7, 11, ⋯ , 37, 41

3. (1) $\overline{\mathbb{Z}}_{12}$의 이데알은 6개. 소이데알과 극대이데알은 같고, $(\overline{2})$와 $(\overline{3})$이다.

(2) $\overline{\mathbb{Z}}_{101}$의 이데알은 $(\overline{0})$과 $\overline{\mathbb{Z}}_{101}$. 소이데알(극대이데알)은 $(\overline{0})$이다.

(3) $\overline{\mathbb{Z}}_{102}$의 이데알은 8개. 소이데알(극대이데알)은 $(\overline{2})$, $(\overline{3})$, $(\overline{17})$이다.

(4) $\overline{\mathbb{Z}}_{343}$의 이데알은 $(\overline{0})$, $(\overline{1})$, $(\overline{7})$, $(\overline{7^2})$의 4개. 소이데알(극대이데알)은 $(\overline{7})$이다.

4. (1) $n = 2 \times 3 \times 5 = 60$ 일 때, 소이데알은 $(\overline{2})$, $(\overline{3})$, $(\overline{5})$ 3개이다.

(2) $n = 2^2 \times 5^2 = 100$ 일 때, 극대이데알은 $(\overline{2})$, $(\overline{5})$ 2개이다.

(3) $n = 3^3 \times 37 = 999$ 일 때, 극대이데알은 $(\overline{3})$, $(\overline{37})$ 2개이다.

5. 소이데알은 (0), $p\mathbb{Z}_{p\mathbb{Z}} = \left\{ \frac{a}{b} \mid a, b \in \mathbb{Z},\ p \mid a,\ p \nmid b \right\}$ 2개. 극대이데알은 $p\mathbb{Z}_{p\mathbb{Z}}$ 1개.
($\mathbb{Z}_{p\mathbb{Z}}$ 는 정역이므로 (0)이 소이데알이다. 또, $\mathbb{Z}_{p\mathbb{Z}}/p\mathbb{Z}_{p\mathbb{Z}} \cong \overline{\mathbb{Z}}_p$ 는 체이므로 $p\mathbb{Z}_{p\mathbb{Z}}$ 는 극대이데알이다. $\mathbb{Z}_{p\mathbb{Z}}$ 의 이데알은 모두 적당한 $n \geq 0$ 에 대하여 $p^n\mathbb{Z}_{p\mathbb{Z}}$ 의 꼴이다.)

6. 소이데알은 (0), $q \neq p$ 인 소수 q 에 대하여 $q\mathbb{Z}_{p^\infty} = \left\{ \frac{a}{p^n} \mid a, n \in \mathbb{Z},\ q \mid a \right\}$이다.
극대이데알은 $q\mathbb{Z}_{p^\infty}$ 이다 ($\mathbb{Z}_{p^\infty}$ 는 정역이고, $\mathbb{Z}_{p^\infty}/q\mathbb{Z}_{p^\infty} \cong \overline{\mathbb{Z}}_q$ 는 체이다).

7. R/P가 유한 정역이므로 체이다(정리 3.2.7). 따라서 P가 R의 극대이데알이다.

8. 사원수환 $\mathbb{H}$ 는 나눗셈환이므로 이데알은 (0) 과 $\mathbb{H}$ 뿐이다.

9. $\mathbb{Q}[\sqrt{m}]$ 은 체(나눗셈환)이므로 이데알은 (0) 과 $\mathbb{Q}[\sqrt{m}]$ 뿐이다.

10. (1) $\mathbb{Z}[\sqrt{2}]/(2)$ 에서 $\overline{0} = \overline{2} = (\overline{\sqrt{2}})(\overline{\sqrt{2}})$ 이므로, $\mathbb{Z}[\sqrt{2}]/(2)$ 는 정역이 아니다. 따라서 (2) 는 $\mathbb{Z}[\sqrt{2}]$의 소이데알이 아니다.

(2) **증명** $\phi : \mathbb{Z}[\sqrt{2}] \to \overline{\mathbb{Z}}_2$ 를 $\phi(a + b\sqrt{2}) = \overline{a}$ 로 정의하면, ϕ 는 전사준동형이다. 또 $\ker\phi = (\sqrt{2})$ 이다. 제 1 동형정리에 의하여 동형 $\overline{\phi} : \mathbb{Z}[\sqrt{2}]/(\sqrt{2}) \cong \overline{\mathbb{Z}}_2$ 가 유도된다. $\overline{\mathbb{Z}}_2$ 가 체이므로 $\ker\phi = (\sqrt{2})$ 는 $\mathbb{Z}[\sqrt{2}]$의 극대이데알이다.

***11.** (1) 모든 양의 정수는 4개의 제곱수의 합이라는 Lagrange의 4-square 정리를 이용한다. 소수 p도 적당한 정수 a_i 에 대하여 $p = a_0^2 + a_1^2 + a_2^2 + a_3^2$ 이다.
이 때, $\alpha = a_0 + a_1 i + a_2 j + a_3 k \in \mathbb{H}(\overline{\mathbb{Z}}_p)$ 라 하면($^-$ 는 생략), $\alpha \neq 0$ 이고, $\alpha\overline{\alpha} = a_0^2 + a_1^2 + a_2^2 + a_3^2 = 0$ 이다. 따라서 α 는 단원이 아니고, $\mathbb{H}(\overline{\mathbb{Z}}_p)$는 나눗셈환이 아니다.

(2) $I \neq 0$ 이 $\mathbb{H}(\overline{\mathbb{Z}}_p)$의 이데알이고, $\alpha = a_0 + a_1 i + a_2 j + a_3 k \in I$, $\alpha \neq 0$이라 하자.
α가 단원이면, $(\alpha) = I = \mathbb{H}(\overline{\mathbb{Z}}_p)$ 이다.
α가 단원이 아닌 경우 다음과 같이 $i\alpha + \alpha i \in I$ 등의 원소가 단원임을 보일 수 있다.

먼저, '$\alpha = a_0 + a_1 i + a_2 j + a_3 k \in \mathbb{H}(\overline{\mathbb{Z}}_p)$ 가 $\mathbb{H}(\overline{\mathbb{Z}}_p)$ 의 단원 $\Leftrightarrow$

$N(\alpha) = a_0^2 + a_1^2 + a_2^2 + a_3^2 \neq 0$'

$\alpha \neq 0$ 이므로 $a_i^2 + a_j^2 \neq 0$ 인 $i \neq j$, $0 \leq i, j \leq 3$ 인 i, j 가 존재한다(만일 아니라 하면 아니면, $a_0^2 + a_1^2 = 0$ 과 $a_1^2 + a_2^2 = 0$ 에서 $a_0^2 + 2a_1^2 + a_2^2 = 0$ 이다. 그러므로 $2a_1^2 = 0$ 이고, p 는 홀수 소수이므로 $a_1^2 = 0$ 이다. 따라서 $a_1 = 0$ 이다. 같은 방법으로 모든 $a_i = 0$ 이고 이는 모순이다.).

$a_0^2 + a_1^2 \neq 0$ 인 경우:

$i\alpha + \alpha i = -2a_1 + 2a_0 i$ 이고, $N(i\alpha + \alpha i) = 4(a_1^2 + a_0^2) \neq 0$ 이다.

그러므로 $i\alpha + \alpha i$ $\mathbb{H}(\overline{\mathbb{Z}}_p)$ 의 단원이고, $(\alpha) = I = \mathbb{H}(\overline{\mathbb{Z}}_p)$ 이다.

다른 경우도 같은 방법으로 증명한다.

참고 $\mathbb{H}(\overline{\mathbb{Z}}_2)$ 에서는 $(0) \subsetneq (1+i) \subsetneq \mathbb{H}(\overline{\mathbb{Z}}_2)$ 으로 진부분이데알이 존재한다.

***12.** $c \in [0, 1]$ 에 대하여 $m_c = \{f \in C[0,1] \mid f(c) = 0\}$ 라 하자.

만일 모든 m_c 에 대하여 극대이데알 $m \neq m_c$ 이면, 다음과 같이 모순이다. $f_c \in m - m_c$ 를 뽑자. f_c 가 연속함수이고, $f_c(c) \neq 0$ 이므로 적당한 $\delta_c > 0$ 과 모든 $x \in (c - \delta_c, c + \delta_c)$ 에 대하여 $f_c(x) \neq 0$ 이다.

$[0, 1]$ 이 옹골찬 집합(compact)이므로 $[0, 1]$ 의 유한개의 개피복 $(c_i - \delta_{c_i}, c_i + \delta_{c_i})$, $i = 1, \cdots, n$ 이 있다. 이 때, $f = f_{c_1}^2 + \cdots + f_{c_n}^2 \in m$ 이고, 모든 $x \in [0, 1]$ 에 대하여 $f(x) > 0$ 이다. 따라서 f 가 $C[0, 1]$ 의 단원이고, 이는 모순이다.

13. $60 = 2^2 \times 3 \times 5$ 이고 환 $\mathbb{Z}_{60}$ 의 극대이데알은 $2\mathbb{Z}_{60}$, $3\mathbb{Z}_{60}$, $5\mathbb{Z}_{60}$ 의 3개다. 그러므로 $\mathbb{Z}_{60}$ 의 잉여환으로 나타내어지는 체는 $\mathbb{Z}_{60}/2\mathbb{Z}_{60} \cong \mathbb{Z}_2$, $\mathbb{Z}_{60}/3\mathbb{Z}_{60} \cong \mathbb{Z}_3$, $\mathbb{Z}_{60}/5\mathbb{Z}_{60} \cong \mathbb{Z}_5$ 의 3개다(동형은 제3동형정리에 의하여 유도된다).

이 때, $R = \mathbb{Z}_2 \times \mathbb{Z}_3 \times \mathbb{Z}_5 \cong \mathbb{Z}_{30}$ 이고 R 의 표수는 30 이다.

(또는, $R = \mathbb{Z}_2 \times \mathbb{Z}_3 \times \mathbb{Z}_5$ 일 때, $\forall (a, b, c) \in \mathbb{Z}_2 \times \mathbb{Z}_3 \times \mathbb{Z}_5$ 에 대하여

$$'n(a, b, c) = (na, nb, nc) = (0, 0, 0) \Leftrightarrow lcm(2, 3, 5) \mid n'$$

이므로 R 의 표수는 $lcm(2, 3, 5) = 30$ 이다.)

14. (1) 단원은 $\phi(3500) = 1200$개

(2) 영인자는 $3500 - 1200 - 1 = 2299$ 개

(3) 멱영원은 $(2\times 5\times 7)^i = 70^i \ (i=0,\ 1,\cdots,49)$ 의 50 개

(4) 3500 의 소인수가 3개이므로 멱등원은 $2^3=8$ 개(연습문제 3.2.9).

(5) 이데알의 개수는 3500의 약수의 개수인 $3\times 4\times 2=24$

$\overline{\mathbb{Z}}_{3500}$ 에서 이데알은 정수환 $\mathbb{Z}$ 에서와 같이 단항이데알이다. 또 단항생성원은 3500 의 약수로 나타낼 수 있고, 서로 다른 약수는 서로 다른 이데알을 생성한다. 구체적으로 24개의 이데알은 $2^i5^j7^k\overline{\mathbb{Z}}_{3500}$ $(i=0,1,2,\ j=0,1,2,3,\ k=0,1)$ 의 꼴이다.

(6) (7) 소이데알(극대이데알)은 $2\overline{\mathbb{Z}}_{3500}$, $3\overline{\mathbb{Z}}_{3500}$, $5\overline{\mathbb{Z}}_{3500}$ 의 3개.

$\overline{\mathbb{Z}}_{3500}$ 은 정역이 아니므로 $\langle 0\rangle$ 는 소이데알이 아니다. 또 정수환에서와 같이 $\langle 0\rangle$ 이 아닌 이데알의 경우 소이데알과 극대이데알이 일치한다.

▶▶ 연습문제 3.7

1. $\subseteq$) u가 단원이면, $d(1)\le d(1u)\le d(uu^{-1})=d(1)$이다. 그러므로 $d(u)=d(1)$ 이다.

$\supseteq$) $d(u)=d(1)$ 일 때, $1\div u$ 를 계산하자. $1=uq+r$, $r=0$ 또는 $d(r)<d(u)=d(1)$ 이다. $r\neq 0$ 이면, $d(r)\ge d(1)$ 이므로 $r=0$ 이어야 한다. 따라서 $1=uq$ 이고, u 는 단원이다.

2. 1) $\mathbb{Z}[i]$ 에서 4 개의 동반원 $\alpha=\pm(1+2i)$, $\pm(2-i)$와 4 개의 동반원 $\beta=\pm(1-2i)$, $\pm(2+i)$ 에 대하여 a와 b가 동반원이 아니고, $d(\alpha)=d(\beta)=5$ 이다.

$\mathbb{Z}[i]$ 에서 $\alpha=a+bi$ 이고, $|ab|\ge 2$ 이면, α 의 동반원인 $z=\pm\alpha,\ \pm i\alpha$ 와 z 의 켤레인 $\overline{z}=\pm\overline{\alpha},\ \pm i\overline{\alpha}$ 는 동반원이 아니다. 그러나 $d(z)=d(\overline{z})=a^2+b^2$ 이다.

2) F가 체일 때, $f(x)=x^n$ 과 $g(x)=x^n+1\in F[x]$ $(n\ge 1)$ 는 동반원이 아니다. 그러나 $d(f(x))=d(g(x))=n$ 이다.

3. (1) 최대공약수의 정의의 조건 (ii)에 의하여 $d\mid d'$이고, $d'\mid d$ 이다. 그러므로 $d'=rd$ 이고, $d=sd'$ 이다. 따라서 $d(1-sr)=0$ 이다. $d=0$ 이면, $d'=0$ 이므로, d와 d'은 동반원이다. $d\neq 0$ 이면, D가 정역이므로 $1-sr=0$ 이다. $r,\ s$ 가 단원이므로, d와 d'은 동반원이다.

(2) e가 d의 동반원이면, $e\mid d$ 이고, $d\mid e$ 이다. 따라서 최대공약수의 조건 (i)과 (ii)를 만족하여 e는 a와 b의 최대공약수이다.

4. $(a, b) = 1$ 이므로 적당한 정수 x, y 에 대하여 $ax + by = 1$ 이다. 그러므로 $c = acx + (bc)y$ 는 a 의 배수이다. (다른 증명은 $a \mid bc$ 라는 식을 a, b, c 를 소인수분해하여 볼 때, $(a, b) = 1$ 이라는 조건에 의하여 a 의 모든 소인수가 중복도를 포함하여 모두 c 의 소인수가 된다는 것이다.)

***5.** (1) $\mathbb{Z}_{p\mathbb{Z}}$의 이데알 I가 $p\mathbb{Z}_{p\mathbb{Z}} \subsetneq I$ 이라 하자. $\frac{a}{b} \in I - p\mathbb{Z}_{p\mathbb{Z}}$ 이면, $p \nmid a$ 이다. 그러므로 $\left(\frac{a}{b}\right)^{-1} = \frac{b}{a} \in \mathbb{Z}_{p\mathbb{Z}}$ 이고, $\frac{a}{b}$ 는 단원이다. 따라서 $I = \mathbb{Z}_{p\mathbb{Z}}$ 이고, $\mathbb{Z}_{p\mathbb{Z}}$의 극대이데알이다.

(2) $\mathbb{Z}_{p\mathbb{Z}}$의 이데알 $I \neq (0)$ 에 대하여 $n := \min\left\{ i \;\middle|\; \frac{p^i}{b} \in I,\ p \nmid b \right\}$ 이라 하자.

적당한 $\frac{p^n}{b_1} \in I\ (p \nmid b_1)$이고, $\frac{p^n}{1} = \frac{b_1}{1}\frac{p^n}{b_1} \in I$이다. 그러므로 $I \supseteq p^n\mathbb{Z}_{p\mathbb{Z}}$ 이다.

임의의 $0 \neq \frac{a}{b} \in I\ \ (p \nmid b)$에 대하여 $a = p^i c$, $(p, c) = 1$ 일 때, $i \geq n$ 이다. 왜냐하면, $i < n$ 이면, $\frac{p^i}{b} = \frac{a}{b}\frac{1}{c} \in I$ 이고, 이는 n 의 최소성에 모순이다. 그러므로 $\frac{a}{b} = \frac{p^n}{1}\frac{p^{i-n}c}{b} \in p^n\mathbb{Z}_{p\mathbb{Z}}$

(3) (2)에 의하여 $(0) \subsetneq I \subsetneq \mathbb{Z}_{p\mathbb{Z}}$ 인 모든 이데알 I는 적당한 $n \geq 1$ 에 대하여 $I = p^n\mathbb{Z}_{p\mathbb{Z}}$ 인 단항이데알이다. 그러므로 $I = p^n\mathbb{Z}_{p\mathbb{Z}} \subseteq p\mathbb{Z}_{p\mathbb{Z}}$ 이고, $p\mathbb{Z}_{p\mathbb{Z}}$는 하나 뿐인 극대이데알이다.

참고 $\mathbb{Z}_{p\mathbb{Z}}/p\mathbb{Z}_{p\mathbb{Z}} \cong \overline{\mathbb{Z}}_p$ 이다.

6. $\mathbb{Z}_{2^\infty}$ 에서 2^n $(n \in \mathbb{Z})$은 단원이다.

(1) $d = 7$, $l = 3 \times 7^2 = 147$

(2) $d = 3 \times 5 = 15$, $l = 3 \times 5^2 = 75$

(3) $d = 3 \times 11 = 33$, $l = 3^2 \times 11 = 99$

(4) $d = 7$, $l = 5 \times 7^2 \times 11 = 4165$

▶▶ 연습문제 3.8

1. '$\alpha = a + b\sqrt{m}$ 가 $\mathbb{Z}[\sqrt{m}]$의 단원 $\Leftrightarrow$ $N(\alpha) = a^2 - mb^2 = \pm 1$ '을 이용한다.

(1) $\alpha = a + bi$ 가 $\mathbb{Z}[i]$의 단원$\Leftrightarrow$ $N(\alpha) = a^2 + b^2 = 1 \Leftrightarrow \alpha = \pm 1, \pm i$

(2) $m \le -2$ 일 때, $\mathbb{Z}[\sqrt{m}]$의 단원은 $1, -1$ 의 2개

$m = -1$ 일 때, $\mathbb{Z}[i]$의 단원은 $\pm 1, \pm i$ 의 4개

$m \ge 2$ 일 때, $\mathbb{Z}[\sqrt{m}]$의 단원은 무수히 많다(단원은 이차 부정방정식인 펠의 방정식 $x^2 - my^2 = \pm 1$ 의 해이다).

2. (1) $(1+i) = (1-i)$, (3) 의 2개.

(2) $(1+i)$, $(2+i) = (1-2i)$, $(2-i)$ 의 3개.

(3) $(1+i)$, (7), $(4+i)$, $(4-i)$ 의 4개.

(4) $(8+5i)$, $(8-5i)$, $(10+3i)$, $(10-3i)$ 의 4개.

3. (1) $24 = 2^3 \times 3 = i(1+i)^6 \times 3$, $36 = 2^2 \times 3^2 = -(1+i)^4 \times 3^2$

$d = -(1+i)^4 \times 3 = 12$, $l = i(1+i)^6 \times 3^2 = 72$

(2) $6 = 3(1+i)(1-i)$, $5+i = (1-i)(2+3i)$,

$d = 1-i$, $l = 3(1-i)(1+i)(2+3i)$

(3) $4+6i = (1-i)(1+i)(2+3i)$,

$d = (1-i)(2+3i)$, $l = (1-i)(1+i)(2+3i)$

(4) $-8+14i = (1-i)(1+i)(1+2i)(2+3i)$, $91+13i$

$= i(2+3i)(2-3i)(1+i)(1-2i)^2$

$d = (1+i)(2+3i)$, $l = (1-i)(1+i)(1+2i)(2+3i)(2-3i)(1-2i)^2$

(5) $49+21i = 7(1-i)(2+5i)$, $638 = 11(1+i)(1-i)(2+5i)(2-5i)$

$d = (1-i)(2+5i) = 7+3i$, $l = 77(1+i)(1-i)(2+5i)(2-5i) = 4466$

(6) $238 = 2 \times 17 \times 7 = (1+i)(1-i)(4+i)(4-i) \times 7$,

$49 - 161i = (1-i)(4-i)^2 \times 7$

$d = (1-i)(4-i) \times 7 = 21 - 35i$,

$l = 2 \times 17 \times 7 \times (4-i) = 238 \times (4-i) = 952 - 238i$

4. $\mathbb{Z}$ 와 $\mathbb{Z}[i]$ 가 모두 단항이데알정역이므로 $\mathbb{Z}/(a)$ 와 $\mathbb{Z}[i]/(a)$ 에서의 이데알의 개수세기는 같은 원리이다. $\mathbb{Z}[i]/(a)$ 에서의 이데알의 개수는 단항생성원 a 의 약수의 개수이다. 소이데알과 극대이데알은 같고, 그 개수는 단항생성원 a 의 소인수의 개수이다.

(1) $36 = -i(1+i)^4 3^2$ 이므로 이데알이 15개, 소이데알이 2개

(2) $55 = (2+i)(2-i)\cdot 11$ 이므로 이데알이 8개, 소이데알이 3개

(3) $4+6i = -i(1+i)^2(2+3i)$ 이므로 이데알이 6개, 소이데알이 2개

(4) $-8+14i = -i(1+i)^2(1+2i)(2+3i)$ 이므로 이데알이 12개, 소이데알이 3개

5. $4n+3$ 꼴의 정수 c 가 $c = a^2+b^2$ 이라 하자. a 와 b 가 각각 짝수 또는 홀수임에 따라 $a^2 \equiv 0, 1,\ b^2 \equiv 0, 1 \pmod 4$ 이다. 그러므로 $a^2+b^2 \equiv 0, 1, 2 \pmod 4$ 가 되어 모순이다.

6. $7 = 2^2+1+1+1,\ 15 = 3^2+1+1+1,\ 23 = 3^2+3^2+2^2+1, \cdots$

7. $4n+3$ 꼴의 소수가 유한하다고 하고, $p_1, p_2, \cdots, p_l$ 이 전부라 하자.
$N = 4p_1p_2 \cdots p_l - 1 = 4(p_1p_2 \cdots p_l - 1) + 3$ 에 대하여 $2 \nmid N$ 이다. 또 N 의 모든 소인수가 $4n+1$ 꼴이라 하면 N 이 $4n+3$ 꼴의 정수이므로 모순이다. 따라서 N 의 소인수 중 적어도 하나는 $4n+3$ 꼴의 소수이다. $p_1 \mid N$ 이라 하자. 이 때,

$$p_1 \mid (N - 4p_1p_2 \cdots p_l) = 1$$

이므로 모순이다.

> **참고** 디리쉴레(Dirichlet)는 서로소인 정수 $a \neq 0, b$ 에 대하여 $an+b$ 꼴의 소수가 무한히 많음을 증명하였다. 정수 a, b 가 서로소라는 것은 일차다항식 $ax+b$ 가 $\mathbb{Z}[x]$ 에서 기약원이라는 것과 동치이다(정리 3.10.7(2)).
> 250년 넘게 미해결의 문제인 골드바하(Goldbach)의 가설은 가장 간단한 이차 기약다항식인 n^2+1 꼴의 소수가 무한히 많음을 제시하고 있다.

***8.** (1) $4n+1$ 꼴의 소수가 유한하다고 하고 $p_1, p_2, \cdots, p_l$ 이 전부라 하자.
$N = (2p_1p_2 \cdots p_l)^2 + 1$ 에 대하여 $2 \nmid N$ 이다.
만일 $4n+3$ 꼴의 소수 q 가 N 의 소인수라 하면 다음과 같이 모순이다.
$a = 2p_1p_2 \cdots p_l$ 에 대하여 $q \mid N = a^2+1 = (a+i)(a-i)$ 이다. q 는 $\mathbb{Z}[i]$ 에서도 소원이므로(정리 3.8.7) $q \mid (a+i)$ 이다(또는 $q \mid (a-i)$). 이 때, $q(c+di) = (a+i)$ 이고, $qd = 1$ 이므로 모순이다.
따라서 모든 N 의 소인수는 $4n+1$ 꼴인 $p_1, p_2, \cdots, p_l$ 중 하나이다. $p_1 \mid N$ 이라 하면, $p_1 \mid (N - (2p_1p_2 \cdots p_l)^2) = 1$ 이 되어 모순이다.

***9.** (1) $a = a_1^2 + a_2^2$, $b = b_1^2 + b_2^2$ 이면,

$$\begin{aligned} ab &= (a_1^2 + a_2^2)(b_1^2 + b_2^2) = N(a_1 + a_2 i)N(b_1 + b_2 i) \\ &= N((a_1 + a_2 i)(b_1 + b_2 i)) = N(a_1 b_1 - a_2 b_2 + (a_1 b_2 + a_2 b_1) i) \end{aligned}$$

이므로 $ab = (a_1 b_1 - a_2 b_2)^2 + (a_1 b_2 + a_2 b_1)^2$ 이다.

(2) 해밀턴의 사원수환을 이용한다.

$a = a_0^2 + a_1^2 + a_2^2 + a_3^2$, $b = b_0^2 + b_1^2 + b_2^2 + b_3^2$ 이면,

$\xi = a_0 + a_1 i + a_2 j + a_3 k$, $\eta = b_0 + b_1 i + b_2 j + b_3 k \in \mathbb{H}$에 대하여

$a = N(\xi)$, $b = N(\eta)$ 이다. 이 때, $ab = N(\xi)N(\eta) = N(\xi\eta)$ 이고,

$$\begin{aligned} \xi\eta = &(a_0 b_0 - a_1 b_1 - a_2 b_2 - a_3 b_3) + (a_0 b_1 + a_1 b_0 + a_2 b_3 - a_3 b_2) i \\ &+ (a_0 b_2 - a_1 b_3 + a_2 b_0 + a_3 b_1) j + (a_0 b_3 + a_1 b_2 - a_2 b_1 + a_3 b_0) k, \end{aligned}$$

$$\begin{aligned} ab = &(a_0 b_0 - a_1 b_1 - a_2 b_2 - a_3 b_3)^2 + (a_0 b_1 + a_1 b_0 + a_2 b_3 - a_3 b_2)^2 \\ &+ (a_0 b_2 - a_1 b_3 + a_2 b_0 + a_3 b_1)^2 + (a_0 b_3 + a_1 b_2 - a_2 b_1 + a_3 b_0)^2. \end{aligned}$$

(3) 다음의 정리에서 $\Leftarrow$)은 정리 3.8.5와 문제 9(1)로 성립한다. 나머지 부분의 증명 없이 서술한다.

> **정리 3.8.8** 양의 정수 $m = 2^e p_1^{s_1} \cdots p_r^{s_r} q_1^{t_1} \cdots q_u^{t_u}$에 대하여 다음이 성립한다($p_i$, q_j는 m의 서로 다른 소인수로 p_i는 $4n+1$ 꼴의 소수, q_j는 $4n+3$ 꼴의 소수, $e, r, u \geq 0$).
>
> $m = a^2 + b^2$ (적당한 정수 a, b) $\Leftrightarrow$ 모든 t_j가 **짝수**
>
> 보기로는 2, 4, 5, 8, 9, 10, 13, 16, 17, 18, 20, 25, 26, ⋯

10. (1) $\mathbb{Z}[i]$는 유클리드 정역이므로 주이데알 정역이다. 나눗셈을 위한 유클리드 노름은 $a + bi \in \mathbb{Z}[i]$에 대하여 $d(a + bi) = a^2 + b^2$이다.

(2) $a + bi$가 $\mathbb{Z}[i]$의 단원인 경우는 $N(a + bi) = a^2 + b^2 = \pm 1$ 인 경우로 $1, -1, i, -i$의 4개이다.

(3) $\langle 2 \rangle \subseteq \langle 1 + i \rangle \subseteq \mathbb{Z}[i]$ 이므로 $\langle 2 \rangle$는 극대이데알이 아니고, $\langle 1 + i \rangle$가 극대이데알이다. $\mathbb{Z}[i]$는 주이데알 정역이므로, $\mathbb{Z}[i]$의 기약원이 $\mathbb{Z}[i]$의 극대이데알을 생성하며, 3가지의 기약원이 있다(정리 3.8.7)

11. (1) 유한환 $\mathbb{Z}_m \cong \mathbb{Z}/m\mathbb{Z}$ 은 정수환 $\mathbb{Z}$ 의 상환이고, 제3동형정리(또는 대응정리)에 의하여 $\mathbb{Z}/m\mathbb{Z}$ 의 이데알은 $\mathbb{Z}$ 의 이데알 중 $m\mathbb{Z}$ 를 포함하는 것들과 대응된다. 정수환은 단항이데알정역이고, 두 단항이데알 $I = m\mathbb{Z}$, $J = n\mathbb{Z}$ 에 대하여 다음이 성립다.

$$m\mathbb{Z} \subseteq n\mathbb{Z} \quad \Leftrightarrow \quad n | m$$

따라서 이 문제는 약수가 12개인 가장 작은 자연수 m을 찾는 것이다.

$12=6\times 2=4\times 3=3\times 2\times 2$에 대응하여 약수가 12개인 작은 자연수는 각각

$m=2^{11}=2048$, $m=2^5\times 3^1=96$, $m=2^3\times 3^2=72$,

$m=2^2\times 3^1\times 5^1=60$

이므로 답은 60이다.

(2) 이 문제는 약수가 45개인 가장 작은 자연수 m을 찾는 것이다.

$45=15\times 3=9\times 5=5\times 3\times 3$에 대응하여 약수가 45개인 작은 자연수는 각각

$m=2^{44}$, $m=2^{14}\times 3^2$, $m=2^8\times 3^4=20736$, $m=2^4\times 3^2\times 5^2=3600$

이므로 답은 3600이다.

참고 45개의 이데알은 각각 $\mathbb{Z}_{3600}$에서 $2^j3^l5^k$로 생성된 다음의 단항이데알이다.

$$I_{jkl}=2^j3^k5^l\,\mathbb{Z}_{3600},\quad j=0,1,2,3,4,\ k=0,1,2,\ l=0,1,2$$

12. (1) 가우스정수환 $\mathbb{Z}[i]$는 단항이데알정역이고, $\mathbb{Z}[i]$의 두 단항이데알

$I=\langle a+bi\rangle$, $J=\langle c+di\rangle$에 대하여 다음이 성립한다.

$$\langle a+bi\rangle\subseteq\langle c+di\rangle \ \Leftrightarrow\ c+di\,|\,a+bi$$

이 문제는 $\mathbb{Z}[i]$에서 약수 $c+di$가 45개인 가장 작은 자연수 m을 찾는 것이다.

$\mathbb{Z}[i]$에서 크기(노름)가 작은 소원을 차례대로 나열하면(동반원이 아닌 것으로)

$$1+i,\ 2+i,\ 2-i,\ 3,\ 3+2i,\ 3-2i,\ \cdots$$

이다($1+i$**와** $1-i$**는 동반원임을 유의한다**).

$45=15\times 3=9\times 5=5\times 3\times 3$에 대응하여 $\mathbb{Z}[i]$에서 약수가 45개인 작은 자연수 m 각각

$$m=-(1+i)^{44}=2^{22},\qquad m=i(1+i)^{14}\times 3^2=1152,$$

$$m=(1+i)^8\times 3^4=1296,\qquad m=-(1+i)^4\times(2+i)^2\times(2-i)^2=100$$

이다. 따라서 가장 작은 자연수 $m=100$이다.

(이 문제에서 소원들의 곱이 자연수(실수) m이므로 m의 소인수로 $2+i$를 사용할 때, 같은 중복도로 켤레인 $2-i$를 곱해야 한다.)

참고 45개의 이데알은 각각 다음과 같다.

$$I_{jkl}=(1+i)^j(2+i)^k(2-i)^l(\mathbb{Z}[i]/100\mathbb{Z}[i]),\quad j=0,1,2,3,4,\ \ k=0,1,2,\ \ l=0,1,2$$

(2) 이 문제는 $\mathbb{Z}[i]$에서 약수가 12개인 가장 작은 자연수 m을 찾는 것이다(짝수인 12의 경우는 다음과 같이 모든 약수가 홀수인 45의 경우와 풀이가 다르다).

$$m = -i(1+i)^2(2+i)(2-i) = 10$$

따라서 가장 작은 자연수 $m = 10$ 이다. 참고 12개의 이데알은 각각 다음과 같다.

$$I_{jkl} = (1+i)^j(2+i)^k(2-i)^l(\mathbb{Z}[i]/10\mathbb{Z}[i]),\ j=0,1,2,\ k=0,1,\ l=0,1$$

> **참고** 12개의 이데알은 각각 다음과 같다.
>
> $$I_{jkl} = (1+i)^j 3^k 7^l(\mathbb{Z}[i]/42\mathbb{Z}[i]),\ j=0,1,2,\ k=0,1,\ l=0,1$$

▸▸ 연습문제 3.9

1. (1) (a) $36+24x+12x^2$ (b) $2+7x+12x^2$ (c) 0

(2) (a) $3+23x+54x^2+40x^3$ (b) $3+6x+3x^2+6x^3$ (c) $3-x-6x^2+4x^3$

(3) (a) $25+60x+96x^2+72x^3+36x^4$ (b) $8+9x+11x^2+4x^3+2x^4$ (c) 1

> **참고** R이 단위원 1을 갖는 가환환이고, $f(x)=a_0+a_1x+\cdots+a_mx^m \in R[x]$ 일 때,
> '$f(x)$ 가 $R[x]$ 의 멱등원 $\Leftrightarrow$ a_0 는 R의 단원, $a_i\,(i \geq 1)$ 는 R의 멱영원'

2. (1) (a) $q(x) = -x-11,\ r(x) = 69$ (b) $q(x) = -x-11,\ r(x) = 1$

(2) (a) $q(x) = 0,\ r(x) = 3x+5$ (b) $q(x) = 0,\ r(x) = 3x+5$

(3) (a) $q(x) = 3x+1,\ r(x) = -4x-4$ (b) $q(x) = 3x+1,\ r(x) = -4x-4$

3. $f(x)$, $g(x)$ 를 오름차순으로 적자. 즉,

$f(x) = a_kx^k + a_{k+1}x^{k+1} + \cdots + a_mx^m\ (a_k \neq 0)$,

$g(x) = b_lx^l + b_{l+1}x^{l+1} + \cdots + b_nx^n\ (b_l \neq 0)$ 적는다. 이 때,

$f(x)g(x) = a_kb_lx^{k+l} + \cdots + a_mb_nx^{m+n}$ 이고, R이 정역이므로 $a_kb_l \neq 0$이다. 그러므로 $f(x)g(x) \neq 0$ 이고, $R[x]$도 정역이다.

4. $f(x) = x+1$, $g(x) = 2 \in \mathbb{Z}[x]$ 일 때, $f(x) \div g(x)$ 의 몫 $q(x)$ 가 $\mathbb{Z}[x]$ 의 원소로는 정의되지 않으므로, $\mathbb{Z}[x]$ 에서는 나눗셈을 할 수 없다.

5. (1) $\sec x = \sum_{n=0}^{\infty} a_n x^n$ 이라 하면, 다음의 식에서 $\sec x = \sum_{n=0}^{\infty} a_n x^n$ 를 구한다.

$$1 = \sec x \cos x = (a_0 + a_1x + a_2x^2 + \cdots)(1 - \frac{x^2}{2!} + \frac{x^4}{4!} + \cdots)$$

$$\sec x = 1+\frac{1}{2}x^2+\frac{5}{24}x^4+\frac{59}{720}x^6+\cdots$$

테일러의 전개식 $f(x)=\sum_{n=0}^{\infty}\frac{f^{(n)}(0)}{n!}x^n$ 에서, $f^{(n)}(0)=n!\,a_n$ 이므로

$$\sec^{(5)}0=5!\times 0=0,\ \sec^{(6)}0=6!\times\frac{59}{720}=59$$

2) $\tan x=\sin x\div\cos x=\left(x-\frac{x^3}{3!}+\frac{x^5}{5!}+\cdots\right)\div\left(1-\frac{x^2}{2!}+\frac{x^4}{4!}+\cdots\right)$

$$=x+\frac{1}{3}x^3+\frac{2}{15}x^5+\frac{260}{7!}x^7+\cdots$$

$$\tan^{(5)}0=5!\times\frac{2}{15}=16,\ \tan^{(6)}0=6!\times 0=0$$

(3) $f(x)=\tan^{-1}x\div\cos x=\left(x-\frac{x^3}{3}+\frac{x^5}{5}+\cdots\right)\div\left(1-\frac{x^2}{2!}+\frac{x^4}{4!}+\cdots\right)$

$$=x+\frac{1}{6}x^3+\frac{29}{120}x^5+\cdots$$

$$f^{(4)}(0)=0,\ f^{(5)}(0)=5!\times\frac{29}{120}=29$$

(4) $g(x)=(\tan^{-1}x)\div\sin x=\left(x-\frac{x^3}{3}+\frac{x^5}{5}-\cdots\right)\div\left(x-\frac{x^3}{3!}+\frac{x^5}{5!}-\cdots\right)$

$$=1-\frac{1}{6}x^2+\frac{59}{360}x^4+\cdots$$

$$g^{(3)}(0)=0,\ g^{(4)}(0)=4!\times\frac{59}{360}=\frac{59}{15}$$

$$\frac{\arctan 3x}{e^{2x}}=\frac{3x-\frac{(3x)^3}{3}+\frac{(3x)^5}{5}-\cdots}{1+2x+\frac{(2x)^2}{2!}+\cdots}=3x-6x^2+6x^3+\cdots$$

6. (정리 3.7.5, 정리 2.7.3, 정리 3.3.2와 증명 방법이 같다)

I가 $F[x]$ 이 이데알일 때, $S=\{\deg(f(x)\mid f(x)\in I,\ f(x)\neq 0\}$ 라 하자. 자연수의 정렬성에 의하여 S는 최소원을 갖는다(S가 0 이상의 정수의 부분집합이어도 자연수의 정렬성이 적용된다). 즉,

$$m=\min\{\deg(f(x))\mid f(x)\in I,\ f(x)\neq 0\}$$

이라 하면, 적당한 $f_0(x)\in I$가 $\deg(f_0(x))=m$ 이고, 모든 $f(x)\in I,\ f(x)\neq 0$ 에 대하여 $\deg(f(x))\geq m$ 이다.

먼저 $f_0(x)\in I$이므로 $\langle f_0(x)\rangle\subseteq I$이다.

이제 $f(x)\in I$일 때, $f(x)$를 $f_0(x)$로 나누면, $f(x)=f_0(x)q(x)+r(x)$, $r(x)\equiv 0$

또는 $\deg(r(x)) \leq m-1$ 이다($q(x), r(x) \in F[x]$). 이 때,
$r(x) = f(x) - f_0(x)q(x) \in I$이므로 $r(x) \equiv 0$ 이고, $f(x) = f_0(x)q(x) \in (f_0(x))$ 이다. 따라서 $\langle f_0(x) \rangle \supseteq I$이다.

7. (정리 3.7.6에서 (1)⇒(2)와 증명 방법이 같다.)
$F[x]$의 이데알 I가 $\langle p(x) \rangle \subseteq I \subseteq F[x]$라 하자. $F[x]$가 단항이데알정역이므로 $I = f(x)$인 $f(x) \in F[x]$가 있다. $p(x) = 1p(x) \in \langle p(x) \rangle \subseteq \langle f(x) \rangle$이므로 $p(x) = g(x)f(x)$ 인 $g(x) \in F[x]$가 있다. $p(x) \in F[x]$가 기약다항식이므로 $g(x)$가 $F[x]$의 단원(즉, $g(x)$가 $F[x]$의 0이 아닌 상수 다항식) 또는 $f(x)$가 $F[x]$의 단원이다. $g(x)$가 $F[x]$의 단원이면, $p(x)$와 $f(x)$는 동반원이고 $\langle p(x) \rangle = \langle f(x) \rangle$이다. $f(x)$가 $F[x]$의 단원이면, $\langle f(x) \rangle = F[x]$이다. 따라서 $\langle p(x) \rangle$는 $F[x]$의 극대이데알이다.

8. (1) $\mathbb{Z}_{24}[x]$에서 $6x \times 4x = 24x^2 = 0$이므로 $\mathbb{Z}_{24}[x]$은 정역이 아니다.

(2) $\mathbb{Z}_{24}[x]$의 단원은 다음과 같은 $g(x) \in \mathbb{Z}_{24}[x]$로 무수히 많다.

$g(x) = a_0 + a_1x + \cdots + a_nx^n$, a_0은 $\mathbb{Z}_{24}$의 단원인 $1, 5, 7, 11, 13, 17, 19, 23$ 중 하나이고, $i \geq 1$일 때, a_i은 $\mathbb{Z}_{24}$의 멱영원인 $0, 6, 12, 18$ 중 하나.

(3) $\mathbb{Z}_{24}[x]$의 표수는 24이고, $\mathbb{Z}_4[x] \times \mathbb{Z}_6[x]$의 표수는 12이므로 둘은 종형이 아니다.

(4) $f(x) = x^3 - 6x^2 + 11x - 6 = (x-1)(x-2)(x-3)$이고, $\mathbb{Z}_{24}$에서 15개의 근은 중국인의 나머지 정리로 구한다.
$f(x) = (x-1)(x-2)(x-3) = 0 \pmod 8$ 의 근은 $a = 1, 2, 3, 5, 7$이고,
$f(x) = (x-1)(x-2)(x-3) = 0 \pmod 3$ 의 근은 $b = 1, 2, 3$이다.
따라서 중국인의 나머지 정리에 의하여 $f(x) = (x-1)(x-2)(x-3) = 0 \pmod{24}$의 근은 식

$$x \equiv a \times 3 \times 3 + b \times 8 \times (-1) \pmod{24}$$

에 $a = 1, 2, 3, 5, 7$과 $b = 1, 2, 3$을 각각 대입하여 15개의 근을 얻는다.

(5) $\mathbb{Z}_{24}[x]/(x^2+12)$에서 $6 \times 4x = 24x = 0$이므로, $\mathbb{Z}_{24}[x]/(x^2+12)$는 정역이 아니고 또한 체도 아니다.

9. $R[x]$가 주이데알정역이므로 기약다항식 x로 생성된 주이데알 (x)는 극대이데알이다. 따라서 $R[x]/(x)$는 체이고, 이와 동형인 R이 체이다. 이를 상세히 증명하면,

(1) (x)는 $R[x]$의 극대이데알이다.

증명 $R[x]$의 이데알 I가 $(x) \subseteq I \subseteq R[x]$라 하자. $R[x]$가 주이데알정역이므로

$I=(f(x))$ 인 $f(x)\in R[x]$ 가 있다. $x\in(f(x))$ 이므로 $x=g(x)f(x)$ 인 $g(x)\in R[x]$ 가 있다.

이제 $\deg(x)=1=\deg(g(x)f(x))=\deg(g(x))+\deg(f(x))$ 이므로 $\deg(f(x))=0, 1$ 이다.

$\deg(f(x))=0$ 이면, $f(x)=a\in R$ 이고, $g(x)=a^{-1}x$ 이고, a 는 R 의 단원이다. 따라서 a 는 $R[x]$ 의 단원이고, $I=(f(x))=R[x]$ 이다.

$\deg(f(x))=1$ 이면, $f(x)=ax+b,\ a, b\in R$ 이다. 이 때, $g(x)=c\in R$ 이라 하면, $x=g(x)f(x)$ 로부터 $b=0,\ c=a^{-1}$ 이다. 따라서 x 와 $f(x)=ax$ 는 동반원이고, $I=(f(x))=(x)$ 이다.

그러므로 (x) 는 $R[x]$ 의 극대이데알이다.

(2) (x) 가 가환환 $R[x]$ 의 극대이데알이므로 $R[x]/(x)$ 는 체이다.

(3) $R[x]/(x)$ 과 R 은 동형이고, 따라서 R 도 체이다.

증명 $\phi: R[x]\to R$ 을 $\phi(a_0+a_1x+\cdots+a_nx^n)=a_0\ (a_i\in R)$로 정의하자.

$f(x)=a_0+a_1x+\cdots+a_nx^n,\ g(x)=b_0+b_1x+\cdots+b_mx^m$ 에 대하여,

$\phi(f(x)+g(x))=a_0+b_0=\phi(f(x))+\phi(g(x))$,

$\phi(f(x)g(x))=a_0b_0=\phi(f(x))\,\phi(g(x))$ 이므로 ϕ 는 환준동형이다.

임의의 $a\in R\subseteq R[x]$ 에 대하여, $\phi(a)=a$ 이므로 ϕ 는 전사이다.

$f(x)=a_0+a_1x+\cdots+a_nx^n\in\ker(\phi)\Leftrightarrow a_0=0$ 이므로 $\ker(\phi)=(x)$ 이다.

그러므로 제1동형정리에 의하여, ϕ 는 동형 $\overline{\phi}: R[x]/(x)\to R$ 를 유도한다.

10. 다음의 정리를 이용한다.

> **정리** R이 단위원 1을 갖는 가환환이고, $f(x)=a_0+a_1x+\cdots+a_nx^n\in R[x]$ 일 때,
> '$f(x)$는 $R[x]$의 단원 $\Leftrightarrow$ a_0는 R의 단원, 모든 $i\geq 1$, a_i는 R의 멱영원'

(1) $119=7\times 17$ 이고, $\overline{\mathbb{Z}}_{119}$ 에는 멱영원은 0뿐이다. 따라서 $\overline{\mathbb{Z}}_{119}[x]$ 의 단원은 $\overline{\mathbb{Z}}_{119}$ 의 단원과 같고 그 개수는 $\phi(119)=96$ 개다.

(2) $12=2^2\times 3$ 이고, $\overline{\mathbb{Z}}_{12}$ 에는 0이 아닌 멱영원 $\overline{6}$ 가 있다. 따라서

$U(\overline{\mathbb{Z}}_{12}[x])=\{a_0+a_1x+\cdots+a_nx^n \mid a_0=1, 5, 7, 11,\ i\geq 1,\ a_i=0, 6\}$ 이고, $\overline{\mathbb{Z}}_{12}[x]$ 의 단원은 무수히 많다.

(3) $U(\mathbb{Z}[\sqrt{-1}\,][x])=U(\mathbb{Z}[\sqrt{-1}\,])=\{1, -1, i, -i\}$ 의 4개다(정리 3.9.9).

(4) $U(\mathbb{Z}[\sqrt{10}][x]) = U(\mathbb{Z}[\sqrt{10}])$ 이고, 무수히 많다(정리 3.9.9).

> **참고** $d > 2$일 때, $U(\mathbb{Z}[\sqrt{d}]) = \{a + b\sqrt{d} \mid a^2 + b^2 = \pm 1\}$이고, 무수히 많다.

(5) $U(\mathbb{Z}[[x]]) = \left\{ \sum_{i=0}^{\infty} a_i x^i \mid a_0 = \pm 1 \right\}$.이고, 무수히 많다(정리 3.9.19).

11. (1) 지적 3.6.4(3)에 의하여, '$\langle f(x) \rangle = \langle g(x) \rangle \Leftrightarrow f(x), g(x)$가 동반원'이다. 따라서 동반원이 아닌 이차다항식의 개수를 세면되고, 그 개수는 모닉 이차다항식의 개수다. $\overline{\mathbb{Z}}_p[x]$에서 모닉 이차다항식의 개수는 p^2이다.

(2) $\overline{\mathbb{Z}}_p[x]$는 단항이데알정역이므로 정리 3.7.6에 의하여 다음이 성립한다.

'$\langle f(x) \rangle$가 $\overline{\mathbb{Z}}_p[x]$의 극대이데알 $\Leftrightarrow$ $f(x)$가 $\overline{\mathbb{Z}}_p[x]$의 기약다항식'

(1)의 경우와 마찬가지로 모닉 이차 기약다항식의 개수를 세면된다.

그 수는 $p^2 - \dfrac{p(p+1)}{2} = \dfrac{p(p-1)}{2}$ 이다.

12. (1) $\mathbb{Z}[x] / \langle x^2 + 1 \rangle \cong \mathbb{Z}[i]$이고, 이데알과 소이데알, 극대이데알 모두 무수히 많다(정리 3.8.7).

(2) $\mathbb{Z}[x] / \langle x^2 + 1, 270 \rangle \cong \mathbb{Z}[i] / \langle 270 \rangle$이다. 또 $\mathbb{Z}[i]$에서 270을 소인수분해하면, $270 = -i(1+i)^2 \times 3^3 \times (2+i)(2-i)$이다. 이 때, 이데알과 소이데알의 개수는 정수환에서 소인수분해하여 세는 것과 같은 원리이다. 즉, 모든 이데알은 단항이데알이고, 서로 다른 이데알은 동반원이 아닌 270의 약수로 각각 생성된다. 따라서 이데알의 개수는 $(2+1)(3+1)(1+1)(1+1) = 48$ 개다.

소이데알은 극대이데알과 같으며 각각 $(1+i)$, 3, $(2+i)$, $(2-i)$로 생성되는 4개의 단항이데알이다. (정역이 아니므로 $\langle 0 \rangle$은 소이데알이 아니다.)

(3) $\mathbb{Z}[x]$에서 $x^2 + 1 = (x^2 + 61) + (-1) \times 60$이므로
$\langle 60, x^2 + 61 \rangle \supseteq \langle 60, x^2 + 1 \rangle$이다.
또 $x^2 + 61 = (x^2 + 1) + 60$ 이므로 $\langle 60, x^2 + 61 \rangle \subseteq \langle 60, x^2 + 1 \rangle$이다. 따라서 $\langle 60, x^2 + 61 \rangle = \langle 60, x^2 + 1 \rangle$이고, $\mathbb{Z}[x] / \langle x^2 + 1, 60 \rangle \cong \mathbb{Z}[i] / \langle 60 \rangle$이다.
$60 = -(1+i)^4 \times 3 \times (2+i)(2-i)$이므로 이데알의 개수는 $5 \times 2 \times 2 \times 2 = 40$이다.
소이데알은 극대이데알과 같으며, 각각 $(1+i)$, 3, $(2+i)$, $(2-i)$로 생성되는 4개의 단항이데알이다.

13. 다항식환 $\mathbb{Z}_5[x]$에서 $f(x) = x^3 + 3x^2 + 4x + 4$와 $g(x) = x^4 + 2x^3 + 4x^2 + 3x + 2$는

다음과 같이 각각 2개의 기약다항식의 곱으로 인수분해된다.

$f(x)=x^3+3x^2+4x+4=(x+2)(x^2+x+2)$

$g(x)=x^4+2x^3+4x^2+3x+2=(x^2+x+2)(x^2+x+1)$

따라서 $\gcd(f(x), g(x))=(x^2+x+2)$,

$lcm(f(x), g(x))=(x+2)(x^2+x+2)(x^2+x+1)$.

다항식환 $\mathbb{Z}_5[x]$는 단항이데알정역이므로 다음이 성립한다(정리 3.7.9).

(1) $I+J=\langle \gcd(f(x), g(x))\rangle=\langle x^2+x+2\rangle$

(2) $I\cap J=\langle lcm(f(x), g(x))\rangle=\langle (x+2)(x^2+x+2)(x^2+x+1)\rangle$

(3) $IJ=\langle f(x)g(x))\rangle=\langle (x+2)(x^2+x+2)^2(x^2+x+1)\rangle$

(4) $I:J=\langle f(x)g(x))\rangle=\langle x+2\rangle$

(5) $J:I=\langle x^2+x+1\rangle$

14. $x^2+6x+5=(x+1)(x+5)$, $x^3+x^2+x+1=(x+1)(x^2+1)$이다. 또 x^2+1은 p가 $4n+1$꼴의 소수일 때 $\mathbb{Z}_p[x]$에서 가약이고, p가 $4n+3$꼴의 소수일 때 $\mathbb{Z}_p[x]$에서 기약이다. $p=13$일 때, $x^2+1=(x+5)(x-5)\in\mathbb{Z}_{13}[x]$이다. 그러므로

(1) $\mathbb{Z}_{11}[x]$에서 $I+J=\langle x+1\rangle$, $I\cap J=\langle (x+1)(x+5)(x^2+1)\rangle$

(2) $\mathbb{Z}_{13}[x]$에서 $I+J=\langle (x+1)(x+5)\rangle$, $I\cap J=\langle (x+1)(x+5)(x-5)\rangle$

15. 다항식환 $\overline{\mathbb{Z}}_p[x]$의 표수가 p이므로 연습문제 3.4.7에 의하여 성립한다. 구체적으로 $f(x), g(x)\in\overline{\mathbb{Z}}_p[x]$에 대하여

$$\phi_n(f(x)+g(x))=(f(x)+g(x))^{p^n}=(f(x))^{p^n}+(g(x))^{p^n}=\phi_n(f(x))+\phi_n(g(x)) \tag{3.4.7}$$

$$\phi_n(f(x)g(x))=(f(x)g(x))^{p^n}=(f(x))^{p^n}(g(x))^{p^n}=\phi_n(f(x))\phi_n(g(x))$$

($\overline{\mathbb{Z}}_p[x]$가 가환이므로)

16. (1) $\sqrt{2}\notin\langle 2\rangle$이므로 상환 $\mathbb{Z}[\sqrt{2}]/\langle 2\rangle$에서 $\sqrt{2}\neq 0$이다. 그러나 $\sqrt{2}^2=2\in\langle 2\rangle$이므로 $\sqrt{2}$는 상환 $\mathbb{Z}[\sqrt{2}]/\langle 2\rangle$에서 멱영원(영인자)이다. 따라서 $\mathbb{Z}[\sqrt{2}]/\langle 2\rangle$은 정역이 아니고, 단항이데알 $\langle 2\rangle$는 $\mathbb{Z}[\sqrt{2}]$의 소이데알이 아니다.

(2) $\phi:\mathbb{Z}[\sqrt{2}]\to\mathbb{Z}_2$, $\phi(a+b\sqrt{2})=\overline{a}\in\mathbb{Z}_2$는 전사환준동형이고, $\ker\phi=\langle\sqrt{2}\rangle$이다. 따라서 상환 $\mathbb{Z}[\sqrt{2}]/\langle\sqrt{2}\rangle\cong\mathbb{Z}_2$이다. $\mathbb{Z}_2$는 체이므로 단항이데알 $\langle\sqrt{2}\rangle$는 $\mathbb{Z}[\sqrt{2}]$의 극대이데알이다.

17. (1) 먼저 다음의 동형, $\mathbb{Z}[\sqrt{35}] \cong \mathbb{Z}[x]/\langle x^2-35\rangle$을 고려한다. 이 동형 하에서 $\sqrt{35}$는 $\overline{x}$에 대응한다. 따라서 다음이 성립한다.

$\mathbb{Z}[\sqrt{35}]/\langle 35\rangle \cong \mathbb{Z}[x]/\langle x^2-35, x\rangle = \mathbb{Z}[x]/\langle 35, x\rangle \cong \mathbb{Z}/\langle 35\rangle = \mathbb{Z}_{35}$

따라서 $\mathbb{Z}[\sqrt{35}]$에서 $\sqrt{35}$를 포함하는 극대이데알은 $\mathbb{Z}_{35}$의 극대이데알을 찾는 문제이다. $\mathbb{Z}_{35}$의 극대이데알은 $\langle 5\rangle$와 $\langle 7\rangle$ 두 개이므로 $\mathbb{Z}[\sqrt{35}]$에서 $\sqrt{35}$를 포함하는 극대이데알은 $\langle 5, \sqrt{35}\rangle$와 $\langle 7, \sqrt{35}\rangle$ 두 개다.

> **참고** $5(a+b\sqrt{35})+\sqrt{35}(c+d\sqrt{35}) = 5(a+7d)+(5b+c)\sqrt{35}$ 이므로 $\mathbb{Z}[\sqrt{35}]$의 이데알 $\langle 5, \sqrt{35}\rangle = \{5a'+b'\sqrt{35} \mid a', b' \in \mathbb{Z}\}$이다.

(2) 동형, $\mathbb{Z}[\sqrt{35}]/\langle p\rangle \cong \mathbb{Z}_p[x]/\langle x^2-35\rangle$이 성립한다. 따라서 이 문제는 p가 소수일 때, 단항이데알정역 $\mathbb{Z}_p[x]$에서 이차다항식 x^2-35가 기약다항식인지 밝히는 문제이다. 이차(삼차 이하)이므로 다음이 성립한다.

'x^2-35가 $\mathbb{Z}_p[x]$에서기약다항식임 $\Leftrightarrow$ x^2-35가 $\mathbb{Z}_p$에서 근을 갖지 않는다'

1) $p=2$일 때, $x^2-35=x^2-1$은 기약이 아니다.

2) $p=3$일 때, $x^2-35=x^2+1$은 $\mathbb{Z}_3$에서 근을 갖지 못하므로 기약이다.

3) $p=5, 7$일 때, $x^2-35=x^2$은 기약이 아니다.

4) $p=11$일 때, $x^2-35=x^2-2$는 $\mathbb{Z}_{11}$에서 근을 갖지 못하므로 기약이다.

따라서 $p=3$과 $p=11$이 가장 작은 두 소수이다.

▸▸ 연습문제 3.10

1. $f(x)$와 $g(x)$는 원시다항식이고, $f(x)g(x)$는 원시다항식이 아니라 하자.

$f(x)=a_0+a_1x+\cdots+a_nx^n, \quad g(x)=b_0+b_1x+\cdots+b_mx^m$

라 적고, $f(x)g(x)=c_0+c_1x+\cdots+c_{n+m}x^{n+m}$라 하자. $f(x)g(x)$가 원시다항식이 아니므로, 적당한 소원 $p\in R$이 존재해서 $p \mid c(f(x)g(x))$이다.

그러나 $f(x)$와 $g(x)$가 원시다항식이므로 $f(x)$와 $g(x)$의 계수 중 p의 배수가 아닌 것이 적어도 하나 존재한다. a_r과 b_s를 각각 $f(x)$와 $g(x)$의 계수 중 p의 배수가 아닌 **최고차항의 계수**라 하자. $p \nmid a_r$, $p \nmid b_s$이고 p는 소원이므로, $p \nmid a_rb_s$이다(**소원의 정의**). $f(x)g(x)$의 계수인 c_{r+s}를 계산하면,

$c_{r+s} = a_r b_s + (a_{r-1}b_{s+1} + \cdots + a_{r+s-m}b_m) + (a_{r+1}b_{s-1} + \cdots + a_n b_{r+s-n})$

$p \mid c_{r+s}$이고 $p \mid a_{r+1}, \cdots, p \mid a_n$, $p \mid b_{s+1}, \cdots, p \mid b_m$이므로 $p \mid a_r b_s$가 된다. 이는 모순이고 $f(x)g(x)$는 원시다항식이다.

참고 증명에서 $c(f(x)g(x))$를 못 쓰고 그의 소인수 $p \mid c(f(x)g(x))$를 이용한다.

2. (1) $c(f(x)g(x)) = 5 \times 7 = 35$ (2) $c(f(x)g(x)) = 1 \times 1 = 1$

(3) $c(f(x)g(x)) = 9 \times 5 = 45$ (4) $c(f(x)g(x)) = 1 \times 6^2 = 36$

3. 정리 6의 증명과정에서 R은 $\mathbb{Z}$, F는 $\mathbb{Q}$로 바꾸면 된다.

4. 정리 8의 증명과정에서 R은 $\mathbb{Z}$, F는 $\mathbb{Q}$로, 단원은 ± 1로 바꾸면 된다.

5. (1) $f(x) = a_0 + a_1 x + \cdots + a_n x^n$ $(a_i \in \mathbb{R})$ 이고,

$f(\alpha) = a_0 + a_1\alpha + \cdots + a_n\alpha^n = 0$ 이다. a_i가 실수이므로 $\overline{a_i} = a_i$ 이다. 따라서 다음과 같이 α의 켤레 $\overline{\alpha}$도 $f(x)$의 근이다.

$$0 = \overline{0} = \overline{f(\alpha)} = \overline{a_0} + \overline{a_1}\,\overline{\alpha} + \cdots + \overline{a_n}\,\overline{\alpha}^n = a_0 + a_1\overline{\alpha} + \cdots + a_n\overline{\alpha}^n = f(\overline{\alpha})$$

(2) 실계수 다항식 $f(x)$는 $\mathbb{R}[x]$에서 기약인수가 1차 또는 2차 다항식임을 증명하는 것과 같다.

$f(x)$가 실근 α를 가지면, $f(x) = (x-\alpha)g(x)$ $(g(x) \in \mathbb{R}[x])$로 인수분해되고, $x - \alpha$가 $\mathbb{R}[x]$에서 $f(x)$의 1차 기약인수이다.

$f(x)$가 실수가 아닌 복소수 근 β를 가지면, (1)에 의하여 $\overline{\beta}$도 $f(x)$의 근이다. 이 때, $(x-\beta)(x-\overline{\beta}) = (x^2 - (\beta+\overline{\beta})x + \beta\overline{\beta})$는 $\mathbb{R}[x]$에서 $f(x)$의 2차 기약인수이다. 즉,

$f(x) = (x-\beta)(x-\overline{\beta})h(x) = (x^2 - (\beta+\overline{\beta})x + \beta\overline{\beta})h(x)$ $(g(x) \in \mathbb{R}[x])$

로 인수분해된다.

6. 기약인수의 개수는 중복도를 쳐서 센다. 즉, $(x-1)^n$의 기약인수는 n 개다.

	$\mathbb{Z}[x]$	$\mathbb{Q}[x]$	$\mathbb{R}[x]$	$\mathbb{C}[x]$
$30x^4 - 30$	6	3	3	4
$98x^4 + 98$	4	1	2	4
$12x^4 + 12x^2 + 12$	5	2	2	4
$91x^6 - 91$	6	4	4	6

$98x^4+98$ 의 $\mathbb{Z}[x]$에서 기약인수는 $2, 7, 7, x^4+1$, 4개, $\mathbb{Q}[x]$에서 기약인수는 x^4+1 , 1개, $\mathbb{R}[x]$에서 기약인수는 $x^2-\sqrt{2}x+1$ 과 $x^2+\sqrt{2}x+1$ 의 2개이다.

7. (1) $\mathbb{Z}[x]$와 $\mathbb{Q}[x]$의 원소로서 다 같이, $d=x+1$, $l=(x^4-1)(x^2-x+1)$

(2) $\mathbb{Z}[x]$에서, $d=6(x-1)(x^2+1)$, $l=36x^2(x-1)(x+1)(x^2+1)$

$\mathbb{Q}[x]$에서, $d=(x-1)(x^2+1)$, $l=x^2(x-1)(x+1)(x^2+1)$

(3) $\mathbb{Z}[x]$에서, $d=14(x^2-x+1)$, $l=2^2 7^2(x+1)(x^2-x+1)(x^2+x+1)$

$\mathbb{Q}[x]$에서, $d=(x^2-x+1)$, $l=(x+1)(x^2-x+1)(x^2+x+1)$

(4) $\mathbb{Z}[x]$에서, $d=2(x+1)$, $l=12x(x-1)(x+1)(x-2)(x+2)$

$\mathbb{Q}[x]$에서, $d=x+1$, $l=x(x-1)(x+1)(x-2)(x+2)$

8. (1) $\supseteq$) $2a_0+a_1x+\cdots+a_nx^n=2(a_0)+x(a_1+\cdots+a_nx^{n-1})\in(2,x)$ 이다.

$\subseteq$) $f(x)=a_0+a_1x+\cdots+a_nx^n$, $g(x)=b_0+b_1x+\cdots+b_mx^m\in\mathbb{Z}[x]$ 에 대하여

$2f(x)+g(x)=2a_0+(2a_1+b_0)x+(2a_2+b_1)x^2+\cdots$ 이므로 $\subseteq$이 성립한다.

(2) $(2,x)=(f(x))$ 라 하면 다음과 같이 모순이다.

$2\in(f(x))$ 이므로, 적당한 $g(x)\in\mathbb{Z}[x]$ 에 대하여 $2=g(x)f(x)$ 이다. $\mathbb{Z}[x]$ 에서 2 는 기약원이고 약수는 1, 2 뿐이다. 그러므로 $f(x)=1$ 또는 $f(x)=2$ 이다.

$f(x)=1$ 이면, $(2,x)=(f(x))=\mathbb{Z}[x]$ 이므로 모순이다.

$f(x)=2$ 인 경우는 $x\in(f(x))=(2)$ 이므로 $x=2h(x)$ 이다. 그러나 어떤 $h(x)\in\mathbb{Z}[x]$ 에 대해서도 이 식은 성립하지 않으므로 모순이다.

(3) $\phi:\mathbb{Z}[x]\to\overline{\mathbb{Z}}_2$ 를 $\phi(a_0+a_1x+\cdots+a_nx^n)=\overline{a_0}$ 로 정의하면, ϕ 는 전사준동형이다. 또, $\ker\phi=(2,x)$ 이고, ϕ 는 동형, $\overline{\phi}:\mathbb{Z}[x]/(2,x)\cong\overline{\mathbb{Z}}_2$ 을 유도한다.

9. (1) $(x,y)=(f(x,y))$ 라 하자. $x\in(f(x,y))$ 이므로 $x=g(x,y)f(x,y)$ 이다 ($g\in\mathbb{Q}[x,y]$). $\mathbb{Q}[x,y]$ 에서 x 는 기약원이고 약수는 1, x 뿐이다. 그러므로 $f(x,y)=1$ 또는 $f(x,y)=x$ 이다.

$f(x,y)=1$ 이면, $(x,y)=\mathbb{Q}[x,y]$ 이므로 모순이다.

$f(x,y)=x$ 이면, $y\in(x)$ 이다. 그러므로 $y=h(x,y)x$ 이어서 모순이다.

(2) 상환 $\mathbb{Q}[x,y]/(x,y)\cong\mathbb{Q}$ 이다.

10. (1) p 가 소수일 때, $\mathbb{Z}[x]$의 이데알 $I_n=(p^n,p^{n-1}x,\cdots,p^{n-i}x^i,\cdots,x^n)$ 의 어떤 생성원의 집합도 $n+1$ (개) 이상의 원소를 갖는다.

(2) $\mathbb{Q}[x,y]$ 의 이데알 $J_n = (x^n, \cdots, x^{n-i}y^i, \cdots, y^n)$ 의 어떤 생성원의 집합도 $n+1$ (개) 이상의 원소를 갖는다.

11. (i) $a=0$ 이면, $I=(a, bx)=(bx)$ 는 단항이데알이다.

(ii) $a \neq 0$ 인 경우 다음과 같이 증명한다.

I는 단항이데알이므로 $I=(a, bx)=(f(x))$ 인 $f(x) \in \mathbb{Z}[x]$가 있다.

$a \in I=(f(x))$ 이므로, $a=g(x)f(x)$ 인 $g(x) \in \mathbb{Z}[x]$가 있다. 이 때, $\deg(a)=0=\deg(g(x))+\deg(f(x))$ 이므로, $\deg(f(x))=0$, $\deg(g(x))=0$ 이다. 그러므로 $\deg(f(x))=0$, $\deg(g(x))=0$ 이고, $f(x)=c$, $g(x)=d \in \mathbb{Z}$ (즉, 상수다항식)이다. 또한 $a=cd$ 이다.

이제 $f(x)=c \in I=(a, bx)$ 이므로 $c=h(x)a+bxk(x)$ 인 $h(x)$, $k(x) \in \mathbb{Z}[x]$ 가 있다.

$h(x)=a_0+a_1x+\cdots+a_nx^n$, $a_i \in \mathbb{Z}$ 라 하면,

$$c=h(x)a+bxk(x)=a_0a+x\left\{aa_1+\cdots+aa_nx^{n-1}+bk(x)\right\}$$

이므로, $c=a_0a$ 이고, $aa_1+\cdots+aa_nx^{n-1}+bk(x)=0$ 이다.

따라서 $c|a$ 이고, $a|c$ 이므로 $f(x)=c=a$ (또는 $f(x)=-a$)이다.

$bx \in I=(f(x))$, $f(x)=c$ 이므로, $bx=(ex)a=(ea)x$ 인 $ex \in \mathbb{Z}[x]$가 있다. 이 때, $b=ea$ 이고, $a|b$ 이다.

12. $I=(ax, b+cx^2)$가 단항이데알이므로 $(ax, b+cx^2)=(f_0(x))$ 인 $f_0(x)=a_0+a_1x+\cdots+a_nx^n \in \mathbb{Z}[x]$가 있다.

다음과 같이 $a_0=\pm b$ 임을 증명한다.

$b+cx^2 \in (f_0(x))$ 이므로 $b+cx^2=f_0(x)g(x)$ $(g(x) \in \mathbb{Z}[x])$ 이다. 양변의 상수항을 비교하면, $a_0 \mid b$ 이다.

$f_0(x) \in (ax, b+cx^2)$이므로, $f_0(x)=ax\,h(x)+(b+cx^2)k(x)$ $(h(x), k(x) \in \mathbb{Z}[x])$ 이다. 양변의 상수항을 비교하면, $b \mid a_0$ 이다. 따라서 $a_0=\pm b$ 이다. 일반성을 잃음이 없이 $a_0=b$ 로 놓을 수 있다.

이제 $ax \in (f_0(x))$ 이므로 $ax=f_0(x)g(x)$ $(g(x) \in \mathbb{Z}[x])$ 이다. 양변의 차수를 비교하면, $1=\deg(f_0(x)g(x))=\deg(f_0(x))+\deg(g(x))$ 이다.

따라서 $\deg(f_0(x))=0, 1$ 이다. $\deg(f_0(x))=1$ 이면, $f_0(x)=a_0+a_1x$ $(a_1 \neq 0$, $a_0=b \neq 0)$이다. 이 때, $ax=(a_0+a_1x)b_0$ 인 $b_0 \in \mathbb{Z}$가 존재하지 않으므로 모순이다.

그러므로 $\deg(f_0(x))=0$ 이고, $f_0(x)=b$ 이다.

따라서 $(ax,\ b+cx^2)$가 단항이데알이면, $(ax,\ b+cx^2)=(b)$ 이다.

13. (1) $\overline{\mathbb{Z}}_p$ 는 체이고 $f_p(x)$ 가 $\overline{\mathbb{Z}}_p[x]$ 에서 기약원이므로 단원이 아니다. 그러므로 $\deg(f_p(x))\geq 1$ 이다.

$f(x)$ 가 $\mathbb{Q}[x]$ 에서 기약이 아니라고 가정하면 다음과 같이 모순이다.

$f(x)$ 가 $\mathbb{Q}[x]$ 에서 기약이 아니므로 정리 3.10.5에 의하여 $f(x)=g(x)h(x)$, $g(x),\ h(x)\in\mathbb{Z}[x]$, $\deg(g(x)),\ \deg(h(x))\geq 1$ 이다. 이 때, 계수들을 p 를 법으로 계산하면, $f_p(x)=g_p(x)h_p(x)$ 이다. 또, $\mathbb{Z}$와 $\overline{\mathbb{Z}}_p$ 모두 정역이므로 다음이 성립한다.

$\deg(f(x))=\deg(g(x))+\deg(h(x))$, $\deg(f_p(x))=\deg(g_p(x))+\deg(h_p(x))$

$\deg(g(x))\geq\deg(g_p(x))$, $\deg(h(x))\geq\deg(h_p(x))$인데,

$\deg(f_p(x))=\deg(f(x))$ 이므로 $\deg(g_p(x))=\deg(g(x))\geq 1$ 이고,

$\deg(h_p(x))=\deg(h(x))\geq 1$. 이는 $f_p(x)$ 가 $\overline{\mathbb{Z}}_p[x]$ 에서 기약이라는데 모순이다.

그러므로 $f(x)$ 가 $\mathbb{Z}[x]$ 에서 기약이다.

(2) $p=2$ 이고, $f(x)=x+2x^2$ 일 때, $f_2(x)=x+2x^2=x$ 는 $\overline{\mathbb{Z}}_2[x]$ 에서 기약이다. 그러나 $f(x)=x+2x^2=x(1+2x)$ 는 $\mathbb{Z}[x]$ 에서 기약이 아니다.

14. 가우스의 정리(정리 3.10.2)에 의하여 $c(f(x), g(x))=c(f(x))c(g(x))$ 이다.

(1) $\gcd(833,\ 119,\ 833)=7\times 17$, $\gcd(45,\ 105,\ 300,\ 600)=45$이므로

$c(f(x), g(x))=7\times 17\times 3\times 5\ (=1785)$

(2) $\gcd(5,\ -2+i)=-2+i$, $\gcd(15,\ -20,\ 1-2i)=1-2i$이므로

$c(f(x), g(x))=(-2+i)(1-2i)=5i$ (또는 $c(f(x), g(x))=5$).

> **주의** $-2+i$ 의 동반원은 $\pm(-2+i)$, $\pm i(-2+i)$ 의 4개이고,
> $1-2i$ 의 동반원은 $\pm(1-2i)$, $\pm i(1-2i)$ 이다. 따라서 $-2+i$ 과 $1-2i$ 은 동반원이 아니며, $c(f(x), g(x))\neq -2+i$, $c(f(x), g(x))\neq 1-2i$ 이다.)

15. (1) 먼저 $12\in I$, $x\in I$ 이므로 $I\supseteq\langle 12,\ x\rangle$ 이다.

$f(x)=a_0+a_1x+\cdots+a_nx^n\in I$, $a_0\mid 12$ 이면,

$f(x)=12b_0+a_1x+\cdots+a_nx^n$ $(b_0\in\mathbb{Z})$이고,

$f(x)=12b_0+x(a_1x+\cdots+a_nx^{n-1})\in\langle 12,\ x\rangle$ 이다. 따라서 $I\supseteq\langle 12,\ x\rangle$ 이다.

그러므로 $I = \langle 12, x \rangle$ 이다.

(2) I 가 단항이데알이라 가정하고, $I = \langle f(x) \rangle$, $f(x) \in \mathbb{Z}[x]$ 라 하자.
$12 \in I$ 이므로 $12 = g(x)f(x)$ 인 $g(x) \in \mathbb{Z}[x]$ 가 존재한다. 이 때,
$0 = \deg(12) = \deg(g(x)f(x)) = \deg(g(x)) + \deg(f(x))$ 이므로
$\deg(g(x)) = \deg(f(x)) = 0$ 이다. 즉, $f(x) = a$, $g(x) = b \in \mathbb{Z}$ 이다.
$f(x) = a \in I$ 이므로 $12 \mid a$ 이고, $f(x) = a = \pm 12$, $g(x) = b = \pm 1$ 이다.
이제 $x \in I$ 이므로 $x = h(x)f(x) = \pm 12h(x)$ 인 $h(x) \in \mathbb{Z}[x]$ 가 존재한다.
$\pm 12h(x)$ 의 모든 항의 계수는 12의 배수이므로 이는 모순이다.
따라서 $I = \langle 12, x \rangle$ 는 단항이데알이 아니다.

(3) $\mathbb{Z}[x] / \langle 12, x \rangle \cong \mathbb{Z}_{12}$ 이고, $\mathbb{Z}_{12}$ 의 극대이데알은 $2\mathbb{Z}_{12}$, $3\mathbb{Z}_{12}$ 뿐이다. 따라서 I 를 포함하는 $\mathbb{Z}[x]$ 의 극대이데알 m 은 $m_2 = \langle 2, x \rangle$, $m_3 = \langle 3, x \rangle$ 뿐이다.
($\mathbb{Z}[x] / \langle 2, x \rangle \cong \mathbb{Z}_2$, $\mathbb{Z}[x] / \langle 3, x \rangle \cong \mathbb{Z}_3$ 로 체이다.)

16. (1) $\langle 3, x^2 - 6 \rangle = \langle 3, x^2 \rangle$ 이다. 왜냐하면, $x^2 - 6 = (-2) \times 3 + 1 \times x^2 \in \langle 3, x^2 \rangle$ 이므로, $\langle 3, x^2 - 6 \rangle \subseteq \langle 3, x^2 \rangle$ 이다. 또, $x^2 = 2 \times 3 + 1 \times (x^2 - 6) \in \langle 3, x^2 - 6 \rangle$ 이므로, $\langle 3, x^2 - 6 \rangle \supseteq \langle 3, x^2 \rangle$ 이다.
$\langle 3, x^2 \rangle$ 의 원소를 적어보면,

$$\begin{aligned} 3f(x) + x^2 g(x) &= 3(a_0 + a_1 x + \cdots) + x^2(b_0 + b_1 x + \cdots) \\ &= 3a_0 + 3a_1 x + (3a_2 + b_0)x^2 + (3a_3 + b_1)x^3 + \cdots \end{aligned}$$

따라서 '$c_0 + c_1 x + c_2 x^2 + \cdots \in \langle 3, x^2 - 6 \rangle \Leftrightarrow 3 \mid c_0,\ 3 \mid c_1$ '이다.

(2) **15(2)와 같은 증명**
$\langle 3, x^2 - 6 \rangle = \langle 3, x^2 \rangle = \langle f(x) \rangle$ 라 가정하자. 이 때, $3 \in \langle f(x) \rangle$ 이므로 $f(x) = a \in \mathbb{Z}$ 이고, $3 \mid a = f(x)$ 이다. 즉, $a = 3a'$, $a' \in \mathbb{Z}$ 이다. 이제 $x^2 \in \langle 3, x^2 \rangle = \langle 3a' \rangle$ 이므로 $x^2 = 3a' \times g(x) = 3(a'g(x))$ 인데, $g(x) \in \mathbb{Z}[x]$ 에서 이는 모순이다.

(3) 상환 $\mathbb{Z}[x] / \langle 3, x^2 - 6 \rangle = \mathbb{Z}[x] / \langle 3, x^2 \rangle \cong \mathbb{Z}_3[x] / \langle x^2 \rangle$ 이다. 이 상환에서 $\bar{x} \neq 0$, $\bar{x}^2 = 0$ 이므로, 이 상환은 정역이 아니다. 이는 $\langle 3, x^2 - 6 \rangle$ 이 소이데알이 아님과 동치이다.

17. (1) **16(2)와 같은 증명.** 마지막 줄의 수식은 $x^2 - 5 = 3a' \times g(x) = 3(a'g(x))$ 인데, $\mathbb{Z}[x]$ 에서 이는 모순이다.

(2) $\langle 3, x^2 - 5 \rangle = \langle 3, x^2 + 1 \rangle$ 이다. 왜냐하면,
$x^2 - 5 = (-2) \times 3 + 1 \times (x^2 + 1) \in \langle 3, x^2 + 1 \rangle$ 이므로,

$\langle 3,\ x^2-5\rangle \subseteq \langle 3,\ x^2+1\rangle+1\rangle$이다.

또, $x^2+1 = 2\times 3+1\times(x^2-5)\in\langle 3,\ x^2-5\rangle$이므로,

$\langle 3,\ x^2-5\rangle \supseteq \langle 3,\ x^2+1\rangle$ 이다.

상환 $\mathbb{Z}[x]/\langle 3,\ x^2+1\rangle \cong \mathbb{Z}_3[x]/\langle x^2+1\rangle \cong \mathbb{Z}[i]/\langle 3\rangle$이다. $\mathbb{Z}_3[x]$에서 x^2+1은 기약다항식이므로(또는, $\mathbb{Z}[i]$에서 3은 기약원이므로) 상환 $\mathbb{Z}[x]/\langle 3,\ x^2+1\rangle$은 체이고, 이는 이데알 $\langle 3,\ x^2-5\rangle = \langle 3,\ x^2+1\rangle$이 $\mathbb{Z}[x]$의 극대이데알임과 동치이다.

18. $15-3x^2 = 3\times 5+(-3)\times x^2 \in\langle 5,\ x^2\rangle$이므로 $\langle 5, 15-3x^2\rangle\subseteq\langle 5, x^2\rangle$이다.

$x^2 = (-9+2x^2)\times 5+3\times(15-3x^2)\in\langle 5,\ 15-3x^2\rangle$이므로,

$\langle 5, 15-3x^2\rangle\supseteq\langle 5, x^2\rangle$이다.

따라서 $\langle 5, 15-3x^2\rangle = \langle 5, x^2\rangle$이다.

▸▸ 연습문제 3.11

1. (1) R이 유일인수분해정역이고, F는 R의 분수체이다. $f(x) = a_n x^n+\cdots+a_1x+a_0$ $(a_i\in R,\ a_n\neq 0)$가 $\frac{c}{b}\in F\ (b, c\in R,\ (b, c)=1)$를 근으로 가지면, $c\mid a_0,\ b\mid a_n$이다. 특히, $a_n=1$인 경우 $f(x)$의 근 중 F의 원소는 R의 원소이다. 증명은 정리 1의 증명과 같다.

(2) 유클리드 정역 $F[x]$에서 $f(x)$를 $x-\frac{c}{b}$로 나누면, $f(x) = (x-\frac{c}{b})q(x)$ 이다 $(q(x)\in F[x])$. 3.10.4에 따라 정리하면,

$$f(x) = \frac{1}{b}(bx-c)\frac{e}{d}q_2(x) = \frac{e}{bd}(bx-c)\,q_2(x)$$

$b, d, e\in R$, $q_2(x) = b_{n-1}x^{n-1}+\cdots+b_1x+b_0\in R[x]$ 는 원시다항식이다. 그러므로 $bdf(x) = e(bx-c)\,q_2(x)$ 이고, 양변의 내용을 비교하면,

$bd\,c(f(x)) = e\,c((bx-c)\,q_2(x)) = e$ 이다. 따라서 $\frac{e}{bd} = c(f(x))\in R$ 이다.

위의 식으로부터 $a_n = c(f(x))\,b\,b_{n-1}$ 이고, $a_0 = c(f(x))(-c)\,b_0$ 이다. 따라서 $b\mid a_n$, $c\mid a_0$ 이다.

2. (아이젠슈타인 판정법) R이 유일인수분해정역이고, F는 R의 분수체이다.

$f(x)=a_0+a_1x+\cdots+a_nx^n \in R[x]$에 대하여 다음의 두 조건 중 하나를 만족하는 R의 소원 p가 있으면, $f(x)$는 $F[x]$에서 기약다항식이다.

(i) $p|a_0, p|a_1, \cdots, p|a_{n-1}, p \nmid a_n, p^2 \nmid a_0$

(ii) $p|a_1, p|a_2, \cdots, p|a_n, p \nmid a_0, p^2 \nmid a_n$

증명은 정리 4에서 $\mathbb{Z}$는 R로, $\mathbb{Q}$는 F로, 소수 p는 소원 p로 바꾸면 된다.

3. 만일 $\alpha=\sqrt[n]{a}$가 유리수이면, 인수정리에 의하여 $f(x)=x^n-a=(x-\alpha)q(x)$, $q(x)\in\mathbb{Q}[x]$이다. 아이젠쉬타인 판정법에 의하여 $f(x)$는 $\mathbb{Q}[x]$에서 기약다항식이므로 (정리 4(1)에서 $p=p_1$을 쓴다), 이는 모순이다.

4. $f(x)$가 $\mathbb{Q}[x]$에서 가약(기약이 아니면)

$\Leftrightarrow$ $f(x)=g(x)h(x)$, $g(x), h(x)\in\mathbb{Q}[x]$, $\deg(g(x)), \deg(h(x))\ge 1$

$\Leftrightarrow$ 모든 $a\in\mathbb{Z}$에 대하여 $f(x+a)=g(x+a)h(x+a)$,
$g(x+a), h(x+a)\in\mathbb{Q}[x]$, $\deg(g(x+a)), \deg(h(x+a))\ge 1$

$\Leftrightarrow$ 모든 $a\in\mathbb{Z}$에 대하여 $f(x+a)$는 가약

5. (1) 아이젠슈타인 판정법에서 (i) $p=5$, 또는 (ii) $p=2$를 쓴다.

(2) $\alpha=\pm\frac{1}{4}, \pm\frac{1}{2}, \pm\frac{1}{1}$에 대하여 $f(\alpha)\neq 0$이므로, (ii) $f(x)$는 기약이다.

(3) 보기 3과 같이 증명한다.

(4) 아이젠슈타인 판정법에서 (i) $p=2$, 또는 (ii) $p=3$를 쓴다.

(5) 아이젠슈타인 판정법에서 (i) $p=5$, 또는 (ii) $p=2$를 쓴다.

(6) 아이젠슈타인 판정법에서 (i) $p=5$를 쓴다.

(7) $f_7(x)$이며, $f_7(x+1)$에 아이젠슈타인 판정법의 (i) $p=7$를 쓴다(정리 9).

(8) $f_2(x^{2^3})$이며, $f_2(x^{2^3}+1)$에 아이젠슈타인 판정법의 (i) $p=2$를 쓴다(정리 10).

(9) $f(x)=x^5+x^4+3x+1$일 때, $f(x+1)=x^5+6x^4+14x^3+16x^2+12x+6$이다. 아이젠슈타인 판정법(i) $p=2$에 의하여 $f(x+1)$은 $\mathbb{Q}[x]$에서 기약이다. 이는 $f(x)$가 $\mathbb{Q}[x]$에서 기약이라는 것과 동치이다.

(10) $g(x)=x^5+x^4+4x+1$의 경우는 미정계수법을 쓴다.
먼저 $g(1)=7\neq 0$, $g(-1)=-3\neq 0$이므로 $g(x)$는 일차인수를 갖지 못한다.
$g(x)=x^5+x^4+4x+1=(2\text{차 다항식})\times(3\text{차 다항식})$라 가정하자. 상수항이 1이므로 $g(x)=(x^2+ax+1)\times(x^3+bx^2+cx+1)$ 또는 $g(x)=(x^2+ax-1)(x^3+bx^2+cx-1)$이다$(a, b, c, d\in\mathbb{Z})$.

$g(x)=x^5+x^4+4x+1=(x^2+ax+1)\times(x^3+bx^2+cx+1)$인 경우 양변의 계수를 비교하면, $b+a=0$, $c+ab+1=0$, $1+ac+b=0$, $a+c=4$이다. 따라서 $(4-a)+a(-a)+1=0$이다. $a^2+a-5=0$를 만족하는 정수해가 없으므로 이는 모순이다.

$g(x)=(x^2+ax-1)(x^3+bx^2+cx-1)$의 경우에는 $b+a=0$, $c+ab-1=0$, $-1+ac-b=0$, $-a-c=4$이다. 이 때, $a^2+a+5=0$이고, 이를 만족하는 정수해가 없으므로 이는 모순이다.

따라서 $g(x)$는 $\mathbb{Z}[x]$에서 기약이고, 이는 $g(x)$가 $\mathbb{Q}[x]$에서 기약이라는 사실과 동치이다(정리 3.10.8).

6.

	$\mathbb{Z}[x]$	$\mathbb{Q}[x]$	$\mathbb{R}[x]$
$391(x^4+x^3+x^2+x+1)$	3	1	2
$30x^5-150x+75$	3	1	4
$6x^8+6$	3	1	4
$28x^{18}+28x^9+28$	4	1	9
$119(x^4+x^2+1)$	4	2	2
$18(x^{12}+x^6+1)$	5	2	6
$x^{20}+x^{15}+x^{10}+x^5+1$	1	1	10
$x^{100}+x^{75}+x^{50}+x^{25}+1$	1	1	50

$\mathbb{Z}[x]$에서 기약인수의 개수를 구할 때는 정리 3.10.7(1), $\mathbb{Q}[x]$에서 기약인수의 개수를 구할 때는 3.11.4 ~ 3.11.10을 이용하고, $\mathbb{R}[x]$에서 기약인수의 개수를 구할 때는 연습문제 3.10.5와 드모아브르(DeMoivre)의 정리를 이용한다.

(2) $f(x)=30x^5-150x+75=3\times5(2x^5-10x+5)$이고, 아이젠슈타인 판정법에 의하여 원시다항식인 $g(x)=2x^5-10x+5$는 $\mathbb{Q}[x]$에서 기약이다. 따라서 $\mathbb{Z}[x]$에서 $f(x)$의 기약인수는 3, 5, $2x^5-10x+5$의 3개이다. $\mathbb{Q}[x]$에서는 $f(x)$ 1개이다. $g(x)$를 미분하여 그래프를 그리면, $g(x)$는 실수가 아닌 복소수 근 α_1, α_2와 실근 α_3, α_4, α_5를 갖는다. 연습문제 3.10.5에 의하여 $\alpha_2=\overline{\alpha_1}$이다. 이 때, $\mathbb{R}[x]$에서 $f(x)$의 기약인수는 $x^2-(\alpha_1+\overline{\alpha_1})x+\alpha_1\overline{\alpha_1}$와 $x-\alpha_3$, $x-\alpha_4$, $x-\alpha_5$의 4개이다.

(6) $f(x)=18(x^{12}+x^6+1)=2\times3^2\times(x^6-x^3+1)(x^6+x^3+1)$이다.
$\mathbb{Z}[x]$에서 $f(x)$의 기약인수는 2, 3, 3, x^6-x^3+1, x^6+x^3+1의 5개이다.

$\mathbb{Q}[x]$ 에서 $f(x)$의 기약인수는 $x^6 - x^3 + 1$, $x^6 + x^3 + 1$ 의 2개이다.
$x^6 + x^3 + 1$ 는 $\mathbb{Q}[x]$에서 기약이다.(3.11.10(2)).
$x^6 - x^3 + 1$ 는 다음과 같이 $\mathbb{Q}[x]$에서 기약이다.
보기 3에서와 같은 계산(미정계수법으로)으로 $f(x)$는 (일차다항식)×(오차다항식)이나 (삼차다항식)×(삼차다항식)이 안 된다는 것을 보인다. 다음의 계산에서 $\mathbb{R}[x]$에서 $f(x)$의 이차 기약인수의 계수인 $-2\cos 20^\circ$, $-2\cos 100^\circ$, $-2\cos 140^\circ$ 등이 모두 무리수이므로 $f(x)$는 $\mathbb{Q}[x]$에서 (이차다항식)×(사차다항식)이 안 된다.
$\mathbb{R}[x]$ 에서 $f(x)$의 다음과 같이 6개의 이차 기약인수의 곱이다.
$x^9 + 1 = (x^3+1)(x^6 - x^3 + 1)$ 이므로 $x^6 - x^3 + 1 = 0$ 의 근은 $(-1)^{\frac{1}{9}}$ 중에서 찾는다. 드모아브르의 정리를 의하여, $\alpha = e^{\frac{\pi i}{9}} = \cos\frac{\pi}{9} + i\sin\frac{\pi}{9}$ 에 대하여, $x^6 - x^3 + 1 = 0$ 의 근은 $\alpha, \alpha^5, \alpha^7, \alpha^{11}, \alpha^{13}, \alpha^{17}$ 이다.
또, $\alpha^{11} = \overline{\alpha^7}$, $\alpha^{13} = \overline{\alpha^5}$, $\alpha^{17} = \overline{\alpha}$ 이다. 따라서

$$
\begin{aligned}
&x^6 - x^3 + 1 \\
&= (x^2 - (2\cos 20^\circ)x + 1)(x^2 - (2\cos 100^\circ)x + 1)(x^2 - (2\cos 140^\circ)x + 1)
\end{aligned}
$$

$x^9 - 1 = (x^3 - 1)(x^6 + x^3 + 1)$ 이므로 $x^6 + x^3 + 1 = 0$ 의 근은 $1^{\frac{1}{9}}$ 중에서 찾는다. $\beta = e^{\frac{2\pi i}{9}} = \cos\frac{2\pi}{9} + i\sin\frac{2\pi}{9}$ 에 대하여, $x^6 + x^3 + 1 = 0$ 의 근은 $\beta, \beta^2, \beta^4, \beta^5, \beta^7, \beta^8$ 이다. 또, $\beta^8 = \overline{\beta}$, $\beta^7 = \overline{\beta^2}$, $\beta^5 = \overline{\beta^4}$ 이다. 따라서

$$
\begin{aligned}
&x^6 + x^3 + 1 \\
&= (x^2 - (2\cos 40^\circ)x + 1)(x^2 - (2\cos 80^\circ)x + 1)(x^2 - (2\cos 160^\circ)x + 1)
\end{aligned}
$$

7. (1) $243 = 3^5$, $90 = 3^2 \times 2 \times 5$ 이므로, $\square = 5 - 2 = 3$ 이다.
(2) $250 = 5^3 \times 2$ 이므로, $\square = 5 - 3 = 2$ 이다.
(3) $98 = 7^2 \times 2$ 이므로, $\square = 10 - 2 = 8$ 이다.
(4) $12100 = 11^2 \times 2^2 \times 5^2$ 이므로, $\square = 100 - 2 = 98$ 이다.

8. (1) $f(x) = x^2 + 1 \in \mathbb{Z}_p[x]$ 에 대하여 다음을 증명하여라.
$x^2 + 1$ 가 $\mathbb{Z}_p[x]$ 에서 기약 $\Leftrightarrow$ p 가 $4n+3$ 꼴의 소수
$\Rightarrow$) $p = 2$ 일 때, $x^2 + 1 = (x+1)^2$ 이므로, 기약이 아니다.
p 가 $4n+1$ 꼴의 소수일 때, $g = \left(\frac{p-1}{2}\right)!$ 에 대하여

$x^2+1=x^2-g^2=(x-g)(x+g)$ 이므로, 기약이 아니다(정리 3.8.4). 그러므로 x^2+1 가 $\mathbb{Z}_p[x]$ 에서 기약이면, p 가 $4n+3$ 꼴의 소수이어야 한다.

$\Leftarrow$) p 가 $4n+3$ 꼴의 소수이고, x^2+1 이 $\mathbb{Z}_p[x]$ 에서 기약이 아니라 하자. 이 때, x^2+1 은 $\mathbb{Z}_p$ 에서 근 a 를 갖고, 따라서 $a^2+1\ (\mathrm{mod}\,p)$ 이다. 그러므로 적당한 정수 m 에 대하여 $a^2+1=mp$ 이다. 가우스 정수환 $\mathbb{Z}[i]$ 에서 $a^2+1=(a+i)(a-i)$ 이므로, $p\mid(a+i)(a-i)$ 이다. $\mathbb{Z}[i]$ 에서 p 는 소원이므로(3.8.7), $p\mid(a+i)$ 또는 $p\mid(a-i)$ 이다. $p\mid(a+i)$ 이면 적당한 $c+di\in\mathbb{Z}[i]$ 에 대하여 $p(c+di)=(a+i)$ 이다. 이 때, $pd=1$ 이고, 이는 모순이다. $p\mid(a-i)$ 인 경우에도 마찬가지로 모순이다. 그러므로 p 가 $4n+3$ 꼴의 소수이면, x^2+1 는 $\mathbb{Z}_p[x]$ 에서 기약다항식이다.

(2) $\mathbb{Z}[x]/I_p=\mathbb{Z}[x]/\langle x^2+1,\,p\rangle\cong\mathbb{Z}[i]/\langle p\rangle$ 이다. $\mathbb{Z}[i]$ 는 유클리드정역(단항이데알정역)이므로 다음이 성립한다.

p 가 $\mathbb{Z}[i]$ 의 기약원 $\Leftrightarrow$ $\langle p\rangle$ 가 $\mathbb{Z}[i]$ 의 극대이데알 $\Leftrightarrow$ $\mathbb{Z}[i]/\langle p\rangle$ 가 체
$\Leftrightarrow$ $\mathbb{Z}[i]/\langle p\rangle$ 가 정역 $\Leftrightarrow$ $\langle p\rangle$ 가 $\mathbb{Z}[i]$ 의 소이데알 $\Leftrightarrow$ p 가 $\mathbb{Z}[i]$ 의 소원

따라서 p 가 $\mathbb{Z}[i]$ 의 기약원인지 찾는 문제이다.

$2=(1+i)(1-i)$ 는 $\mathbb{Z}[i]$ 의 기약원이 아니다.

$4n+1$ 꼴의 소수 $p=a^2+b^2=(a+bi)(a-bi)$ 는 $\mathbb{Z}[i]$ 의 기약원이 아니다.

$4n+3$ 꼴의 소수 $p\neq a^2+b^2\ (\forall a,\,b\in\mathbb{Z})$ 는 $\mathbb{Z}[i]$ 의 기약원이다.

1) 3, 7, 11, ⋯

2) 2, 5, 13, ⋯

3) 103, 107 ($p=97,\ 101$ 은 $4n+1$ 꼴의 소수이므로 I_p 가 극대이데알이 아니다).

9. $x^{p^{m+1}}-1$ 은 다음과 같이 $m+2$ 개의 기약다항식의 곱이다.

$$\begin{aligned} x^{p^{m+1}}-1 = {} & (x-1)\times(x^{p-1}+x^{p-2}+\cdots+x+1)\\ & \times(x^{p(p-1)}+x^{p(p-2)}+\cdots+x^p+1)\times\cdots\\ & \times(x^{p^{(m-1)}(p-1)}+x^{p^{(m-2)}(p-2)}+\cdots+x^{p^{(m-1)}}+1)\\ & \times(x^{p^m(p-1)}+x^{p^m(p-2)}+\cdots+x^{p^m}+1)\end{aligned}$$

먼저 정리 3.11.9와 3.11.10에 의하여 위의 $m+2$ 개의 다항식은 기약다항식이다.
이제 등호가 성립함을 보이자.

$x^p-1=(x-1)(x^{(p-1)}+x^{(p-2)}+\cdots+x+1)$ 이고, 귀납적으로

$$\begin{aligned} x^{p^m}-1 = {} & (x-1)(x^{(p-1)}+x^{(p-2)}+\cdots+x+1)(x^{p(p-1)}+x^{p(p-2)}+\cdots+x^p+1)\\ & \cdots\ (x^{p^{(m-1)}(p-1)}+x^{p^{(m-2)}(p-2)}+\cdots+x^{p^{(m-1)}}+1)\end{aligned}$$

이라 하자.

$(x-1)\times(x^{(p-1)}+x^{(p-2)}+\cdots+x+1)\times(x^{p(p-1)}+x^{p(p-2)}+\cdots+x^p+1)$

$\cdots\ \times(x^{p^{(m-1)}(p-1)}+x^{p^{(m-2)}(p-2)}+\cdots+x^{p^{(m-1)}}+1)$

$\times(x^{p^m(p-1)}+x^{p^m(p-2)}+\cdots+x^{p^m}+1)$

$=(x^{p^m}-1)(x^{p^m(p-1)}+x^{p^m(p-2)}+\cdots+x^{p^m}+1)$

$=\left((x^{p^m})^p-1\right)=\left(x^{p^{m+1}}-1\right)$

즉, $x^{p^{m+1}}-1=(x-1)\times g_0(x)\times g_1(x)\times\cdots\times g_m(x)$로 $m+2$개의 기약다항식의 곱이다.

10. p가 홀수이므로, $p-1, p-3, \cdots$ 은 짝수이다. 따라서 정리 3.10.10의 $g_m(x)$에서

$$\begin{aligned}g_m(-x)&=(-x)^{p^m(p-1)}+(-x)^{p^m(p-2)}+\cdots+(-x)^{p^m}+1\\&=x^{p^m(p-1)}-x^{p^m(p-2)}+\cdots-x^{p^m}+1=h(x)\end{aligned}$$

$h(x)$가 기약이 아니라 하고 $h(x)=h_1(x)h_2(x)$로 적자. $g_m(x)=h(-x)$이므로, $g_m(x)=h_1(-x)h_2(-x)$는 기약이 아니다. 이는 정리 3.10.10에 의하여 모순이다.

참고 p가 홀수소수이고, $m\geq 0$일 때,

$$\begin{aligned}x^{2p^{m+1}}-1&=(x^{p^{m+1}}-1)(x^{p^{m+1}}+1)\\&=(x-1)g_0(x)g_1(x)\cdots g_m(x)(x+1)g_0(-x)g_1(-x)\cdots g_m(-x)\end{aligned}$$

이 때, $g_m(-x)=x^{p^m(p-1)}-x^{p^m(p-2)}+\cdots-x^{p^m}+1$은 1의 $2p^{m+1}$승근이며, 또한 -1의 p^{m+1}승근인 $\rho=\cos\left(\dfrac{2\pi}{2p^{m+1}}\right)+i\sin\left(\dfrac{2\pi}{2p^{m+1}}\right)$를 근으로 하는 기약다항식이다.

11. $f(x)=x^{100}+1$을 기약다항식의 곱으로 나타내어라(인수분해).

x^n-1을 인수분해할 때, 기약인수의 개수는 n의 (양의) 약수의 개수인 $\tau(n)$이다(문제 9 참고). 따라서 $x^{200}-1$ 기약인수의 개수는 $\tau(200)=(3+1)(2+1)=12$개이고, $x^{100}-1$ 기약인수의 개수는 $\tau(100)=(2+1)(2+1)=9$개다.

$x^{200}-1=(x^{100}-1)(x^{100+1})$이므로 $x^{100}+1$ 기약인수의 개수는 $12-9=3$개다. 다음과 같이 인수분해된다.

$$\begin{aligned}x^{100}+1&=\left((x^4)^{25}+1\right)=\left((x^{20})^5+1\right)\\&=(x^4+1)(x^{16}-x^{12}+x^8-x^4+1)(x^{80}-x^{60}+x^{40}-x^{20}+1)\end{aligned}$$

12. 두 다항식 $x^{90}-1$와 $x^{90}+1$은 원시다항식이므로 $\mathbb{Z}[x]$에서 인수분해와 $\mathbb{Q}[x]$에서 인수분

해가 같다. 따라서 $\mathbb{Z}[x]$와 $\mathbb{Q}[x]$에서 기약인수의 개수도 같다.

(1) $x^n - 1$을 $\mathbb{Z}[x]$에서 인수분해할 때 기약인수의 개수는 n의 약수의 개수인 $\tau(n)$이다. 이 경우 $\tau(45) = 12$개다.

$x^{90} - 1$의 근 $\alpha_k = \cos\frac{2k\pi}{90} + i\sin\frac{2k\pi}{90}$ $(k = 0, \cdots 89)$ 중에서 실근은 $\alpha_0 = 1$, $\alpha_{45} = -1$ 두 개이고, 나머지 88개의 근은 허근이다. $x^{90} - 1$은 실수 계수이므로 허근 α를 가질 때, 그의 켤레복소수 $\overline{\alpha}$도 근이다. 따라서 $x^{90} - 1$은 $\mathbb{R}[x]$에서 두 일차인수 $x-1$, $x+1$와 44개의 이차 기약인수의 곱으로 인수분해된다.

(2) $x^{180} - 1$의 기약인수의 개수는 $\tau(180) = 18$ 개다. 이 중 12 개는 $x^{90} - 1$의 기약인수이고, 나머지 $18 - 12 = 6$개는 $x^{90} + 1$의 기약인수이다.

$x^{90} + 1$은 90개의 근, $\beta_k = \cos\left(\frac{\pi + 2k\pi}{90}\right) + i\sin\left(\frac{\pi + 2k\pi}{90}\right)$ $(k = 0, \cdots 89)$는 모두 허근이다. 따라서 $x^{90} + 1$은 $\mathbb{R}[x]$에서 45개의 이차 기약인수의 곱으로 인수분해된다.

	$\mathbb{Z}[x]$에서 인수분해	$\mathbb{R}[x]$에서 인수분해
(1) $x^{90} - 1$	(90 의 약수의 개수) = 12	$1 + 1 + 88/2 = 46$
(2) $x^{90} + 1$	$18 - 12 = 6$	$90/2 = 45$

13. $\mathbb{Z}_{2014}$는 유일인수분해정역이 아니므로 이절에 있는 미정계수법이나 아이젠슈타인판정법을 쓸 수 없다. $x^2 - 14$가 $\mathbb{Z}_{2014}[x]$ 에서 기약이라는 것은 귀류법으로 증명하는데, 다음과 중국인의 나머지정리와 이차잉여를 이용해 푼다.

$f(x) = x^2 - 14 = (ax+b)(cx+d)$라 가정하자. 이 때, $ac = 1$이므로, $a, c \in \mathbb{Z}_{2014}^*$이고, $f(x)$는 두 근 $\alpha = -a^{-1}b$, $\beta = -c^{-1}d \in \mathbb{Z}_{2014}$를 갖는다. 중국인의 나머지정리에 의하여 다음이 성립한다.

$$\alpha^2 \equiv 14 \pmod{2014} \Leftrightarrow \begin{cases} \alpha^2 \equiv 14 \pmod{2} \\ \alpha^2 \equiv 14 \pmod{19} \\ \alpha^2 \equiv 14 \pmod{53} \end{cases}$$

Legendre의 기호와 이차잉여의 상호법칙을 이용하여 $\alpha^2 = 14 \pmod{19}$를 풀면,

$$\left(\frac{14}{19}\right) = \left(\frac{2}{19}\right)\left(\frac{7}{19}\right) = (-1)^{\frac{19^2-1}{8}}(-1)\left(\frac{19}{7}\right)$$
$$= (-1)(-1)\left(\frac{5}{7}\right) = \left(\frac{7}{5}\right) = \left(\frac{2}{5}\right) = (-1)^{\frac{5^2-1}{8}} = -1$$

따라서 $\alpha^2 = 14 \pmod{19}$ 는 해가 없고, $\alpha^2 = 14 \pmod{2014}$ 도 해가 없다. 이는 모순이고 $f(x)$ 는 두 일차식의 곱이 아니다.

참고 $\alpha^2 = 14 \pmod{53}$ 도 다음과 같이 해가 없다.

$$\left(\frac{14}{53}\right) = \left(\frac{2}{53}\right)\left(\frac{7}{53}\right) = (-1)^{\frac{53^2-1}{8}}\left(\frac{53}{7}\right) = (-1)\left(\frac{4}{7}\right) = -1$$

또, $\mathbb{Z}_{19}^* = \langle 2 \rangle$ 인 순환군이다. 이 때, $14 \equiv 2\times 7 \equiv 2\times 2^6 \equiv 2^7 \pmod{19}$ 이다. 즉, 14는 순환군 $\mathbb{Z}_{19}^*$ 원시근 2의 홀수승으로써 이차잉여(제곱수)가 아니다.

마찬가지로, $\mathbb{Z}_{53}^* = \langle 2 \rangle$ 인 순환군이다. 이 때, $14 \equiv 2\times 7 \equiv 2\times 2^{14} \equiv 2^{15} \pmod{53}$ 이다. 즉, 14는 순환군 $\mathbb{Z}_{53}^*$ 원시근 2의 홀수승으로써 이차잉여(제곱수)가 아니다.

14. $f(x) = 12x^4 - 120x^2 + 12 = 12(x^4 - 10x^2 + 1)$ 은 네 근 $\pm(\sqrt{2} \pm \sqrt{3})$을 갖는다(보기 3.11.3 참고). 따라서 각각의 경우 기약인수는 다음과 같다.

(1) $\mathbb{Z}[x]$: $2, 2, 3, x^4 - 10x^2 + 1$ (*기약인수를 셀 때는 중복도를 쳐서 센다.)

(2) $\mathbb{Q}[x]$: $x^4 - 10x^2 + 1$

(3) $\mathbb{R}[x]$, $\mathbb{C}[x]$: $x - (\sqrt{2} + \sqrt{3})$, $x - (\sqrt{2} - \sqrt{3})$, $x - (-\sqrt{2} + \sqrt{3})$, $x - (-\sqrt{2} - \sqrt{3})$

15. $\mathbb{Z}[i][x]$에서 $f(x)$, $g(x)$는 다음과 같이 인수분해된다.

(1) $f(x) = 6x^2 + 6 = -i(1+i)^2 \times 3 \times (x+i)(x-i)$.
$f(x)$의 기약인수는 $(1+i)$, $(1+i)$, 3, $(x+i)$, $(x-i)$의 5개.

(2) $g(x) = 35(x^2 - 2x + 2) = (2+i)(2-i) \times 7 \times \{x - (1+i)\}\{x - (1-i)\}$.
$g(x)$의 기약인수는 $(2+i)$, $(2-i)$, 7, $\{x-(1+i)\}$, $\{x-(1-i)\}$의 5개.

16. (1) $x^4 + 3x^3 + 2x^2 + 2x + 1 = (x^2 + 2x + 3)(x^2 + x + 2) \in \mathbb{Z}_5[x]$.
$\mathbb{Z}_5[x]$ 에서 $f(x)$의 기약인수는 $x^2 + 2x + 3$, $x^2 + x + 2$

(2) $x^6 + x^4 + 4x^2 + 1 = (x^2 - 1)(x^2 - 2)(x^2 - 3)$
$= (x-1)(x+1)(x-3)(x+3)(x^2-3)$.
$\mathbb{Z}_7[x]$ 에서 $g(x)$의 기약인수는 $x-1$, $x+1$, $x-3$, $x+3$, x^2-3.

CHAPTER 04 체(体, Field)론

▶▶ 연습문제 4.1

1. $u = x + (f(x)) \in R = F[x]/(f(x))$ 에 대하여

(1) $\deg(f(x)) = n$ 일 때, 유클리드정역 $F[x]$ 의 나눗셈을 이용하여 $\{1, u, \cdots, u^{n-1}\}$ 가 F −벡터공간 R 의 기저임을 보인다(정리 10의 증명과 같다).

(2) $f(x)$ 가 기약다항식이 아니면, 적당한 $h(x)$, $h(x) \in F[x]$ 에 대하여
$f(x) = g(x)h(x)$, $1 \le \deg(g(x)), \deg(h(x)) < \deg(f(x))$.
이 때, $g(u) \neq 0$, $h(u) \neq 0$ 이나, $g(u)h(u) = f(u) = 0$ 이므로 R은 정역이 아니다.

(3) R_1 에서 $u+1 \neq 0$, $u^2 - u + 1 \neq 0$ 이나, $(u+1)(u^2-u+1) = u^3 + 1 = 0$ 이다.
R_2 에서 $u - i \neq 0$, $u + i \neq 0$ 이나, $(u-i)(u+i) = u^2 + 1 = 0$ 이다.

2. (1) $x^2 - 2$ (2) $x^2 - 3$
(3) $x^2 + x + 1$ (4) $f_5(x) = x^4 + x^3 + x^2 + x + 1$ (3.11.8)
(5) $x^4 + 1$ (3.11.10) (6) $x^4 - 10x^2 + 1$ (3.11.3)
(7) $x^4 - 14x^2 + 9$ (8) $x^4 - 4x^2 + 1$

3. 정리 9 (3)⟹(1)과 같이 증명한다.
$\mathbb{Q}[\pi] = \mathbb{Q}(\pi)$이면, $\frac{1}{\pi} \in \mathbb{Q}(\pi) = \mathbb{Q}[\pi]$이므로, $\frac{1}{\pi} = a_0 + a_1\pi + \cdots + a_n\pi^n \,(a_i \in \mathbb{Q})$ 이다.
$f(x) = -1 + a_0x + a_1x^2 + \cdots + a_nx^{n+1} \in \mathbb{Q}[x]$ 이라 하면 $f(x)$는 영다항식이 아니다. 위의 식에 의하여 $f(\pi) = 0$ 이므로 π는 대수적이고, 이는 모순이다.

4. 드모아브르의 정리에 의하여 $\rho^p = \cos 2\pi + i\sin 2\pi = 1$ 이다.
$x^p - 1 = (x-1)(x^{p-1} + x^{p-2} + \cdots + x + 1)$ 이고, ρ는 $f_p(x) = x^{p-1} + x^{p-2} + \cdots + x + 1$ 의 근이다. p가 소수일 때, $f_p(x)$는 $\mathbb{Q}$ 위에서 기약이므로(정리 3.11.8), ρ 의 최소다항식은 $f_p(x)$ 이고, $[\mathbb{Q}(\rho) : \mathbb{Q}] = p - 1$ 이다.

5. (1) $p=2$ 일 때, $\mu=i$ 이고, 최소다항식은 x^2+1 이다.

(2) p가 홀수 소수일 때, $\mu^2=\rho$ 이고, $u^{2p}=1$ 이다.

$x^{2p}-1$
$=(x^p-1)(x^p+1)$
$=(x-1)(x^{p-1}+x^{p-2}+\cdots+x+1)(x+1)(x^{p-1}-x^{p-2}+\cdots-x+1)$

이고, u는 $g_p(x)=x^{p-1}-x^{p-2}+\cdots-x+1$의 근이다. p가 홀수 소수이므로 $f_p(x)=x^{p-1}+x^{p-2}+\cdots x+1$에 대하여 $g_p(x)=f_p(-x)$이다. $f_p(x)$는 $\mathbb{Q}$ 위에서 기약이므로(정리 3.11.8), $g_p(x)=f_p(-x)$도 $\mathbb{Q}$ 위에서 기약이다. 따라서 u의 최소다항식은 $g_p(x)$ 이고, $[\mathbb{Q}(u):\mathbb{Q}]=p-1$ 이다.

6. (1) $243=3^5$이다. $\rho=\cos\frac{2\pi}{243}+i\sin\frac{2\pi}{243}$의 최소다항식은 $f_3(x)=x^2+x+1$에 대하여 $f_3(x^{3^4})=(x^{3^4})^2+(x^{3^4})+1=x^{162}+x^{81}+1$ 이다(정리 3.11.10).
$[\mathbb{Q}(\rho):\mathbb{Q}]=162$ 이다.

(2) $343=7^3$이다. $\delta=\cos\frac{2\pi}{343}+i\sin\frac{2\pi}{343}$의 최소다항식은 $f_7(x)=x^6+\cdots+x+1$에 대하여 $f_7(x^{7^2})=(x^{7^2})^6+(x^{7^2})^5+\cdots+(x^{7^2})+1$이다. 이 때,
$\mu=\cos\frac{\pi}{343}+i\sin\frac{\pi}{343}$의 최소다항식은 $g_7(x)=x^6-x^5+\cdots-x+1$에 대하여 $g_7(x^{7^2})=x^{294}-x^{245}+x^{196}-x^{147}+x^{98}-x^{49}+1$이다. $[\mathbb{Q}(\mu):\mathbb{Q}]=294$이다.

7. (1) u가 F 위에서 최소다항식을 $p(x)$ 라 하면, $p(x)\in F[x]\subseteq K[x]$ 이다. 또, $p(u)=0$ 이므로, u의 K 위에서 최소다항식은 $K[x]$ 에서 $p(x)$ 의 기약인수 중 하나이다. 따라서 $[K(u):K]\le[F(u):F]$ 이다.

(2) $\mathbb{Q}\subseteq\mathbb{Q}(\sqrt{2})\subseteq\mathbb{Q}(\sqrt[4]{2},\sqrt{3})$ 일 때,
$[\mathbb{Q}(\sqrt{3}):\mathbb{Q}]=[\mathbb{Q}(\sqrt{2})(\sqrt{3}):\mathbb{Q}(\sqrt{2})]=2$ 이고,
$[\mathbb{Q}(\sqrt[4]{2}):\mathbb{Q}]=4$, $[\mathbb{Q}(\sqrt{2})(\sqrt[4]{2}):\mathbb{Q}(\sqrt{2})]=2$ 이다.

8. (1) $[K:F]=[K:K\cap L][K\cap L:F]$, $[L:F]=[L:K\cap L][K\cap L:F]$ 이므로, $[K\cap L:F]$ 는 $[K:F]$ 와 $[L:F]$ 의 공약수이다. 그러므로 $[K:F]$ 와 $[L:F]$ 가 서로소이면, $[K\cap L:F]=1$ 이고, $K\cap L=F$이다.

(2) $\mathbb{Q}(\sqrt{2})\cap\mathbb{Q}(\sqrt{3})=\mathbb{Q}$ 이나, $[\mathbb{Q}(\sqrt{2}):\mathbb{Q}]=2=[\mathbb{Q}(\sqrt{3}):\mathbb{Q}]$ 이다.

9. (1) $F[u]$는 정역 K의 부분환이므로 정역이다.

(2) $F[u]$는 F와 u를 포함하는 환이다. 또, K의 임의의 부분환 S가 F와 u를 포함하면, S는 $F[u]$를 포함하므로 성립한다.

(3) $F(u)$는 F와 u를 포함하는 체이다. 또, K의 임의의 부분체 L이 F와 u를 포함하면, S는 $F(u)$를 포함하므로 성립한다.

(4) (3)에 의하여 성립한다.

10. (1) u를 근으로 하는 다항식 중 $p_1(x)$보다 차수가 더 작은 다항식이 있다고 하고, $f(x) \in F[x]$가 영다항식이 아니면서 그런 다항식 중에서 차수가 가장 작은 다항식이라 하자. $p_1(x)$를 $f(x)$로 나누면, 적당한 $q(x), r(x) \in F[x]$에 대하여 $p_1(x) =$ $= f(x)q(x)+r(x)$이고, $\deg(r(x)) < \deg(f(x))$이다. 이 때, $0 = p_1(u) =$ $f(u)q(u)+r(u) = r(u)$이고 $f(x)$가 u를 근으로 하는 차수가 가장 작은 다항식이므로, $r(x) \equiv 0$이다. 따라서 $p_1(x) = f(x)q(x)$이고, 이는 $p_1(x)$가 기약다항식이라는데 모순이다.

(2) 먼저 $\deg(p_1(x)) = \deg(p_2(x))$ 이다. $p_1(x)$와 $p_2(x)$의 최고차항의 계수를 각각 a와 b라 하자. 이 때, $p(x) = p_1(x) - (ab^{-1})p_2(x)$는 차수가 $\deg(p_1(x))$ 보다 작고, $p(u) = 0$ 이다. 그러므로 $p(x) \equiv 0$ 이고, $p_1(x) = (ab^{-1})p_2(x)$ 이다. 그런데 $p_1(x)$와 $p_2(x)$의 계수 중 0 아닌 것 중에서 같은 것이 있으므로, $ab^{-1} = 1$ 이다. 즉, $a = b$이고, $p_1(x) = p_2(x)$이다.

11. 만일 K가 기약다항식 $f(x)$의 한 근 u를 포함한다고 하면, $F(u) \subseteq K$이고, $10 = [K:F] = [K:F(u)][F(u):F]$. 그러나 $f(x)$가 기약다항식이므로 $[F(u):F] = 3$이고, 이는 $3 \mid 10$이 되어 모순이다.

12. (1) α가 F 위에서 대수적이므로 0이 아닌 다항식 $p(x) \in F[x]$이 있어서 $p(\alpha) = 0$이다. 따라서 $p(x) \in \ker(\phi_\alpha)$이고, $\ker(\phi_\alpha) \neq (0)$이다.

$im(\phi_\alpha) = F[\alpha]$ $(= \{f(\alpha) \mid f(x) \in F[x]\})$이고, 제1동형정리에 의하여 ϕ_α는 동형 $\overline{\phi_\alpha} : F[x]/(\ker(\phi_\alpha)) \cong F[\alpha]$를 유도한다. 이 때, $F[\alpha]$는 체 E의 부분환이므로 정역이다. 따라서 $F[x]/(\ker(\phi_\alpha))$도 정역이고 $\ker(\phi_\alpha)$는 $F[x]$의 0이 아닌 소이데알이다.

(2) (1)에서와 같이 '$F[x]/\ker(\phi_\alpha)$와 E가 동형 $\Leftrightarrow$ $F[\alpha] = E$' 이다.

$F = \mathbb{Q}$, $E = \mathbb{Q}(\sqrt{2}, \sqrt{3})$이라 하고, $\alpha = \sqrt{2}$라 하면,

$\mathbb{Q}[x]/(x^2-2)$와 $E = \mathbb{Q}(\sqrt{2}, \sqrt{3})$는 동형이 아니다.

13. (1) $(\alpha-\sqrt{3})^2=(-\sqrt{5})^2$ 에서 $(\alpha^2-2)^2=(2\sqrt{3})^2$. $\alpha^4-4\alpha^2+4=12\alpha^2$ 이다.

$\min(\alpha,\mathbb{Q})(x)=x^4-16x^2+4$, $\min(\alpha,\mathbb{R})(x)=x-(\sqrt{3}-\sqrt{5})$

(2) $\left(x-\dfrac{-1+i}{\sqrt{2}}\right)\left(x-\dfrac{-1-i}{\sqrt{2}}\right)\left(x-\dfrac{1+i}{\sqrt{2}}\right)\left(x-\dfrac{1-i}{\sqrt{2}}\right)$ 에서

$=(x^2+\sqrt{2}x+1)(x^2-\sqrt{2}x+1)=x^4+1$

$\min(\beta,\mathbb{Q})(x)=x^4+1$, $\min(\beta,\mathbb{R})(x)=x^2+\sqrt{2}+1$

▶▶ 연습문제 4.2

1.

(1) x^2+x+1

(2) $x^2-(2\cos\frac{2}{5}\pi)x+1$

(3) $x^2-\sqrt{2}x+1$

(4) $x-\sqrt{2+\sqrt{3}}$

2. (1) $3^{\sqrt{2}}$: 초월수(겔폰드, 슈나이더)

(2) $(\sqrt{5}^{\sqrt{2}})^{2\sqrt{2}}=\sqrt{5}^{4}=25$: 대수적인 수

(3) $\sqrt{3}^{\sqrt{2}-1}$: 초월수(겔폰드, 슈나이더)

(4) $(\sqrt{2}-1)^{\sqrt{2}-1}$: 초월수(겔폰드, 슈나이더)

(5) $\sin 15^\circ$, $\cos 10^\circ$, $\tan 1^\circ$, $\cot 0.5^\circ$: 대수적인 수 ($\rho=\cos 15^\circ+i\sin 15^\circ$ 와 $\bar{\rho}$ 는 $x^{24}-1$ 의 근으로 대수적인 수이다. 따라서 $\sin 15^\circ=\dfrac{\rho-\bar{\rho}}{2i}$ 도 대수적인 수이다. 나머지 수도 같은 방법으로 대수적인 수임을 보인다.)

(9) $e^{\frac{\pi}{2}i}=\cos\dfrac{\pi}{2}+i\sin\dfrac{\pi}{2}=i$: 대수적인 수

(10) $e^2=\displaystyle\sum_{n=0}^{\infty}\frac{2^n}{n!}$: 초월수(e 는 초월수–에르미트)

(11) $\displaystyle\sum_{n=1}^{\infty}\frac{1}{n^2}=\frac{\pi^2}{6}$: 초월수(π 는 초월수–린데만–에르미트)

(12) $10^{-1}+2\times10^{-2}+10^{-6}+2\times10^{-24}+\cdots$: 초월수(리우빌)

3. (1) u 는 $F(u^2)$ 위에서 $x^2-u^2\in F(u^2)$의 근이다. 따라서 $[F(u):F(u^2)]\le 2$ 이다.

(2) $[F(u):F]=[F(u):F(u^2)][F(u^2):F]$ 이므로, $[F(u):F]$ 가 홀수이면, $[F(u):F(u^2)]=1$ 이다.

(3) $u = \sqrt{2} - 1$ 이면, $u^2 = 3 - 2\sqrt{2}$ 이고, $\mathbb{Q}(u) = \mathbb{Q}(u^2) = \mathbb{Q}(\sqrt{2})$ 이다.

4. (1) $[F(\alpha, \beta) : F] = [F(\alpha)(\beta) : F(\beta)][F(\alpha) : F] \leq mn$ 이다.
또 $[F(\alpha) : F] \mid [F(\alpha, \beta) : F]$ 이고, $[F(\beta) : F] \mid [F(\alpha, \beta) : F]$ 이므로 $(m, n) = 1$ 이면, $mn \mid [F(\alpha, \beta) : F]$ 이다. 따라서 $[F(\alpha, \beta) : F] = mn$ 이다.

(2) 5번의 (4), (5), (6).

5. (1) $\alpha = -\dfrac{1}{\sqrt{2}}$, $\beta = \dfrac{1+i}{\sqrt{2}}$ (β 의 $\mathbb{Q}$ 위에서 최소다항식은 $x^4 + 1$ 이다.)

(2) $\alpha = \sqrt{2}$, $\beta = \sqrt[4]{2}$ ($\alpha + \beta$ 의 $\mathbb{Q}$ 위에서 최소다항식은 $x^4 - 4x^2 - 8x + 2$ 이다.)

(3) $\alpha = \sqrt{3}$, $\beta = \sqrt[4]{2}$
($\alpha + \beta$ 의 $\mathbb{Q}$ 위에서 최소다항식은 $x^8 - 12x^6 + 50x^4 - 180x^2 + 49$ 이다.)

(4) $\alpha = \sqrt{2}$, $\beta = \dfrac{1+i}{\sqrt{2}}$ ($\alpha\beta$ 의 $\mathbb{Q}$ 위에서 최소다항식은 $x^2 - 2x + 2$ 이다.)

(5) $\alpha = \sqrt{2}$, $\beta = \sqrt[4]{3}$ ($\alpha\beta$ 의 $\mathbb{Q}$ 위에서 최소다항식은 $x^4 - 12$ 이다.)

(6) $\alpha = \sqrt{3}$, $\beta = \sqrt[4]{\dfrac{2}{9}} + 1$ ($\alpha\beta$ 의 $\mathbb{Q}$ 위에서 최소다항식은 (3)과 같다.)

▸▸ 연습문제 4.3

2. 원에 내접하는 정n각형을 그릴 때, 'm° 가 작도 가능 $\Leftrightarrow$ $\dfrac{360}{m}$ 각형이 작도 가능'임을 볼 수 있다. 이 때, 가우스의 정리(정리 4.3.13)을 이용한다.

(1) $360 = 2^3 \times 3^2 \times 5$ 에서 3^2 때문에 1° 는 작도 불가능한 각도이다.

(2) $120 = 2^3 \times 3 \times 5$ 이므로 3° 는 작도 가능한 각도이다.

(3) $45 = 3^2 \times 5$ 이므로 8° 는 작도 불가능한 각도이다.

(4) 11° 가 작도 가능하면, 3° 가 작도 가능하므로 $11^\circ - 3^\circ = 8^\circ$ 가 작도 가능하다. 이는 (3)에 모순이다. 그러므로 11° 는 작도불가능한 각도이다.

(5) $16 = 2^4$ 이므로 22.5° 는 작도 가능한 각도이다.

(6) 30° 와 1.5° (정240 각형)가 작도 가능하므로, 31.5° 도 작도 가능하다.

3. $\Leftarrow$) 정리 13에 의하여 3° (정120각형)는 작도 가능하다. 따라서 모든 3 의 배수 m 에 대하여

m° 는 작도 가능하다(작도 가능한 두 각의 합은 작도 가능).

⇒) 양의 정수 m 이 $m = 3n+1$ 또는 $m = 3n+2$ 라 하자$(n \geq 0)$. $3n^\circ$ 는 작도 가능하나, 정리 13에 의하여 1° (정360각형)나 2° (정180각형)는 작도 불가능하다. 따라서 m° 는 작도 불가능하다.

4. $n = 51 = 3 \times 17$, $n = 136 = 2^3 \times 17$, $n = 2056 = 2^3 \times 257$

5. $-\sqrt{2} + \sqrt{5}$, $\sqrt{2+\sqrt[4]{3}}$, $\omega = \dfrac{-1+\sqrt{3}i}{2}$, $\delta = \dfrac{1+i}{\sqrt{2}}$ 는 정리 5(방첼)에 의하여 작도 가능하다.

$\rho = \cos\dfrac{2\pi}{5} + i\sin\dfrac{2\pi}{5}$ (또는 $\delta = \cos\dfrac{2\pi}{17} + i\sin\dfrac{2\pi}{17}$)는 단위원에 내접하고 $P(1,0)$ 을 한 꼭짓점으로 하는 정오각형(또는 정17각형)을 그릴 때, 두 번째 꼭짓점의 좌표를 복소수로 나타낸 것이다. 정리 13(가우스)에 의하여 작도 가능하다.

6. 정칠각형이 작도 가능하면, $\eta = \cos\dfrac{2\pi}{7} + i\sin\dfrac{2\pi}{7}$ 도 작도 가능하다. η 는 $x^7 - 1$ 의 근이고, $\mathbb{Q}[x]$ 에서 η 의 기약다항식은 $f_7(x) = x^6 + x^5 + \cdots + 1$ 이다(정리 3.11.8). $[\mathbb{Q}(\eta):\mathbb{Q}] = 6 \neq 2^m$ 이므로 정리 5(방첼)에 모순된다. 따라서 정칠각형은 작도 불가능하다.

7. 정p각형이 작도 가능하면, p 는 페르마 소수임을 보이자(대우).

정p 각형이 작도 가능하면, $\xi = \cos\dfrac{2\pi}{p} + i\sin\dfrac{2\pi}{p}$ 도 작도 가능하다. ξ는 $x^p - 1$ 의 근이고, $\mathbb{Q}[x]$ 에서 ξ 의 기약다항식은 $f_p(x) = x^{p-1} + x^{p-1} + \cdots + 1$ 이다(정리 3.11.8). 그러므로 $[\mathbb{Q}(\eta):\mathbb{Q}] = p-1$ 이다. 정리 5에 의하여 $p-1 = 2^m$ 이다$(m \geq 1)$. 만일 m 의 소인수 중 홀수소수 q 가 있으면$(m = qa)$, 다음과 같이 p 는 소수가 아니다.

$p = 2^{qa} + 1 = (2^a + 1)((2^a)^{q-1} - (2^a)^{q-2} + \cdots - 2^a + 1)$

따라서 $p = 2^m + 1$ 이 소수이면, $m = 2^n$ 이고$(n \geq 0)$, $p = 2^{(2^n)} + 1$ 은 페르마 소수이다.

8. 정리 4.3.8, 4.3.9, 4.3.10과 같다. 간단히 요약하면

(1) 60° 를 삼등분하여 20° 를 작도하는 것은 불가능하다. 왜냐하면 20° 를 작도를 작도할 수 있으면, $\cos 20^\circ$ 를 작도할 수 있다. 그러나 $\cos 20^\circ$ 의 최소다항식은 $p(x) =$

$\frac{1}{8}(8x^3-6x-1)$ 이어서 $[\mathbb{Q}(\cos 20^\circ):\mathbb{Q}]=3\neq 2^m$ 이기 때문에 이는 모순이다.

(2) 주어진 정육면체의 두 배의 부피를 갖는 정육면체의 모서리의 길이는 작도 불가능하다. 만일 작도 가능하다고 하면 $\sqrt[3]{2}$ 가 작도가능한 수이다 그러나 $[\mathbb{Q}(\sqrt[3]{2}):\mathbb{Q}]=3\neq 2^m$ 이므로 이는 모순이다.

(3) 주어진 원과 넓이가 같은 정사각형은 작도 불가능하다. 만일 작도 가능하다고 하면 $\sqrt{\pi}$ 가 작도가능한 수이다. 그러나 π 가 초월수이므로 $\sqrt{\pi}$ 도 초월수이다. 따라서 $[\mathbb{Q}(\sqrt{\pi}):\mathbb{Q}]=\infty\neq 2^m$ 이므로 이는 모순이다.

▸▸ 연습문제 4.4

1. (1) $r=f(-3)=-27-9+30+6=0$, $g(x)\mid f(x)$.

(2) $r=f(-2)=-16+16+8-3=5$, $g(x)\nmid f(x)$.

(3) $r=f(\frac{1}{2})=\frac{1}{2}+\frac{3}{2}-3+1=0$, $g(x)\mid f(x)$.

(4) $r=2$, $g(x)\nmid f(x)$.

2. (1) $r=f(-1)=-1-1+1=-1=1$, $g(x)\nmid f(x)$.

(2) $\mathbb{Z}_2[x]$ 에서 $f(x)=x^4+1=(x+1)^4$, $g(x)=x^2+1=(x+1)^2$ 이다. $g(x)\mid f(x)$.

3. (1) $r=f(-3)=9+1=10=0$, $g(x)\mid f(x)$.

(2) $r=f(-2)=-16+16+8-3=5=0$, $g(x)\mid f(x)$.

4. $f(-1)=-a+b=0$, $f(2)=12+2a+b=0$ 이므로, $a=b=-4$.

5. $f(-3)=81-12+a=69+a\equiv 0\ (\mathrm{mod}\,35)$ 이므로, $35\mid 69+a$ 이다. $a=1$.

6. 다음의 $f(x)\in\mathbb{Q}[x]$ 의 $\mathbb{Q}$ 위에서의 분해체 K와 $[K:\mathbb{Q}]$를 각각 구하여라.

(1) $K=\mathbb{Q}(\sqrt{3})$, $[K:\mathbb{Q}]=2$

(2) $K=\mathbb{Q}(i,\sqrt{3})$, $[K:\mathbb{Q}]=4$

(3) $K=\mathbb{Q}(\frac{1+i}{\sqrt{2}})=\mathbb{Q}(1+i,\sqrt{2})$, $[K:\mathbb{Q}]=4$

(4) $K=\mathbb{Q}(\sqrt[4]{5}, i)$, $[K:\mathbb{Q}]=8$

(5) $K=\mathbb{Q}(\sqrt{3}i)$, $[K:\mathbb{Q}]=2$

(6) $K=\mathbb{Q}(\sqrt{3}, i)$, $[K:\mathbb{Q}]=4$

(7) $K=\mathbb{Q}(i, \sqrt[3]{2}, \sqrt{-3})=\mathbb{Q}(\sqrt[3]{2}, \sqrt{3}, i)$, $[K:\mathbb{Q}]=12$

(8) $K=\mathbb{Q}(\rho)$, $[K:\mathbb{Q}]=4$, $\rho=\cos\frac{2\pi}{5}+i\sin\frac{2\pi}{5}$

(9) $K=\mathbb{Q}(\frac{\sqrt{3}+i}{2})=\mathbb{Q}(\sqrt{3}, i)$, $[K:\mathbb{Q}]=4$

(10) $K=\mathbb{Q}(\beta)$, $[K:\mathbb{Q}]=6$, $\beta=\cos\frac{2\pi}{9}+i\sin\frac{2\pi}{9}$ (연습문제 3.11.6(6) 풀이)

7. $g_p(x)=x^p-1=(x-1)(x^{p-1}+x^{p-2}+\cdots+1)$ 이고,

$f_p(x)=x^{p-1}+x^{p-2}+\cdots+1$ 가 기약이다.

따라서 $[K:\mathbb{Q}]=p-1$, $K=\mathbb{Q}(\xi)$, $\xi=\cos\frac{2\pi}{p}+i\sin\frac{2\pi}{p}$ 이다.

8. (1) $f(0)=1\neq 0$, $f(1)=3=1\neq 0$ 이므로, $f(x)$ 는 $\mathbb{Z}_2[x]$ 에서 기약다항식이다.

(2) 정리 4.4.3에서 K 는 $\mathbb{Z}_2$ 의 확대체, 정리 4.1.10에서 $[K:\mathbb{Z}_2]=2$ 을 보였다.

(3) $u=\overline{x}\in K$ 가 $f(x)$ 의 근이고, 다른 근 $v=u+1$ 이다($u+v=-1=1$ 이므로). 따라서 $K=\mathbb{Z}_2(u, u+1)=\mathbb{Z}_2(u)$ 이다.

9. (1) $u\in K-F$ 에 대하여 $K=F(u)$ 이다. $f(x)=x^2+ax+b\in F[x]$ 가 F 위에서 u 의 최소다항식이라 하자. $f(x)$ 의 다른 근을 v 라 하면, $u+v=-a\in F$ 이다. 그러므로 $K=F(u)=F(u,v)$ 는 $f(x)$ 의 분해체이다.

(2) $K=\mathbb{Q}(\sqrt[3]{2})$ 일 때, $[K:\mathbb{Q}]=3$ 이고 K 는 F 위에서 어떤 다항식의 분해체도 아니다. $L=\mathbb{Q}(\sqrt[3]{2}, \omega)$ 이 $\mathbb{Q}$ 위에서 $f(x)=x^3-2\in\mathbb{Q}[x]$ 의 분해체이다.

10. (1) 이차 모닉 중 가약인 것은 ($a\neq b\in\mathbb{Z}_p[x]$)

$(x-a)(x-b)$ 의 꼴 : $\frac{1}{2!}p(p-1)$ (개)

$(x-a)^2$ 의 꼴 : p (개)

따라서 이차 모닉 중 기약인 것은 $p^2-\frac{1}{2!}p(p-1)-p=\frac{1}{2}p(p-1)$ (개)이다.

(2) 삼차 모닉 중 가약인 것은 (서로 다른 $a, b, c\in\mathbb{Z}_p[x]$)

$(x-a)(x-b)(x-c)$ 의 꼴 : $\frac{1}{3!}p(p-1)(p-2)$ (개)

$(x-a)^2(x-b)$의 꼴 : $p(p-1)$ (개)

$(x-a)^3$ 의 꼴 : p (개)

$g(x)(x-b)$의 꼴 : $\frac{1}{2}p(p-1)\times p$ (개) ($g(x)$는 이차 기약 모닉 (1))

따라서 삼차 모닉 중 기약인 것은 다음과 같다.

$$p^3-\left\{\frac{1}{3!}p(p-1)(p-2)+p(p-1)+p+\frac{1}{2}p^2(p-1)\right\}=\frac{1}{3}p(p^2-1) \text{ (개)}$$

$p=2$ 일 때, x^3+x+1, x^3+x^2+1 의 2개이다.

$p=3$ 일 때, x^3+2x+1, x^3+2x+2, x^3+2x^2+1, x^3+2x^2+2

x^3+x^2+x+2, x^3+x^2+2x+1, x^3+2x^2+x+1, x^3+2x^2+2x+2 의 8개이다.

(3) $K=\mathbb{Z}_p[x]/(f(x))$, $f(x)$는 $\mathbb{Z}_p[x]$ 의 이차 기약다항식(1).

($p=2$ 이면, $f(x)=x^2+x+1$. p 가 $4n+3$ 꼴의 소수이면, $f(x)=x^2+1$ 등.)

(4) $K=\mathbb{Z}_p[x]/(h(x))$, $h(x)$는 $\mathbb{Z}_p[x]$ 의 삼차 기약다항식(2).

12. 정리 4.4.3과 같은 과정으로 증명한다.

13. $\mathbb{Q}[x]$ 에서 x^3-2x+2 를 $x+3$ 으로 나누면,

$$x^3-2x+2=(x+3)(x^2-3x+7)-19$$

위의 식에 θ 를 대입하면($\mathbb{Q}(\theta)$에서 계산), $0=\theta^3-\theta+2=(\theta+3)(\theta^2-3\theta+7)-19$ 이다. 따라서 $(\theta+3)(\theta^2-3\theta+7)=19$ 이고, $3+\theta$ 의 곱셈에 대한 역원은

$(\theta+3)^{-1}=\frac{1}{19}(\theta^2-3\theta+7)\in\mathbb{Q}(\theta)$이다.

▶▶ 연습문제 4.5

2. $f(x)=a_0+a_1x+\cdots+a_nx^n$ 일 때, $f'(x)=a_1+2a_2x+\cdots+na_nx^{n-1}$ 이다. 그러므로

$f'(x)=0 \Leftrightarrow$ 모든 $i\geq 1$ 에 대하여 $ia_i=0$

$\Leftrightarrow$ 모든 $i\geq 1$ 에 대하여 $p\mid i$ 또는 $a_i=0$

$\Leftrightarrow$ 모든 $i \geq 1$ 에 대하여 $a_i \neq 0$ 이면, $p \mid i$

$\Leftrightarrow f(x) = a_0 + a_p x^p + a_{2p} x^{2p} + \cdots + a_{mp} x^{mp}$

$\Leftrightarrow g(x) = a_0 + a_p x + a_{2p} x^2 + \cdots + a_{mp} x^m \in F[x]$,

$f(x) = g(x^p)$

3. $x = \left(\dfrac{f(x)}{g(x)}\right)^2$, $f(x), g(x) \in F[x]$, $(f(x), g(x)) = 1$ 이라 하자. $x\,g(x)^2 = f(x)^2$ 이므로, $x \mid f(x)$ 이다($F[x]$ 가 유일인수분해정역이고, x 가 $F[x]$ 의 기약원(소원)임을 이용한다). $f(x) = x\,h(x)$ 라 하면($h(x) \in F[x]$), $x\,g(x)^2 = x^2 h(x)^2$ 이다. 따라서 $x \mid g(x)$ 이다. 이는 $(f(x), g(x)) = 1$ 에 모순이다.

4.
(1) $u = t^{\frac{1}{5}}$ 일 때, $f(x) = x^5 - t = (x-u)^5$, $K = F(u)$, $[K : F] = 5$.

(2) $v = t^{\frac{1}{10}}$ 일 때, $f(x) = x^{10} - t = (x-v)^5 (x+v)^5$, $K = F(v)$, $[K : F] = 10$.

(3) $w = t^{\frac{1}{25}}$ 일 때, $f(x) = x^{25} - t = (x-w)^{25}$, $K = F(w)$, $[K : F] = 25$.

5.
(1) $u = t^{\frac{1}{7}}$ 일 때, $f(x) = x^7 - t = (x-u)^7$, $K = F(u)$, $[K : F] = 7$.

(2) $v = t^{\frac{1}{21}}$ 일 때, $K = F(v)$, $[K : F] = 21$

$f(x) = x^{21} - t = (x-v)^7 (x^2 + vx + v^2)^7 = (x-v)^7 (x-2v)^7 (x-4v)^7$.

(3) $w = t^{\frac{1}{343}}$ 일 때, $f(x) = x^{343} - t = (x-w)^{343}$, $K = F(w)$, $[K : F] = 343$.

6. $f(x) = x^{4p} - (s+t)x^{2p} + st = (x^{2p} - s)(x^{2p} - t) = \{(x-u)(x+u)(x-v)(x+v)\}^p$ 이고($v = t^{\frac{1}{2p}}$), 근은 $\pm u$, $\pm v$ 4개이다. 4개의 근의 중복도는 다같이 p 이다(정리 4.5.13 참고). $K = F(u, v)$, $[K : F] = 4p$ 이다.

7. $a \in F$는 $a^{p^0} = a \in F$ 이므로, $a \in L$ 이다. 즉, $F \subseteq L$ 이다.

$u, v \in L$ 이고, $u^{p^m} \in F$, $v^{p^n} \in F$ 라 하자. $0 \leq m \leq n$ 이라 하자.

$(u+v)^{p^n} = u^{p^n} + v^{p^n} = (u^{p^m})^{p^{n-m}} + v^{p^n} \in F$,

$(uv^{-1})^{p^n} = u^{p^n} v^{-p^n} = (u^{p^m})^{p^{n-m}} (v^{p^n})^{-1} \in F \quad (v \neq 0)$

이므로 L은 F와 K의 중간체이다.

8. $u = \sqrt{2} + \sqrt{3}$ 일 때, $v = \sqrt{6} = \frac{1}{2}(u^2 - 5)$, $w = vu = 2\sqrt{3} + 3\sqrt{2}$ 이다.

$$\sqrt{2} = w - 2u \in \mathbb{Q}(u),\ \ \sqrt{3} = 3u - w \in \mathbb{Q}(u)$$

이므로, $\mathbb{Q}(\sqrt{2}, \sqrt{3}) = \mathbb{Q}(u)$ 이다.

10. (1) $K = \mathbb{Q}(\sqrt{2}, \sqrt{11})$ 이고,
$[K : \mathbb{Q}] = [\mathbb{Q}(\sqrt{2}, \sqrt{11}) : \mathbb{Q}(\sqrt{2})]\ [\mathbb{Q}(\sqrt{2}) : \mathbb{Q}] = 2 \times 2 = 4$ 이다. 따라서 $[\mathbb{Q}(\alpha) : \mathbb{Q}] \leq 4$ 이고, $\mathbb{Q}(\alpha)$는 $\mathbb{Q}$의 유한확대체이므로 대수적 확대체이다.
(마찬가지로 $\mathbb{Q}$와 K의 모든 중간체는 $\mathbb{Q}$의 유한확대체이므로 대수적 확대체이다.)

(2) β의 $\mathbb{Q}(\beta^2)$ 위에서 최소다항식은 $p(x) = (x^2 - \beta^2) \in \mathbb{Q}(\beta^2)[x]$ 이거나 또는 $p(x)$의 일차인수이다. 따라서 $[\mathbb{Q}(\beta) : \mathbb{Q}(\beta^2)] = 1$ 또는 2 이다.
예를 들면, $[\mathbb{Q}(\sqrt{2}) : \mathbb{Q}(2)] = 2$, $[\mathbb{Q}(2) : \mathbb{Q}(2^2)] = 1$ 이다.

(3) $\gamma = \sqrt{2} + \sqrt{11}$ 이라 하면, γ의 $\mathbb{Q}$ 위에서의 최소다항식은 $x^4 - 26x^2 + 81$ 이다. 따라서 $[\mathbb{Q}(\gamma) : \mathbb{Q}] = 4$ 이고, $K = \mathbb{Q}(\gamma)$ 이므로, $[K : \mathbb{Q}(\gamma)] = 1$ 이다($\mathbb{Q}$의 모든 유한확대체는 단순확대체이다. – 정리 4.5.17 참고).

▶▶ 연습문제 4.6

1. $f(x) = x^n - 1 \in \mathbb{Q}[x]$ 의 분해체는 $\mathbb{Q}(\rho)$ 이다($\alpha = \cos\frac{2\pi}{n} + i\sin\frac{2\pi}{n}$).

따라서 $\sigma, \tau \in Aut_{\mathbb{Q}}\mathbb{Q}(\rho)$ 에 대하여, $\sigma(\alpha)$ 와 $\tau(\alpha)$ 만 결정하면 된다. $\sigma(\alpha) = \alpha^i$, $\tau(\alpha) = \alpha^j$이면, $\tau(\sigma(\alpha)) = \tau(\alpha^i) = (\alpha^j)^i = \alpha^{ji}$, $\sigma(\tau(\alpha)) - \sigma(\alpha^j) = (\alpha^i)^j = \alpha^{ij}$ 이다. 그러므로 모든 $\beta \in \mathbb{Q}(\alpha)$ 에 대하여 $(\tau\sigma)(\beta) = (\sigma\tau)(\beta)$ 이고, $Aut_{\mathbb{Q}}\mathbb{Q}(\alpha)$ 는 아벨군이다.

2. (1) $K = \mathbb{Q}(\sqrt{3})$, $Aut_{\mathbb{Q}} K \cong \overline{\mathbb{Z}}_2$.

(2) $K = \mathbb{Q}(\sqrt{3}, i)$, $Aut_{\mathbb{Q}} K \cong \overline{\mathbb{Z}}_2 \oplus \overline{\mathbb{Z}}_2$.

(3) $K = \mathbb{Q}(\sqrt{3}\,i)$, $Aut_{\mathbb{Q}} K \cong \overline{\mathbb{Z}}_2$.

(4) $K = \mathbb{Q}(\sqrt{3}, i)$, $Aut_{\mathbb{Q}} K \cong V_4 \cong \overline{\mathbb{Z}}_2 \oplus \overline{\mathbb{Z}}_2$.

(5) $K = \mathbb{Q}(\sqrt{2}, \sqrt[3]{2}, \omega)$, $Aut_{\mathbb{Q}} K \cong \overline{\mathbb{Z}}_2 \times S_3$.

(6) $K=\mathbb{Q}(\rho)$, $\rho=\cos\frac{2\pi}{5}+i\sin\frac{2\pi}{5}$. $Aut_{\mathbb{Q}}K=\langle\sigma\rangle\cong\overline{\mathbb{Z}}_4$, $\sigma(\rho)=\rho^2$.

(7) $K=\mathbb{Q}(\beta)$, $\beta=\cos\frac{2\pi}{9}+i\sin\frac{2\pi}{9}$. $Aut_{\mathbb{Q}}K=\langle\tau\rangle\cong\overline{\mathbb{Z}}_6$, $\tau(\beta)=\beta^2$.

(8) $f(x)=x^6+1=(x^2+1)(x^4-x^2+1)$이고,

근은 $\rho=\cos\frac{\pi}{6}+i\sin\frac{\pi}{6}=\frac{\sqrt{3}+i}{2}$에 대하여 ρ, $\rho^3=i$, $\rho^5=\frac{-\sqrt{3}+i}{2}$,

$\rho^7=\frac{-\sqrt{3}-i}{2}$, $\rho^9=-i$, $\rho^{11}=\frac{\sqrt{3}-i}{2}$이다. 따라서

$K=\mathbb{Q}(\frac{\sqrt{3}+i}{2})=\mathbb{Q}(\sqrt{3},i)$ 이고, $|Aut_{\mathbb{Q}}K|=[\mathbb{Q}(\sqrt{3},i):\mathbb{Q}]=4$이다.

이제 $\sigma,\tau\in Aut_{\mathbb{Q}}K$를 $\sigma(\rho)=\rho^5$, $\tau(\rho)=\rho^7$이라 하면, $o(\sigma)=2$, $o(\tau)=2$, $\sigma\tau=\tau\sigma$를 만족한다. 그러므로 $Aut_{\mathbb{Q}}K\cong V_4\cong\overline{\mathbb{Z}}_2\oplus\overline{\mathbb{Z}}_2$ 이다.

3. (1) $Aut_{\mathbb{Q}}K\cong S_3$, $Aut_{\mathbb{Q}(\omega)}K\cong\overline{\mathbb{Z}}_3$, $Aut_{\mathbb{Q}(\sqrt[3]{3})}K\cong\overline{\mathbb{Z}}_2$.

(2) $Aut_{\mathbb{Q}}K\cong D_4$, $Aut_{\mathbb{Q}(\sqrt[4]{2})}K\cong\overline{\mathbb{Z}}_2$,

$Aut_{\mathbb{Q}(\sqrt[2]{2})}K\cong\overline{\mathbb{Z}}_2\oplus\overline{\mathbb{Z}}_2$, $Aut_{\mathbb{Q}(\sqrt[2]{2}i)}K\cong\overline{\mathbb{Z}}_2\oplus\overline{\mathbb{Z}}_2$.

(3) $Aut_{\mathbb{Q}}K\cong V_4$, $Aut_{\mathbb{Q}(\sqrt[2]{2})}K\cong\overline{\mathbb{Z}}_2$, $Aut_{\mathbb{Q}(i)}K\cong\overline{\mathbb{Z}}_2$

4. $K=\mathbb{Q}(\rho)$, $\rho=\cos\frac{2\pi}{p}+i\sin\frac{2\pi}{p}$. $f_p(x)=x^{p-1}+x^{p-2}+\cdots+1$ 가 ρ 의 기약다항식이므로 $[\mathbb{Q}(\rho):\mathbb{Q}]=\deg(f_p(x))=p-1$ 이다.

p를 법으로 하는 원시근 g를 택하자. 즉, $g^{p-1}\equiv 1 \pmod p$ 이고, 모든 $1\le i\le p-2$, $g^i\not\equiv 1 \pmod p$ 이다. $\sigma\in Aut_{\mathbb{Q}}\mathbb{Q}(\rho)$ 가 $\sigma(\rho)=\rho^g$ 이면, 모든 $1\le i\le p-2$ 에 대하여 $\sigma^i(\rho)=\rho^{g^i}\ne\rho^1$ 이고, $\sigma^{p-1}(\rho)=\rho^{g^{p-1}}=\rho^1=\rho$ 이다. 그러므로 σ 의 위수는 $p-1$ 이고, $Aut_{\mathbb{Q}}\mathbb{Q}(\rho)=\langle\sigma\rangle\cong\overline{\mathbb{Z}}_{p-1}$ 이다.

> **참고** $p=3, 5, 11, 13, 19\cdots$ 일 때는 $g=2$. $p=7, 17, 31\cdots$ 일 때는 $g=3$.
> $p=23, 47\cdots$ 일 때는 $g=5$. $p=41, 109\cdots$ 일 때는 $g=6$.

5. $u=\overline{x}\in\overline{\mathbb{Z}}_2[x]/(x^2+x+1)$ 일 때, $f(x)$ 의 근은 u 와 $u+1$ 이다. 그러므로 $K=\overline{\mathbb{Z}}_2(u)$ 이다. 또, $\sigma\in Aut_{\overline{\mathbb{Z}}_2}\overline{\mathbb{Z}}_2(u)$, $\sigma(u)=u+1$ 일 때, $Aut_{\overline{\mathbb{Z}}_2}\overline{\mathbb{Z}}_2(u)=\langle\sigma\rangle\cong\overline{\mathbb{Z}}_2$ 이다.

6. $[\mathbb{Q}(\sqrt[4]{2}) : \mathbb{Q}] = 4$ 이다. 또, $\sigma \in Aut_{\mathbb{Q}}\mathbb{Q}(\sqrt[4]{2})$ 이 $\sigma(\sqrt[4]{2}) = -\sqrt[4]{2}$ 일 때, $Aut_{\mathbb{Q}}\mathbb{Q}(\sqrt[4]{2}) = \langle \sigma \rangle \cong \mathbb{Z}_2$ 이다.

7. (1) $\alpha = \cos\frac{2\pi}{n} + i\sin\frac{2\pi}{n}$ 일 때, α 는 1 의 원시적 n 제곱근이다. 또, $0 \le j \le n-1$ 에 대하여 $o(\alpha^j) = \frac{n}{(j,n)}$ 이므로(정리 2.7.5(1)), '$u = \alpha^j$ 가 원시적 n 제곱근 $\Leftrightarrow$ $(j,n) = 1$'이다. 그런 j 는 $\phi(n)$ 개므로, 1 의 원시적 n 제곱근은 $\phi(n)$ 개다.

(2) $u = \alpha^j$ 가 1 의 원시적 n 제곱근이라 하자. $(j,n) = 1$ 이므로, $kj + ln = 1$ 인 정수 k, l 이 있다. 이 때, $\alpha = \alpha^{kj+ln} = (\alpha^j)^k(\alpha^n)^l = (\alpha^j)^k$ 이므로 $\mathbb{Q}(u) = \mathbb{Q}(\alpha^j) = \mathbb{Q}(\alpha)$ 이다. 따라서 $\mathbb{Q}(u) = \mathbb{Q}(\alpha)$ 는 $x^n - 1$ 의 분해체이다.

(3) 일반성을 잃음이 없이 $u_1 = \alpha$ 라 하자. $\sigma : \mathbb{Q}(\alpha) \to \mathbb{Q}(\alpha)$ 가 자기동형이면, $\sigma^{-1} : \mathbb{Q}(\alpha) \to \mathbb{Q}(\alpha)$ 도 자기동형이다. 이제 정리 4.6.11에 의하여 $\sigma(\alpha)$ 은 $f(x) = x^n - 1$ 의 근이므로 $\sigma(\alpha) = \alpha^i$ 이다. 마찬가지로, $\sigma^{-1}(\alpha) = \alpha^j$ 이다. 이 때, $\alpha = \sigma^{-1}\sigma(\alpha) = \sigma^{-1}(\alpha^i) = \alpha^{ij}$ 이다. 그러므로 $ij \equiv 1 \pmod{n}$ 이고, $(i,n) = (j,n) = 1$ 이다. 따라서 $|Aut_{\mathbb{Q}}\mathbb{Q}(u_1)| \le \phi(n)$ 이다.

(4) n 에 관한 귀납법으로 증명한다.

$i < n$ 인 i 에 대하여 $p_i(x)$ 가 정수계수 모닉 다항식이라 가정하자.

$p_1(x) = x - 1 \in \mathbb{Z}[x]$ 이다($p_2(x) = x + 1$, $p_3(x) = x^2 + x + 1$, $\cdots$).

$$\begin{aligned} f(x) = x^n - 1 &= \Pi_{0 \le i \le n-1}(x - \alpha^i) \\ &= \Pi_{d|n}\left(\Pi_{(i,n)=d}(x - \alpha^i)\right) \\ &= \Pi_{d|n}\left(\Pi_{n_d} p_{n_d}(x)\right), \qquad n = dn_d \\ &= \left(\Pi_{n_d < n} p_{n_d}(x)\right) p_n(x), \qquad n_d \mid n \end{aligned}$$

이다. 귀납법에 의하여 $f_1(x) = \Pi_{n_d < n} p_{n_d}(x)$ 는 정수계수 모닉 다항식이다. 이제 $\mathbb{Q}[x]$ 에서 $f(x)$ 를 $f_1(x)$ 로 나누면, 나머지는 0 이고 몫, $q(x) = p_n(x) \in \mathbb{Q}[x]$ 이다. 계수정리(3.10.4)와 가우스 레마(3.10.5)에 의하여, $p_n(x)$ 도 정수계수 다항식이다. 또 $f(x)$ 와 $f_1(x)$ 가 모닉이므로 $p_n(x)$ 도 모닉 다항식이다.

(5) 정수계수이며 모닉인 $p_n(x)$ 가 $\mathbb{Q}[x]$ 에서 기약이 아니라 하자. α 의 기약다항식을 $h(x)$ 라 하고, $p_n(x) = g(x)h(x)$ 라 하자. 3.10.5에 의하여 $p_n(x) = g(x)h(x)$, $g(x)$, $h(x) \in \mathbb{Z}[x]$ 라 할 수 있다.

소수 p 가 $(n,p) = 1$ 일 때, α^p 도 1 의 원시적 n 제곱근이므로 $p_n(x)$ 의 근이다. 이 때, 다음과 같이 α^p 도 $h(x)$ 의 근이다.

만일 α^p 가 $g(x)$ 의 근이면, α 는 $g(x^p)$ 의 근이다. 그런데 $h(x)$ 가 α 의 기약다항식이므로 $g(x^p) = h(x)k(x)$, $k(x) \in \mathbb{Z}[x]$ 이다. $g(x) = a_0 + a_1x + \cdots + a_nx^n \in \mathbb{Z}[x]$ 에 대하여, $\overline{g}(x) = \overline{a_0} + \overline{a_1}x + \cdots + \overline{a_n}x^n \in \overline{\mathbb{Z}}_p[x]$ 를 고려하자($\overline{\ }$ 는 정수계수의 $\bmod p$ 에 관한 계산). 또, $\overline{g}(x^p) = \overline{g}(x)^p = \overline{h}(x)\overline{k}(x)$ 이다. $\overline{\mathbb{Z}}_p[x]$ 에서 $\overline{h}(x)$ 의 기약인수를 $\overline{h_1}(x)$ 라 하면, $\overline{h_1}(x) \mid \overline{g}(x)^p$ 이므로, $\overline{h_1}(x) \mid \overline{g}(x)$ 이다. 따라서

$\overline{f}(x) = x^n - \overline{1} = \overline{f_1}(x)\overline{p_n}(x) = \overline{f_1}(x)\overline{g}(x)\overline{h}(x) \in \overline{\mathbb{Z}}_p[x]$ 는 중근을 갖는다. 그러나 $(n, p) = 1$ 이므로, $\overline{f}'(x) = \overline{n}x^n \neq \overline{0}$ 이다. 또, $(\overline{f}(x), \overline{f}'(x)) = 1$ 이므로 $\overline{f}(x)$ 의 근은 모두 단근이고(정리 4.5.8), 이는 모순이다.

α^p가 $h(x)$ 의 근이고, α^p도 1 의 원시적 n 제곱근이므로 같은 방법으로 모든 소수 q , $(q, n) = 1$에 대하여, $(\alpha^p)^q = \alpha^{pq}$ 도 $h(x)$ 의 근이다. 따라서 모든 $1 \leq j \leq n-1$, $(j, n) = 1$ 인 j 에 대하여 α^j 도 $h(x)$ 의 근이다. 따라서 $h(x)$ 는 모든 1 의 원시적 n 제곱근을 근으로 갖고, $h(x) = p_n(x)$ 이다. $[\mathbb{Q}(u_1) : \mathbb{Q}] = \deg(p_n(x)) = \phi(n)$ 이고(4.1.10), $[\mathbb{Q}(u_1) : \mathbb{Q}] = |Aut_{\mathbb{Q}}\mathbb{Q}(u_1)|$ 이다(4.6.10(2)).

또한 $\mathbb{Q}(u_1) \cong \mathbb{Q}[x]/(p_n(x)) \cong \mathbb{Q}(u_i)$ 이고, (3)의 역이 성립한다.

(6) 연습문제 1에서 증명하였다.

8. K는 유리수체 $\mathbb{Q}$ 위에서의 $f(x) = x^6 + 3$ 의 분해체이므로 분리확대체이고, 갈루아의 기본정리에 의하여 $|G(K/\mathbb{Q})| = [K : \mathbb{Q}]$ 이다.

$\delta = \cos\frac{\pi}{6} + i\sin\frac{\pi}{6} = \frac{\sqrt{3}+i}{2}$ (-1 의 6승근)이라 하자. 다항식 $f(x) = x^6 + 3$ 의 6개의 근은 $\sqrt[6]{3}\,\delta$, $\sqrt[6]{3}\,\delta^3$, $\sqrt[6]{3}\,\delta^5$, $\sqrt[6]{3}\,\delta^7$, $\sqrt[6]{3}\,{}^9\delta$, $\sqrt[6]{3}\,\delta^{11}$ 의 6개이다. 그러므로

$$\begin{aligned} K &= \mathbb{Q}(\sqrt[6]{3}\,\delta,\ \sqrt[6]{3}\,\delta^3,\ \sqrt[6]{3}\,\delta^5,\ \sqrt[6]{3}\,\delta^7,\ \sqrt[6]{3}\,{}^9\delta,\ \sqrt[6]{3}\,\delta^{11}) \\ &= \mathbb{Q}(\sqrt[6]{3}\,\delta,\ \delta^2) \\ &= \mathbb{Q}(\sqrt[6]{3}\,\delta,\ \sqrt{3}\,i) \\ &= \mathbb{Q}(\sqrt[6]{3}\,\delta) \end{aligned}$$

두 번째 "="는 $\frac{\sqrt[6]{3}\,\delta^3}{\sqrt[6]{3}\,\delta} = \delta^2$ 이므로 성립하고, 세 번째 "="는 $\delta^2 = \frac{1+\sqrt{3}\,i}{2}$ 이므로 성립하고, 네 번째 "="는 $\sqrt[6]{3}\,\delta)^3 = \sqrt{3}\,i$ 이므로 성립한다.

아이젠쉬타인 판정법에 의하여 $f(x) = x^6 + 3$ 는 기약다항식이고, 따라서 $\sqrt[6]{3}\,\delta$ 의 최소다항식이다. 정리 4.1.10에 의하여 최소다항식 $f(x)$ 의 차수

$6 = [\mathbb{Q}(\sqrt[6]{3}\,\delta) : \mathbb{Q}] = |G(\mathbb{Q}(\sqrt[6]{3}\,\delta)/\mathbb{Q})|$ 이다.

참고 $\sigma, \tau \in G(K/\mathbb{Q})$를 $\sigma(\sqrt[6]{3}\,\delta) = \sqrt[6]{3}\,\delta^5, \sigma(\delta^2) = \delta^2$, $\tau(\sqrt[6]{3}\,\delta) = \sqrt[6]{3}\,\delta, \tau(\delta^2) = \delta^{10}$으로 정의하면 $o(\sigma) = 3, o(\tau) = 2, \tau\sigma = \sigma^2\tau$이고, $G(K/\mathbb{Q}) = \langle \sigma, \tau \rangle \cong S_3$이다.

9. K는 유리수체 $\mathbb{Q}$ 위에서의 $f(x) = x^6 - 3$의 분해체이므로 분리확대체이고, 갈루아의 기본 정리에 의하여 $|G(K/\mathbb{Q})| = [K : \mathbb{Q}]$이다.

$\rho = \cos\frac{2\pi}{6} + i\sin\frac{2\pi}{6} = \frac{1+\sqrt{3}\,i}{2}$라 하면, 다항식 $f(x) = x^6 - 3$의 유리수체 $\mathbb{Q}$ 위에서의 근은 $\sqrt[6]{3}, \sqrt[6]{3}\rho, \cdots, \sqrt[6]{3}\rho^5$이고, 분해체 $K = \mathbb{Q}(\sqrt[6]{3}, \cdots, \sqrt[6]{3}\rho^5) = \mathbb{Q}(\sqrt[6]{3}, \rho)$이다. 아이젠쉬타인 판정법에 의하여 $f(x) = x^6 - 3$는 기약다항식이고, 따라서 $\sqrt[6]{3}$의 최소다항식이다. 또, ρ의 최소다항식은 $x^2 - x + 1$이며, ρ, ρ^5을 근으로 갖는다. 그러므로 $|G(\mathbb{Q}(\sqrt[6]{3}, \rho)/\mathbb{Q})| = [\mathbb{Q}(\sqrt[6]{3}, \rho) : \mathbb{Q}] = 6 \times 2 = 12$이다.

이제 $\sigma, \tau \in G(K/\mathbb{Q})$를 $\sigma(\sqrt[6]{3}) = \sqrt[6]{3}\rho, \sigma(\rho) = \rho$, $\tau(\sqrt[6]{3}) = \sqrt[6]{3}, \tau(\rho) = \rho^5$으로 정의하면, $o(\sigma) = 6, o(\tau) = 2, \tau\sigma = \sigma^5\tau = \sigma^{-1}\tau$이고, $G(K/\mathbb{Q}) = \langle \sigma, \tau \rangle \cong D_6$이다.

10. (1) $f(x)$가 $\mathbb{Q}[x]$에서 기약다항식이 아니라 하자. 이 때,

$f(x) = g(x)h(x)$, $g(x), h(x) \in \mathbb{Q}[x]$이면서,

$\deg(g(x)) = r \geq 1, \deg(h(x)) = s \geq 1$가 된다. 가우스의 정리(정리 3.10.5)에 의하여, $f(x) = \hat{g}(x)\hat{h}(x)$, $\hat{g}(x), \hat{h}(x) \in \mathbb{Z}[x]$이면서,

$\deg(\hat{g}(x)) = r \geq 1$, $\deg(\hat{h}(x)) = s \geq 1$.

이 때, $f_{13}(x) = \widehat{g_{13}}(x)\widehat{h_{13}}(x)$, $\widehat{g_{13}}(x), \widehat{h_{13}}(x) \in \mathbb{Z}_{13}[x]$이면서,

$\deg(\widehat{g_{13}}(x)) = r \geq 1, \deg(\widehat{h_{13}}(x)) = s \geq 1$이어서 이는 $\mathbb{Z}_{13}[x]$에서 $f_{13}(x)$가 기약다항식이라는데 모순이다. 따라서 $f(x)$가 $\mathbb{Q}[x]$에서 기약다항식이다.

참고 위의 증명에서 $f(x)$가 최고차항의 계수가 1인 모닉 다항식이므로 나머지 모든 다항식도 모닉이고, 차수 r, s는 보존된다.

(2) $f(x)$가 기약다항식이므로 $[\mathbb{Q}(\sqrt[3]{2} - \sqrt[3]{3}) : \mathbb{Q}] = \deg(f(x)) = 9$이다.

또, $[\mathbb{Q}(\sqrt[3]{2}, \sqrt[3]{3}) : \mathbb{Q}] = [\mathbb{Q}(\sqrt[3]{2})(\sqrt[3]{3}) : \mathbb{Q}(\sqrt[3]{2})][\mathbb{Q}(\sqrt[3]{2}) : \mathbb{Q}] = 3 \times 3 = 9$이고, $\mathbb{Q}(\sqrt[3]{2} - \sqrt[3]{3}) \subseteq \mathbb{Q}(\sqrt[3]{2}, \sqrt[3]{3})$이므로 $\mathbb{Q}(\sqrt[3]{2} - \sqrt[3]{3}) = \mathbb{Q}(\sqrt[3]{2}, \sqrt[3]{3})$이다. 따라서

$[\mathbb{Q}(\sqrt[3]{2}, \sqrt[3]{3}) : \mathbb{Q}] = 9$이다.

(3) $g(x)$의 근은 $\sqrt[3]{2}$, $\sqrt[3]{2}\omega$, $\sqrt[3]{2}\omega^2$, $\sqrt[3]{3}$, $\sqrt[3]{3}\omega$, $\sqrt[3]{3}\omega^2$ $\left(\omega = \dfrac{-1+\sqrt{3}i}{2}\right)$.

따라서 $E = \mathbb{Q}(\sqrt[3]{2}, \sqrt[3]{2}\omega, \sqrt[3]{2}\omega^2, \sqrt[3]{3}, \sqrt[3]{3}\omega, \sqrt[3]{3}\omega^2) = \mathbb{Q}(\sqrt[3]{2}, \sqrt[3]{3}, \omega)$이다.
또 $[E:\mathbb{Q}] = 3\times 3\times 2 = 18$ 이다. E는 $\mathbb{Q}$ 위에서 분리다항식 $g(x)$의 분해체이므로, E는 $\mathbb{Q}$의 갈루아 확대체이다. 따라서 갈루아의 기본정리가 성립하며, $|G(E/\mathbb{Q})| = [E:\mathbb{Q}] = 18$ 이다.

11. **(문제 3.10.13번 풀이 참고)**

12. (1) $a_1, a_2, \cdots, a_r \in F$이므로 $\mathbb{Q}(a_1, a_2, \cdots, a_r) \subseteq F$이다. 다음의 포함관계를 고려하자.

$$\mathbb{Q}(a_1, a_2, \cdots, a_r) \subseteq F \subseteq K = F(\alpha)$$

$f(x) = x^r + a_1x^{r-1} + a_2x^{r-2} + \cdots + a_r \in \mathbb{Q}(a_1, a_2, \cdots, a_r)$이고, 기약다항식이므로 $f(x) = irr(\alpha, \mathbb{Q}(a_1, a_2, \cdots, a_r))$ 이다.
그러므로 $[K:\mathbb{Q}(a_1, a_2, \cdots, a_r)] = r$ 이고,

$[F:\mathbb{Q}(a_1, a_2, \cdots, a_r)] = \dfrac{[K:\mathbb{Q}(a_1, a_2, \cdots, a_r)]}{[K:F]} = \dfrac{r}{r} = 1$ 이다. 따라서 $F = \mathbb{Q}(a_1, a_2, \cdots, a_r)$ 이다.

(2) $(\alpha - \sqrt{2})^2 = i^2 = -1$ 이므로 $irr(\alpha, F) = x^2 - 2\sqrt{2}x + 3$ 이다.

13. 12번 (1)과 같은 풀이이다.

14. K가 $\mathbb{Q}$의 갈루아확대체이므로 다음과 같이 갈루아의 기본정리를 이용하여 푼다(**참고** **책에 따라 기호는** $G(K/\mathbb{Q}) = Aut_{\mathbb{Q}}K = \mathbb{Q}'$).
갈루아군 $G(K/\mathbb{Q}) = \langle \sigma \mid o(\sigma) = 270 \rangle \cong \mathbb{Z}_{270}$ 이고, 일반성을 잃음이 없이 $G(K/\mathbb{Q}) = \mathbb{Z}_{270}$ 라 하고 풀자. $[\mathbb{Q}(\sqrt{2}):\mathbb{Q}] = 2$ 이므로 $[K:\mathbb{Q}(\sqrt{2})] = 135$ 이다. 그러므로 $|G(K/\mathbb{Q}(\sqrt{2})| = [K:\mathbb{Q}(\sqrt{2})] = 135$ 이고, $G(K/\mathbb{Q}(\sqrt{2})$는 순환군 $\mathbb{Z}_{270}$ 의 위수가 135인 부분군이다. 그와 같은 부분군은 $2\mathbb{Z}_{270} = \langle 2 \rangle$뿐이다.
즉, $G(K/\mathbb{Q}(\sqrt{2}) \cong \langle 2 \rangle$ 이다.
갈루아의 기본정리에 의하여 K의 부분체 L에 대하여 다음이 성립한다.

$$\mathbb{Q}(\sqrt{2}) \subseteq L \Leftrightarrow G(K/\mathbb{Q}(\sqrt{2}) = \langle 2 \rangle \supseteq G(K/L)$$

또한 위의 포함관계를 만족하는 K의 부분체 L은 $2\mathbb{Z}_{270} = \langle 2 \rangle$의 부분군과 일대일 대응관계에 있다. 따라서 $2\mathbb{Z}_{270} = \langle 2 \rangle$의 부분군의 개수를 세면된다. $\langle 2 \rangle \cong \mathbb{Z}_{135}$이고, 이 군의 부분군의 개수는 135의 약수의 개수인 $4\times 2 = 8$개다.

15. K가 $\mathbb{Q}$의 갈루아확대체이므로 갈루아의 기본정리를 이용하여 푼다.

$K=\mathbb{Q}(\alpha)$이고, $\sigma^2(\alpha)=\sigma(\sigma(\alpha))=\sigma(\alpha^{-1})=(\alpha^{-1})^{-1}=\alpha$이므로 $o(\sigma)=2$이다.

또, $\sigma(\alpha+\alpha^{-1})=\alpha^{-1}+(\alpha^{-1})^{-1}=\alpha+\alpha^{-1}$ 이므로 $G(K/\mathbb{Q})$의 부분군 $\langle\sigma\rangle$의 고정체 L은 $F=\mathbb{Q}(\alpha+\alpha^{-1})$를 포함한다. 갈루아의 기본정리에 의한 다음의 대응을 고려하자.

$$\mathbb{Q}\subseteq F\subseteq L\subseteq K \;\Leftrightarrow\; G(K/\mathbb{Q})\supseteq G(K/F)\supseteq G(K/L)\supseteq G(K/K)=\langle 1_K\rangle$$

갈루아의 기본정리에 의하여 $G(K/L)=\langle\sigma\rangle$이고, $[K:L]=o(\langle\sigma\rangle)=2$ 이다.

이 때, $irr(\alpha,F)=x^2-(\alpha+\alpha^{-1})x+1$ 이므로 $[K:F]=2$ 이다. 또한

$[K:F]=[K:L][L:F]=2[L:F]$ 이므로 $[L:F]=1$ 이다. 따라서 $L=F$이다.

이제 $100=[K:\mathbb{Q}]=[K:F][F:\mathbb{Q}]=2[F:\mathbb{Q}]$이므로 $[F:\mathbb{Q}]=50$ 이다.

16. 15번과 같은 풀이이다.

17.

(1) $\alpha=1^{\frac{1}{125}}=\cos\frac{2\pi}{125}+i\sin\frac{2\pi}{125}$ 일 때, α의 $\mathbb{Q}$ 위에서의 기약다항식은 다음과 같다 (정리 3.11.10, 보기 3.11.11).

$$irr(\alpha,\mathbb{Q})=\frac{x^{125}-1}{x^{25}-1}=x^{100}+x^{75}+x^{50}+x^{25}+1$$

그러므로 $K=\mathbb{Q}(\alpha)$에 대하여 $[K:\mathbb{Q}]=100$ 이다.

$irr(\alpha,\mathbb{Q})=\Pi_{i=1}^{124}(x-\alpha^i)$, $((i,125)=1)$이므로 K는 $irr(\alpha,\mathbb{Q})$의 분해체이고, 따라서 $\mathbb{Q}$의 갈루아 확대체이다. 또한 $\sigma:K\to K$, $\sigma(\alpha)=\alpha^{-1}$가 갈루아군 $G(K/\mathbb{Q})$에 속하는 위수가 2인 K의 자기동형이다. 이제, $\alpha^{-1}=\overline{\alpha}$이고 $\alpha+\alpha^{-1}=2\cos\frac{2\pi}{125}=2\beta$이므로, $F=\mathbb{Q}(\alpha+\alpha^{-1})=\mathbb{Q}(\beta)$이다. 문제 15의 풀이에서와 같이 $irr(\alpha,F)=x^2-(\alpha+\alpha^{-1})x+1$ 이고, $[K:F]=2$이다. 따라서 $[F:\mathbb{Q}]=50$ 이다.

(2) $\alpha=\cos\frac{2\pi}{125}+i\sin\frac{2\pi}{125}$ 일 때, α의 $\mathbb{Q}$ 위에서의 기약다항식은 다음과 같다.

$$irr(\alpha,\mathbb{Q})=\frac{x^{125}-1}{x^{25}-1}=x^{100}+x^{75}+x^{50}+x^{25}+1$$

그러므로 $K=\mathbb{Q}(\alpha)$에 대하여 $[K:\mathbb{Q}]=100$ 이다. K는 $irr(\alpha,\mathbb{Q})$의 분해체이고, 따라서 $\mathbb{Q}$의 갈루아 확대체이다. 또한 $\sigma:K\to K$, $\sigma(\alpha)=\alpha^{-1}$가 갈루아군 $G(K/\mathbb{Q})$에 속하는 위수가 2인 K의 자기동형이다. $\beta=\sin\frac{2\pi}{125}=\frac{\alpha-\alpha^{-1}}{2}$이다.

(1)에서와 같이 $K=\mathbb{Q}(\alpha)$에 대하여 $[K:\mathbb{Q}]=100$이다. 또, $\alpha-\alpha^{-1}=2i\sin\frac{2\pi}{125}=2\beta$이므로, $F=\mathbb{Q}(\alpha-\alpha^{-1})=\mathbb{Q}(\beta)$이다.

$irr(\alpha,F)=x^2-(\alpha-\alpha^{-1})x-1$이고, $[K:F]=2$이다. 따라서 $[F:\mathbb{Q}]=50$이다.

(3) $\alpha=\cos\frac{2\pi}{5}+i\sin\frac{2\pi}{5}$일 때, $irr(\alpha,\mathbb{Q})=x^4+x^3+x^2+x+1$(정리 3.11.9)이다.

그러므로 $K=\mathbb{Q}(\alpha)$에 대하여 $[K:\mathbb{Q}]=4$이다. 이제, $\alpha+\alpha^{-1}=2\cos\frac{2\pi}{5}=2\beta$이므로, $F=\mathbb{Q}(\alpha+\alpha^{-1})=\mathbb{Q}(\beta)$이다. 문제 15의 풀이에서와 같이 $irr(\alpha,F)=x^2-(\alpha+\alpha^{-1})x+1$이고, $[K:F]=2$이고. 따라서 $[F:\mathbb{Q}]=2$이다.

참고 $\beta=\cos\frac{2\pi}{5}=\frac{-1+\sqrt{5}}{4}$이고, $irr(\beta,\mathbb{Q})=x^2+\frac{1}{2}x-\frac{1}{4}$이다.

(4) $243=3^5$이고, $\alpha=\cos\frac{2\pi}{243}+i\sin\frac{2\pi}{243}$일 때, α의 $\mathbb{Q}$ 위에서의 기약다항식은 $irr(\alpha,\mathbb{Q})=\frac{x^{243}-1}{x^{81}-1}=x^{162}+x^{81}+1$이다. 그러므로 $K=\mathbb{Q}(\alpha)$에 대하여 $[K:\mathbb{Q}]=162$이다. K는 $irr(\alpha,\mathbb{Q})$의 분해체이고, 따라서 $\mathbb{Q}$의 갈루아 확대체이다. 또한 $\sigma: K\to K$, $\sigma(\alpha)=\alpha^{-1}$가 갈루아군 $G(K/\mathbb{Q})$에 속하는 위수가 2인 K의 자기동형이다. 이제, $\alpha+\alpha^{-1}=2\cos\frac{2\pi}{243}=2\beta$이므로, $F=\mathbb{Q}(\alpha+\alpha^{-1})=\mathbb{Q}(\beta)$이다. 문제 15의 풀이에서와 같이 $irr(\alpha,F)=x^2-(\alpha+\alpha^{-1})x+1$이고, $[K:F]=2$이다. 따라서 $[F:\mathbb{Q}]=81$이다.

(5) $343=7^3$이고, 위의 풀이와 같이 $\beta=\cos\frac{2\pi}{343}$일 때, $[F:\mathbb{Q}]=\frac{7^3-7^2}{2}=147$.

(6) 2017은 소수이고, 위의 풀이와 같이 $\beta=\cos\frac{2\pi}{2017}$일 때,

$[F:\mathbb{Q}]=\frac{2017-1}{2}=1008$.

18. (연습문제 3.11.9와 3.11.10을 이용한다.)

(1) $x^{27}-1=(x-1)(x^2+x+1)(x^6+x^3+1)(x^{18}+x^9+1)$이다. 즉, $x^{27}-1$은 4개의 기약다항식의 곱이며, $x^{18}+x^9+1$은 18개의 1의 원시적 27 제곱근을 근으로 하는

기약다항식이다. 근은 $u = \cos\dfrac{2\pi}{27} + i\sin\dfrac{2\pi}{27}$, $(i, 27) = 1$ 일 때, u^i 이다.

분해체 $K = \mathbb{Q}(u)$

갈루아군 $Aut_{\mathbb{Q}}\mathbb{Q}(u) \cong \mathbb{Z}_{27}^{*} \cong (\mathbb{Z}_{18}, +)$

중간체의 개수는 갈루아군의 부분군의 개수인 $(1+1)(2+1) = 6$ 이다.

(2) $x^{100} - x^{75} + x^{50} - x^{25} + 1$ 은 1 의 원시적 250 제곱근 $v = \cos\dfrac{\pi}{125} + i\sin\dfrac{\pi}{125}$ 를 근으로 갖는 기약다항식이다.

> **참고** $x^{250} - 1$
> $= (x^{125} - 1)(x^{125} - 1)$
> $= (x-1) \cdots (x^{100} + x^{75} + x^{50} + x^{25} + 1)(x+1) \cdots (x^{100} - x^{75} + x^{50} - x^{25} + 1)$

분해체 $K = \mathbb{Q}(v)$

갈루아군 $Aut_{\mathbb{Q}}\mathbb{Q}(v) \cong \mathbb{Z}_{250}^{*} \cong (\mathbb{Z}_{100}, +)$

중간체의 개수는 갈루아군의 부분군의 개수인 $(2+1)(2+1) = 9$ 이다.

▸▸ 연습문제 4.7

1. (1) $x^2 + y^2 + z^2 = (x+y+z)^2 - 2(xy + yz + zx)$

(2) $(x-y)^2 + (y-z)^2 + (z-x)^2 = 2(x^2 + y^2 + z^2) - 2(xy + yz + zx)$

(3) $x^3 + y^3 + z^3 = (x+y+z)^3 - 3(x+y+z)(xy+yz+zx) + 3xyz$

2. (1) $\delta = 2\cos\dfrac{2\pi}{5} = \rho + \overline{\rho} = \rho + \rho^4$ 이다. $\rho^5 = 1$ 이므로

$$g(\delta) = (\rho + \rho^4)^2 + \rho + \rho^4 - 1 = \rho^2 + 2\rho^5 + \rho^8 + \rho + \rho^4 - 1$$
$$= \rho^2 + 2 + \rho^3 + \rho + \rho^4 - 1 = 0$$

이다. 따라서 $\delta = 2\cos\dfrac{2\pi}{5}$ 는 $g(x) = x^2 + x - 1$ 의 근이다.

(2) $\cos\dfrac{2\pi}{5} = \dfrac{-1+\sqrt{5}}{4}$

(3) $\sin\dfrac{2\pi}{5} = \dfrac{\sqrt{10+2\sqrt{5}}}{4}$

3. (1) $K=\mathbb{Q}(\sqrt[5]{2},\rho)$, $[\mathbb{Q}(\sqrt[5]{2},\rho):\mathbb{Q}]=|Aut_{\mathbb{Q}}K|=20$

(3) $f(x)$의 근은 $\sqrt[5]{2}\rho^i$, $\rho=\cos\frac{2\pi}{5}+i\sin\frac{2\pi}{5}$, $i=0,1,2,3,4$ 이다. 문제 2를 이용하여 ρ^i를 거듭제곱근으로 표시한다.

4. (1) $f(x)=x^5-20x-10$는 아이젠슈타인 판정법(정리 3.11.4에서 $p=2$ 또는 $p=5$)에 의하여 기약다항식이다. $f'(x)=5x^4-20=5(x-\sqrt{2})(x+\sqrt{2})(x^2+2)$ 이다. $f(x)$는 $x=-\sqrt{2}$ 에서 극대값 $f(-\sqrt{2})=16\sqrt{2}-10>0$, $x=\sqrt{2}$ 에서 극소값 $f(\sqrt{2})=-16\sqrt{2}-10<0$ 을 갖는다. 그러므로 $f(x)$는 실수가 아닌 복소수근 2개와 실근 3개를 갖는다. 따라서 정리 4.7.6에 의하여 $f(x)$의 갈루아군은 S_5이고, 방정식 $f(x)=0$은 근 중 어느 것도 거듭제곱근으로 풀 수 없다.

($f_a(x)=x^5-20x+a$ 에서 $a=\pm2,\pm5,\pm6,\pm10,\pm14,\pm15,\pm18,\pm22$ 의 경우에 같은 계산으로 16 개의 다항식의 $f_a(x)$의 갈루아군은 S_5이다.)

(2) $f(x)=x^5-5x^3-20x+5$는 아이젠슈타인 판정법에 의하여 기약다항식이다. $f'(x)=5x^4-15x^2-20=5(x-2)(x+2)(x^2+1)$ 이다. $f(x)$는 $x=-2$ 에서 극대값 $f(-2)=53$, $x=2$ 에서 극소값 $f(2)=-43$을 갖는다. 그러므로 (1)에서와 같이 $f(x)$의 갈루아군은 S_5이고(정리 4.7.6), 방정식 $f(x)=0$은 근 중 어느 것도 거듭제곱근으로 풀 수 없다.

5. $f(x)=x^7-35x^5-35x^3+7\times375x+15\in\mathbb{Q}[x]$ 라 하면, 아이젠슈타인 판정법(정리 3.11.4(1)에서 $p=5$)에 의하여 기약다항식이다.

$$\begin{aligned} f'(x) &= 7x^6-35\times5x^4-35\times3x^2+7\times375 \\ &= 7(x^6-25x^4-15x^2+375)=7(x^4-15)(x^2-25) \\ &= 7(x^2+\sqrt{15})(x-\sqrt[4]{15})(x+\sqrt[4]{15})(x-5)(x+5) \end{aligned}$$

이다. $f(x)$는 2개의 극대값, $f(-5)=22515>0$과 $f(\sqrt[4]{15})\approx3995.3>0$을 갖고, 또 $f(x)$는 2개의 극소값, $f(5)=-22485<0$과 $f(-\sqrt[4]{15})\approx-3965.3<0$을 갖는다. 그러므로 $f(x)$는 실수가 아닌 복소수 근 2개와 실근 5개를 갖는다. 따라서 정리 4.7.6에 의하여 $f(x)$의 갈루아군은 S_7이고, S_7은 비가해군이므로 방정식 $f(x)=0$은 근 중 어느 것도 거듭제곱근으로 풀 수 없다.

▶▶ 연습문제 4.8

1. $\omega = \dfrac{-1+\sqrt{-3}}{2}$ 에 대하여 다음과 같다.

(1) $x_i = (\sqrt[3]{-2+\sqrt{3}}\,)\omega^i + (\sqrt[3]{-2-\sqrt{3}}\,)\omega^{3-i} - 1,\ i = 0, 1, 2$.

(2) $x_i = \left(\sqrt[3]{-\dfrac{1}{2}+\sqrt{\dfrac{1}{4}-\dfrac{10^3}{27}}}\right)\omega^i + \left(\sqrt[3]{-\dfrac{1}{2}+\sqrt{\dfrac{1}{4}-\dfrac{10^3}{27}}}\right)\omega^{3-i}$,

$i = 0, 1, 2$.

(3) $x = \sqrt{\dfrac{-3\pm\sqrt{5}}{2}},\ -\sqrt{\dfrac{-3\pm\sqrt{5}}{2}}$.

(4) $x = \dfrac{\sqrt{3}\pm\sqrt{-1}}{2},\ \dfrac{-\sqrt{3}\pm\sqrt{-1}}{2}$.

(5) $x = \pm\sqrt{-1},\ \dfrac{\sqrt{3}\pm\sqrt{-1}}{2},\ \dfrac{-\sqrt{3}\pm\sqrt{-1}}{2}$.

(6) $x^3 = \dfrac{-1\pm\sqrt{-3}}{2}$ 이므로, $x = \left(\sqrt[3]{\dfrac{-1\pm\sqrt{-3}}{2}}\right)\omega^i,\ i = 0, 1, 2$.

2. 삼차 방정식의 근의 공식의 발견에서 $u_1u_2 = u_3u_6 = u_4u_5 = -\dfrac{p}{3}$ 를 계산하는 것과 같이 한다. 즉, 문제에서 $uv = (\omega u)(\omega^2 v) = (\omega^2 u)(\omega v) = -\dfrac{a}{3}$ 이다. 이제

$$\begin{aligned}
&(\omega u+\omega^2 v)^3 + a(\omega u+\omega^2 v)+b \\
&= (\omega u)^3 + 3(\omega u+\omega^2 v)(\omega u\omega^2 v) + (\omega^2 v)^3 + a(\omega u+\omega^2 v)+b \\
&= u^3 + 3(\omega u+\omega^2 v)(-\frac{a}{3}) + v^3 + a(\omega u+\omega^2 v)+b \\
&= u^3+v^3+b \\
&= \left(-\frac{b}{2}+\sqrt{\left(\frac{b}{4}\right)^2+\left(\frac{a}{3}\right)^3}\right) + \left(-\frac{b}{2}-\sqrt{\left(\frac{b}{4}\right)^2+\left(\frac{a}{3}\right)^3}\right)+b
\end{aligned}$$

$$\begin{aligned}
&(\omega^2 u+\omega v)^3 + a(\omega u+\omega^2 v)+b \\
&= (\omega^2 u)^3 + 3(\omega^2 u+\omega v)(\omega^2 u\omega v) + (\omega v)^3 + a(\omega^2 u+\omega^2 v)+b \\
&= u^3+v^3+b = 0
\end{aligned}$$

3. $i = 0, 1, 2$ 에 대하여

$$x_i = \left(\sqrt[3]{-\frac{a^3}{27}-\frac{c}{2}+\sqrt{\frac{a^3c}{27}+\frac{c^2}{4}}}\right)\omega^i + \left(\sqrt[3]{-\frac{a^3}{27}-\frac{c}{2}-\sqrt{\frac{a^3c}{27}+\frac{c^2}{4}}}\right)\omega^{3-i} - \frac{a}{3}$$

4. $$x = \sqrt{\frac{-b \pm \sqrt{b^2 - 4d}}{2}}\ ,\ -\sqrt{\frac{-b \pm \sqrt{b^2 - 4d}}{2}}$$

▸▸ 연습문제 4.9

1. 정리 4.9.2에서 $F = \mathbb{Z}_p$, $m = 1$ 인 경우이다. 서술하면 다음과 같다.

(1) 유한체 K의 곱셈군 $(K^*, \cdot)$는 순환군이다(보조정리 4.9.1). K^*가 순환군이 아니면, K^*의 불변인자가 $m_1 \mid m_2 \mid \cdots \mid m_t\,(m_1 > 1,\ t > 1)$이다. 이 때, K^*의 모든 원소는 $f(x) = x^{m_t} - 1_K$ 의 근인데 이는 $|K^*| = p^n - 1 > m_t$ 이므로 모순이다. 따라서 적당한 $u \in K$에 대하여 $K^* = \langle u \rangle$ 이고, $K = \{0\} \cup \langle u \rangle = F(u)$ 이다.

(2) $|K^*| = p^n - 1$ 이므로, 라그랑쥬의 정리에 의하여 모든 $a \in K^*$에 대하여, $a^{p^n - 1} = 1_K$이다. 그러므로 $a^{p^n} = a$ 이고, 모든 $a \in K$는 $f(x) = x^{p^n} - x \in K[x]$ 의 근이다. $f'(x) = p^n x^{p^n - 1} - 1 = -1$ 이므로, $(f(x), f'(x)) = 1$ 이다. 정리 4.5.8에 의하여 $f(x)$ 는 분리다항식이다. 그러므로 K는 $\mathbb{Z}_p$ 위에서 분리다항식 $f(x)$ 의 분해체이고, K는 $\mathbb{Z}_p$의 갈루아 확대체이다(4.6.9).

(3) K는 $\mathbb{Z}_p$의 갈루아 확대체이므로, $|Aut_{\mathbb{Z}_p} K| = [K : \mathbb{Z}_p] = n$ 이다(4.6.10(2)).

$v,\ w \in K$에 대하여, $\phi(v + w) = (v + w)^p = v^p + w^p = \phi(u) + \phi(v)$,
$\phi(vw) = (vw)^p = v^p w^p = \phi(u)\phi(v)$ 이다. 또, 모든 $a \in \mathbb{Z}_p$ 에 대하여,
$\phi(a) = a^p = a$ 이므로, $\phi \in Aut_{\mathbb{Z}_p} K$이다.

이제 모든 $v \in K$에 대하여, $\phi^2(v) = \phi(\phi(v)) = (v^p)^p = v^{p^2}$ 이고, 귀납적으로 $\phi^i(v) = v^{p^i}\ (i \geq 1)$이다. 그러므로 $\phi^n(v) = v^{p^n} = v$ 이고, $\phi^n = id$ 이다. 그런데 K^*의 생성원 u 의 위수는 $p^n - 1$ 이므로, $1 \leq i \leq n - 1$ 일 때, $\phi^i(u) = u^{p^i} \neq u$ 이다. 따라서, $\langle \phi \rangle \cong \{id,\ \phi,\ \cdots,\ \phi^{n-1}\}$ 이고, $Aut_{\mathbb{Z}_p} K = \langle \phi \rangle \cong \mathbb{Z}_n$ 이다.

(4) $Aut_{\mathbb{Z}_p} K = \langle \phi \rangle \cong \mathbb{Z}_n$이므로, $Aut_{\mathbb{Z}_p} K$ 의 부분군은 n 의 약수 d 에 대하여 $\langle \phi^d \rangle$ 뿐이다. 이 때, 정리 4.6.10(1)의 갈루아 대응은
$L_d := \{v \in K \mid \phi^d(v) = v^{p^d} = v\} \leftrightarrow \langle \phi^d \rangle$ (즉, $(L^d)' = \langle \phi^d \rangle$)이다.

2. (1) $1 \leq i \leq p - 1$ 일 때, $\binom{p}{i} = \dfrac{p!}{(p-i)!\,i!}$ 는 p 의 배수이므로
$\phi(v + w) = (v + w)^p = v^p + w^p = \phi(v) + \phi(w),\ v, w \in K$.

또 $\phi(vw) = (vw)^p = v^p w^p = \phi(v)\phi(w)$이므로 ϕ는 환준동형이다.

$\phi(v) = v^p = 0 \Leftrightarrow v = 0$ 이므로 ϕ는 단사이다.

또 ϕ의 정의역과 공역은 개수가 같은 유한집합이므로 단사인 ϕ는 전사이다.

따라서 ϕ는 환동형사상이다.

(2) $|K^*| = p^n - 1$ 이므로 모든 $v \in K^*$ 에 대하여 $v^{p^n - 1} = 1$ 이다(라그랑쥬의 정리).

따라서 모든 $v \in K$에 대하여 $v^{p^n} = v$ 이다. 이제 $\phi^n(v) = v^{p^n}$ 이므로, $\phi^n(v) = v$ 이다.

(3) $|K^*| = p^n - 1$ 이고 $(p^n - 1, p^i) = 1$ 이므로, $u, u^p, u^{p^2}, \cdots, u^{p^{n-1}}$는 모두 $K^* = \langle u \rangle$ 의 생성원이다.

이제 $f(x) = a_0 + a_1x + \cdots + a_nx^n \ (a_i \in \mathbb{Z}_p)$라 하면,

$f(u) = a_0 + a_1u + \cdots + a_nu^n = 0$ 이다. ${a_i}^p = a_i$ 이므로,

$$0 = (a_0 + a_1u + \cdots + a_nu^n)^p = a_0^p + a_1^pu^p + \cdots + a_n^pu^{np}$$
$$= a_0 + a_1u^p + \cdots + a_n(u^p)^n = f(u^p)$$

마찬가지로 $1 \le i \le n-1$ 에 대하여 ${a_i}^{p^i} = a_i$ 이다. 따라서

$$0 = (a_0 + a_1u + \cdots + a_nu^n)^{p^i} = a_0^{p^i} + a_1^{p^i}u^{p^i} + \cdots + a_n^{p^i}u^{np^i}$$
$$= a_0 + a_1u^{p^i} + \cdots + a_n(u^{p^i})^n = f(u^{p^i})$$

이므로 $u, u^p, u^{p^2}, \cdots, u^{p^{n-1}}$는 모두 $f(x)$의 근이다.

3. (1) $f(0) = 1,\ f(1) = 3,\ f(2) = 2,\ f(3) = 3,\ f(4) = 1$ 이므로, $f(x)$ 는 일차 인수를 갖지 않는다. 그러므로 이차다항식 $f(x)$ 는 기약다항식이다.

(2) $u = \overline{x} \in \overline{\mathbb{Z}}_5[x]/(x^2 + x + 1)$ 일 때, $K = \overline{\mathbb{Z}}_5(u)$ 가 $\overline{\mathbb{Z}}_5$ 위에서 $f(x) = x^2 + x + 1$ 의 분해체이고, $[K : \mathbb{Z}_5] = 2$ 이다.

(3) 다른 근 $v = u^5$ (정리 4.9.3), 또는 $v = -u - 1 = u^2$(근과 계수의 관계)이다.
($u^3 = -u^2 - u = 1,\ u^5 = u^2$ 이다)

(4) $[K : \overline{\mathbb{Z}}_5] = 2$ 이고, $Aut_{\overline{\mathbb{Z}}_5}K = \langle \phi \rangle \cong \overline{\mathbb{Z}}_2,\ \phi(u) = u^5 = u^2$.

$\phi^2(u) = u^{25} = u$

갈루아 대응은 $\overline{\mathbb{Z}}_5 \subset \overline{\mathbb{Z}}_5(u)$ 에 대하여 $Aut_{\overline{\mathbb{Z}}_5}K = \langle \phi \rangle \supset \langle id \rangle$ 이다.

4. (1) $f(0) = 2,\ f(1) = 5 = 2,\ f(2) = 14 = 2$ 이므로, $f(x)$ 는 일차 인수를 갖지 않는다. 그러므로 삼차다항식 $f(x)$ 는 기약다항식이다.

(2) 정리 3에 의하여 성립한다. 또는 직접 계산하여 $f(u) = u^3 + 2u + 2 = 0$ 이므로,

$$0 = f(u)^3 = (u^3 + 2u + 2)^3 = u^9 + 2u^3 + 2 = f(u^3)$$
$$0 = f(u)^9 = (u^3 + 2u + 2)^9 = u^{27} + 2u^9 + 2 = f(u^9)$$

이고 u^3 과 u^9 이 $f(x)$ 의 근이다.

또, $u^3 = -(2u+2) = u+1$, $u^9 = (u+1)^3 = u^3 + 1 = u+2$ 이다. 따라서 $\overline{\mathbb{Z}}_3$ 위에서 $f(x)$ 의 분해체 $K = \overline{\mathbb{Z}}_3[x]/(x^3 + 2x + 2)$ 이다($u = \overline{x} \in K$).

(3) $[K : \overline{\mathbb{Z}}_3] = 3$ 이고, $Aut_{\overline{\mathbb{Z}}_3} K = \langle \phi \rangle \cong \overline{\mathbb{Z}}_3$, $\phi(u) = u^3 = u+1$ 이다.

$\phi^2(u) = u^9 = u+2$, $\phi^3(u) = u^{27} = u$ 이므로 $o(\phi) = 3$ 이다.

갈루아 대응은 $\overline{\mathbb{Z}}_3 \subset \overline{\mathbb{Z}}_3(u)$ 에 대하여 $Aut_{\overline{\mathbb{Z}}_3} K = \langle \phi \rangle \supset \langle id \rangle$ 이다.

5. $f(x) = x^4 + x + 1 \in \overline{\mathbb{Z}}_2[x]$ 에 대하여 $f(0) = 1$, $f(1) = 3 = 1$ 이므로, $f(x)$ 는 일차 기약인수를 갖지 못한다. $f(x)$ 가 2개의 이차다항식의 곱이라면,

$f(x) = x^4 + x + 1 = (x^2 + ax + 1)(x^2 + bx + 1)$ 이다, $a, b \in \overline{\mathbb{Z}}_2$. 양변의 계수를 비교하면, $a + b = 0$, $ab + 1 + 1 = ab = 0$, $a + b = 1$ 이므로 모순이다. 그러므로 $f(x)$ 는 $\overline{\mathbb{Z}}_2[x]$ 의 기약다항식이다(보기 3.11.3과 비교).

$K = \overline{\mathbb{Z}}_2[x]/(x^4 + x + 1)$ 은 $\overline{\mathbb{Z}}_2$ 의 확대체이며, $[K : \overline{\mathbb{Z}}_2] = 4$, $|K| = 2^4 = 16$ 이다. K 는 분리다항식 $p(x) = x^{2^4} - x \in \overline{\mathbb{Z}}_2[x]$ 의 분해체이므로 갈루아 확대체이다 (4.6.9).

$Aut_{\overline{\mathbb{Z}}_2} K = \langle \phi \rangle \cong \overline{\mathbb{Z}}_4$, $\phi(u) = u^2$, $u = \overline{x} \in \overline{\mathbb{Z}}_2[x]/(x^4 + x + 1)$ 이다.

$\phi^2(u) = u^{2^2} = u^4 = 1 + u$, $\phi^2(u^2) = \phi^2(u)\phi^2(u) = (1+u)^2 = 1 + u^2 \neq u^2$ 이다. 또, $\phi^2(1 + u + u^2) = 1 + (1+u) + (1+u^2) = 1 + u + u^2$ 이므로, 갈루아 대응은 $Aut_{\overline{\mathbb{Z}}_2} K = \langle \phi \rangle \supset \langle \phi^2 \rangle \supset \langle id \rangle$ 에 대하여 $\overline{\mathbb{Z}}_2 \subset \overline{\mathbb{Z}}_2(1 + u + u^2) \subset \overline{\mathbb{Z}}_2(u)$ 이다.

6. $f(x) = x^3 + x + 1 \in \overline{\mathbb{Z}}_5[x]$ 에 대하여 $f(0) = 1$, $f(1) = 3$, $f(2) = 11 = 1$, $f(3) = f(-2) = 1$, $f(4) = f(-1) = -1$ 이므로, 삼차다항식 $f(x) \in \overline{\mathbb{Z}}_5[x]$ 는 기약다항식이다. $K = \overline{\mathbb{Z}}_5[x]/(x^3 + x + 1)$ 일 때, $[K : \overline{\mathbb{Z}}_5] = 3$ 이므로 $|K| = 5^3 = 125$ 이다. K 는 분리다항식 $p(x) = x^{5^3} - x \in \overline{\mathbb{Z}}_5[x]$ 의 분해체이므로 갈루아 확대체이다 (4.6.9).

$Aut_{\overline{\mathbb{Z}}_5} K = \langle \phi \rangle \cong \overline{\mathbb{Z}}_3$, $\phi(u) = u^5$, $u = \overline{x} \in \overline{\mathbb{Z}}_5[x]/(x^3 + x + 1)$ 이다.

갈루아 대응은 $\overline{\mathbb{Z}}_5 \subset \overline{\mathbb{Z}}_5(u)$ 에 대하여 $Aut_{\overline{\mathbb{Z}}_5} K = \langle \phi \rangle \supset \langle id \rangle$ 이다.

7. $f(x) = x^3 + x + 1 \in \overline{\mathbb{Z}}_7[x]$ 에 대하여 $f(0) = 1$, $f(1) = 3$, $f(2) = 11 = 4$, $f(3) = 31 = 3$, $f(4) = f(-3) = -29 = -1$, $f(5) = f(-2) = -9 = -2$, $f(6) = f(-1) = -1$ 이므로, 삼차다항식 $f(x) \in \overline{\mathbb{Z}}_5[x]$ 는 기약다항식이다.

$K = \overline{\mathbb{Z}}_7[x]/(x^3 + x + 1)$ 에 대하여 $[K : \overline{\mathbb{Z}}_7] = 3$ 이고, $|K| = 7^3 = 343$ 이다. K 는 분리다항식 $p(x) = x^{7^3} - x \in \overline{\mathbb{Z}}_7[x]$ 의 분해체이므로 갈루아 확대체이다(4.6.9).

$Aut_{\overline{\mathbb{Z}}_7} K = \langle \phi \rangle \cong \overline{\mathbb{Z}}_3$, $\phi(u) = u^7$, $u = \overline{x} \in \overline{\mathbb{Z}}_7[x]/(x^3 + x + 1)$ 이다.

갈루아 대응은 $\overline{\mathbb{Z}}_7 \subset \overline{\mathbb{Z}}_7(u)$ 에 대하여 $Aut_{\overline{\mathbb{Z}}_7} K = \langle \phi \rangle \supset \langle id \rangle$ 이다.

8. **풀이 1** 보기 4.9.6에서와 같이 $F_9 = \overline{\mathbb{Z}}_3[x]/(x^2+1)$, $u = \overline{x} \in \overline{\mathbb{Z}}_3[x]/(x^2+1)$ 라 하면, $F_9 = \{0, 1, 2, u, u+1, u+2, 2u, 2u+1, 2u+2\}$ 이다.

이 때, $F_9^* = \langle u+1 \rangle$ 이고 F_9^* 의 원소를 $u+1$ 의 지수 꼴로 표현하면 다음과 같다.

$(u+1)^2 = u^2 + 2u + 1 = 2u$, $\quad (u+1)^3 = 2u^2 + 2u = 2u + 1$

$(u+1)^4 = 2u^2 + 3u + 1 = -1 = 2$, $\quad (u+1)^5 = 2u + 2$

$(u+1)^6 = 2(u+1)^2 = u$, $\quad (u+1)^7 = u^2 + u = u + 2$

풀이 2 기약다항식 $x^2 + x + 2$ 를 이용하여 풀면 다음과 같다.

$F_9 = \overline{\mathbb{Z}}_3[x]/(x^2+x+2)$, $v = \overline{x} \in \overline{\mathbb{Z}}_3[x]/(x^2+x+2)$ 라 하면,

$F_9 = \{0, 1, 2, v, v+1, v+2, 2v, 2v+1, 2v+2\}$ 이다.

이 때, $F_9^* = \langle v \rangle$ 이고 F_9^* 의 원소를 v의 지수 꼴로 표현하면 다음과 같다.

$v^2 = -v - 2 = 2v + 1$, $\quad v^3 = 2v^2 + v = 2v + 2$

$v^4 = 2v^2 + 2v = 2 = -1$, $\quad v^5 = 2v$

$v^6 = 2v^2 = v + 2$, $\quad v^7 = v^2 + 2v = v + 1$

9. (1) K는 $\overline{\mathbb{Z}}_3$ 위에서 기약다항식 $p(x) = x^6 + x + 2$ 의 분해체이다.

또한 $|K^*| = 3^6 - 1$ 이므로, K는 $\overline{\mathbb{Z}}_3$ 위에서 $f(x) = x^{3^6} - x$ 의 분해체이다.

(2) K의 모든 원소는 $\overline{\mathbb{Z}}_3$ 위에서 $f(x) = x^{3^6} - x$ 의 근이다.

$f'(x) = 3^6 x^{3^6 - 1} - 1 = -1$ 이므로 $(f(x), f'(x)) = 1$ 이고, $f(x)$ 의 모든 근은 단근이다(정리 4.5.8). 따라서 $f(x)$ 는 분리다항식이고, K는 $\overline{\mathbb{Z}}_3$ 위에서 분리확대체이다.

(3) $\phi: K \to K$, $\phi(v) = v^3$ 일 때, $Aut_{\overline{\mathbb{Z}}_3} K = \langle \phi \rangle \cong (\mathbb{Z}_6, +)$ 이다. 위수가 6인 순환군에서 위수가 2인 부분군과 위수가 3인 부분군은 **각각 하나 뿐**이다.

실제로 $|\langle \phi^3 \rangle| = [\langle \phi^3 \rangle : \langle id \rangle] = 2$ 이므로, $L = \{ v \in K \mid \phi^3(v) = v^{3^3} = v \}$ 라 하면, 갈루아의 대응정리에 의하여 $|Aut_L K| = 2$ 이다.

또, $|\langle \phi^2 \rangle| = [\langle \phi^2 \rangle : \langle id \rangle] = 3$ 이므로, $M = \{ v \in K \mid \phi^2(v) = v^{3^2} = v \}$ 라 하면, 갈루아의 대응정리에 의하여 $|Aut_L K| = 3$ 이다.

10. (1) 아이젠쉬타인 판정법(정리 3.11.4(i)에서 $p = 3$)에 의하여 $f(x)$ 는 $\mathbb{Q}[x]$ 에서 기약다항식이다. 따라서 $f(x)$ 는 $\mathbb{Q}[x]$ 에서 1차인수를 갖지 못하므로 $f(x)$ 의 근은 $\mathbb{Q}$ 에 없다.

(2) 대수학의 기본정리에 의하여 $f(x)$ 의 근은 $\mathbb{C}$ 에 있다. 또 $\mathbb{Q}$ 위에서 기약다항식은 분리다항식이므로 $\mathbb{C}$ 에서 $f(x)$ 는 6개의 서로 다른 근을 갖는다.

(3) $F = \mathbb{Q}[x]/(f(x))$ 라 하면 다음과 같이 F 는 $\mathbb{Q}$ 의 확대체임이다.

$f(x)$ 는 $\mathbb{Q}[x]$ 에서 기약다항식이므로 단항이데알정역 $\mathbb{Q}[x]$ 에서 $(p(x))$ 는 극대이데알이다. 그러므로 $F = \mathbb{Q}[x]/(f(x))$ 는 체이다.

또 $\iota : \mathbb{Q} \to \mathbb{Q}[x]/(f(x))$, $\iota(a) = \overline{a} = a + (f(x))$ 가 단사준동형이므로 F 는 $\mathbb{Q}$ 의 확대체이다. 즉, $\mathbb{Q}$ 와 $i(\mathbb{Q})$ 는 동형이고 $\iota(a) = \overline{a} = a + (f(x))$ 이므로, F 의 부분체 $i(\mathbb{Q})$ 와 $\mathbb{Q}$ 를 동일시할 수 있고, F 는 $\mathbb{Q}$ 의 확대체이다.

이제 $\alpha = \overline{x} = x + (f(x)) \in F$ 라 하면, 상환 $F = \mathbb{Q}[x]/(f(x))$ 의 정의에 의하여, $f(\alpha) = f(\overline{x}) = \overline{f(x)} = \overline{0} \in \mathbb{Q}[x]/(f(x))$ 이다.

따라서 F 의 원소 $\alpha = x + (f(x))$ 는 $f(x)$ 의 근이다.

(4) $\mathbb{Z}_2[x]$ 에서 $f(x) = x^6 + x^3 = x^3(x+1)(x^2+x+1)$ 이다.

풀이 1 $|F| = 2^{2^{10}} = 2^{1024}$ F 는 $\mathbb{Z}_2$ 위에서 분리다항식 $h(x) = x^{2^{1024}} - x$ 의 분해체이므로 $\mathbb{Z}_2$ 의 갈루아 확대체이다. $[F : \mathbb{Z}_2] = 2^{10}$ 는 **2의 배수**이므로 $[M : \mathbb{Z}_2] = 2$ 인 중간체 M 이 존재한다.

(구체적으로 $M = \{ v \in F \mid \phi^2(v) = v^{2^2} (= v^4) = v \}$ 이다.)

$|M| = 2^2$ 이므로 모든 $u \in M$ 은 $g(x) = x^{2^2} - x$ 의 근이고 또한 $g(x)$ 의 근은 M 의 원소이다(라그랑쥬의 정리 응용).

$g(x) = x^{2^2} - x = x(x-1)(x^2+x+1)$ 이므로 M 에는 x^2+x+1 의 근 α 와 $\alpha+1$ 이 있다. 따라서 $f(x)$ 의 근 $0, 0, 0, 1, \alpha, \alpha+1$ 이 모두 F 에 있다.

풀이 2 $|F| = 2^{2^{10}} = 2^{1024}$ 이므로 모든 $v \in F$ 은 $h(x) = x^{2^{1024}} - x \in \mathbb{Z}_2[x]$ 의 근이고 또한 $h(x)$ 의 근은 F 의 원소이다(라그랑쥬의 정리 응용).

이제 $h(x)= x^{2^{1024}} - x = x(x^{2^{1024}-1} - 1)$는 다음과 같이 인수분해된다.

먼저 $2^{1024}-1=(2^2)^{512}-1=(2^2-1)((2^2)^{511}+(2^2)^{510}+\cdots+(2^2)+1)$ 이다.

$(2^2-1)=3=m$, $((2^2)^{511}+(2^2)^{510}+\cdots+(2^2)+1)=n$이라 하면,

$$\begin{aligned} h(x) &= x^{2^{1024}} - x = x(x^{2^{1024}-1}-1) = x(x^{mn}-1) \\ &= x(x^m-1)((x^m)^{n-1}+(x^m)^{n-2}+\cdots (x^m)+1) \end{aligned}$$

$x^m - 1 = x^3 - 1 = (x-1)(x^2+x+1)$이므로 x^2+x+1의 근 α와 $\alpha+1$가 F에 있다.

따라서 $f(x)$의 근 $0, 0, 0, 1, \alpha, \alpha+1$이 모두 F에 있다.

참고 위의 (풀이1)과 (풀이2) 모두에서 $\mathbb{Z}_2$의 확대체 F가 $f(x)$의 근을 가질 필요충분조건은 $[F:\mathbb{Z}_2]$가 짝수이다.

11. (1) K는 $\mathbb{Z}_p$ 위에서 $f(x)$의 분해체이면서 또한 어떤 4차 기약다항식의 분해체이다. 따라서 $[K:\mathbb{Z}_p]=4$ 이고, $|K|=p^4$ 이다. 라그랑쥬의 정리를 곱셈군 K^*에 적용하면 모든 $v \in K^*$에 대하여, $v^{p^4-1}=1$ 이다. 그러므로 모든 $v \in K$에 대하여, $v^{p^4}=v$ 이다.

(2) (3) K는 $\mathbb{Z}_p$ 위에서 분리다항식 $f(x)$의 분해체이므로 K는 $\mathbb{Z}_p$의 갈루아 확대체이다. $\phi: K \to K$, $\phi(v)=v^p$일 때, $f(x)$의 $\mathbb{Z}_p$ 위에서 갈루아군 $Aut_{\mathbb{Z}_p}K = \langle \phi \rangle$는 위수가 4인 순환군이다. 따라서 $Aut_{\mathbb{Z}_p}K = \langle \phi \rangle$의 진부분군은 $\langle \phi^2 \rangle$ 하나 뿐이며, 이에 대응되는 진부분 중간체 L도 하나 뿐이다. 즉, $L=\{v \in K \mid \phi^2(v)=v^{2^2}=v\}$.

12. (1) p차 다항식 $h(x)=x^p-x \in \mathbb{Z}_p[x]$의 근은 (많아야) p개다. 그런데 모든 $a \in \mathbb{Z}_p$가 $h(a)=a^p-a=0$ 을 만족한다. 따라서 $\{v \in K \mid h(v)=v^p-v=0\}=\mathbb{Z}_p$이다. 그런데 $\sigma(\alpha)-\alpha \in K$ 이고,

$$\begin{aligned} h(\sigma(\alpha)-\alpha) &= (\sigma(\alpha)-\alpha)^p-(\sigma(\alpha)-\alpha) = \sigma(\alpha)^p-\alpha^p-(\sigma(\alpha)-\alpha) \\ &= (\sigma(\alpha^p)-\sigma(\alpha)-a)-(\alpha^p-\alpha-a) \\ &= \sigma(\alpha^p-\alpha-a)-(\alpha^p-\alpha-a)=0-0=0 \end{aligned}$$

이므로 $\sigma(\alpha)-\alpha \in \mathbb{Z}_p$이다. 즉, $\psi_\alpha(\sigma)=\sigma(\alpha)-\alpha=k$, $k \in \mathbb{Z}_p$이다.

모든 $i \in \mathbb{Z}_p$에 대하여
$$\begin{aligned} f(\alpha+i) &= (\alpha+i)^p-(\alpha+i)-a \\ &= \alpha^p+i^p-(\alpha+i)-a \\ &= \alpha^p+i-(\alpha+i)-a = \alpha^p-\alpha-a=0 \end{aligned}$$

이므로 p차 다항식 $f(x)$는 p개의 근, $\alpha, \alpha+1, \cdots, \alpha+(p-1)$을 갖는다. 따라서

$K = \mathbb{Z}_p(\alpha, \alpha+1, \cdots, \alpha+(p-1)) = \mathbb{Z}_p(\alpha)$ 이다.

(2) $\sigma, \tau \in Aut_{\mathbb{Z}_p}K$에 대하여 (1)에서 증명한 것과 같이 $\sigma(\alpha) = \alpha + k$, $\sigma(\tau) = \tau + l$, $k, l \in \mathbb{Z}_p$ 이다. 이 때, $(\sigma\tau)(\alpha) = \sigma(\tau(\alpha)) = \sigma(\alpha + l) = \sigma(\alpha) + l = \alpha + k + l$ 이다. 그러므로 $\psi_\alpha(\sigma\tau) = (\sigma\tau)(\alpha) - \alpha = \alpha + k + l - \alpha = k + l = \psi_\alpha(\sigma) + \psi_\alpha(\tau)$ 이고, ψ_α 는 군동형이다.

이제 $\sigma \in \ker(\psi_\alpha)$ 이면, $\psi_\alpha(\sigma) = \sigma(\alpha) - \alpha = k = 0$ 이다. 즉, $\sigma(\alpha) = \alpha$ 이다. 그런데 $\mathbb{Z}_p(\alpha)$ 이므로, $\sigma = id$ 이다. 따라서 ψ_α 는 단사준동형이다.

$im(\psi_\alpha)$ 는 $\mathbb{Z}_p$ 의 부분군이므로 $im(\psi_\alpha) = (0)$ 또는 $im(\psi_\alpha) = \mathbb{Z}_p$ 이다.

$im(\psi_\alpha) = (0)$ 이면(ψ_α 는 단사이므로) $|Aut_{\mathbb{Z}_p}K| = |im(\psi_\alpha)| = 1$ 이다. 그러나 K 는 분리다항식 $f(x)$ 의 분해체이므로, K는 $\mathbb{Z}_p$ 의 갈루아 확대체이다. 따라서 $|Aut_{\mathbb{Z}_p}K| = [K : \mathbb{Z}_p] = p$ 이다. 따라서 $im(\psi_\alpha) \neq (0)$ 이고 ψ_α 는 전사준동형이다.

(3) (1)의 증명에서와 같이 $f(x)$ 의 두 근 α, β 는 $\beta = \alpha + j$, $j \in \mathbb{Z}_p$ 를 만족한다. 따라서 임의의 $\tau \in Aut_{\mathbb{Z}_p}K$ 에 대하여,

$$\begin{aligned}\psi_\beta(\tau) &= \tau(\beta) - \beta = \tau(\alpha + j) - (\alpha + j) = \tau(\alpha) + j - (\alpha + j) = \tau(\alpha) - \alpha \\ &= \psi_\alpha(\tau)\end{aligned}$$

따라서 $\psi_\alpha = \psi_\beta$ 이다.

13. (1) $[F : \mathbb{Z}_2] = 6$ 이므로, $|F| = 2^6$ 이다.

(2) $\mathbb{Z}_2[x]$ 의 주이데알정역이고, $\ker(\phi)$ 를 모든 이데알은 $\mathbb{Z}_2[x]$ 에서 주이데알이다.

(3) α 를 포함한 F의 모든 원소는 $h(x) = x^{2^6} - x$ 의 근이고, α 의 기약다항식 $irr(\alpha, \mathbb{Z}_2)$ 은 $h(x)$ 를 나눈다.(즉, $\mathbb{Z}_2[x]$ 에서 $h(x)$ 를 $irr(\alpha, \mathbb{Z}_2)$로 나눌 때 나머지가 0 이다.

(4) α 의 기약다항식 $irr(\alpha, \mathbb{Z}_2)$ 의 차수는 $[\mathbb{Z}_2(\alpha) : \mathbb{Z}_2]$ 이고, 이 수는 $[F : \mathbb{Z}_2] = 6$ 의 약수이다. 따라서 $[\mathbb{Z}_2(\alpha) : \mathbb{Z}_2] = 1, 2, 3$ 또는 6 이다.

(5) $im(\phi_\alpha)$ 는 $\mathbb{Z}_2[x]/(irr(\alpha, \mathbb{Z}_2)(x))$ 와 동형이고, $(irr(\alpha, \mathbb{Z}_2)(x))$ 는 $\mathbb{Z}_2[x]$ 의 극대이데알이므로, $im(\phi_\alpha)$ 는 체이다.

14. $\begin{pmatrix} \overline{a+b} & \overline{b} \\ \overline{b} & \overline{a} \end{pmatrix} = \begin{pmatrix} \overline{0} & \overline{0} \\ \overline{0} & \overline{0} \end{pmatrix}$ 이면, $3 \mid a$, $b \mid 3$ 이므로 $\ker(\phi) = \langle 3 \rangle$ 이다.

α 를 근으로 하는 기약다항식은 $x^2 - x - 1$ 이다. 따라서 $\mathbb{Z}[\alpha] \cong \mathbb{Z}[x]/\langle x^2 - x - 1 \rangle$ 이다.
이제 $im(\phi)$는 $\mathbb{Z}[\alpha]/\ker(\phi) \cong \mathbb{Z}[x]/\langle 3, x^2 - x - 1 \rangle \cong \mathbb{Z}_3[x]/\langle x^2 - x - 1 \rangle$ 이다.

x^2-x-1 는 $\mathbb{Z}_3[x]$ 에서도 기약다항식이므로 $im(\phi)$는 $\mathbb{Z}_3$의 이차확대체이며, 원소의 수가 9인 체이다.

15. F의 $\mathbb{Z}_2$ 위에서 분리다항식 $h(x)=x^{2^{60}}-x$ 의 분해체이므로 F의 $\mathbb{Z}_2$의 갈루아 확대체이다. 따라서 (2), (3)의 풀이에서 갈루아의 대응정리가 성립하고 이를 이용하여 (2), (3)을 푼다; 또 F의 $\mathbb{Z}_2$ 위에서 갈루아군 $Aut_{\mathbb{Z}_2}F=\langle \phi \rangle$는 위수가 60인 순환군임을 이용한다 ($o(\phi)=60$). $\phi: F\to F,\ \phi(v)=v^2,\ v\in F$.

(1) K가 F의 부분체이므로 K의 표수도 2이고, K는 F의 소체 $\mathbb{Z}_2$를 포함한다.

(2) $[F:K_1]=5,\ [F:K_2]=10$이면, 갈루아의 대응정리를 의하여, K_1은 위수가 5인 부분군 $\langle \phi^{12} \rangle$의 고정체이고, K_2는 위수가 10인 부분군 $\langle \phi^6 \rangle$의 고정체이다. $\langle \phi^{12} \rangle\subseteq\langle \phi^6 \rangle$이므로 그들의 고정체는 $K_1\supseteq K_2$의 관계에 있다.

(3) $[F:K_1]=6,\ [F:K_2]=10$이므로, $[K_1:\mathbb{Z}_2]=10,\ [K_2:\mathbb{Z}_2]=6$이다. 따라서 $[K_1\cap K_2:\mathbb{Z}_2]=1$ 또는 2 이다. 그런데 $[K_1:\mathbb{Z}_2]=10$이면, 갈루아군이 순환군이므로 K_1은 $\mathbb{Z}_2$의 (유일한) 이차확대체를 포함한다. 마찬가지로 K_2도 $\mathbb{Z}_2$의 (유일한) 이차확대체를 포함한다. 따라서 $K_1\cap K_2$는 $\mathbb{Z}_2$의 이차확대체이다.

실제로 K_1은 위수가 6인 부분군 $\langle \phi^{10} \rangle$의 고정체이고, K_2는 위수가 10인 부분군 $\langle \phi^6 \rangle$의 고정체이다. 이 때, $K_1\cap K_2$는 위수가 2인 부분군 $\langle \phi^{30} \rangle=\langle \phi^{10} \rangle\cap\langle \phi^6 \rangle$의 고정체로 $\mathbb{Z}_2$의 이차확대체이다.

16. (1) $p(x)$의 한 근을 α라 하면 $[\mathbb{Z}_p(\alpha):\mathbb{Z}_p]=n$이므로, $|\mathbb{Z}_p(\alpha)|=p^n$이다. 따라서 모든 $v\in\mathbb{Z}_p(\alpha)$는 $h(x)=x^{p^n}-x\in\mathbb{Z}_p[x]$의 근이다(정리 4.9.2(2)의 $m=1$인 경우). 특히 α가 $h(x)$의 근이고, $p(x)$는 α를 근으로 하는 기약다항식이므로 $p(x)\mid(x^{p^n}-x)$이다.

(2) $\Rightarrow$) $q(x)\mid(x^{p^n}-x)$라 하자. 이 때, $q(x)$의 모든 근은 $h(x)=x^{p^n}-x$의 근이다. 이제 $q(x)$의 $\mathbb{Z}_p$ 위에서 분해체를 L, $h(x)$의 $\mathbb{Z}_p$ 위에서 분해체를 K라 하면, $\mathbb{Z}_p\subseteq L\subseteq K$이다. 따라서 $[L:\mathbb{Z}_p]=d$는 $[K:\mathbb{Z}_p]=n$의 약수이다.

$\Leftarrow$) $q(x)$가 차수가 d인 $\mathbb{Z}_p[x]$의 기약다항식이면, (1)에서와 같이 $q(x)\mid(x^{p^d}-x)$이다. 이제 $d\mid n$일 때, $(x^{p^d}-x)\mid(x^{p^n}-x)$ 임을 보여 $q(x)\mid(x^{p^n}-x)$을 증명한다. $n=dm$이라 적으면,

$$p^n-1=p^{dm}-1=(p^d-1)((p^d)^{m-1}+(p^d)^{m-2}+\cdots+p^d+1)$$

이제 $k=(p^d-1)$, $l=((p^d)^{m-1}+(p^d)^{m-2}+\cdots+p^d+1)$ 라 하면,
$p^n-1=kl$ 이고,

$$\begin{aligned} x^{p^n}-x &= x\left(x^{(p^n-1)}-1\right)=x\left(x^{kl}-1\right) \\ &= x(x^k-1)\left\{(x^k)^{l-1}+(x^k)^{l-2}+\cdots+x^k+1\right\} \end{aligned}$$

이므로 $(x^{p^n}-x)$ 는 $x(x^k-1)=(x^{p^d}-x)$ 의 배수이다.

17. (1) 유한체 $\mathbb{Z}_p(\alpha,\beta)$ 는 $\mathbb{Z}_p$의 갈루아 확대체이고, 갈루아군 $Aut_{\mathbb{Z}_p}\mathbb{Z}_p(\alpha,\beta)$ 는 순환군이다 (정리 4.9.2(2), (3)). $Aut_{\mathbb{Z}_p}\mathbb{Z}_p(\alpha,\beta)\cong\mathbb{Z}_n$ 이라 하자.
갈루아의 기본정리(정리 4.6.10)에 의하여 다음이 성립한다.
$[\mathbb{Z}_p(\alpha):\mathbb{Z}_p]=[Aut_{\mathbb{Z}_p}\mathbb{Z}_p(\alpha,\beta):Aut_{\mathbb{Z}_p(\alpha)}\mathbb{Z}_p(\alpha,\beta)]$. 즉, $Aut_{\mathbb{Z}_p(\alpha)}\mathbb{Z}_p(\alpha,\beta)$는 위수가 n 인 순환군, $Aut_{\mathbb{Z}_p}\mathbb{Z}_p(\alpha,\beta)\cong\mathbb{Z}_n$ 의 지수가 m_1 인 부분군이다. 그러므로 $Aut_{\mathbb{Z}_p(\alpha)}\mathbb{Z}_p(\alpha,\beta)\cong m_1\mathbb{Z}_n$. 마찬가지로 $Aut_{\mathbb{Z}_p(\beta)}\mathbb{Z}_p(\alpha,\beta)\cong m_2\mathbb{Z}_n$ 이다.
이제 갈루아군, $Aut_{\mathbb{Z}_p}\mathbb{Z}_p(\alpha,\beta)$ 와 그의 부분군을 각각 $\mathbb{Z}_n$, $m_1\mathbb{Z}_n$, $m_2\mathbb{Z}_n$ 로 간단히 적고, 다음과 같이 갈루아의 기본정리를 이용하자.
$m_1\mathbb{Z}_n\subseteq d\mathbb{Z}_n$ 이므로 $\mathbb{Z}_p(\alpha)=(m_1\mathbb{Z}_n)'\supseteq(d\mathbb{Z}_n)'$. 마찬가지로, $m_2\mathbb{Z}_n\subseteq d\mathbb{Z}_n$ 이므로 $\mathbb{Z}_p(\beta)=(m_2\mathbb{Z}_n)'\supseteq(d\mathbb{Z}_n)'$ 이다. 따라서 $\mathbb{Z}_p(\alpha)\cap\mathbb{Z}_p(\beta)\supseteq(d\mathbb{Z}_n)'$ 이고, $[(d\mathbb{Z}_n)':\mathbb{Z}_n']=[\mathbb{Z}_n:d\mathbb{Z}_n]=d$ 이므로($\mathbb{Z}_n'=\mathbb{Z}_p$), $d\,|\,[\mathbb{Z}_p(\alpha)\cap\mathbb{Z}_p(\beta):\mathbb{Z}_p]$ 이다.
정리 4.1.4에 의하여 $[\mathbb{Z}_p(\alpha)\cap\mathbb{Z}_p(\beta):\mathbb{Z}_p]\,|\,d$ 가 성립하므로,
$d=[\mathbb{Z}_p(\alpha)\cap\mathbb{Z}_p(\beta):\mathbb{Z}_p]$ 이다.

(2) 위의 증명에서 필요한 조건은 $F(\alpha,\beta)$ 가 F의 갈루아 확대체이고, 또 갈루아군 $Aut_F F(\alpha,\beta)$ 가 순환군이라는 것이므로 같은 증명으로 성립한다.

18. (1) 17(1)의 증명으로 성립한다.

(2) 보기 4.6.14에서 찾을 수 있다. $K=\mathbb{Q}(\sqrt[3]{2},\omega)$에서 $\alpha=\sqrt[3]{2}$, $\beta=\sqrt[3]{2}\omega$ 로 하면, $[\mathbb{Q}(\sqrt[3]{2}):\mathbb{Q}]=3$, $[\mathbb{Q}(\sqrt[3]{2}\omega):\mathbb{Q}]=3$ 이다. $\mathbb{Q}(\sqrt[3]{2})\cap\mathbb{Q}(\sqrt[3]{2}\omega)=\mathbb{Q}$ 이므로, $[\mathbb{Q}(\sqrt[3]{2})\cap\mathbb{Q}(\sqrt[3]{2}\omega):\mathbb{Q}]=1\neq 3$ 이다.

19. $f(x)$ 는 다음과 같이 두 개의 기약다항식의 곱인 가약다항식이다.

$$f(x)=x^5+x^2+2x+1=(x^2+1)(x^3-x+1)\in\mathbb{Z}_3[x]$$

$F=\mathbb{Z}_3[x]/(x^2+1)$ 라 하면 F는 $\mathbb{Z}_3$ 의 확대체이고, $x^3-x+1\in F[x]$ 는 F 위에서도 기약이다. 왜냐하면, $\alpha=\overline{x}\in\mathbb{Z}_3[x]/(x^2+1)$ 라 하면, F의 9개의 원소 $a\alpha+b$

$(a, b = 0, 1, 2)$ 중 어느 것도 $x^3 - x + 1$의 근이 아니기 때문이다. 따라서 분해체 K는

$$K = F[x]/(x^3 - x + 1) = \mathbb{Z}_3(\alpha, \beta) \ (\ \beta = \overline{x} \in F[x] \ \ )$$

$[K : \mathbb{Z}_3] = [K : F]\,[F : \mathbb{Z}_3] = 3 \times 2 = 6$ 이다.

정리 4.9.2(3)에 의하여 갈루아군 $Aut_{\mathbb{Z}_3} K \cong \mathbb{Z}_6$ 이다.

중간체의 개수는 $Aut_{\mathbb{Z}_3} K \cong \mathbb{Z}_6$ 의 부분군의 개수인 4개다.

참고 갈루아군을 직접 계산하면 $Aut_{\mathbb{Z}_3} K \cong \mathbb{Z}_2 \oplus \mathbb{Z}_3 (\cong \mathbb{Z}_6)$ 로 나타난다.

INDEX

찾아보기

ㄱ

가우스 정수환 180
가해군 126
가환환 132
갈루아 확대체 253
갈루아군 252
갈루아의 기본정리 254, 263
거듭제곱근 확대체 268
거듭제곱근으로 풀 수 있다 268
계수 186
고정체 252
공역 12
관계 10
교대군 89
교환자 125
교환자부분군 125
군동형 50
군의 작용 71
군의 중심 45
군의 직적 103
군준동형 49
군준동형의 핵 52
궤도 86
극대이데알 166
근 236
근의 공식 273
기본 대칭식 271
기본인자 110
기약다항식 219
기약원 165
꼴 87

ㄴ

나눗셈환 136
나머지 172
나머지정리 236
내부 자기동형 74
내부 자기동형군 74
내용 196
내적직적 104
노름 139

ㄷ

다항식 186, 190
다항식환 186
단근 244
단사 13
단순군 99
단순확대체 216
단원군 133
단위원 132
단항이데알 147
단항이데알정역 174
대수적 덮개 224
대수적 확대체 222
대수적인 수 217
대수적인 원소 217
대수학의 기본정리 277
대응정리 56, 155
대칭군 21, 85
대칭식 271
동반원 164
동치관계 10
동치류 10
동형인 군 50

ㄹ

라그랑주의 정리 34
류등식 79, 82

ㅁ

메르센소수 233
메르센수 233
멱등원 134
멱영원 142
모노이드 17
모닉다항식 196
몫 172
무한군 17
무한체 137
무한확대체 214
무한환 137
미분 244

ㅂ

반군 17
배수 164
부분군 27
부분군의 지수 34
부분체 145
부분환 144
분리다항식 249
분리원소 249
분리확대체 249
분할 10, 91
분할함수 91
분해체 238
불변인자 110
비가환환 132

ㅅ

사원수군 46, 66
사원수환 141
사차 방정식의 근의 공식 276
사체 136

삼차 방정식의 근의 공식 275
상군 44
상수다항식 186
상수항 186
상환 148
생성된 부분군 65
서로소 86
소거법칙 24
소원 165
소이데알 166
소체 243
순환군 36, 61
순환부분군 36
순환치환 85
실로우의 정리 96

ㅇ

아벨군 17
아이젠쉬타인 판정법 207
안정적 262
약수 164
n차 대칭군 85
역원 17, 133
역함수 15
영 17, 132
영다항식 186
영인자 136
오른쪽 표기법 22, 88
오일러의 정리 37
우잉여류 33
원시 원소의 정리 249
원시근 65
원시다항식 196
위수 17, 36
위수는 무한 36
유리근의 정리 206
유리식체 190
유일인수분해정역 177
유클리드노름 172
유클리드정역 172
유한 순환군 19
유한 아벨군의 기본정리 110
유한군 17
유한체 137, 280
유한확대체 214
유한환 137
이데알 144
이데알의 곱 146
이데알의 합 146
이차체 140
인수분해정역 177
인수정리 236
1-1 대응 13
일반 n차 다항식 273
일반선형군 20
잉여군 44
잉여환 148

ㅈ

자기동형 73, 251
자기준동형 73
자명한 부분군 28
자명한 준동형 50
자연준동형 54, 153
작도가능한 수 229, 233
전단사 13
전사 13
전행렬환 141
정규부분군 42
정규화 부분군 78
정규화부분군 48
정다각형의 작도 233
정역 136
정역의 분수체 159
정의구역 12
정이면체군 45, 66
제 1 동형정리 53, 153
제 2 동형정리 54, 153
제 3 동형정리 55, 154
제곱인수가 없는 정수 139
좌대표계 34
좌잉여류 33
중간체 215
중국인의 나머지 정리 157
중근 244
중복도 244
중심화 부분군 78
지수 214
지수법칙 25, 133
직교선형군 21
직합 104
진부분군 28
짝치환 88

ㅊ

차수 187
차원정리 53
체 136
초월수 217
초월적 확대체 222
초월적인 원소 217
최고차 항 186
최고차항의 계수 186
최대공약수 176
최소공배수 176
최소다항식 219
치역 12
치환 85
치환군 21, 85

ㅋ

케일리의 정리 72
켤레 139
켤레류 78
켤레원소 78
코시의 정리 83

클라인의 사원군 62

ㅌ

특수선형군 20

ㅍ

페르마소수 233
페르마수 233
페르마의 정리 37, 182
표수 138
표준준동형 54, 153

ㅎ

함수 12
항 186
항등원 17, 132
해 236
형식적 멱급수 191
형식적 멱급수환 191
호환 85
홀치환 88
확대체 214
환 132
환동형 150
환준동형 150
환준동형의 핵 15

저자소개

최 상 기

서울대학교 수학교육과 졸업(이학사)

서울대학교 수학과 졸업(이학석사)

Purdue University 수학과 졸업(이학박사)

미국 미시간주립대학교(MSU) 수학과 조교수 역임

현재 건국대학교 수학교육과 교수

임용과 학교수학을 위한 **현대대수학**

1판2쇄발행 2021년 11월 25일

지은이 최상기 / **펴낸이** 오판근

펴낸곳 (주) 교우

주 소 서울시 동대문구 약령시로 8 교우빌딩 2층 (주)교우

전 화 02-925-2861 / **팩 스** 02-925-2860. **편집부** 02-925-2825

홈페이지&북스토어 www.kyowoo.co.kr / 이메일 kyowoo@kyowoo.co.kr

등 록 1994년 3월 24일 제1994-000013호

ISBN 979-11-251-0234-2 (93410)

Published by Kyowoo Co., Ltd. Printed in Korea

30,000원

교우미디어는 (주) 교우의 Imprint 사입니다.
수학정원·과학정원은 (주) 교우의 새로운 브랜드명입니다.